高等学校规划教材

金属压力加工工艺学

主　编　柳谋渊
副主编　胡　彬　经晓蓉

北　京
冶金工业出版社
2021

内容简介

本书以轧制加工为主，着重讨论板带材、管材和型线材加工工艺问题。第一篇板带钢生产包括中厚板、热轧带钢、冷轧带钢、厚度控制和板形控制技术；第二篇钢管生产涉及热轧无缝钢管生产工艺、钢管冷加工和焊管生产技术，其中包括工艺制度制定、设备特点、工具模具设计和工艺可行性校核等内容；第三篇包括型钢生产过程中的一般工艺问题、轨梁生产和棒材线材生产工艺。各篇中适当介绍了压力加工工艺和设备的新进展，各篇后附有针对性较强的思考题和习题。

本书主要作为高等院校相关专业本科、专科学生教学用书，也可供从事轧钢生产的工程技术人员参考。

图书在版编目(CIP)数据

金属压力加工工艺学/柳谋渊主编. —北京：冶金工业出版社，2008.9（2021.9重印）
高等学校规划教材
ISBN 978-7-5024-4614-7

Ⅰ.金… Ⅱ.柳… Ⅲ.金属压力加工—工艺学—高等学校—教材 Ⅳ.TG3

中国版本图书馆CIP数据核字(2008)第146210号

出版人 苏长永
地　址 北京市东城区嵩祝院北巷39号 邮编 100009 电话 (010)64027926
网　址 www.cnmip.com.cn 电子信箱 yjcbs@cnmip.com.cn
责任编辑 郭冬艳 美术编辑 彭子赫 版式设计 张 青
责任校对 王贺兰 责任印制 李玉山
ISBN 978-7-5024-4614-7
冶金工业出版社出版发行；各地新华书店经销；北京虎彩文化传播有限公司印刷
2008年9月第1版，2021年9月第3次印刷
787mm×1092mm 1/16；26.25印张；701千字；410页
46.00元

冶金工业出版社 投稿电话 (010)64027932 投稿信箱 tougao@cnmip.com.cn
冶金工业出版社营销中心 电话 (010)64044283 传真 (010)64027893
冶金工业出版社天猫旗舰店 yjgycbs.tmall.com
（本书如有印装质量问题，本社营销中心负责退换）

前　　言

“金属压力加工工艺学”是高等学校本科院校压力加工专业的主要专业课程，其任务是为金属塑性加工，尤其是钢材的轧制成形工艺过程分析和工艺制度的制定提供必要的专业知识。

本书根据应用型本科教学要求编写而成。全书共分板带钢生产、钢管生产和型线材生产三篇，内容以轧制加工为主，同时介绍相关新工艺和新技术，并系统阐述金属压力加工典型工艺、相关加工设备、工艺制度制定方法、力能参数计算与工艺校核方法等。各篇后附有思考题和习题。书中内容力求实用，并适用于工艺设计。

本书由上海应用技术学院柳谋渊任主编，重庆科技学院胡彬、上海应用技术学院经晓蓉任副主编。本书的第一篇共6章由经晓蓉编写，第二篇共10章由柳谋渊编写，第三篇共3章由胡彬编写。

在编写过程中，得到了有关生产和设计部门资深专家的大力帮助，在此深表谢意。

书中若有不妥之处，诚恳欢迎读者批评指正。

编　者

2008年3月

目　　录

第一篇　板带钢生产

第二篇　钢管生产

第三篇　型线材生产

第一篇

板带钢生产

1 板带钢生产概论

随着中国经济建设的快速发展，各行业对板带钢的需求量逐年递增，板带钢已成为最主要的钢材产品，约占钢材总量的45%，在汽车、造船、桥梁、建筑军工、食品和家用电器等工业上得到广泛应用。另外，板带钢还是生产焊接钢管、焊接型钢及冷弯型钢的原料。

当前，在工业比较发达的几个主要产钢国，板带钢在轧制钢材中所占比重达60%～70%，甚至更高，板带钢的生产技术水平及在轧材中所占的比例，可作为衡量一个国家轧钢生产发展水平的标志，也可作为衡量一个国家国民经济水平高低的指标之一。随着国民经济的迅速发展，对板带材的品种规格、尺寸精度及性能等都提出了更为严格的要求。

1.1 板带钢的品种

一般将单张供应的板材和成卷供应的带材总称为板带材。板带钢按厚度一般可分为厚板（包括中板、厚板及特厚板）、薄板和极薄带材三大类。我国一般称厚度在4.0mm以上的为中厚板（其中4～20mm的为中板，20～60mm的为厚板，60mm以上的为特厚板），4.0～0.2mm的为薄板，0.2mm以下的为极薄带材或箔材。目前，箔材最薄可达0.001mm，而特厚板可厚至500mm以上，最宽可达5000mm。热轧板带钢的厚度和宽度范围见表1-1。板带钢的这种分类是基于各类产品相似的技术要求和生产工艺与设备的特点，但实际上各国习惯并不一样，其间也无固定的明显界限，如日本规定3～6mm为中板，6mm以上为厚板。

表1-1 热轧钢板的分类

分 类	厚度范围/mm	宽度范围/mm
特厚板	>60	1200～5000
厚 板	20～60	600～3000
中 板	4.0～20	600～3000
薄 板	0.2～4.0	500～2500
带 材	<6	20～2500

板带钢按钢种可分为普通碳素钢板、优质碳素钢板、低合金结构钢板、碳素及合金工具钢板、电工硅钢薄板、不锈钢板、耐热及耐酸钢板、高温合金板及双金属复合钢板等。

板带钢按用途可分为造船板、锅炉板、桥梁板、压力容器板、汽车板、镀层板（镀锡、镀锌板等）、电工钢板、屋面板、深冲板、焊管坯、航空结构钢板、复合板及不锈板、耐酸耐热等特殊用途的钢板等。有关板带钢的品种规格可参看国家标准。

1.2 板带钢的技术要求

板带钢的技术要求（如形状、尺寸、表面状态、力学性能、物理化学性能、金属内部组织和化学成分等方面的要求），是为了满足使用上的需要而提出的，它体现为产品的标准。产品标准一般包括有品种（规格）标准、技术条件、试验标准及交货标准等方面的内容。产品标准有国家标准、国际标准、部颁标准或企业标准。轧钢工作者的任务是按产品标准组织生产，并不断提高生产技术水平以满足用户对产品质量的更高要求。对不同用途的板带钢，产品的技术要求各不相同，但依其相似的外形特点及其使用条件，产品的技术要求可归纳为：尺寸精确板形好，表面光洁性能高。具体表现在如下四个方面：

（1）尺寸精度。板带钢的尺寸精度主要是厚度精度，它不仅影响使用性能，而且厚度偏差对节约金属影响很大，是生产中控制难度最大的方面。板带钢由于 B/H 很大，厚度的微小变化势必引起其使用性能和金属消耗的极大波动，故在板带钢生产中一般应力争高精度轧制和按负公差轧制。

（2）板形。板形是板带钢的重要质量指标之一。无论是直接使用还是为了便于后道工序的生产，都要求有良好的板形，即要求板带平直，每米长度上的浪形、瓢曲、侧弯均不得超过产品标准中所允许的数值。

板形不良是由于沿宽度上不均匀变形引起的，当轧制薄带钢时，其不均匀变形的敏感性更大，故要求在生产技术上保证其板形良好。生产中要采取措施以减小轧制压力及其波动的影响，在轧制中要特别注意板形和辊型的控制。板带越薄，则对不均匀变形的敏感性越大，要保持板带良好的板形的困难也就越大。因此，板形的好坏与厚度精确度（尤其是横向厚度精确度）也有着直接的关系。

（3）表面质量。板带钢的表面质量直接影响到钢材的使用性能、寿命及其美观，并且板带材又是单位体积的表面积最大的一种钢材，故必须保证板带材的表面质量。无论是厚板或薄板，其表面都不得有气泡、结疤、拉裂、刮伤、折叠、裂缝、夹杂和压入氧化铁皮等表面缺陷，因为这些缺陷不仅损害板制件的外观，而且往往破坏性能或成为产生破裂和锈蚀的主要原因，成为应力集中的薄弱环节。例如，硅钢片表面的氧化铁皮和表面光洁度就直接破坏磁性；深冲钢板的表面氧化铁皮会使冲压件表面粗糙甚至开裂，并使冲压工模具迅速磨损；至于不锈钢板等特殊用途的板带材，还需对它们提出特殊的表面技术要求。

（4）性能要求。板带钢的性能要求主要包括力学性能、工艺性能和某些钢板的特殊物理或化学性能。一般结构钢板只要求具备较好的工艺性能，如冷弯和焊接性能等，而对力学性能的要求不很严格。对甲类钢钢板，则要求保证一定的强度和塑性。重要的结构钢板，要求有较好的综合性能，既要有良好的工艺性能又要保证有一定的强度和塑性，同时还要保证一定的化学成分及良好的焊接性能和常温或低温冲击韧性或一定的冲压性能、一定的晶粒组织及各方向组织均匀性等。诸如造船板、桥梁板、锅炉板、高压容器板、汽车板、低合金结构钢板以及优质碳素钢板等都属于这一类，它们的综合性能要求较严格。各种特殊用途的钢板（如高温合金板、不锈钢板、硅钢片、复合板等），则要求特殊的高温性能、低温性能、耐酸耐碱耐腐蚀性能，或要求一定的物理性能（如电磁性能等）及其他特殊性能。

随着生产技术的不断提高，用户对板带材的质量要求日趋严格，也对轧制、精整及热处理等生产工艺不断提出更高的技术要求。

1.3 板带钢轧机类型及其轧制技术的发展

1.3.1 轧机类型

板带热轧机种类繁多，通常可分特厚板轧机（或宽厚板轧机）、中厚板轧机、中板轧机、叠轧薄板轧机、炉卷轧机、行星轧机、窄带钢热轧机和热带钢连轧机等。从轧制工艺来看，有单张轧制和成卷轧制之分，除特厚板和厚板轧机外，现代化热轧机大多趋向于成卷轧制工艺，以提高生产率、成品质量和成材率。

板带冷轧机一般有四辊冷轧机和多辊冷轧机，有单机座可逆式和4～6机座串列式连轧机，可生产厚度小于0.1mm的极薄带材。一些特殊类型的轧机，如泰勒式轧机、摆式轧机、异步轧机和Z型冷轧机等也是生产薄带材的冷轧机，这些轧机各有特点，但因其本身结构、轧机调整等方面原因，尚未得到广泛推广应用。

1.3.2 板带钢轧制技术的发展

板带钢轧制的目的是在能耗尽可能低、生产安全的前提下，高效率地轧出合格产品。轧制过程中由于轧件的变形和轧机的变形同时发生，如何确保高效率的轧件的变形及控制和利用轧机的变形成为左右板带钢轧制技术发展的主要矛盾。

板带钢轧制时易于变形的途径主要有两个：其一是尽可能降低轧件本身的变形抗力（称之为内阻）；其二是设法改变轧件变形时的应力状态，努力减小应力状态影响系数，减少外摩擦等对金属变形的阻力（称之为外阻），甚至化害为利以进一步降低金属变形抗力。控制和利用轧机的变形，包括增强和控制机架的刚性和辊系的刚性、控制和利用轧辊的变形、采用液压弯辊、厚度和板形自动控制等各种实用技术措施。

1.3.2.1 降低金属变形抗力（内阻）

板材最早都是以块式法成张地在单机架或双机架轧机上进行往复热轧的。这种轧制方法只适宜于轧制厚而短的钢板。对于轧制厚度4mm以下的薄板，由于温度下降太快及轧机弹跳过大，采用单张往复热轧十分困难。为了生产这种薄板，便只得采用叠轧的方法。因为只有通过叠轧使轧件总厚度增大，并采用无水冷却的热辊轧制，才能保持轧制温度及克服轧机弹跳的障碍，以保证轧制过程的顺利进行。这种叠轧方法统治薄板生产达三百年之久，直到现今在很多工业落后的国家还仍然采用。这种轧制方法的金属消耗大、产品质量低、劳动条件差、生产能力小，显然满足不了国民经济发展日益增长的需要。鉴于单层轧制薄而长的钢板时温度下降得太快，如果不叠轧，便必须快速操作和成卷轧制，才能争取有较高的和较均匀的轧制温度。因此便产生了成卷连续轧制的方法。

第一台板带钢半连续热轧机于1892年建立，但由于受当时技术水平的限制，轧制速度过低（2m/s），使轧件温度下降很快，故并未达到目的。直到1924年第一台宽带钢连轧机在美国以6.6m/s的速度正式生产出合格产品。自20世纪30年代以来，板带钢成卷连续轧制的生产方法得到迅速发展，在工业先进国家中很快占据了板带钢生产的统治地位。

尽管连轧方法是一种高效率的先进的生产方法，但其建设投资大、生产规模只适合于大型钢铁企业的大批量生产。对于批量不大而品种较多的中小型企业，可逆式轧机更加适用。为了在轧制过程中抢温保温，1932年美国创建了炉卷轧机——一种将板卷置于保温炉内的边轧制边加热保温的轧机，并于1949年正式应用在工业生产上。这种轧机的主要优点是可用较少的设备投资和较灵活的工艺道次生产出批量不大而品种较多的产品，尤其适合于生产塑性较差、加工温度范围较窄的合金钢板带。

为了寻求更高效率的轧制方法，20世纪40年代以后人们又开始进行行星轧机的试验研究。行星轧机的基本特点是利用分散变形的原理实现金属的大压缩量变形。由于大量变形热使轧件在轧制过程中不仅不降低温度，反而可升温50~100℃，这就从根本上彻底解决了成卷轧制带钢时的温度下降问题。用行星轧机生产带钢与其他板带钢生产方法的比较如表1-2所示。由此可知行星轧机每吨产品的投资和成本与连续式轧机相比都大大地降低，显而易见，对中小型企业生产热轧板卷而言，行星轧机应该有着较大的发展前途。但行星轧机的不足在于轧机本身的结构过于复杂，系统的同步要求过高。

表1-2　各种热轧机经济指标比较

项　目	半连续轧机（190万t/年）	连续轧机（300万t/年）	行星轧机（72万t/年）
全部投资/万美元	6300	8900	960
其中机械设备投资/万美元	1450	2450	415
每吨产品投资/美元·t^{-1}	33.2	29.7	13.3
每吨产品生产成本/美元·t^{-1}	16.4	14.8	9.9

随着所轧板带钢厚度的不断减小，当厚度小于0.8~1.0mm以下时，若仍成卷热轧，则轧制温度难以保持，并且轧制薄板还必须前后施加较大的张力，才能使板形平直及轧制过程稳定正常，为此冷轧板带钢的方法便形成了。虽然在冷轧之前及冷轧过程中，往往也采用退火来消除加工硬化，以降低钢的变形抗力，但就冷轧生产而言，占主要地位的技术措施已经不是去降低内阻，而是要努力降低外阻。例如，努力减小工作辊直径及辊面摩擦系数等。

然而冷轧毕竟是金属变形抗力更大、耗能更多而且工序复杂的加工方式。能否不用冷轧而继续采用热轧或温轧的方法生产出厚度在1mm以下的薄带钢，这也是近代板带钢生产技术的一个发展方向，并且一些工业发达的国家正着手研究。其生产试验方案之一如图1-1所示。在通常的热轧以后追加水冷装置和温轧机架，在铁素体+珠光体领域，最好是铁素体单相区进行低温热轧或温轧，由追加的近距离卷取机进行卷取。试验表明，将这种板卷进行再结晶退火以后，具有与通常一次冷轧退火方法所得产品相同的深冲性能，而生产成本更为降低。当进行通常的热轧时则停止附加喷水，在附加机列上进行奥氏体领域的热轧，经水冷后进行卷取。另外近年采用无头轧制技术的热连轧机和薄板坯连铸连轧机都能热轧1.0mm，甚至0.8mm厚的带钢卷，并可以取代大部分的冷轧带钢。

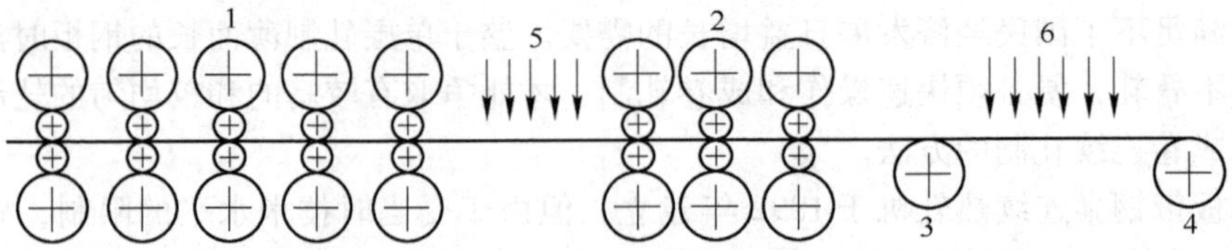

图1-1　试验轧机布置图

1—热轧精轧机组；2—附加机组；3—近距卷取机；4—远距卷取机；5，6—冷却系统

从降低金属变形抗力、降低能源消耗及简化生产过程出发，近代还出现了连铸连轧及无锭轧制（连续铸轧）等生产方法。早在20世纪五六十年代，苏联和我国即已采用连续铸轧的生

产方法生产铁板及试验生产钢板。而日本于1981年实现了宽带钢的连铸直接轧制。1989年及1992年德国SMS及DMH公司分别在美国和意大利实现了薄板坯连铸连轧、连续铸轧。图1-2为各种连续铸轧机示意图。

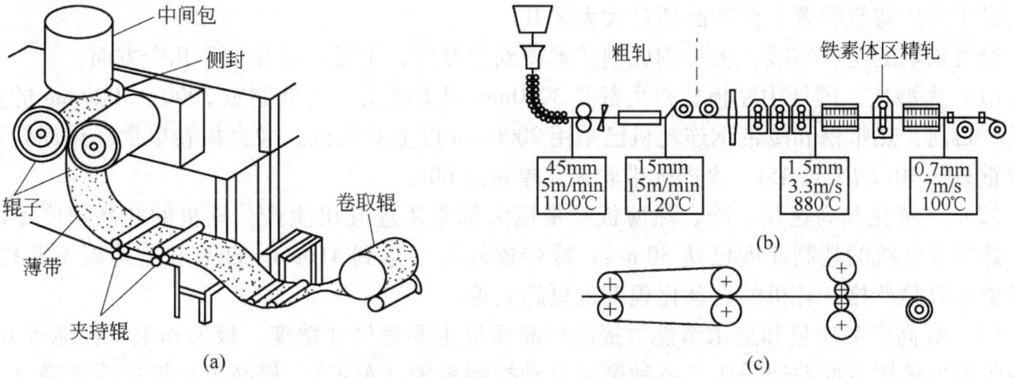

图1-2 各种连续铸轧机示意图

（a）带材双辊直接铸轧机；（b）薄板坯连续铸轧、连铸-连轧生产线；（c）双带式铸轧机

1.3.2.2 降低应力状态影响系数（外阻）

由前述可知，板带钢热轧时重点在降低内阻，但随着产品厚度进一步减小，不仅内阻大，而且外阻更大，降低外阻更趋重要。故冷轧板带时重点在降低外阻。通常降低外阻的主要技术措施就是减小工作辊直径、采用优质轧制润滑液和合理的润滑工艺、采取张力轧制，以减小应力状态影响系数。其中最主要、最活跃的是减小轧辊直径，由此而出现了从二辊到多辊的各种类型的板带钢轧机，以将轧机的强度与刚度有机结合。最早带有支撑辊的轧机是1864年出现的三辊劳特轧机，接着就是1870年开始出现的四辊轧机。通常在四辊轧机上轧制极薄带钢时，降低轧制压力与保证轧辊刚度之间又产生了新的矛盾，因而为了进一步减小轧辊直径，就必须设法防止工作辊水平弯曲。六辊式轧机就是为解决这一矛盾而产生的。1925年以后出现的一系列多辊轧机的用意也在此，以轧出厚度精度高、板形好的板带材产品。

在改进轧制润滑效率以降低外摩擦影响方面，冷轧的润滑是必不可少的工艺措施，但值得指出的是热轧润滑的发展。大量的资料表明：热轧采用润滑后可使轧制压力减小约10%～20%，同时使所轧带钢的断面形状和表面质量也得到改善。此外，还可使轧辊的磨损消耗减少约30%，增长了轧辊的使用寿命，减少了轧辊消耗及换辊的时间。

1.3.2.3 减少和控制轧机的变形

减少和控制轧机变形的有效措施有减小轧制压力及增加轧机的刚度两方面，前者已述，在此仅论述后者。

增大轧机刚度包括加大机架牌坊的刚度和辊系的刚度，具体的方法有增大牌坊立柱断面、加大支撑辊直径、采用多辊及多支点的支撑辊、改变机架受力状态、提高轧辊材质的弹性模量及辊面硬度等。由于B/H越大，越难轧，故薄带钢多辊轧机和宽厚板轧机便集中反映了这些特点。多辊轧机的工作机座为矩形整体铸成，既短又粗，刚性很强。宽厚板轧机牌坊立柱断面现已达10000cm^{2}以上，牌坊重达250～450t，轧机刚度系数增至8000～10000kN/mm，支撑辊直径达2400mm。冷轧机的刚度系数最大达30000～40000kN/mm。因此，为了提高轧机刚性，使得板带钢轧机趋向大型化。实际生产中，增大轧机刚度最有效的举措乃是通过液压装置使轧机刚度可调。

控制轧机的变形就是通过对轧机变形的合理调节，以对轧制过程中轧机有载辊缝的大小和形状的控制，从而对板带钢的横向和纵向厚度以及板形进行调节控制。迄今板带钢纵向厚度的自动控制、横向厚度和板形的控制技术已相当成熟，现代化的冷、热轧机均配备了厚度自动控制系统，板形控制技术的应用也得以普及，到20世纪70年代新建的大型四辊板带轧机几乎全都装设了液压弯辊装置，使产品质量大大提升。

经过长期的生产实践，板带钢轧制技术得到了发展，主要表现在如下几个方面：

（1）大型化。国外中厚板轧机大都是3000mm以上轧机，可轧制宽3000～5000mm的宽厚钢板。目前，热带钢和冷带钢连轧机已采用2000mm以上的轧机。增大板卷单重，热连轧带卷由单重20～30t增大到45t。冷连轧带卷最大单重达60t。

（2）连续化和高速化。冷、热薄板及带钢大都采用连轧机生产，轧机的轧制速度不断提高。热带连轧机的轧制速度已达30m/s；冷带连轧机已达到41m/s。随着轧制速度不断提高，质量要求日趋严格，轧机的自动化程度也更趋完善。

（3）提高产品质量和追求节能。提高产品质量主要是尺寸精度、板形和组织性能等方面。在板带厚度精度方面普遍采用了各种厚度自动控制系统（AGC），提高了带钢的厚度精度。在改善板形方面，采用HC轧机、VC轧辊、CVC技术，双交叉辊（PC）轧制等各种板形控制技术，显著地改善了板形。在提高板带钢的组织和性能方面，现已广泛应用控制轧制和控制冷却技术，以提高板带钢的综合力学性能。

节能方面，目前大力应用板坯热装炉和直接轧制技术，采用板卷箱和保温罩、热轧润滑等节能技术，使能耗大大降低。

2　中厚板生产

由于船舶制造、桥梁建筑、石油化工、压力容器等工业的迅速发展，钢板焊接构件、大直径输送管线及型材的广泛应用，特别是海上运输，能源开发与焊接技术的进步，需要大量宽而长的优质中厚板，使中厚板生产得到迅速发展，同时对中厚板品种质量方面提出了更高的要求。中厚板生产日益趋向合金化和大型化，轧机亦日趋重型化、高速化和自动化。3m 以上的四辊宽厚板轧机已成为生产中厚板的主流设备。新建的中厚板厂年产量高达 200 万 ~240 万 t。

2.1　中厚板轧机的类型及其布置

中厚板轧机从机架结构来看有二辊可逆式、三辊劳特式、四辊可逆式、万能式和复合式等几种形式；从机架布置来看，有单机架、串列或并列双机架及多机架连续式或半连续式轧机之别。

2.1.1　中厚板轧机的结构型式

2.1.1.1　二辊可逆式轧机

二辊可逆式轧机如图 2-1a 所示，轧辊直径一般为 800 ~ 1500mm，辊身长度达 3000 ~ 5500mm，这种轧机的主要优点是轧辊可以变速、可逆运转，因此可采用低速咬入、高速轧制以提高轧机咬入能力和增大压下量来提高产量，并可选择适当的轧制速度以充分发挥电机的潜力，并且由于它具有初轧机的功能，故对原料种类和尺寸的适应性较大，但这种轧机辊系的刚性较差，而且不便于通过换辊来补偿辊型的剧烈磨损，故轧制精度不高。一般用作粗轧机或开坯机。

2.1.1.2　三辊劳特式轧机

三辊劳特式轧机一般上、下轧辊直径为 800 ~ 850mm，中辊直径为 500 ~ 550mm，辊身长度为 1800 ~ 2800mm，传动功率为 1500 ~ 3000kW。这种轧机的主要优点是：1）采用交流感应电动机传动以实现往复轧制而无需大型直流电动机，并可采用飞轮来减小电机容量，使建设投资大大降低；2）可以显著降低轧制压力和能耗，并使钢板更易于延伸；3）由于中辊易于更换，因此便于采用不同凸度的中辊来补偿轧辊的磨损，以提高产品精度和延长轧辊使用寿命。但三辊劳特式轧机因中辊是从动辊而降低了其咬入的能力，轧机前后升降台等机械设备也较笨重复杂，且辊系刚性也不够大。所以这种轧机不适于轧制精度要求高或厚而宽的产品，过去常用以生产 4 ~ 20mm 的中板，现在由于四辊轧机的发展，此种轧机一般已不再兴建。但由于其投资少，建厂快，故在中小型企业中仍在继续使用。三辊劳特式轧机的轧辊配置如图 2-1b 所示。

2.1.1.3　四辊可逆式轧机

四辊可逆式轧机有直径相等的上下工作辊和上下支承辊（图 2-1c），其直径各在 700 ~ 1200mm 和 1100 ~ 2400mm 范围内，辊身长度为 1200 ~ 5500mm，轧机大多驱动工作辊，轧机转速 0 - 60 - 120r/min。这种轧机集中了二辊轧机和三辊劳特式轧机的优点，既降低了轧制压力，又大大增强了轧机刚性，可将轧机强度与刚度有效结合。因此这种轧机适合于轧制各种尺寸规格的中厚板，尤其是适合轧制宽度、精度和板形要求较严的厚板。它是现代应用最广泛的中厚板轧机。相对而言这种轧机造价较高，建厂投资较大。

2.1.1.4　万能式轧机

万能式轧机是在机前或机后具有一对或两对立辊的可逆式轧机（二辊式或四辊式），其轧辊布置如图 2-1d 所示。万能式轧机的优点是能轧制出齐边钢板，轧出的成品不需剪边，故降低了金属消耗，提高了成材率。这种轧机也称为“齐边轧机”。

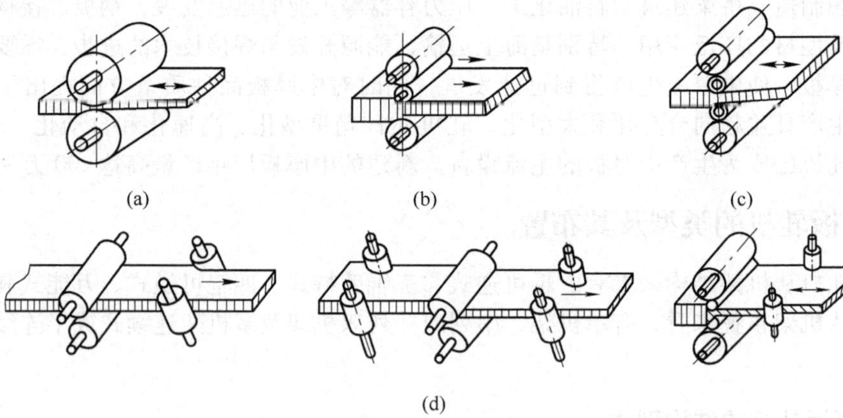

图 2-1　各种中厚板轧机

（a）二辊可逆式轧机；（b）三辊劳特式轧机；（c）四辊可逆式轧机；（d）万能式轧机

实践证明：立辊轧边只是在轧件宽厚比（B/H）值小于 60～70 时应用，例如，热连轧带钢粗轧阶段的轧制情况起作用，而对于宽厚板轧机，则由于轧件宽厚比均大于 60～70，立辊轧边时钢板容易产生纵向弯曲，这样不仅起不到轧边的作用，反而使操作复杂，容易造成质量问题，并且立辊与水平辊又难以实现同步运行（即满足金属秒流量相同），要实现同步又必须增加电气控制装置并使操作复杂。

2.1.1.5　复合式轧机

复合式轧机是一种既能轧制中厚板又能轧制板坯，甚至既能用作四辊又能用作二辊的复合式轧机，它适用于产量不大而品种多样的工厂。但其结构复杂，投资效果差，故发展不大。

经过多年的生产实践，中厚板轧机得到进一步的发展。新的中厚板轧机的特点是：轧辊直径大、轧制压力极高、轧机刚性大、电机容量大、轧制速度高、轧制宽板的精度高等，且具有板厚、板宽、板温控制手段。

2.1.2　中厚板轧机的布置

早期的中厚板轧机均为单机架，其后发展为双机架、多机架布置。

2.1.2.1　单机架轧机

单机架布置的中厚板车间具有投资省、建厂快，适用于产品品种多且生产规模不大的中型钢铁企业。2300mm 中板车间在我国较多，轧机为三辊劳特式，轧辊尺寸为 ϕ850mm/ϕ550mm/ϕ850mm×2300mm，由一台带飞轮的 2000kW 交流电机经人字齿轮座驱动上下轧辊，轧制速度为 2.62m/s，允许最大轧制压力为 15000kN，允许最大轧制力矩为 1200kN·m。轧件由粗轧到精轧均在该轧机上轧成。2300mm 单机座中厚板车间平面布置见图 2-2，车间年产量可达 20 万 t。

4200mm 宽厚板轧机是我国自行设计、制造的。4200mm 轧机采用 8.5～40t 钢锭作原料，轧机是一台四辊万能式轧机，立轧辊尺寸为 ϕ（1000～900）mm×1100mm，最大开口度为4200mm，最小开口度为800mm，允许最大轧制压力为7000kN；四辊轧机工作辊尺寸为 ϕ950mm×4200mm，支承辊为 ϕ1800mm×4200mm，允许最大轧制压力为42000kN，最大轧制力矩为2×2300kN·m，由两台2300kW的双电枢直流电机驱动工作辊，轧辊速度为0－2－4m/s，可轧制的产品厚度为8～250mm、宽3900mm，最长达27m的各种宽厚钢板。此外，它也可用钢锭作原料进行开坯生产，以满足本厂的板坯需要（见图2-3）。4200mm轧机轧出的钢板，经铡刀剪剪去头尾部后，送至布置于辊道两侧的两台铡刀剪组成的切边剪处，同时按要求剪去两边，该剪机最大开口度为4200mm。然后在冷床上进行在线冷却，当冷却至300℃以下时，经翻板检查后，进行精整加工，它可以在线对钢板进行常化处理，即由移送台架将钢板送入常化炉处理作业线，也可以离线进行热处理加工。该车间的设计能力为40万～60万t。

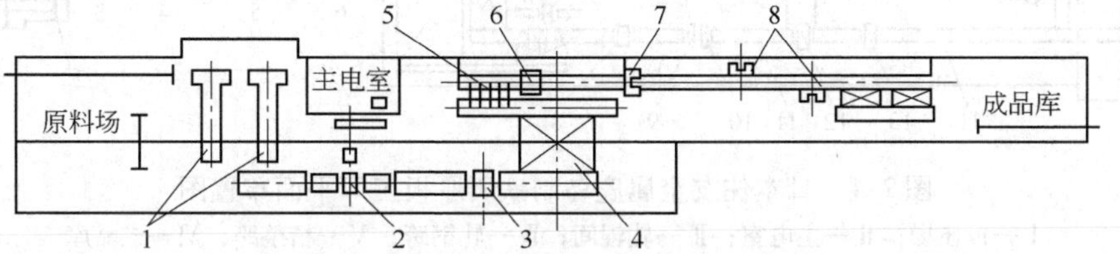

图2-2 2300mm中厚板车间平面布置图

1—加热炉；2—轧钢机；3—11辊矫直机；4—冷床；5—翻板机；6—划线小车；7—横切铡刀剪；8—纵切铡刀剪

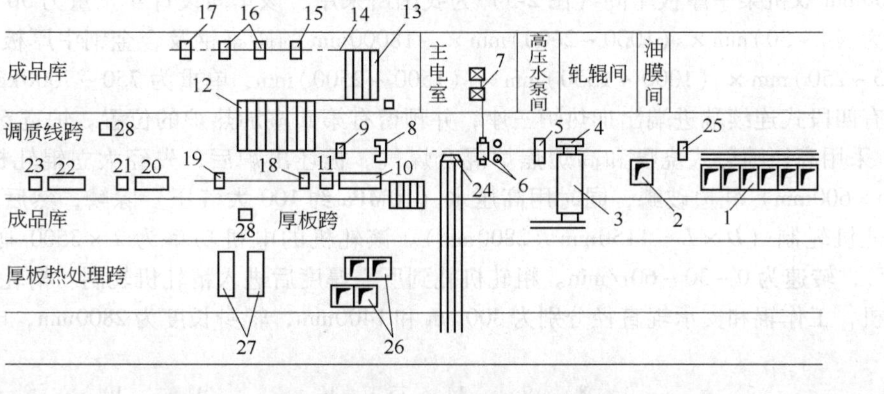

图2-3 单机座4200mm轧机特厚板车间平面图

1—均热炉；2—车底式炉；3—连续式炉；4—出料机；5—高压水除鳞箱；6—4200mm万能式钢板轧机；7—发电机－电动机组；8—热剪；9—热矫机；10—常化炉；11—无压力淬火机；12—冷床；13—翻板机、检查修磨台架；14—辊道；15—双边剪；16—定尺剪；17—打印机；18—热矫直机；19—冷矫直机；20—淬火炉；21—淬火机；22—回火炉；23—淬火机；24—收集装置；25—运锭小车；26—缓冷坑；27—外部机械化炉；28—翻板机

2.1.2.2 双机架轧机

双机架轧机布置是现代中厚板轧机的主要形式。它把粗轧和精轧两个阶段的不同任务和要求分到两台机架上去完成。其主要优点是：不仅轧机产量高，而且产品表面质量、尺寸精度或板形都较好，并可延长轧辊使用寿命，减少换辊次数等。双机架轧机的粗轧机可采用二辊可逆式、三辊劳特式或四辊可逆式；精轧机采用四辊可逆式。我国以二辊粗轧加四辊精轧的形式和在原有三辊劳特式轧机的基础上扩建四辊精轧机的改造方案较为普遍，但近年来采用的是四辊粗轧加四辊精轧的形式。美国、加拿大采用二辊加四辊的形式较多，而欧洲和日本则大多采用

四辊粗轧加四辊精轧的形式，其优点是：粗、精轧道次分配较合理，产量高；使进入精轧机的来料断面较均匀，质量好；粗轧可以单独生产，较灵活。但粗轧采用四辊轧机，为保证咬入稳定和传递扭矩，须加大工作辊直径，因而轧机结构笨重而复杂，投资也增大。故究竟何种形式合适，需视具体情况而定。日本自1967年以后兴建及改建的六个厚板厂皆为四辊粗轧加四辊精轧的形式。图2-4为日本住友金属鹿岛制铁所厚板工厂的平面布置。该厂设有两座步进式连续加热炉和室状加热炉，采用四辊粗轧机加四辊精轧机的双机架布置，另有四辊可逆式热矫直机、步进式冷床、自动检查划线装置和打印机等设备。全厂面积137780m^2，年产量为192万t。

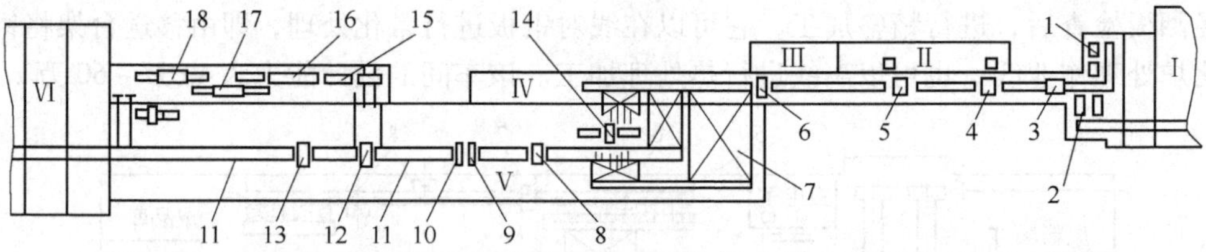

图2-4　日本住友金属鹿岛制铁所厚板工厂平面布置图

Ⅰ—板坯场；Ⅱ—主电室；Ⅲ—轧辊间；Ⅳ—轧钢跨；Ⅴ—精整跨；Ⅵ—成品库

1—室状炉；2—连续式炉；3—高压水除鳞机；4—粗轧机；5—精轧机；6—矫直机；7—冷床；8—切头剪；9—双边剪；10—纵剪；11—堆垛机；12—端剪；13—超声波探伤设备；14—压力矫直机；15—淬火机；16—热处理炉；17—涂装机；18—喷砂设备

2800mm双机架中厚板车间（图2-5）为我国所采用，该车间设计年产量为56万t/年，产品规格为（4～50）mm×（1000～2600）mm×～18000mm的碳素钢及合金钢中厚板，所用坯料为（115～250）mm×（1000～1550）mm×（1500～2500）mm，单重为750～7500kg的初轧坯。该车间有四段式连续端进端出加热炉三座，并预留有第四座加热炉的位置。炉宽6.15m，炉长30.3m，采用高压喷射式烧嘴和高炉焦炉混合煤气。板坯出炉后，先经大立辊轧机（$D\times L=1000\text{mm}\times600\text{mm}$）轧边破鳞，同时用高压水（10MPa约100大气压）除鳞，然后进入二辊可逆式粗轧机轧制（$D\times L=1150\text{mm}\times2800\text{mm}$）。该轧机的电机功率为2×3500马力（约2×2574kW），转速为0－30－60r/min。粗轧机轧到所需厚度后进入精轧机轧制。精轧机为四辊可逆式轧机，工作辊和支承辊直径分别为800mm和1400mm，辊身长度为2800mm，电机功率为

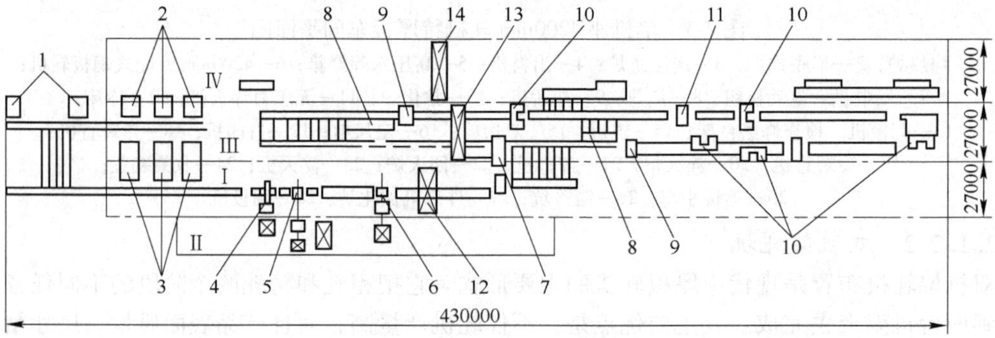

图2-5　2800mm轧机设备布置图

Ⅰ—主跨；Ⅱ—主电室；Ⅲ—精整跨；Ⅳ—成品库

1—上料装置；2—推钢机；3—加热炉；4—立辊轧机；5—二辊可逆式轧机；6—四辊万能式轧机；7—矫直机；8—翻板机；9—划线机；10—铡刀剪；11—圆盘剪；12—75/15t吊车；13—20/15t吊车；14—15t吊车

7500 马力（约 5516kW），转速为 0－80－120r/min。钢板经精轧后即送入热矫直机及冷床进行矫直和冷却，1 号矫直机为 9 辊式矫直机，可矫直 4～25mm 的钢板，2 号矫直机为 7 辊矫直机，矫直 15～50mm 的钢板。矫直机前后有喷水冷却装置。经翻板检查后钢板根据不同规格分别进入两条精整加工线，厚度 4～25mm 钢板经圆盘剪剪边，25～50mm 的钢板则由铡刀剪切边。为了生产合金及优质钢板，车间还设有热处理区，该区有辊底式常化炉、压力淬火机及罩式炉等设备。

5000mm 宽厚板工程是我国建设的第一套特宽幅现代化宽厚板生产机组，该工程一期建设 1 架精轧机，设计年产量为 140 万 t，预留的粗轧机及配套精整设施建成后，最终规模将扩大至 180 万 t。一期主厂房由板坯接收跨、板坯跨、加热炉区、主轧跨、主电室、磨辊间、冷床跨、剪切跨、中转跨、热处理跨、涂漆跨以及末端成品跨等组成，工厂平面布置及一期设备构成见图 2-6。该工程产品规格为（5～400）mm×（900～4800）mm×～25000mm，最大单重 24t，将扩至 45t，所用坯料类型和尺寸：连铸板坯（220～300）mm×（1300～2300）mm×（1500～4800）mm，初轧板坯（120～500）mm×（1300～1550）mm×（1500～4800）mm。为实施连铸板坯热送热装工艺，厚板连铸机与宽厚板轧机毗邻布置，生产线共设 2 座步进式加热炉，采用双排装料，同时设置 1 座车底式加热炉，用于特殊规格、特殊钢种等坯料加热。步进式加热炉内宽 10.7m，有效长度 51.9m，采用高焦炉混合煤气，车底式加热炉炉子外形尺寸 3900mm×8968mm×14132mm。板坯出炉后，经高压水除鳞装置除鳞，然后采用大力矩、高刚性、高轧制速度的轧机轧制，以实现低温控轧工艺。钢板经轧制后即送入热矫直机及步进式冷床进行矫直和控冷。该轧机的高精度轧制技术包括：厚度控制技术、平面形状控制技术、板形控制技术。目前该精轧机已大批量生产造船板、高强度结构板、锅炉及压力容器板等，专用板比例已超过三分之二，部分产品已进入国际市场。

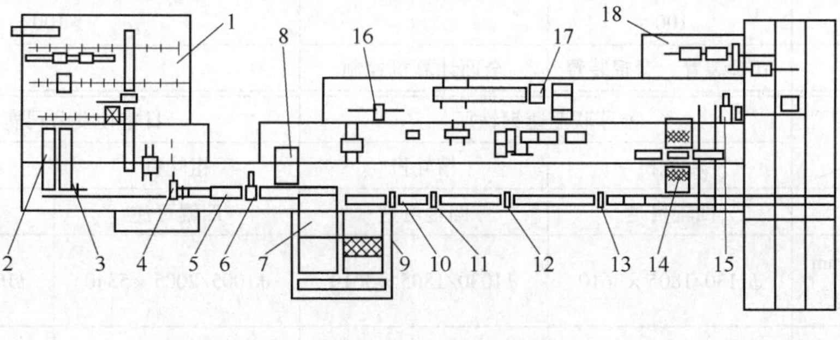

图 2-6　5000mm 宽厚板工程平面布置（一期）

1—板坯二次切割线；2—连续式加热炉；3—高压水除鳞箱；4—精轧机；5—加速冷却装置；6—热矫直机；7—宽冷床；8—特厚板冷床；9—检查修磨台架；10—超声波探伤装置；11—切头剪；12—双边剪和剖分剪；13—定尺剪；14—横移修磨台架；15—冷矫直机；16—压力矫直机；17—热处理线；18—涂漆线

国外中厚板轧机在 20 世纪 60 年代已基本实现了局部自动化。到 20 世纪 70 年代建造的厚板轧机，几乎都采用了计算机自动控制技术。中厚板轧机计算机在线控制的主要功能有：从板坯入炉到成品入库对钢料进行全线跟踪；按轧制节奏控制板坯装炉、出炉并设定和控制加热炉温度；计算最佳轧制温度，设定压下规程；进行厚度自动控制；计算液压弯辊设定值；控制轧制道次和间歇时间，以控制终轧温度等以及精整线上各工序的程序控制。在生产管理方面，由计算机根据订货单编制生产计划及原材料计划，进行生产调度，收集生产数据并显示和打印数据报表。由于采用计算机控制，减少了厚度及宽度偏差，提高了产品质量和金属收得率，取得了很好的经济效益。例如，美国共和钢铁公司加兹登厂3400mm轧机采用计算机控制后，厚度偏差减少到0.11～0.15mm，宽度偏差由38～51mm减少到7.6mm以下，金属收得率提高了1.57%～3.10%。日本川崎厂的5490mm厚板轧机采用计算机控制后，厚度精度由0.40mm提高到0.15mm，宽度偏差由50mm减小到15mm，收得率提高2%～4%，生产率提高15%～20%，均取得显著经济效果。国外某些中厚板轧机的类型和性能如表2-1所示，表2-2为我国中厚板轧机与国际中厚板轧机的水平比较。

表 2-1　国外某些中厚板轧机的类型和性能

项目 \ 工厂	德国迪林根钢铁公司	日本水岛制铁所第二厚板厂	美国钢铁公司巴敦厂 粗轧机	美国钢铁公司巴敦厂 精轧机
轧机类型	单机可逆四辊	单机可逆四辊	二辊可逆	四辊可逆
轧辊尺寸/mm × mm 工作辊/支承辊	ϕ1100/2160 × 4300	ϕ1200/2400 × 5490	ϕ1345 × 4060	ϕ990/1830 × 4096
牌坊 断面面积/cm^2	10625			
牌坊 重量/t	450	380		
最大轧制压力/kN	90000	80000		
电机容量/kW	9200 × 2	8000 × 2	2240 × 2	4490 × 2
轧辊转速或线速 $/r \cdot min^{-1}$, $m \cdot s^{-1}$	<110 ~ 6.1	3.14 ~ 7.54	30/60	40/100 5.18
除鳞方式	高压水 16.85MPa		高压水 16.85MPa	
年产量/万 t	100		>100	
其　他	AGC 装置、弯辊装置	全面计算机控制		

项目 \ 工厂	前苏联亚速钢铁厂 粗轧机	前苏联亚速钢铁厂 精轧机	日本住友公司鹿岛厂 粗轧机	日本住友公司鹿岛厂 精轧机
轧机类型	四辊可逆	四辊可逆	四辊可逆	四辊可逆
轧辊尺寸/mm × mm 工作辊/支承辊	ϕ1130/1805 × 3610	ϕ1030/1805 × 3610	ϕ1005/2005 × 5340	ϕ1005/2005 × 4725
牌坊 断面面积/cm^2	8700	8700	10000	10000
牌坊 重量/t	250	250		
最大轧制压力/kN	46000	46000	90000	83000
电机容量/kW	7010 × 2	8950 × 2	4490 × 2	5000 × 2
轧辊转速或线速 $/r \cdot min^{-1}$, $m \cdot s^{-1}$	40/80	40/70 5.96	40/80	50/100 5.18
除鳞方式	高压水 16.85MPa		高压水 17MPa	
年产量/万 t	188		180	
其　他			计算机控制、AGC 装置、弯辊装置	

表 2-2 我国中厚板轧机水平与国际先进水平比较

项目	国内水平		国际先进水平	
	上海浦钢厚板（先进水平）	重钢五厂（一般水平）	日本大分厚板	德国迪林根厚板
最大轧制力/MN	60	30	98	89
主电机功率/kW	5750×2	4250	8000×2	8700×2
除鳞水压力/MPa	15	15	19.6	16.7
自动厚度控制	有	无	有	有
弯辊装置	无	无	有	有
工作辊尺寸/mm×mm	ϕ960×4200	ϕ750×2450	ϕ1020×5500	ϕ1120×4800
支承辊尺寸/mm×mm	ϕ1800×4000	ϕ1500×2400	ϕ2400×5400	ϕ2150×4800
生产能力/万 $t \cdot a^{-1}$	100	55	240	200

2.2 中厚板生产工艺过程

中厚板生产工艺过程包括原料准备、加热、轧制和精整等工序。

2.2.1 原料准备和加热

轧制中厚板所用的原料可分扁钢锭、初轧板坯、连铸板坯和压铸坯四种。扁钢锭缺陷很多，金属消耗大，压缩比小，轧制钢板的质量差，因此只在轧制特厚板或某些特殊钢时，以及在得不到板坯原料时才用扁钢锭。压铸坯的应用尚不普遍。初轧板坯因可进行中间清理，且压缩比大，故钢板质量好。连铸坯已得到迅速推广，其总的金属消耗小，轧材成材率比初轧坯高2%～4%。原料种类、尺寸和重量的选择，不仅要考虑它对产量和钢板质量的影响（例如，考虑压缩比和终轧温度对性能质量及尺寸精度的影响），而且要综合考虑生产技术经济指标和生产的可能性。

从保证钢板具有合格的组织和性能来看，连铸坯的总压缩比应该提高，这不仅可以保证性能，而且可以改善表面质量。生产实践表明，采用厚150mm的连铸坯生产厚度12mm以下的钢板较为理想。实际上，对一般用途的钢板，压缩比取6～8以上；重要用途钢板，取8～10以上。连铸坯厚度一般为180～300mm，宽度为800～2500mm，长度则取决于加热炉宽度和钢板所需的重量，单重达45t。

中厚板用的加热炉有连续式加热炉、室状炉和均热炉三种。室状炉和均热炉多用于加热特重、特厚及特短的钢锭和钢坯；连续式加热炉适用于品种少批量大的生产。目前厚板连续式加热炉多为热滑轨式或步进式。

对不同的钢种及尺寸其加热最高温度是不同的。最高加热温度是根据温度对金属塑性的影响以及可能出现过热、过烧等缺陷来确定的，同时最高加热温度又受到终轧温度的限制。所以，一般最高加热温度较铁碳平衡图的固相线低100～150℃，终轧温度比奥氏体转变线高30～50℃；对于含碳量大于0.8%的过共析钢，终轧温度应低于奥氏体的转变温度线（*ES*线），以破碎二次渗碳体，改善和提高钢的力学性能。

2.2.2 轧制

中厚板轧制的任务是轧出性能和尺寸都符合要求的成品钢板。轧制过程大致可分为除鳞、粗轧和精轧三个阶段。

2.2.2.1　除鳞

完成加热的原料需清除其表面的氧化铁皮。目前，采用高压水除鳞箱及在轧机前后设置高压水喷嘴的除鳞方法都具有投资少、效果好的特点，它们可以满足除鳞的要求因而被广泛采用。此外，还有投以竹枝、杏条、食盐等爆破除鳞的人工方法以及采用一台大立辊轧机轧边并加高压水除鳞的方法。高压水除鳞箱对普碳钢的喷水压力为 12MPa，对合金钢则需 17MPa 以上，甚至高达 20MPa。

2.2.2.2　粗轧

粗轧的任务是将板坯或扁锭展宽到钢板所需的宽度，并进行大压下延伸，使其尽快地轧至钢板精轧前的厚度。为此，粗轧阶段有如下几种轧制方法：

(1) 全纵轧法。所谓纵轧是钢板延伸方向与原料（坯、锭）纵轴方向相一致的轧制方法。而全纵轧法即是中厚板轧制过程中的所有道次全采用纵轧的轧制方法。当板坯宽度大于或等于钢板宽度时，可采用这种方法轧制。这种操作方法的轧机产量较高，但由于轧件始终沿一个方向延伸，轧件中所存在的偏析、夹杂等呈条状分布，造成钢板组织和性能的各向异性，使横向性能（如冲击韧性）降低。

(2) 全横轧法。所谓横轧是钢板延伸方向与原料纵轴方向相垂直的轧制操作方法。而全横轧法即是中厚板轧制过程中的所有道次全采用横轧的轧制方法。当板坯长度大于或等于钢板宽度时可以采用此法。对初轧板坯而言，全横轧法可以减少钢板组织和性能的各向异性。

(3) 角轧法。所谓角轧是使板坯纵轴与轧辊轴线成一定角度送入轧辊进行轧制的方法（图 2-7）。采用角轧法轧制，在板坯宽度延伸到钢板所需宽度时，拨正轧件，使其轴线与轧辊轴线平行，沿轧件长度方向轧制到底。角轧的优点是可以改善咬入条件、提高压下量和减少咬入时的冲击；其缺点是需要拨钢操作，延长轧制间隙时间，使产量降低，且拨钢操作难以正确控制钢板呈矩形，使切损增大，成材率有所降低，目前仅采用机械拨钢，难以实现自动控制。因此，在三辊劳特式轧机上，当板坯较窄时采用角轧展宽。在角轧时，送入角 δ 一般控制在 15°～45°范围内。先第一对角线轧制 1～2 道次后，再将轧件拨至第二对角线的送入角进行轧制，使轧件延伸至钢板所需宽度并使其呈矩形。角轧后轧件宽度变化由下式求出：

$$b = \frac{B\mu}{\sqrt{1 + \sin^2\delta(\mu^2 - 1)}} \tag{2-1}$$

式中　B、b ——轧制前、后钢板的宽度，mm；

δ、μ ——该道送入角和延伸系数。

送入角 δ 根据轧制需要来选取。特定送入角下的计算式为：

$\delta = 45°$　　$b = \frac{1.4\mu B}{\sqrt{\mu^2 + 1}}$

$\delta = 30°$　　$b = \frac{2\mu B}{\sqrt{\mu^2 + 3}}$

$\delta = 20°$　　$b = \frac{2.9\mu B}{\sqrt{\mu^2 + 7.5}}$

$\delta = 15°$　　$b = \frac{3.86\mu B}{\sqrt{\mu^2 + 14}}$

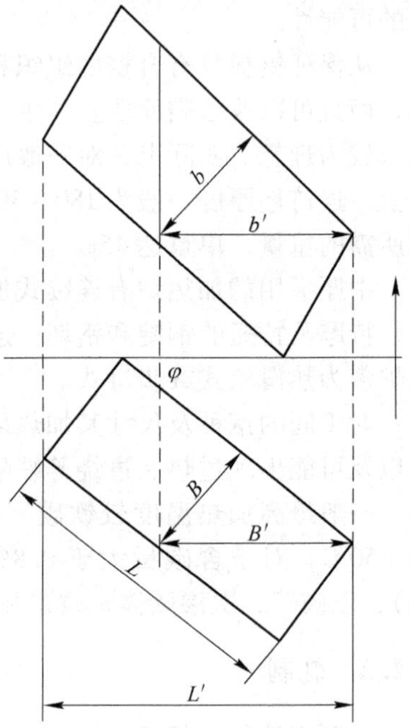

图 2-7　角轧示意图

为简化计算，可将角轧宽度公式作成曲线，如图 2-8

所示。

角轧时钢板最大接触宽度为：

当 $\delta \geqslant \arctan \dfrac{B}{L}$ 时，$B' = \dfrac{B}{\sin\delta}$；

当 $\delta < \arctan \dfrac{B}{L}$ 时，$B' = \dfrac{L}{\cos\delta}$

角轧时轧件轮廓宽度 L' 为：

$$L' = (B \cdot \sin\delta + L \cdot \cos\delta)\mu \qquad (2\text{-}2)$$

角轧后轧件实际长度 l 为：

$$l = \frac{H \cdot B \cdot L}{b \cdot h} = \frac{G}{\gamma \cdot h \cdot b} \qquad (2\text{-}3)$$

式中　G——轧件质量，t；

γ——轧件的密度，t/m³。

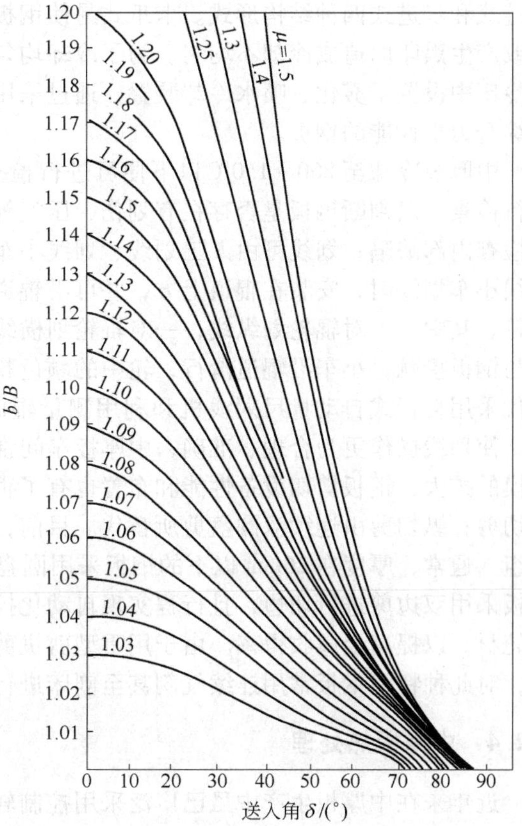

图 2-8　角轧计算图

（4）综合轧制法。综合轧制法即是将横轧、纵轧及角轧组合进行的轧制方法，以满足对不同产品尺寸的要求。在综合轧制法的应用中，以横轧—纵轧法、角轧—纵轧法居多。横轧—纵轧法是先将板坯转 90°进行横轧，将板坯宽度延伸至钢板所需的宽度，接着将板坯再转 90°，进行纵轧。这种操作方法是中厚板轧制最常用的方法，其优点是：板坯宽度与钢板宽度配合灵活，使原料尺寸的适应性提高，且可提高钢板横向性能，减少钢板的各向异性，因而它更适合于以连铸坯为原料的钢板生产；缺点是轧机产量有所降低。角轧—纵轧法是经第一、第二对角线角轧若干道次，使轧件宽度达到所需宽度并使其呈矩形后再进行纵轧。

2.2.2.3　精轧

中厚板的精轧和粗轧阶段并无明显的界限。通常双机架式轧机的第一架称为粗轧机，第二架称为精轧机。粗轧的主要任务是整形、展宽和大延伸，精轧则是延伸和质量控制，包括厚度、板形、性能及表面质量的控制，为提供合格的产品作保证。

2.2.3　精整

中厚板轧后精整包括矫直、冷却、划线、剪切、检查及清理缺陷乃至热处理和酸碱洗等工序。现代化厚板厂所有精整工序多是布置在金属流程线上的，由辊道及移送机进行转运，机械化、自动化水平日益提高。

为使板形平直，中厚板轧后须趁热进行矫直。矫直机已由二重式进化为 9～13 辊四重式，终矫温度常为 500～750℃。对特厚钢板采用压力机更为合适。为矫直高强度钢板还须设置高强度冷矫机。

钢板矫直后送至冷床进行冷却。厚板冷却的目的，既要获得良好的力学性能和金属内部组织结构，又要使钢板具有较好的工艺性能和表面质量，故选择合理的冷却方式和冷却设备至关重要。中厚板的冷却方式有自然冷却和强迫冷却两种，而中厚板用冷床有卡爪式、花辊式、托辊链式和步进式四种结构形式。卡爪式易使钢板与卡爪接触处发生弯曲变形，同时可能划伤钢板或产生黑印而造成冷却不均匀。为了冷却均匀并防止刮伤，近代多采用步进式运载冷床，并在冷床中设置了雾化、喷水冷却装置，通过采用快速冷却手段，达到控冷的目的，而获得良好的综合力学性能的钢板。

中厚板冷却至200～150℃以下便可进行检查、划线和剪切。翻板检查能对钢板上下表面进行检查，以判断钢板是否存在有划伤、压痕等缺陷。除表面检查外，还采用在线超声探伤仪以检查内部缺陷；划线可由人工划线、划线小车和自动划线机进行划线，以对钢板剪切定位。划线小车划线时，安装在辊道上方，并可沿辊道方向滑行的划线小车下方安装两对可升降的画线轮，其中，一对辊轮划纵线，一对辊轮划横线，辊轮间距可随意调整，当划线时，将辊轮放下与钢板接触，小车沿辊道滑行，轮中的颜色粉即在钢板上划出线条，以定出剪刃剪切位置。现代采用自行式自动量尺划线机和利用测量辊的固定式量尺划线机，与计算机控制系统相结合，使划线操作更为合理、准确；中厚板车间常用的剪切机有铡刀剪和圆盘剪两种。随着生产规模的扩大，钢板剪切设备性能和布置也有了很大改进。横切剪型式由铡刀剪和摇摆剪改进为滚切剪；纵切剪由连续双圆盘剪所替代。目前，在剪切线布置上，设置双边剪和横切剪的联合机组。通常，厚度在26mm以下的钢板采用圆盘剪，速度可达100～120m/min，厚至50mm的钢板采用双边剪进行切边，且行程实现自动化控制，在自动定尺的同时，可以判断是否产生剩余轧材，以提高金属收得率。由于用重型剪机剪切数量不多的50mm以上的钢板是不经济的举措，对此种特厚钢板常用连续气割甚至刨床进行切断。

2.2.4 中厚板热处理

近年来在中厚板生产中虽已广泛采用控制轧制和控制冷却工艺来提高钢板的力学性能，取代部分中厚板产品的常化工艺的效果，但目前尚不能完全取代。因此，现代化中厚板厂一般都设置热处理设备。中厚板热处理形式主要有常化、淬火加回火（调质处理）、退火及缓冷等。厚度为15～20mm以下的碳素钢板及低合金结构钢板多用常化处理，因为常化处理能得到较细小且均匀的铁素体晶粒及碳化物分布，故保证钢板具有较高的综合力学性能。钢板常化处理设备大多用辊底式常化炉。常化处理的生产率较高、成本低。部分结构钢板的常化热处理工艺列于表2-3。

表2-3 部分低合金结构钢及碳素钢常化热处理工艺

钢 种	处理方式	温度/℃	时间/s	冷却方式
15MnTi 等	常 化	1～2段950～960 3～5段910～930	1.5	空 冷
20Cr	常 化	880～900	2	空 冷
40Cr	常 化	860～880	2	空 冷
10、15、20	常 化	880～900	2	空 冷
25、30、35	常 化	860～880	2	空 冷
40、45、50、55	常 化	840～860	2	空 冷
16Mn、15Mn、16MnRE	常 化	880～900	2	空 冷

淬火加回火的调质处理是厚板常用的热处理方式之一，它使厚板具有较高的力学性能，特别是高的低温韧性，例如，在低温（－20℃、－40℃）条件下，A_3钢（Q235）板常化后的冲击值提高不大，而经淬火加回火处理后，从轧后－40℃冲击值的5N · m/cm^{2}提高到46～

$60N \cdot m/cm^2$。淬火在辊式、压力或槽式淬火机内进行，以辊式淬火机最为常用。现在调质处理的工艺通常采用无氧化辊底式炉或同步运转的步进梁式炉（对不锈钢）等设备进行正火或淬火处理，采用直火式辊底炉进行回火处理。

某些合金钢中厚板为了消除白点、内应力和降低硬度，需进行退火、高温回火或缓冷处理。

2.2.5　钢板质量检查

钢板质量检查根据产品技术标准和有关的生产协议进行，它包括钢板的尺寸和形状检查以及材质检查（拉伸、冲击、弯曲及其他力学性能检验和化学成分、晶粒及组织结构检验以及内部缺陷检验等）。

中厚板生产中，常见的缺陷有轧损、瓢曲、凹坑、鳞层、麻点及厚度不均等，此外还有冶炼、铸锭带来的原料钢质缺陷。

钢板表面和断面不允许存在的缺陷，如气泡、结疤、裂缝，压入氧化铁皮、夹杂、分层等。缺陷清理的要求在标准中也有规定。

钢板形状缺陷有单边波浪、中间浪和双边波浪以及剪坏（如剪斜、剪窄、剪短等）。钢板波浪形的产生，是由于辊缝凸度不当（辊型凸度不符）、最后几道压下量分配不当等造成，或者辊缝调整不当，一侧轴瓦磨损严重或送钢不正，造成钢板单边浪形，有时钢板温度不均匀也可能产生浪形。

对于一些质量要求高的产品如桥梁板等还要求进行探伤检查。现代中厚板厂普遍安装离线连续超声波探伤仪，探伤温度在100℃以下，探伤速度最大为60m/min。

2.3　中厚板生产工艺制度的制定

中厚板轧制工艺制度主要有压下规程、速度制度、温度制度、辊型制度等，其中主要是压下规程，它决定轧制时实际辊缝的大小和形状。压下规程制定合理与否，直接关系到轧机的产量和产品质量。制定压下规程，既要确定所采用的轧制方法、轧制道次及每道压下量大小，在轧机操作上给出各道次压下螺丝的位置（即辊缝大小），又要同时确定各道次的轧制速度和轧制温度以及选择合理的坯料尺寸。

2.3.1　压下规程的制定

轧制中厚板，通常总是希望以最少的轧制道次轧出成品钢板。因此，合理的压下规程既要求充分发挥设备能力，提高轧机的产量，又要求保证钢板的质量，并且要使操作方便，设备安全。要减少道次，就必须增大道次压下量，但最大压下量常受到下列条件的限制。

2.3.1.1　咬入条件的限制

轧制时轧件所允许的最大咬入角大小取决于轧辊直径和摩擦系数，而摩擦系数的大小与轧辊材质、轧制速度、轧辊与轧件的表面接触状态等有关。平辊轧制时，最大压下量为：

$$\Delta h_{\max} = D(1-\cos\alpha_{\max}) = D\left(1-\frac{1}{\sqrt{1+f^2}}\right) \tag{2-4}$$

式中　D——轧辊直径；

f——摩擦系数；

$\alpha_{\max}$——最大允许咬入角。

根据实验资料，平辊热轧时允许咬入角与轧制速度之间的关系如下：

轧制速度/$m \cdot s^{-1}$	0	0.5	1.0	1.5	2.0	2.5	3.5
允许咬入角/（°）	25	23	22.5	22	21	17	11

在二辊可逆式粗轧机上，由于轧辊直径大、双辊驱动，并实行低速咬入，故这类轧机的咬入条件不会成为限制道次压下量的因素，其实际允许咬入角可达22°～25°的范围。连续宽板轧机的咬入角也可允许到18°～20°；而万能轧机由于有立辊的作用，允许咬入角达到21°～22°，一般也不会成为限制因素。

三辊劳特式轧机上，由于轧制速度不可调整及中辊直径小且为惰辊，故咬入条件较差，常成为限制道次压下量的因素，其最大压下量可用下式计算：

$$\Delta h_{max} = \frac{D_{中}}{D_{大}}(D_{中} + D_{大})\sin^2 \frac{21 - 2v}{1 + D_{中}/D_{大}} \quad (2\text{-}5)$$

式中　$D_{中}$、$D_{大}$——分别为中辊和上下辊直径，mm；

v——轧辊线速度，m/s。

三辊劳特式轧机的允许咬入角约14°～16°，其最大压下量相当于中辊直径的4%～5%，故其咬入条件常常成为限制压下量的因素。图2-9表示出不同辊径比、不同速度下的允许压下量的关系。

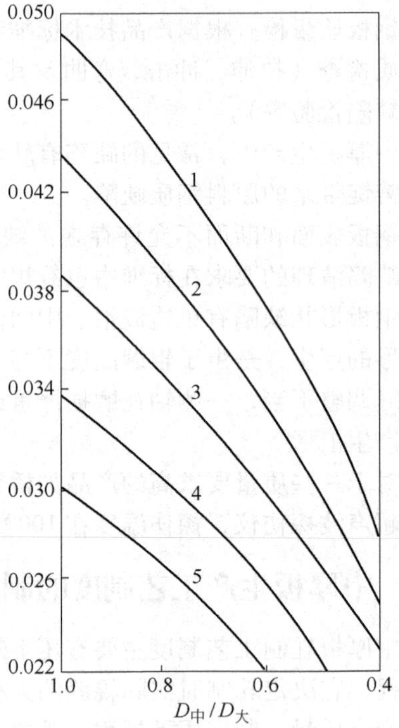

图2-9　不同辊径比和轧制速度对最大压下量的影响

1—v=1.5m/s；2—v=20m/s；3—v=2.5m/s；4—v=3.0m/s；5—v=3.5m/s

2.3.1.2　轧辊强度条件

轧制钢板时，由于轧制压力大，轧辊强度往往是限制压下量的因素。轧辊能够承受的允许压力可由均布载荷的简支梁的弯曲力矩求得。此时按轧辊许用弯曲应力计算的最大允许轧制压力P_{max}为：

$$P_{max} = \frac{0.4D^3 \cdot R_b}{L + l - 0.5B} \quad (2\text{-}6)$$

式中　D、L、l——轧辊直径、辊身长度和辊颈长度，mm；

B——钢板宽度，mm；

R_b——轧辊许用弯曲应力，MPa，R_b可取为：

轧辊材质	一般铸铁	合金铸铁	铸钢	锻钢	合金锻钢
R_b/MPa	70～80	80～90	100～120	120～140	140～160

为了满足轧辊强度条件，由所选定的道次压下量Δh求得的轧制总压力P必须小于由轧辊强度所决定的最大允许压力，即

$$P = \bar{p} \cdot B \cdot \sqrt{R \cdot \Delta h} \leqslant P_{max} \quad (2\text{-}7)$$

式中　$\bar{p}$——平均单位压力，MPa；

B——钢板宽度，mm；

P_{max}——由轧辊强度所决定的最大允许压力，kN。

故由轧辊强度所决定的最大允许压下量为：

$$\Delta h_{max} = \frac{1}{R}\left(\frac{P_{max}}{p \cdot B}\right)^2 \tag{2-8}$$

在四辊轧机上，由于支承辊辊身强度很大，P_{max}还往往取决于支承辊辊颈的弯曲强度。按驱动辊辊颈的许用扭转应力计算的最大允许轧制压力为：

$$P_{max} = \frac{0.4d^3[\tau]}{\sqrt{R \cdot \Delta h}} \tag{2-9}$$

式中　d——驱动辊辊颈直径，mm；

$[\tau]$——轧辊许用扭转应力，取 $[\tau] = 0.5 \sim 0.6R_b$。

由于四辊轧机附加摩擦力矩很小，若忽略不计，则从轧辊辊颈强度出发近似可得最大允许轧制力矩 M_{max}为：

$$M_{max} \approx P_{max} \cdot \sqrt{R \cdot \Delta h} = 0.4d^3[\tau] \tag{2-10}$$

由此可见，Δh 越大，则轧制力矩越大，故粗轧道次压下量取大时，一般应考虑最大允许轧制力矩的限制问题。实际生产中，辊颈扭断的危险往往在粗轧道次中。

在三辊劳特式轧机中，对轧辊强度的校验应按上辊或下辊计算，因为中辊总是有上辊或下辊支承的。

2.3.1.3　*主电机能力的限制*

主电机能力的限制，即电机过载和发热能力的限制。由道次压下量计算出轧制压力和力矩，来校验主电机过载和发热能力，即

$$M_{max} \leqslant \lambda M_H \tag{2-11}$$

$$M_e = \sqrt{\frac{\sum M_i^2 \cdot t_i + \sum M_i'^2 \cdot t_i}{\sum t_i + \sum t_i'}} \leqslant M_H \tag{2-12}$$

式中　M_{max}——轧制周期内最大力矩，kN·m；

λ——主电机允许过载系数，直流电机 $\lambda = 2 \sim 2.5$，交流同步电机 $\lambda = 2.5 \sim 3$；

M_H——主电机额定力矩，kN·m；

M_e——等效力矩，kN·m；

$\sum t_i$——轧制周期内各段轧制时间的总和，s；

$\sum t_i'$——轧制周期内各段间隙时间的总和，s；

M_i——各段轧制时间所对应的力矩，kN·m；

M_i'——各段间隙时间所对应的力矩，kN·m。

2.3.1.4　*金属塑性的限制*

轧制时受轧件塑性的影响，对不同的材质，其变形量是不同的，且在不同的轧制工艺条件下，即使材质相同，此时的变形量也不尽相同。为保证轧制的稳定、正常，需对轧件的塑性能力进行正确估量。

2.3.1.5　*产品质量要求的限制*

精轧阶段压下量对成品钢板的板形和尺寸精度有很大影响。粗轧时开始道次压下量过大，则咬入困难，或不能良好除鳞，造成表面质量不好；精轧道次压下量过大，则钢板板形不好和尺寸精度差；若整个轧制过程的压下量分配不当，则导致终轧温度过高或过低，从而影响成品钢板的力学性能。为获得良好板形、尺寸精度及性能，一般要求精轧阶段的最终几道次给以小压下量，但必须大于临界变形量，以防止晶粒粗化，使钢板性能下降。

2.3.2 温度制度的确定

精确地计算出各道次的轧件温度是为了准确计算轧制压力，进行轧辊强度、主电机能力的校核。因此，轧制温度制度的计算是制定轧制工艺制度的基本内容之一。

热轧时轧件的温度下降与辐射、对流、传导所散失的热量有关，还与轧制变形功、摩擦所转化的热量有关。热轧时轧件辐射散热是主要的，并认为对流、传导所散失的热量与变形功及摩擦所转化的热量相抵消，因此，轧件温度下降一般按辐射散热计算。

轧制中厚板时，轧件逐道温降可按下式计算：

$$\Delta t = 12.9\,\frac{Z}{h}\left(\frac{T_1}{1000}\right)^4 \tag{2-13}$$

式中 Δt ——上一道轧制到下一道轧制时的温降，℃；

T_1 ——上一道轧制的轧件绝对温度，K；

Z ——辐射时间，即上一道轧制至下一道轧制的延续时间，为上一道的纯轧时间与轧后间隙时间之和，s；

h ——上一道轧制后的厚度，mm。

2.3.3 速度制度的确定

根据中厚板轧机的类型，有两种速度制度，一是轧辊转向不变的定速轧制速度制度，它用于三辊劳特式轧机，这种速度制度计算简单，一般根据产量要求、操作条件等确定。我国三辊劳特式轧机速度在2～3m/s；二是轧辊转向及转速变化的可调速可逆式轧制速度制度，它用于二辊和四辊可逆式轧机。

2.3.3.1 可逆式轧机的速度图

以轧辊转速为纵坐标，时间为横坐标绘制出轧辊转速随时间变化的曲线图称为速度图，它是分析和计算可逆式轧机速度制度的工具。可逆式轧机的速度图有两种类型：

（1）梯形速度图（图2-10a）。轧辊咬入轧件之前，由零开始加速运转为空转加速期（t_1）；在以某转速 n_y 咬入轧件之后，继续进行加速，为加速轧制期（t_2）；轧辊到达某一转速 n_d 后停止加速，为等速轧制期（t_3）；等速轧制延续一定时间后，主电机开始减速，轧件轧完后再抛出轧件，称为减速轧制期（t_4）；轧辊继续减速制动至零，为空转制动期（t_5）。随后，重新向反方向启动进行下一道轧制，这样的速度曲线图为梯形速度图。

（2）三角形速度图（图2-10b）。无等速轧制期，即 $t_3=0$，由加速轧制直接过渡到减速轧制的速度图为三角形速度图。

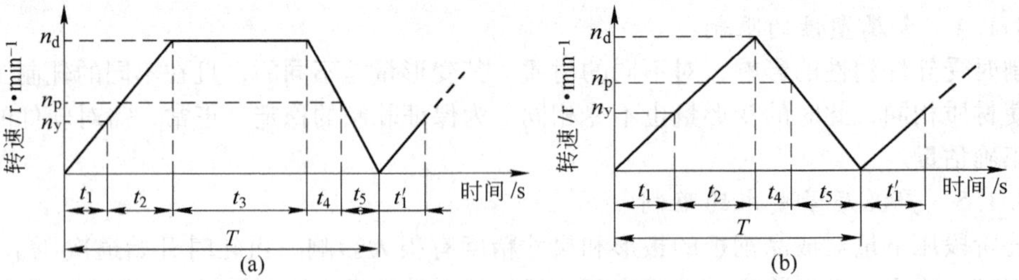

图2-10 可逆式轧机的速度图

（a）梯形速度图；（b）三角形速度图

n_y—咬入转速；n_p—抛出转速；n_d—等速轧制转速（最高转速）；t_1—空载加速时间；t_2—加速轧制时间；t_3—等速轧制时间；t_4—减速轧制时间；t_5—空载制动时间

三角形速度图的生产率高于梯形速度图的生产率，但采用三角形速度图时，若转速高于电机额定转速 n_H，则电机允许的力矩要降低，当轧件较长时，轧辊转速还可能超过电机的最高转速 n_{max}。因此，应根据轧件长度，电机的调速范围和对轧制周期的要求，确定选用哪种速度图。通常，粗轧机上轧制的开始几道，轧件较短，一般可选用三角形速度图；粗轧机的后几道次及精轧机所有道次，轧件越轧越长而应采用梯形速度图。

2.3.3.2 合理速度制度的确定

可逆式轧机速度制度的确定包括：选用速度图、选择各道的咬入转速 n_y 和抛出转速 n_p；计算最高转速 n_d 及纯轧时间（$t_2+t_3+t_4$）；确定道次间的间隙时间。

（1）咬入转速和抛出转速的选择。按照轧制节奏要短，并能顺利咬入轧件，便于操作的原则，根据主电机的调速范围合理确定咬入转速 n_y 和抛出转速 n_p。在可逆式中厚板轧机的粗轧机上，咬入转速 n_y 一般可取 10～20r/min，抛出转速 n_p 取 15～25r/min；精轧机上，n_y 可取 20～40r/min，甚至取 60r/min 等速咬入，而 n_p 取 20～30r/min。

（2）最高轧制转速 n_d 和纯轧时间的计算。三角形速度图下的最高转速与纯轧时间：根据三角形速度图总面积与各局部面积的关系，可得出最高转速 n_d，即

$$n_d=\sqrt{\frac{ab}{a+b}\left(\frac{120l}{\pi D}+\frac{n_y^2}{a}+\frac{n_p^2}{b}\right)} \tag{2-14}$$

式中 a——轧辊角加速度，r/(min·s)；
b——轧辊角减速度，r/(min·s)；
l——轧件轧后长度，mm；
D——轧辊工作直径，mm。

在三角形速度图下，每道的纯轧时间为： $t_z=t_2+t_4$

或
$$t_z=\frac{n_d-n_y}{a}+\frac{n_d-n_p}{b} \tag{2-15}$$

梯形速度图下的等速转速与纯轧时间：梯形速度图的等速转速即最高转速根据主电机性能确定，它不得超过电机允许的最大转速。

等速轧制时间：
$$t_3=\frac{1}{n_d}\left[\frac{60l}{\pi D}+\frac{n_y^2}{2a}+\frac{n_p^2}{2b}-\frac{(a+b)n_d^2}{2ab}\right] \tag{2-16}$$

加速轧制时间：
$$t_2=\frac{n_d-n_y}{a} \tag{2-17}$$

减速轧制时间：
$$t_4=\frac{n_d-n_p}{b} \tag{2-18}$$

纯轧时间：
$$t_z=t_2+t_3+t_4 \tag{2-19}$$

（3）间隙时间的确定。可逆式中厚板轧机道次之间的间隙时间取决于：轧辊由上一道的抛出转速逆转到下一道咬入转速所需的时间；完成轧辊压下的调整时间；轧件从轧辊间抛出再返回进入轧辊间的时间（包括轧件返回、对中时间或转钢时间）。道次间最短的间隙时间应大于三者中最长的时间。在粗轧机上，道次间隙时间可取 3～6s，精轧机上取 4～8s。

2.3.4 制定工艺制度的步骤

制定压下规程的方法很多，一般为理论方法和经验方法两大类。理论方法就是从充分满足制定压下规程的原则出发，按预设的条件经过经验计算求得最佳的轧制规程。但是在实际生产中由于变化因素很多，且往往与理论计算时的条件不符，因此理论计算确定的压下规程也要根

据具体情况，凭操作人员的经验进行灵活处理。在全面计算机控制的现代化厚板轧机上，才有可能根据具体变化的情况，对压下规程进行在线的理论计算和控制。

在人工操作的轧机上经常采用经验方法，即根据经验资料或参照类似轧机实际运行的压下规程，进行压下分配及校核计算，经过不断的校核修正逐渐趋于合理。例如，常用的压下量或压下率分配法、能耗负荷分配法等都是经验法。必须指出，即使是按经验法制定的压下规程，由于生产条件的变化和实际操作的误差，也很难完全实现，总需要按实际情况灵活应用。

通常，制定轧制工艺制度的步骤是：

（1）根据产品要求和生产条件（如轧机、供坯等），选择合适的坯料种类和尺寸；

（2）确定轧制方案，对中厚板轧机也就是确定轧制方法；

（3）在咬入能力允许的条件下，按经验分配各道次压下量，这包括直接分配各道次绝对压下量或压下率、确定各道次压下量分配率（$\Delta h/\Sigma\Delta h,\%$）及确定各道次能耗负荷分配比等各种方法；

（4）确定速度制度，计算轧制时间并确定逐道次轧制温度；

（5）计算轧制压力、轧制力矩及总传动力矩；

（6）进行轧辊强度和主电机能力的校核。根据校核情况反过来修正压下规程，直至合格为止。

2.3.5 中厚板轧制时的轧制工艺规程设计示例

2.3.5.1 三辊劳特式轧机轧制规程设计

已知：轧辊尺寸为 $\phi735/\phi500/\phi735\text{mm}\times2300\text{mm}$；辊颈长度为 426mm；轧辊材质为普通铸铁；轧制速度 $v=2.5\text{m/s}$。

坯料：$H_1\times B_1\times L_1=120\text{mm}\times700\text{mm}\times1300\text{mm}$；材质为 A_2（Q215）。

成品：$h_n\times b_n\times l_n=8\text{mm}\times1600\text{mm}\times6000\text{mm}$；两侧切边量共 100mm。

开轧温度 $t_1=1200℃$；终轧温度 $t_n>850\sim900℃$。

解：计算步骤如下：

（1）基本数据计算

轧辊平均工作半径：
$$\bar{R}=\frac{D_{上}\cdot D_{中}}{D_{上}+D_{中}}=\frac{735\times500}{735+500}=298\text{mm}$$

轧辊允许压力：
$$[P]=\frac{0.4D_{上}^3\cdot R_b}{L+l-0.5b}=\frac{0.4\times735^3\times(70\sim80)}{2300+426-0.5(1600+100)}=6000\sim6800\text{kN}$$

轧制压力：这里采用恰古诺夫公式，使计算较为简便。
$$\bar{p}=n_\sigma\cdot k=n_\sigma\cdot n_t\cdot R_m$$

式中 R_m——经退火钢在室温下（20℃）的强度极限，可以根据实验资料获得，对碳素钢可按图 2-11 确定；

n_σ——外抗力系数；

n_t——轧制温度 t 与金属熔点 t_r 影响的温度系数，按不同的轧制温度分别进行计算，碳素钢熔点 t_r 由图 2-11 查得。

当 $t>(t_r-575)$ 时，$n_t=\dfrac{0.95t_r-t}{1500}\approx\dfrac{t_r-75-t}{1500}$

当 $t<(t_r-575)$ 时，$n_t=\left(\dfrac{t_r-t}{1000}\right)^2$

n_σ 根据变形区 $l/\bar{h}$ 比值大小，按以下两种情况分别计算，即

$l/\bar{h}\leqslant 1$ 时，$n_\sigma=1$

$l/\bar{h}>1$ 时，$n_\sigma=1+f(l/\bar{h}-1)\ =1+\dfrac{1}{3}\left(\dfrac{2\sqrt{R\cdot\Delta h}}{H+h}-1\right)$

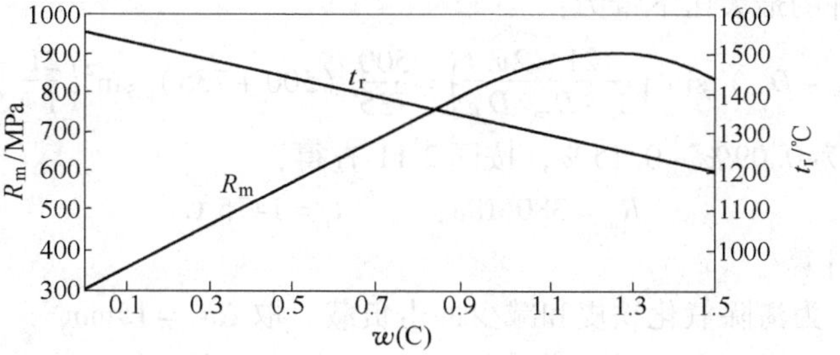

图 2-11 碳素钢强度极限 R_m（20℃时）和熔点 t_r 与钢的含碳量的关系（恰古诺夫公式用）

一般情况下，欲找出轧辊允许压力［P］与 Δh 之间的关系，显然很不方便。但该关系可借助于图解法来近似确定，方法如下：

设 $$l'=n_\sigma\sqrt{R\cdot\Delta h}=\left[1+\frac{1}{3}\left(\frac{2\sqrt{R\cdot\Delta h}}{H+h}-1\right)\right]\sqrt{R\cdot\Delta h}$$

在轧辊半径 R 为已知（即对某台现有的轧机而言）时，可将上式绘成图表，如图 2-12 所示。该图为 $D_{上}=735\text{mm}$、$D_{中}=500\text{mm}$ 的三辊劳特式轧机所用，若其他规格的三辊劳特式轧机须另行绘制。

显然，轧件每道轧制前的厚度 H 应为已知值，因此，只要求出 l' 的数值，按图 2-12 便可用插入法求出［P］相应的压下量。

l' 可按下式计算，即

$$l'=\frac{[P]}{k\cdot b} \tag{2-20}$$

$$k=n_t\cdot\sigma \tag{2-21}$$

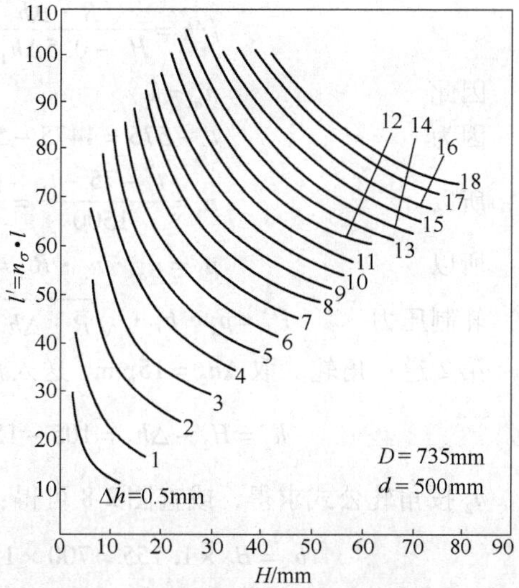

图 2-12 735/500/735mm 三辊劳特式轧机上 l'、H 和 Δh 的图解曲线

逐道轧制温度的计算：当已知整个轧制过程的总温降（$\Delta t_{总}=t_{开}-t_{终}$）时，可由总温降与相应厚度导出的公式确定，即

$$t_i=T-\frac{K}{H_i} \tag{2-22}$$

式中 H_i ——该道轧前厚度；

t_i ——任一道的轧制温度；

T、K ——取决于开轧温度与终轧温度的两个常数，为

$$K=\frac{t_1-t_n}{H_1-H_n}H_1\cdot H_n;\qquad T=t_1+\frac{K}{H_1}$$

式中 t_1、t_n ——分别为开轧温度和终轧温度，℃；

H_1、H_n——分别为坯料厚度和最终道次轧前厚度，mm。

本题已知 $t_1=1200℃$，$t_n=870℃$，设 $H_n=8.5\text{mm}$。

因此 $$K=\frac{t_1-t_n}{H_1-H_n}H_1\cdot H_n=\frac{1200-870}{120-8.5}\times 120\times 8.5=3019$$

$$T=t_1+\frac{K}{H_1}=1200+\frac{3019}{120}=1225$$

咬入条件所允许的最大压下量为：

$$\Delta h_{\max}=\frac{D_{中}}{D_{上}}(D_{中}+D_{上})\ \sin^2\left(\frac{21-2v}{1+D_{中}/D_{上}}\right)=\frac{500}{735}(500+735)\ \sin^2\left(\frac{21-2\times 2.5}{1+500/735}\right)=23\text{mm}$$

A2 钢的含碳量为 0.09% ~0.15%，按图 2-11 查得：

$$R_m=380\text{MPa},\qquad t_r=1475℃$$

（2）压下规程计算

第 1 道：纵轧。为清除氧化铁皮和减少冲击负载，取 $\Delta h_1=15$mm

则 $$h_1=H_1-\Delta h_1=120-15=105\text{mm},\quad \mu_1=\frac{H_1}{h_1}=\frac{120}{105}=1.143$$

$$l_1=L_1\times\mu_1=1300\times 1.143=1486，取 1480\text{mm}$$

平均单位压力 $\bar{p}=n_\sigma\cdot n_t\cdot R_m$

平均变形区长度 $\bar{l}=\sqrt{\bar{R}\cdot\Delta h}=\sqrt{298\times 15}=66.9$mm

$$\bar{l}/\bar{h}=\frac{\sqrt{\bar{R}\cdot\Delta h}}{H_1-0.5\Delta h_1}=\frac{66.9}{120-0.5\times 15}=0.59<1$$

因此 $n_\sigma=1$

因为 $t_r-575=1475-575=900$，即 $t_1>900$

所以 $$n_t=\frac{t_r-75-t_1}{1500}=\frac{1475-75-1200}{1500}=0.133$$

所以 $p_1=n_\sigma\cdot n_t\cdot R_m=1.0\times 0.133\times 380=51$MPa

轧制压力 $P_1=p_1\cdot b_1\cdot\sqrt{\bar{R}\cdot\Delta h}=51\times 700\times 66.9=2388\approx 2390$kN

第 2 道：角轧。取 $\Delta h_2=15$mm，送入角 δ 取 30°，

$$h_2=H_2-\Delta h_2=105-15=90\text{mm},\quad \mu_2=\frac{H_2}{h_2}=\frac{105}{90}=1.17$$

b_2 按角轧公式求得，或查图 2-8 可得：

$$b_2=B_2\times 1.155=700\times 1.115=781，取 780\text{mm}$$

$$l_2=\frac{H_2\cdot B_2\cdot L_2}{h_2\cdot b_2}=\frac{105\times 700\times 1486}{90\times 781}=1554，取 1560\text{mm}$$

平均单位压力求取：

$$t_2=T-\frac{K}{H_2}=1225-\frac{3019}{105}=1196℃$$

$$\bar{l}/\bar{h}=\frac{\sqrt{\bar{R}\cdot\Delta h}}{H_2-0.5\Delta h_2}=\frac{66.9}{105-0.5\times 15}=0.69<1$$

所以 $n_\sigma=1$

$$n_t=\frac{t_r-75-t_2}{1500}=\frac{1475-75-1196}{1500}=0.136$$

$$p_2=n_\sigma\cdot n_t\cdot R_m=1\times 0.136\times 380=52\text{MPa}$$

轧制压力求取：

因为 $$\arctan\frac{B_2}{L_2}=\arctan\frac{700}{1486}=25.2°<\delta$$

所以 $$B_2'=\frac{B_2}{\sin\delta}=\frac{700}{\sin30°}=1400\text{mm}$$

$$P_2=p_2\cdot B_2'\cdot\sqrt{R\cdot\Delta h_2}=52\times1400\times66.9=4870\text{kN}$$

第3道：角轧。取 $\Delta h_3=15$mm，$\delta=40°$（此角度是经过反复试算后确定的，本道次为第二对角线轧制，角轧后既要使轧件宽度能达到1700mm，又要保证轧件呈矩形，以便第4道开始横轧），由角轧计算图得：

$$h_3=H_3-\Delta h_3=90-15=75\text{ mm},\quad \mu_3=\frac{H_3}{h_3}=\frac{90}{75}=1.20$$

$$b_3=B_3\times1.10=780\times1.10=858\text{mm}$$

$$l_3=\frac{H_1\times B_1\times L_1}{b_3\times h_3}=\frac{120\times700\times1300}{858\times75}=1697\text{，取 }1700\text{mm}$$

$$t_3=T-\frac{K}{H_3}=1225-\frac{3019}{90}=1191\text{，取 }1190℃$$

$$\bar{l}/\bar{h}=\frac{\sqrt{R\cdot\Delta h}}{H_3-0.5\Delta h_3}=\frac{66.9}{90-0.5\times15}=0.81<1$$

所以 $$n_\sigma=1$$

所以 $$p_3=n_\sigma\cdot n_t\cdot R_m=1\times\frac{1475-75-1190}{1500}\times380=53\text{MPa}$$

$$B_3'=\frac{B_3}{\sin\delta}=\frac{780}{\sin40°}=1213\text{mm}$$

$$P_3=p_3\cdot B_3'\cdot\sqrt{R\cdot\Delta h_3}=53\times1213\times66.9=4300.9\text{，取 }4300\text{kN}$$

第4道：横轧。取 $\Delta h_4=15$mm

$$h_4=H_4-\Delta h_4=75-15=60\text{mm},\quad \mu_4=\frac{H_4}{h_4}=\frac{75}{60}=1.25$$

$$t_4=T-\frac{K}{H_4}=1225-\frac{3019}{75}=1185℃$$

$$\bar{l}/\bar{h}=\frac{66.9}{75-0.5\times15}=0.99<1$$

所以 $$n_\sigma=1$$

所以 $$p_4=n_\sigma\cdot n_t\cdot R_m=1\times\frac{1475-75-1185}{1500}\times380=54.5\text{MPa}$$

$$P_4=p_4\cdot L_3\cdot\sqrt{R\cdot\Delta h_4}=54.5\times1700\times66.9=6198.3\text{，取 }6200\text{kN。}$$

从总压力计算结果表明，P_4 已在轧辊强度所允许的压力6000~6800kN范围内，即说明以后道次的压下量选择要受轧辊允许压力［P］的限制，故应采用按轧辊允许压力来求得压下量。

第5道：横轧 $$t_5=T-\frac{K}{H_5}=1225-\frac{3019}{60}=1175℃$$

$$k_5=n_t\cdot R_m=\frac{1475-75-1175}{1500}\times380=57\text{MPa}$$

$$l' = n_\sigma \cdot \sqrt{\bar{R} \cdot \Delta h} = \frac{[P]}{k_5 \cdot B_5} = \frac{6200000}{57 \times 1700} = 64\text{mm}$$

因为 $H_5 = 60\text{mm}$，$l' = 64\text{mm}$，查图 2-12，得：

$$\Delta h_5 = 11.5\text{mm}$$

所以 $$h_5 = H_5 - \Delta h_5 = 60 - 11.5 = 48.5\text{mm}$$

$$\mu_5 = \frac{H_5}{h_5} = \frac{60}{48.5} = 1.24$$

$$l_5 = L_5 \cdot \mu_5 = 1072 \times 1.24 = 1329.3，取 1330\text{mm}$$

按 $\Delta h_5 = 11.5\text{mm}$，求总压力进行核算，得 $P_5 = 6040\text{kN}$。

以下各道次均为横轧，其计算方法与第 5 道相同。现将全部计算结果列于表 2-4。

表 2-4　三辊劳特式轧机压下规程计算数据

道次	轧制方法	压下规程						其他数据					
		H /mm	Δh /mm	μ	B /mm	L /mm	δ /(°)	B'/mm	l/mm	l'/mm	t/℃	$\bar{p}$或 k /MPa	P/kN
0	—	120	—	—	700	1300	—	—	—	—	—	—	—
1	纵	105	15	1.14	700	1486	—	—	66.9	—	1200	51	2390
2	角	90	15	1.165	780	1560	30	1400	66.9	—	1196	52	4870
3	角	75	15	1.2	858	1700	40	1213	66.9	—	1190	53	4300
4	横	60	15	1.25	1700	1072	—	—	84.6	—	1185	55	6200
5	横	48.5	11.5	1.24	1700	1330	—	—	—	64	1175	57	6040
6	横	38.5	10	1.26	1700	1675	—	—	—	58	1162	60	6030
7	横	30.5	8	1.26	1700	2110	—	—	—	55.3	1146	64	6020
8	横	24.5	6	1.25	1700	2640	—	—	—	50.5	1126	69	5980
9	横	19.5	5	1.256	1700	3310	—	—	—	46.4	1101	76	6030
10	横	16	3.5	1.22	1700	4040	—	—	—	42	1070	84	5970
11	横	13	3	1.23	1700	4970	—	—	—	37.5	1036	92	6040
12	横	11	2	1.182	1700	5870	—	—	—	34	995	103	5900
13	横	9.5	1.5	1.156	1700	6780	—	—	—	30.8	950	114	5770
14	横	8.5	1	1.117	1700	7580	—	—	—	28	906	125	5130
15	横	8	0.5	1.08	1700	8040	—	—	—	15	865	135	3250

2.3.5.2　四辊可逆式轧机轧制规程设计

已知：轧机为单机架四辊可逆式轧机，设有大立辊及高压水除鳞，工作辊直径 930 ~ 980mm，支承辊直径 1660 ~ 1800mm，辊身长度 4200mm，最大允许轧制压力 42000kN，扭转力矩 2 × 2240kN · m，轧制速度 0 - 2 - 4m/s，主电机功率 2 × 4600kW。拟订其轧制规程。

坯料：115mm × 1600mm × 2200mm，钢种为 A_3F。

成品：8mm × 2900mm × 17500mm。

温度：开轧温度 1200℃，横轧时开轧温度 1120℃。

解：（1）轧制方法：先经立辊侧压一道及纵轧一道，使板坯长度等于钢板宽度，然后回转 90°，横轧到底。

（2）采用按经验分配压下量再进行校核及修正的设计方法。先按经验分配压下量，列出压下规程，见表 2-5。

（3）校核咬入能力：热轧钢板时最大咬入角一般为15°~22°，低速咬入时取为20°，则最大压下量 $\Delta h_{max}=930(1-\cos20°)=55mm$，故咬入允许。

（4）确定速度制度：在中厚板生产中由于轧件较长，为了操作方便，可采用梯形速度图。根据经验资料，取平均角加速度 $a=40r/(min \cdot s)$，平均角减速度 $b=60r/(min \cdot s)$，由于咬入能力很大，且咬入时速度高更有利于轴承油膜的形成，故可采用稳定速度咬入。

对第3、4道咬入转速，取 $n_{y3}=n_{y4}=20r/min$；

对第5、6、7道，取 $n_{y5}=n_{y6}=n_{y7}=40r/min$；

对第8、9、10道，取 $n_{y8}=n_{y9}=n_{y10}=60r/min$。

为减少轧辊反转的时间，一般采用较低的抛出转速，如取 $n_p=20r/min$，但个别间隙时间较长的道次可取 $n_p=n_y$。

（5）确定轧制延续时间：每道轧制延续时间 $t=t_z+t_0$，其中 t_0 为间隙时间，t_z 为纯轧时间，$t_z=t_1+t_2$。设 v_1 为 t_1 时间内的轧制速度，v_2 为 t_2 时间内的平均速度，l_1 及 l_2 为在 t_1 及 t_2 时间内轧过的轧件长度，l 为该道轧后轧件长度，则

$$v_1=\frac{\pi D n_y}{60}m/s;v_2=\left(\frac{n_y+n_p}{2}\right)\frac{\pi D}{60}m/s;t_2=\frac{n_y-n_p}{b} \tag{2-23}$$

所以减速段轧件轧后长度：$l_2=t_2 \cdot v_2$，而 $t_1=\frac{l-l_2}{v_1}=\frac{l-t_2 \cdot v_2}{v_1}$

对第3、4道，取 $n_y=n_p=20r/min$，即：$t_2=0$，

所以纯轧时间：$t_z=t_1+t_2=\frac{l}{v_1}$，第3、4道 t_z 分别为2.17s和3.1s（D 取平均值955mm）。

对第5、6、7道，取 $n_y=40r/min$，$n_p=20r/min$；对8、9、10道，取 $n_y=60r/min$，$n_p=20r/min$，对纯轧时间分别计算，其结果列于表2-5。梯形速度图如图2-13所示。

间隙时间 t_0 的确定：根据经验资料，在四辊轧机上可逆轧制时，不用推床进行轧件对中时（$l<3.5m$），取 $t_0=2.5s$，若需对中，则当 $l\leqslant8m$ 时，取 $t_0=6s$，当 $l>8m$ 时，取 $t_0=4s$。

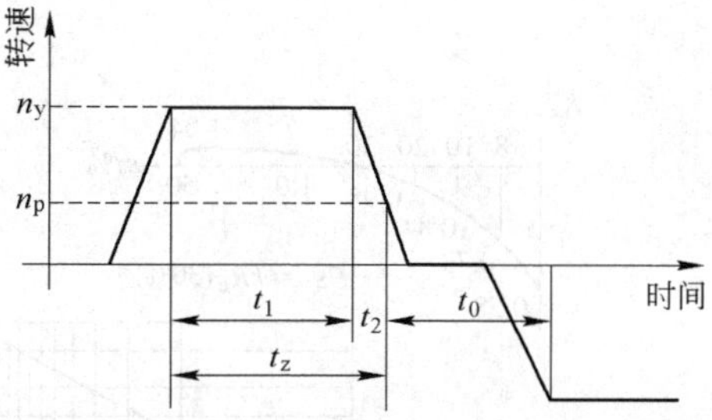

图2-13 梯形速度图

计算出 t_z 和 t_0，则轧制延续时间 t 即可求得，结果列于表2-5。

（6）各道轧制温度的确定：为了确定各道轧制温度，必须求出逐道温度降。采用前述的公式，即 $\Delta t=12.9\frac{z}{h}\left(\frac{t_1}{1000}\right)^4$。

由于轧件头部温度与尾部温度降不同，为确保设备安全，确定各道温度时应以尾部温度为准。

已知横轧开轧温度为1120℃（即第3道轧件头部温度），故第3道（即横轧第一道）轧件尾部温度为：

$$1120-12.9\times\frac{2.17}{90}\left(\frac{1120+273}{1000}\right)^4=1119℃$$

可逆轧制时，第3道头部即为第4道的尾部，故第4道轧件尾部温度为

$$1120-12.9\times\left(\frac{2.17+2.5+3.1}{65}\right)\left(\frac{1120+273}{1000}\right)^4\approx1115℃$$

依此计算出逐道轧制温度，列于表 2-5。

（7）计算各道轧制压力：

1）计算各道变形程度。为了按实验曲线查找变形抗力，须先求出各道的变形程度。

道次压下率

$$\varepsilon = \frac{\Delta h}{H} \times 100\%$$

例如：第 3 道压下率为

$$\varepsilon_3 = \frac{\Delta h_3}{H_3} \times 100\% = \frac{25}{90} \times 100\% = 28\%$$

2）计算各道平均变形速度：

轧辊线速度按 $v = \frac{\pi D n}{60}$ 计算

如第 3 道：

$$v_3 = \frac{3.14 \times 980 \times 20}{60} = 1000\text{mm/s}$$

平均变形速度按 $\bar{\dot{\varepsilon}} = \frac{2v\sqrt{\Delta h/R}}{H+h}$ 计算

如第 3 道：

$$\bar{\dot{\varepsilon}}_3 = \frac{2 \times 1000}{90 + 65} \times \sqrt{\frac{25}{490}} \approx 3\text{s}^{-1}$$

3）求各道变形抗力。由各道的变形速度和轧制温度，按图 2-14 查找出 30% 压下率时 A_3F 钢的变形抗力。例如，第 3 道由 $\bar{\dot{\varepsilon}} = 3\text{s}^{-1}$ 及 $t_3 = 1119℃$ 查出 30% 压下率时的变形抗力为 82MPa，再由该图左上角的辅助曲线查得该道压下率为 28% 时的变形程度修正系数 $K_\varepsilon \approx 1$，则求出第 3 道的变形抗力为 $1 \times 82 = 82\text{MPa}$。

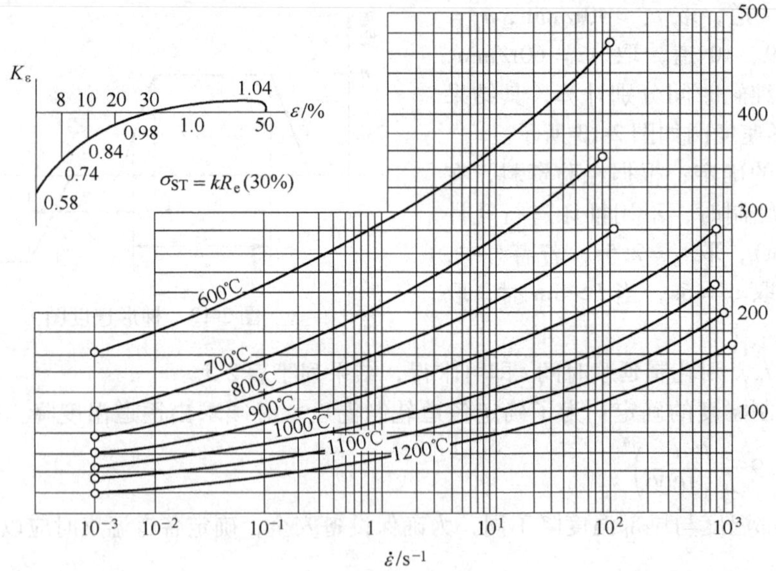

图 2-14　变形抗力曲线（A_3F）

4）计算各道平均单位压力。根据中厚板轧制情况，建议采用斋藤好弘公式，斋藤公式为：

$$\bar{p} = n_\sigma(1.15R_e) \tag{2-24}$$

$$n_\sigma = 0.785 + 0.25\frac{l}{h}$$

其中：$l=\sqrt{R\cdot\Delta h}$，$\bar{h}=\dfrac{H+h}{2}$

如第3道平均单位压力为：

$$p_3=\left(0.785+0.25\times\frac{\sqrt{490\times25}\times2}{90+65}\right)\times1.15\times82=107.69\text{MPa}$$

5）计算各道轧制压力：

$$P=\bar{p}\cdot b\cdot l \tag{2-25}$$

第3道轧制压力为：$P_3=107.69\times2900\times\sqrt{490\times25}=3.46\times10^4\text{kN}$

（8）计算传动力矩：

轧制力矩为

$$M_z=2P\cdot\varphi\cdot\sqrt{R\cdot\Delta h} \tag{2-26}$$

式中 φ——合力作用点位置系数，一般对中厚板轧制约为0.4～0.5，粗轧道次取大值，随轧件变薄，则取小值。

代入式（2-26），则得第3道的 $M_z=2\times34600\times0.5\times\sqrt{490\times25}=3829.5\text{kN}\cdot\text{m}$

附加摩擦力矩为

$$M_f=\frac{M_{f1}}{i}+M_{f2} \tag{2-27}$$

式中 M_{f1}——轧辊轴承上产生的附加摩擦力矩；

M_{f2}——各转动件的摩擦力矩；

i——速比。

四辊轧机的 M_{f1} 可近似地由下式计算：

$$M_{f1}=p\cdot f\cdot d_z\cdot\left(\frac{D_g}{D_z}\right) \tag{2-28}$$

式中 f——支承辊轴承的摩擦系数，取 $f=0.005$；

d_z——支承辊辊颈直径，$d_z=1300\text{mm}$；

D_g、D_z——工作辊和支承辊直径，$D_g=980\text{mm}$，$D_z=1800\text{mm}$。

代入，则得第3道的 $M_{f1}=34600\times0.005\times1300\times\dfrac{980}{1800}=122.4\text{kN}\cdot\text{m}$

而 M_{f2} 可由下式计算：

$$M_{f2}=\left(\frac{1}{\eta}-1\right)(M_z+M_{f1}) \tag{2-29}$$

式中 η——传动效率系数，由于本轧机无减速箱及齿轮座，但接轴的倾角 $\alpha\geqslant3°$，故可取 $\eta=0.94$。

所以 $M_{f2}=0.06(M_z+M_{f1})$

代入式（2-29），则得第3道的 $M_{f2}=0.06(3829.5+122.4)=237.1\text{kN}\cdot\text{m}$

轧机空转力矩 M_K 可取主电机额定力矩的3%～6%，即

$$M_K=(0.03\sim0.06)\frac{0.975N}{n_H}=(0.03\sim0.06)\frac{0.975\times2\times4600}{40}=(67\sim134.6)\text{kN}\cdot\text{m}$$

取 $M_K=110\text{kN}\cdot\text{m}$

作用在主电机轴上的动力矩 M_d 按下式计算：

$$M_d=\frac{GD^2}{375}\cdot\frac{dn}{dt} \tag{2-30}$$

式中 GD^2——各转动零部件换算到主电机轴上的总飞轮力矩（包括电机转子在内）；

dn/dt ——电机的加、减速度。第 3 道由于采用稳定速度咬入，即咬钢后并不加速轧制，故动力矩忽略不计。

因此，电机轴上的总力矩为：

$$M_{\Sigma} = \frac{M_z}{i} + M_f + M_K \tag{2-31}$$

如第 3 道总力矩为：

$M_{\Sigma} = 3829.5 + 122.4 + 237.1 + 110 = 4299\text{kN}\cdot\text{m}$，取 $4300\text{kN}\cdot\text{m}$。

采用与第 3 道相同的计算方法，可求得其余各道的各项数据，全部计算结果列于表 2-5。

表 2-5　中厚板轧制压下规程设计示例（产品规格 8mm × 2900mm × 1700mm）

道次	轧制方法	机架类型	轧件尺寸/mm			压下量		轧制速度/r · min^{-1}		轧制时间/s	间隙时间/s	轧制温度/℃	变形程度/%	变形速度/s^{-1}	σ/MPa	传动效率系数	变形区长度/mm	总压力/kN	总力矩/kN · m
			h	b	l	Δh	$\frac{\Delta h}{H}$/%	稳速	抛出										
0	除鳞	除鳞箱	115	1600	2200	—	—					1200							
1	轧边	立辊	15	1550	2260	50	3.1	20											
2	纵轧	四辊	90	1550	290	25	21.7	20											
轧后转 90°开始横轧																			
3	横轧	四辊	65	2900	2150	25	28	20		2.15	2.5	1119	28	3	82	1.14	111	3460	4300
4	横轧	四辊	45	2900	3100	20	30.5	20		3.1	2.5	1115	30.5	3.7	88	1.23	99	3570	3990
5	横轧	四辊	33	2900	4230	12	27	40	20	2.1	5	1109	27	8.0	10	1.29	77	3310	2930
6	横轧	四辊	23	2900	6070	10	30	40	20	3.0		109	30	10.2	110	1.41	70	3620	2920
7	横轧	四辊	16	2900	8724	7	30	40	20	4.3	4	1073	30	12.3	115	1.53	58	3400	2320
8	横轧	四辊	12	2900	11632	4	25	60	20	4.1	4	1048	25	19.4	130	1.57	44	3000	1610
9	横轧	四辊	9.5	2900	14693	2.5	21	60	20	5.1	4	1016	21	20	140	1.6	35	2620	1170
10	横轧	四辊	8	2900	17448	1.5	16	60	20	6.0		974	16	19.5	145	1.55	27	2020	750

3 热连轧带钢生产

热轧带钢广泛用于汽车、电机、化工、造船等工业部门，同时作为冷轧、焊管、冷弯型钢生产的坯料。目前，大规模高效率生产热轧带钢，主要是在带钢热连轧机上生产的，它具有生产率高、产品质量好、金属消耗少、自动化程度高等特点。自1924年第一台带钢热连轧机正式投产以来，连轧带钢生产技术得到迅速发展。

3.1 热连轧带钢生产过程及其设备

热轧带钢生产工艺过程主要包括原料准备、加热、粗轧、精轧、冷却及卷取、精整等工序。

3.1.1 原料选择

热连轧带钢所用的原料主要是初轧板坯和连铸板坯。由于连铸坯的性能均匀，形状规整，便于加大坯重来提高轧机产量，故它对热带连轧机更为合适，其所占比例也日趋增加，个别厂家采用的连铸坯比例达100%。热带连轧机所用板坯厚度一般为150~250mm，多数为200~250mm，最厚达300~350mm。热带连轧机采用全纵轧法轧制，故板坯宽度一般与轧成的带钢宽度相同或大于带钢宽度50~100mm。板坯宽度取决于热带连轧机的辊身长度，一般为1550~2300mm。板坯长度受加热炉炉膛宽度的限制，还受轧件温降和终轧温度的限制，一般为9~12m，最长达15m。

对于板坯宽度与带钢宽度相同的情况下，板坯长度与板坯厚度和单位卷重（即板卷单位宽度的质量）的关系如下：

$$L = 129 \frac{W}{H} \tag{3-1}$$

式中 L——板坯长度，m；

W——板卷单位宽度的质量，kg/mm；

H——板坯厚度，mm。

板坯质量直接决定了带卷的单位卷重。目前，最大板坯质量达45t，今后还有增大的趋势，带卷的单位卷重达到15~25kg/mm，最大单位卷重已达36kg/mm。增加卷重可以显著提高轧机的产量和收得率。但卷重增加，就必须考虑增加工作机架数量和机架间的距离，加大机械设备（如卷取机等），同时为了避免轧件温降和头尾温差太大，就必须提高轧制速度，从而需增大主电机的功率。随着轧制速度和对带钢质量要求的提高，轧机需要更先进的自动控制技术，用计算机进行全过程的设定和监控。因此，板坯质量必须合理选定。

板坯在加热前必须清理表面缺陷，以保证成品带钢的表面质量。在一些板坯初轧机上，常设有在线火焰清理机全面清理板坯上、下表面，这对一般钢种板坯来说，创造了热态装炉的条件。对于质量要求较高的板坯，还需进行局部修磨清理，以清除较深的缺陷。某些对温度敏感的钢种，板坯还要求在热状态下进行局部修磨。

3.1.2 加热

由于对成品带钢质量的要求日趋严格，故对板坯加热质量的重视度日渐提高。为降低能耗，提高加热效率，热装炉是发展的方向。

热带连轧机一般设置有3~5座多段式推钢式或步进式加热炉，有的还留有第六座炉子的位置。板坯加热温度通常为1250~1280℃。

推钢式加热炉的优点是建造费用较低；燃料及动力消耗较少；机械设备简单，便于维护；其缺点是加热过程中板坯与滑道接触造成局部黑印和易于产生板坯底面划伤；板坯厚度相差不能太大；停炉检修时炉内板坯排空困难；炉子长度受板坯最小厚度的限制等。

采用步进式加热炉时，由于板坯在炉内没有滑动，板坯间保持一定的间隙，步进机构动作可根据要求灵活变更，因而基本上消除了推钢式加热炉所存在的缺点，同时也扩大了炉子的生产能力，故目前步进式加热炉为首选。

为了适应热带连轧机增大产量的需要，现代加热炉炉膛内宽达9.6~15.6m，炉底强度一般可达700~800kg/（m^2·h），最大生产能力达到325~420t/h。

现代化加热炉均为多段式，各段温度能单独调节，并将均热段沿炉宽方向分成两个控制区，使板坯后段温度稍高于前段，以补偿轧制时的温降。近年来，加热炉采用电子计算机自动控制每块板坯的加热过程，使板坯加热质量、燃料消耗、加热能力等更趋于理想状态。表3-1给出了国内一些连轧机加热设备的主要性能。

表3-1 国内一些连轧机加热设备主要性能

主要性能	轧机规格		
	2800/1700	武钢1700	宝钢1580
轧机年产量/万t·年$^{-1}$	80	300	279.36
加热炉类型	三段连续式	八段步进式	六段步进式
加热炉数量/个	3	3(5)	3
坯料尺寸/mm×mm×mm	(115~250)×(700~1500)×(1000~5500)	(150~250)×(500~1600)×(4000~10000)	230×(900~1450)×(8000~11000)
最大板坯质量/t	7.5	30	26.64
炉底面积(宽×长)/m×m	6.15×30.275	10.7×34	12×41
每座加热炉生产能力/t·h^{-1}	100	270	250
上料方式	半门型吊,轨道上料	半门型吊,轨道上料	半门型吊,轨道上料
推钢机类型	双排齿条式	双排齿条式	双排齿条式

3.1.3 粗轧

热带钢连轧机的轧制和中厚板轧制一样，也可分为除鳞、粗轧和精轧三个阶段，各阶段的主要任务也基本相似，只是在粗轧阶段的宽度控制不但不用展宽，反而是采用立辊对轧件宽度进行压缩控制；在除鳞过程中除采用高压水外，同时还采用大立辊轧边，板坯侧面施以50~90mm的压缩量，以调整板坯宽度和提高除鳞的效果。大立辊轧机采用上传动形式比下传动的要好，前者又是以万向接轴式较滑键式为好。

3.1.3.1 粗轧机组布置

热带钢连轧机的类型是以其粗轧机组的轧机结构、布置来区分的，图3-1为几种典型轧机的粗轧机组布置形式。由图可知，热带钢连轧机主要有全连续式、半连续式和3/4连续式三种形式。

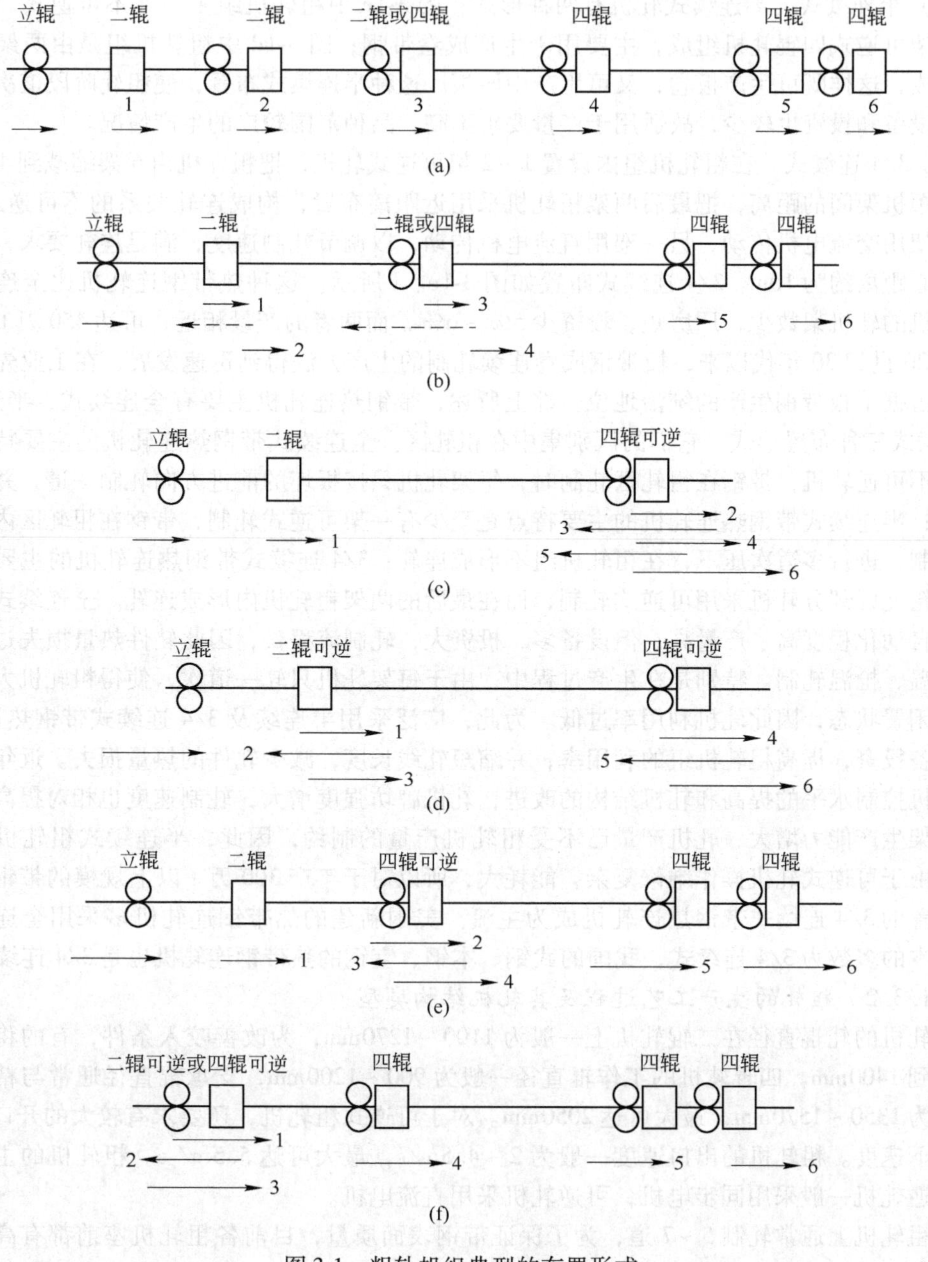

图 3-1　粗轧机组典型的布置形式

(a) 连续式；(b) 空载返回连续式；(c)、(d) 半连续式；(e)、(f) 3/4 连续式

(1) 全连续式。所谓全连续式就是指轧件在粗轧阶段自始至终无逆向轧制的道次。如图 3-1a 所示，全连续式热带钢轧机的粗轧机组由 5～6 个机架组成，每架轧制一道，全部为不可逆式，大都采用交流电机驱动。这种轧机产量可高达 300 万～600 万 t/年，适合于大批量少品种的生产，操作简单，维护方便，但设备多，投资大，轧制流程线或厂房长度增大。为了减少粗轧机架，有的全连续式轧机的第 1 或第 2 架粗轧机设计成下辊可以利用斜楔自由升降，借此实现空载返回再轧一道，以减少轧机的数目，可称为空载返回连续式，如图 3-1b 所示。对一

般连续式轧机，空载返回再轧的操作方法只有当其他粗轧机发生故障或损坏时才被采用。

（2）半连续式。半连续式轧机有两种形式：图 3-1c 中粗轧机组由一架不可逆式二辊破鳞机和一架可逆式四辊轧机组成，主要用于生产成卷带钢；图 3-1d 中粗轧机组是由两架可逆式轧机组成，这样既可生产板卷，又可生产中厚板。这种半连续式布置，使粗轧阶段道次可灵活调整，设备和投资也较少，故适用于产量要求不高，品种范围较广的生产情况。

（3）3/4 连续式。在粗轧机组内设置 1～2 架可逆式轧机，把粗轧机由 6 架缩减到 4 架，并且为缩短机架间的距离，把最后两架粗轧机采用近距离布置，构成连轧关系的不可逆式轧机，其中一架用交流电机传动，另一架用直流电机传动，以调节轧制速度，满足连轧要求，两架之间的中心距离约为 10m。3/4 连续式布置如图 3-1e、f 所示。这种热带钢连轧机比全连续式热带连轧机的轧机架数少，厂房短，投资少 5%～6%，而两者的产量相近，可达 450 万 t/年。

自 20 世纪 30 年代以来，板带钢成卷连续轧制的生产方法得到迅速发展，在工业先进国家中很快占据了板带钢生产的统治地位。综上所述，带钢热连轧机主要有全连续式、半连续式、3/4 连续式三种布置形式，它们的区别集中在粗轧区。全连续式带钢热连轧机的主要特点是轧机均为不可逆轧机，带钢在粗轧区轧制时，每架轧机只按板坯的前进方向轧制一道，并且不形成连轧；半连续式带钢热连轧机的主要特点是至少有一架可逆式轧制，带钢在粗轧区内采用可逆式轧制，进行多道次压下，在粗轧机组不形成连轧；3/4 连续式带钢热连轧机的主要特点是带钢在粗轧区部分轧机采用可逆式轧制，而在最后的两架粗轧机内形成连轧。全连续式带钢热连轧机自动化程度高、产量高，但设备多、投资大，轧制流程长，因此轧件热量损失过多，不利于保温、抢温轧制。特别是在生产过程中，由于每架轧机只轧一道次，使得粗轧机大部分时间处于闲置状态，因此轧机利用率过低。为此，广泛采用半连续及 3/4 连续式带钢热连轧机，节约设备投资，提高粗轧机组的利用率，并缩短轧线长度，减少轧件的热量损失。近年来，由于粗轧机控制水平的提高和轧机结构的改进，轧机牌坊强度增大，轧制速度也相对提高，粗轧机单机架生产能力增大，轧机产量已不受粗轧机产量的制约，因此，半连续式粗轧机发展较快。但由于可逆式轧机操作维修复杂，能耗大，所以对于年产 300 万 t 以上规模的带钢厂，紧凑化布置的 3/4 连续式带钢热连轧机成为主流。美国新建的热带钢连轧机多采用全连续式布置，日本的多数为 3/4 连续式，我国的武钢、本钢、宝钢的热带钢连轧机也是 3/4 连续式。

3.1.3.2 粗轧的生产工艺过程及其轧机结构类型

粗轧机的轧辊直径在二辊轧机上一般为 1100～1270mm，为改善咬入条件，有的将轧辊直径增大到 1400mm。四辊轧机的工作辊直径一般为 900～1200mm，支承辊直径通常与精轧机相同，多为 1350～1570mm，最大可达 2050mm。对于可逆式粗轧机，还要求有较大的开口度和较高的压下速度。粗轧机的出口速度一般为 2～4.5m/s，最大可达 5.5m/s。粗轧机的主电机对于不可逆轧机一般采用同步电机，可逆轧机采用直流电机。

在粗轧机上通常轧制 5～7 道，为了保证带钢表面质量，目前各粗轧机座前都有高压水喷嘴，以清除次生氧化铁皮。在最后一架粗轧机后，设有测厚仪、测宽仪及测温装置及头尾形状检测系统，测得必要的精确数据，以便作为计算机对精轧机组进行前馈控制和对粗轧机组与加热炉进行反馈控制的依据。

从粗轧机最后一架至精轧机之间有长达百多米的中间辊道，在此辊道上装有废品推钢机，以便当轧件因故不能继续进行精轧时，把它推出轧制线，以免影响整体生产。若轧件因故不能马上进入精轧机而必须在中间辊道待钢时，必须将带坯进行来回摆动或游荡，以免与辊道局部接触时间长，因冷却不均而造成“黑印”，否则引起厚度及性能不均，或使轧机超负荷造成跳闸。有的车间还在中间辊道旁的台架上装有移钢机、自动气割机及垛板台或收集槽，以处理事故，也可以生产很少量的中厚板。中间辊道的速度随工艺过程要求而变。当带坯由末架粗轧机轧出时，中间辊道速度应与轧机同步；当轧件尾部出轧机后，辊道速度应立即下降到与切头飞剪的速度相适应；当轧件尾部离开此辊道时，辊道速度应上升到与轧机同步的速度，以等待下一轧件的到来。

此外，随着单位卷重的增加和精轧机组速度的提高，为了控制带钢的终轧温度，必须考虑在中间辊道上设置保温和冷却装置，以便带坯轧薄时，进行保温，带坯较厚时进行冷却，获得理想的终轧温度。近年来国内外很多厂家采用的是在辊道上设置绝热保温罩（辊道保温罩绝热块结构如图3-2所示）或补偿加热炉（器），或在轧件出粗轧机组之后采用热卷取箱（见图3-3）进行热卷取等技术。中间辊道可分段进行控制。

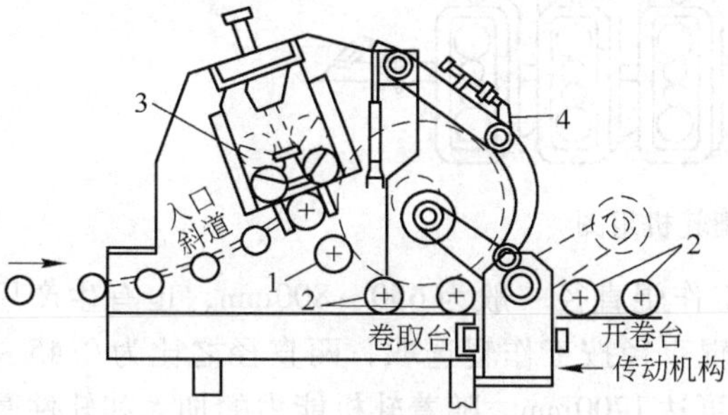

图3-2　辊道保温罩逆辐射绝热块结构示意图

1—支承辊；2—托辊；3—弯曲辊；4—推杆

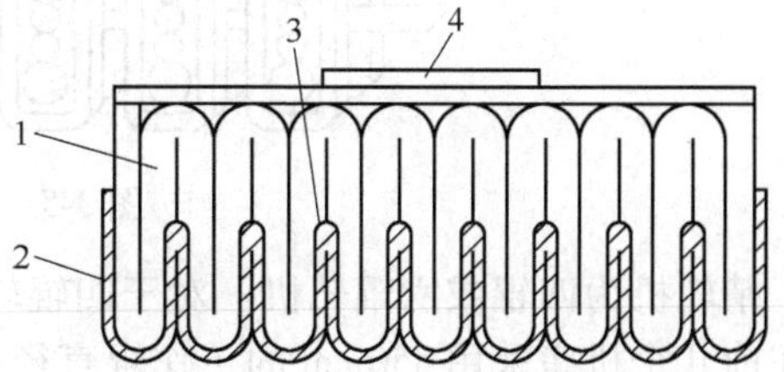

图3-3　热卷取箱结构示意图

1—绝热毡；2—金属屏；3—金属屏的折叠部分；4—安装件

3.1.4　精轧

由粗轧机组轧出的带坯，经百米多长的中间辊道输送到精轧机组进行精轧，精轧机组的布置如图3-4所示。

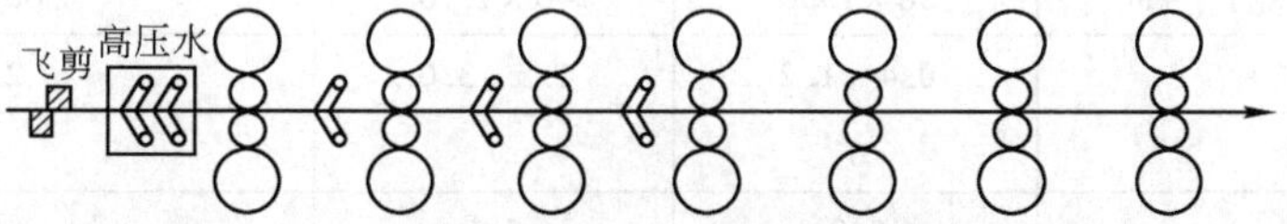

图3-4　精轧机组布置简图

3.1.4.1　飞剪切头尾

带坯在进入精轧机之前，首先要进行测温、测厚和测宽，接着用飞剪切去带坯头部和尾部。切头的目的是为了去除温度过低的头部，同时以免损伤辊面，并防止“舌头”、“鱼尾”卡在机架间的导卫装置或辊道缝隙和卷取机缝隙中。有时还要把带坯的尾部切去，以防尾部的“鱼尾”或“舌头”给卷取后的精整工序带来困难。

飞剪的剪切速度一般在3m/s以下，切头、切尾长度一般在0.5m以内。飞剪的结构一般采用曲柄式或滚筒式。曲柄式飞剪的剪切厚度最大可达60mm。滚筒式飞剪的剪切速度较高且能设置两对以上的刀片。刀片通常设计成弧形或人字形，以减轻轧件咬入轧辊时的冲击。当要求切头、切尾时，采用带两对弧形刀片的滚筒式飞剪，一对切头，一对切尾。一般希望切头时飞剪的剪切速度略高于带钢速度，切尾时飞剪的剪切速度略低于带钢速度，使切下的头尾不致落在带坯上。

带坯切头后，即进行除鳞。一般在飞剪与第一架精轧机之间设置高压水除鳞箱以及在精轧机前机架之前设高压水喷嘴，利用水压为15MPa的高压水破除再生氧化铁皮即可满足要求。

3.1.4.2　精轧机组

精轧机座的数量，取决于带坯在精轧机组的总压缩率和最大延伸系数。一般精轧机组有6～8个机座，以7个机座为多，如图3-5所示。近年来，精轧机有发展到8～9机座的趋势。增加精轧机座可使粗轧的带坯加厚，提高产量和轧制速度，并可轧制更薄的产品（厚度为0.8～1.0mm的带钢）。因为粗轧带坯增厚（35～40mm以上）和轧制速度提高，必然减少温度降，使精轧温度得以提高，减少带钢头尾温差，从而为轧制更薄的带钢创造了条件。

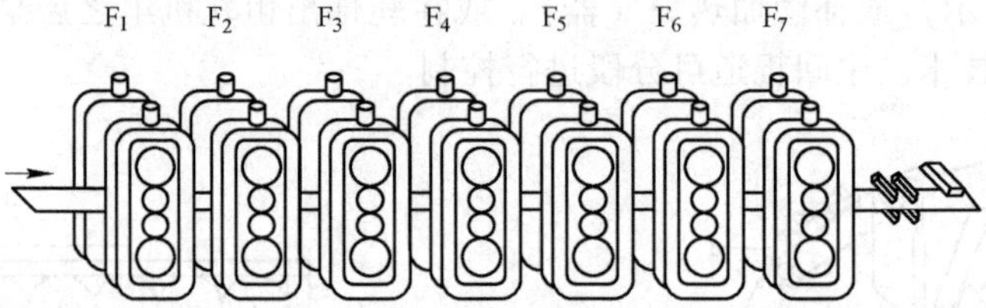

图3-5　7机架精轧机组图

精轧机为四辊或六辊轧机。对于四辊轧机，工作辊直径一般为650～800mm，也有生产厂家在前几个机座采用850mm的工作辊直径；支承辊直径按工作辊选取，两直径之比为0.45～0.50，一般选支承辊直径为1250～1570mm，最大可达1700mm。随着轧机能力的加大和轧件厚度公差的缩小，轧机牌坊尺寸也相应增大，立柱截面为6500～7000cm²，最大可达8000cm²。国内热带钢连轧机的精轧机组主要技术性能见表3-2。

表3-2　国内热连轧机的精轧机组的主要技术性能

主要技术性能	轧机规格		
	2800/1700	武钢1700	宝钢1580
切头飞剪类型	曲柄式	滚筒式	滚筒式
最大剪切断面（厚×宽）/mm	28×1550	40×1570	60×1430
剪切速度/m·s^{-1}	0.4～1.2	1.5～3.0	2～2.5
精轧工作机座数量/个	6	7	7
机座间距离/m	5.8	5.5	5.5
轧辊直径（工作辊/支承辊）/mm	650/1250	800（760）/1570	F_1～F_3：825～735/1600～1450 F_4～F_7：650～575/1480～1330
最大出口速度/m·s^{-1}	10	23.3	22.3
主电机功率/kW	20800	50100	F_1～F_2：AC 7000 F_3～F_5：AC 6500 F_6：AC 6000；F_7：AC 5500
活套支持器类型	电　动	电　动	电　动

近年来，精轧机组的轧制速度不断提高，目前最后一架的轧制速度一般为18～22m/s，最高达30m/s。提高精轧机组的轧制速度，要求相应增大电机功率。目前，每架精轧机的电机功率为6000～12000kW，精轧机的主电机一般采用双电枢或三电枢，甚至有四电枢的，以减小其惯性，提高加速能力。

为测量带钢温度，在精轧入口处和出口处都设有温度测量装置。为测量带钢宽度和厚度，精轧机组后设有测宽仪和X射线测厚仪。测厚仪和精轧机上的测压仪、活套支持器、速度调节器及各种厚度自动调节装置组成的厚度自动控制系统，用以控制带钢的厚度精度。

不同时代的热带钢连轧机特征参数见表3-3。现代热连轧机工作机架的轧辊直径范围如表3-4所示。

表3-3 不同年代热带钢连轧机特征参数

轧机类别及代表轧机	投产年份	最高速度 /m·s^{-1}	板卷单重 /kg·mm^{-1}	最大卷重 /t	成品厚度 /mm	主电机总容量 /10^4kW	年产能力 /10^4t·a^{-1}	控制方式及水平 厚差、宽差、卷温差 /mm、mm、℃
第一代热连轧机	1960年以前	10~12	4~11	~10	2~10	≤5	100~200	手控机械化 ±0.15、±15、±50
鞍钢2800/1700mm半连轧	1958年	10.2	8.6	10.5	2~8	3.5	80	
第二代热连轧机	20世纪60年代	15~21	12~21	~30	1.5~12.7	6~8	250~350（400）	局部自控 ±0.08~0.10、±5~10、±30
敦克尔克2050mm连轧	1964年	16.7	18.5	33	1.5~12.7	7.1	400	
第三代热连轧机	1970年以后	23~30	23~36	45	0.9~25	≥10（15）	350~600	全线计算机控制 20世纪70年代：±0.05、<±5、±10~15 20世纪80年代：±0.03、<±5、<±10
君津2286mm全连轧	1969年	28.6	36	45	0.9~25	12.7	600	
宝钢2050mm 3/4连轧	1989年	25.1	23.6	44.5	1.2~25.4	10.21	400	

表3-4 现代热连轧机工作机架轧辊直径

机架轧辊	辊身长度/mm		
	1700	2300	2800
	轧辊直径/mm		
粗轧二辊或可逆轧机工作辊	1250~1350	1350~1450	
粗轧机工作辊	1100~1200	1200~1300	
支承辊	1550~1600	1700~1800	
破鳞机立辊	1200~1300	1200~1300	
万能机架立辊	650~950	650~1000	
精轧机工作辊	650~900	800~1000	

3.1.4.3 活套支持器

精轧机架间距离通常为5.5~6m。机架前设有入口导板，机架间有活套支持器，其作用是：1）缓冲金属流量的变化，能贮存一定的活套量，作为机架间速度不协调时的缓冲环节，给以控制调整的时间，并防止成叠进钢，造成事故；2）调节各架的轧制速度以保持连轧常数。当各种工艺参数产生波动时发出信号和命令，以便快速进行调整；3）带钢能在一定范围内保持恒定的小张力，防止因张力过大而引起带钢拉缩，造成宽度不均，甚至拉断。精轧最后几个机架间的活套支持器，还可以调节张力，以控制带钢厚度。因此，活套支持器在高速热连轧速度自动调节系统中是必不可少的装置。为此，活套支持器应具有下列工艺性能：

（1）活套支持器在一定转角范围内应使带钢上的张力近似恒定，以便消除张力变化对带钢厚度和宽度的影响；

（2）活套支持器应保证各机座间可贮存一定长度的钢带，以减少轧制线对速度调整的敏感性；

（3）活套支持器的惯性要小，动作反应要灵敏，使其在正常轧速下，能与带钢活套的增长速度相适应；

（4）活套控制系统的调速反应要快，以便给主传动纠正速度偏差留出必要的时间；

（5）能在较大范围内改变张力值，以适应不同规格的产品；

（6）应能使活套辊自动升起和降落。

活套支持器按其驱动形式可分为电动、气动和液压三种类型。恒张力电动活套支持器采用直流变力矩电机，由可控硅供电，通过运算器控制，使电机力矩随活套臂转角变化，从而保持带钢的张力恒定。这种活套支持器反应快、张力波动小、控制精度高。因此，近年来新建的热带钢连轧机，采用这种类型较多。恒张力气动活套支持器的结构简单，反应快。它的缺点是需要一套气动装置且张力波动也较大。液压活套支持器的惯性小，它依靠调压系统实现带钢恒张力控制，可以较好地满足工艺要求，近年来得到广泛应用。

A　电动活套支持器实现恒张力控制的原理

图 3-6 表示了活套辊上正压力 N 与带钢张力 T 的关系。显然，在活套臂转角 α 变化的情况下，为保持张力 T 不变，正压力 N 必须随 α 角变化，亦即活套转轴的驱动力矩应随 α 角变化。

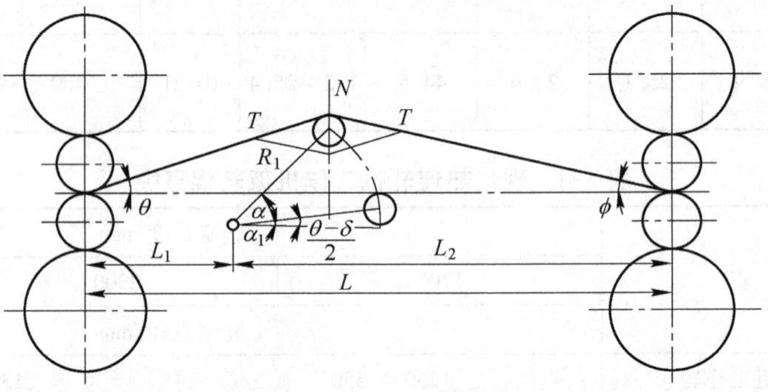

图 3-6　带钢张力 T 与活套辊正压力 N 的关系

活套臂转轴的力矩 M 由三部分组成：1）张力产生的力矩 M_T；2）两机座间带钢重力产生的力矩 M_{W1}；3）活套臂（包括活套辊）重力对转轴的力矩 M_{W2}。

（1）张力产生的力矩 M_T，由图 3-6 看出：

$$N = 2T\sin\frac{\theta+\phi}{2}$$

根据静力平衡条件，正压力对转轴中心的力矩为：

$$M_T = N \cdot R_1 \cdot \cos\left(\alpha + \alpha_1 - \frac{\theta+\phi}{2}\right)$$

将上式代入，则

$$M_T = 2TR_1\sin\frac{\theta+\phi}{2} \cdot \cos\left(\alpha + \alpha_1 - \frac{\theta-\phi}{2}\right) \tag{3-2}$$

式中的 θ 与 ϕ 角可按下列公式求出：

$$\theta \approx \arctan \frac{R_1[\sin(\alpha+\alpha_1)-\sin\alpha_1]}{L_1+R_1\cos(\alpha+\alpha_1)}$$

$$\phi \approx \arctan \frac{R_1[\sin(\alpha+\alpha_1)-\sin\alpha_1]}{L-L_1-R_1\cos(\alpha+\alpha_1)}$$

由上式可知，张力力矩 M_T 是 T 和 α 的函数，即 $M_T=f(T,\alpha)$。为保持张力 T 不变，在 α 角变化时，电动机力矩应是 α 角的函数，即 $M_T=f(\alpha)$。

（2）带钢重力产生的力矩 M_{W1}：相邻两机座间带钢重力 W_1 的作用点在活套辊上，因此，带钢重力力矩为：

$$M_{W1}=W_1\cdot R_1\cos(\alpha+\alpha_1) \tag{3-3}$$

应当指出，随着带钢规格的不同，W_1 值是变化的。因此，每种规格的带钢在各机架之间有不同的重力力矩 M_{W1}。

（3）活套臂本体的重力力矩：活套臂及活套辊对转轴中心的重力力矩应是活套臂上各零件对转轴中心的重力力矩之和。即：

$$M_{W2}=W_2\cdot R_W\cos(\alpha+\alpha_1) \tag{3-4}$$

式中 W_2 ——活套臂上各零件的总重力；

R_W ——合力 W_2 作用点到转轴中心的距离。

带钢和活套臂的总重力力矩为：

$$M_W=M_{W1}+M_{W2} \tag{3-5}$$

活套臂转轴的总驱动力矩为：

$$M=M_T+M_W \tag{3-6}$$

或

$$M=f(\alpha)$$

图 3-7 是 1700mm 热连轧机精轧机组第一架活套支持器的一个力矩曲线。由于各机架间的带钢尺寸不同、重力不同、总张力不同，因此，每个活套支持器对应不同尺寸规格的带钢应有不同的 M_T 和 M_W 曲线。

在计算出力矩曲线之后，在轧制过程中，根据输出的 α 角信号，运算系统按照 $M=f(\alpha)$ 的规律及时调整电动机力矩，从而实现恒张力控制。

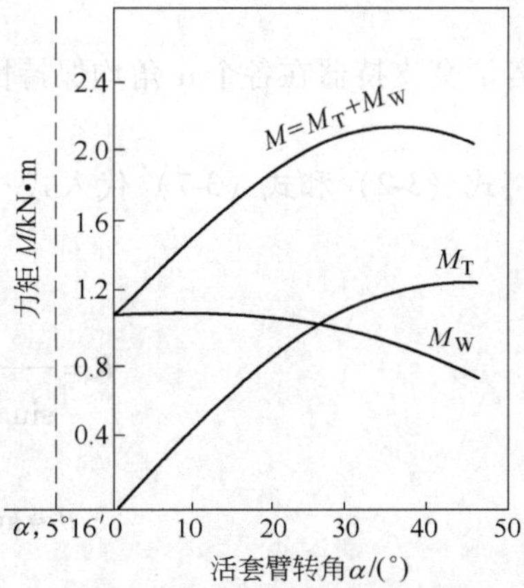

图 3-7 1700mm 热连轧精轧机组第一架电动活套的 $M=f(\alpha)$ 曲线
（板宽 $B=1550$mm；板厚 $h=27$mm；单位张力 $\sigma_0=3$MPa）

B 气动活套支持器实现恒张力控制的原理

气动活套支持器工作缸的作用是在活套辊升起后，使带钢产生张力；平衡缸的作用是使活套辊迅速升起并平衡两个机座间的带钢、活套辊、活套臂及传动杆件的重力。

气动活套支持器的活动臂与电动活套相似，因此，计算电动活套时张力与活套辊上正压力关系式及力矩公式在气动活套的计算中同样是适用的。所不同的是，电动活套支持器的电机力矩 M_T 按照 M_T 的公式变化，而在气动活套支持器上则是使气缸臂杆的运动符合 $M_T=f(\alpha)$ 的变化规律，从而实现带钢张力恒定。

图 3-8 是气动活套支持器的受力简图。由图可看出，转轴中心上阻力矩由带钢张力力矩

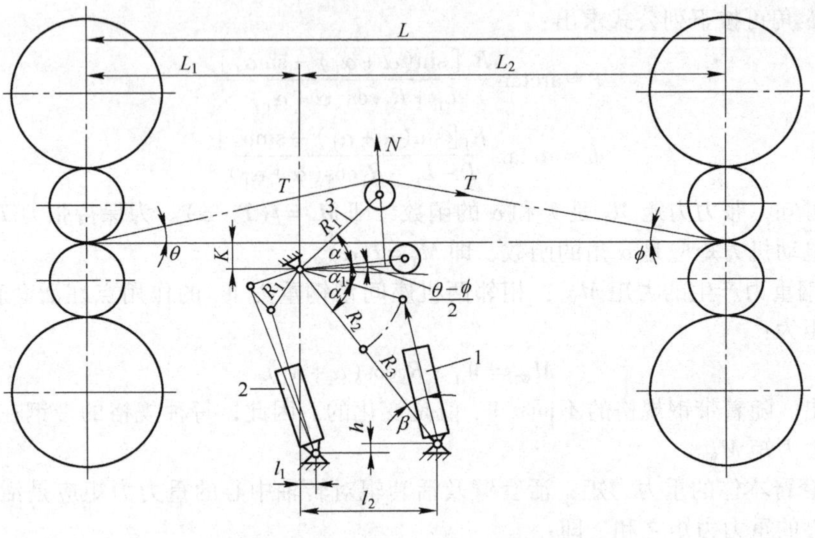

图3-8 气动活套支持器受力简图

1—工作缸；2—平衡缸；3—活套臂

M_T、带钢及臂杆重力力矩 M_W 组成。而转轴中心上的主动力矩则由工作辊和平衡缸产生的力矩 M_G 和 M_P 组成。由于 M_P 与 M_W 基本相等。因此，张力力矩 M_T 由工作缸产生的力矩 M_G 来平衡。由图3-8可得，当工作缸作用力为 P 时，转轴中心上的主动力矩为：

$$M_G = PR_2 \cdot \sin(\alpha+\beta) \tag{3-7}$$

式中的 β 角是 α 角的函数，即

$$\beta = \arctan\frac{\sin\alpha}{\dfrac{R_3}{R_2}+1-\cos\alpha} \tag{3-8}$$

若活套支持器在各个 α 角均保持恒张力，则在各个 α 角时，M_T 与 M_G 均应相等，即

$$M_T = M_G \tag{3-9}$$

将式（3-2）和式（3-7）代入式（3-9），并整理，得

$$\frac{T}{P} = \frac{1}{2}\cdot\frac{R_2}{R_1}K \tag{3-10}$$

式中

$$K = \frac{\sin(\alpha+\beta)}{\sin\dfrac{\theta+\phi}{2}\cdot\cos\left(\alpha+\alpha_1-\dfrac{\theta-\phi}{2}\right)} \tag{3-11}$$

其中

$$\theta \approx \arctan\frac{\sin(\alpha+\alpha_1)-\sin\alpha_1}{\dfrac{L_1}{R_1}+\cos(\alpha+\alpha_1)}$$

$$\phi \approx \arctan\frac{\sin(\alpha+\alpha_1)-\sin\alpha_1}{\dfrac{L}{R_1}-\dfrac{L_1}{R_1}-\cos(\alpha+\alpha_1)}$$

由式（3-10）可以看出，工作缸作用力 P 以及 R_1、R_2 都是常数，如果能使 K 值在一定的 α 角范围内接近常量，则张力 T 将近似恒定。而 K 值随 α 角的变化规律取决于 α 和比值 L/R_1、L_1/R_1、R_3/R_2。正确选择这四个参数，就可使 K 值在各个 α 角时接近常数，而使张力恒定。

3.1.5 轧后冷却及卷取

3.1.5.1 轧后冷却方式

带钢的终轧温度为800~900℃，而卷取温度应在650℃以下（否则因晶粒粗大而降低其力学性能）。在高速轧制情况下，从精轧机轧出的带钢通过100多米长的输出辊道到达卷取机的时间仅需5~10s（薄带钢）或8~20s（厚带钢）。在此段时间内必须将800~900℃带钢冷却至650℃以下进行卷取，显然必须采取快速冷却方法。过去带钢轧后冷却能力曾经是限制轧制速度提高的因素，层流冷却或水幕冷却等快速冷却系统的应用，使热轧带钢轧后冷却能力大大提高，目前以层流冷却的应用最为普遍。层流冷却的冷却速度快，效果好，它是一种大流量（$200m^3/min$）低水压的喷淋式冷却系统。为了不断更新带钢表面上的水层（蒸汽膜），输出辊道侧边上需设侧喷嘴，把已和热带钢接触过的蒸汽膜吹开，这样可显著提高冷却效果。为控制带钢冷却速度，常分为多段控制。如厚度大的带钢采用前段喷淋，厚度小的带钢采用后段喷淋，对较厚、硬度大的带钢采用头、尾不喷淋等措施。

层流冷却系统在生产中也暴露出一些缺点：1）带钢沿宽度方向冷却不均匀；2）系统中有大量的虹吸管和集管，以及连接管路和阀门等，占地面积大，维护困难，且虹吸管易于堵塞、锈蚀和损坏，故对水质要求严，水质处理系统复杂，这些都给生产管理带来困难。

为克服虹吸管层流冷却的缺点，研制出横向为条缝状出水口的喷淋装置，该装置喷流出的水流呈幕状，故称为水幕冷却装置。水幕冷却与虹吸管层流冷却相比具有下列特点：

（1）在冷却效果方面，因冷却速度大，冷却能力高，能充分发挥冷却水的冷却效率，从而可缩短冷却区长度和节约水量，与虹吸管层流冷却相比，可节约冷却水20%~30%。

（2）冷却均匀，可提高产品质量。根据要求，可改变每个水幕的水流幅宽和流量。

（3）每个水幕流量大，水幕间的间距大，形成带钢间歇冷却，有利于晶粒细化，强化性能，同时也便于处理事故和检修。由于冷却设备简单，占地面积小，故投资也较少。

（4）由于设备结构简单，出水口缝隙大，不易堵塞。故对水质要求不严，一般循环水都可使用，故简化了循环水净化系统；

（5）水幕冷却系统中，水幕流量控制灵活，以保证冷却速度和冷却能力的要求，从而保证卷取温度目标值的精度。

3.1.5.2 卷取

经快速冷却后的带钢即送往2~3台地下卷取机卷成板卷。一般设置三台卷取机，其中两台交替进行工作，另一台备用或处理事故、维护和检修。卷取机类型按抱紧辊（助卷辊）数量来区分，有二辊式、三辊式和四辊式等。二辊式适于卷取厚度1~2mm薄带钢，对卷取10mm以上的带钢，则不能卷紧。三辊式卷取机可卷取厚带和薄带，且其结构与维修又较四辊式简单，故得到广泛采用。

输出辊道的速度必须考虑到带钢头部刚出末架精轧机架时，能将带钢“拉直”，故辊道速度应稍高于带钢终轧速度（10%~15%）；当带钢卷入卷取机2~3圈后，辊道应与轧机、卷取机同步升速，以防止划伤带钢表面；在带钢尾部出轧机前，应与轧机同步降速，以减少带钢尾部高速抛出时的冲击；在带钢尾部离开轧机后，辊道速度应略低于卷取速度（15%~20%），以减少带钢尾部的跳动。同时，考虑到前一根带钢还未完全进入卷取机，而后一根带钢已轧出精轧机组的可能性，输出辊道的速度也应分段控制。

卷取机的卷取速度应与精轧最终机座的轧制速度相配合，最大速度一般较最终机座的轧制速度高7%~15%。卷取机咬入速度为8~10m/s，咬入后与轧机同步加速。

卷取后的板卷经卸卷小车、翻卷机和运输链运往仓库，作为冷轧原料，或作为热轧成品，继续进行精整加工。

国内热带钢连轧机卷取设备的主要性能见表3-5。

表3-5　国内热连轧机卷取区设备主要性能

主要技术性能	轧机规格		
	2800/1700	武钢1700	宝钢1580
输出辊道长度/m	105	139	124
带钢冷却方式	喷水冷却	分段层流冷却	分段层流冷却
卷取机台数/个	2	3	3
卷取直径/mm	760	762	—
卷取速度/$m \cdot s^{-1}$	4.2～10.5	10～23.3	最大25.4
卷取带钢厚度/mm	1.5～8.0	1.2～12.7	1.5～12.7
钢卷最大外径/mm	1400	2000	2150
最大卷重/t	7.5	30	26.5

当需要以单张的成品热轧钢板交货或窄钢卷交货时，则应把板卷送往精整线进行精整加工。精整加工线有纵切机组、横切机组、平整机组、热处理炉等设备。

3.1.6　带钢的精整

3.1.6.1　横切机组

横切机组的剪切厚度应与轧机产品规格相适应，典型的横切机组一般由上料准备、拆头、开卷、直头、切头、切边、废边清理、活套存贮、切定尺、成品矫正、分选、打印、涂油、垛板及称量等设备组成，如图3-9和图3-10所示。

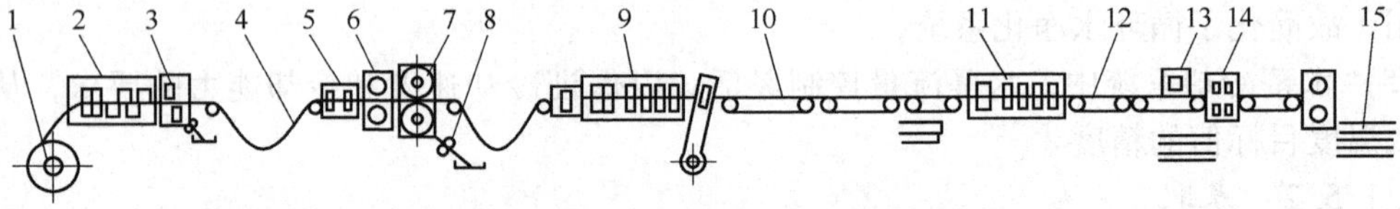

图3-9　采用摆式飞剪的横切机组

1—开卷机；2—直头机；3—切头机；4—活套；5—侧导辊；6—夹送辊；7—圆盘剪；8—碎边剪；9—带矫正机的摆式飞剪；10—剪后运输带及试样收集；11—成品矫正机；12—检查运输带及次品垛板台；13—滚印机；14—涂油机；15—成品垛板台

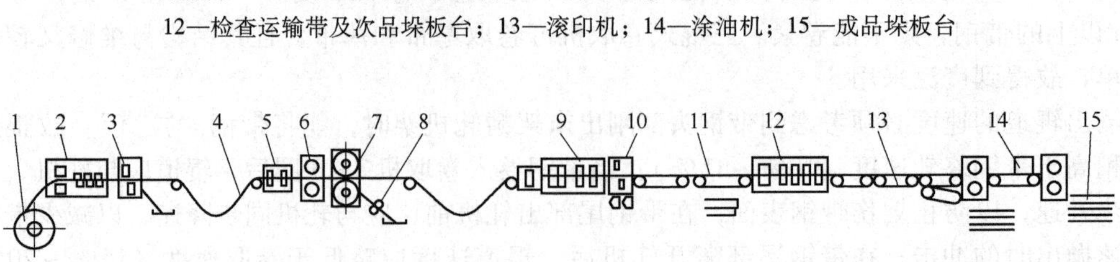

图3-10　采用模式飞剪的横切机组

1—开卷机；2—直头机；3—切头机；4—活套；5—侧导辊；6—夹送辊；7—圆盘剪；8—碎边剪；9—矫正机；10—模式飞剪；11—剪后运输带及试样收集；12—成品矫正机；13—检查运输带及次品垛板台；14—滚印机；15—成品垛板台

钢板的定尺长度一般为2～8m，最长不超过12m，机组的穿带速度为0.5m/s，当正常剪切时，速度为0.5～2m/s。最高剪切速度主要受飞剪结构的限制，对于摆动式飞剪，剪切速度限于2m/s以下，对于模式飞剪或铡刀剪，不超过1m/s。

3.1.6.2 纵切机组

为满足焊管、冷弯型钢和小型冷轧机对热带钢宽度的要求，一般设有纵切机组，除剪边外，还可分剪成不同数量和宽度的带钢卷。纵切机组的设备组成如图3-11所示，头部设备与横切机组相似，而纵切机组的圆盘剪上可装设多对刀片，可将一卷宽带钢剪切成若干卷窄带钢。圆盘剪后设有张紧装置和成品卷取机，卷取时带有一定的张力，张力值为5～20N/mm^2。纵切机组的穿带速度一般为0.5m/s，剪切时的正常速度为1～3m/s。

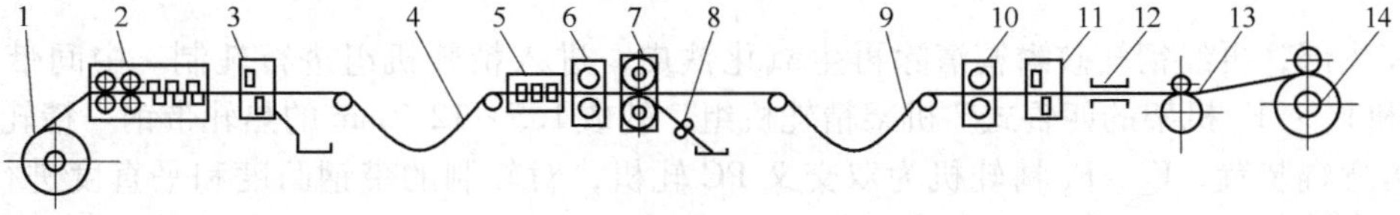

图3-11 纵切机组

1—开卷机；2—直头机；3—切头剪；4，9—活套；5—侧导辊；6，10—夹送辊；7—圆盘剪；8—碎边剪；11—分切剪；12—张紧装置；13—导辊；14—张力卷取机

3.1.6.3 平整机组

热轧带钢平整压下率一般不大于3%～5%，其目的是改善钢板的板形和消除局部的厚度偏差及深冲性能。

平整机组的组成如图3-12所示。平整机有二辊式、四辊式和六辊式结构，大多用四辊式。四辊平整机工作辊直径为500～600mm，支承辊直径为1150～1350mm，轧制压力为1200t以上。平整机的工作速度可达8～10m/s，机组穿带速度通常采用0.5m/s。

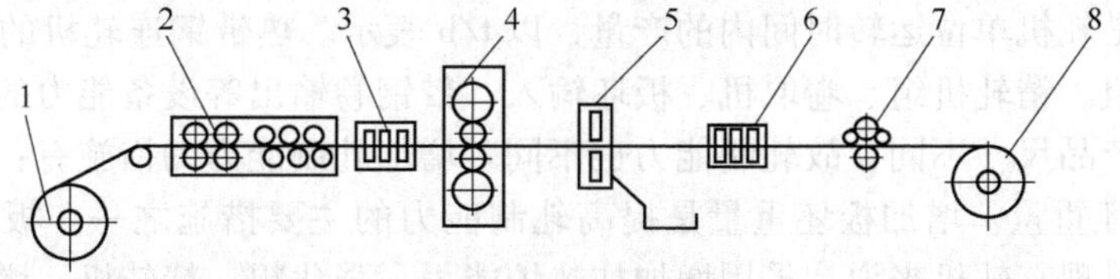

图3-12 平整机组

1—开卷机；2—直头机；3，6—侧导辊；4—四辊式平整机；5—下切剪；7—导辊；8—张力卷取机

图3-13为某3/4热带钢连轧车间平面布置图。生产时连铸板坯（230mm×（900～1450）mm×（8000～11000）mm）由毗邻的连铸车间通过辊道和过跨小车运入热轧板坯库跨间，有四种板坯工艺路线，即冷装（CCR）板坯、热装（HCR）板坯、直接热装（DHCR）和直接轧制（HDR），其中直接热装和直接轧制工艺的实现需要区域管理计算机（第四级）的支持。板坯经过加热炉被加热到轧制温度后出炉，先经过粗破鳞箱，用高压水清除初生氧化铁皮。板坯除鳞后紧接着被送往板坯定宽压力机进行一道次的连续侧压，定宽压力机的侧压量是根据板坯与钢卷宽度差来决定，一次可侧压到要求的宽度，最大侧压量可达350mm。随后，板坯经R_1二辊可逆轧机轧制3道，再送至R_2四辊可逆轧机轧制3～5道次，轧成30～60mm厚的中间带坯。R_1、R_2前的E_1、E_2立辊是用来对于板坯水平压下时的宽展进行侧压修正，补偿控制板坯头、尾部轧制时产生的不足和对全宽度进行控制。粗轧后的中间带坯经中间辊道、切头飞剪前输入辊道，根据钢种和规格，如需要边部加热，带坯经边部电感应加热器，随后进入切头飞剪

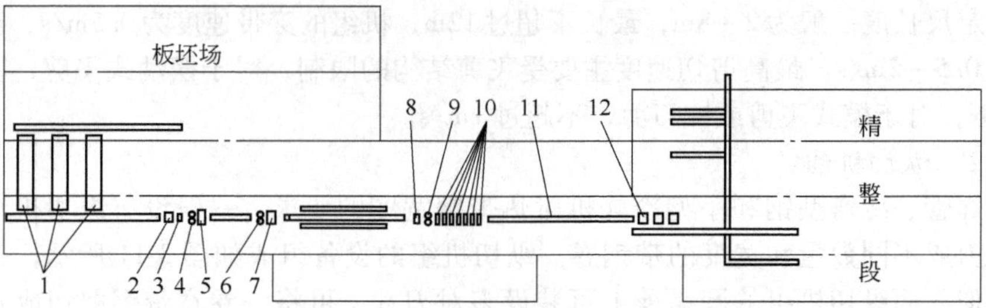

图 3-13　某 3/4 热带连轧机车间平面布置示意图

1—加热炉；2—破鳞箱；3—顶宽压力机；4—E_1；5—R_1；6—E_2；7—R_2；8—飞剪；9—F_{1E}；10—F_1 ~ F_7；11—层流冷却；12—卷取机

切去带坯头部，再经精轧破鳞箱清除再生氧化铁皮，进入精轧机组进行轧制。中间带坯经过 F_{1E}立辊和 F_1 ~ F_7 机架的四辊式7 机架精轧机组，轧成1.5 ~12.7mm 的热轧带钢。精轧机组设置有强力弯辊装置，F_2 ~ F_6 精轧机为双交叉 PC 轧机，对轧制的带钢凸度和平直度进行控制，轧出板形良好的成品带钢。热轧带钢经精轧机后的输出辊道上的层流冷却装置进行快速冷却，将带钢冷却到规定的卷取温度，然后由三助卷辊式全液压卷取机卷成钢卷。由卸卷小车将钢卷从卷取机卸出，经打捆后由输送小车将钢卷送到钢卷运输链上，钢卷呈水平状态（卧卷），由钢卷运输链系统途经称量、喷印分别输送到冷轧厂热卷库跨间、本厂热钢卷库或分卷线热卷库跨间。在本厂钢卷库存放的钢卷冷却后，由汽车运往冷轧硅钢片厂或其他冷轧厂。需经分切重卷的热轧钢卷在冷却到常温后，由分卷机组进行分切重卷成小钢卷，经打捆、称量、喷印后存放在成品卷库，发货出厂。

3.1.7　生产管理和质量管理

3.1.7.1　提高生产能力的措施

轧制能力就是轧机单位运转时间内的产量，以 t/h 表示。热带钢连轧机的轧制能力取决于加热炉、粗轧机组、精轧机组、卷取机、板坯输入、带钢卷输出等设备能力的大小。由于轧制的钢种及板坯、产品尺寸不同，故轧制能力也不同。增加轧制能力的措施有：

（1）增加板坯重量。增加板坯重量是提高轧制能力的主要措施之一。板坯单重的选择取决于设备能力。对现有轧机来说，采用增加加热炉能力，强化粗、精轧机，增大主电机功率等措施可使板坯尺寸增大。

（2）提高加热炉能力。改进或改造加热炉，调整板坯厚度和长度，提高炉底覆盖率，降低出炉温度，采用热装方式。

（3）提高粗、精轧机组能力。增大主电机能力，升速轧制和加强轧制线管理等措施来提高轧机能力。

（4）提高作业率。有效作业率是轧机实际运转时间和计划运转时间之比。提高轧机有效作业率的措施有：缩短换辊时间；减少轧废及卷取废品；采用过程控制计算机控制；提高轧机操作的稳定性；减少设备事故。

3.1.7.2　质量管理

（1）厚度精度。造成热轧带钢厚度精度降低的主要因素是，步进式加热炉滑轨黑印和轧件前后温度不均等，局部温度变化造成同一根带钢的厚度不均；精轧机压下设定不良造成各卷带钢之间的厚度不等。由温度不均造成的精度降低，通过改善加热方法可有某种程度的好转，但不能完全消除。精轧机压下设定不良所造成的精度降低，可用 AGC 系统作相应处理。

（2）宽度精度。热轧带钢的宽度精度由板坯尺寸精度、宽度压下及宽展的偏差所决定。热带钢轧机靠粗轧机的立辊、定宽压力机等控制宽度。

（3）形状及断面。形状缺陷有波浪、中间瓢曲、镰刀弯、横向挠曲和纵向挠曲等。断面是热轧带钢宽度方向断面形状的总称，通常分为凸面、楔形断面及凸斑三种。凸度是带钢宽度方向中间和边部的厚度差，是影响板厚误差的重要因素之一，作为冷轧坯料的热轧带钢，为适应冷轧稳定性轧制的需要，希望带有适量的凸度。楔形断面表示带钢跑偏，凸斑是宽度方向的局部鼓出。

（4）表面缺陷。表面缺陷不但有损成品的美观，而且会给下道工序造成故障（如冷轧时带钢断裂及轧辊事故）。成品因表面缺陷所造成的次品占相当大的比例。为使生产顺利和降低成本，必须努力防止表面缺陷的发生。为了保证带钢表面质量，目前各粗轧机座前都有高压水喷嘴，以清除再生氧化铁皮，同时应注意轧辊辊面的状况。

3.2 热连轧带钢轧制规程制定

3.2.1 确定粗轧机组的轧制规程

热带钢连轧机粗轧机组的轧制规程包括坯料尺寸选择、粗轧机组压下量分配及速度制度、温度制度及辊型制度的确定，粗轧各道次力能参数计算和设备能力校核。

3.2.1.1 坯料尺寸

现代热带钢连轧机为了提高产量，一般采用大坯重，板坯厚度多数为200～250mm；板坯宽度取决于产品规格，一般为500～2000mm；板坯长度受加热炉炉膛宽度及轧件温度降的限制，为9～12m；板坯重量为20～45t。

（1）板坯厚度：$H=(100\sim150)h$ mm （3-12）

式中 h——成品带钢厚度。

若粗轧机组机架数多，速度高，可选取较厚板坯，反之，选较薄板坯。

（2）板坯宽度：$B=b+(50\sim100)$ mm （3-13）

式中 b——成品带钢宽度。

（3）板坯长度：

$$L_{max}\leqslant B_{炉}-(200\sim300)\ \text{mm}$$
$$L_{max}\leqslant A+(100\sim200)\ \text{mm} \quad (3\text{-}14)$$

式中 $B_{炉}$——加热炉内宽；

A——加热炉两滑轨的中心距离。

为了减少板坯尺寸的种类，通常宽度上以100mm进位，厚度以50mm进位。

3.2.1.2 粗轧机组压下量分配原则及其道次变形量的分配

热带钢连轧机粗轧机组总变形量及各道压下量，应根据钢种、板坯厚度、粗轧机架数、轧制速度及产品厚度等合理确定。一般在粗轧机上，板坯的开轧温度为1180～1220℃，轧制5～7道，可将厚120～300mm板坯轧成厚20～40mm的带坯，总延伸率为8%～12%。

（1）板坯在粗轧机组上轧制时，轧件温度高、塑性好，故应尽量利用该条件而采用大压下量轧制。考虑到粗轧机组与精轧机组之间，在轧制节奏和负荷上的平衡，粗轧机组一般占总变形量（板坯至成品）的70%～80%。粗轧机组道次的最大压下量主要受轧辊强度的限制。

（2）为保证精轧机组的轧件终轧温度，应尽可能提高粗轧机组轧出的带坯温度。因此，一方面应尽可能提高开轧温度；另一方面尽可能减少粗轧道次和提高粗轧速度，以缩短轧制节奏，减少轧件的温度降。

（3）为简化精轧机组的调整，粗轧机组轧出的带坯，厚度范围应尽可能缩小，并且不同厚度的数目也应尽可能减少。许多热带钢连轧机，不论板坯和带钢厚度如何，粗轧机组轧出的带坯厚度是固定的（有的为25mm，也有的为38、32或36mm），当采用不同厚度板坯时可改变粗轧机组压下量，同样当轧制不同厚度带钢时也可改变精轧机组压下量，这样就可保持带坯不变，而使用不同厚度的板坯轧出各种厚度的带钢，从而简化了轧机调整。

（4）粗轧机组各道压下量分配规律为：第一道考虑咬入及坯料厚度偏差而不应给以最大压下量；中间各道次应以设备能力所允许的最大压下量轧制；最后道次为了控制出口厚度和带坯的板形，应适当减小压下量。生产厂家粗轧机组各道次压下量分配如表3-6所示，当轧制道次较少时，取压缩率的上限。

表3-6　粗轧机组各道次压下量的分配

轧制道次	1	2	3	4	5	6
相对压下率/%	15~23	20~30	26~35	27~40	30~50	33~35

（5）粗轧机组的立辊，除立辊破鳞机考虑破鳞和调节板坯宽度给予较大压缩量（50~100mm）外，其余立辊一般给的压下量不大，约等于宽展量，各道宽展量为4~32mm，头两道取大值，后两道取小值。

3.2.1.3　*粗轧机组的速度制度*

对于可逆式粗轧机，其速度制度常用梯形速度图和三角形速度图，故与中厚板轧机的速度制度相同，其计算方法也完全一样，这里不再重复，而双机连轧的速度制度参阅精轧部分。粗轧机的出口速度一般为2~4.5m/s，最大可达5.5m/ s。

3.2.1.4　*粗轧机组力能参数的计算*

带钢热连轧机的粗轧机组一般不采用多机连续轧制，其主要任务只是开坯压缩，将板坯轧成带坯，故质量要求不是很高，而相对于轧件厚度和压下量来说，轧机的弹跳影响也较小，故其轧制规程的设定计算也可以采用更简单的方法进行。例如，轧制压力的计算往往可以采用单位轧件宽度的轧制压力估算值（例如（1.0~1.1）$\times 10^4$N/mm）乘以轧件宽度和钢种修正系数的简单办法大致求出，便可基本满足要求。

3.2.2　精轧机组的轧制规程的制定

连轧机组轧制规程设定的主要内容，是根据来料情况及产品要求确定各架轧机的空载辊缝和空载速度，也就是确定各架轧机的压下制度、速度制度和温度制度。其中主要是各架压下量或轧出厚度的设定。由于各架轧出厚度实际等于空载辊缝值加上轧机的弹跳值，故欲确定各架的空载辊缝值，便必须由实际厚度减去轧机弹跳值。轧机的弹跳值又取决于很多因素，所以对弹跳值的估计很难精确，从而使空载辊缝的正确设定十分困难。在人工操作时的弹跳值只是根据经验来估计，因而只能采用逐步过渡的办法来进行调整，也就是在换辊后，先进行“试轧规格”的轧制。例如，我国某厂一般常用4.0mm×1050mm普碳钢作为试轧规格，因为厚规格易控制。试轧时根据轧出的实测厚度不断调整修改原设定的辊缝值和速度，使实际厚度接近于额定值（4.0mm）。然后再在此基础上逐步改轧其他规格，改动的幅度一般不能太大，主要取决于工人的操作经验，通常每次板厚变动±（0.5~1.0）mm，板宽变动±（100~200）mm。改换规格时调整轧机已经不再考虑各架辊缝和速度绝对值大小，而只根据改换规格的幅度考虑各架应作的调整值。这样改换规格后的开始1~2块料的成品厚度也还难以达到额定值，但通过调整即可逐步达到要求。达到要求以后对于同一批料，一般由于人工操作来不及调整，故不再作调整，因而人工操作时，同批料的各板卷厚度差值就较大，甚至达0.2mm以上。人工操作时采用这种逐步过渡的办法，还容易导致各架负荷不均，造成负荷向前面机架或向后面机架积累的现象，从而不仅影响整个机组能力的充分发挥，而且影响带钢的质量。

采用电子计算机进行连轧机轧制规程设定控制，使人工操作时相关困难得到有效解决。随着连轧机轧制速度的不断提高，人工操作更加困难，连轧机轧制规程设定偶有失误，就会造成堆钢事故，或引起张力过大，严重影响产品质量，使钢带拉薄、拉窄甚至拉断。因此，为了实现高速连轧并达到高产优质的要求，必须采用自动控制系统，提高自动化程度。而电子计算机控制的采用，使轧钢工业的自动化进入一个新的阶段。目前采用计算机已实现了从加热炉到卷取机整个生产过程的在线综合跟踪控制，不仅应用于轧制规程的设定，而且实现了厚度控制、宽度控制、温度控制、节奏控制乃至板形控制。电子计算机的应用不仅加强了对生产过程的实测反馈控制，而且利用数学模型实现了“预控”。因而目前计算机控制一般多采用“预控”和“反馈控制”等相结合的方式，使控制精度得到显著提高。

连轧机组轧制规程设定是计算机控制的主要功能之一。热连轧轧制规程设定的主要任务是根据来料条件（主要是钢坯温度、钢种、带坯厚度及宽度等）和成品要求（主要是厚度和终轧温度）去确定各架轧机的空载辊缝和速度。精轧设定的第一次计算是在粗轧以后根据实际检测结果（厚度、宽度、温度等）和成品规格要求，利用数学模型进行预测计算，以决定各机架的负荷分配、压下规程，算出轧制力，确定各架空载辊缝亦即压下位置。此外，还要根据各架出口厚度，计算各架的活套张力及平衡锤的给定值，以进行给定。至于活套位置则已标准化，可根据图表值给定。第二次计算是在带坯到达精轧机入口时，根据从粗轧出口到精轧入口实际所经过的时间，再次利用计算温度降的数学模型算出温度，以进行轧制规程的再整定计算。如果其实际经过的时间与第一次计算所用的标准值出入不大，也可不作第二次计算。第三次计算是当带钢进入精轧第一架和第二架后，利用轧制压力等实测数据进行自适应计算，以进一步修正以后各架的设定值。但带钢头部硬度不能代表整个带坯的硬度，穿带时也可能发生不平衡状态，因而虽然计算机有这种功能，但往往并不采用。最后当带钢通过整个精轧机组以后，收集所测得的温度、厚度、压力、速度、电压、电流等各种数据，并将这些数据反馈给计算机作自适应和自校正计算，以改进下一卷带钢的设定计算。为了提高计算机控制精度和扩大计算机控制的能力，近年来大力发展“自适应”的方法。自适应的基本思想是利用计算机的快速运算和逻辑判断能力，及时地用实测的反馈信号来检查效果，修正错误，及时校正数学模型，使下一次或下一道次的计算能更正确、更接近实际一些。自适应方法在厚度控制、宽度控制、温度控制等都得到应用，尤其是对轧制力的计算更是十分必要，因为众所周知，影响轧制力的因素太多，使轧制力的计算很难精确，只有根据实测结果反馈以不断校正数学模型，才可能使计算逐步符合实际情况。

3.2.2.1 精轧机组各架压下量分配方法

精轧机组主要任务是在6~8架连轧机上将粗轧带坯轧制成尺寸、板形符合要求的成品带钢，并需保证带钢的终轧温度和表面质量，所以精轧机组制定压下规程的中心问题是合理分配各架的压下量，确定各架实际轧出厚度，亦即是确定各架的压下规程。热连轧机组分配各架压下量的原则，一般也是充分利用高温的有利条件，把压下量尽量集中在前几架。对于薄规格产品，在后几架轧机上为了保证板形、厚度精度及表面质量，压下量逐渐减少。但对于厚规格的产品，后几架压下量也不宜过小，否则对板形不利。通常，精轧机组的总压下量，一般占板坯全部压下量的10%~25%。在具体分配压下量时，习惯上一般考虑：1）第一架可以留有适当余量，即考虑到带坯厚度的可能波动和可能产生咬入困难等，而使压下量略小于设备允许的最大压下量；2）第二、三架要充分利用设备能力，给予尽可能大的压下量；3）以后各架逐渐减少压下量，到最末一架一般在 10% ~15% 左右，以保证板形、厚度精度及性能质量。热连轧带钢精轧机组的最大变形量和各架压下率一般分配范围如表 3-7 和表 3-8 所示。

表 3-7　精轧机组最大压缩率和延伸系数

精轧机座数量	最大延伸系数	最大压缩率/%
4	12	91.7
5	16	93.8
6	27	96.3
7	32	96.9

表 3-8　精轧机组各机架的压缩率分配　　（%）

机　座　号	六机座式	七机座式
1	40 ~50	40 ~48
2	40 ~45	40 ~46
3	34 ~40	35 ~40
4	30 ~35	32 ~39
5	25	25 ~35
6	10 ~15	20 ~28
7	—	10 ~16
总压缩率	88.8 ~93.2	91.4 ~96

精轧机各架压下量分配方法通常有三种，即经验法、等负荷法和板形条件法。经验法就是利用现场经验资料，结合具体设备、操作条件直接分配各架压下率；等负荷法包括等轧制压力法、等轧制力矩法和等能耗法，其中能耗法是利用能耗曲线分配能耗负荷为手段以达到分配各架压下量、确定各架轧出厚度的目的。板形条件法则是从板形良好条件出发进行变形量的分配，其主要应用于后三道的压下量分配。

现代连轧机组轧制规程设定最常用的还是“能耗法”。这就是从电机能量（功率）合理消耗观点出发，按经验能耗资料推算出各架压下量。对于轧机强度日益增大，轧制速度日益提高的现代连轧机而言，由于电机功率往往成为提高生产能力的限制因素，采用这种方法是比较合理的。为了便于按能耗资料推算出各架压下量，必须找出能量消耗规律，即找出功率消耗（或马达电流）与压下量（或轧件厚度）之间的定量关系，这就是所谓的单位能耗曲线。这种曲线靠单纯理论推导计算十分复杂而又很难符合实际，故都是根据工厂实测经验资料来建立的。一般在一定生产条件下，根据实际测得的电压与电流值便可求出轧制时所实际需要的功率，再经过加工整理，绘制成所轧规格的能耗曲线。当轧机型式、原料与产品规格及轧制温度与压下制度一定时，轧机功率与轧机的小时产量有关，亦即与轧制速度有关。为便于比较和应用，通常采用单位小时产量的轧制功耗 ω，即所谓单位能耗，单位为 kW · h/t，相当于每小时轧制 1t 钢材所消耗的功率或能量。若令轧机小时产量为 $Q(t)$，功率消耗为 N（kW · h），则单位能耗 ω 按下式表示：

$$\omega = \frac{N}{Q} = \frac{U \cdot I}{Q \times 10^3} \qquad (3\text{-}15)$$

可见只要实测出主电机电流（I）和电压（U）的数值，便不难求出 ω 值。多年来各种轧机，尤其是带钢连轧机在轧制各种规格和钢种的钢材生产过程中已做了大量试验，积累了相当丰富的实测资料。为了使试验数据具有通用性，从所测电机功率消耗中扣除了空转功率及电机铁损等非轧制功率，并将其画成曲线或整理成表格，以便于实际应用。我们常见的能耗曲线形式如图3-14所示，其中图3-14a常用于初轧机、型钢轧机；图3-14b常用于钢板轧机。理论推导可以证明：单位能耗是延伸系数的对数函数。由于延伸系数 $\mu = H_0/h$，当坯厚 H_0 一定时，轧制厚度越小，即延伸越大，所以习惯上用 h 表示横坐标，这样在使用上也比较方便。应指出：实际应用这些曲线时，这种曲线对于每套轧机都不可能完全一样，即使情况基本相同的轧机有10%或更多一点的差异；并且轧制规程特别是温度规程对能耗的影响很大。例如，轧不锈钢时，带钢温度若比标准温度降低55℃，就会使轧制能耗增大约25%；降低166℃，则几乎增加近100%。因此，为便于实际应用，每套轧机最好要积累自己的实验资料，做出自己的单位能耗曲线。

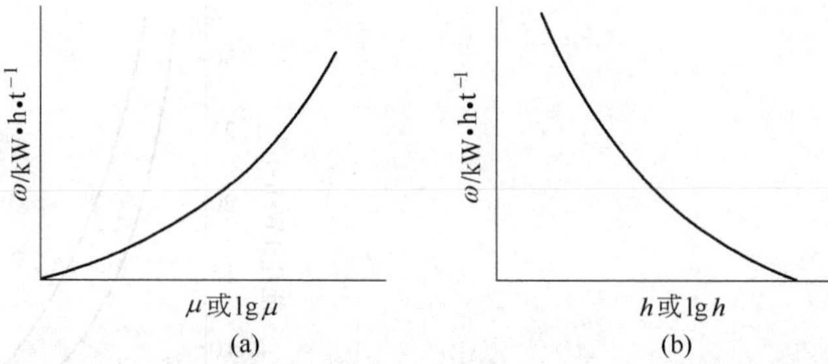

图3-14 常见形式的能耗曲线

为了计算方便，有人提出将能耗曲线数式化，例如：

（1）将能耗曲线写成

$$\alpha_i \omega_\Sigma = A\left[K_1\left(\ln \frac{H_i}{h_i}\right)^2 + K_2\left(\ln \frac{H_i}{h_i}\right) + K_3\right] \tag{3-16}$$

则得

$$h_i = H_i \exp\left[\frac{K_2 - \sqrt{K_2^2 - 4K_1\left(K_3 - \dfrac{\alpha_i \omega_\Sigma}{A}\right)}}{2K_1}\right] \tag{3-17}$$

式中 K_1、K_2、K_3——由现场统计所得的系数；

α_i——第 i 架的累积能耗分配系数或负荷分配比，即

$$\alpha_i = \sum_{j=1}^{i} \omega_i / \sum_{j=1}^{n} \omega_i = \omega_i / \omega_\Sigma \tag{3-18}$$

ω_Σ——总能耗；

A——取决于钢种和轧制温度的系数。

（2）日本的今井一郎提出将能耗曲线写成

$$\omega_i = \omega_0(\mu_i^m - 1) \tag{3-19}$$

$$m = 0.031 + \frac{0.21}{h}$$

根据 $\mu_\Sigma = \dfrac{H_0}{h_n}$，$\mu_i = \dfrac{H_0}{h_i}$，$\omega_i = \alpha_i \omega_\Sigma$，可推导出

$$h_i = \frac{Hh}{[h^m + \alpha_i(H^m - h^m)]^{1/m}} \tag{3-20}$$

式中　μ_i、ω_i——i 架轧机的累积延伸系数及累积能耗；

μ_{Σ}——总延伸系数；

这样，只要根据能耗曲线资料，给出各架的 α_i 值，即可推算出各架的厚度 h_i 值。因此厚度分配是否合理，主要取决于 α_i 值的分配。带钢热连轧机的能耗曲线如图 3-15 和图 3-16 所示。用能耗曲线资料进行分配的方法，各生产厂家并不完全一样。常用的负荷分配方法有以下 3 种：

（1）等功耗分配法。就是使每架轧机轧制时所消耗的功率相等。因此只要求出轧制该种产品时在连轧机组的总单位能耗，然后除第一或最后 1 ~ 2 架由于咬入或考虑板形精度而采用较小的能耗（即较小压下量）以外，将所剩的全部能耗平均分配到其余各架轧机上去，便可求得其余各架轧后厚度。这种方法在冷连轧机组上，当各架电动机功率相等时，也可用作初分配的方法。

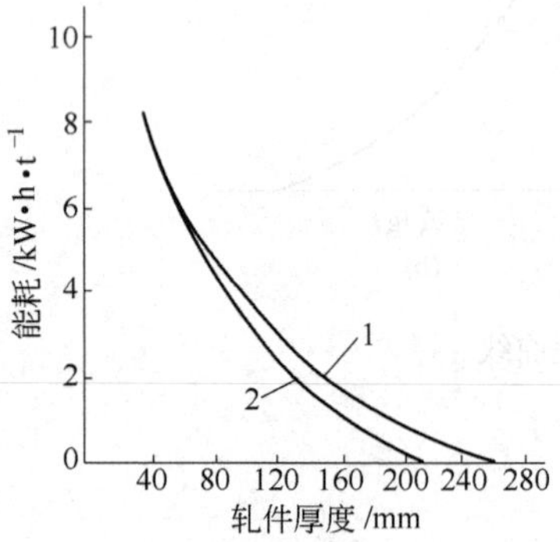

图 3-15　粗轧机能耗曲线

1—低碳钢板坯，厚度为 250mm；

2—低合金钢板坯，厚度为 210mm

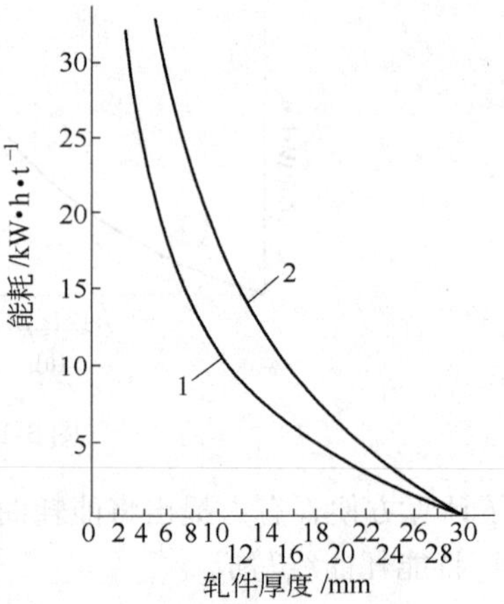

图 3-16　精轧机能耗曲线

1—低碳钢，$h = 2.7$mm；

2—低合金钢，$h = 4.5$mm

（2）等相对功率分配法。假如连轧机组各轧机的主电机功率并不相等，则能耗的分配就不能按等功耗原则，而必须按照各架轧机的相对电机功率来进行分配。设连轧机组的总电机功率为 $\sum_{i=1}^{n} N_i$，相应的单位总能耗为 ω_{Σ}，则应分配到各架轧机的能耗应为：

$$\omega_i = \omega_{\Sigma} \frac{N_i}{\sum_{i=1}^{n} N_i} \tag{3-21}$$

这样，对于各架轧机的电动机来说，实际就是等相对功率分配原则。而当各架电机功率相等时，实际就是等功耗的原则。

（3）按负荷分配系数或负荷分配比进行分配的方法。这是一种根据生产实践的能耗经验资料总结归纳出来的比较实用和可靠的方法，在生产中经常被采用。这里负荷分配比是指累积负荷分配比，但有时也指单道的负荷分配比，在电子计算机控制的现代化轧机上，按各类规格品种的产品制定有标准负荷分配表，例如，表 3-9 为某厂轧制厚度 1.8 ~ 2.3mm、宽度 900 ~ 1200mm 的普碳带钢的标准负荷分配比，根据这些负荷分配比，即可求出各架的轧后厚度和压下量。

表 3-9 标准负荷分配比举例

各机架号	1	2	3	4	5	6	7
累积 α_i/%	14	28	46	64	78	90	100
单道 α_i'/%	14	14	18	18	14	12	10

3.2.2.2 精轧机组速度制度的制定

制定精轧速度制度包括：确定末架的穿带速度和最大轧制速度；计算各架速度及调速范围；选择加、减速度。

（1）精轧末架的轧制速度。该速度决定着轧机的产量和技术水平。确定末架轧制速度时，应考虑保证各主要设备和辅助设备生产能力的平衡、精轧机组的传动功率、轧制带钢的厚度及钢种等。实际确定时，主要受穿带速度及电气自动控制技术的限制，一般在喂入卷取机前以10～12m/s为限，以免带钢在辊道上产生飘浮。随着电气控制技术的进步，出现了加速度轧制、层流冷却等新工艺新技术后，采用了低速穿带然后与卷取机同步升速进行高速轧制，才使轧制速度大幅度提高。而目前轧制速度普遍超过20m/s，最高可达30m/s。一般薄带钢为保证终轧温度而用高的轧制速度；轧制宽度大及钢质硬的带钢时，应采用较低的轧制速度。

（2）精轧机速度图。精轧时采用加速度轧制制度，精轧速度图的形式如图3-17所示，分为穿带阶段、高速轧制阶段和抛尾阶段。图中 A 段从带钢进入 F_1～F_n 机架，直至其头部到计时器设定值 P 点（0～50m）为止，保持恒定的穿带速度；B 段为带钢前端从 P 点到进入卷取机为止，进行较低的加速；C 段从带钢头部进入卷取机后开始到预先给定的速度上限为止，进行较高的加速，此加速度主要取决于终轧温度和提高产量的要求；D 段为达到最高速度后，至带钢尾部离开减速开始机架 F_1 为止，维持恒定的最高速度；E 段从带钢尾部离开 F_1 架开始，到带钢尾部离开最末机架 F_n 止，进行减速，以达到规定的速度；F 段为带钢离开末架 F_n 后，立即将轧机减速至后续带钢的穿带速度。

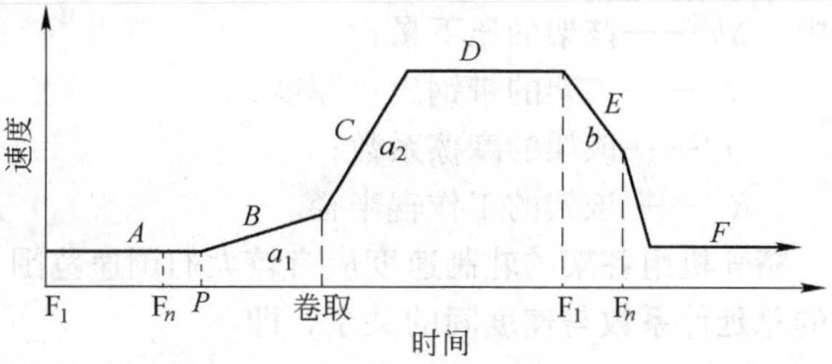

图 3-17 一般精轧机速度图

现代热带钢连轧机的精轧机一般采用二级加速和一级减速的速度制度，即带钢在精轧机以10～12m/s的恒速进行穿带，并在卷取机上稳定卷取后（绕上2～3圈）开始进行一级加速，待精轧速度增至某一数值，使设备接近满负荷运转前，开始第二级加速，当轧机转速达到稳定轧制阶段最高转速时加速结束。当带钢尾部离开 F_n 时减速至咬入速度，等待下一根带钢轧制。总之，采用此种速度制度，使终轧温度得到精确控制，并使轧制速度大为提高。

第一级加速度较高，其目的是迅速提高轧制速度，使设备尽快地接近满负荷运转，以求得最高的产量；第二级加速度为温度加速度，利用加速轧制时的变形热，给予带钢以温度补偿，减少带钢全长的温度差，此加速度数值较前者为低。

确定加速度的数值，应考虑到主电机的功率、带钢长度、板形、带钢厚度变化、冷却水的控制及卷取温度等因素的影响。从轧机来看，一级加速度可达1～2m/s²，但实际采用的该加速度数值较低，一般为0.5～1.5m/s²。按照使带钢头尾轧制温度一致的原则，所需的二级加速度为0.025～0.125m/s²。二级加速度也可按下式概略计算，即

$$a_2 = 0.58\,\frac{t_1 - 590}{100H_0} \tag{3-22}$$

式中 t_1 ——进入精轧第一架的带坯温度,℃;

H_0——进入精轧第一架的带坯厚度, mm。

(3) 其他各架轧制速度的确定。当精轧末架轧制速度确定后, 根据连轧条件——秒流量相等的原则, 即

$$H_1 v_{H1} = h_1 v_1 = h_2 v_2 = \cdots = h_n v_{hn} = C$$

或
$$h_1 v_{g1}(1+S_{h1}) = h_2 v_{g2}(1+S_{h2}) = \cdots = h_n v_{gn}(1+S_{hn}) = C$$

式中 H_1 ——精轧机组带钢入口厚度;

v_{H1} ——精轧机组带钢入口速度;

h_n ——末架的带钢出口厚度;

v_{hn} ——末架的带钢出口速度;

v_{gi} ——i 架轧辊圆周速度;

S_{hi} ——i 架的前滑值。

前滑值 S_{hi} 可以通过理论公式或经验统计公式进行计算, 即

$$S_{hi} = \frac{\Delta h}{4h}\left(1 - \frac{1}{2f}\sqrt{\frac{\Delta h}{R}}\right)^2 \tag{3-23}$$

式中 Δh ——该架的压下量;

h ——该架的带钢出口厚度;

f ——该架的摩擦系数;

R ——该架的工作辊半径。

精轧机组各架的轧制速度应有较大的调速范围, 以保证满足不同品种的要求。根据连轧机组的总延伸系数与速度间的关系, 即

$$v_{hn}/v_{H1} = H_1/h_n = \mu_\Sigma$$

$$v_{H1} = v_{h1}\frac{h_1}{H_1} = v_{h1}\left(1 - \frac{\Delta h_1}{H_1}\right) = \frac{v_{hn}}{\mu_\Sigma}$$

则连轧机组的速度范围 (v_{hn}/v_{h1}) 应为

$$v_{hn}/v_{h1} = \left(1 - \frac{\Delta h_1}{H_1}\right)\mu_\Sigma = (1-\varepsilon_1)\mu_\Sigma \tag{3-24}$$

假设第一架的相对压下量为 40% ~ 50%, 则连轧机组的速度范围为最大总延伸的60% ~50%。根据国内外资料, 七机架热连轧机组金属最大总延伸可达 25 ~ 30, 则速度范围约为:

$$v_{h7}/v_{h1} = (0.5 \sim 0.6)\mu_\Sigma = 12.5 \sim 15 \text{ 或 } 15 \sim 18$$

可见, 当金属总延伸最小时, 第一架便具有最大的出口速度。因此连轧机组的最高和最低速度范围是由最大和最小的金属总延伸的工艺要求和电机制造技术的可能条件来确定的。一般直流电动机的调速范围约为 3。为了满足不同品种的要求, 各架调速范围应力求增大。以此可得到各机架轧制速度调速范围图, 如图 3-18 所示。图中的 c、d 线 (图中虚线) 是总延伸系数最大和最小的产品所需各架的速度, a、b 线 (图中实线) 为轧机应具有的最大速度和最小速度, 阴影部分为轧机应具有的速度调节范围。由于

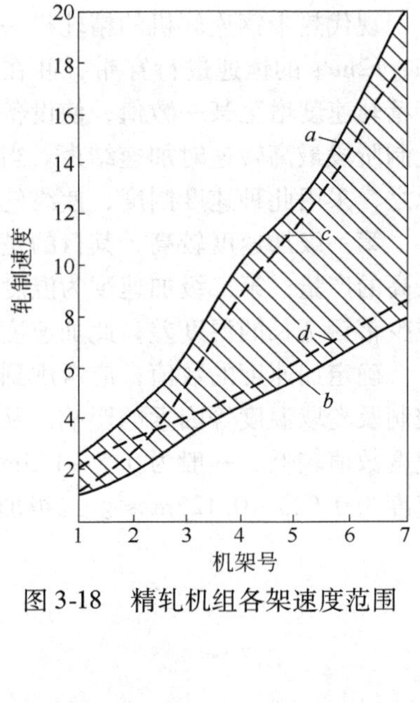

图 3-18 精轧机组各架速度范围

其形状为锥形，故称为速度锥。为了便于调整并考虑最小工作辊径的使用，a、b 线的范围应比 c、d 线的范围大，即轧机速度调速范围要比工作速度范围增大约8%～10%。此外，轧制试轧规格时的末架速度的选择还要考虑到整个生产品种的调速范围，便于换规格时调整。速度调整的方法在旧轧机上常采用以机组中间的某一架（例如第三架）作为基准架，其速度不变，其他各架配合基准架进行调速；在现代热连轧机上则允许各机架都可以自由调速，灵活性较大，但在电气设备投资上要高一些，因为它要求每架轧机都有各自的变压器，不像前者可以几个机架共用公用母线。

3.2.3　热连轧带钢温度制度的制定

轧件在热轧过程中的温度降不仅与辐射、对流、传导所散失的热量有关，还与轧制时变形功及摩擦所转化的热量有关。

对于热轧板带，计算道次温降建议采用下列的温度降公式：

对于可逆轧制各道：
$$\Delta t = 12.9\,\frac{Z}{h}\left(\frac{T_1}{1000}\right)^4 \qquad (3\text{-}25)$$

对于连轧各道：
$$\Delta t = 17.2\,\frac{Z}{h}\left(\frac{T_1}{1000}\right)^4 \qquad (3\text{-}26)$$

式中　T_1 ——前一道轧件的绝对温度，K；

Z ——前一道轧制至该道轧制的延续时间，s；

h ——该道轧件轧后厚度，mm。

在热连轧过程中，若不考虑冷却水影响，各机架轧制温度（t_i）也可按下列经验公式近似计算：

$$t_i = t_0 - C\left(\frac{H_1}{h_i} - 1\right) \qquad (3\text{-}27)$$

$$C = (t_0 - t_n)h_n/(H_1 - h_n)$$

式中　t_0、H_1 ——精轧前轧件的温度及厚度；

t_n、h_n ——轧件终轧温度及厚度。

但由于现代轧机各机架之间都设有喷水冷却，故各机架的轧制温度计算必须考虑冷却水的影响。

当确定了粗轧机组、精轧机组的压下规程、速度制度、温度制度后，则带钢热连轧机的轧制规程已初步确定。现列出1700mm热带钢连轧机（3/4连续式）的一个轧制规程，见表3-10。

表3-10　1700mm热带钢连轧机（3/4连续式）轧制规程举例

轧制道次 \ 参数	粗轧机组							精轧机组						
	0	立	1	2	3	4	5	1	2	3	4	5	6	7
入口厚度 H/mm	250	250	250	200	140	85	45	25	12.5	7	4.4	3	2.22	1.75
出口厚度 h/mm		250	200	140	85	45	25	12.5	7	4.4	3	2.22	1.75	1.5
压下量 Δh/mm		(50)	50	60	55	40	20	12.5	5.5	2.6	1.4	0.78	0.47	0.25
相对压下量 ε/%		4.76	20	30	39.3	7	44.5	50	44	37.1	31.8	26	21.2	14.3
宽度 b/mm	1050	1000	1000	1000	1000	1000	1000	1000	1000	1000	1000	1000	1000	1000
长度 l/m	9	9.45	11.8	16.9	27.8	52.5	94.5	189	333	540	790	1055	1350	1580
咬入速度 v_y/m·s^{-1}		0.96	1.2	1.2	1.2	2.5	3.0	1.2	2.14	3.41	5	6.75	8.57	10
最大速度 v_d/m·s^{-1}		1.92	2.4	2.4	2.4	2.5	3.0	2.16	3.86	6.14	9.0	12.15	15.43	18
工作辊直径 D/mm		1000	1150	1150	1150	1150	950	730	730	730	730	730	730	730

3.2.4 热连轧带钢轧制规程设定计算的一般过程和步骤（以7机架精轧机组为例）

（1）输入给定数据。带坯的厚度和宽度由粗轧最后一架 R_4 后面的 γ 射线测厚仪和光电测宽仪测得。出 R_4 轧机后亦即进入连轧机组前的带坯目标厚度，一般可根据成品厚度由规定表格查出。例如，某厂规定为：

成品厚度/mm	约3.59	3.6～5.99	6～9.99	10～12.7
带坯厚度/mm	32	34	36	38

精轧开轧温度的确定：带坯经粗轧末架 R_4 后测得出口温度，然后根据带坯厚度和由粗轧从 R_4 到精轧机所需时间，利用在空冷区间辐射散热的理论模型计算出带坯头部到达精轧机入口时的温度预测值。待带坯运送到飞剪前，再经测温以进行校正。成品厚度、终轧温度等根据技术要求皆有一定目标值作为输入给定数据。

（2）确定轧制总功率。当精轧温度和钢种已知时，便可利用能耗曲线确定由带坯轧成成品所需要的总轧制功率。例如，如图3-16（曲线1）所示，当精轧第一架 F_1 入口带坯厚度为30mm，精轧末架 F_7 出口成品厚度为2.7mm时，由能耗曲线便可查得所需总功率为29.8kW·h/t。

（3）负荷分配。得到精轧机组的总功率消耗后，需具体分配到各机架。这可以根据具体设备条件及前述制定规程的原则要求，采用上述负荷分配方法确定出各种产品在各机架上的负荷分配比。例如，轧制上述2.7mm厚、1000mm宽的产品时，便可按标准负荷分配比表进行各机架的负荷分配（表3-11）。

表3-11 各机架的负荷分配比举例（带坯：$H=30\text{mm}$，$h=2.7\text{mm}$，$B=1000\text{mm}$ 低碳钢）

机 架 号	1	2	3	4	5	6	7
单道负荷分配比/%	14	14	18	17	14	13	10
累积负荷分配比/%	14	28	46	63	77	90	100
累积能耗/$\text{kW}\cdot\text{h}\cdot\text{t}^{-1}$	4.176	8.35	13.72	18.8	22.97	26.85	29.83
轧出厚度/mm	18.5	12.0	7.5	5.2	3.8	3	2.7
压下量/mm	11.5	6.5	4.5	2.3	1.4	0.8	0.3
压下率/%	38.5	35.5	37.5	31	27	21	10

（4）确定各机架出口厚度。有两种方法：其一，可以根据各机架的负荷分配比，用数学模型计算出各机架的出口厚度；其二，可由负荷分配比表计算出各机架的累积能耗，据此由图3-15和图3-16查出对应的各机架的轧出厚度。结果列入表3-11。

（5）确定最末机架 F_7 的出口速度 v_7。该速度的上限受电机能力和带钢轧后的冷却能力的限制，并且厚度小于2mm的薄带钢在速度太高时，还会在辊道上产生飘浮现象，但速度太低又会降低产量且影响轧制温度，故应尽可能采取较高速度。一般穿带速度依带钢厚度的不同在4～10m/s之间。带钢厚度减少，其穿带速度可增加；带钢厚度在4mm以下时，穿带速度可取10m/s左右。穿带速度的设定可有多种方式：1）当选用表格时，按标准表格进行设定；2）当采用数字开关方式时，操作者用设定穿带速度的数字开关进行设定，此时按键值即为穿带速度；3）当选用按温度计算的方式时，按温度模型进行设定，此时应按终轧温度预测模型反算出穿带速度，以便尽可能使终轧温度接近目标值。近年来出现另一种观点，就是末架速度应该在电机能力允许的条件下，根据最大产量来决定。另外，为控制终轧温度专门设计了在轧制过程中采用大量冷却水来进行控制的系统。

（6）其他各机架轧制速度的确定。末架轧制速度确定之后，便可利用连轧秒流量相等的原则，根据各架轧出厚度和前滑值，求出各架轧辊速度或轧制速度。

（7）功率校核。各机架轧制速度确定后，用能耗曲线进行功率校核。各机架所需要的功率（N_i）为

$$N_i = (\omega_i - \omega_{i-1}) V \times 3600 \tag{3-28}$$

式中 $(\omega_i - \omega_{i-1})$——道次单位能耗，即每轧 1t 钢所消耗的千瓦小时数；

V——金属秒流量，$V = Bh_7 v_{h7} \gamma$（γ 为钢的密度）。

按此计算的各架所需功率校验各架电机能力是否充分利用或超负荷。应使计算的 N_i 小于电机额定功率。

（8）轧制压力的计算。轧制压力的计算方法基本上与中厚板轧制规程相类似。为了计算平均单位压力，必须计算金属变形抗力和应力状态影响系数，而为了计算金属变形抗力，又必须计算各架轧制温度、变形速度、变形程度。考虑轧辊弹性压扁影响的变形区长度等。计算的内容及方法与中厚板的情况相类似，但有其不同特点。在热连轧及冷轧板带钢的过程中，由于单位压力较大，故计算轧辊半径时必须考虑压扁的影响。考虑压扁以后的轧辊半径 R' 采用以下公式计算，即

$$R' = R\left(1 + \frac{2C_0 P}{b\Delta h}\right) \tag{3-29}$$

$$C_0 = 8(1 - \nu^2)/\pi E$$

式中 E、ν——轧辊材料的弹性模数及泊松系数。

则压扁后的变形区长度

$$l' = \sqrt{R'\Delta h} \tag{3-30}$$

在电子计算机自动控制的现代化热连轧机上，根据各连轧机的具体情况，通过数理统计方法得出回归系数各自不同的金属变形抗力和应力状态影响因素的各种复杂的数学模型，用以计算出各道的轧制压力。并在实际轧制过程中，通过第一、二架轧机的实测压力进一步修正这些数学模型，亦即通过自适应计算使轧制压力能获得更加准确的结果。这些都只有在全面计算机控制的条件下才可能实现。

（9）各机架压下位置即空载辊缝值的设定。在轧制过程中，轧机的弹跳反映到钢带上，就是使原来设定的压下量减少，轧出厚度增大，并且由于轧辊弹性弯曲变形，使带钢的板形也产生变化，从而造成轧制规程设定和轧机调整上的困难。由于薄板带的厚度和轧制时的压下量往往、甚至要比弹跳值还小，且对不均匀的敏感性又很大，所以必须对轧机的弹跳值进行精确的估值，方可轧出符合要求的产品。

由于轧机的弹跳，实际轧出的轧件厚度 h 等于原来的空载辊缝 S_0 再加上弹跳值，或者说空载辊缝等于轧出带钢厚度减去弹跳值，即：$S_0 = h - \dfrac{P - P_0}{K}$。

根据各架轧出厚度 h 和计算的轧制压力 P，并由已知的 P_0 及 K 值，便可求出各架的相当空载辊缝值 S_0。应指出，用上式所计算的空载辊缝值精度不高。实际控制时还需进行修正和补偿，即需要有：1）轧机刚度补偿：由于轧机刚度依所轧板带材的宽度 B 而变化，此时实际轧机刚度应等于［$K - \beta(L - B)$］，其中 L 为辊身长度，β 为该轧机的宽度修正系数，β 与 K 均可根据实测预先求出；2）油膜厚度补偿：由于在油膜轴承中油膜厚度随轧制速度和轧制压力而变化，即当加速时，油膜变厚；压力增大时则油膜变薄，因此需以调零时的轧辊转速 N_0 和

轧制压力 P_0 为基准，用下式对油膜厚度 δ 进行修正：

$$\delta = C(\sqrt{N/P} - \sqrt{N_0/P_0})\frac{D}{D_0} \tag{3-31}$$

式中　N、P——实际轧制时轧辊转速及轧制压力；

D_0、D——标准轧辊直径及实际轧辊直径；

C——常数。

此外，压下的零位还经常由于轧辊热膨胀和磨损而发生变化，从而影响到带钢的厚度。对于这种变化，可根据每个带卷实测厚度误差，用自学习反馈计算来监视修正。故往往将此修正项称为测厚仪常数项。因此，实际的压下位置设定值应为

$$S_0 = h - \frac{P - P_0}{K - \beta(L - B)} + \delta + G \tag{3-32}$$

式中　δ、G——油膜厚度修正项及测厚仪常数项。

综上所述，带钢热连轧轧制规程设定计算流程框图，如图 3-19 所示。

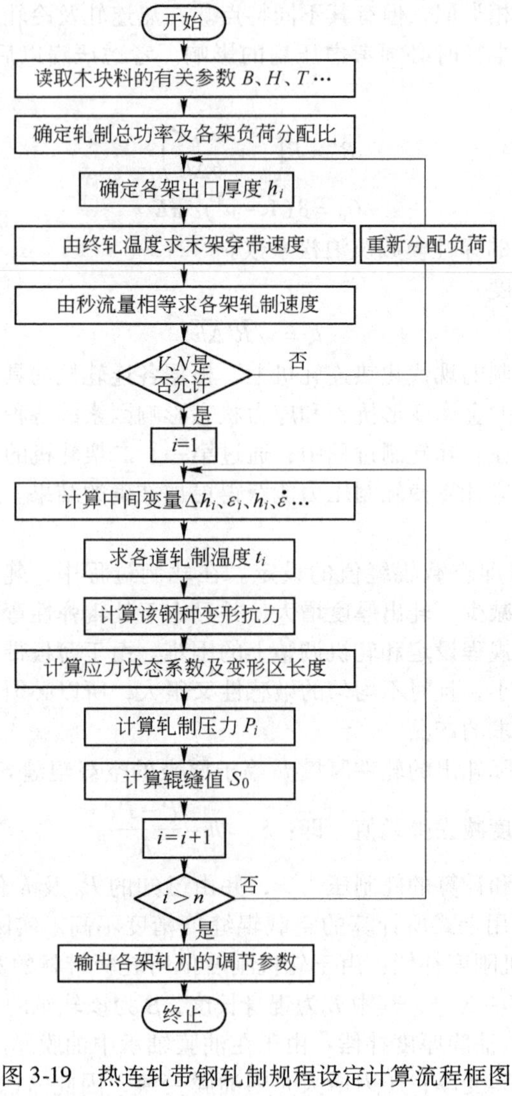

图 3-19　热连轧带钢轧制规程设定计算流程框图

3.3 其他热轧带钢机组生产概况和新技术

3.3.1 炉卷轧机热轧带钢生产

3.3.1.1 炉卷轧机

成卷热轧带钢关键要解决的一个重要问题便是带钢温度下降太快。而炉卷轧机就是在其前后设有保温炉，卷筒置于炉内的四辊可逆式热轧机，国外叫 Stekel 轧机（图 3-20）。采用炉卷轧机一边轧制一边保温的轧制方法，即为炉卷轧制方法。

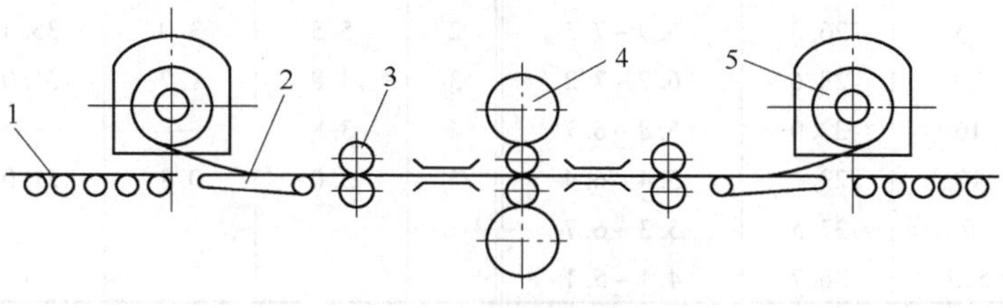

图 3-20 炉卷轧机示意图

1—运输辊道；2—活动导板；3—送料辊；4—四辊可逆式轧机；5—带保温炉的卷取机

3.3.1.2 炉卷轧机热轧带钢的优缺点

（1）在轧机上，轧件边轧制边保温，解决了一般热轧机热轧带钢温降过快的问题，它能把轧件温度保持或控制在要求的范围内，大大减小了带钢的头尾温差和总的温度降，因此，这种轧机可生产厚度较薄（薄至 1.2mm）的热轧宽带钢，适合于生产塑性较差、加工温度范围窄的钢种（如耐热钢、不锈钢）等，并由于可采用钢锭作原料而用于生产批量小而品种较多的生产企业。

（2）与连轧机相比，这种轧机可用较灵活的轧制道次和较少的设备投资，生产出各种热轧带钢。

（3）缺点及其应用：缺点是产量较低（一般年产量在 50 万 t 以下）、产品质量特别是表面质量和头尾尺寸精度差、各项消耗较高导致经济技术指标较低、需要大型直流电机和高温卷取设备、炉内卷筒维修麻烦、工艺操作较连轧复杂、轧机自动化控制难度较大、轧辊易磨损而需频繁换辊。由于这些缺点的存在而限制了它的发展。但近年来，通过利用现代成熟的轧制技术，如弯辊技术、移辊技术、AGC 技术、轧制中除鳞技术等对炉卷轧机进行改造，使炉卷轧机的应用得到提高，尤其在不锈钢板领域的生产上获得成功。

3.3.1.3 炉卷轧机的生产工艺流程

炉卷轧机的生产工艺流程大致是：板坯在连续式加热炉中按加热规程加热后，通过高压水除鳞，然后在二辊可逆式及四辊万能式粗轧机上进行轧制，将板坯轧成厚 9 ~ 20mm 的带坯，由辊道输送到飞剪，切去头尾后送入炉卷轧机轧制。由于每道轧件端部均需通过轧辊，因而每道次开始时都需以咬入速度（0.5 ~ 2.5m/s）轧制，使轧件端部容易进入卷取机。咬入后，卷取机与轧机同步升速到正常轧制速度，而当每道轧制终了时，又必须及时制动，以防轧件尾部进入保温炉内，这就限制了轧机速度的提高，并且操作较为频繁复杂。一般在炉卷轧机上轧制 3 ~ 5 道次，轧成带钢后，通过运输辊道冷却到卷取温度，在成品卷取机上卷成钢卷。表 3-12 举例示出了炉卷轧机作为精轧机轧制不锈钢带钢时的压下规程（板坯：115mm × 1050mm × 2250mm；成品厚度：3mm × 1030mm；粗轧轧制速度：2 ~ 4m/s；粗轧机终轧温度：1050 ~

1100℃；精轧轧制速度：3.9～6m/s；带钢终轧温度：900～920℃；精轧在炉卷轧机上进行（炉温1060～1090℃），用五道次轧完）。

表3-12　12Cr18Ni10Ti不锈钢板坯轧成3mm×1030mm带钢的压下规程

粗轧可逆机座					炉卷轧机				
轧制道次	轧件厚度/mm	压下量/mm	压下率/%	主传动的负载电流/kA	轧制道次	轧件厚度/mm	压下量/mm	压下率/%	主传动的负载电流/kA
0	115	—	—	—	0	9.5	—	—	—
1	95	20	17.3	6.5～7.2	1	8.5	1.0	10.5	5.0～5.8
2	70	25	26.3	6.9～7.3	2	5.5	3.0	35.4	5.2～6.0
3	50	20	28.6	6.7～7.2	3	3.8	1.7	31.0	5.0～5.7
4	34	16	32.0	5.8～6.7	4	3.8	—	—	3.2～4.6
5	24	10	29.4	5.4～6.4	5	3.0	0.8	21.0	2.8～4.6
6	15	9	37.5	5.3～6.7					
7	9.5	5.5	36.7	4.1～5.1					

炉卷轧机的产品厚度范围为1.5～20mm，轧制速度变化范围为0.5～8.5m/s，常规生产能力约为20～80万t/年，经过技术改造后，炉卷轧机的产品范围、产品质量以及生产能力大大提高，特别是一些先进技术手段实施后，产品质量大幅提升，能耗大大降低。比如，美国蒂平斯公司开发的TSP工艺，利用电炉炼钢、连铸中等厚度（150mm）板坯配一台炉卷轧机组成连铸连轧生产线，可以较小的年产量（40～200万t）生产厚1.5～20mm的各种带钢，其投资和生产费用及生产成本都低于其他薄板坯连铸连轧方法。

3.3.2　行星轧机热轧带钢生产

3.3.2.1　行星轧机

行星轧机的设计思想出现于1941年，但直到1950年轧机才正式问世。此后，英国、加拿大、意大利、前苏联、日本、瑞典、前联邦德国和我国等相继建立了400～1450mm行星轧机。行星轧机由上下垂直布置的两个直径较大的支承辊和围绕支承辊周围的多对（12～24对）小直径的工作辊组成。工作辊轴承分别镶嵌在套于支承辊两侧的轴承座圈内，轴承座圈可以围绕支承辊作相对转动。两个支承辊由主电机驱动，其转动方向与轧制方向一致，工作辊一方面随座圈围绕支承辊作行星式公转，另一方面又靠其与支承辊间的摩擦带动进行自转。行星轧机机组通常由立辊轧边机、送料辊、行星轧机及平整机所组成，如图3-21所示。

3.3.2.2　行星轧机的优缺点

（1）由于单道次轧制变形量很大，相当于一套连轧机组的轧制效果，从而大大简化了薄板带钢的生产过程，节省轧制设备和厂房面积，减少投资，节约劳动力和降低产品成本。行星轧机与连续式和半连续式带钢热轧机相比，生产费用可节省30%～40%，单位产量的投资可节省一半以上。

（2）由于轧制变形率大，轧件在轧制过程中非但不降低轧制温度，相反，轧件温度会升高50～100℃，这也解决了成卷热轧带钢的温降问题，这不仅可使带钢保持一定的轧制温度，有利于加工温度要求较严的特殊钢生产，而且也有利于提高带钢厚度精度和产品质量。故适合于轧制某些加工温度范围窄的钢种（如镍合金、铜铁合金等）。

（3）主轧机只有一架，操作灵活，在生产规模上适合于多品种小批量的中小型企业生产需要，一台700～1200mm行星轧机的生产能力为15～25万t/年热轧板卷。

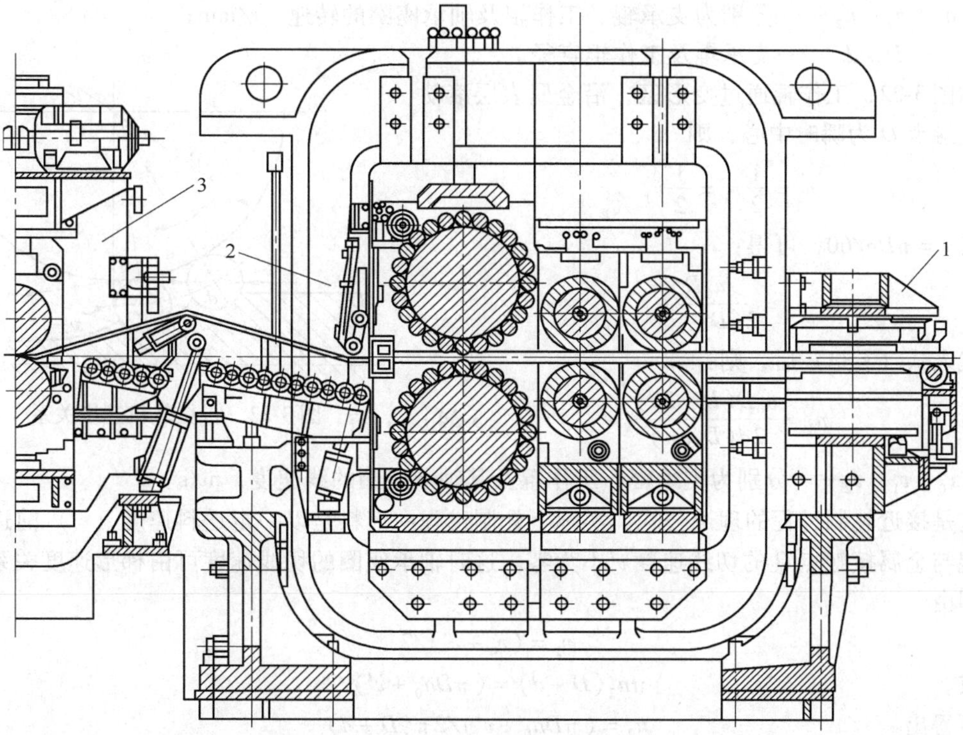

图 3-21 行星轧机

1—轧边机；2—行星轧机（包括送料辊）；3—平整机

（4）大大简化了生产过程，降低了各项消耗，节约了劳动生产力，大大节省了轧制设备和生产面积，减少了生产投资，从而使生产成本大为降低。

（5）轧机结构复杂，同步要求性高，调整困难，产品质量（表面、板形、尺寸精度）欠佳，轧制薄规格产品时事故多，轧机作业率不高。

3.3.2.3 行星轧机的工作过程及其轧制规律

行星轧机的工作过程与一般轧机轧制不同，主要表现在：

（1）由于行星轧机工作辊的转动方向与轧制方向相反，因此轧件不能靠金属与轧辊之间的摩擦力自行咬入，相反，还产生将轧件反推出变形区的反推力。因此，为了实现和维持轧制过程，必须对板坯施加与轧制方向一致的推进力，取消推力，便不能进行轧制。

（2）每一对小直径工作辊都在变形区中使轧件产生小变形，但由于单位时间内有很多对工作辊通过变形区，因而经行星轧机一道轧制后，积累的总变形量就很大（在90%以上）；与此同时还产生与初轧时的高件双鼓形不均匀变形现象，而使轧件出现凹形侧面，轧后呈现折叠或毛边，这就需要板坯边部呈凸形，或经立辊轧边机轧成凸形，使轧后得到较平的侧边。

（3）行星轧机工作时严格要求上、下支承辊所带动的对应工作辊同步，使其运动位置上、下对称，轴线保持在同一平面内，保证每对工作辊同时与金属接触或离开。为此而设计采用了同步装置，使上、下轴承座圈以同样的速度绕支承辊回转。

（4）行星轧机工作时，支承辊、工作辊与轧件之间不应产生滑动，即保持滚动关系。工作辊作行星运转时的速度关系可用一般行星轮系的传动公式表示，即

$$n_1 = (n_0 - n_2)\frac{D}{d} \tag{3-33}$$

式中　n_0、n_1、n_2——分别为支承辊、工作辊及轴承座圈的转速，r/min；

D、d——支承辊及工作辊直径。

如图3-22，工作辊通过变形区，沿金属表层滚动时，接触点 O 为瞬时中心，则

$$v_2 = \frac{1}{2}v_1 = \frac{1}{2}v_0$$

由 $v = \pi Dn/60$，可得：

$$n_2 = \frac{n_0 D}{2(D+d)}$$

代入式（3-33）后，则：

$$n_1 = \frac{n_0 D(D+2d)}{2d(D+d)} \tag{3-34}$$

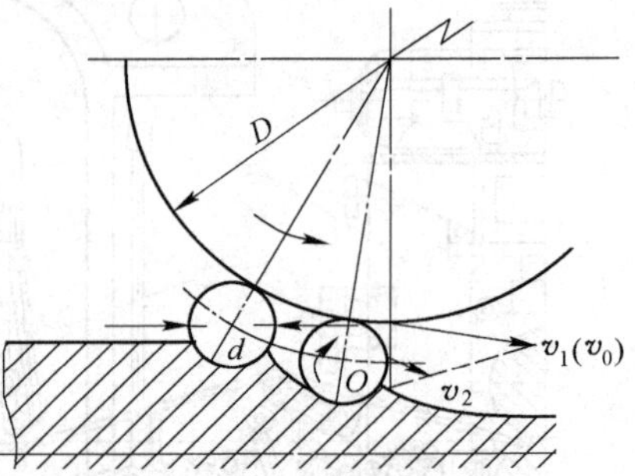

图3-22　行星轧机速度关系

式中　v_0、v_1、v_2——分别为支承辊、工作辊及其轴承座圈的线速度，m/s。

这是接近轧制过程的理论公式。实际上轧制过程中坯料是以一定送料速度（v_s）前进，即工作辊与金属接触点 O 的切线速度 v' 不为零。这时轴承座圈的切线速度可由梯形速度关系来确定，即由

$$v_2 = (v_0 + v')/2$$

或

$$\pi n_2(D+d) = (\pi D n_0 + v')/2$$

可得出

$$n_2 = (\pi D n_0 + v')/2\pi(D+d)$$

代入后，可得：

$$n_1 = \frac{D(D+2d)}{2d(D+d)}\left[n_0 - \frac{v'}{\pi(D+2d)}\right] \tag{3-35}$$

式中　v'——工作辊与金属接触点 O 的切线速度；

$v' = v_s\cos\alpha$，其中 α 为行星辊体与坯料的接触角，一般约20°，即 $v' \approx 0.94v_s$。

由 v_s 可求出每个工作辊的轧件送进量 s 为

$$s = \frac{v_s}{n_2 z} \tag{3-36}$$

式中　z——工作辊的数目。

实际上 s 值一般很小（约1mm），由于每个工作辊的轧件送进量很小，故所受的轧制压力亦小。

综上所述，为了保证行星轧机轧制过程的正常进行，必须遵循其特有的轧制规律。例如，必须保证建立正常的行星运转速度关系，防止轴承座圈速度偏高或降低影响轧件质量；必须使轧件与轧制中心线对中及保持使上、下工作辊严格同步，否则出现“手风琴”、“厚尾巴”等事故，使轧制过程不能正常进行。前后轧件均须紧密衔接，连续送进，不得中断，关键要控制好板坯的出炉周期等。

行星轧机虽然具有很多优点，但其设备结构过于复杂、轧制操作过于繁琐，因此行星轧机必须向简化设备的方向发展。而20世纪60年代以后，单行星辊轧机的出现，便是行星轧制技术的一个革新和进步。

所谓单行星轧机只采用一个行星辊与另一普通平辊进行配合而构成。在轧件较厚时，轧制过程是不对称的，轧出的带钢边部倾斜呈梯形。为了使带钢边部齐整，在入轧机之前及出轧机之后，都设有轧边机加工边部。单行星轧机的普通平辊可以为游动辊，也可用小功率电机加以

传动，这样有利于轧件的咬入，可减少送料辊的推力，还可减轻平辊的磨损。根据国内外生产的实际经验，单行星辊轧机除具有与双行星辊轧机相同的优点以外，还具有如下的优点：1）采用单行星辊使行星工作辊数目减少了一倍，并取消了上、下辊组的同步系统，取消了传动设备的齿轮机架及万向接轴，从而大大简化了设备；2）采用单行星辊，工作辊不再有同步的要求，由于工作辊同步失调而产生的事故缺陷便可从根本上消除；3）采用单行星辊轧制，大大简化了工艺操作和轧机调整，且轧件对中和轧辊轴线平行的要求不像双行星辊轧机那么严格，同时由于不对称变形的特点，使带钢出口总是偏向平辊一侧，使轧制过程平稳；4）上辊采用大直径平辊有利于轧机调整和板形控制；5）单行星辊轧机轧制速度可比双行星辊高，缩短轧制时间，提高产量，减少温度降，并提高了表面质量；6）生产经验表明，单行星辊轧机的咬入系数（咬入弧角与工作辊辊距所对角节之比）可在较宽范围内变化，亦即能够把厚度范围较大的板坯轧成厚度范围较宽的带钢，生产灵活性较大。单行星辊轧机的主要缺点是当行星辊组尺寸相同时，总压下量比双行星辊小，也就是坯料厚度要小一些。这一点在坯料厚度相同时，只要将行星辊组的尺寸适当加大一些就可以解决。而且在薄板坯连铸已能顺利生产的今天，这一缺点反而成为优点，使它能在薄板坯连铸连轧生产中得到推广应用。

近代行星轧机还采用了预应力机架，以提高轧机的刚度和吸收轧制时产生的巨大振动，并也减小了牌坊的重量，使产品质量得到提升。

3.3.3 薄板坯连铸—连轧及薄带连续铸轧技术

连铸坯出连铸机的厚度即使是薄板坯，其厚度一般也在50mm以上，这种厚度的板坯作为连轧坯不仅要增加精轧的压缩率和精轧机设备，而且由于难以热卷取而只能放长条输送保温，大大增加了输送保温加热的设备和操作困难，并且使板坯氧化铁皮损失和散热损失成倍增大。因此，从连铸连轧工艺要求，出连铸机的薄板坯厚度应该还要继续减小，最好是小到10～20mm，则一出连铸机便可以进行热卷取，然后成卷保温输送至精轧机组轧制成材，这样其经济效益将更为显著，为此薄板坯连铸—连轧及连续铸轧技术应运而生。所谓薄板坯是指普通连铸机难以生产、厚度在60（或80）mm以下且可以直接进入热连轧机精轧机组轧制的板坯。一般认为就大宗板带钢产品而言，薄板坯厚度以10 ～ 60mm为佳，这样不仅可以保证质量，而且保证一定的产量，便于炼钢、连铸与轧钢生产能力的均衡匹配，可直接进入精轧机轧成各种规格的板带，省去加热炉和粗轧机组等昂贵设备，大大降低基建投资和生产成本，为中小型企业提供了连铸连轧成卷生产板带钢的方法和途径。

德国施罗曼—西马克（SMS）公司，曼内斯曼—德马克冶金技术公司（MDH）及意大利达涅利公司等相继采用固定振动结晶器，在常规连铸机的基础上设计出新的薄板坯连铸机，使薄板坯连铸获得重大突破，SMS公司采用漏斗形结晶器，上部敞开成椭圆形，这样一则可安置浸入式水口，二则可保证铸坯无应力收缩。其侧壁是平行的，铸坯宽度和断面可以改变，铸速可达5～6m/min，结晶器下支承辊区长度只有5～6m，弯曲半径仅有2m左右，故铸机高度可下降。

3.3.3.1 SMS公司薄板坯连铸连轧工艺（CSP——compact strip production）

CSP生产线通常由薄板坯连铸机、隧道式加热炉、5～6架精轧机组、层流冷却线、成品卷取机等组成。美国纽柯公司克拉福兹莱钢厂采用SMS公司开发的薄板坯连铸连轧技术（CSP）建立了一条年产80万t带钢的生产线，于1989年投产。该厂由电炉炼钢，采用钢包冶金和保护浇注，以4～6m/min的速度铸出厚50mm、宽1371mm的薄板坯，经切断后通过一座长达64m、在主轧制线上的直通式补偿加热炉，直接进入4架四辊式连轧机轧制成厚2.5～9.5 mm的钢带，经过层流冷却系统后，进入地下卷取机卷成最大重量达18t的板卷。其工艺流程如图 3-23 所示。

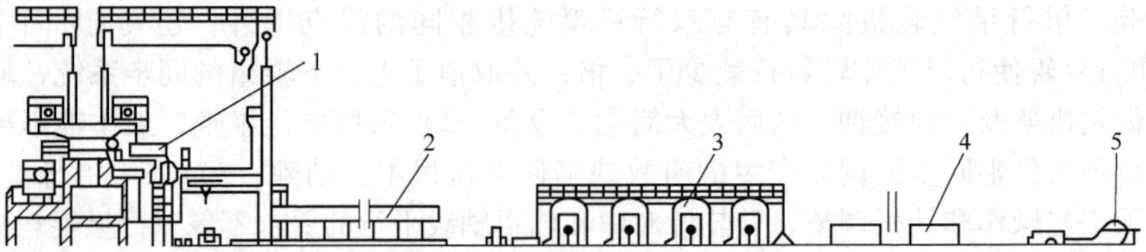

图 3-23　美国（Nucor）公司的薄板坯连铸机—热带钢连轧机联合（CSP）生产线（年产量 82×10^4t）

1—薄板坯连铸机；2　隧道式加热线，3　热带钢精轧机，4　层流冷却线；5—地下卷取机

3.3.3.2　MDH 公司薄板坯连续铸轧工艺（ISP——in line strip production）

MDH 公司开发的薄板坯连续铸轧技术可以铸轧出厚度在 15mm 以下的热轧板卷，其中连铸薄板坯的厚度为 10～120mm，最大宽度为 2800mm。该技术的主要特点不仅在于采用直弧式结晶器，还在于连铸的同时可进行连续铸轧减薄，包括带液心压缩和软心固态无头连续轧制技术，使产品的形状稳定、表面质量和成品性能方面有所改善。

MDH 公司与意大利 Finarvadi 公司共同利用连续铸轧技术在意大利 Gremona 建立了一个在线生产的带钢厂，已于 1991 年投产。该厂的生产线设备布置示意如图 3-24 所示。该厂设计年产量为 500 万 t 优质碳钢和不锈钢。单流连铸生产薄板坯的结晶器规格为（650～1330）mm ×（60～80）mm，出连续铸轧机组的产品尺寸为（650～1330）mm ×（15～25）mm，最大铸速为 6m/min，板卷最大重量为 26.6t。精轧后带钢厚度为 1.7～12mm。炼钢炉容量 100t，连铸机半径 5.2m，中间包容量 20t。在连铸机下部，为了在铸坯全凝固后立即进行大的压下及控制板坯的板凸度，而设置 3 架四辊轻型轧机，工作辊为 ϕ410mm × 1500mm，支承辊为 ϕ800mm × 1400mm。备有液压 AGC 系统，允许最大轧制力为 1300t（1.3×10^4kN），主传动功率 500kW 。在该 ISP 生产线上，板坯出连铸机后，用摆动剪切成定尺，经绝热辊道再送入感应加热炉进行加热和均匀保温。带坯出感应炉即进行热卷取。卷取机芯轴放置在特殊炉子中，在炉中卷取后保持一定温度。这个特殊炉子可允许存留多个板卷。当后一个板卷正在芯轴上卷取时，前一个芯轴上已卷完的板卷可开卷并送入精轧机组轧制。这样可允许铸轧过程和精轧过程各以不同的速度同时进行。以这种轧制方式在精轧机组上可以最佳的轧制速度和温度完成轧制，并能获得最小带钢厚度（1.7mm）。精轧机组为 3～4 架四辊轧机，F_1、F_2 工作辊为 ϕ700mm × 1900mm，F_3、F_4 为 ϕ600mm × 1900 mm，支承辊皆为 ϕ1450mm × 1400mm。最大轧制压力 F_1、F_2 为 4000t（4.0×10^4kN），F_3、F_4 为 2500t（2.5×10^4kN）。传动功率 N_1、N_2 各为 6000kW，N_3、N_4 各为 4000kW。为了在带钢厚度偏差、板形平直度方面得到理想的结果，精轧各机架均设置有精细的液压定位控制和 UPC 系统。终轧速度最大达 10m/s。带钢出精轧机后，经层流冷却达到最佳温度，然后进行卷取。地下卷取机功率为 750kW。板卷内径 762mm，外径最大达 2000mm。

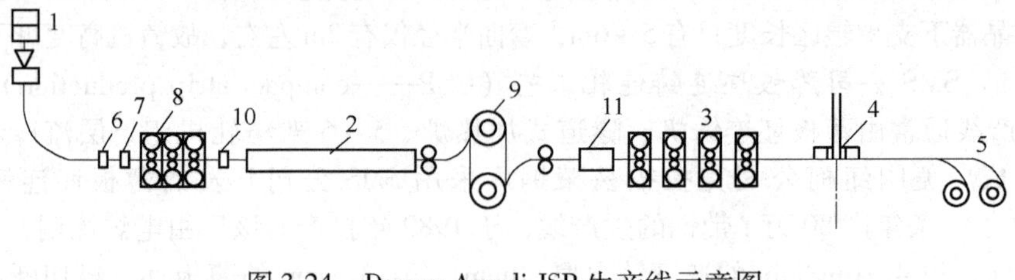

图 3-24　Demag Arvedi ISP 生产线示意图

1—连铸机；2—感应均热炉；3—精轧机；4—层流冷却；5—卷取机；6—矫直（除鳞）；
7—边部加热；8—轧机；9—热卷取机；10—切断机；11—除鳞

该ISP工艺的主要优点为：

（1）连续铸轧方法可生产出很薄的板卷（达10mm），并适于中、小产量规模，有显著的效益。

（2）连铸机与轧机直接连接，设计紧凑，由连铸直至精轧卷取总长仅180m。

（3）薄板坯出连铸机后到轧制过程热能利用较为理想。热卷取后板卷保温效率提高30～40倍，大大节约了热能消耗，也减少了氧化铁皮损失。

（4）由于热卷取后开卷时板卷首尾倒换，故板卷温度均匀，可不采用精轧机组升速轧制，大大节约了投资，并简化了操作；出连铸机后有感应均热炉控制温度，可生产出更薄的产品。

（5）由于板坯很薄，快速凝固冷却，加上在半凝固状态轧制，使成品的组织性能、质量更好，并且适用的钢种范围很大；经液心及固心轧制后出连铸机即可获得一般成品中板。

（6）连铸出来的薄板坯厚度规格变化范围很大，在生产品种规格及产量规模上加大了生产的灵活性。

（7）与SMS的CSP工艺相比，由于大大缩减了板坯保温补热输送系统的面积和精轧机数目，使基建投资减小，再加上节能、节材等，将使单位生产成本更为降低，效益更为显著。

这种新技术代表了成熟的连铸板坯技术的新发展，使薄板坯连铸技术取得突破性的进展。其主要技术特点为：

（1）设有新型浸入式水口的连铸结晶器。

（2）连铸时可以带液心压下和软心（半）凝固压缩，以获得更薄的板坯，可直接进行热卷取。

（3）设有新型Gremona式热卷取箱，利用热板卷进行输送保温，节能节材效果显著。

铸流厚度（如在结晶器中形成的厚度）的减薄可由铸流导向区内的连铸—轧制工艺进行，如图3-25所示。在结晶器中的铸流厚度为60mm时，连铸机出口最小厚度可达15mm。减薄可分两个阶段进行。

第一阶段，板坯心部仍然是液体。在结晶器出口至液心端之间，从一对辊到下一对辊进行减薄的程度较小，以便进行控制，减小铸流的变形密度。目前在液心区的总变形量最大可达20%；第二阶段，薄板坯完全凝固，在心部完全凝固后即开始连铸—轧制。刚刚凝固的薄板坯变形阻力低，只经3架四辊轧机轧制，最大压缩率可达70%～80%，入轧机之前薄板坯经边部感应补热及除鳞。根据连铸—轧制工艺的改变，薄板坯在连铸机出口处的厚度为15mm到60～70mm。

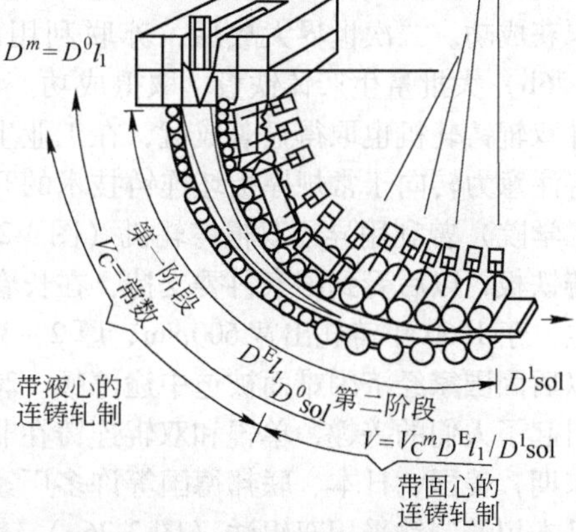

图3-25　带液心和固心的薄板坯连铸—轧制（铸轧）

实践证明，薄板坯晶粒非常细小，大约1min的快速凝固防止了晶粒长大，并且在铸流（坯）减薄中产生晶格变形而引起再结晶，使原浇铸组织转变为轧制组织，这种现象意义重大，导致了材料性能的变化，连铸—轧制的薄板坯可作为成品厚板。连铸—轧制工艺为在连铸机上直接生产低、中级厚板提供了可能性。通过在连铸机出口后的正火或加速冷却可以进一步提高抗拉强度和韧性，所以薄板坯连续铸轧工艺不仅降低了板坯厚度，而且轧出的板带性能质量优良，具有良好的效益。薄板坯连铸—连轧技术正在迅猛发展之中，其主要趋势为：

（1）产品不断扩大，成品带卷厚度向更薄的方向发展。生产厚度薄至1mm的带卷不仅可部分代替冷轧带卷，而且在继续冷轧时减少道次与轧程，从而带来巨大的经济效益。为了生产薄至1.0mm左右的产品，纽柯公司CSP工艺精轧机组已增至6架。Arvedi公司ISP工艺精轧机由4架增为5架。1996年投产的美国阿克梅公司及在建设中的Trico公司等多家CSP生产线及韩国光阳厂的 ISP 生产线等都是按生产薄至 1mm 的带卷设计的。SMS 公司为德国蒂森公司设计的 CSP 生产线以生产最薄 0.8mm 带卷为目标。产品除已大量生产的低、中碳钢、结构用钢与管线用钢以外，还生产了奥氏体不锈钢、铁素体不锈钢及高碳钢和电工硅钢等。

（2）薄板坯连铸—连轧工艺在高炉—转炉流程大型钢铁联合企业中得到成功应用。美国阿克梅公司和加拿大阿尔戈马公司的 CSP 工艺生产线都已投产，它们分别与 75t 和 250t 顶吹氧气转炉配合都取得良好效果。我国邯钢和包钢的 CSP 生产线也都采用转炉钢水。这对提高钢水纯净度，扩大产品品种将会有深远的影响。

（3）加大铸坯出结晶器厚度，并增设第二流连铸机，以充分发挥连轧机的能力，亦即将年产量由 80 ~ 120 万 t 提高到 200 ~ 250 万 t，充分发挥基建投资效果。韩国光阳厂及南非萨尔达尼亚公司的 ISP 生产线结晶器出口坯厚分别增至 75mm 和 90mm，经液心铸轧后分别为 60mm 及 75mm，经两架粗轧机轧制后坯厚为 20 ~ 30mm，进入热卷取箱。意大利达涅利公司开发的 FTSC 技术生产板坯厚度 70 ~ 90mm。德马克公司还为美蒙特利尔厂设计厚 127 ~ 152mm 的中厚板坯连铸机和炉卷轧机连接成连铸—连轧生产线。加大铸坯厚度的目的在于进一步改善带钢表面质量和加大压缩比，提高每流连铸机的能力。但相应也要增大粗轧能力、建设投资和单位产品电耗。

此外，在薄板坯连铸连轧生产中还不断采用很多新技术，如电磁制动技术、液压振动技术、无头轧制技术及增高压水除鳞技术（由 23.0MPa 增至 40 ~ 43.5MPa）等。

3.3.3.3　薄带连续铸轧技术

自 1857 年英国 H. 贝塞麦（Bessemer）提出双辊铸机（又称无锭轧机）以后，很多研究人员对此种以重压大变形为特征的铸轧机（图 3-26a）进行过详细试验研究，都因其产品质量低劣而未获成功。二次世界大战后，苏联利用以轻压小变形为特征的倾斜式异径双辊无锭轧机（图 3-26b）大批量生产铸铁板，取得成功。与此同时，美、法等国开发研究铝板带等有色金属的各种双辊铸轧机也取得显著成就，在工业生产上推广应用。但在带钢连铸（铸轧）方面，由于人们将注意力转向于常规厚板坯连铸技术的开发，而未受到应有的重视。1958 年我国东北大学（东北工学院）曾利用异径双辊铸轧机（图 3-26b），采取轻压快速铸轧的工艺在实验室铸轧出硅钢板和铸铁板，以后受到国家科委支持，在长春建立了我国第一条钢铁无锭轧制，即板带连铸试验生产线，于 1960 年铸轧出宽 600mm、厚 2 ~ 3mm 的钢板和铁板各百余吨，取得当时国际领先的成就，以后因国家经济困难而被迫中途停顿。20 世纪 70 年代末期，受能源危机的冲击，带钢连铸重新引起了人们的兴趣，单辊和双辊连铸在非晶技术的带动下又重新得到发展。到 20 世纪 80 年代中、末期，美国、日本、联邦德国等许多厂家都宣布采用双辊或单辊铸造不锈钢或硅钢成功。1984 年日本川崎制铁采用双辊法（图 3-26c）铸轧出 (0.2 ~ 0.6)mm × 500mm 的高硅钢及碳钢带。1986 年日本金属工业公司也宣布研制用以铸轧厚 1 ~ 4mm 不锈钢薄带的新型异径双辊铸轧机成功（图 3-26d），德国克虏伯钢铁公司也采用这种铸轧机于 1990 年铸轧出厚 1 ~ 5mm、宽达 1000mm 的不锈钢带。到 20 世纪 90 年代，美国阿 · 路德卢姆钢公司、澳 BHP 钢公司、韩国浦项钢铁公司等多个厂家都宣称铸轧宽 1200 ~ 1400mm 以上、重 10 ~ 25t 以上的不锈钢带卷成功。但他们一致认为距离实现工业化生产还需要一段时间。20 世纪 80 年代初，我国东北工学院也恢复了对钢带连续铸轧的试验研究，用异径双辊铸轧机于 1985 年铸轧出 2mm × 150mm 的高速钢带，制作出一批组织性能优异的铣刀片。以后，上海钢铁研究所和东北工学院分别承担了铸轧不锈钢带和高速钢带的国家科研任务，并分别通过了国家验收和技术鉴定。现在，世界各国正处于试验研究接近成品形状（近终技术）的薄带连铸的高潮，预计不久的将来即可取得工业化生产的成就，实现钢带生产工艺流程的技术革命。据报道，由新日铁和三菱重工共同开发的世界首套带钢连铸机已于 1998 年开始工业化试生产。钢水可直接铸成厚 2 ~ 5mm，宽 700 ~ 1330mm 的不锈钢带，铸速 20 ~ 75m/min，生产线长仅 68.9m。

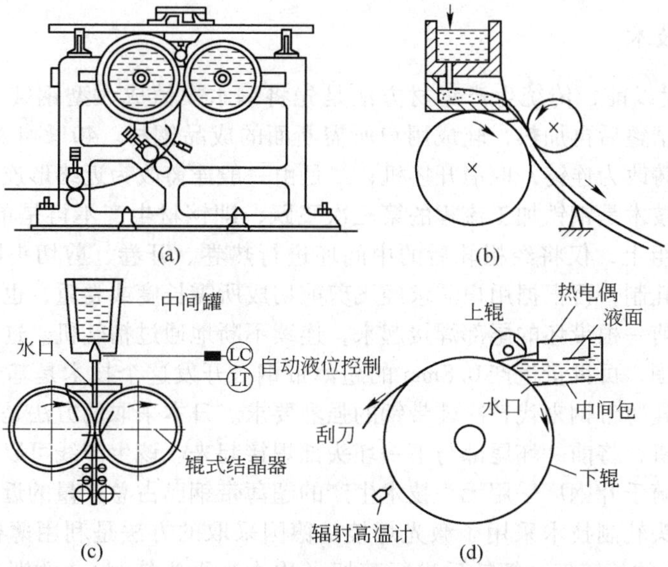

图 3-26 各种板带铸轧机举例

(a) H. 贝塞麦式铸机；(b) 倾斜式异径双辊铸机（斜注）；(c) 上铸式同径双辊铸机（CSM、川崎等多数厂家）；(d) 下铸式异径双辊铸机（日金属工业、德克虏伯等厂家）

带钢直接铸轧（DSC）工艺是接近成品形状的连铸和半凝固轧制加工的综合过程，其主要技术关键在于：

（1）钢水熔炼和净化技术：保证钢液优质纯净是铸轧成功的基础。

（2）钢流浇注技术：控制熔池液面，保证供钢要恒流、恒温、层流稳静、无污染。

（3）铸轧温度、轧制压力、铸轧速度和冷却强度必须自动检测，由计算机通过数学模型进行自动调控。这是防止变形区产生前滑、后滑引起裂纹缺陷、防止产生负偏析及保证成形质量的关键。

（4）研究侧挡技术：精巧设计侧挡板，保证边部整齐、无飞翅，便于后部精轧加工及提高成材率。

（5）铸轧机的轧辊凸度和板凸度调整技术及板形控制技术：因为铸轧出的钢带必须经精轧加工，才能保证表面和尺寸精度质量，故铸轧机必须能调整板凸度和板形，才能适应后部的精轧加工。

（6）铸轧半凝固加工变形理论研究，包括高温塑性、抗力、裂纹及负偏析形成机理等，这与提高钢带质量密切相关。

（7）研究铸轧工艺、精轧及热处理制度对钢带组织性能的影响，配合微合金化技术与控轧控冷技术，开发可能产生的新材料特性。

（8）研究铸轧辊的材料和制造方法，提高铸轧辊的寿命。

此外，新的铸轧技术有待开发研究。例如，日本石川岛播磨重工公司将半凝固技术引入到双辊法连铸工艺中，使钢液在中间包搅拌成半凝固金属浆，然后注入辊缝，既有利于侧挡，又提高了铸带质量。应该指出，钢带直接铸轧技术不仅是为了简化工艺、缩短流程、提高效益，而且可能创造出新机能材料，大大提高材料的组织性能。因为带液心半凝固轧制加工使晶粒和析出物变细的效果比急冷效果还要大，因此对提高材料性能极有利。例如，直接铸轧的高速钢带平均晶粒直径只有3.5μm，碳化物颗粒也只有1.5～2μm，比常规工艺产品细一倍以上，其红硬性及耐磨性都大为提高。

3.3.4　无头轧制技术

20 世纪 60 年代以前，传统生产钢材方法是先将钢水模铸成大型钢锭，经加热、轧制成坯，钢坯经冷却、精整后再加热，轧成用户所需断面的成品钢材。40 多年来经历了三次飞跃式发展：一是将模铸改为连铸，取消开坯机；二是由一般连铸改为近终形连铸，减少加热、轧制次数；无头轧制技术是钢铁加工流程的第三次飞跃，即钢材生产不再是单块的、间隙性的，它是在传统轧制机组上，仅将经粗轧后的中间坯进行热卷、开卷、剪切头尾、焊接及刮削毛刺，然后进行连续轧制，再根据用户需求经飞剪剪切成所需长度或卷重，也即将粗轧后带坯在进入精轧机前，与前一根带坯的尾部焊接起来，连续不断地通过精轧机。这种技术扩大了传统热带轧机的轧制范围，可批量生产 0.8mm 的超薄带钢。开发这个技术是基于市场上对于采用价格较为低廉的热轧薄带钢来代替冷轧带钢的强烈要求。日本采取的方法是在传统的粗轧机后设立热卷箱和飞焊机，将前一坯尾部与下一坯头部焊接起来。该生产线可以用20m/s 的速度生产薄带钢。日本川崎千叶钢厂采用无头技术生产的超薄带钢已占总产量的近三分之一。日本新日铁钢厂开发的无头轧制技术采用了激光焊接。德国采取的方法是利用薄板坯连铸连轧生产线，铸造长达 200m 的长铸坯，精轧后进行剪切（称为半无头轧制）。欧洲目前正在进一步开发基于薄板坯连铸连轧的无头轧制技术，通过提高铸坯的拉速，使连轧机和连铸机的速度得到匹配，从而实现真正的连铸连轧。无头轧制工艺流程与传统热轧带钢的比较如图 3-27 所示。

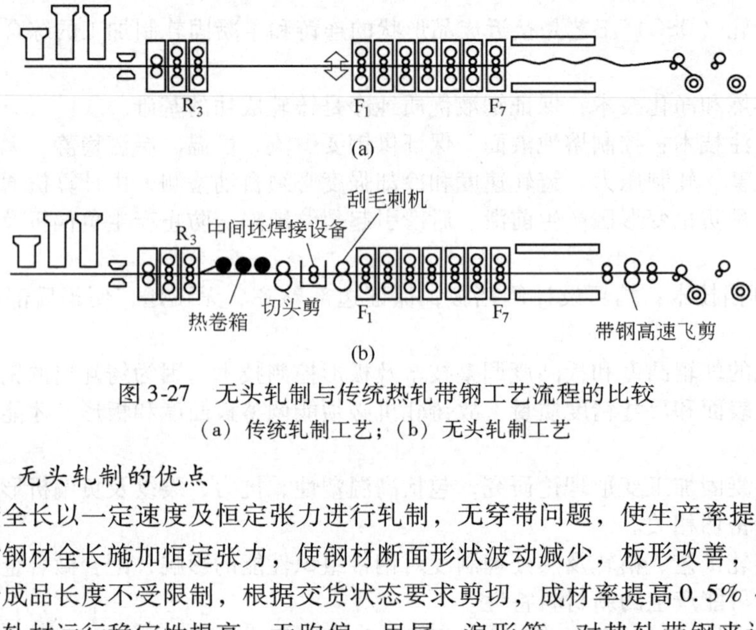

图 3-27　无头轧制与传统热轧带钢工艺流程的比较
（a）传统轧制工艺；（b）无头轧制工艺

3.3.4.1　无头轧制的优点

（1）钢带全长以一定速度及恒定张力进行轧制，无穿带问题，使生产率提高 12% ~16%。

（2）因对钢材全长施加恒定张力，使钢材断面形状波动减少，板形改善，钢材质量提高。

（3）由于成品长度不受限制，根据交货状态要求剪切，成材率提高 0.5% ~1.0%。

（4）由于轧材运行稳定性提高，无跑偏、甩尾、浪形等，对热轧带钢来说，有利于生产薄规格带钢，可生产 0.8 ~1.0mm 的薄带材。

（5）减小对轧辊的冲击，有利于提高轧辊使用寿命，使生产成本降低 2.5% ~3.0%。

（6）有利于润滑轧制、大压下量轧制及进行强力轧制，为生产表面与性能质量优异的板带创造了条件，尤其为生产深冲性能良好的热轧板创造条件，同时由于润滑轧制，也使产品的表面光滑性提高。

3.3.4.2　无头轧制工艺

（1）传统热连轧带钢机上的无头轧制。第一台全连续无头轧制热连轧带钢机是 1996 年在日本 JFE 公司千叶厂投用的。它的轧机组成是：粗轧机架 3 台，精轧机架 7 台，辊身长 2030mm，设计最高轧速为 25m/s，年产能力为 540 万 t。连铸坯经加热在粗轧机架轧成最大厚度为 50mm 中间带坯进入热卷箱，在热卷箱后设有中间带坯剪断机，将带坯头剪平，以便于后面的焊接设备（用对接压合法电磁感应焊接）进行焊接，焊接后的带坯经过带坯边部加热器使带坯温度均匀，然后送入精轧机架轧成所需带钢厚度，由于中间带坯头尾已经焊接，从理论上来讲是可以无限长的，故称为无头轧制。轧机后、卷取机前设有高速带钢剪断机，将高速前进的带钢（最大 1200m/min）切断分卷。在千叶厂 3 号轧机全连续无头轧制取得成功经验后，日本新日铁公司和韩国浦项公司分别将其大分厂和光阳厂热连轧带钢机改造成能无头轧制的全连续热轧带钢机。

（2）薄板坯连铸连轧生产线上的半无头轧制。实现半无头轧制薄板坯连铸连轧生产线的基本设备配置和传统的薄板坯连铸连轧大体相同，但是技术上有较大变化，即钢水经连铸机浇铸成钢坯后，不需剪切分段直接送入辊底加热炉进行均热，加热后即直送轧机轧制，如德国西马克 · 德马克公司设计的 CSP 连铸机薄板坯出结晶器时厚 63mm，经过液心压下离开连铸机时铸坯厚 48mm，因铸坯不经剪切进入加热炉（传统 CSP 技术铸坯剪断为 40 余米），加热炉长达 300 余米（传统 CSP 技术为 200m 左右），铸坯经均热后进入 7 机架连轧机组轧制成材。输出冷却辊道分为两段，第一段较短，为 30m 左右，其中快速冷却水集管段为 10 余米，冷却段后为超薄带卷取机（旋转卷取机）；第二段为传统的层流冷却和卷取机，主要生产一般规格的热带。这种类型的生产线以超薄规格薄带为主，其中 0.8 ~ 3.0mm 的带钢占 60% 以上，高强钢最小厚度为 1.2mm，低碳钢可达 0.8mm，由于采用该项技术，双流连铸机最大年产量可达 240 万 t，半无头轧制技术利用了连铸坯长的特点，减少了穿带过程中产生的带钢温度降低、厚度不易控制和生产不稳定的问题，极有利于薄规格带钢轧制。

我国华菱集团涟源钢铁公司新建薄板坯连铸连轧生产线即是按上述半无头轧制工艺设计建设的。由德国西马克 · 德马克公司供货，投产 8 个月后即成功创造世界同类型生产线半无头轧制 268m 长坯的最长纪录以及生产出厚度为 0.78mm 特薄热轧带卷，涟钢均热炉长 291.15m，是目前世界上最长的均热炉。目前，薄板坯连铸连轧生产线上的半无头轧制的最终目标是生产超薄钢带，这对薄板坯连铸连轧设备提出了更高的要求，表 3-13 为其设备参数的比较。

表 3-13 传统与专门生产薄规格带钢设备的参数比较

参数		普通 CPS 设备	轧制薄规格 CPS 设备
		纽柯（Nucor）工厂	蒂森厂
板坯厚度/mm		50	63
最大轧制速度/m · s^{-1}		12	20
板坯长度（最大）/m		43	>200
产品厚度（最大/最小）/mm		1.2/12.7	0.8/6.35
均热炉长度/m		158	240
轧机功率/kW	$F_1 \sim F_2$	7000	8500
	$F_3 \sim F_4$	7000	10000
	$F_5 \sim F_6$	7000	12500，10000
	F_7		10000
轧制力/MN	$F_1 \sim F_2$	30	42.8
	$F_3 \sim F_4$	30	42.8
	$F_5 \sim F_6$	30	32.65
	F_7		32.65

续表 3-13

参　数		普通 CPS 设备	轧制薄规格 CPS 设备
		纽柯（Nucor）工厂	蒂森厂
工作辊直径/mm	$F_1 \sim F_2$	780	820/950
	$F_3 \sim F_4$	780	660/750
	$F_5 \sim F_6$	780	540/620
	F_7		540/620

3.3.5　调宽轧制（AWC）及自由程序轧制（SFR）

高度现代化的钢铁工业生产要求提高产量、质量、节省能源、降低消耗及成本，因而向着高度连续化、自动化、大型化和高速化的方向发展。尤其是为了实现炼钢—连铸—轧钢等多工序同期性连续生产，就必然要求轧制技术的高度灵活和可靠，也就是要求高度柔性生产。在生产过程中，尽可能不在或少在更换产品与铸坯原料的规格品种，更换轧辊与导卫等装置，改变轧制工艺条件及处理事故等方面耽误时间，以保证过程的节奏性和连续性不受影响和破坏，这在热连轧带钢生产中主要包括有灵活变更宽度的技术、自由程序（或随意计划）轧制技术及缩减换辊的次数与时间等。

（1）调宽轧制（AWC）。板坯在粗轧机组中要经过立辊和水平辊交替轧制，通过立辊的侧压实现宽度控制，但是与轧件中部相比，头尾因没有外端的限制作用，在立轧道次将出现头尾失宽。若不对头尾的失宽现象进行有效的控制，则会对宽度精度和成材率产生不利影响。

热轧板坯的在线调宽，采用重型立辊、定宽压力机实现大侧压，重型立辊每道次宽度压下量一般为150mm，定宽压力机每道次宽度压下量可达350mm以上；有AWC（宽度自动控制）功能的重型立辊轧机是为了适应连铸和有利热轧带钢板坯热装的发展而产生的现代轧机。这类立辊轧机结构先进，主传动电机功率大，侧压能力大，在轧制过程中对带坯进行调宽、控宽及头尾形状控制，不仅可以减少连铸板坯的宽度规格，而且有利于实现热轧带钢板坯的热装，提高带坯宽度精度和减少切损。现代化的板坯连铸机一般具有在线调宽技术，但即使连铸机具有快速调宽装置，为了稳定浇铸作业，稳定炼钢与连铸的节奏均衡及减少锥形板坯的长度，也应尽量减少结晶器宽度的调节变化，亦即结晶器宽度的调整应尽可能的少，而将调宽改变板坯规格的任务主要交给轧钢去承担。按控制方式不同，AWC分为：轧制力反馈控制（RF－AWC）、前馈控制（FF－AWC）和短行程控制（SS－AWC）。

1）轧制力反馈控制（RF－AWC），是根据侧压时沿板坯长度方向材料硬度不同，会使立辊轧机产生不同的弹跳量，导致轧制力变化的原理，将测得的轧制力变化，由液压AWC装置快速变更立辊辊缝，从而改变轧制压力，使板坯宽度保持为常数，以便水平轧制后的板坯在长度方向上的宽度均匀。

2）前馈控制（FF－AWC），是针对板坯在加热炉内加热受水冷滑道影响而产生温度低于其他部位的水印，立辊侧压后进行水平轧制时，水印处的材料宽度大于其他部分的材料宽展，导致长度方向上产生宽度差，侧压时对水印进行跟踪，预设定液压AWC，在水印处加大侧压量，消除水印处产生的多余的宽展量，使水平轧制后的板坯达到设定的宽度值。

3）短行程控制（SS－AWC），是解决板坯侧压量较大时，金属易向中部或两个角部流动，造成板坯头尾失宽的问题。此外，板坯侧压边部凸起，呈两端小、中间大，水平轧制后又加大头尾失宽，通过液压AWC装置对板坯的头尾进行短行程控制，调节其侧压量，使板坯头尾经水平轧制后趋于矩形，从而使整个板坯在长度方向上的宽度均匀，少头尾切损，提高产品收得率。

在轧钢车间调控板坯宽度采用的技术主要有：

1）设立定宽（径）轧机或大立辊破鳞机，实现宽度大压下，如日本大分厂设立了立—平—立（VHV）三联可逆式定径轧机，道次压下量可达150mm，总减宽量可达1050mm。由于前端和尾端宽度缩小而增加剪切损失，使金属收得率降低，为此大分厂采用了宽度自动控制和挤压轧制技术，使收得率达99%以上。

2）一些工厂由于使用M机架的立辊轧边，提供了一种宽度自动控制（AWC）功能。这种功能在大压下量轧制或轧制因结晶宽度改变而形成的锥形板坯时，能使宽度得到较精确的控制。板坯的宽度用宽度计进行测量。利用测出的板坯宽度，计算出立辊的开口度（辊缝），再根据测量辊测得的数据，定时进行立辊开口度的调整。当不使用AWC时，带钢宽度变化达5.5mm，而当使用AWC时，则宽度差得到消除，使板宽精度大大提高。

3）采用定宽压力机以大压下量有效地调整板坯宽度，如我国宝钢1580mm、鞍钢1780mm轧机即是如此。

除此之外，原来常规热带轧制中采用的一些板宽控制技术在连铸连轧生产中仍然可以使用，对调控板带宽度精度也起较大的作用。

（2）自由程序（或随意计划）轧制技术（SFR）。在常规连铸与轧钢生产工艺中，板坯出连铸机后进行冷却，送板坯存放场进行检查清理及堆垛存放，再运往轧钢车间按照轧钢生产管理计划编组，然后按“桶形”原则（即为了维持正常生产所需要的凸度，必须按一定的规程组织轧钢生产，产品的宽度轧制顺序应首先安排宽度较窄的“烫辊材”，使轧辊生成较为稳定的热凸度，然后按照一定的步长，逐渐增加宽度，达到最大可轧宽度，在稳定生产一段时间后，轧辊开始在最大宽度上的磨损增加，又需逐渐地减小宽度，直到轧到最小宽度后，轧辊报废）进行轧制生产。除了宽度方面的限制之外，轧件的厚度和硬度（指不同钢种变形抗力的差别）的跳跃也不能太大。可见，常规生产中连铸与轧钢是两个独自编制生产计划的互不相干的环节。但在以大幅度节能为目标的连铸—连轧直接轧制技术中，铸坯不经冷却，直接热送到加热或补热装置，然后立即直接进行热轧，使炼钢、连铸与轧钢三者联成一个整体，服从于统一的全厂总生产计划，这就需要突破传统轧制计划的限制，开发应用自由程序轧制技术（Schedule Free - Rolling）。随着轧制技术的不断发展，特别是热轧工艺润滑、在线辊型检测、在线磨辊（ORG）、高精度板形控制（工作辊横移、交叉等）、定宽压力机和高精度宽度控制以及耐磨性能优良的新材质轧辊等技术的相继开发与应用，保证了轧辊磨损、板厚、板形控制等技术问题，使得有可能突破传统轧制计划的限制，实现自由程序轧制技术。所以轧制程序是决定板坯轧制顺序的基准，它对产品的质量、轧制能耗、成本和成材率都有直接影响。传统的轧制程序不仅不适应于连铸—热装、连铸—直接轧制等技术，限制了生产计划安排和轧机能力提高，而且也不利于板带表面质量和尺寸精度的提高。自由程序轧制与常规轧制的情况比较如表3-14及图3-28所示。

表3-14 自由程序轧制与常规轧制的比较

项 目	常规轧制	自由程序轧制
产品由窄到宽的推移	0mm	自 由
产品厚度的改变	0.5～2倍	0.25～4倍
同一宽度的带钢的轧制长度	23km	90km
工作辊辊型曲线种数	8	1
连铸坯的宽度组数	30	11
不同钢种混合轧制数	0	5

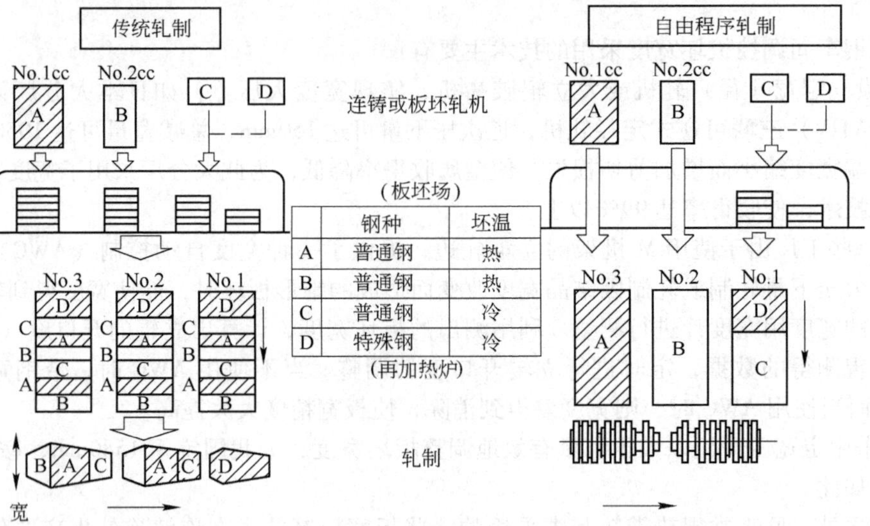

图3-28 热带轧机操作比较

3.3.6 中间坯保温技术和边部感应加热技术

粗轧机出口带坯长度可达80～90m，甚至更长，进精轧机轧制过程中，为了减少输送辊道上的温度降，以节约能耗，近年来很多工厂采用在输送辊道上安置绝热保温罩或补偿加热炉（器）。保温罩内表面附一层吸热温升快、热反射率高的特殊合金层，有效地提高了进入精轧的中间坯温度，从而可降低加热炉出坯温度，提高成材率，节约燃耗。还可提高板带尾端温度、减少带钢头尾温差，使板带温度更加均匀，可轧出更宽更薄重量更大及精度性能质量更高的板卷。

带坯在轧制过程中，边部由于散热较快，其温降大于中部温降，温差大约为100℃。边部温差大，在带钢横截面上晶粒组织不均匀，性能差异大，同时，还将造成轧制中边部裂纹和对轧辊严重的不均匀磨损。因此，在精轧机组前对带坯边部进行加热，将温度补偿到与中部温度一致。一般采用电磁感应加热器，可使带坯边部温度提高30～50℃，使带钢横向温度更加均匀，从而减少带钢边部裂纹，以适应轧制薄规格产品和硅钢、不锈钢、高碳钢等特殊品种的钢带。

3.3.7 热卷箱技术

热卷箱安装于粗轧机的延伸辊道和切头飞剪之间，将粗轧机轧制成的中间带坯卷成热钢卷，然后通过其中的开卷机构将热钢卷的头部（粗轧机最后道次的尾部），引入夹送辊进行压平矫直，并使带坯的头部能顺利地通过切头飞剪和精轧前除鳞箱后送入到精轧机组。

由于中间板坯具有较大的宽厚比以及较大散热面积的特点，中间坯在粗轧机与精轧机之间的辊道上温降速度快。例如，当中间坯厚度为25mm时，中间坯的温降达1.7℃/s，坯长大于80m时，则中间坯进入精轧机的头、尾温差将大于100℃，由此会影响带钢头、尾厚度的公差精度，特别是在生产薄规格奥氏体不锈钢时影响尤为严重，为轧制薄规格带来一定的难度，同时也限制了坯料尺寸的加大和成材率的提高。因此，为了提高产品厚度精度，扩大产品规格，提高成材率，都要求粗轧区在轧制、输送过程中要注重抢温、保温，使板带能保持高而均匀的温度，保证以后的顺利轧制和成品质量。为此，在中间坯保温措施方面选择了具有侧向隔热屏的无芯轴钢卷转移热卷箱。

热卷箱将粗轧后的中间坯进行卷取，然后用其开卷机构进行反向开卷，开出的带头经切头和高压水除鳞后进入精轧机组。由于中间坯在热卷箱内得到保温以及在进入精轧机组时改变了中间坯的头、尾方向和轧件的上下表面位置，因而较好地解决了在热轧带钢轧制中中间坯头、尾温差大的“难题”；同时由于热卷箱配置了板坯卷重新加热设备，因此还具有挽救中间带坯报废的功能。当精轧区域发生故障时，热卷箱可对粗轧中间坯进行卷取和短时间保温，在事故处理时间较短时，该中间坯可继续轧制；事故处理时间较长或不明时，可将热卷箱中已卷取的中间坯带卷送至热卷箱炉进行保温和加热，待事故处理完毕，再继续组织轧制。由此可减少因后工序出事故而导致中间坯报废的情况，减少损失。

在粗轧输出辊道后增设热卷箱对于降低工程投资、减小中间坯头尾温差、节约轧制能耗以及改善产品力学性能起重要作用。其主要优点为：1）粗轧后在入精轧机之前进行热卷取，以保存热量，减少温度降，保温可达90%以上；2）首尾倒置开卷，以尾为头喂入轧机，均匀板带的头尾温度，可以不用升速轧制而大大提高厚度精度；3）起储料作用，这样可增大卷重，提高产量；4）可延长事故处理时间，从而可减少废品及铁皮损失，提高成材率；5）可使中间辊道缩短约30% ~40%，节省厂房和基建投资。

3.3.8 组织性能控制与铁素体区轧制技术

热轧板带钢的内在质量除了受材料本身化学成分的影响之外，很大程度上取决于轧制过程中的变形制度和冷却制度。通过控制变形量的分配、终轧温度、卷取温度、冷却速度，可以控制产品的晶粒度大小、析出及相变微结构形态等组织结构特征和屈服强度、抗拉强度、伸长率、断面收缩率、韧性等力学性能参数。热轧带钢中最有效的组织性能控制手段是通过控制轧件在层流冷却区的冷却过程来控制卷取温度。

铁素体区轧制工艺，又称为温轧（Warm Rolling），最初开始于20世纪80年代后期。其初始的设计思想是简化工艺、节约能源为主要目的，力图以传统的连铸坯为原料，通过铁素体区轧制，生产一种可直接使用或供随后冷轧生产的价格合理、质软、非失效的热轧板。由于IF钢的A→F转变温度较高，很难保证IF钢在奥氏体区终轧，相反容易实现铁素体区轧制，所以铁素体区轧制工艺随着IF钢的发展应运而生。IF钢铁素体区轧制工艺与传统的IF钢生产工艺区别，在于传统的IF钢热轧生产中粗轧和精轧温度均在A_{r3}以上，即在奥氏体区轧制，而铁素体区轧制时精轧在A_{r3}以下，即在铁素体区轧制。

铁素体区轧制是在A_{r3}温度以下轧制，由于温度低，可降低加热温度，这样不仅可以节约燃料，开发加热炉的潜在能力，从而提高效益，还可以大幅度降低由此产生的氧化铁皮损耗，且氧化铁皮量大大减少，不仅提高了成材率和带钢的表面质量，还使冷轧前酸洗效率提高。由于采用较低的轧制温度，首先表现为轧件表面质量的提高；其次，铁素体区带钢的内部应力较低，可有效地提高带钢的平直度。因此，铁素体区热轧对产品质量是有利的。通过降低精轧机机组的轧制温度，能有效地减少轧辊磨损、增加有效工作时间，提高生产率。

采用铁素体区热轧工艺，通过铁素体区热轧生成的｛111｝织构能够遗传到冷轧过程并在冷轧过程中得到加强，因此铁素体轧制工艺可以以较小的冷轧压下率得到传统工艺在较大压下率情况下得到的相或更强的｛111｝织构，保证冷轧板的深冲性能。

IF钢在铁素体区热轧时，若能采取合理的控制轧制、控制冷却制度和较好的润滑条件，产品经退火或高温卷取酸洗后可作为成品直接使用，并使IF钢的r值达到接近3的超级深冲钢，从而免去了冷轧工艺，使产品成本大大降低，经济效益相当可观。

轧钢生产中所涌现的新技术、新工艺主要是围绕节约能源、降低成本、提高产品质量、开发新产品所进行的。在节能降耗上，主要技术是：连铸坯热送热装技术、薄板坯连铸连轧技术、先进的节能加热炉等；在提高产品性能、质量上，主要技术是：TMCP技术、高精度轧制技术、先进的板形、板厚控制技术、计算机生产管理技术等；在技术装备上，主要是大型化、连续化、自动化，即热轧带钢、冷轧带钢的连续化，实现无头轧制、酸轧联合机组、连续退火及板带涂层技术等。这些技术的应用可极大地提高产品的竞争能力。

3.3.9 计算机生产过程管理技术

在钢铁生产流程中，无论是以铁矿石为原料，还是以废钢为原料，炼钢、连铸、热轧都是不可缺少的三大关键工序。它们之间呈现顺序加工关系，不仅存在物流平衡和资源平衡问题，而且由于高温作业，还存在着能量平衡和时间平衡问题。钢水要保质保量并按一定节奏送交连铸工序，以实现更多炉次的连铸，连铸高温坯的运送要与热轧的轧制计划有机结合，争取更高的装炉温度和热装比。这就要求将这三道工序视为一个整体，实现一体化管理，做到前后工序计划同步，物流运行准时化，充分利用高温潜热，取消或减少再加热过程，降低能耗，减少烧损，缩短生产周期，减少在制品库存，增加企业效益和市场竞争力。

一体化管理是指炼钢—连铸—热轧生产过程的一体化管理，统一计划，统一调度，以此指导炼钢—连铸—热轧的生产，使物流连续高效运作。一体化管理是钢铁企业近期生产组织追求的目标，其核心就是计算机生产过程的管理与调度系统。

炼钢、连铸、热轧一体化管理系统，以L4系统为核心，在与整体产销作业一致的整合化原则下建立热轧DHCR作业与管理的相关系统。热轧DHCR系统主要开发内容包含生产计划编制系统、生产跟踪、合同跟踪及动态调度系统、热轧生产组织支持系统等。

钢铁材料具有成本低、强度高、易回收、能再生等特点，广泛应用于国民建设的各个领域。在人们能够所预见的未来，还没有任何一种材料能够动摇钢铁材料的霸主地位，而作为钢材成形的支柱技术的轧钢生产工艺也无法取代。因此，近些年我国钢产量迅猛发展，但由于国际市场钢材需求量已呈下降趋势，我国钢材需求也接近饱和状态。因此，要想在激烈的竞争中占领市场，大量采用先进的新工艺、新技术势在必行。

3.4 控制轧制和控制冷却的基本问题

在钢质既定的条件下，严格控制钢板轧制工艺因素，获得性能优异的板带钢，这是轧钢工作者的重要任务。控制轧制是属于形变热处理的一种形式，是在热轧过程中通过对金属加热制度、变形制度和温度制度的合理控制，使热塑性变形与固态相变结合，以获得细小晶粒组织，使钢材具有高的强度、塑性和韧性的优异综合力学性能的一种轧制工艺。控制冷却是控制轧后钢材的冷却速度，以细化铁素体晶粒，减小珠光体片层间距，阻止碳化物在高温下析出，从而达到改善钢材组织和性能的目的的冷却工艺。控制轧制和控制冷却相结合能将热轧钢材的两种强化效果相加，进一步提高钢材的强韧性和获得合理的综合力学性能。

控制轧制和控制冷却工艺，在合理的化学成分设计基础上，通过控制板坯出炉温度、低温阶段轧制累积压下率及温度、轧后冷却速度和终冷温度等工艺参数，以达到控制奥氏体状态、相变产物及其组织状态，从而实现钢板高强度、高韧性、可焊性的统一，可生产出通过常规轧制和热处理组合工艺无法生产出的品种，满足用户的需求。与传统工艺相比，采用控轧控冷工艺后，在保证原有强度的前提下，可降低钢中合金元素含量，不必采用热处理工艺，从而降低了生产成本。同时，由于韧性及焊接性能的提高，增强了产品的市场竞争力。控制轧制和控制冷却理论和实践证明，这种工艺应用到碳钢、合金钢和微合金化钢的轧制生产中，取得了明显经济效果。在我国，已建立了控制轧制模拟试验室、棒材和板材控制冷却试验室、计算机控制工艺参数模拟试验室等，为开展控制轧制和控制冷却基本理论研究和开发新工艺打下了稳固基础，为研制新品种创造了有利条件。资料表明，通过对控制轧制、控制冷却工艺研究，进一步揭示了变形奥氏体再结晶规律、变形奥氏体相变机制、碳化物析出沉淀规律及其定量分析、强韧化机制、微量元素的作用，为新品种的研制等方面奠定了基础。同时也为有关生产厂家提供了大量控制轧制和控制冷却的试验数据，推动了控制轧制和控制冷却工艺的应用。例如，一些大型钢铁企业，采用控制轧制和控制冷却工艺生产出高强度、高韧性的造船、石油、天然气输送管道、锅炉及高压容器、火车车辆和机械、桥梁和矿山用的各种钢材，开发了新钢种，填补了国内钢材的部分空白。

3.4.1 控制轧制的类型

控制轧制可分为三种类型，即在奥氏体再结晶区的控制轧制称为奥氏体再结晶型控制轧制（即Ⅰ型控制轧制）；在奥氏体未再结晶区的控制轧制称为奥氏体未再结晶型控制轧制（即Ⅱ型控制轧制）；在奥氏体（A）和铁素体（F）两相区的控制轧制称为两相区（A+F）控制轧制。实际应用时为上述三种类型的组合，即：既可以采用单一类型，也可以采用两种或三种类型相配合，其工艺示意图如图3-29所示。下面分别叙述控制轧制的三种类型。

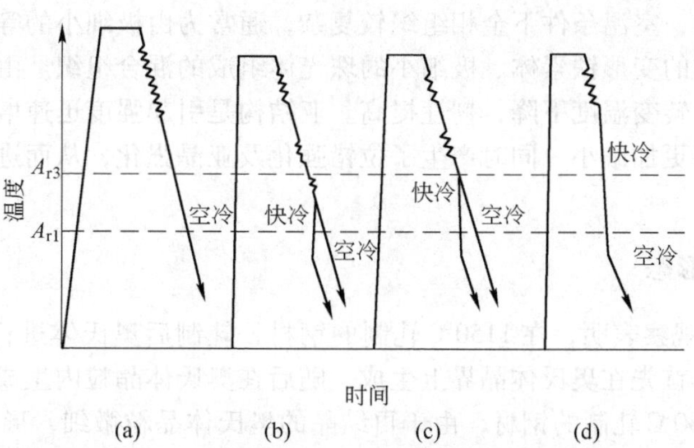

图3-29 各种控制轧制工艺示意图

（a）普通热轧工艺；（b）三阶段控制轧制工艺（Ⅰ型+Ⅱ型+（A+F）两相区）和控制冷却工艺；（c）两阶段控制轧制工艺（Ⅰ型+Ⅱ型）和控制冷却工艺；（d）高温再结晶型（Ⅰ型）控制轧制工艺和控制冷却工艺

3.4.1.1 奥氏体再结晶型控制轧制（Ⅰ型控制轧制）

奥氏体再结晶型控制轧制的主要目的是通过对加热时粗化的初始奥氏体晶粒反复进行轧制——再结晶，使其晶粒细化。相变前的奥氏体晶粒越细，则相变后的铁素体晶粒也越细小。奥氏体再结晶区轧制是通过再结晶奥氏体晶粒细化而使铁素体晶粒细化的，但由于轧件温度较高，奥氏体再结晶在短时间内完成且迅速长大，未见明显的晶粒细小。随着轧制温度的降低，轧制道次的增多（即：再结晶次数的增多），在低温再结晶区域轧制时，晶粒细化效果明显，强化作用充分体现出来，相变后的组织为细小等轴的铁素体晶粒和珠光体组织。奥氏体型控制轧制是在奥氏体变形过程中和变形后自发产生奥氏体再结晶的区域中进行的，轧件在轧制变形区内发生动态回复和动态再结晶，在两道次之间的间隙时间内完成静态回复和静态再结晶。变形温度通常约在1000℃以上的温度范围。

3.4.1.2 奥氏体未再结晶型控制轧制（Ⅱ型控制轧制）

在奥氏体未再结晶区进行控制轧制时不发生奥氏体再结晶现象。由于轧后的奥氏体不产生再结晶，因此随着轧制道次的增加，变形奥氏体晶粒沿轧制方向逐渐拉长，且在变形奥氏体晶粒中形成大量的变形带和位错。变形奥氏体的晶界、变形带及位错等处是铁素体形核部位。在奥氏体晶粒内产生形变带和Nb、Ti等微量元素的碳氮化合物的应变诱发沉淀。这不仅增加晶界面积，提高了铁素体的形核位置，而且在形变带上也会出现大量的铁素体晶核。这样就进一步促进了铁素体晶粒的细化。另外奥氏体晶粒被拉长后，将阻碍铁素体晶粒的长大，因而相变后可获得更加细小的铁素体及珠光体组织。对于微合金钢而言，微合金元素的碳氮化合物在相变时，优先在奥氏体晶界、变形带、位错处析出，从而阻碍铁素体、珠光体晶粒的长大。因此，相变后铁素体晶粒随着奥氏体未再结晶区总压下率的增加而变细。奥氏体未再结晶型控制轧制的变形温度通常在950℃ ~A_{r3}。

3.4.1.3 奥氏体和铁素体两相区（A+F）的控制轧制

在A_{r_3}点以下的（A+F）两相区温度上限轧制时，达到一定累积变形量，未相变的奥氏体晶粒更加伸长，在晶内形成形变带，并在这些部位形成新的等轴铁素体晶核；而先析出的铁素体晶粒在受到变形后，在晶粒内形成大量位错，并经回复形成亚晶结构。在轧后的冷却过程中，前者发生相变形成微细的多边形晶粒，而后者因回复变成内部含有亚晶粒的铁素体晶粒。因此，两相区轧制后，室温条件下金相组织较复杂，通常为由极细小的等轴铁素体、拉长的铁素体、具有亚晶结构的变形铁素体、极细小的珠光体组成的混合组织。由于亚晶的出现可使钢材的强度升高，脆性转变温度下降，韧性提高。亚结构是引起强度迅速增加的主要原因。两相区轧制使相变后组织更加细小，同时产生了位错强化及亚晶强化，从而进一步提高了钢的强度和韧性。

3.4.2 A→F 相变形态

对Nb钢的金相观察表明，在1150℃轧制的钢材，轧制后奥氏体进行再结晶并晶粒长大。相变时，初析铁素体首先在奥氏体晶界上生成，随后在奥氏体晶粒内生成魏氏组织状的铁素体（IA型）。在低于1080℃轧制的钢材，由于再结晶的奥氏体晶粒微细，形成均匀的铁素体+珠光体组织（IB型）。在800℃轧制的钢材，所观察到的相变是Ⅱ型相变，它是在没有进行再结晶的奥氏体晶粒内生成了铁素体。图3-30显示了A→F相变的形态。图中IA型和IB型是轧制后奥氏体晶粒进行再结晶的相变形态。若相变前的奥氏体晶粒度在5级以下，则是IA型，初析铁素体晶粒首先在奥氏体晶界上生成，并在奥氏体晶粒内，一般按铌钢>普碳钢>钒钢的顺序生成魏氏组织状的铁素体。晶粒度在6级以上的是IB型，奥氏体晶界是铁素体的主要形核点。IB型为均匀的铁素体+珠光体组织，而且，奥氏体晶粒越微细，越容易获得微细的铁素体晶粒。Ⅱ型是在轧制后奥氏体晶粒还没来得及进行再结晶的相变过程。此外，在相变形态中还存在着过渡型，它包括两种情况：1）在IB型相变时生成的细晶粒铁素体和没有进行再结晶的奥氏体区生成的魏氏组织铁素体的混合物；2）部分发生Ⅱ型相变，剩余部分形成魏氏组织铁素体或粗晶粒铁素体。

从上述的A→F相变形态分析可知，以轧制方法使晶粒细化，大致可有两种途径：1）细化再结晶的奥氏体晶粒，以获得细晶粒铁素体；2）在轧制后的奥氏体没有进行再结晶的温度内进行大压下，以直接生成细晶粒铁素体。由金相组织观察可知，在这些相变形态中，铁素体的平均晶粒直径按IA型>过渡型>IB型>Ⅱ型依次减小。

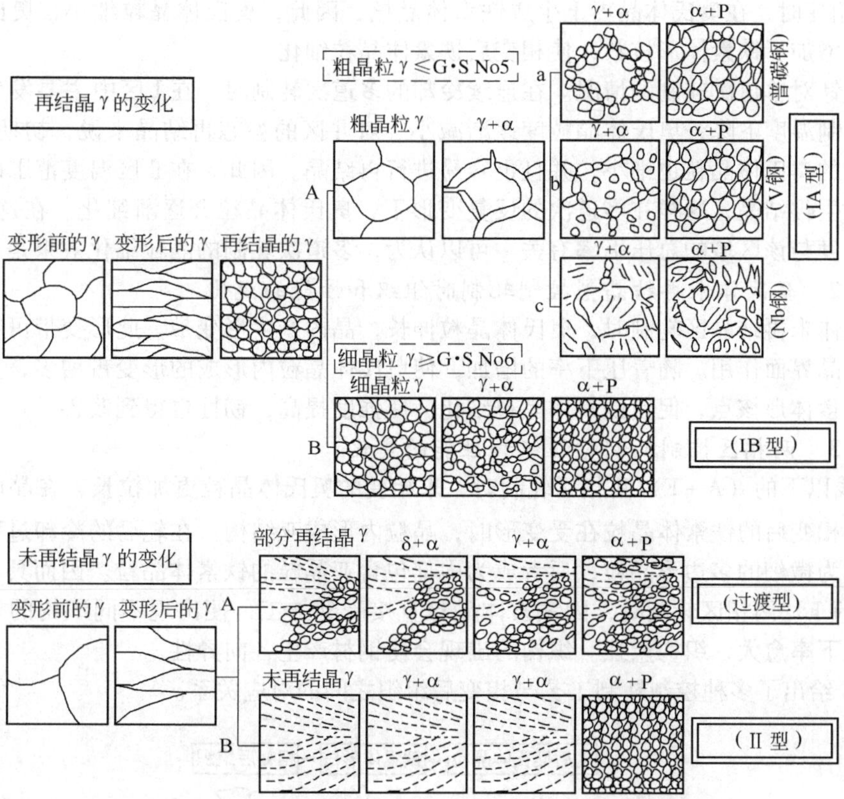

图 3-30 热加工钢材的奥氏体向铁素体相变形态示意图

3.4.3 控制轧制时钢材组织和性能的变化

3.4.3.1 奥氏体再结晶型控制轧制组织和性能的变化

热轧工艺条件中轧制温度对钢材的组织和性能影响最大。在不同加热温度下组织变化如图3-31所示。在高温区（I），奥氏体发生粗大再结晶，铁素体得不到细化；在中温区（Ⅱ），奥氏体再结晶细化，相变后的铁素体随之细化；再结晶温度以下（Ⅲ），奥氏体晶粒产生变形，受此影响，使在A→F相变时铁素体晶粒细化。热变形过程中，奥氏体再结晶对微合金钢控制轧制起着决定性作用。奥氏体再结晶过程（动态或静态）和再结晶后的奥氏体晶粒度取决于轧制温度和压下率。一般认为，高温、高压下是动态再结晶领域，中温、中压下是静态再结晶领域。

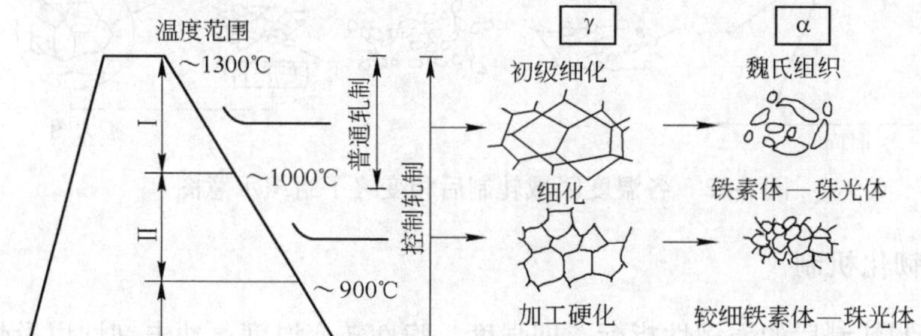

图 3-31 轧制中奥氏体和铁素体组织变化示意图
（16Mn，20mm 厚）

A→F 相变时，在奥氏体晶界上生成铁素体晶核，因此，奥氏体晶粒细小，奥氏体晶界面积增加，则增加了铁素体形核数，使相变后铁素体晶粒细化。

以上是针对单道次轧制的情况。在连续冷却的多道次轧制时，在Ⅰ区中主要发生动态再结晶，随着轧制温度下降，奥氏体晶粒度逐渐减小。对Ⅱ区的静态再结晶来说，初期晶粒越细，则再结晶后的奥氏体晶粒也细小，并且也容易进行再结晶。因此，在Ⅱ区温度范围内，如果每一道次都发生再结晶，这样在多道次的反复变形下，奥氏体晶粒会逐渐细化。在这一区域里，晶粒细化程度与该区域的总压下率有关。可以认为，多道次轧制的晶粒细化效果是累加的。

3.4.3.2　奥氏体未再结晶型控制轧制时组织和性能的变化

在奥氏体未再结晶区轧制时，奥氏体晶粒伸长，晶内产生形变带。此形变带可起到生成铁素体晶核的晶界面作用。随着压下率的增加，使奥氏体晶粒内形成的形变带增多，为相变时提供更多的铁素体形核点，促使铁素体晶粒细化，使强度提高，韧性也得到改善。

3.4.3.3　两相区控制轧制时组织和性能的变化

在 A_{r3} 线以下的（A + F）两相区轧制时，未相变的奥氏体晶粒更加拉长，在晶内形成形变带。另外，相变后的铁素体晶粒在受变形时，晶粒内形成亚结构。在轧后的冷却过程中，前者发生相变成为微细的多边形晶粒，后者成为内部包含亚晶粒的铁素体晶粒。因而具有良好的性能。在（A + F）两相区轧制时，因铁素体晶粒直接受到加工，便出现不同织构的重叠，使织构加强。压下率愈大，织构愈强。织构的出现会使钢材产生各向异性。

图 3-32 给出了多种控制轧制工艺与相变后组织之间的对应关系。

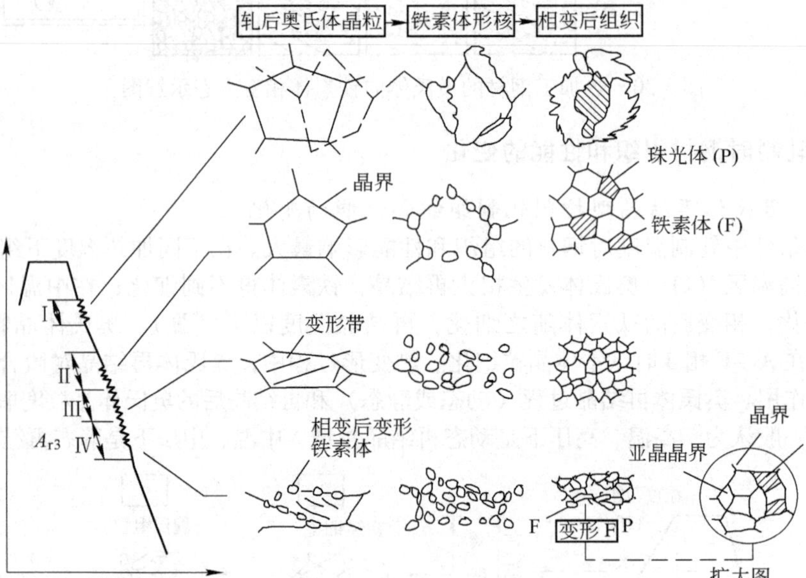

图 3-32　各温度区域轧制后相变终了组织示意图

3.4.4　钢的强韧化机制

决定钢材控制轧制后的强韧性指标，即强度、脆性转变温度、冲击韧性以及焊接性能的组织因素有：固溶体、珠光体的数量、铁素体晶粒大小、位错密度、析出强化程度等。这些因素对钢的强度的影响可用佩奇 - 霍尔（Petch - Hall）公式表示，即

$$\sigma_s = \sigma_0 + K_1 d^{-1/2} = (\sigma_m + \sigma_g + \sigma_w + \sigma_x + \sigma_z + \sigma_y) + K_1 d^{-1/2} \tag{3-37}$$

式中 σ_0——抵抗晶格位错运动的应力（铁素体单晶体的屈服极限）；

d——晶粒直径（位错自由行程的长度）；

K_1——晶格强度常数；

σ_m——晶格内摩擦的强化；

σ_g——固溶强化；

σ_w——位错强化；

σ_z——织构强化；

σ_y——亚晶强化。

最常用的强韧化措施是固溶强化、位错强化、晶界强化、亚晶强化、析出强化、相变强化等。而在控制轧制中所起的强韧化措施是固溶强化、位错强化、晶界强化、亚晶强化、析出强化，以下分述。

3.4.4.1 固溶强化

固溶强化是利用点缺陷对金属基体进行强化。一般来说，固溶体的强度总是高于其基体金属的强度。在多数合金系中，固溶度是有限的。固溶度越有限，单位浓度的溶质原子所引起的晶格畸变也越大，从而使屈服强度随之提高。

固溶强化可分成两类：间隙式固溶强化和置换式固溶强化。

间隙式固溶强化是碳、氮等溶质原子嵌入 α - Fe 晶格的八面体间隙中，使晶格产生不对称正方性畸变，造成强硬化效应。铁基体的屈服强度随着间隙原子含量的增加而变大。因间隙原子在铁素体晶格中造成的畸变是不对称的，所以随着间隙原子浓度的增加，塑性和韧性明显下降。

置换式固溶强化是溶质原子置换基体晶格中的原子，置换式溶质原子在基体晶格中造成的畸变大都是对称的，因而强化效果比间隙式原子小，故称为弱硬化。置换式固溶元素的弱硬化作用可使基体的强度平缓增加，同时基体的韧性、塑性也基本不受到损害。

3.4.4.2 位错强化

金属的变形主要是通过原有位错的运动和许多附加位错的产生而进行的。位错在运动中受邻近位错的阻碍，相互作用的位错成为其他位错运动的障碍，使其他位错依次塞积，从而增加了继续变形所需的切应力。位错强化本身对金属强度有很大的贡献。同时，位错的运动也是造成固溶强化、晶界强化和第二相沉淀及析出强化的主要原因。

位错对金属材料的塑性和韧性有双重作用：一方面，位错的合并以及在障碍处的塞积会促使裂纹形核，可以使塑性和韧性降低；另一方面，由于位错在裂纹尖端塑性区内的移动可缓解尖端的应力集中，又可以使塑性、韧性升高。

3.4.4.3 晶界强化

在多晶体中存在有大量的晶界，晶界两边晶粒的取向不同，滑移难以从一个晶粒直接传播到有取向差异的另一个晶粒上。所以，为了使邻近的晶粒也发生滑移，就必须加大外力。另外，多晶体晶粒的变形必须具有连续性，当一个晶粒的形状发生变化时，必须要有邻近晶粒的协同动作。即使外加切应力对某个自由晶体来说已经超过了易滑移系的临界切应力，但如果它在多晶体内，由于周围环境的束缚，同样大小的外加应力就不一定会造成该晶粒的变形，即使某个滑移系滑移也会在晶界附近停止下来。如图 3-33 所示，晶粒①由于外加切应力的作用，其位错源开动，发出大量位错。当这些位错滑移到晶界附近时发生塞积，引起应力集中，使得在晶粒②或晶粒③中距离约为 r 的位错源也开动。在多晶体的同一体积内，晶粒越细小，即晶粒数越多，则晶界所占的体积越大，金属强度也越高。从佩奇－霍尔公式来看，在生产低合金钢时，$K_1 d^{-1/2}$项对强度起主要作用。因此，控制轧制的主要目的之一是获得成品钢材的细晶粒铁素体组织。

晶界是位错运动的障碍。细化晶粒可使钢的屈服强度提高。晶界可把塑性变形限定在一定的范围内，使变形均匀化，因此细化晶粒可以提高钢的塑性。晶界又是裂纹扩展的阻力，所以，细化晶粒可以改善钢的韧性。总之，晶粒越细，韧性越高；晶粒越细，脆性转变温度越低。

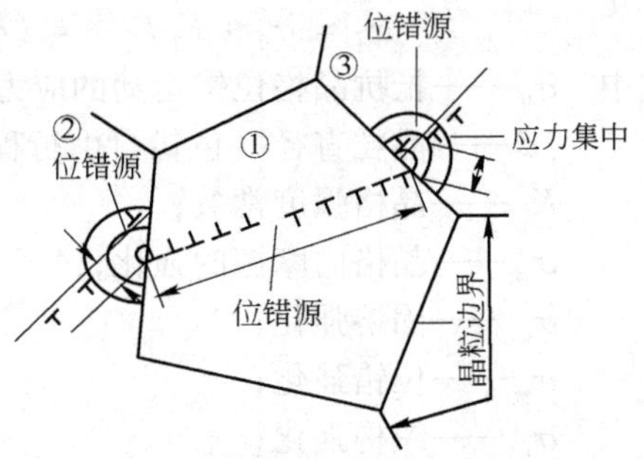

图 3-33　相邻晶粒中位错间相互作用示意图

3.4.4.4　析出强化

当钢中存在有分散分布的第二相质点时，由于第二相质点与基体间存在应力场以及应力场与运动位错之间交互作用，基体会产生强化。因为，根据第二相质点的弧度不同，运动位错与第二相质点相遇时，可能绕过第二相质点，也可能切过第二相质点。

Nb、V、Ti 等合金元素为易形成碳氮化物的元素，其碳氮化物的大小、形态和分布将因不同的碳氮化物形成元素、冷却速度、热加工温度和加工量等而发生变化。在较低温度下进行热加工时，导致这些碳氮化物的应变诱发析出。这些析出的碳氮化物在发挥析出硬化的同时，还具有细化晶粒的作用。从而对屈服强度和韧性也有很大的影响。

控制轧制时，Nb 能发挥最好的作用；V 的析出硬化作用大而细化晶粒作用小；Ti 的析出硬化和细化晶粒作用都是有限的。

在钢中具有形成碳氮化物元素 Nb、V、Ti 等和在轧制工艺的影响下，铁素体晶粒得到细化。Nb、V、Ti 等微量合金元素促使晶粒细化的机理如下：

（1）在加热时抑制奥氏体晶粒长大；

（2）在道次之间和终轧之后冷却时阻止再结晶；

（3）降低 A→F 相变的临界点；

（4）在铁素体区域上部分阻止铁素体晶粒长大。

晶粒细化不仅使屈服强度提高，并且使脆性转变温度下降，即抗脆性断裂性得到改善。与晶粒细化相反，析出强化提高脆性转变温度。在铁素体晶粒内被析出的质点或块状越阻止位错移动，钢的脆性断裂的倾向性越大。

3.4.4.5　亚晶强化

低温加工的材料因动态、静态回复而形成亚晶，亚晶的数量、大小与变形温度、变形量有关。亚晶强化的原因是位错密度增高。而亚晶本身是位错墙，亚晶细小位错密度也高，且有些亚晶间的位向差稍大，也如同晶界一样阻止位错运动。为了能定量地描述亚晶尺寸、数量对强韧化的作用，相关研究人员对 C－Mn 钢作了一系列实验，建立了一个与 Petch－Hall 相同形式的公式，即

$$\sigma_s = \sigma_0 + K[D^{-1/2} f_F + d^{-1/2}(1 - f_F)/2] \tag{3-38}$$

式中　σ_0、K——Petch－Hall 公式的单晶体的屈服强度和晶界强化系数；

D——无亚晶时的等轴铁素体尺寸；

d——铁素体亚晶的尺寸；

f_F——等轴铁素体的分数。

如果把［$D^{-1/2} f_F + d^{-1/2}(1 - f_F)/2$］称为组织因子 M，则 M 即代表晶粒作用，也包括亚

晶的作用。亚晶的形成不仅使屈服强度提高，而且使脆性转变温度下降，使材料的强韧性改善。

综合上述，细晶强化是提高钢强韧性的最佳手段。

3.4.5 控制轧制工艺参数的控制

3.4.5.1 加热温度的控制

在实际生产中，对奥氏体晶粒度的控制都必须从钢锭或钢坯加热时就加以注意。加热时不仅要防止钢坯产生过热、过烧及严重脱碳现象，而且要避免晶粒过于粗大。有时为了使奥氏体原始晶粒度细小，而将加热温度适当降低，或者在钢中添加一些能抑制再结晶及阻碍晶粒长大的微量元素如 Nb、V、Ti 等。原始奥氏体晶粒的大小会直接影响再结晶后的奥氏体晶粒的大小，如图 3-34 所示。降低加热温度可使原始奥氏体晶粒细小及沉淀硬化作用减小，从而使轧件的脆性转变温度降低，使韧性提高。

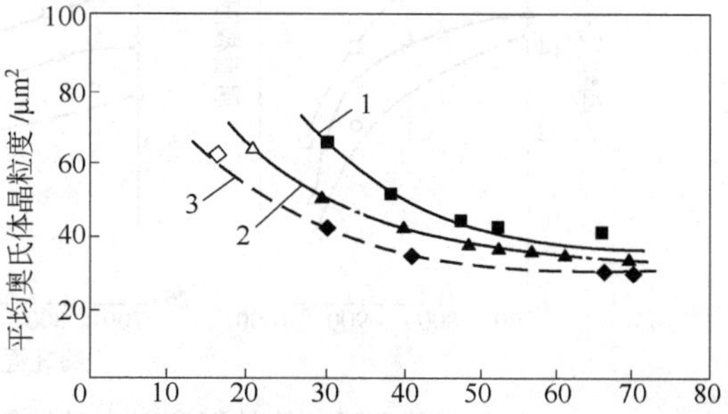

图 3-34 原始晶粒度对再结晶后的奥氏体晶粒度的影响

Nb 钢（0.16% C；0.36% Si；1.4% Mn；0.03% Nb），经 1250℃加热，高温轧制得到不同的原始晶粒度

1—d_r = 240μm；2—d_r = 120μm；3—d_r = 72μm；

空白点—部分再结晶；黑点—再结晶；

轧制温度：1100℃

3.4.5.2 终轧温度的控制

对于含铌钢，随着终轧温度由 950℃降到 800℃时，铁素体晶粒减小。700℃轧制时钢中铁素体具有亚结构。在含 1.5% Mn 钢的显微组织中，当终轧温度高时，出现贝氏体或针状铁素体；终轧温度低时形成铁素体－珠光体组织。在不同终轧温度下轧制时，钢的力学性能直接与显微组织有关（图 3-35）。降低轧制温度（由于晶粒细化）使所有钢种的屈服强度都升高。当终轧温度由 950℃降到 800℃时，钢从韧性断裂到脆性断裂的转变温度降低，使韧性提高。而终轧温度进一步降低，则不同化学成分的钢有所不同：当钢中含 1.5% Mn 和 0.04% Nb 时，脆性转变温度继续下降；当含 1.0% Mn 和 0.04% Nb 时，脆性转变温度不变，而有些化学成分的钢，则脆性转变温度升高。

3.4.5.3 卷取温度的控制

对于低合金结构（16Mn）钢板，随着卷取温度降低，屈服强度迅速提高，而对冲击韧性和脆性转变温度来说，卷取温度在 600℃左右最为有利。这是因为随着卷取温度降低，虽然能使晶粒细化及韧性改善，但也使 AlN 析出量减少，使因溶于铁素体中的氮含量增加，使韧性变坏。综合这两方面的影响，可以得出，600℃左右是最有利的卷取温度。

终轧温度和卷取温度适当的配合相当重要。终轧温度和卷取温度过低，会产生残余应力，使钢板变硬，不仅使卷取和冷轧加工困难，而且钢板性能都难以达到要求。但终轧和卷取温度过高，又会使晶粒粗大并呈带状，容易产生性能上的方向性，并使力学性能降低。卷取温度过高还容易产生坚实的氧化铁皮，使酸洗困难，影响表面质量。所以终轧温度和卷取温度一定要适当配合。实验表明，在轧制低碳钢板时，终轧温度应在 A_{r3} 以上，卷取温度应在 A_{r1} 以下，以得到均匀、等轴的细晶组织和弥散分布的碳化物。

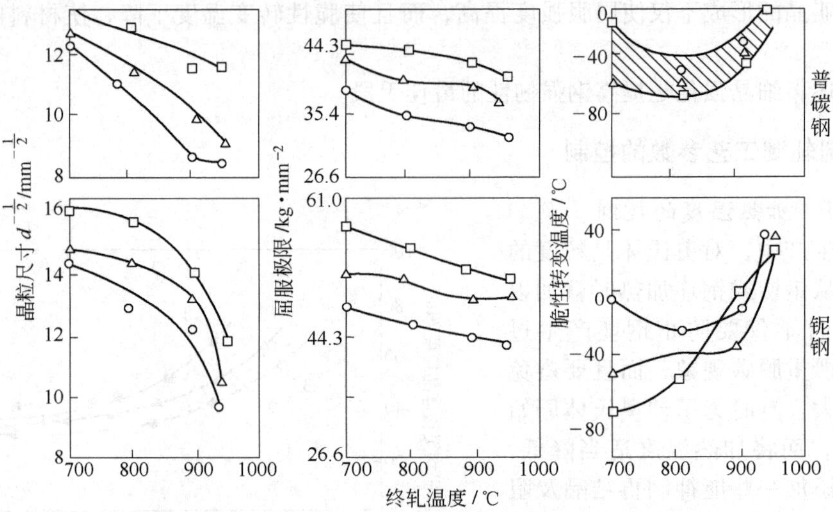

图 3-35　终轧温度对力学性能及铁素体晶粒度的影响

○—0.5% Mn；△—1.0% Mn；□—1.5% Mn

3.4.5.4　变形程度的控制

在控制轧制过程中，一般随变形程度增大，晶粒变细，从而使轧件强度升高，脆性转变温度下降。图 3-36 为 0.17% C 和 0.5% Mn 或 1.5% Mn 的普碳钢和铌钢的总变形量对轧件力学性能和晶粒度的影响。图 3-37 和图 3-38 为低温轧制阶段总压下率对各种钢的组织和性能的影响。

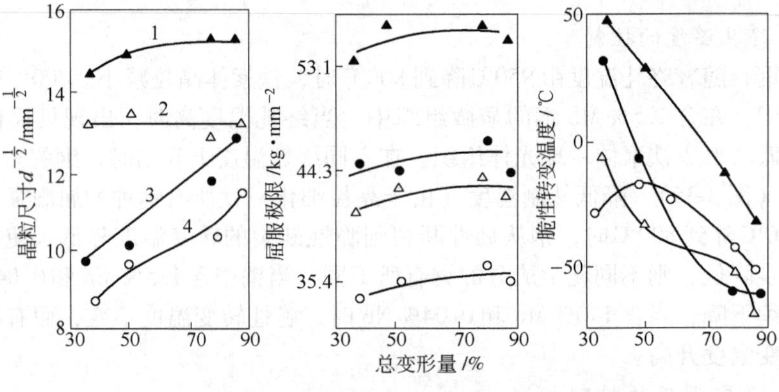

图 3-36　总变形量对钢材力学性能和晶粒度的影响

1—0.17% C－1.5% Mn－Nb；2—0.17% C－1.5% Mn；

3—0.17% C－0.5% Mn－Nb；4—0.17% C－0.5% Mn

3.4.6　控制冷却

如前所述，控制轧制能有效地改善钢材的性能，但由于热变形因素的影响，使得钢的相变温度（A_{r3}）提高，致使铁素体在较高温度下析出，在空冷过程中铁素体晶粒长大，从而使控制轧制效果受到限制。因此，控制轧制后必须配合控制冷却工艺，降低相变温度，进一步细化铁素体及珠光体组织，同时使 Nb、Ti、V 等微合金元素的碳氮化合物更加弥散析出，以进一步提高析出强化效应。为了控制相变组织和提高钢材的力学性能，在热轧后对钢材进行加速冷却的技术，即所谓控制冷却是十分必要的。带钢热轧后的冷却速度对于钢板的组织和性能有着

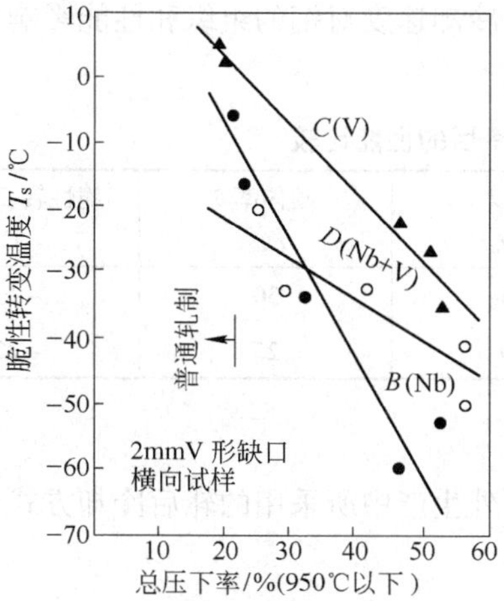

图 3-37　950℃以下总压下率与脆性转变温度的关系

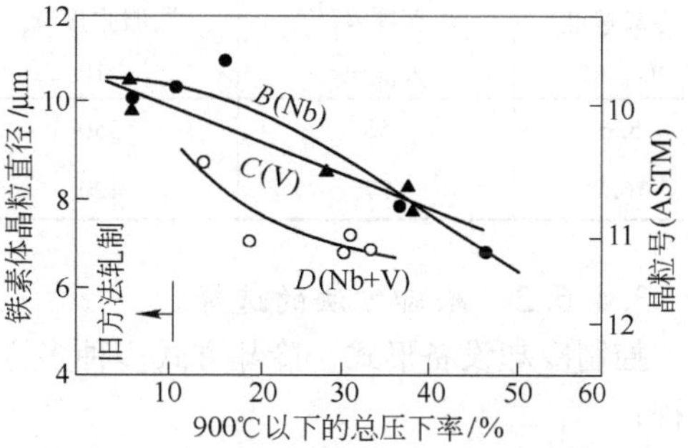

图 3-38　900℃以下总压下率与铁素体晶粒直径的关系（板厚 10mm）

重要的影响。当冷却速度达到一定值时，轧后加速冷却得到的相变组织从铁素体和珠光体组织变成更细小的铁素体和贝氏体组织，贝氏体量随着冷却速度加快而增加，且生成的贝氏体组织极细，从而使钢板强度进一步提高。体现钢韧性指标的脆性转变温度受多种因素影响。晶粒细化使脆性转变温度降低，而析出强化效应增强，珠光体和贝氏体的体积分量增加，使脆性转变温度升高。加速冷却后最终脆性转变温度是降低还是升高，取决于上述两方面因素的综合作用结果。只要合理选取加速冷却工艺，能在提高钢的强度的同时，维持高的韧性指标。控制冷却是根据钢的化学成分和对力学性能的要求来控制冷却开始温度、冷却速度和冷却终止温度，从而使钢中析出物的大小、数量、析出部位发生变化，即通过细化组织和控制相变组织来提高钢材的强度和韧性。

3.4.6.1　控制冷却各阶段的目的

控制冷却后钢材的性能取决于轧制条件和冷却条件。轧材冷却之前的组织状态取决于控制轧制工艺参数，而控制冷却的条件（开冷温度、冷却速度、终冷温度等）对相变前的组织和相变后的相变产物、析出行为、组织状态都有影响。一般可把轧后控制冷却过程分为三个阶段，依次称为一次冷却、二次冷却和三次冷却（空冷）。三个冷却阶段的冷却目的和要求各不相同。通常，一次冷却是指从终轧温度开始到变形奥氏体向铁素体开始转变温度 A_{r_3} 或二次碳化物开始析出温度 A_{ccm} 这个温度范围内的冷却控制，即控制变形奥氏体的组织状态，阻止奥氏体晶粒的长大，阻止碳化物析出，固定因变形而引起的位错，降低相变温度、为相变做组织上的准备；二次冷却，是指从相变开始温度到相变结束温度范围内的冷却控制。二次冷却的目的是控制钢材相变时的冷却速度和停止控冷的温度，即控制相变过程，以保证钢材快冷后得到所要求的金相组织和力学性能；三次冷却是指相变后至室温范围内的冷却。对于低碳钢而言相变全部结束后，冷却速度对组织没有什么影响，而对于含 Nb 钢在空冷过程中会发生碳氮化物析出，对生成的贝氏体产生轻微的回火效果，对于高碳钢或高碳合金钢相变后空冷时将使快冷时来不及析出的过饱和碳化物继续弥散析出。

低合金钢冷却第一阶段先从奥氏体析出铁素体，然后形成珠光体。冷却速度快，奥氏体过冷度增大，则铁素体晶粒多而细，珠光体也细而分散；若冷却速度过快，甚至来不及完成转变，而形成不稳定的贝氏体组织；反之，若冷却速度太慢，则珠光体粗大，晶粒度也越粗大。各种钢的冷却速度应根据其技术要求和奥氏体连续冷却转变曲线来决定。将热轧低合金结构带钢的快冷和空冷后性能的比较列于表3-15。由此可见，冷却速度对钢的组织和性能影响是很大的。

表3-15 低合金结构钢空冷和快冷后的性能比较

冷却速度 /℃ · s^{-1}	晶粒度 $d^{-1/2}$ /$mm^{-\frac{1}{2}}$	屈服强度 σ_s /MPa	抗拉强度 σ_b /MPa	延伸率 δ /%	脆性转变温度 /℃
5.6	55	350	445	30	-11
16.7	87	420	620	25	-22

3.4.6.2 冷却方法的选择

控制冷却设备形式、冷却方式多种多样，目前国内外生产中所采用的轧后冷却方式有以下几种：

（1）喷流冷却。
（2）喷射冷却。
（3）雾化冷却。
（4）层流冷却：分管层流和板层流两种方式。
（5）水幕（条状缝隙）冷却：分大水量、少水幕和小水量、多水幕两种方式。
（6）板湍流冷却。
（7）辊式淬火冷却。
（8）风冷。
（9）空冷。
（10）缓冷或堆冷。

各种冷却方式的冷却能力对比如图3-39所示，从图中可见：水幕冷却的冷却能力最大。尽管目前大多数热轧带钢轧后冷却装置采用的是层流冷却系统，但因层流冷却占地大、控制系统复杂且对水质要求高，故水幕冷却有取代层流冷却的趋势。实际应用中，冷却方式既可以采用单一的冷却方式，也可以采用两种或多种冷却方式配合，以控制各段有不同的冷却速度。例如，水幕冷却和管层流冷却配合；高压喷嘴冷却和层流冷却配合；水幕冷却和喷淋冷却配合等等。

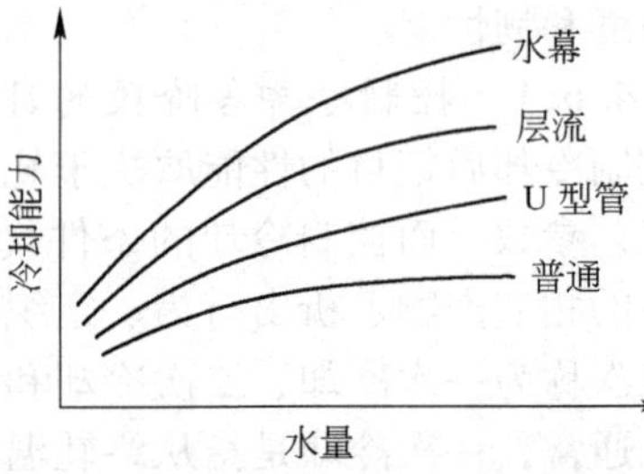

图3-39 各种冷却方式冷却能力对比图

4　冷轧板带钢生产

4.1　冷轧板带钢生产工艺特点

4.1.1　冷轧板带钢的优点

冷轧生产可提供大量高精度和性能优良的钢板和带材，同热轧法相比，它具有以下优点：1）产品表面质量好，不存在热轧板带钢常常出现的麻点、氧化铁皮压入等缺陷，并且能根据用户要求轧出不同要求的表面光洁度（光泽面或麻糙面等）；2）可获得热轧法不能生产的极薄带材（最薄可达0.001mm）；3）产品尺寸精确、厚度均匀、板形平直；4）产品性能好，有较高的强度、良好的深冲性能等；5）可实现高速轧制和全连续轧制，有很高的生产率。

4.1.2　冷轧板带钢的用途和要求

冷轧板带钢的使用情况列于表4-1。

表4-1　冷轧板带钢的使用情况

用　途	应用的例子	特　点
汽　车	汽车挡泥板，门，盖，机罩，拖车顶板，顶盖，油盘，防撞器，油罩	从门、车顶那样轻微变形的加工直到挡泥板、油盘那样大变形的加工，涉及范围广泛
电　器	电冰箱，洗衣机，清扫车，照明器材，变压器电机磁芯	比较多的使用平面板，即使有加工也是极其微小的
办公用品及钢制家具	桌子，椅子，柜，有锁橱，陈列橱	多使用平面板，要求板形好、尺寸偏差小
建　筑	轻型型钢 煤气炉，煤油炉，翼片 加热器	多需进行弯曲等简单加工； 较多使用平面板，即使有加工也是轻微的。 炉子的反射板还必须镀铬
表面处理钢板	镀锡板，镀锌板，彩色涂层板	用作表面处理的厚板、使用较薄的钢板。彩色涂层板多采用镀锌板作基板，也有的用钢板直接着色涂料处理
其　他	玩具，罐，锅	罐、锅多用搪瓷板

对冷轧板带的要求如下：

（1）表面状态和表面光洁度。冷轧板带具有良好的加工性和美观表面，多用作外用板材和深冲板材，因此必须避免表面缺陷。

冷轧板带根据表面精整方法不同分成光面和毛面两种，表面精整的差别主要取决于平整辊的表面状态。毛面精整是使钢板表面具有微小的凹凸度（表面粗糙度 $Ra=2\sim8\mu m$），大部分钢板属于毛面精整；光面精整要求钢板表面光滑，具有金属光泽。

（2）尺寸和形状精度。冷轧板带的尺寸精度包括厚度、宽度和长度精度，其偏差在相关标准中均有规定。形状精度一般用平坦度、横向弯曲、直角度来表示，其允许值在标准中同样作了规定。

（3）加工性。冷轧产品用途广泛，加工方法很多，从简单的弯曲加工直到深冲压加工。

按加工性来分，有成形性（扩展性和深冲性）和形状性两种。成形性是加工成一定形状的能力。形状性是指在加工成一定形状后卸掉载荷所得到的尺寸和形状，同时把保持住加工形状的特性叫做形状稳定性。

（4）时效性能。所谓时效现象就是金属和合金性能随着时间的推移而发生变化的现象。冷轧钢板有淬火时效和应变时效。一般发生时效时硬度和抗拉强度增大，延性降低。淬火时效是在某个温度范围急冷下来时发生的，故在连续退火过程中急冷时可以遇到，一般紧卷或松卷退火过程是没有的；应变时效在退火后经平整再冷加工时就会发生，特别是通过平整消失了的屈服平台，经过一段时间后又可回复。

（5）特殊性能。如搪瓷性能、耐蚀性、电磁性能和冲裁性等。

4.1.3 冷轧板带钢的生产工艺特点

4.1.3.1 加工硬化

由于冷轧是在金属的再结晶温度以下进行的，故在冷轧过程中，轧件必然产生加工硬化，并且随着加工的进行，加工硬化现象加剧。加工硬化导致的后果是：1）变形抗力增大，使轧制压力加大；2）塑性降低，易发生脆裂。加工硬化超过一定程度后，轧件将因过分硬脆而不能继续冷轧，而此时轧件尚未达到产品的厚度，因此钢板经冷轧一定道次（即完成一定的冷轧总压下量）后，往往要经软化热处理（再结晶退火、固溶处理等——中间热处理），使轧件恢复塑性，降低变形抗力，以便继续轧薄。这就引出了所谓“轧程”的概念。冷轧生产中，每次软化退火之前完成的冷轧工作称为一个“轧程”。在一定轧制条件下，钢质愈硬，成品愈薄，所需的轧程愈多。而中间热处理次数即为轧程数加1。

由于加工硬化，成品冷轧板带在出厂之前一般需要进行成品热处理。成品热处理的形式以产品组织和性能要求而定，其中常用的有调质处理和各种退火处理。

4.1.3.2 工艺冷却和工艺润滑

（1）工艺冷却。冷轧过程中因剧烈的塑性变形热和摩擦热使轧件和轧辊温度升高，辊温升高和辊温分布规律的突变均可导致正常辊型的破坏，直接影响轧辊寿命、板形和横向厚度精度，故必须采用有效的工艺冷却措施。轧制速度越高，压下量越大，冷却问题越显重要。实验研究与理论分析表明，冷轧板带钢的变形功约有84%～88%转变为热能，从而导致轧件与轧辊的温度升高。由于变形发热率是直接正比于轧制平均单位压力、压下量和轧制速度的，而现代轧制采用的是高速、大压下的强化轧制方法，这将使发热率大大增加，如果此时所轧的又是变形抗力较大的钢种，如不锈钢、变压器硅钢等，则发热率增加得愈加剧烈。因而必须强化轧制过程中的冷却，以保证轧制过程的顺利进行，这就使得如何合理地强化冷却成为现代高速冷轧的重要研究课题之一。

水是比较理想的冷却剂，因其比热大，吸热率高、成本低廉且资源丰富。油的冷却能力则比水差得多。表4-2中给出了水与油的一些吸热性能的比较资料。由表可知，水的比热容要比油大一倍，热传导率水为油的3.75倍，挥发潜热水比油大10倍以上。由于水具有如此优越的吸热性能，故大多数轧机皆采用水或以水为主要成分的冷却剂。只有某些特殊轧机（如二十辊箔材轧机），由于工艺润滑与轧辊轴承润滑共用一种润滑剂，才会采取全部油冷，此时为保证冷却效能，需要供油量足够大。

增加冷却液在冷却前后的温度差也是充分提高冷却能力的重要途径。在老式冷轧机的冷却系统中，冷却液只是简单地喷浇在轧辊和轧件之上，因而冷却效果较差。若用高压空气将冷却液雾化，或者采用特制的高压喷嘴喷射，可大大提高其吸热效果并节省冷却液的用量。冷却液在雾化过程中本身温度下降，所产生的微小液滴在碰到温度较高的辊面或板面时往往即时蒸发，

表 4-2 水与油的吸热性能比较

项目 种类	比热容 /J·(kg·K)$^{-1}$	热导率 /W·(m·K)$^{-1}$	沸点/℃	挥发潜热 /J·kg^{-1}
油	2.093	0.146538	315	209340
水	4.197	0.54847	100	2252498

借助蒸发潜热大量吸走热量，使整个冷却效果大为改善，但在采用雾化冷却技术时，一定要注意解决机组的有效通风问题，以免恶化操作环境。

实际测温资料表明，即使在采用有效的工艺冷润的条件下，冷轧板卷在卸卷后的温度仍达到130~150℃，甚至还要高，由此可见在轧制变形区中的料温一定还超过该温度。辊面温度过高会引起工作辊淬火层硬度的下降，并有可能促使淬火层内组织发生分解（残余奥氏体的分解），使辊面出现附加的组织应力。另外，从其对冷轧过程本身的影响来看，辊温的反常升高以及辊温分布规律的反常或突变均可导致正常辊型条件的破坏，直接有害于板形与轧制精度。同时，辊温过高也可能使冷轧工艺润滑剂失效（油膜破裂），使冷轧不能顺利进行。概括地说，冷轧工艺冷却的作用是：1）控制冷轧过程的发热率及轧辊的温升，以延长轧辊的使用寿命；2）调节轧辊的温度分布，提高产品的横向厚度精度和板形；3）降低轧辊磨损，提高产品表面质量；4）冷却变形区，为强化轧制过程提供条件；5）冲刷辊面，对精密合金的生产尤为重要。所以为了保证冷轧生产的正常，对轧辊及轧件应采取有效的冷却与控温措施是十分必要的。

（2）工艺润滑。冷轧过程中的摩擦直接影响轧辊寿命、辊型和轧制精度。因此，冷轧工艺润滑的作用是：1）降低摩擦系数。而摩擦系数的降低，在减小金属变形抗力、降低轧制压力和能耗的同时，还可提高轧件的延伸效果、减少轧制道次或轧程数；2）降低轧辊磨损，以延长轧辊的使用寿命；3）防止金属粘辊，提高产品表面质量。4）增加金属延伸，生产出厚度更小的产品；5）调节轧辊的温度分布，提高产品的横向厚度精度和板形；6）对难变形的钢种，可降低加工硬化的影响程度。润滑剂也起一定的冷却作用，当轧制强度高的金属或轧件厚度愈薄时，冷轧工艺润滑更为重要。

冷轧工艺常用润滑剂有：棉籽油、蓖麻油、棕榈油、各种矿物油和乳化液。

棕榈油含有较高的脂肪酸，且性能稳定，故润滑效果好，并且易于从带钢表面除掉，是冷轧中较为理想的润滑剂，但来源短缺、价格较高。

矿物油的化学性质比较稳定，且来源丰富，成本低廉。纯矿物油的缺点是其所形成的油膜比较脆弱，不能耐受冷轧中较高的单位压力。若加入适量的天然油脂与抗压剂（又称极压剂）之后，油膜强度可增加，润滑效果亦因之而有相应的提高。此外，也可在以矿物油为基的冷轧润滑液中加入其他添加剂，以改善其综合性能。和天然油脂一样，以矿物油为基的冷轧工艺润滑油也可以调制乳化液（一般采用含油量为2%~5%），并保证循环使用。

乳化液是由15%~25%可溶性油，75%~85%水和乳化剂配制成的混合乳状润滑剂。乳化剂含量过高将妨碍油滴的凝聚与离析。究竟用量以多少为宜则需要结合具体的轧制条件通过生产实验确定。冷轧中采用乳化液，具有冷却和润滑的作用，使用后经回收和净化，可循环使用，因此得到广泛使用。大多数乳化液采用低黏度的矿物油作基油，针对不同的钢种、轧制速度、轧制产品的质量要求、轧制工艺以及轧机的性能等具体条件，加入各种不同的添加剂，对乳化液进行稳定化处理。由于冷轧板带钢轧制时的表面温度达200℃左右，接触压力每平方毫米高达几千到几万牛顿，所以在润滑剂中必须添加极压剂，以满足轧制中实现边界润滑的要求。为此，对乳化液提出的要求是：当以一定的流量喷到板面和辊面之上时，既能有效地吸收热量，又能保证油剂以较快的速度均匀地从乳化液中离析并粘附在板面与辊面之上，这样才能及时形成均匀、厚度适中的油膜。

生产与试验表明，采用天然油脂（动物与植物油脂）作为冷轧的工艺润滑剂在润滑效果上优于矿物油，这是由于天然油脂与矿物油在分子的构造与特性上有质的差别所致。图 4-1 即为采用不同的润滑剂的轧制效果比较。由图可知，当冷轧机工作辊直径为 ϕ88mm，带钢原始厚度为 0. 5mm，并用水作工艺润滑剂时，轧至厚度为 0. 18mm 左右就难于再轧薄了，而采用棕榈油作润滑剂时，则可用 4 道轧至 0. 05mm 的厚度。为了便于比较各种工艺润滑剂的轧制效果，在图中设棕榈油的润滑效果为 100，润滑性能较差的水作为零（见图中右侧的竖标，称为“润滑效果指标”）。由图可知，矿物油的润滑效果指标在 0 与 100 之间。此数愈接近 100，说明其润滑效果愈接近于棕榈油。生产实践表明，在现代冷轧机上轧制厚度在 0. 35mm 以下的白铁皮、变压器硅钢板以及其他厚度较薄而钢质较硬的品种时，在接近成品的一、二道次中必须采用润滑效果相当于天然棕榈油的工艺润滑剂，否则即使增加道次也难以轧制出所要求的产品厚度。但棕榈油来源短缺，成本高昂。事实上，使用其他天然油脂，只要配制适当，也可以达到接近天然棕榈油的润滑效果。例如，一些冷轧机就曾经使用过棉籽油代替天然棕榈油生产冷轧硅钢板与白铁皮，效果良好；用豆油或菜子油甚至氢化葵花籽油做工艺润滑剂也同样能满足要求。此外，国外有些工厂还使用一些以动、植物为原料经过聚合制成的组合冷轧润滑剂（如所谓的“合成棕榈油”），其润滑效果甚至优于天然棕榈油。

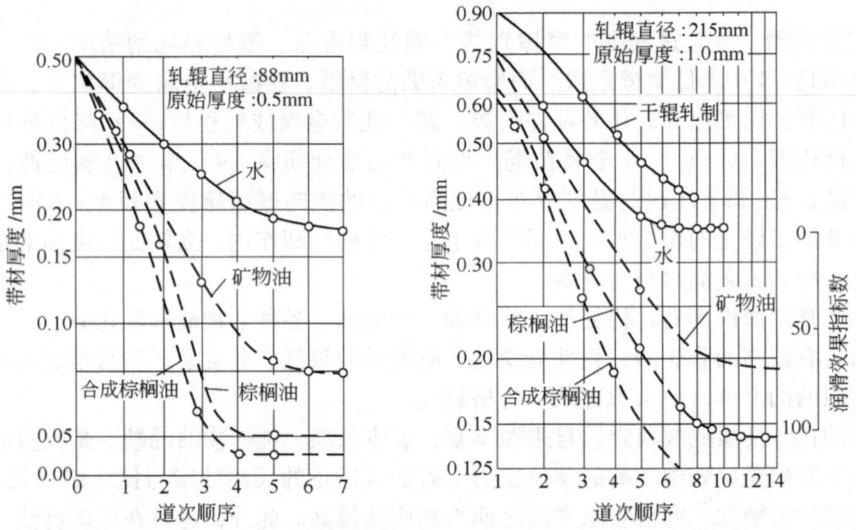

图 4-1　不同润滑剂的轧制效果比较

冷轧润滑效果的优劣诚然是衡量工艺润滑剂的重要指标，但是一种有经济实用价值的工艺润滑剂还应具有来源广、成本低、便于保存（化学稳定），并且易于从轧后的板面去除，不留影响质量的残渍等特点。目前还只有为数不多的几种工艺润滑剂能够较全面地满足上述要求。几种常用冷轧润滑剂的成分和性能见表 4-3。

典型的五机架冷轧机有三套冷润系统。对厚度在 0. 4mm 以上的产品来说，第一套为水系统，第二套为乳化液系统，第三套为清净剂系统。由酸洗线送来的原料板卷表面上已涂上一层油，足够连轧机第一架润滑之用，故第一架喷以普通冷却水即可；中间各架采用乳化液冷却系统；末架可喷清洗剂以清除残留润滑油，使轧出的成品带钢可不经电解清洗就可不出现油斑，这种产品因而亦有“机上净”板材之称。

表 4-3　冷轧润滑剂的成分和性能

项　目		棕榈油	洁净轧制油	牛油系轧制油	合成脂轧制油
成分/%	矿物油	—	79	—	—
	牛　油	100	—	80	—
	脂	—	8	10	82
	脂肪酸	—	3	6	3
	乳化剂	—	2	1	2.5
	极压剂	—	—	1	—
	防氧化剂	—	0.5	0.5	—
	防腐剂	—	2	—	2.5
	其　他	—	5.5	1.5	10
一般性能	酸　值	9	11.3	17	10.9
	碱　值	200	25.0	188	128
	pH 值	—	5.4	—	5.5
	黏度/$m^2 \cdot s^{-1}$	28（50℃）	86.4（30℃）	34（50℃）	45（30℃）
	密度/$g \cdot cm^{-3}$		0.0901	0.0912	0.0863
	着火点	200℃以上	178℃		176℃

4.1.3.3　大张力轧制

冷轧的张力特点是恒定的大张力轧制。张力在轧制时的作用主要是：1）防止带钢在轧制过程中跑偏（即保证轧件正确对中轧制）；2）使所轧带钢保持平直（包括在轧制过程中保持板形平直以及轧后板形良好）；3）降低轧件的变形抗力和轧制压力，便于轧制更薄的产品；4）起到适当调整冷轧机主电机负荷的作用；5）能在一定范围内调节连轧过程。

防止轧件跑偏是冷轧操作中关系到能否实现稳定轧制的重要问题。跑偏将破坏正常的板形，引起操作事故甚至设备事故，所以跑偏若不能加以控制，将不能保证冷轧的正常进行。造成跑偏的原因在于轧件在轧制中的延伸不均。在张力作用下，若轧件出现不均匀延伸，则沿轧件宽向上的张力分布将会发生相应的变化：延伸较大的一侧张力减小，而延伸较小的一侧张力增大，结果便自动地起到纠正跑偏的作用，这种纠偏作用是瞬时的，同步性好，使轧件在基本平行的辊缝中轧制时仍可能保证稳定轧制，这就有利于轧出更精确的产品并使操作简化和安全。张力纠偏的缺点是张力分布的改变不能超过一定限度，否则会造成裂边、轧折甚至引起断带。

由于轧件不均匀延伸会改变沿带宽方向上的张力分布，而这种改变后的张力分布又会促使延伸的均匀化，故张力轧制有利于保证良好的板形。同时，不均匀延伸将在轧件中产生内应力，当压缩应力达到一定值时，轧件在该处将出现浪形，板形被破坏；在轧件上施加张力后，可减小或消除压应力，这就排除在轧制中轧件出现浪形的可能，确保稳定冷轧。

由于张力的变化会引起前滑与轧辊速度的反向改变，故在连轧过程中有一定的自动调节作用。当然，这种作用不能代替轧制过程的自动控制，仅在张力允许的范围内起调节连轧过程。

带材在任何时刻下的张应力 σ_z 可用下式表示

$$\sigma_z = \sigma_{z0} + \frac{E}{l_0}\int_{t_0}^{t_1} \Delta v \mathrm{d}t \tag{4-1}$$

同理，设带材断面积为 A，则总张力 $Q = A\sigma_z$ 或

$$Q = A\sigma_{z0} + \frac{AE}{l_0}\int_{t_0}^{t_1} \Delta v \mathrm{d}t \tag{4-2}$$

式中　l_0 ——带材上 a、b 两点间的原始距离；

σ_{z0} ——带材原始张应力；

Δv ——b 点速度 v_b 与 a 点速度 v_a 之差，$\Delta v = v_b - v_a$；

E ——带材的弹性模量。

若把 a、b 两点分别看成是连轧机中前架的出口点与后架的入口点，l_0 近似地视为机架间的距离，则式（4-1）、式（4-2）即表示了机架间张力的建立与变化的规律。当原始张力 σ_{z0} 等于零，则式（4-1）表示张力的建立过程；若 σ_{z0} 不为零，则该式即反映张力从一个稳定态到另一个稳定态的变化规律。由式（4-1）可知 σ_z 与 v_a 及 v_b 的绝对大小无关，而仅与其差值有关。当 $\Delta v = 0$，则张力无从建立或者不变，若 Δv 一旦出现并总保持为正值，则 σ_z 将随时间而增加，很快达到允许值，引起带钢拉“窄”或断带。张力从一个稳定值（包括零值）变至另一稳定值必须经历一个 Δv 由产生到消失的过渡过程。Δv 的产生是张力赖以建立或发生改变的推动力；$\Delta v \to 0$ 则是达到新的平衡状态（新的张力稳定值）的必要条件。

由此可见，张力 σ_z 的产生与变化最终归结为 Δv 的产生与变化的规律。无论是单机可逆式轧机或多机连轧，甚至任何张力装置，其张力的产生与变化在本质上均在于此。

通过改变开卷机或卷取机的转速、各架轧机的转速和各架的压下量，可以使轧制压力和张力在较大范围内变化。借助于准确可靠的测张仪并使之与自动控制系统构成张力闭环系统或复合系统实现恒张力控制已经在冷连轧中得到广泛应用。

生产中张力大小的选择主要是选择平均单位张力 σ_z。单位张力应适当选高些，但不应超过带钢的屈服极限 R_e。由于带材内残余应力的存在，以及应力集中的影响，实际上带材内张应力是不均匀分布的。故 σ_z 的数值并不能反映带材内各点张应力的真正大小。因此，实际 σ_z 的数值要根据延伸不均匀情况、材质、加工硬化程度及板边情况等因素而定。生产中按 $\sigma_z = (0.1 \sim 0.6)R_e$ 来选取。不同的轧机，不同的轧制道次，不同的坯料和品种，要求不同的 σ_z。当操作人员技术水平较高，变形较均匀，坯料较理想时，可选高的 σ_z 值；当带钢较硬，边部不良或者操作不熟练时，σ_z 的值可取小些。一般，可逆式冷轧机的中间道次或连续式冷轧机的中间机架，σ_z 可取 $(0.2 \sim 0.4)R_e$。在轧制低碳钢时，因考虑到防止退火粘结，成品卷取张力不能太高，一般选用 50MPa 左右；其他钢种可适当高些。连轧机开卷张力一般取得较小，为 1.5 ~ 2.0MPa。另外，连轧机各架张力的选择还需要考虑主电机之间及主电机与卷取机之间的合理功率负荷分配。一般是先按经验范围选择一定的 σ_z 值，然后再进行校核。例如，某厂 5 机架连轧机前张力分别为 1、110、140、150 及 200N/mm^2，卷取张力为 30N/mm^2。

4.1.3.4　*原料表面处理*

冷轧板带钢的原料来自于热轧，为保证产品的表面质量，冷轧前须进行表面处理，以清除热轧来料的表面氧化铁皮。通常采用“酸洗”工序。

4.2　冷轧板带钢生产工艺过程

4.2.1　冷轧板带钢的主要品种及其工艺流程

具有代表性的冷轧板带钢产品一般有四大类典型产品，即深冲钢板（以汽车板为典型）、金属镀层钢板（包括镀锡板与镀锌板等）、电工硅钢板和不锈钢板等。

镀锡板是镀层钢板中厚度最小的品种。过去曾经一度流行的热浸镀锡法已被较先进的电镀锡工艺所取代。电镀锡板的锡层厚度较小而且外表美观。镀锌板厚度大于镀锡产品，其抗大气腐蚀性能相当好。连续镀锌工艺适于处理成卷带钢，表面美观，铁锌合金过渡层很薄，故加工性能很好。镀锌板经辊压成瓦垄形后作为屋面瓦使用；其他用途有用来制造日用器皿、汽油桶、车辆用品以及农机具等。非金属镀层的薄钢板除搪瓷板外，还有塑料覆面薄板以及各种化学表面处理钢板，其用途甚广。前者可以代替镍、黄铜、不锈钢等制造抗腐蚀部件或构件，多用于车辆、船舶、电气器具、仪表外壳以及家具的制造。

深冲钢板的典型代表是汽车钢板，它是薄钢板的另一重要类型，其厚度多在0.5~0.6mm范围内。在汽车工业发达的国家中，此类钢板的产量约占全部薄钢板的三分之一以上。汽车钢板的特点是宽度较大（达2000mm以上），并且对表面质量与深冲性能要求较高，是需求量庞大而且生产难度较高的优质板品种。

镀层钢板和深冲钢板两大类产品，再加上其他一些作一般结构用途的普通薄钢板，在产量上占了全部薄板的大部分。余下的便是各种特殊用钢与高强钢等品种。这主要包括电工用硅钢板（电机、变压器钢板）、纯铁电工薄板、耐热、不锈钢板等。这些品种虽然需要量不大，却多是国民经济发展与国防现代化所急需的关键性产品。

冷轧板带钢的生产工艺流程如图4-2所示。图4-3则为现代冷轧车间的平面布置一例。由图4-3可见，在冷轧薄板生产中，表面处理（即酸洗、清洗、除油、镀层、平整、抛光等）与热处理工序占有显著地位。事实上在冷轧薄板车间中，占地面积最大并且种类最为繁多的也正是表面处理与热处理设备。主轧跨间在整个厂房面积中占不大的一部分。

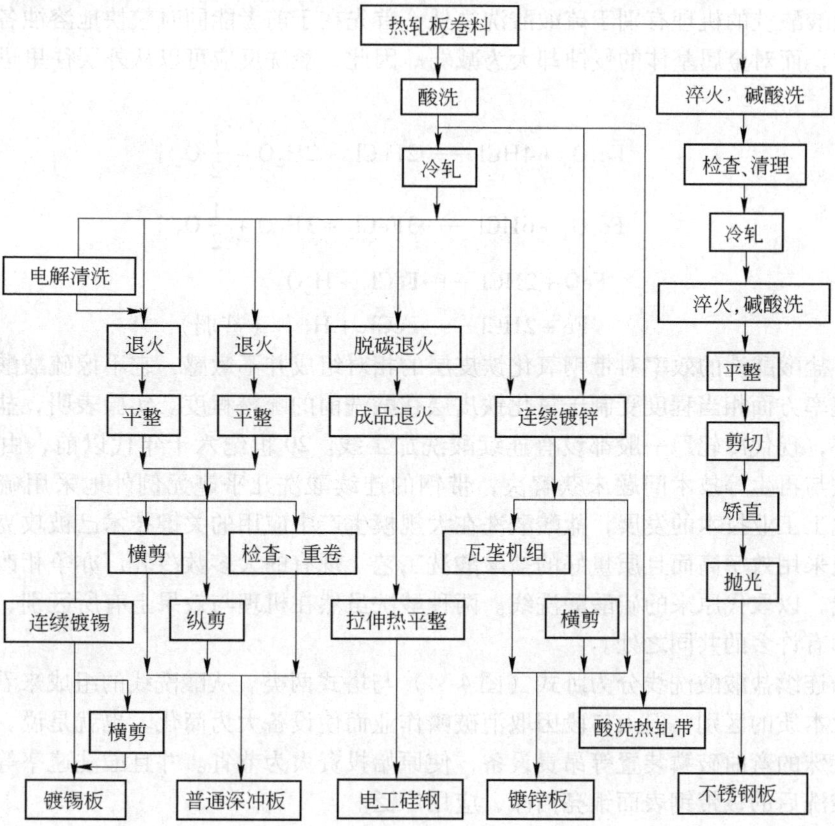

图4-2 冷轧板带钢生产工艺流程

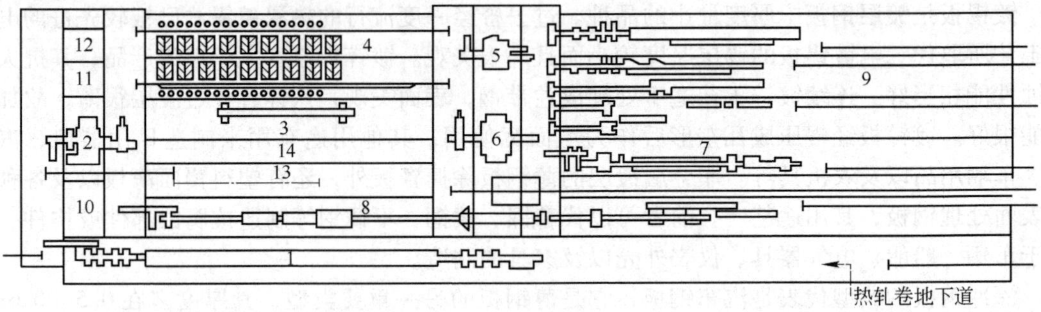

图 4-3 冷轧车间平面布置图

1—连续酸洗机组；2—五机架冷连轧机；3—电解清洗机组；4—退火工段；5—单机式平整机；6—双机平整机；7—连续电镀锡机组；8—连续镀锌机组；9—剪切跨；10—油毡；11—计算机房；12—轧钢主电室；13—轧辊工段；14—机修、电修、液修

4.2.2 冷轧板带钢的主要工序及其设备

4.2.2.1 *原料板卷的除鳞*

为了保证板带的表面质量，带坯在冷轧前必须去除氧化铁皮，即除鳞，这是冷轧板带材的生产工艺特点之一。除鳞的方法目前还是以酸洗为主，其次为喷砂清理或酸碱混合处理。近年还在试验研究无酸除鳞的新工艺，日本利用高压水喷铁矿砂以除铁皮（CNID 法），已取得了很好的效果。

带钢盐酸酸洗的机理有别于硫酸酸洗之处，首先在于前者能同时较快地溶蚀各种不同类型的氧化铁皮，而对金属基体的侵蚀却大为减弱。因此，酸洗反应可以从外层往里进行。其化学反应式为：

$$Fe_2O_3 + 4HCl \longrightarrow 2FeCl_2 + 2H_2O + \frac{1}{2}O_2 \uparrow$$

$$Fe_3O_4 + 6HCl \longrightarrow 3FeCl_2 + 3H_2O + \frac{1}{2}O_2 \uparrow$$

$$FeO + 2HCl \longrightarrow FeCl_2 + H_2O$$

$$Fe + 2HCl \longrightarrow FeCl_2 + H_2 \uparrow \text{（甚弱）}$$

因此，盐酸酸洗的效率对带钢氧化铁皮层的相对组成并不敏感，它不像硫酸酸洗那样，在酸洗反应速率方面相当程度受制于氧化铁皮层在酸洗前的疏松程度。实验表明，盐酸酸洗可提高生产效率，现代冷轧厂一般都设有连续酸洗加工线。20 世纪六十年代以前，由于盐酸酸洗的废酸回收与再生等技术问题未获解决，带钢的连续酸洗几乎毫无例外地采用硫酸酸洗。以后，随着化工工业技术的发展，盐酸酸洗在大规模生产中应用的关键技术已被攻克，故新建的冷轧厂普遍采用效率高而且质量好的盐酸酸洗工艺。现有的大多数冷轧厂亦争相改建连续盐酸酸洗加工线，以取代原来的硫酸酸洗线。两种酸洗虽然在机理与效果上有所区别，但在酸洗线的组成上却有许多的共同之处。

带钢的连续盐酸酸洗线分为卧式（图 4-4）与塔式两类。从酸洗线的组成来看，它与硫酸酸洗线并无本质的区别，但入口段因取消破鳞作业而使设备大为简化。也就是说，取消了诸如平整机、特殊的弯曲破鳞装置等昂贵设备，使原始投资大为节省。并且酸洗速率等于硫酸酸洗的两倍，酸洗后的板带钢表面银亮洁净，应用广泛。

酸洗引起的带钢缺陷主要有：1）擦伤；2）铁鳞（热轧时铁鳞压入带钢，酸洗时未全部

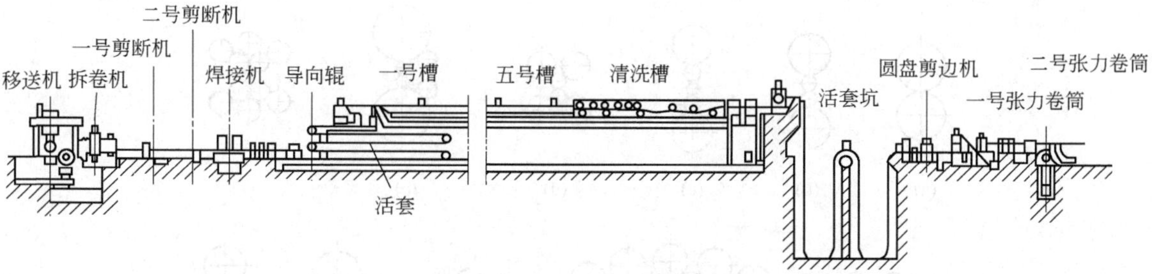

图4-4　带钢连续盐酸酸洗线（卧式）

溶解掉，该缺陷在钢卷头部和尾部较多）；3）毛边（剪边不良造成的）；4）过酸洗（事故时间或入口、出口侧操作间歇时间过长）。

归纳起来，带钢连续盐酸酸洗与硫酸酸洗相比较，有以下特点：1）盐酸能完全溶解三层氧化铁皮，因而不产生酸洗残渣。而在硫酸酸洗的情况下，就必须经常清刷酸槽，并需中和残渣黏液。又硫酸不能除去压入板面上的 Fe_2O_3（因此不免产生相应的表面缺陷），而盐酸则可以溶解这种可能轧入的氧化铁皮。又因盐酸能溶解全部的氧化铁皮，因而不需要破鳞作业，板材硬度亦可保持不变；2）盐酸基本不腐蚀基体金属，因此不会发生过酸洗和氢脆。化学酸损（因氧化铁皮及金属溶于酸中引起的铁量损失）也比硫酸酸洗低20%；3）氯化铁很易溶解，易于除去，故不会引起表面出现酸斑缺陷，这也是盐酸酸洗板面特别光洁的原因之一。而硫酸铁因会形成不溶解的水化物，往往有表面出现酸斑等毛病；4）钢中含铜也不会影响酸洗质量。在盐酸中铜不形成渗碳体，故板面的银亮程度不因含铜而降低。而在硫酸酸洗中，因铜渗碳体的析出面使板面乌暗，降低了表面质量；5）盐酸酸洗速率较高。特别在温度较高时更是如此；6）可实现无废液酸洗，即废酸废液可完全再生为新酸，循环使用，解决了污染问题。

4.2.2.2　冷轧

A　冷轧机的结构形式

酸洗后的热轧带卷在冷轧机上轧制成成品厚度。冷轧机的辊系结构有：二辊式、四辊式、泰勒轧机、六辊式、偏八辊式、森吉米尔型多辊轧机（十二辊式、二十辊式、三十辊式、三十六辊式）、不对称多辊轧机（Y型轧机）、异步轧机和高精度冷轧机（HC轧机、CVC轧机、PC轧机、VC轧机、UC轧机）等。各种结构的冷轧机如图4-5所示。现代冷轧机的辊系配置有四辊式、多辊式和高精度冷轧机。

多辊冷轧机大致有六辊轧机、偏八辊轧机、十二辊轧机、二十辊轧机、三十辊轧机和三十六辊轧机。多辊轧机与一般二辊、四辊式冷轧机相比，具有如下优点：1）工作辊径小，大大减小了轧制压力。在其他条件相同的情况下，二十辊轧机的轧制压力约为四辊轧机的四分之一。由于轧制压力减小，使轧制力矩减小，则可节约电能消耗30%～40%。同时还会减少轧辊的磨损。当轧制压力相同时，与四辊轧机相比，多辊轧机的道次压下率大，道次可减少。因此，多辊轧机很适合轧制高变形抗力的金属材料；2）多辊轧机具有装配精确的支承辊系统，整体铸造的机架，特殊的辊型调整装置等，故轧机刚性很大，有利于减少带材的厚度偏差，以获得高精度的产品；3）轧机体积相对较小，设备重量轻，故可减少车间面积，降低车间高度，从而减少投资。但是，多辊轧机的加工制造、安装、调整与维修等的精度要求较高，又因辊系的冷却较困难，使轧制速度的提高受到限制。

在多辊轧机系列中，森吉米尔型轧机是目前性能最好、使用最广泛的轧机，而其中又以二十辊轧机最为典型，图4-6为二十辊轧机辊系布置图。该轧机的机架是整体铸件镗孔而成，辊系按1－2－3－4型上下对称布置，上下两个工作辊分别被支撑在两个第一层中间辊上；后

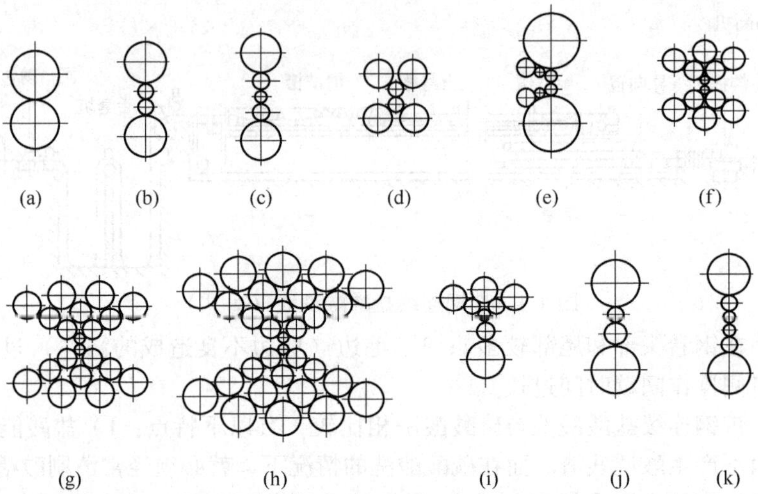

图 4-5　各种冷轧机

（a）二辊式；（b）四辊式；（c）异径五辊及泰勒轧机；（d）六辊式；（e）偏八辊式；（f）十二辊式；（g）二十辊式；（h）三十辊式；（i）Y 型轧机；（j）异径四辊异步轧机；（k）HC 轧机

者又被支撑在三个第二层中间辊上；第二层中间辊又被支撑在最外层的四个支承辊上。通常以第二层中间辊外侧四个辊子为传动辊。在二十辊轧机上设有辊型的轴向与径向调整机构。

轴向调整机构是通过轴向移动一端带有锥度的第一层中间辊，可以改变带材的侧边压下量，用于防止侧边的过压缩，即消除侧边的波浪痕。第一层中间辊的最大轴向调整量为 120mm，其圆柱段的辊身长度约占带材宽度的 80%。

径向调整是通过最外层的一对中间支承辊的偏心机构来实现的。此外，还有工作辊开口度的调整机构。

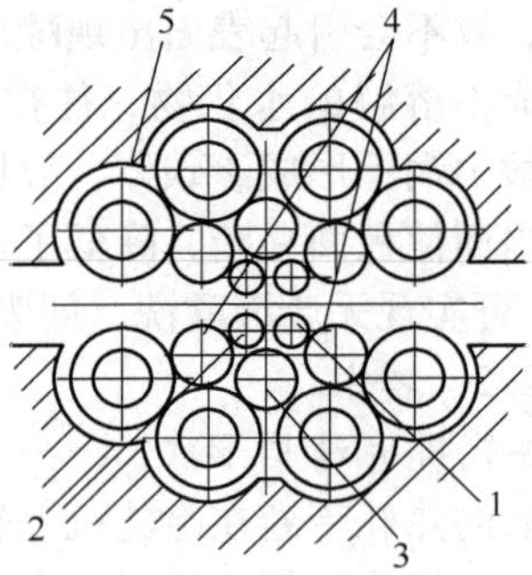

图 4 - 6　二十辊轧机辊系布置

1—工作辊；2—第一层中间辊；3—第二层中间辊；4—传动辊；5—支承辊

冷轧机辊系种类繁多的特点是由于板带材产品的特性所决定的。板带材的 B/H 大，轧制压力大，而轧制压力大的结果影响到轧辊的刚度和强度，使轧辊产生弹性弯曲变形影响到产品的尺寸精度和板形，以致发生断辊。尽管增大辊径可提高轧辊的刚度和强度，但轧制压力随辊径的增大而增大，同时轧辊的弹性压扁也随之增大，难以轧制薄产品。减小轧制压力的途径之一便是减小辊径，从而降低轧制压力。为防止细而长轧辊的弹性变形和断辊，可采用增设支承辊或中间辊的多辊轧机。所以，从防止工作辊的垂直弯曲和水平弯曲的目的出发，演变出各种板带材轧机的辊系。

B　冷轧机的布置

冷轧机机架排列方式有单机可逆式和 3 ~6 机座连续式两种。前者多使用四辊、六辊和二十辊轧机，在单机架上完成多道次往复轧制，适用于产品规格多、批量小或合金钢比例高的情况，其生产能力较低，但投资小、占地面积小、建厂快、生产灵活性大，适宜于中小型企业（年产量 10 ~30 万 t）。连续式冷轧机多使用四辊或六辊轧机，生产效率及轧制速度都很高，是当今冷轧带钢生产的主要轧机布置形式，世界上共有 200 多套。相对来说，当产品品种较为单一或者变动不大时，连轧机最能发挥其优越性。从20世纪60年代以来，轧制较薄规格产品的冷连轧机逐渐形成通用五机架式、专用六机架式及供二次冷轧用的三机架与双机架式等数种。通用五机架式的产品规格较广，产品厚度为0.25~3.5mm，轧辊辊身长为1700~2135mm。专用六机架式冷连轧机专门用来生产镀锡原板，产品厚度可小至0.09mm，辊身长一般不大于1450mm。为生产特薄镀锡板（厚0.065~0.15mm），近年来在冷轧车间还专门设置了二机架式或三机架式的“二次冷轧”用的轧机，由5~6机架的冷连轧机供坯，总压下率不超过40%~50%，其辊身长很少超过1400mm。厚度较小的特殊钢及合金钢产品则经常在多辊式轧机上生产，或为单机轧制，或为多机连轧，现在还出现完全连续式的多辊轧机。通用五机架式冷连轧机一般布置示意图见图4-7，全连续式冷轧机组示意图见图4-8。

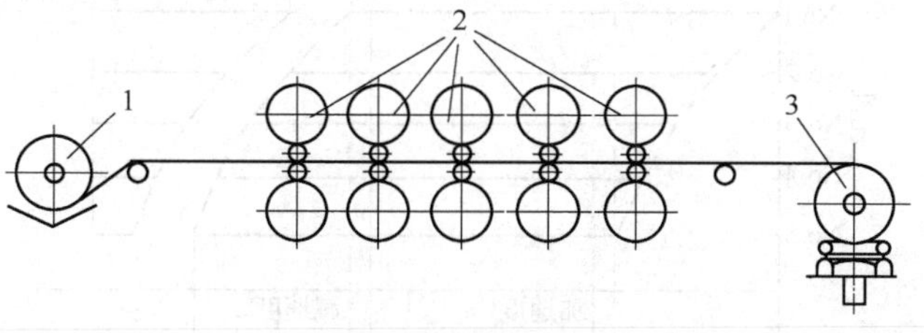

图4-7 五机架式冷连轧机

1—卷筒式开卷机；2—四辊式工作机座；3—卷筒式张力卷取机

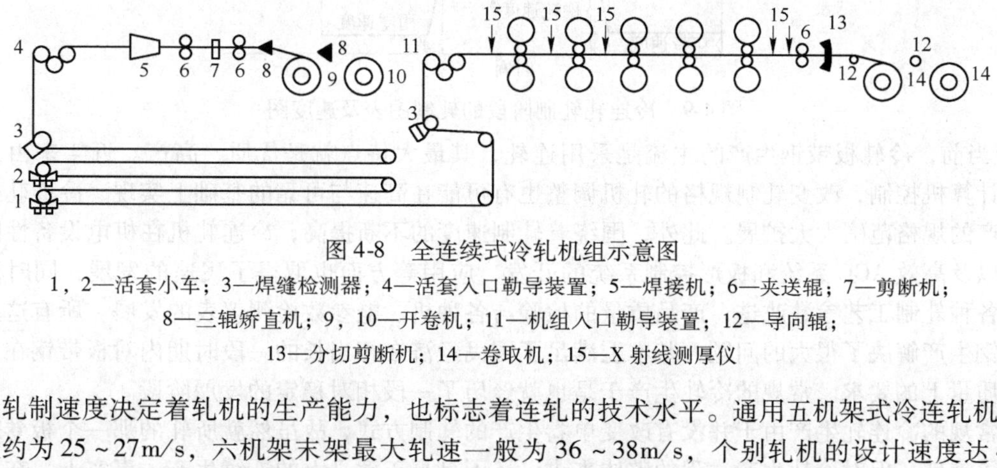

图4-8 全连续式冷轧机组示意图

1，2—活套小车；3—焊缝检测器；4—活套入口勒导装置；5—焊接机；6—夹送辊；7—剪断机；8—三辊矫直机；9，10—开卷机；11—机组入口勒导装置；12—导向辊；13—分切剪断机；14—卷取机；15—X射线测厚仪

轧制速度决定着轧机的生产能力，也标志着连轧的技术水平。通用五机架式冷连轧机末架轧速约为25~27m/s，六机架末架最大轧速一般为36~38m/s，个别轧机的设计速度达40~41m/s。现代冷连轧机的板卷重量一般为30~45t，最大达60t。

一般冷连轧机的操作过程如下：板卷经酸洗工段处理后送至冷连轧机组的入口段，在此处于前一板卷轧完之前要完成剥带、切头、直头及对正轧制中心线等工作，并进行卷径及带宽的自动测量。之后便开始“穿带”过程，这就是将板卷前端依次喂入机组的各架轧辊之中，直至前端进入卷取机芯轴并建立起出口张力为止的整个操作过程。在穿带过程中，操作工必须严密监视由每架轧机出来的轧件的走向有无跑偏和板形情况。一旦发现跑偏或板形不良，则必须立即调整轧机予以纠正。在人工监视穿带过程的条件下，穿带速度低，否则发现问题就来不及纠正，以致造成断带、勒辊等故障。穿带后开始加速轧制，此阶段任务是使连轧机组以技术上允许的最大加速度迅速地从穿带时的低速加速至轧机的稳定轧制速度，即进入稳定轧制阶段。由于供冷轧用的板卷是由两个或两个以上的热轧板卷经酸洗后焊接而成的大卷，焊缝处一般硬度较高，厚度亦多少有异于板卷的其他部位，且其边缘状况也不甚理想，故在冷连轧的稳定轧制阶段，当焊缝通过机组时，一般都要实行减速轧制（在焊缝质量较好时可以实现过焊缝不减速）。在稳定轧制阶段中，轧制操作及过程的控制已完全实现了自动化，轧钢工人只起到监视的作用，很少有必要进行人工干预。带卷的尾端在逐架抛钢时有着与穿带过程相似的特点，故为防止事故和发生操作故障，亦必须采用低速抛尾。这一轧制阶段称为“抛尾”或“甩尾”。甩尾速度一般相同于穿带速度，这样一来，当快要到达卷尾时，轧机必须及时从稳轧速度降至甩尾速度。为此必须经过一个与加速阶段相反的减速轧制阶段。冷连轧的这几个轧制阶段可由图 4-9 中所示的轧制图表及速度图清楚地看出。

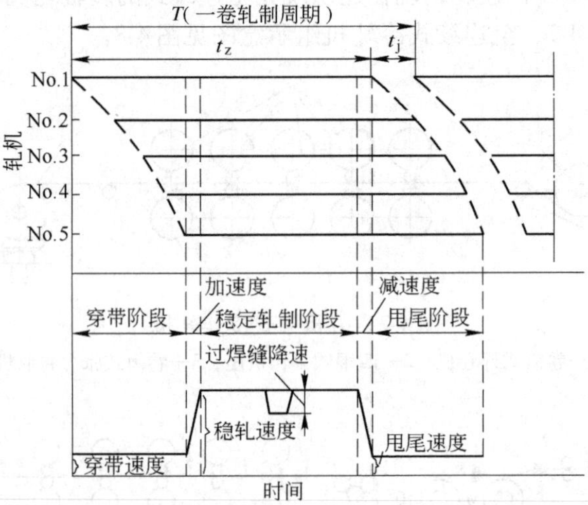

图 4-9　冷连轧轧制阶段的轧制图表及速度图

当前，冷轧板带钢生产的主流是采用连轧，其最大特点就是优质、高产。近年来由于实现了计算机控制，改变轧制规格的轧机调整也有可能在高速与可靠的基础上实现，冷连轧机所能生产的规格范围大大扩展。此外，围绕着轧制速度的不断提高，冷连轧机在机电设备性能的改善以及高效 AGC 系统和板形控制系统的开发、应用等方面也取得了飞速的发展，同时还促进了各种轧制工艺参数改进，产品质量的检验与各种机、电参数检测仪表的发展。所有这些给板带钢生产解决了很大的问题，基本上满足了国民经济在相当长的一段时期内对板带钢在产量上与质量上的要求。常规的冷轧生产于是也就经历了一段相对稳定的发展阶段。

常规的冷连轧生产由于并没有改变单卷生产的轧制方式，故虽然就所轧的那一个板卷来说构成了连轧，但对冷轧生产过程的整体来讲，还不是真正意义上的连续生产。事实上，在相当长的一段时期内，常规冷轧机的工时利用率只有65%（或者稍高一些），这就意味着还有35%左右的工作时间内轧机是处于停车状态，这与冷连轧机所能达到的高轧速是极不相称的。近年来，通过采用双开卷、双卷取，以及快速换辊装置等技术措施，卷与卷间的间隙时间已经缩减了很多，换辊的工时损失也大为削减（缩减至原来指标的1/3），这就使轧机的时间利用率提高到了 76% ~79%，然而，上述措施并不能消除单卷轧制所固有的诸如穿带、甩尾、加减速以及焊缝降速等过渡阶段所带来的不利影响。为了控制一个过渡阶段而采用非常复杂和昂贵的控制系统看来并非根本之计，与其费尽心机，千方百计加以控制或补偿，不如创造条件一举取消之。全连续冷轧的出现解决了这个难题，并为冷轧板带钢的高速发展提供了广阔的前景（见图 4-8），这是一套五机架式全连续冷轧机组的设备构成。其中五机架式冷连轧机组中所有各机架均采用全液压式轧机，第一机架刚性系数调至无限大，最末二架的刚性系数则很小，这样有利于厚度自动控制。原料板卷经高速盐酸酸洗机组处理后送至开卷机，拆卷后经头部矫平机矫平及端部剪切机剪齐在高速闪光焊接机中进行端部对焊。板卷焊接连同焊缝刮平等全部辅助操作共需90s左右。在焊卷期间，为保证连轧机组仍按原速轧制，需要配备专门的活套仓。该厂的活套仓采用地下活套小车式的，能储存超过300m以上的带钢，可在连轧机维持正常入口速度的前提下允许活套仓入口端带钢停走150s。在活套仓的出口端设有导向辊，使带钢垂直向上经由一套三辊式的张力导向辊给第一机架提供张力，带钢在进入轧机前的对中工作由激光准直系统完成。在活套储料仓的入口与出口处装有焊缝检测器，若在焊缝前后有厚度的变更，则由该检测器给计算机发出信号，以便对轧机作出相适应的调整。这种轧机不停车调整的先进操作称为“动态规格调整”，它只有借助计算机的控制才能实现。这种动态规格调整后不同厚度的两卷间的调整过渡段为3～10m左右。

与常规冷连轧相比较，全连续式冷轧的优点为：1）由于消除了穿带过程、节省了加减速时间、减少了换辊次数等，从而大大提高了工时利用率，使生产效率大大提高；2）由于减少首尾厚度超差和剪切损失而提高了成材率；3）由于减少了辊面损伤和轧辊磨损而使轧辊使用条件大为改善，并提高了板表面质量；4）由于速度变化小，轧制过程稳定而提高了冷轧变形过程的效率；5）由于全面计算机控制并取消了穿带、甩尾作业而大大节省了劳动力，并进一步提高了全连续冷轧的生产率，充分发挥计算机控制快速、准确的长处，可实现机组的不停车换辊（即动态换辊），这些将使连轧机组的工时利用率突破90%的大关。

4.2.2.3 脱脂

去除冷轧后带钢表面润滑油的工序称为脱脂。如果带钢冷轧后直接进行热处理，则这些油成为碳化物残留而污染表面，并且可能在退火时导致表面渗碳，影响带钢表面质量和性能。脱脂方法有碱液清洗、电解清洗、“机上净”和燃烧脱脂等。

（1）碱液清洗。采用碱液（苛性钠、硅酸钠、磷酸钠等）作为清洗剂，外加界面活性剂以降低碱液表面张力，改善清洗效果。其脱脂机理除皂化作用外，还有湿润、浸透、分散和乳化等作用。碱洗设备一般有四个槽：粗洗槽、粗刷洗（洗涤）槽、精洗槽、精刷洗（洗涤）槽。其各槽的特性见表4-4。

表4-4 碱液清洗机组各部分的特性

项　目	粗清洗	粗刷洗	精清洗	精刷洗
清洗液	碱	碱、温水	碱	温　水
清洗方式	浸渍，喷射	喷射＋刷洗 浸渍＋刷洗	电解，刷洗	喷射＋刷洗
碱浓度/%	0.5～3.5	0.5～3.5	1.2～4.0	—

（2）电解清洗。电解清洗是通过水的电解，在带钢表面产生氧和氢的微小气泡起机械冲击作用而去除污垢的方法。电解清洗时，在精洗槽里上下配置4～8列阳极（＋）和阴极（－）板，带钢作为对应极板。电解清洗的原理示于图4-10，电解清洗机组简图示于图4-11。

（3）“机上净”。对于使用以矿物油为主的乳化液作为润滑剂的冷轧产品，则可采用在末架轧制时喷洒除油清洗剂的脱脂方法。

4.2.2.4 热处理

热处理方式包括预热处理、中间热处理和成品热处理。预热处理是对冷轧原料作组织调整，主要针对一些特殊钢种的处理。中间热处理的目的是使受到高度冷加工硬化的金属恢复塑性、降低变形抗力，对大多数钢种来说，这种退火形式是再结晶退火，退火温度应在再结晶温

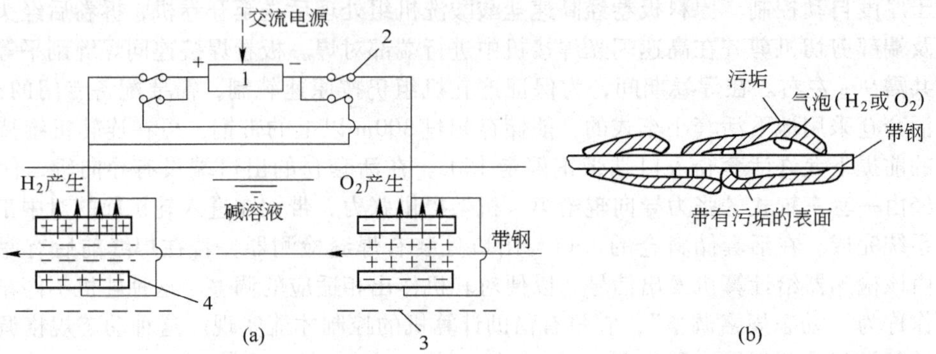

图 4-10　电解清洗原理图

（a）电解清洗原理示意图；（b）带钢表面状况示意图

1—整流器；2—电极转换开关；3—绝缘板；4—电极板

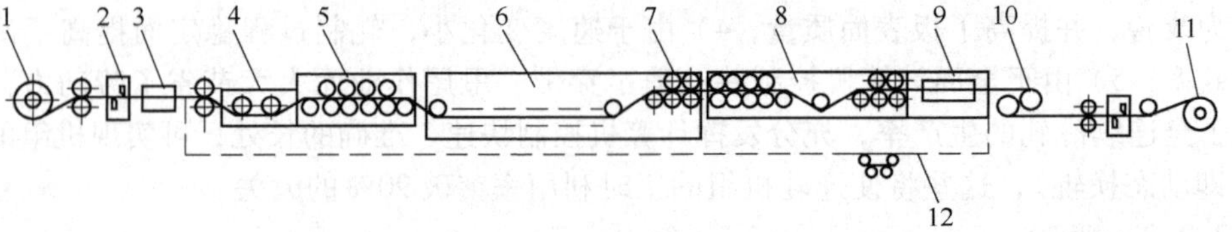

图 4-11　电解清洗机组

1—开卷机；2—切头剪；3—对焊机；4—湿润槽；5—刷洗槽；6—电解脱洗槽；7—挤干辊；8—热冲洗槽；9—干燥机；10—张紧装置；11—卷取机；12—引带装置

度以上，通常为600～720℃。成品热处理的目的则除开通过再结晶消除加工硬化以外，还可根据产品的不同技术要求以获得所需要的组织（如各种织构等）和性能（如深冲性、电磁性能等）。

在冷轧板带钢热处理中应用最广的是退火。退火设备有罩式退火炉和连续式退火炉两种，对应的退火方法为罩式退火和连续退火。

A　罩式退火

罩式退火根据带卷卷取状态不同，有紧卷退火和松卷退火之分。

（1）紧卷退火。紧卷退火时钢卷有充分的加热和均热时间，使晶粒生长，通过缓慢的冷却过程使均热时未析出的碳、氮化合物充分析出，而得到良好的材质。但是，由于退火周期太长（有的长达昼夜），其中又以冷却时间占比例最大，生产率低，并且由于带钢卷多层叠压，造成各层带钢卷间和同一带钢卷内有温度差。图4-12为罩式退火炉的结构图。

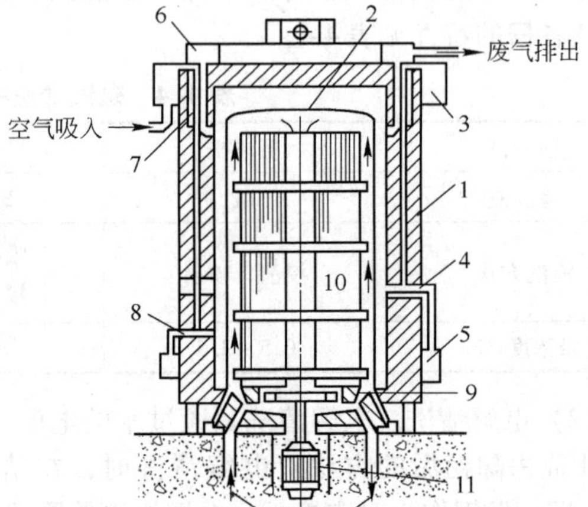

图 4-12　罩式退火炉

1—外罩；2—内罩；3—空气围管；4—上部环形喷嘴；5—煤气围管；6—废气围管；7—空气预热段；8—下喷嘴；9—风机；10—钢卷；11—电机；12—保护气体循环冷却进出口

退火时，钢卷成垛地放在中部带有气

流循环风扇的底座上，各板卷之间隔以涡卷式通气垫板，每垛一般放四个板卷，以耐热内罩罩上。底座上还备有通保护气体的管道。炉子的外罩实质上是一个可移动的加热炉；其上装有燃烧烧嘴（煤气、天然气或重油）或加热元件（辐射管或电热元件）。退火炉底座内配有炉底风机，用以在加热、冷却过程中“搅拌”炉内气氛，使保护气体获得良好的循环，从而使钢卷的温度均匀地上升或下降，以提高热效率。钢卷装毕后，盖上耐热钢的内罩，内罩与底座之间用法兰和水冷的橡胶密封垫密封，再在内罩外面盖上加热罩（外罩）。保护气体（N：约97%~98%，H：余量）不断地通入内罩内部。当罩内气氛变成弱还原性气氛后，在内罩与外罩之间用烧嘴加热，借助于炉底循环风机，将内罩内已加热的保护气体通过对流板的缝隙送到钢卷边缘，热量由此进入钢卷内部，进行光亮退火。

当预定的加热与保温过程结束后，吊走外罩，开始冷却，将一个冷却罩盖在内罩上，冷却罩上有一台通风机，将冷空气吹进内罩与冷却罩之间的空隙内，吸收内罩的热量。当钢卷的温度达到550℃之后，接通炉台下部的快速冷却系统，该系统将炉内的热保护气体抽出，通过一个水冷的热交换器将保护气体冷却，再送入罩内，用以加速钢卷的冷却。待钢卷冷到大约150℃之后，吊走内罩。退火后的钢卷卸出。

近年来，紧卷退火本身也经历了很多革新。例如，采用了平焰烧嘴以提高加热效率，采用了快速冷却技术以缩短退火周期。快速冷却法主要有两种：一种是使保护气体在炉内或炉外循环对流实现一种热交换式的冷却，它可使冷却时间缩短为原来的三分之一；另一种是在板卷之间放置直接用水冷却的隔板，它可使退火时间较原来缩短二分之一。

（2）松卷退火。松卷退火法（OCA）是把紧卷无间隙的带钢卷重新卷成松卷状态，各层带钢保持适当的间隙，然后进行退火的方法。保护气体可在该间隙中循环，因此保护气体直接接触带钢整个表面，其特点如下：1）和紧卷退火不同，能均匀加热带钢卷；2）加热和冷却速度快，生产效率高；3）能进行气体清洗；4）能脱碳、脱氮和渗铬等，称为气体合金化。尽管松卷退火可以大大缩短退火周期，但其工序繁琐，退火前后都需重卷，故未能推广应用。

松卷退火设备包括重卷设备（把紧卷重卷成松卷、退火后再把松卷重卷成紧卷）、外罩、炉台（有保护气体汇流室，气体流动通过带钢之间）、内罩、吸入式冷却罩、湿度调整装置等。湿度调整装置是向保护气体中吹入蒸汽，用此蒸汽进行气体清洗、脱碳和脱氮的设备。

松卷退火炉最适合进行脱碳退火。用这种退火方法，使得含碳量达到0.005%以下，屈服点低且有良好的深冲性。另外，搪瓷用钢板经脱碳退火后，搪瓷时耐起泡性良好。

图4-13表示松卷退火炉的退火周期，周期本身与紧卷退火炉一样，但它的加热和冷却时间、均热时间都非常短，而且温度均匀。

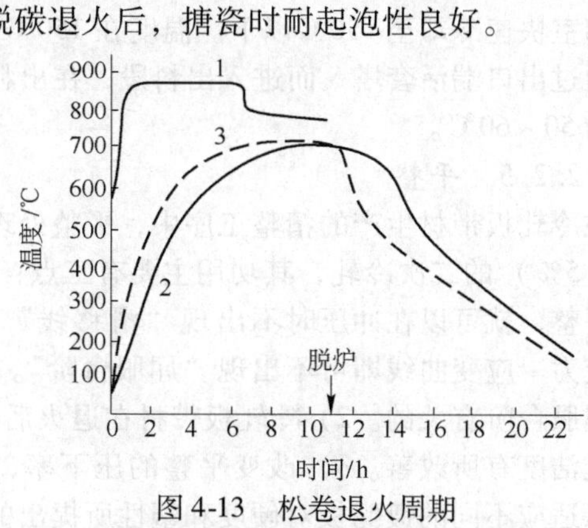

图4-13 松卷退火周期

1—炉膛温度；2—底部温度；3—上部温度

B 连续退火

连续退火的优点是生产率高，带钢运行速度一般为300m/min，最大可达600m/min以上；加热和冷却均匀，可使带钢在整个长度上得到相同的性能，避免了带钢粘结和压边等缺陷，提高了带钢质量。由于连续退火的加热和冷却速度高，根据以往经验，带钢连续退火后，硬度与强度偏高而塑性与冲压性能则较低，故很长时期内连续退火不能用于处理深冲钢板和汽车钢板。日本通过对连续退火的大量工业研究，证明用连续退火方法处理铝镇静深冲用钢是可能的，条件是需要十分准确地保证锰和硫含量的比例，并且热轧后卷取温度应高于700℃。实验表明，经连续退火处理的带钢力学性能同于甚至优于罩式退火处理的，经连续退火机组的深冲板的特点是塑性变形比 R 值特别高。这样，冷轧板带钢的主要品种（如镀锡板、深冲板直至硅钢片与不锈钢带）都可以采用经济、高效的连续退火处理，这也是近年在冷轧薄板热处理技术方面的一个突破。

连续退火的作业方式与连续酸洗类似，亦分为卧式与塔式（立式）两种。图4-14即为供处理镀锡板之用的塔式连续退火机组设备组成示意图。连续退火机组通常由进料段、炉子段、出料段三部分构成。

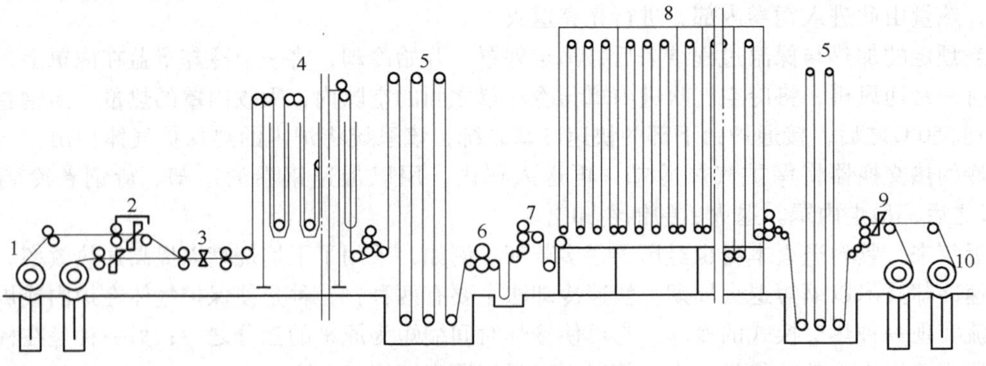

图4-14 塔式连续退火机组设备组成示意图

1—开卷机；2—双切头机；3—焊头机；4—带钢清洗机组；5—活套塔；6—圆盘带；7—张力调节器；8—塔式退火炉；9—切头机；10—卷取机

进料段由开卷、剪切、焊接、带钢清洗等设备组成。为了保证带钢在炉子段的连续运行，在炉子段与进料段、出料段之间，都装有活套装置（活套塔5）。活套塔内储存一定长度的带钢，可保证带钢以最高速度在炉内运行40~60s。根据带钢退火要求，炉子段分为加热室、均热室、缓冷室、快速冷却室四部分。例如，低碳钢退火时，用19~21s时间在加热室中加热至退火温度720℃左右，在均热室保温10~20s，使带钢温度达到一致并完成再结晶过程。如果带钢在450~500℃以上冷却太快，将起淬火作用，影响退火后带钢性能。因此，均热后的带钢，要以15~20s时间通过缓冷室，使带钢由退火温度缓冷至450~500℃。最后，带钢通过快速冷却室快速冷却至150℃以下。温度在150℃以下的带钢可以在空气中进行冷却。退火后的带钢通过出口端活套塔5而进入出料段，在出料段，对带钢进行检查和重卷。重卷后的带卷温度约为50~60℃。

4.2.2.5 平整

在冷轧板带材生产的精整工序中，平整处理占有重要的地位。平整实质上是一种小压下率（1%~5%）的二次冷轧，其功用主要有三点：1）供冲压用的板带钢成品热处理后经过小压下率的平整，就可以在冲压时不出现“滑移线”亦即吕德斯线。以一定的压下率进行平整后，钢的应力-应变曲线即可不出现“屈服台阶”。而理论与实验研究证明，吕德斯线的出现正是与此屈服台阶有关的。2）冷轧板带材在退火后再经平整，可以使板材的平直度（板形）与板面的光洁度有所改善。3）改变平整的压下率，可以使钢板的力学性能在一定的范围内变化，这可以适应不同的镀锡板对硬度和塑性所提出的不同要求。除此之外，经过双机平整或三机平整还可以较大的冷轧压下率，以便生产超薄的镀锡板。

平整机的机械、电气设备、驱动装置几乎与冷轧机相同，但传动方式有所不同。其传动方式有以下三种：1）上下工作辊传动方式（一个或两个电机驱动）；2）上或下工作辊驱动方式；3）支承辊驱动方式（薄带专用的高速平整机）。此外，平整机没有轧辊冷却系统和轧制润滑油系统的设备，而有平整液系统的装置。平整的方式有湿平整和干平整两种。使用平整液的湿平整，用毛面工作辊，主要用于厚带材。平整液多数是以亚硝酸盐为主要成分的液体，浓度为5%～10%。

4.2.2.6 其他工序

平整后的带钢，按用户要求，在横剪机组上切成定尺，并堆成板垛；或经纵剪机组剪切成一定宽度的带钢，经打捆、包扎、装箱，即可送入成品库。

值得特别指出的是，近年国外不仅已将酸洗与冷轧过程联合起来实现了全连续生产，并已将酸洗—冷轧—脱脂—退火—平整等所有这些生产工序串联起来，实现了整体的全过程连续生产线，使板带钢生产效益以及产品质量得到了更大幅度的提高。图4-15为日本新日铁于1986年投产的世界第一套酸洗—冷轧—连续退火及精整的全过程联合无头连续生产线（FIPL）示意图。冷轧段由四架六辊式HC轧机组成，总压下率达到一般六机架四辊轧机的水平。平整机亦为六辊式。该厂FIPL线投产后产量激增，工时利用率达95%，收得率高达96.9%，而能耗则降低40%。

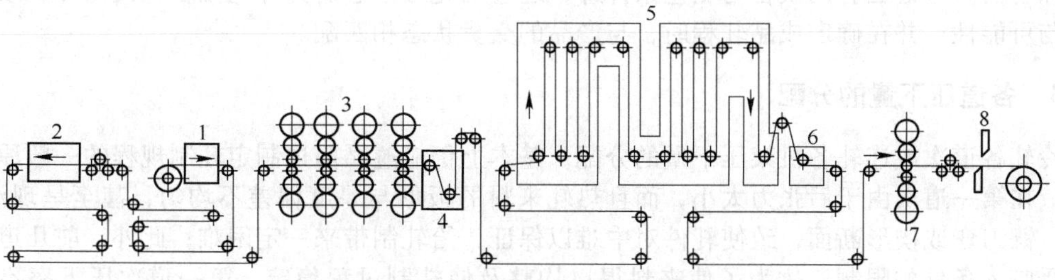

图4-15 酸洗—冷轧—连续退火全过程连续生产线（FIPL）
1—入口段；2—酸洗除鳞段；3—冷轧段；4—清洗段；5—连续退火段；
6—后部处理段；7—平整段；8—出口段

4.3 冷轧板带钢轧制规程制定

冷轧板带钢轧制制度主要包括压下制度、速度制度、张力制度和辊型制度等。

冷轧压下规程的制定一般有：原料规格的选择，轧程方案的确定以及各道次压下量分配与计算。

4.3.1 原料规格的选择

冷轧板带坯料为热轧板带。原料规格的选择包括原料的厚度、宽度及长度（卷重）（$H \cdot B \cdot L$（$G_{坯}$））的确定。由于冷轧采用的是全纵轧法，故原料宽度B的确定以产品宽度为基准，同时考虑精整切边量、宽度倍尺、轧辊辊身长度等。于是原料规格选择的关键便是厚度的确定。

冷轧带钢原料厚度的选择，通常要考虑成品板带钢的质量要求，包括组织性能和表面质量的要求。板带钢的物理力学性能是从冶炼开始经过轧制，到最终热处理为止的整个生产周期中各个生产环节综合影响的结果。在选择原料厚度时主要考虑的是冷轧总变形程度对性能及组织结构的影响。因为对一定钢种、规格的产品，必须有一定的冷轧总变形程度，才能通过热处理获得所需要的一定的晶粒组织和性能。例如，汽车板必须有30%以上（一般是50%～70%）的冷轧总压下率，才可以获得合适的晶粒组织和冲压性能。硅钢片等也是一样，都需要一定程度的冷轧变形才能保证其电磁性能。同时为保证表面质量，也必须有一定的冷轧变形程度相配合。此外，选择原料厚度时，还要考虑到轧机的生产能力的提高和热轧原料生产的可能性。从提高冷轧机生产能力着眼，原料薄些好，但这对热轧又不利甚至不可能。故应根据具体情况做出适当的选择。所以实际选择时，坯料最大厚度受咬入能力和设备条件的限制；坯料最小厚度应考虑热轧带钢的供坯能力、成品厚度和组织性能。此外，为便于管理，还需考虑原料的公用性问题。

4.3.2　轧程方案

冷轧带钢的主要特点之一是产生加工硬化，使变形抗力急剧增大而塑性降低。为了能继续进行轧制，必须通过中间热处理，即再结晶退火来降低变形抗力，恢复其塑性。这就带来一个冷轧轧程的确定问题。冷轧轧程的确定主要取决于所轧钢种的软硬特性、坯料与成品的厚度、所采用的冷轧工艺方式和工艺制度以及轧机的能力等因素，并且随着工艺和设备的改进与革新，轧程方案也在不断变化。例如，改用润滑性能更好的工艺润滑剂，或采用直径更小的高硬度工作辊都能减少所需要的轧程数。又如某些牌号的不锈钢，在采用150～200℃的温轧工艺时，变形抗力显著降低。还有近年来发现采用不对称或异步轧制方式冷轧带钢时，可以使轧制压力和加工硬化大为减小，这些都有利于减少轧制道次和轧程。因此，在确定冷轧轧程方案时，除了切实考虑已有的设备与工艺条件外，还应当充分注意研究并挖掘各种提高冷轧效率的手段与可能性，并在确定成品轧程时，与产品的交货状态相匹配。

4.3.3　各道压下量的分配

冷轧各道次或连轧各机架压下量的分配，基本上仍应遵循前述制定轧制规程的一般原则和要求。在第一道次由于后张力太小，而且热轧来料的板形与厚度偏差不均匀，甚至呈现浪形、瓢曲、镰刀弯或楔形断面，致使轧件对中难以保证，给轧制带来一定困难；此外，前几道有时还要受咬入条件的限制。故为了使来料得以均整及使轧制过程稳定，第一道次压下率不宜过大，但也不应过小，并且有的钢种（如硅钢）往往第一道宁可采用大压下量，以防止边部受拉，造成断带。中间各道次（各机架）的压下分配，基本上可以从充分利用轧机能力出发，或按经验资料或能耗法确定各架压下量。最后1～2架（道）为了保证板形及厚度精度，一般按经验采用较小的压下率。但对于连轧机上轧制较薄的规格，例如，镀锡板，则应使最末两架之间的轧件要尽量厚一些，以免由于张力调厚引起断带，这样末架的压下率就可能增大到35%～40%。

（1）冷轧板带时许用的最大咬入角在很大程度上取决于轧制速度、轧辊材质及表面状态、钢种特性及轧制时润滑情况等。冷轧时可由下式求出最大压下量 Δh_{max}：

$$\Delta h_{max} = R \cdot f^2 \tag{4-3}$$

式中　R——工作辊半径，mm；

f——摩擦系数。

冷轧时的摩擦系数与采用的润滑剂品种及轧辊的表面状态有关，一般可按表4-5选择。冷轧时的摩擦系数与轧制速度有关，随着轧制速度的增大，摩擦系数有所降低（见表4-6）。

表4-5　在研磨的轧辊上冷轧钢板时的 f 值

带钢品种	润滑剂	f	带钢品种	润滑剂	f
薄钢带	棕榈油	0.03～0.05	扁钢、钢板	乳化矿物油	0.07～0.10
	乳化棕榈油	0.05～0.065		乳化棕榈油（蓖麻油）	0.06～0.08
	橄榄油	0.055			
	蓖麻油	0.045			
	羊毛脂	0.04			

在研磨的轧辊上平整钢板时，若无润滑，可取 $f=0.12\sim0.15$。轧制速度 $v\geqslant5\mathrm{m/s}$ 时，摩擦系数可按表 4-6 取较小值。轧制有色金属时，摩擦系数比表列数值约大 10% ~20%。

表 4-6 冷轧时 f 值与轧制速度的关系

润滑剂	轧制速度/m · s^{-1}			
	3 以下	10 以下	20 以下	大于 20
乳化液	0.14	0.10 ~0.12	—	—
矿物油	0.10 ~0.12	0.09 ~0.10	0.08	0.06
棕榈油	0.08	0.06	0.05	0.03

（2）经验法确定各道压下量。由分配压下系数进行道次压下量的分配，表 4-7 列出了各种冷连轧压下分配系数 b_i。令轧制中的总压下量为 $\Sigma\Delta h$，则各道的压下量 Δh_i 为

$$\Delta h_i = b_i \sum \Delta h \tag{4-4}$$

表 4-7 各种冷连轧机压下分配系数 b_i 举例

机架数	道次（机架）号				
	压下分配系数 b_i				
	1	2	3	4	5
3	0.5	0.3	0.2		
4	0.4	0.3	0.2	0.1	
5	0.3	0.25	0.25	0.15	0.05

根据现场资料统计，冷连轧机架数量和产品厚度以及轧件延伸率的关系如表 4-8 所列。

表 4-8 机架数量、产品厚度及轧件延伸率的关系

轧机形式	成品带钢厚度/mm	总延伸率/%
可逆式轧机	>1.5	
三机架连轧机	0.7 ~2	1.5 ~5
四机架连轧机	0.4 ~1.25	1.7 ~7.5
五机架连轧机（一般型）	0.25 ~0.5	
五机架连轧机（重型）	0.15 ~0.4	2.0 ~11
六机架连轧机	0.08 ~0.2	~25

4.3.4 张力选择

制定冷轧带钢的轧制规程时，在确定各道（架）的压下制度及相应的速度以后，还必须根据经验分析选定各道（架）的张力制度。这也是冷轧带钢轧制规程的另一个特点。在计算机控制的现代化冷连轧机上，各类产品往往都有事先制定的压下分配系数表及单位张力表，供设定轧制规程之用。

4.3.5 轧制压力的计算

对于冷轧板带钢的轧制压力计算，一般来说，Bland - Ford 公式及其简化形式 R. Hill 公式较符合实际。故计算机控制的现代冷连轧机常用它作为轧制压力模型。但对于手工计算轧制压

力时，此公式却过于复杂，不便计算。而 M. D. Stone 公式由于用图解法确定考虑轧辊弹性压扁后的变形区长度，使计算简化，故常被应用。

斯通公式计算冷轧平均单位压力：

$$\bar{p} = (1.15\sigma_s - \bar{Q})\frac{e^x - 1}{x} \tag{4-5}$$

$$x = \frac{f l'}{\bar{h}}$$

4.3.6　校核

分配好各架压下量，求出各架轧制速度和张力，计算轧制压力和力矩后，便校核设备强度及咬入等工艺限制条件。

电机功率校核可以由计算轧制压力、轧制力矩、静力矩、动力矩等数值与主电机额定力矩进行比较，校核其过载能力和发热能力；也可以利用能耗曲线校核主电机功率，其方法是用所选定的前后张力值代入下式：

$$N_i = A_h v_h [3600\gamma\omega + (Q_h - Q_H) \times 10^3] \tag{4-6}$$

式中　A_h、v_h——轧出带钢的断面积及速度；

γ、ω——钢的密度及该架单位能耗；

Q_h、Q_H——前、后张力。

依此再与其额定功率 N_e 的比值作比较，应使各架负荷较饱满并留有余量。

此外，当各机架电机功率不同时，也可以完全从等电机负荷率出发来初步分配各机架的压下量，即为了使各架有相同的负荷率或相同的余量，可按各架功率大小求出各架的单位能耗（ω_i），即

$$\omega_i = C_i \omega_\Sigma \tag{4-7}$$

$$C_i = \frac{N_{ei}}{\sum N_{ei}}$$

式中　ω_Σ——轧制该种产品的单位总能耗；

$\sum N_{ei}$——各架额定功率的总和；

N_{ei}——第 i 架的额定功率。

得出各架的单位能耗以后，即可按能耗曲线查出各架的轧件出口厚度。

4.3.7　空载辊缝的计算

空载辊缝设定值按弹跳方程进行，这与热连轧带钢的计算相同。

总之，冷轧带钢常用的轧制规程设计步骤是：1）先按经验并考虑到规程设计的一般原则和要求，对各道（架）压下量进行分配；2）按工艺要求并参考经验资料，选定各机架（道）间的速度和单位张力；3）计算各道轧制压力；4）校核设备的负荷及各项限制条件，并作出适当修正。

[例题]　在 1200mm 四辊可逆式冷轧机上用 1.85mm × 1000mm 的原料轧制成 0.38mm × 1000mm 的带钢卷，钢种为 Q215，轧辊直径为 400/1300mm，最大允许轧制压力 18MN，卷取机最大张力 0.1MN，折卷机张力为 34kN，摩擦系数 f 因第一道不喷油，故取 0.08，以后喷乳化液取为 0.05 ~ 0.06。试设计其压下规程。

解：在可逆式轧机上至少要轧制 3 道，故参考经验资料，初步制定压下规程见表 4-9。对

此规程，主要校核计算其轧制压力。

表 4-9 冷轧 0.38mm×1000mm 带钢压下规程

道次号	H /mm	h /mm	Δh /mm	ε /%	轧速 /m·s^{-1}	前张力 /kN	后张力 /kN	$\bar{p}$/MPa	总压力 /kN
1	1.85	1.00	0.85	46	2.0	80	30	810	12200
2	1.00	0.50	0.50	50	5.0	50	80	1120	14100
3	0.50	0.38	0.12	24	3.0	30	50	1400	12300

Q215 钢种的加工硬化曲线如图 4-16 所示。轧制压力计算采用 Stone 公式。

第一道　由退火坯料开始轧制，压下量 $\Delta h=0.85$mm，冷轧总压下率为 46%。求平均累计压下率 $\sum\bar{\varepsilon}$：

$$\sum\bar{\varepsilon}=0.4\varepsilon_0+0.6\varepsilon_1=0.6\times46\%=28\%$$

由图 4-16 查出对应于 $\sum\bar{\varepsilon}=28\%$ 时的 Re 为 490MPa。

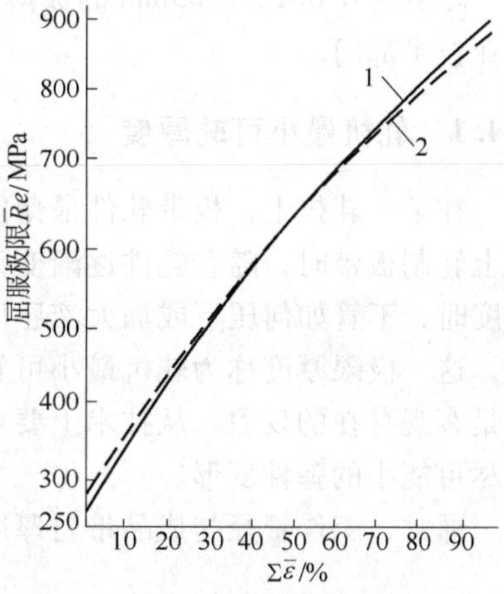

图 4-16　Q215 钢种加工硬化曲线

1—纵向；2—横向

求平均单位张力：

$$Q_h=\frac{80\times10^3}{1000\times1}=80\text{MPa}$$

$$Q_H=\frac{30\times10^3}{1000\times1.85}=16\text{MPa}$$

得：
$$\bar{Q}=\frac{80+16}{2}=48\text{MPa}$$

故

$$1.15\,\overline{Re}-\bar{Q}=1.15\times490-48=515.5\text{MPa}$$

$$l=\sqrt{R\Delta h}=\sqrt{200\times0.85}=13\text{mm}$$

计算
$$f\,l/\bar{h}=\frac{(0.08\times13)\ \times2}{1.85+1}=0.73$$

故
$$(f\,l/\bar{h})^2=0.73^2=0.53$$

计算 Stone 公式相关图、表中的参数 $2af\ (1.15\,\overline{Re}-\bar{Q})\ /\bar{h}$。

$$a=8\ (1-v^2)\ R/\pi E=\frac{8\ (1-0.3^2)}{3.14\times210000}\times200=0.0022$$

则
$$2af\ (1.15\,\overline{Re}-\bar{Q})\ /\bar{h}=\frac{2}{1.43}\times0.0022\times0.08\times515.5=0.137$$

由 Stone 公式的相关图查得　　$x=f\,l/\bar{h}=0.84$

得
$$l=x\,\bar{h}/f=\frac{0.84\times1.43}{0.08}=15.02$$

由 Stone 公式的相关表查得
$$\frac{e^x-1}{x}=1.567$$

故
$$\bar{p}=\ (1.15\,\overline{Re}-\bar{Q})\ \frac{e^x-1}{x}=515.5\times1.567\approx810\text{MPa}$$

总轧制压力　　$P=\bar{p}\cdot B\cdot l=810\times1000\times15.02=12.2\text{MN}$

第二道　入口总压下率为 46%，出口总压下率为 73%；$\Delta h=0.5$mm，平均总压下率为 62%；对应于平均总压下率为 62% 的平均屈服极限为 700MPa。

前张应力 $Q_h=100$MPa，后张应力 $Q_H=80$MPa，故得 $\bar{Q}=90$MPa。

由 $l=\sqrt{R\Delta h}=\sqrt{200\times 0.5}=10\text{mm}$，故 $f\,l/\bar{h}=0.66$，则 $(f\,l/\bar{h})^2=0.44$。

由 $a=0.0022$，$f=0.05$ 及 $\bar{h}=0.75\text{mm}$，可求出 $2af\,(1.15\,\overline{Re}-\overline{Q})\,/\bar{h}=0.21$。

由相关的图查出　$x=\dfrac{f\,l}{\bar{h}}=0.84$，则 $l=12.6\text{mm}$

由相关的表查出　$\dfrac{e^x-1}{x}=1.567$

故得　$\bar{p}=1.567\,(1.15\times 700-90)=1120.4\text{MPa}$

则轧制压力　$P=\bar{p}\cdot l\cdot B=1120.4\times 12.6\times 1000=14.1\text{MN}$

第三道计算类推。计算结果列于表4-9中。由压力分布情况来看，此规程可行。

4.4　极薄带材生产

厚度为0.001~0.05mm的极薄带材大量用于仪器仪表、电子、电讯、精密仪器及电视等工业技术部门。

4.4.1　轧机最小可轧厚度

在某一轧机上，板带轧件最薄能轧到多薄？这是一个生产实际问题。实践表明，在一定轧机上轧制板带时，随着轧件逐渐变薄，变形抗力逐渐增大，压下越来越困难，当厚度薄到某一限度时，不管如何压下或加大液压压下的压力，不管反复轧制多少道次，也不可能再使产品轧薄，这一极限厚度称为轧机最小可轧厚度。轧机最小可轧厚度无论从理论上，还是生产实际上都是客观存在的现象。从技术上要求，轧件应产生尽可能大的塑性变形，而轧辊、机架等应产生尽可能小的弹性变形。

通常，工作辊径与成品带材厚度的比例关系为

$$D\leqslant 1000h$$

根据M. D. Stone的平均单位压力公式及弹性压扁的变形区长度可找出最小可轧厚度 $h_{\min}$ 的定量关系式：

$$h_{\min}=\frac{3.58Df(1.15\sigma_s-\overline{Q})}{E}\qquad(4\text{-}8)$$

或

$$D=\frac{0.28E\cdot h_{\min}}{f\,(1.15\sigma_s-\overline{Q})}\qquad(4\text{-}9)$$

式中　D——工作辊直径，mm；

E——轧辊弹性模量，MPa；

$h_{\min}$——最小可轧厚度，mm；

f——轧辊与带材间的摩擦系数；

σ_s——平均屈服极限，MPa；

$\overline{Q}$——带材平均张应力，MPa。

根据以上分析，要想轧制厚度更薄的带材，显然应从两方面入手，即轧机结构、材质、辊面处理方法和轧制工艺方面。具体的措施有：1）减小工作辊辊径或采用多辊轧机；2）采用高效率的工艺润滑剂，降低摩擦系数；3）适当进行软化热处理，减小金属变形抗力；4）加大张力轧制；5）采用刚度高的轧机，如短应力线轧机、一些高性能轧机等；6）增加轧辊刚性，如采用碳化钨工作辊，其E值约为一般合金锻钢辊的三倍。

4.4.2 极薄带材生产工艺

极薄带材的轧制采用多辊冷轧机进行。其产品主要有冷轧不锈钢、硅钢、精密合金及高温合金等特种合金带材。极薄带材生产工艺有自己的特点，大多由原料准备、冷轧、热处理、精整等几个基本工序组成。几个主要工序简述如下：

(1) 带坯准备。准备机组一般由开卷机、夹送矫直辊、液压剪、张力辊、焊机、圆盘剪、张力辊、卷取机等设备组成。

带坯准备机组的任务是：把几个热轧板卷（5~6t 一卷）拼成 10~20t 的带卷坯，以提高生产率。此外，在带坯的两端还要焊上引带，以提高成材率。这点对高合金钢和精密合金等材料尤为重要。不锈钢、精密合金、高温合金的焊接一般都采用氩弧焊，硅钢板卷采用二氧化碳保护焊接。铬不锈钢的焊缝尚需进行退火，以便消除焊接应力。

(2) 热带退火和酸洗。为了消除热轧残余应力或冷却应力，热带卷需要进行预处理——软化退火，以便为冷轧作好组织准备。一般奥氏体钢通过连续淬火炉，而铁素体和马氏体钢则需在罩式炉内进行退火。热轧硅钢板卷的黑退火或固溶退火也在罩式炉中进行。精密合金带一般不再退火。

热轧板卷表面氧化铁皮可用酸洗（碱洗）和机械方法去除。

(3) 冷轧。冷轧机以多辊轧机为主，以保证极薄厚度的轧出及其精度。冷轧规程一般包括：总（轧程）压下率、道次压下率、前后张力、轧制速度、轧辊的辊型等。拟订冷轧规程的依据是：带材交货标准的各项要求，用户提出的特殊要求，以及设备能力和生产条件等因素。

(4) 冷带退火和酸洗。退火和酸洗主要用来对冷轧（开坯）后的带材进行再结晶退火，以消除加工硬化，并用化学方法去除带材在退火过程中产生的氧化皮。

(5) 光亮退火。光亮退火用于表面要求高的带材中间退火或软状态交货的成品带材退火。退火是在保护气氛或真空中进行的，保护气氛一般均采用纯氢或分解氮（75% H_2 +25% N_2）。处理硅钢时，中间退火除了进行再结晶外，还要进行脱碳，所以采用湿氢气氛，露点 +（30~50）℃。而硅钢的高温退火则是在干的保护气氛中进行的。

(6) 修磨抛光。经过酸洗后的板卷为了去除表面缺陷，需用由粗到细不同磨料粒度的砂布进行全部或局部、一面或两面修磨。不锈钢中的铬不锈钢带大部分都需修磨；镍铬不锈钢带约一半需修磨；精密合金钢带大部分都要修磨；硅钢带则不用修磨。此外，成品带（板）材需抛光交货的，也需在磨光线上进行研磨抛光。

(7) 平整。平整变形量为1%~2%。对软态成品采用的平整变形量小，可改善带材表面光洁度，并可消除屈服平台。平整机一般为二辊或四辊式轧机。

5 板带钢轧制中的厚度控制

板带材的高精确度主要是指厚度（纵向和横向）的精确度。既然板带材是在轧辊辊缝中轧出来的，辊缝的大小和形状决定了板带材纵向和横向厚度的变化（后者又影响到板形），那么要提高产品的厚度精度，就必须研究轧辊辊缝大小和形状变化的规律。本章研究的是轧辊辊缝大小的规律和轧制中的轧件纵向厚度控制。

5.1 厚度波动的原因

5.1.1 *P*–*h* 图的建立与运用

5.1.1.1 *P*–*h* 图

板带材轧制过程既是轧件产生塑性变形的过程，又是轧机产生弹性变形（即所谓弹跳）的过程，两者同时发生。由于轧机的弹跳，使轧出的带材厚度（h）等于轧辊的理论空载辊缝（S'_0）再加上轧机的弹跳值。按照虎克定律，轧机弹性变形与应力成正比，故弹跳值应为 P/K_m，此时

$$h = S'_0 + P/K_m \tag{5-1}$$

式中 P——轧制力；

K_m——轧机的刚度，即单位弹跳所需轧制力的大小。

式（5-1）称为轧机的弹跳方程，据此绘成的曲线称为轧机弹性变形曲线（见图 5-1 曲线 A），它近似一条直线，其斜率就是轧机的刚度，以刚度系数衡量轧机刚度的大小。刚度系数实际上反映了轧机抵抗弹性变形的能力，其表达式为：

$$K_m = \frac{\Delta P}{\Delta S} = \tan\alpha \tag{5-2}$$

式中 ΔP——轧制力增量；

ΔS——辊缝增量；

α——曲线 A 的斜率。

刚度系数大，表明轧机的刚性好，即在同样的受力条件下，轧机产生的弹性变形量（弹跳值）小。实际上在压力较小时，弹跳和压力的关系并非线性，且压力愈小，所引起的变形也愈难精确确定，亦即辊缝的实际零位很难确定。为了消除这一非线性区段的影响，实际操作中可将轧辊预先压靠到一定程度，即压到一定的压力 P_0，然后将此时的辊缝指示定为零位，这就是所谓“零位调整”。以后即以此零位为基础进行压下调整。由图 5-1 可以得出：

$$h = S_0 + \frac{P - P_0}{K_m} \tag{5-3}$$

式中 S_0——考虑预压变形后的空载辊缝。

另外，给轧件以一定的压下量（$h_0 - h$），就产生一定的压力（P），当来料厚度（h_0）一定，h 越小即压下量越大，则轧制压力也越大。通过实测或计算可以求出对应于一定 h 值（即 Δh 值）的 P 值，在图 5-1 上绘成曲线，称为轧件塑性变形曲线（见图 5-1 曲线 B）。塑性变形曲线 B 实际是条曲线，为便于研究，其主体部分可近似简化成直线，此时的轧件塑性曲线斜

率为轧件的塑性刚度系数 M，M 表示使轧件产生单位压下量所需的轧制压力值，M 的大小反映轧件的软硬程度，即变形的难易程度，其表达式为：

$$M = \frac{\Delta P}{\Delta h} = \tan\beta \tag{5-4}$$

式中　Δh ——轧件厚度的增量；

　　　β ——曲线 B 的斜率。

为了直观地分析轧制过程中轧件和轧辊间相互作用的力和变形的关系，以轧制压力 P 为纵坐标，轧件厚度 h 为横坐标，将弹性曲线 A 和塑性曲线 B 绘制在同一坐标系内，这就是弹塑性曲线，记为 $P-h$ 图，如图 5-1 所示。B 线与 A 线交点称为工作点，该点的坐标便决定了轧制力 P 与轧件出口厚度 h 的值。

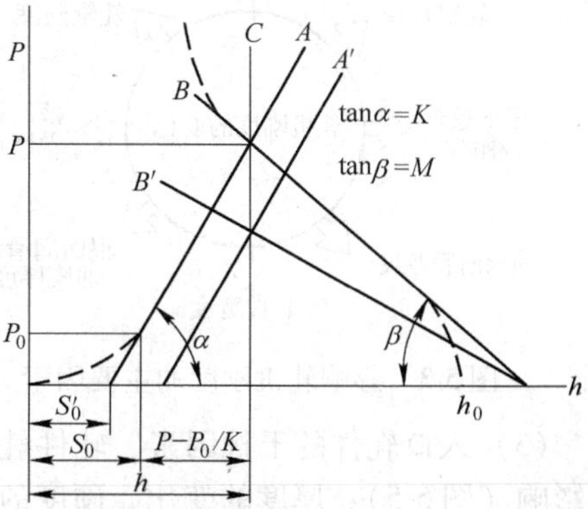

图 5-1　$P-h$ 图

5.1.1.2　$P-h$ 图的应用

由 $P-h$ 图可以看出，如果 B 线发生变化（变为 B'），则为了保持厚度 h 不变，就必须移动压下螺丝或采用其他方法，使 A 线移至 A'，使 A' 与 B' 的交点的横坐标不变，亦即须使 A 线与 B 线的交点始终落在一条垂直线 C 上，这条垂线 C 称为等厚轧制线。因此，板带厚度控制实质就是不管轧制条件如何变化，总要使 A 线与 B 线交到 C 线上，这样就可得到恒定厚度（高精度）的板带材。由此可见，$P-h$ 图的运用是板带材厚度控制的基础。除此之外，$P-h$ 图还可运用于分析各种轧制工艺条件、轧机刚度对轧件厚度的影响，并可作为对轧机辊缝预设定的工具。基于 $P-h$ 图的分析方法的实质是利用求取轧机弹性变形曲线和轧件塑性变形曲线交点的几何方法，或对轧机弹跳方程和轧件塑性方程联立求解，以确定各种参数变化时的工作点定性的变化规律及有关变量之间近似的定量关系。所以利用 $P-h$ 图，可以定性地、定量地、直观地分析各种厚控方法，这种分析对轧机 AGC 系统和计算机控制系统都是十分重要的。

5.1.2　轧制中影响轧件厚度的因素

在轧制中影响轧件厚度的因素体现在以下几个方面：轧机的机械及液压装置、轧机的控制系统、入口轧件厚度和轧件性能等。下面将对这些因素进行细致的分类并加以描述。

（1）轧机机械及液压装置的干扰因素。轧机液压装置本身的缺陷及某个参数的变化将会使轧机的刚度及空载荷下的辊缝产生一些不希望的变化。而这种空载荷下的辊缝变化通常是以下因素作用的结果（图 5-2）：轧辊偏心、轧辊的椭圆度、轧辊磨损、轧辊的热胀冷缩、轧辊平衡力的波动、轧机的振动、辊缝润滑剂膜层厚度的变化。

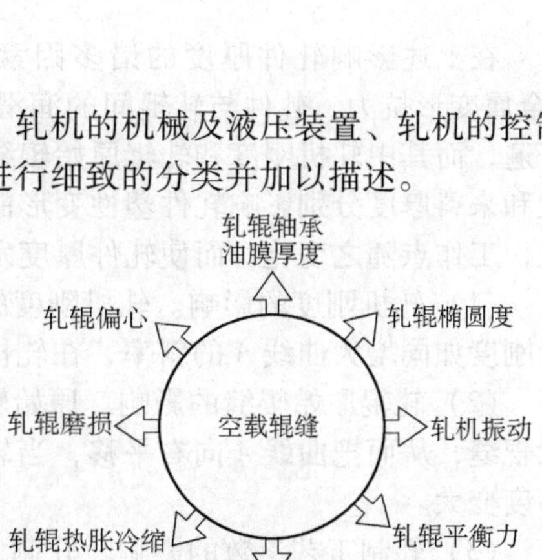

图 5-2　影响空载辊缝的主要因素

当轧机开始承受载荷时，那些传递载荷的轧机构件将发生挠曲和变形，从而使辊缝产生额外的变化，其变化程度的大小将取决于轧机结构刚度的大小。而刚度可以表述成下列参数的函数（图 5-3）：轧辊直径、轧辊凸度、轧辊压扁、压下螺丝及附件、液压缸及附件、轴承油膜的厚度、辊缝润滑剂膜层厚度、轧件宽度。

（2）轧机控制系统的干扰因素。轧机控制系统的干扰因素主要是由下列控制系统本身不完善引起的（图 5-4）：轧制速度的控制、辊缝的控制、轧制力的控制、弯辊的控制、轧辊平衡的控制、轧辊的冷却及润滑控制、带钢张力的控制、厚度监控器的控制。

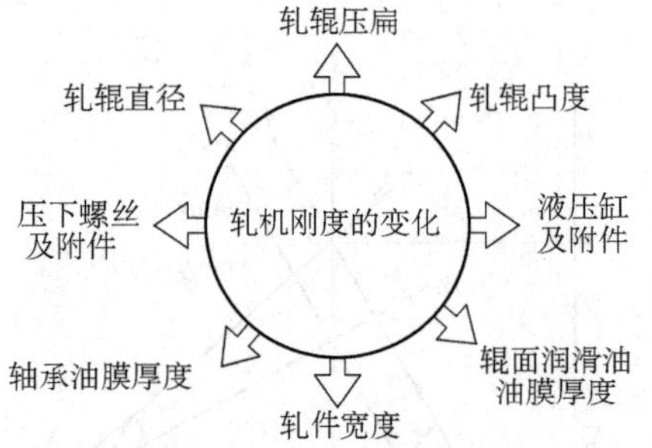

图 5-3　影响轧机刚度的主要因素

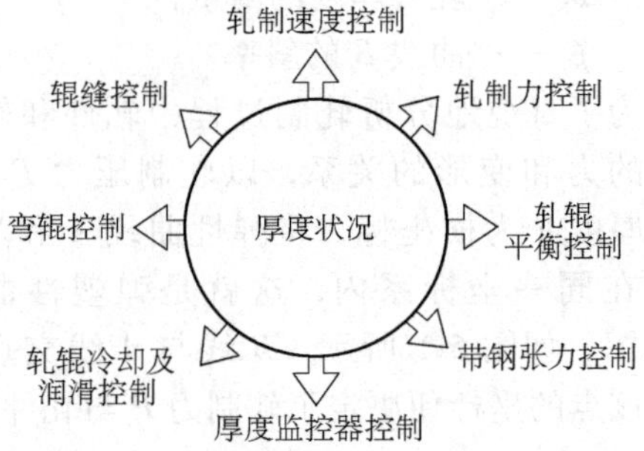

图 5-4　对轧件厚度有影响的轧机控制系统

（3）入口轧件的干扰因素。轧件轧制时的厚度受到入口轧件在以下几何形状等方面变化的影响（图 5-5）：厚度的变化、硬度的变化、宽度的变化、断面的变化、平直度的变化。

（4）轧件性能的干扰因素。轧件轧制时的厚度受到轧件性能在以下方面变化的影响（图 5-6）：轧制温度、加工硬化程度、轧件成分和组织性能等。

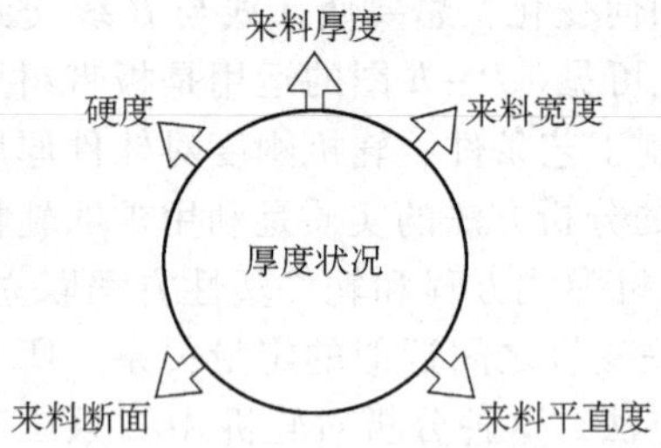

图 5-5　影响轧件厚度的来料参数

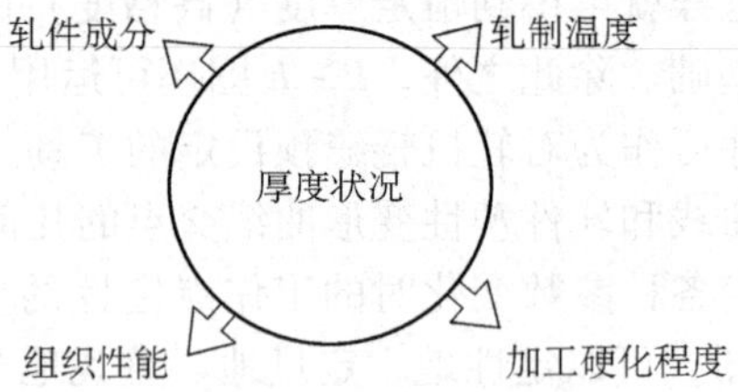

图 5- 6　影响轧件厚度的性能参数

在上述影响轧件厚度的诸多因素中，尤其以轧机刚度、轧辊原始辊缝、轧制工艺参数（金属变形抗力、轧件与轧辊间的润滑条件、张力、轧制速度及温度）、来料厚度的影响最为普遍，而其中轧机刚度和轧辊原始辊缝分别影响轧机弹性变形曲线的斜率和位置，轧制工艺参数和来料厚度分别影响轧件塑性变形曲线的斜率和位置。在轧制过程中，这些因素一旦发生变化，工作点随之变化，而使轧件厚度发生波动。利用 $P-h$ 图分析如下：

（1）轧机刚度的影响。轧机刚度的变化相当于曲线 A 的斜率发生变化（图 5-7a）。增大轧机刚度如同增大曲线 A 的斜率，在轧机达到新的平衡点时轧制力增大，而轧件出口厚度减小。

（2）轧辊原始辊缝的影响。原始辊缝的变化相当于曲线 A 的位置发生变化（图 5-7b）。增大辊缝，从而把曲线 A 向右平移，当轧机达到一个新的平衡点时，轧制力降低，同时轧件出口厚度变大。

（3）轧制工艺参数的影响。轧制工艺参数的影响实际上影响的是曲线 B 的斜率，即影响塑性系数的影响（图 5-7c）。凡是增大 β 角的所有因素，都使轧件出口厚度变大。金属变形抗力增大、轧件与轧辊间的摩擦增大、张力减小、轧制温度降低、轧制速度减小都将使轧件出口厚度变大。而其中轧制温度是通过影响变形抗力来影响轧件轧出厚度的，而轧制速度则是通过影响摩擦系数和变形抗力，乃至影响轴承油膜厚度来改变轧制压力而起作用的。速度变化一般对冷轧变形抗力影响不大，而显著影响热轧时的抗力；对冷轧时摩擦系数的影响十分显著，而对热轧则影响较小。故对冷轧生产速度变化的影响特别重要。此外速度增大则油膜增厚，致使压下量增大并使带钢变薄。

（4）来料厚度的影响。来料厚度的影响相当于曲线 B 的位置发生变化（图 5-7d）。增大来料厚度，从而把曲线 B 向右平移，当轧机达到新的平衡点时，轧制力上升，同时也导致轧件的出口厚度增大。

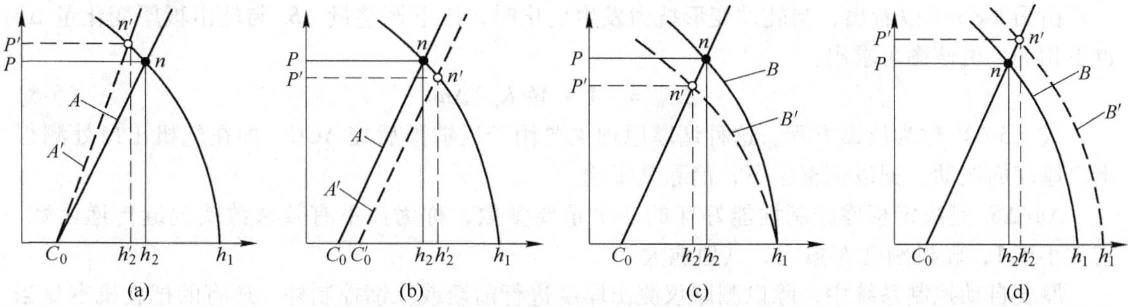

图 5-7　各种因素对板厚的影响

（a）轧机刚度的影响；（b）原始辊缝的影响；（c）轧件塑性系数的影响；
（d）轧件来料厚度的影响

5.2　厚度自动控制的工艺基础

5.2.1　板带材厚度控制方法

在实际生产中为提高板带材的厚度精度，采用了各种厚度控制方法。

5.2.1.1　调压下

调压下是厚度控制最主要和最基本的方式，常用以消除轧件和工艺方面变化而影响轧制压力的变化所造成的厚度差。图 5-8a 为板坯厚度发生变化，从 h_0 变到（$h_0-\Delta h_0$），轧件塑性变形线的位置从 B_1 平行移动到 B_2，与轧机弹性变形曲线交于 C 点，此时轧出的板厚为 h'_1，与要求的板厚 h 有一厚度偏差 Δh。为消除此偏差，相应地调整压下位置，使辊缝从 S_0 变到（$S_0+\Delta S_0$），亦即使轧机弹性曲线从 A_1 平行移到 A_2，并与 B_2 重新交到等厚轧制线上的 E' 点，使板厚恢复到 h。

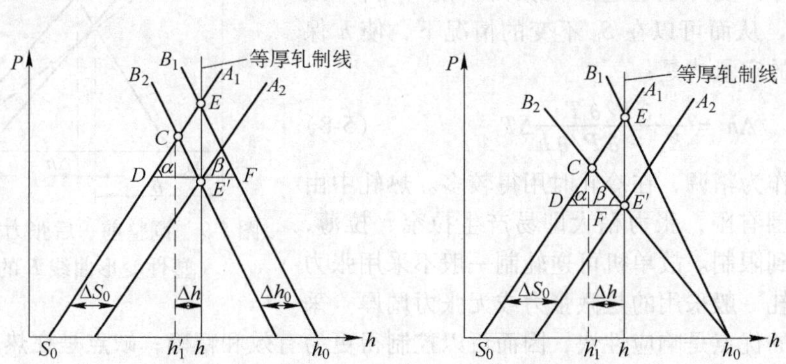

图 5-8　调整压下改变辊缝控制板厚原理图

（a）板坯厚度变化时；（b）张力、速度、变形抗力及摩擦系数变化时

图 5-8b 是由于张力、轧制速度、轧制温度及摩擦系数等的变化而引起轧件塑性曲线斜率

发生改变的，同样用调整压下的办法使两条曲线重新交到等厚轧制线上，保持板厚不变。

由图 5-8a 可以看出，压下的调整量 ΔS_0 与料厚的变化量 Δh_0 并不相等，由该图可以求出：

$$\Delta S_0 = \Delta h_0 \tan\beta / \tan\alpha = \Delta h_0 M / K_m \tag{5-5}$$

式（5-5）称为预控方程。该式说明，当来料厚度波动 Δh 时，压下必须调 $\Delta h_0 M/K$ 的压下量才能消除产品的厚度偏差。这种调厚原理主要用于前馈即预控 AGC，即在轧机入口处预测来料厚度的波动，据以调整压下，消除其影响。

由图 5-8b 可以看出，当轧件变形抗力发生变化时，压下调整量 ΔS_0 与轧出板厚变化量 Δh 也不相等，由该图可求出：

$$\Delta S_0 = (1 + M/K_m)\Delta h \tag{5-6}$$

式（5-6）称为反馈方程。这种调厚原理主要用于反馈即后控 AGC，即在轧机出口处测得出口厚度的波动，据以调整压下，消除其影响。

$\Delta h/\Delta S_0$ 是决定板厚控制性能好坏的一个重要参数，称为压下有效系数或辊缝传递函数，它常小于 1，轧机刚度 K 愈大，其值愈大。

厚度自动控制系统中，除以测厚仪测出厚度进行前馈或反馈控制外，还有的把轧机本身当作间接测厚装置，通过所测得的轧制力计算出板带厚度来进行厚度控制的，这就是所谓的轧制力 AGC 或厚度计 AGC。其原理就是为了厚度的自动调节，必须在轧制力 P 发生变化时，能自动快速调整压下（辊缝）。可由 $P-h$ 图求出压力 P 的变化量（ΔP）与压下调整量 ΔS_0 之间的关系式为：

$$\Delta S_0 = -\frac{1}{K_m}\left(1 + \frac{M}{K_m}\right)\Delta P \tag{5-7}$$

由于 P 增加，S_0 减小，即 ΔP 为正时，ΔS_0 为负，故符号相反。

由图 5-8 及式（5-6）可以看出，如果轧件变形抗力很大，即 M 很大，而轧机刚度 K 又不大时，则通过调压下来调厚的效率就很低。因此，对于冷连轧薄钢板的最后几机架，为了消除厚差，调压下就不如调张力效率高，响应快。此外调压下对于轧辊偏心等高频变化量也无能为力。

5.2.1.2 调张力

调张力是利用前后张力的变化来改变轧件塑性变形线 B 的斜率以控制厚度（图 5-9）。例如，当来料有厚差而产生 ΔH 时，便可以通过加大张力，使 B_2 斜率改变（变为 B'_2），从而可以在 S_0 不变的情况下，使 h 保持不变，调整的定量式是：

$$\Delta h = \frac{\partial P/\partial T}{K_m - \partial P/\partial h}\Delta T \tag{5-8}$$

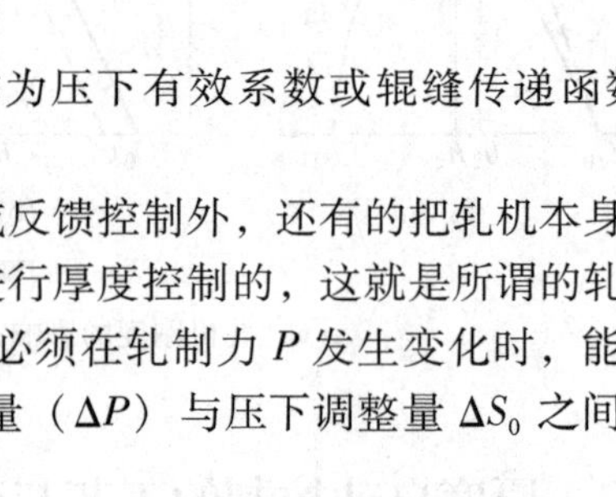

图 5-9 调整前、后张力来改变轧件塑性变形曲线 B 的斜率

这种方法作为精调，在冷轧时用得较多。热轧中由于张力变化范围有限，张力稍大即易产生拉窄、拉薄，使控制效果受到限制。故单机可逆轧制一般不采用张力调厚，而热连轧一般采用的是微张力或无张力调厚。采用张力厚控法的优点是响应性快，因而可以控制得更为有效和精确；缺点是在热轧带钢和冷轧较薄的品种时，为防止拉窄和拉断，张力的变化不能过大。因此，目前即使在冷轧时的厚度控制上往往也并不倾向于单独应用此法，而采用调压下与调张力相互配合的联合方法。

5.2.1.3 调速度

轧制速度的变化影响到张力、温度和摩擦系数等因素的变化。故可以通过调速来调张力和温度，从而改变厚度。例如，近年来新建的热连轧机，都采用了“加速轧制”与 AGC 相配合的方法。加速轧制的目的是为了减小带坯进入精轧机组的首尾温度差，保证终轧温度的一致，从而减小了因首尾温度差所造成的厚度差。

依实际轧制情况的不同，可采用各种不同的厚度控制方案。在实际生产中为了达到精确控制厚度的目的，往往是将多种厚控方法有机地结合起来使用，才能取得更良好的效果。其中最主要、最基本、最常用的还是调压下的厚度控制方法。特别是采用液压压下，大大提高响应性，具有很多优点。近年来广泛地应用带有“随动系统”（采用伺服阀系统）的轧辊位置可控的新液压压下装置，利用反馈控制的原理实现液压自动调厚。值得指出的是近年发展的电气反馈液压压下系统，除具有上述定位和调厚的功能以外，还可通过电气控制系统常数的调整来达到任意“改变轧机刚度”的目的，从而可以实现“恒辊缝控制”，即在轧制中保持实际辊缝值 S 不变，也就保证了实际轧出厚度不变。这种厚控方法在冷轧带钢中，由于轧辊偏心运转对厚差影响较大，不能忽视。因此为了消除这种高频变化的厚度波动，必须采用这种液压厚控系统。

5.2.2 厚度自动控制的基本形式及控制原理

厚度自动控制是通过测厚仪或传感器（如辊缝仪、压头等）对带钢实际厚度进行连续地测量，并根据实测值与给定值相比较后的偏差信号，借助于控制回路、控制装置或计算机的功能程序，改变压下位置、轧制压力、张力、轧制速度或金属秒流量等，把厚度控制在允许偏差范围之内的方法。将轧件的厚度自动控制在一定尺寸范围内的系统称为厚度自动控制系统，简称为 AGC。AGC 应由下列三部分组成：

（1）检测部分。厚度控制系统能否精确地进行控制，首先取决于一次信号的检测。AGC 系统的检测设备是测厚仪或传感器（如辊缝仪、压头等）。测厚仪可直接测出轧件厚度，对热连轧来说，测厚仪可以是 X 射线、γ 射线、同位素或光学的非接触式测厚仪，而冷连轧除采用非接触式测厚仪之外，在较低速度情况下还可以采用接触式测厚仪。

（2）厚度自动控制装置。它是整个厚度自动控制系统的核心部分，其作用是将检测设备所获取的信号，进行放大或经计算机的功能程序处理，然后输出控制调节信号。

（3）执行机构。根据控制信号对带钢厚度直接进行控制。例如，通过压下电动机或液压装置调整压下位置或通过主电动机改变轧制速度，调节带钢的张力，来实现厚度的控制。

厚度自动控制系统的分类方法很多，根据轧制过程中控制信息流动和作用情况不同可分为：反馈式、前馈式、监控式、张力式、金属秒流量式等；按执行机构可分为：电动 AGC 和液压 AGC；把轧机机架和轧辊本身当作间接测厚装置，可称为轧制压力 AGC（或称厚度计式 AGC）按其设定方式和轧机压下效率补偿环节不同可以分为：轧制压力 AGC、厚度计式 AGC、相对值 AGC 和绝对值 AGC 等。此外根据轧制过程中带钢承受作用的不同，还有各种补偿的厚度控制系统，如速度补偿控制、宽度补偿控制、支承辊偏心补偿控制、油膜厚度补偿控制、带钢尾部补偿控制等控制系统。分述如下：

5.2.2.1 反馈式 AGC

反馈式 AGC 的控制系统见图 5-10。带钢从轧机中轧出之后，通过测厚仪测出实际轧出厚度 h_{FAC} 并与给定厚度值 h_{REF} 相比较，得到轧出厚度偏差 $\Delta h = h_{REF} - h_{FAC}$，当二者数值相等时，厚度差运算器的输出为零，即 $\Delta h = 0$。若实测厚度值与给定厚度值相比较出现厚度偏差 Δh 时，便将它反馈给厚度自动控制装置，变换为辊缝调节量的控制信号，输出给压下系统按式（5-6）作相应的调节，以消除此厚度偏差。

用测厚仪进行厚度控制时，由于考虑到轧机结构的限制、测厚仪的维护，以及为了防止带钢断带而损坏测厚仪，测厚仪一般装设在离直接产生厚度变化的辊缝较远的地方，就1700mm 热连轧轧机而言，它与工作辊中心线的间距约为750～1750mm。因检出的厚度变化量与辊缝的控制量不是在同一时间内发生的，所以实际轧出厚度的波动不能得到及时的反映，结果使整个厚度控制系统的操作都有一定的时间滞后τ，用下式表示

$$\tau = \frac{L_{ap}}{v} \tag{5-9}$$

式中 τ——滞后时间；

v——轧制速度；

L_{ap}——轧辊中心线到测厚仪的距离。

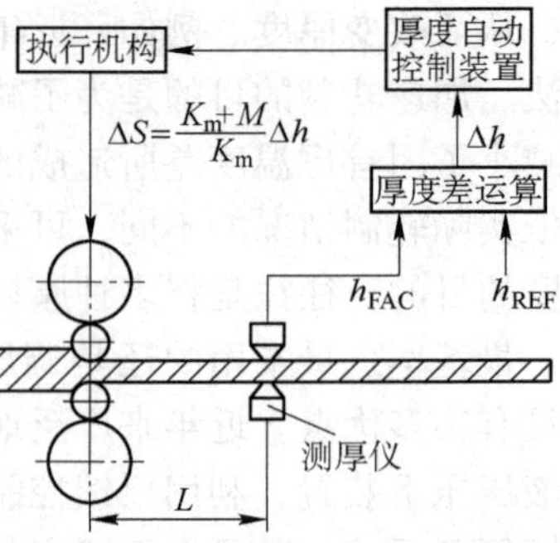

图5-10 反馈式厚度自动控制系统

h_{FAC}—实测厚度；h_{REF}—给定厚度

为了防止厚度控制过程中的此种传递时间滞后，因而采用厚度计式或前馈式厚度自动控制系统。

5.2.2.2 轧制力 AGC（P－AGC）

在实际轧制过程中，由于轧机负荷辊缝的实时直接测量至今尚未得到解决，因此都是通过检测轧制压力和辊缝位置信号，再根据轧机弹跳方程间接获得轧件厚度来实现厚度控制。P－AGC 是利用轧机机架的弹跳方程计算得到板厚，它相当于运用机架作为厚度计（Gauge meter），无滞后时间测得厚度，所以又称它为“厚度计法”，其厚度控制系统被称为厚度计法厚度控制系统，简称为 GM－AGC。

P－AGC 实质上是一种模型控制方法，其理论基础是轧机弹跳方程，即由轧机弹跳方程可得到其控制模型如下：

$$\Delta S = -\Delta P / K_m \tag{5-10}$$

P－AGC 的系统主要由压力反馈回路和位置反馈回路组成如图5-11 所示。在压力反馈回路中包括测力传感器、压力和位置转换器等装置；在位置反馈回路中包括位置传感器等装置。实际的辊缝值由辊缝仪检测，实际的轧制压力由测力传感器检测，计算后得到压力偏差ΔP，用弹跳方程计算出实际轧出厚度，再经 AGC 运算得到消除厚差Δh所需的辊缝调节量ΔS，通过自动位置控制 APC，调节辊缝来消除此厚度偏差。

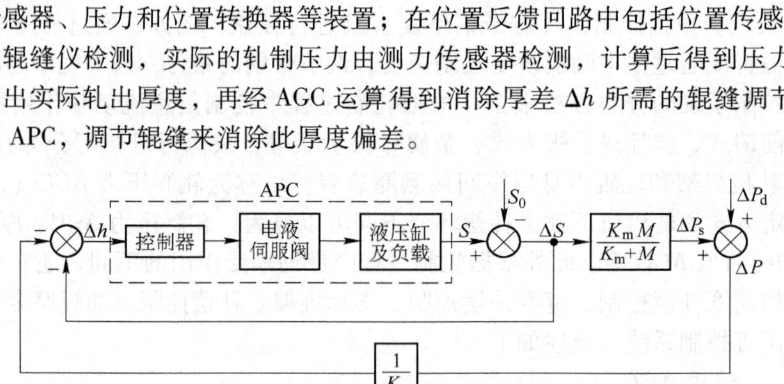

图5-11 厚度自动控制系统框图

APC—压下位置自动控制系统；ΔS—辊缝调节量；ΔP_s—调节辊缝引起的压力变化量；ΔP_d—压力扰动量；K_m—轧机刚度系数；M—轧件塑性系数

提高轧制力 AGC 厚度控制精度有两个难点：一是轧机弹跳量与轧制力是非线性关系，特

别是在小轧制力段，更为明显，这是由于轧机各部分零件以及轴承之间存在间隙和接触变形所致；二是位置检测仪对某些原因造成的实际辊缝变化检测不到，如轧辊热凸度变化、轧辊磨损、油膜轴承的油膜厚度、轧辊偏心等，从而产生厚控偏差。同时，由于位置控制系统 APC 与厚度控制系统 AGC 构成内外双闭环系统，AGC 模型形式会直接影响控制系统的响应特性，所以对轧制力 AGC 模型来说，其系统的动态响应特性也是非常重要的衡量指标，理想的轧制力 AGC 系统应具有与 APC 系统同样的动态响应特性，但是实际上也不容易做到完全一致。

5.2.2.3 前馈式 AGC

不论用反馈式 AGC 还是用“厚度计” AGC 系统，都避免不了控制上的传递滞后或过渡过程滞后，因而限制了控制精度的进一步提高。特别是当来料厚度波动较大时，更会影响带钢的实际轧出厚度的精度。为了克服此缺点，在现代化的冷热连轧机上都广泛采用前馈式厚度自动控制系统，简称前馈式 AGC，以控制来料厚度的波动。

前馈式 AGC 不是根据本机架（即 F_i 机架）实际轧出厚度的偏差值来进行厚度控制，而是在轧制过程尚未进行之前，预先测定出来料厚度偏差 ΔH，并往前馈送给下一机架（即 F_i 机架），在预定时间内提前调整压下机构，以便保证获得所要求的轧出厚度 h，如图 5-12 所示。正由于它是往前馈送信号，来实现厚度自动控制，所以称为前馈 AGC 或称为预控 AGC。

它的控制原理就是用测厚仪或以前一机架作为“厚度计”（连轧时，图 5-13），在带钢未进入本机架之前测量出其入口厚度 H_i，并与给定厚度值 H_0 相比较，当有厚度偏差 ΔH 时，便预先估计出可能产生的轧出厚度偏差 Δh，从而以式（5-6）确定为消除此 Δh 值所需的辊缝调节量 ΔS，然后根据该检测点进入本机架的时间和移动 ΔS 所需的时间，提前对本机架进行厚度控制，使得厚度的控制点正好就是 ΔH 的检测点。

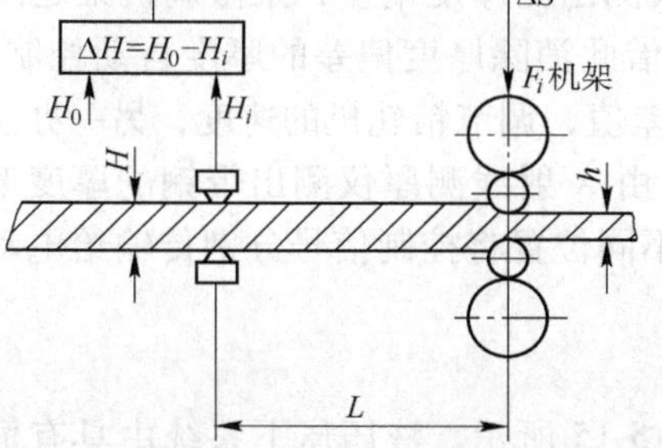

图 5-12 前馈式厚度自动控制系统示意图

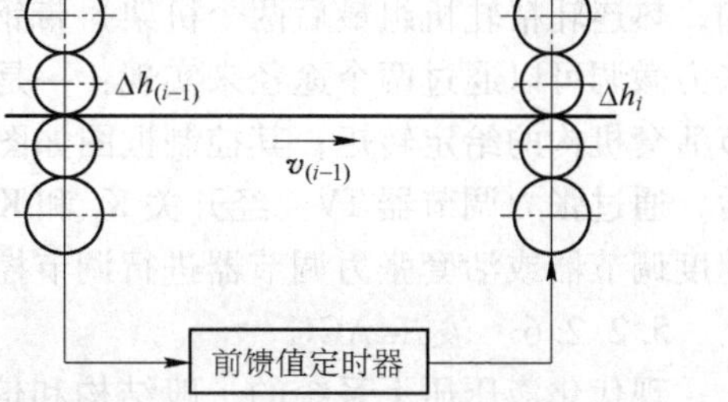

图 5-13 前馈控制过程示意图

由于前馈式厚度控制是属于开环控制系统，因此，一般是将前馈式与反馈式厚度控制系统结合使用为佳。

5.2.2.4 监控式 AGC

以轧机弹跳方程为基础的 AGC 系统，受到轧辊磨损、轧辊热膨胀、轴承间隙变化、轧辊不圆等因素的影响，会产生原理性误操作现象使测量精度下降，为提高厚度控制精度而需进行相应的修正或校准，即通常在轧机（或机组）之后，设置一台高精度的 X 射线测厚仪，检测带钢的实际厚度与规格值的偏差，并周期地核对和修正轧制压力 AGC 系统。所以 X 射线测厚仪的监视控制是任何成功的厚度自动控制的一个重要组成部分，可改善反馈控制和前馈控制的控制精度。

监控式厚度自动控制系统的工作原理就是用 X 射线测厚仪所测的厚度实测值与设定值进

行比较，利用测得的厚度偏差 Δh_X，按照金属秒流量相等的原则推算出各个机架的轧出厚度偏差，然后作适当的压下调节或张力调节，对各机架的 AGC 系统进行监控修正，来控制成品带钢的厚度，提高其厚控精度。

根据金属秒流量相等的原理，则连轧精轧机组各机架的出口厚度偏差为：

$$\Delta h_i = \frac{v_7}{v_i}\Delta h_X \tag{5-11}$$

式中　Δh_i——第 i 机架的出口厚度偏差；

Δh_X——X 射线测厚仪测得的厚度偏差；

v_i、v_7——第 i 机架和第末机架的轧制速度。

每个机架 X 射线测厚仪的监控值为：

$$MN_n = MN_{n-1} + K_X \cdot \Delta h_X \tag{5-12}$$

式中　MN_{n-1}——$n-1$ 时刻（前次）的积分监视值；

MN_n——n 时刻（本次）的积分监视值；

K_X——X 射线测厚仪监视积分增益。

在轧制过程中，对各种形式的轧制压力 AGC、张力微调 AGC 以及液压 AGC 等均可采用监控，可以进一步提高其厚控精度，并且测厚仪监视控制是对每个钢卷进行的，当该带钢尾部离开机架时即清除其监视值。

5.2.2.5　张力式 AGC

张力的变化可以显著改变轧制压力，从而能改变轧出厚度。改变张力与改变压下位置控制厚度相比，前者惯性小反应快并易于稳定。在成品机架，由于轧件的塑性刚度 M 很大，靠调节辊缝进行厚度控制，效果往往很差，为了进一步提高成品带钢的精度，所以常采用张力 AGC 进行厚度微调。

张力 AGC 就是根据精轧机组出口侧 X 射线测厚仪测出的厚度偏差，来微调机架之间（例如，热连轧精轧机组最后两个机架）带钢上的张力，借此消除厚度偏差的厚度自动控制系统。张力微调可以通过两个途径来实现：一是根据厚度偏差值，调节精轧机的速度；另一办法是调节活套机构的给定转矩；其控制框图如图 5-14 所示。由 X 射线测厚仪测出带钢的厚度偏差之后，通过张力调节器 TV，经开关 K_1 和 K_3，依 K_3 的不同位置将控制信号分别传输给电动机的速度调节器或活套张力调节器进行调节控制。

5.2.2.6　液压 AGC

现代化液压压下系统的一般结构和信号流程如图 5-15 所示。液压压下系统由具有伺服阀的定位控制电路组成。伺服阀既是定位器，又是对实际压下位置进行反馈的位置传感器。被加速的物质是液压缸内的油。500mm/s² 以上的加速度是通过液压缸内的工作压力和蓄势器压力之间的压力差来实现的。压下位置的测量是直接在液压缸上进行，这样，滞后现象便被消除掉了。伺服放大器用于确定实际位置与目标位置（给定位置）的偏差，然后将此偏差信号直接送给伺服阀的功率放大器，经伺服阀去调节流入液压缸的油量，使之增加或减少，以便实现压下位置的改变。

液压 AGC 就是借助于轧机的液压系统，通过液压伺服阀调节液压缸的油量和压力来控制轧辊的位置，对带钢进行厚度自动控制的系统。在现代化的液压轧机上，都广泛采用位置传感器来检测辊缝位置的变化（图 5-16）。轧辊位置传感器 6 装设在机架窗口的内侧，用于检测下支承辊轴承座上表面的位置，以轧机的中心为基准，在支持辊轴承座上表面左右两个地方检测其位置的变化量，然后将此二处的位置检测信号送入控制装置 9，并计算其平均值，作为下支

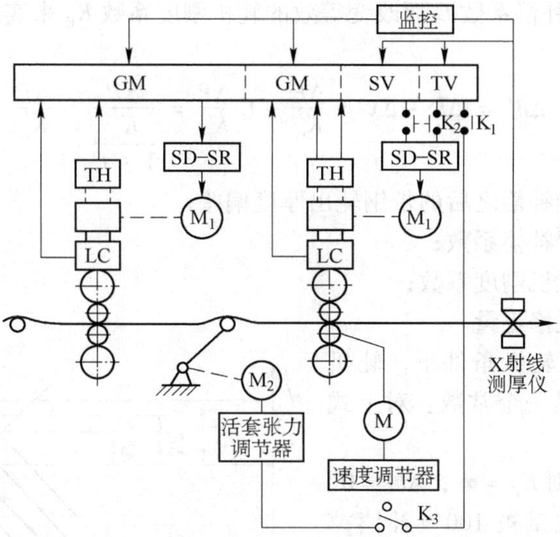

图 5-14　张力 AGC 控制框图

GM—厚度计控制；TV—张力微调控制器；SV—压下微调控制；
TH—顶螺帽丝位置传感器；LC—压头；SD－SR—压下螺丝
速度调节器；M—主电动机；M_1—压下电动机；M_2—活套支持器的电动机

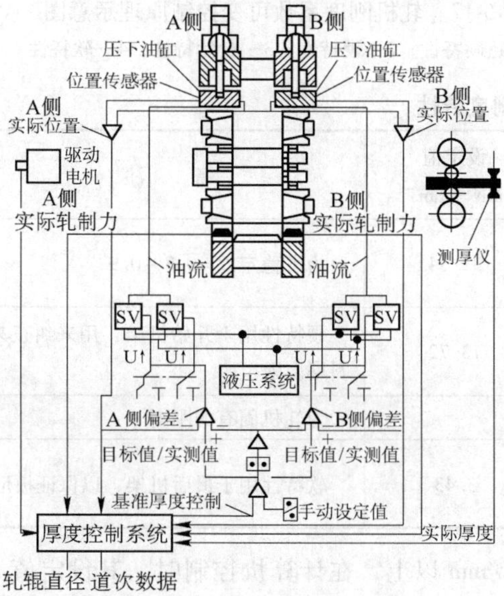

图 5-15　液压厚度控制系统

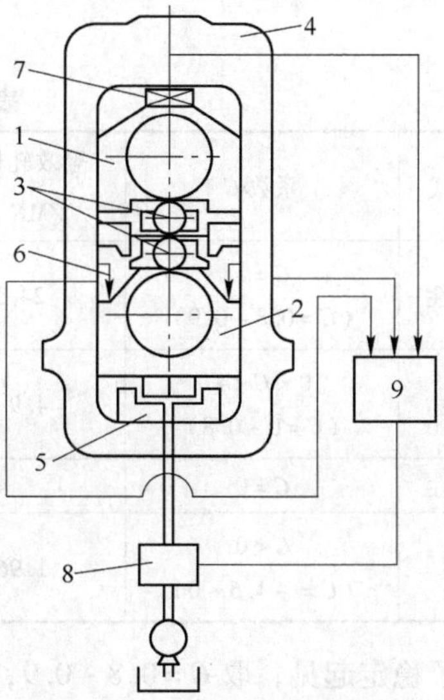

图 5-16　具有位置传感器的液压压下系统

1—上支承辊轴承座；2—下支承辊轴承座；3—上下工作辊；
4—机架；5—油缸；6—位置传感器；7—压头；
8—伺服阀；9—控制装置

持辊的位置，再与压头 7 检测出的弹跳量的信号进行比较运算，然后根据此运算结果通过伺服阀 8 来调节油缸 5 的油量和压力对厚度实现控制。

液压 AGC 是按照轧机刚性可变控制的原理来实现厚度的控制。所谓轧机刚度可变控制，实质就是改变轧辊位置补偿系数 C 而改变等效的轧机刚度系数 K_E 来实现厚度自动控制的。

控制定量关系：

$$\Delta h' = \Delta h - \Delta x = \frac{\Delta P}{K_m} - C\frac{\Delta P}{K_m} = \frac{\Delta P}{\frac{K_m}{1-C}} = \frac{\Delta P}{K_E}$$

式中 $\Delta h'$——轧辊位置补偿之后的带钢轧出厚度偏差；

C ——轧辊位置补偿系数；

K_E ——等效的轧机刚度系数；

Δx ——轧辊位置修正量。

在某一特定结构的轧机条件下，轧机所固有的刚度系数 K_m 是一个常数。对上式可作如下分析：

（1）当 $C=1$ 时，则 $K_E=\infty$，$\Delta h'=0$，这就意味着轧机的弹跳量被100%补偿掉了，即不论来料厚度偏差如何，由于此时轧机等效的刚度系数 K_E 是无穷大，完全可以使带钢的实际轧出厚度达到所要的尺寸，无厚度偏差存在。此种情况下轧辊的辊缝称为恒定辊缝，其等效的轧机刚度称为超硬刚度，或叫超硬特性，如图5-17和表5-1所示。

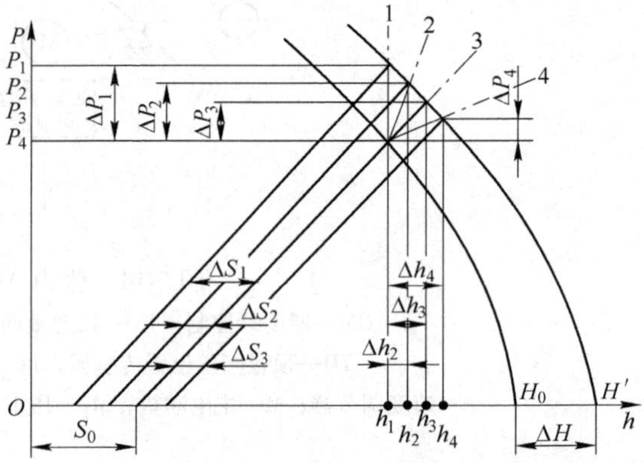

图5-17 轧机刚度系数可变控制原理示意图

1—超硬特性；2—硬特性；3—自然特性；4—软特性

表5-1 轧机的刚度特性

控制方式	系数 C	等效轧机刚度 K_E /MN·mm^{-1}	设定值 /MN·mm^{-1}	备 注
超硬特性	$C=1$ （$C=0.8\sim0.9$）	24.5以上	32.34	为了稳定 $C=0.8\sim0.9$
硬特性	$0<C<1$ （$C=0\sim0.8$）	4.9～24.5	13.72	硬特性用于开始机架，用来纠正来料厚度差
自然特性	$C=0$	4.9		为轧机固有的刚度
软特性	$C<0$ （$C=-1.5\sim0$）	1.96～4.9	3.43	软特性用于最后机架，以保证板形

为了稳定起见，取 $C=0.8\sim0.9$，$K_E\approx24.5$MN/mm以上，在计算机控制时，其设定值 $K_E=32.34$MN/mm。例如，就1700mm热连轧机而言，当选择 $C=0.84$，即 $\Delta P/K_m=1$mm时，油缸位移为0.84mm，这就说明有84%的弹跳量被补偿掉了。此时等效的轧机刚度系数 K_E 为：

$$K_E = \frac{K_m}{1-C} = \frac{K_m}{1-0.84} = \frac{K_m}{0.16}$$

当 $K_m=5.39$MN/mm时，则：$K_E=\frac{5.39}{0.16}=33.68$MN/mm（为实测值）

（2）当 $C=0$ 时，则 $C\frac{\Delta P}{K_m}=0$，$\Delta h'=\frac{\Delta P}{K_m}=\Delta h$，这就说明实际轧出厚度还具有因来料厚度

差 ΔH 所引起的厚度偏差 Δh，此时，轧机的等效刚度系数 K_E 就等于轧机原来所固有的（或称为自然的）轧机刚度系数 K_m，一般来说，轧机的自然刚度系数 $K_m=4.9\sim5.88$MN/mm。例如，就1700mm 热连轧机而言，当选取 $C=0$，即不需进行厚度调节时，则 $K_E=K_m=5.39$MN/mm。

（3）当 $0<C<1$ 时，其 K_E 称为硬刚度系数，轧机的刚度称为硬特性，一般 $C=0\sim0.8$，$K_E=4.9\sim24.5$MN/mm，设定时目标值 $K_E=13.72$MN/mm。例如，某厂1700mm 热连轧机，选择 $C=0.6$，即弹跳量 $\Delta P/K_m=1$mm 时，油缸位移0.6mm，这就说明有60%的弹跳量被补偿掉了，此时等效的轧机刚度系数 K_E 为

$$K_E=\frac{K_m}{1-C}=\frac{K_m}{1-0.6}=\frac{K_m}{0.4}$$

当 $K_m=5.39$MN/mm 时，则 $K_E=\dfrac{5.39}{0.4}=13.475$MN/mm（为实测值）

（4）当 $C<0$ 时，其等效刚度系数称为软刚度系数，轧机刚度称为软特性，一般 $C=-1.5\sim0$，$K_E=1.96\sim4.90$MN/mm，设定时的目标值 $K_E=3.43$MN/mm。例如，某厂1700mm 热连轧机，选择 $C=-0.53$，即弹跳量 $\Delta P/K_m=1$mm 时，油缸反方向移动0.53mm。这就说明弹跳不仅没有补偿掉，反而增加了53%弹跳量，此时等效的轧机刚度系数 K_E 为

$$K_E=\frac{K_m}{1-C}=\frac{K_m}{1-(-0.53)}=\frac{K_m}{1.53}$$

当 $K_m=5.39$MN/mm 时，则 $K_E=5.39/1.53=3.52$MN/mm（此为实测值）。

通过以上的分析，可以清楚地看出，只要改变轧辊位置补偿系数 C 的数值，便可以达到轧机刚度可控的目的。这种轧机刚度可变控制的原理，已在现代化的冷连轧轧机上得到日益广泛的应用，而在热连轧轧机上目前已在精轧机组上采用。

图5-18是轧机刚度可变控制系统框图，当轧机不受外界干扰作用时，其给定的轧制压力为 P_1。当轧机受到外来干扰作用时，如来料厚度发生变化，其轧制压力由 P_1 变为 P_2，P_1 与 P_2 进行比较之后，便得到一定的轧制压力差 ΔP，并据此计算出相应的轧机弹跳量（见式5-10）。

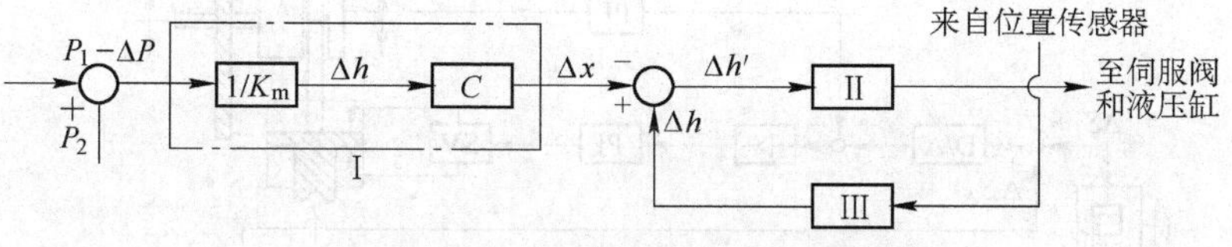

图5-18　轧机刚度可变控制系统框图

Ⅰ—定值器；Ⅱ—控制装置；Ⅲ—位置检测器

通过轧机刚度可变控制的设定器，改变轧机参数，即改变轧辊位置补偿系数 C 的数值，使轧机的刚度变为超硬特性、硬特性、软特性或自然特性，便可以得到与轧机弹跳量 $\dfrac{1}{K_m}\Delta P$ 成正比的，由液压缸流量来补偿的轧辊位置修正量给定值 $C\dfrac{\Delta P}{K_m}$。然后将它与由位置传感器检测到的辊缝实际位置信号值 $\Delta h=\dfrac{1}{K_m}\Delta P$ 进行比较，便可以得到轧辊实际位置偏差信号 $\Delta h'$，然后通过控制装置Ⅱ，去控制伺服阀和液压缸柱塞的位置，使辊缝作相应的调节。

5.2.2.7　金属秒流量 AGC

利用轧制过程中金属秒流量相等的原理进行厚度自动控制的控制系统称为金属秒流量 AGC，有的称其为质量流 AGC，或物流 AGC，简称为 MF－AGC。

采用轧机出口侧的测厚仪进行厚度偏差反馈的 AGC 系统，由于测厚仪与辊缝之间有一段距离 L，因而被检测到的厚度偏差信号具有时间滞后，并且它也无法消除一些呈周期性频繁变化因素对轧件轧出厚度的影响。为了克服上述的这些缺点，人们都力图开发出能对出辊缝的带钢厚度进行即时检测和控制的系统。到目前为止，比较成熟的方法有辊缝控制法、厚度计法和秒流量法。在这三种方法中，秒流量法具有设备和系统简单、安装调整方便和控制精度高的特点，所以得到迅速的发展和应用。

一套完整的秒流量 AGC 系统应由厚度前馈（预控）环、按金属秒流量相等原则计算出的轧出厚度的厚度反馈环和厚度监控环组成。图 5-19 为秒流量液压 AGC 控制系统。该系统中，前馈（预控）环按前馈方程给出辊缝控制量 ΔS_1（$\Delta S_1 = M/K_m \cdot \Delta H$），再根据金属秒流量方程推算出轧后厚度 Δh，然后反馈环按反馈方程给出辊缝控制量 ΔS_2（$\Delta S_2 = (K_m + M)/K_m \cdot \Delta h$）。而厚度前馈环和厚度反馈环同时工作，其控制周期均由入口侧光电码盘控制，两个控制环节的纠偏信号（$\Delta S_1 + \Delta S_2$）叠加后送到压下液压缸伺服调节器进行控制，并由监控环消除秒流量反馈控制环不能消除的较小厚度偏差以及秒流量计算过程中的系统误差，如测量辊的磨损和零漂等。出口侧测厚仪分别测出各段带钢的厚度，然后计算其平均值，再与其目标厚度进行比较，最后根据这一厚度偏差定期对秒流量计算模型进行监控修正。

过去常规测量带钢长度的方法是将光电码盘安装在轧机前后导向辊的轴上，由于导向辊的直径比较大，所以惯性也较大，在加减速轧制过程中，带钢与导向辊之间会出现打滑现象而影响测量精度。现在采用的方法是将测量带钢长度的光电码盘安装在轧机前后的专用测量辊的轴上，以克服上述缺点。随着科学技术的发展，现在已有采用激光测速方法进行秒流量 AGC 控制，其效果更佳。

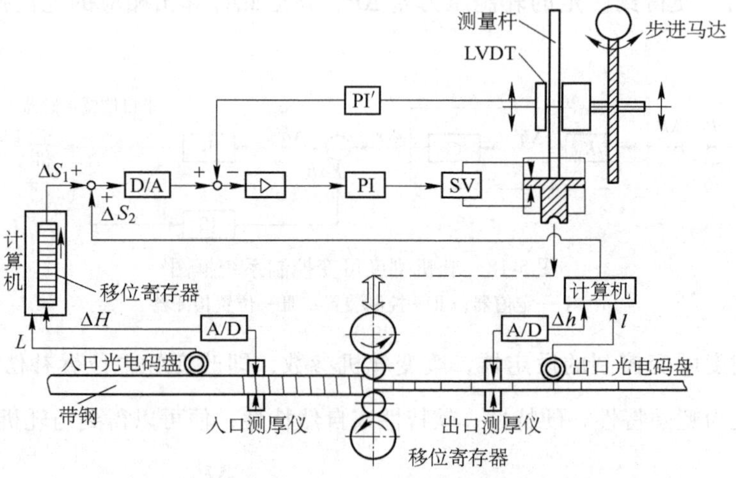

图 5-19　秒流量液压 AGC 控制系统框图

L—每段带钢轧前长度；l—每段带钢轧后长度；ΔH—入口带钢厚度偏差；Δh—出口带钢厚度偏差；ΔS_1—前馈辊缝控制量；ΔS_2—反馈辊缝控制量；A/D—模数转换器；D/A—数模转换器；PI—液压比例积分调节器；PI′—LVDT 比例积分调节器；LVDT—差动变压器；SV—伺服阀

5.2.2.8 绝对值 AGC（ABS - AGC）

前述的厚度自动控制都是以锁定厚度，即以计算各机架头部平均厚度或以前一块带钢头部为目标厚度锁定各机架的轧制力和辊缝进行自动厚度调节，追求同带差最小，其实质属相对值厚度自动控制。此时只有当预设定值等于锁定时的实际值时，才能得到轧制的目标厚度，也就是说其厚度精度主要取决于被控对象模型的精度。然而由于设定模型可能存在一定的误差，因此制约着厚度控制精度。为此提出了绝对值 AGC 的理念，即以过程计算机计算的目标厚度和预报轧制力作为目标厚度和锁定各机架轧制力进行自动厚度调节，追求的是与要求的成品厚度差最小。

考虑到厚度计模型可以获得远高于常规轧制力模型的精度，从这点出发，日本 M. Saito 等开发的绝对值 AGC 于 1976 年在扇岛 5500mm 厚板轧机上首次得到工业使用，并得到了高的厚度精度控制效果。

实现绝对值 AGC 装置的要点是：

（1）要开发出高精度厚度计模型；

（2）用高精度仪器进行在线测量和模型变量的数据处理；

（3）与此同时，为了使所轧板材端部和水印部位的厚度变化减到最小，必须实现控制系统的快速响应（如采用液压驱动来调节辊缝）。

在绝对值 AGC 应用中，其控制模型的开发有着重要的作用。在新开发的高精度厚度计模型中，是将辊缝（板厚）、轧机变形模型、轧辊热膨胀以及轧辊磨损等分开进行估计，同时排除了各组成部分之间的干扰影响，增加了补偿控制环节，使精度大大提高。由于它是以轧机的实测数据为基础建立的，因此便于掌握和保持轧制特性的动态变化。

5.2.2.9 动态设定型 AGC（D - AGC）

动态设定型 AGC 控制系统是我国钢铁研究总院张进之于 1982 年左右提出的，其核心是通过实时测量压力增量值来计算下一步的辊缝设定增量值，然后通过 APC 实现 AGC 控制功能的系统。实质上为增量型 GM 方式 AGC。

动态设定型 AGC 的型式有常规设定型、DDC 型以及新近发展的变刚度型等。图 5-20 为 DDC - 动态设定型 AGC 系统框图。

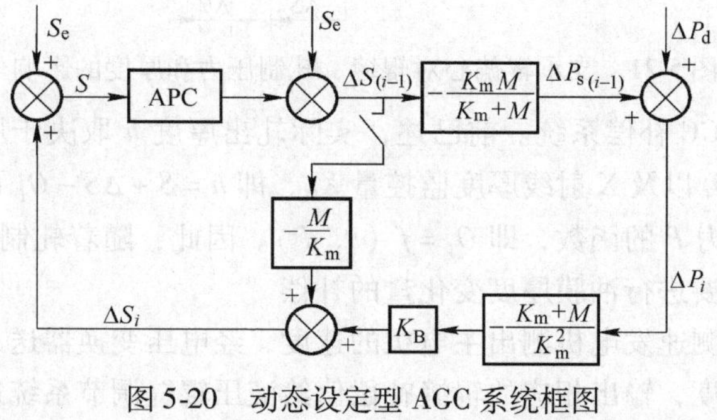

图 5-20 动态设定型 AGC 系统框图

APC—压下系统；S_e—辊缝锁定值（绝对值 AGC 系统中为设定辊缝）；

ΔP_d—压力扰动量；ΔP_s—调节辊缝引起的压力变化

5.2.2.10 补偿 AGC 系统

厚度补偿控制是 AGC 系统中不可缺少的组成部分，对板带材厚度控制全面性起着重要的作用而广泛应用于实际生产中。一般包括有支承辊偏心的补偿、油膜厚度的补偿、板带钢宽度的补偿、速度的补偿、带钢尾部补偿的控制等多种 AGC 补偿系统。

（1）支承辊偏心的 AGC 补偿系统。

支承辊偏心对板厚的影响表现在支承辊每转动一次都产生辊缝变动，进而导致所轧板带材的厚度产生相应的周期性变化。对于薄带材（如 $h=0.2$mm 以下）的轧制，支承辊偏心所引起厚度的偏差占有很大的比例。实践证明，在机械上消除轧辊偏心的影响是不大可能的，必须在电气控制系统上采取措施。而采用液压压下实现厚度自动控制，为消除轧辊偏心的影响提供了可能性。

支承辊偏心的 AGC 补偿系统的控制模型是：假设上、下支承辊的偏心量相同，则偏心量对辊缝的影响便是上、下支承辊偏心的相互叠加。图 5-21 是支承辊偏心对辊缝、轧制压力和厚度的影响，从图可得出下列关系式：

$$\Delta S = 4e \tag{5-13}$$

$$\Delta h = \frac{K_m}{K_m + M}\Delta S \tag{5-14}$$

$$\Delta P = \frac{K_m M}{K_m + M}\Delta S \tag{5-15}$$

式中　e——一个支承辊的偏心量；

ΔP——轧制压力的变化量；

ΔS——辊缝变化量。

当今消除轧辊偏心的方法和措施有以下几种：1）改善支承辊的重磨和提高其装配精度；2）恒压控制自动补偿偏心；3）恒位置控制自动补偿偏心；4）设置偏心滤波装置。

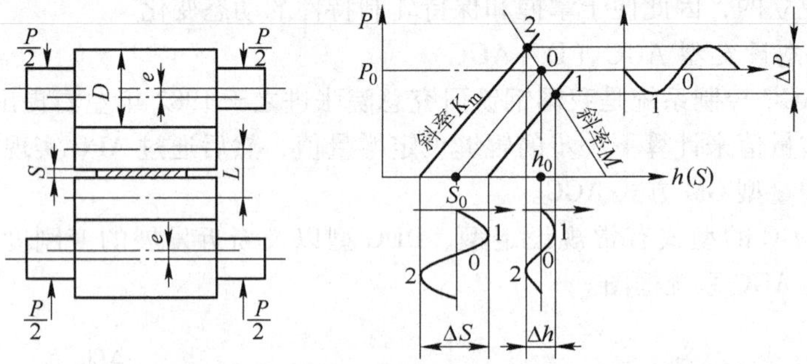

图 5-21　支承辊偏心对辊缝、轧制压力和厚度的影响

（2）油膜厚度的 AGC 补偿系统。前已述，实际轧出厚度 h 取决于压下位置 S、轧机的弹性变形 ΔS、油膜厚度 O_f 以及 X 射线厚度监控量 X_M，即 $h=S+\Delta S-O_f+X_M$，其中油膜厚度 O_f 是轧制速度 v 和轧制压力 P 的函数，即 $O_f=f(v, P)$。因此，随着轧制速度和轧制力的变化，在厚度自动控制过程中要进行油膜厚度变化量的补偿。

油膜补偿系统是用测速发电机测出主电机的速度，经电压变换器送入函数发生器，函数发生器根据不同的轧制速度，输出相应的辊缝补偿值给液压辊缝调节系统进行辊缝调整，以调节带钢厚度偏差。

（3）活套补偿系统。当 AGC 系统移动压下而改变辊缝进行调厚时，必然使压下率变化，从而影响前滑和后滑，改变带钢出口和入口速度。这种现象将干扰活套的工作，而活套的动态调节又将反过来影响调厚效果。为此，现代 AGC 系统都有活套补偿功能，即当调压下厚控时，事先给主速度一个补偿信号，来控制轧制速度，以使保持机架间带钢活套量恒定。由于它是通过控制轧制速度来实现的，因此也称之为速度补偿。

（4）板带钢宽度的补偿系统。通常，轧机刚度是在全辊身压靠方式下用实验方法测取的。实际轧制过程中，由于轧件宽度小于辊身长度，且轧件宽度本身也相差很大以及轧辊的弹性变形的变化，致使辊系受力状况产生不同的变化，引起轧机刚度波动。因此，为提高设定精度和板厚测量精度，须根据轧件宽度对轧机刚度系数进行修正，即所谓宽度补偿。

宽度补偿的计算公式是：

$$\Delta S = \frac{(P - P_0)S_F}{K_m - C(L - B)} \tag{5-16}$$

式中　L——轧辊辊身长度；

B——带钢的宽度；

C——轧机刚度的宽度修正系数；

S_F——轧机弹性曲线修正时的比例系数。

（5）尾部补偿系统。在热轧过程中，带钢尾部温度较低，加上带钢尾部由于后张力迅速消失，必然导致尾部瞬间增厚，这种现象称为尾部厚跃。为了消除这一厚差，在现代化 AGC 系统中，采用了尾部补偿功能。尾部补偿方法有两种：其一是“压尾”法，即在带钢尾部离开第 $i-1$ 机架时，应增大第 i 机架的压下量；其二是“拉尾”法，即当带钢尾部离开第 $i-1$ 机架时，降低第 i 机架的速度，使第 i 与第 $i+1$ 机架之间的张力加大，以补偿尾部张力消失的影响。

采用“压尾”法时的压下补偿量为

$$\Delta S_T = \frac{M + K_m}{K_m}\Delta h_T \tag{5-17}$$

除了上述几种在现代厚度控制中普遍采用的 AGC 补偿系统外，为进一步提高板带材质量，还有一些其他的补偿系统，板形轧制力补偿系统就是其中一例。板形轧制力补偿系统不仅考虑了在调压下厚控时轧制压力的波动，还考虑了轧制压力的波动将引起辊缝形状的变化，使板带钢的板形随之发生变化，为此而在该系统中设置了压下厚控时的轧制力变化对板形影响控制系统。

5.3　热轧板带钢厚度控制

热轧板带钢的厚度精度是表征其产品质量最重要的指标之一。长期以来，纵向厚度不均是热带钢产品质量的重要控制对象。设计完善的厚度控制系统，首先要明确影响板带厚度变化的因素，从而采用相应的对策。热轧板带钢的厚度误差产生的原因可以追溯到从加热到精轧（甚至包括铸造和卷取）的所有工序，其中主要的原因有：头尾温差、水印温差、化学成分的偏析、原料的厚度和宽度不均、轧制时的张力和速度的波动、油膜厚度的变化、轧辊的偏心、辊缝零点漂移等。为此，有必要对热轧板带钢的厚度进行控制。

事实上，在钢铁工业生产过程中，带钢热连轧的生产是各种高新技术应用较为广泛的一个领域。在轧钢过程自动化方面，带钢热连轧计算机控制系统是发展得最迅速、最成熟，并且取得经济效果最明显的计算机系统。自 1957 年建立模拟调厚系统以及后来的厚度自动控制系统（AGC）以来，该技术发展得更加迅速，趋向成熟，使产品厚度质量显著提高，热轧板带材厚度控制系统在整个生产过程处于十分重要的地位，其效果直接影响到成品质量。目前，厚度自动控制系统（AGC）已是热连轧自动控制的一个重要组成部分，是提高热轧带钢全长厚度精度的主要手段。

5.3.1 热连轧带钢厚度控制原理及其形式

AGC 系统是热连轧精轧机组自动控制中一个极为重要的组成部分，是提高热轧带钢全长厚度精度的主要手段。目前在现代带钢热连轧机上广泛采用直接数字控制计算机进行厚度自动控制，简称 DDC－AGC 系统，它能综合采用多种形式的厚度自动控制系统，以适应不同钢种，不同成品规格以及各工艺参数变化的要求。其过程为计算机定时采样各机架的压力、辊缝位置、速度、X 射线厚度偏差等数值，经过必要的计算处理，送出相应的控制量对带钢厚度进行在线实时控制。

5.3.1.1　热连轧带钢厚度控制原理

热连轧是在张力稳定的状态下进行速度的控制，所以能够调整的有轧辊的辊缝调整量（采用液压 AGC、监控式 AGC 等）、机架间的活套以及各种 AGC 补偿系统。

（1）各机架的轧辊间隙的调整量 ΔS 和该机架出口厚度的偏差 Δh 可表示为：

$$\begin{cases} \Delta h_1 = \dfrac{K_1}{K_1 + M_1}\Delta S_1 \\ \Delta h_2 = \dfrac{K_2}{K_2 + M_2}\Delta S_2 + \dfrac{\mathrm{d}P/\mathrm{d}h_0}{K_2 + M_2}\Delta h_1 \\ \vdots \qquad\qquad \vdots \qquad\qquad \vdots \\ \Delta h_i = \dfrac{K_i}{K_i + M_i}\Delta S_i + \dfrac{\mathrm{d}P/\mathrm{d}h_0}{K_i + M_i}\Delta h_{i-1} \end{cases} \tag{5-18}$$

在热轧时，越是后面的机架对最终出口端厚度的影响越大。

（2）带钢热连轧机组机架间张力控制系统。在热连轧带钢精轧机组中，机架间的张力通常是通过活套来控制的。活套是一种带自由辊的机构，这个自由辊在带钢穿带后就会上升并高于轧制线而使带钢产生张力，活套的上升情况是受连续监控的。当活套上升到预定的目标位置时，控制系统就要使机架间的带钢维持一定的活套量，张力达到其目标位置。否则通过调节主电机的速度进行张力的控制。

（3）AGC 补偿系统。弯辊力造成的厚度变化补偿、尾部补偿、油膜厚度补偿以及辊缝零位补偿等都是热连轧带钢的常用 AGC 补偿系统，并且为消除温度变化对厚度的影响，增设温度－AGC，即利用精轧入口处的测温仪所测得的带钢精轧入口温度，在带坯进入精轧机之前，依此适当调整空载辊缝（根据经验值），以减少 P－AGC 系统的负荷并尽量减少头部厚度偏差。

5.3.1.2　热连轧带钢厚度控制形式

热带连轧机组的三段式 AGC 是厚度控制系统的典型范例，如图 5-22 所示。它由三部分组成：

（1）入口 AGC：包括 1、2 机架上的测厚仪式 AGC。1、2 架轧机之间的张力可以通过调节第 1 架的轧辊速度来维持。

（2）机架间 AGC：机架间的张力是通过调节下游机架的辊缝和活套来维持机架间带钢张力的恒定以保证秒流量的稳定。

（3）出口 AGC：包括出口偏差反馈控制系统，能够通过调节下游机架的速度来控制轧件的出口厚度。

5.3.1.3　热连轧带钢厚度自动控制系统

某 2050mm 热连轧精轧机组厚度自动控制系统叙述如下：

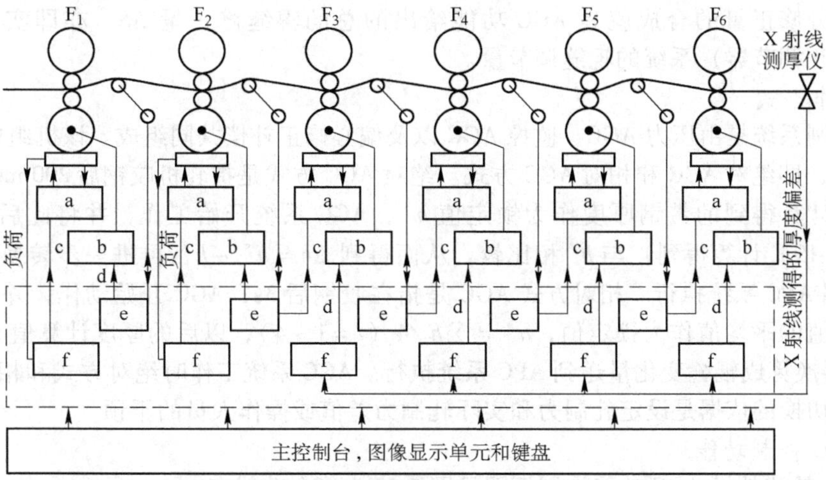

图 5-22　热带连轧机组的三段式 AGC 示意图

a—位置控制；b—驱动电器；c—位置基准；d—速度调整；e—活套控制；f—厚度控制

A　AGC 控制原理

2050mm 热连轧精轧机组是测厚型厚度控制系统，即由弹跳方程间接测量轧件出口厚度与设定值之差经积分，再乘以压下效率的倒数（$M+K_m$）/M 作为消除厚差所需要的辊缝调节量 ΔS。

（1）厚度计算模型

$$h = S_0 - \Delta S_0 + \frac{P}{K_m} + \frac{P_B}{K_m} \cdot K_B - \Delta S_{LA} + \Delta S_{CVC} - \Delta S_W \tag{5-19}$$

式中　S_0——初始设定辊缝；

ΔS_0——辊缝调零时的轧机弹跳量，$\Delta S_0 = \frac{P_0}{K_{m0}}$；

P_0——辊缝调零时的轧制压力，约 9.8MN；

K_{m0}——对应 9.8MN 轧制压力的轧机刚性系数；

P/K_m——轧机的弹跳量，P 为轧制压力；

$P_B \cdot K_B/K_m$——弯辊力引起的轧机弹跳量；

P_B——弯辊力；

K_B——与轧件宽度相关的系数；

ΔS_{LA}——油膜补偿量，$\Delta S_{LA} = K_v \cdot K_p$；

K_v——与支承辊转速相关的系数，$K_v = f(v)$；

K_p——与轧制压力相关的系数，$K_p = f(P)$；

ΔS_{CVC}——使用 CVC 功能时对辊缝的补偿量；

ΔS_W——轧辊热膨胀量，主要跟轧制时间相关。

（2）辊缝计算模型。2050mm 机组的液压 AGC 功能是在分析了产生带钢纵向厚度差的诸多因素之后设置的，它由三部分组成：

1）根据弹跳方程 $h = S_0 + P/K_m$ 得出的弹跳修正量：为积分器输出值，是根据带钢实际厚度与带钢锁定厚度的差经过积分运算，然后乘以比例因子（$1+K_m/M$）得到的；

2）借助于负载辊缝采样统计得到的偏心滤波修正量：是考虑轧辊偏心对辊缝所造成的影响，轧辊偏心和压力 AGC 的调节作用是相反的；

3）借助于 F_7 机架出口侧的测厚仪实现的监控修正量：为监控补偿量。

这三部分修正量的合成就是 AGC 功能给出的总的辊缝修正量 ΔS，亦即实际送往 APC（APC 亦为 PI 调节器）系统的辊缝调节量。

B　工作方式

厚度控制系统是由压力 AGC、监控 AGC 以及偏心修正补偿共同组成。该机组的 AGC 有两种工作方式，即绝对 AGC 和相对 AGC 方式。绝对 AGC 方式是指轧机咬钢后 200 ms，将此时按式（5-19）计算得到的带钢厚度作为锁定值 h^*，AGC 系统开始工作，并将此后得到厚度 h（仍按式（5-19）计算得到）与 h^* 相比较，从而得到 $\Delta h = h^* - h$，再进一步转换成辊缝调节量 ΔS，送到 APC 系统执行。相对方式 AGC 是指在咬钢后 3s，AGC 开始动作，并将此 3s 内 4 次板厚计算值的平均值作为锁定值，$h^* = \sum h_i/4$（$i = 1 \sim 4$），以后的厚度计算值 h 与 h^* 比较得到 Δh，再换算成辊缝变化量送到 APC 系统执行。AGC 系统工作时绝对方式和相对方式是自动切换的，切换的依据是设定轧制力和实际轧制力差值或操作人员的干预。

C　AGC 控制功能

2050mm 热连轧机 AGC 功能控制框图见图 5-23。AGC 功能有：

（1）零调时机架的弹跳量，$\Delta S_0 = P_0/K_{m0}$；

（2）机架的弹跳量，$\Delta S = P/K_m$；

（3）油膜补偿量，$\Delta S_{LA} = K_F K_V$；

（4）弯辊力补偿量，$K_B P_B/K_m$；

（5）轧辊热膨胀引起的辊缝变化，$\Delta S_W = f(D)$；

（6）轧辊偏心量形成的偏差 $\delta = \sqrt{\dfrac{\sum h^2 - (\sum h)^2/n}{n-1}}$；

（7）锁定时的厚度 h^*；

（8）AGC 的积分器；

（9）数字系统的特殊匹配；

（10）监控 AGC 修正量。

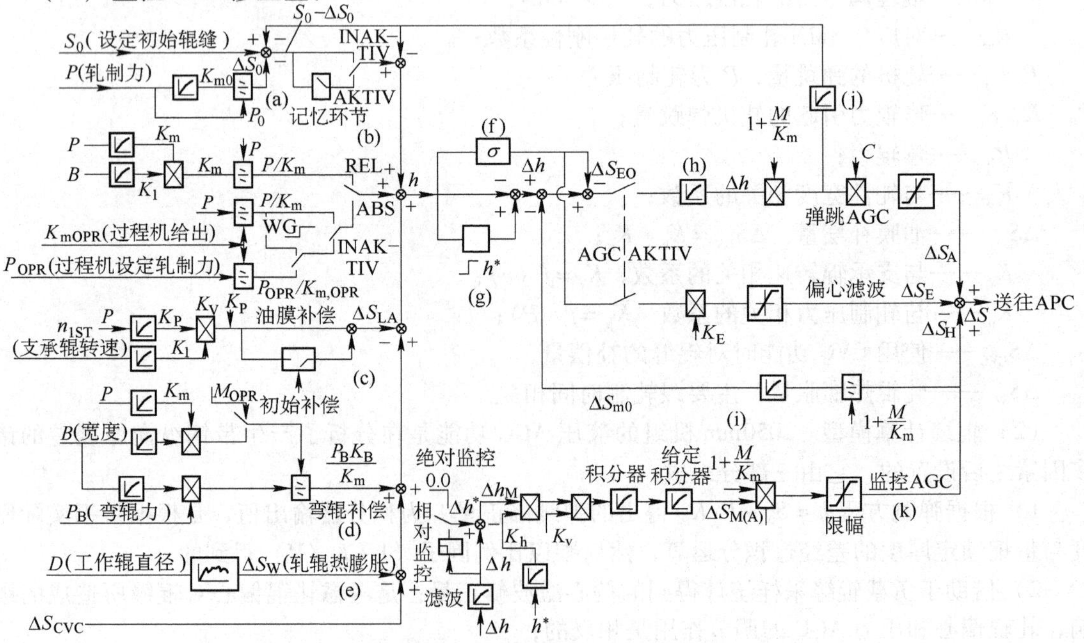

图 5-23　2050mm 热连轧机 AGC 功能控制框图

5.3.1.4 热连轧带钢头部厚度设定

目前，在带钢厚度自动控制中大多采用的是相对值 AGC 系统，此时头部厚度设定及自适应控制起着十分关键的作用。若带钢头部厚度设定精度较差时，将会十分严重地影响带钢全长上的厚度控制，引起带钢全长上的厚度波动较大。由于带钢头部厚度设定及自适应控制较为复杂，它需要利用数学模型，并考虑生产过程中的实际状态（如轧制的钢种、规格和工艺参数等的变化）进行，故通常由精轧过程计算机完成该任务。

（1）带钢头部厚度设定。在精轧过程计算机得到有关粗轧带坯的实测厚度、宽度、温度之后，当带钢尚未进入精轧机就完成了相应的厚度设定计算。

为保证带钢头部厚度精确达到要求的轧制厚度，在相应的厚度设定计算中，按连轧典型的方法（能耗分配法、表格分配法）把带钢总压下量（$\Delta H = h_0 - h$）合理地分配到各机架上，在此首先需确定各机架厚度控制的目标值 h。

按用户所要求的带钢厚度及其厚度公差，并考虑到系统的对称性，应把非对称公差转化为对称公差，因此在带钢轧制中就不能把用户所要求的厚度直接作为控制目标，而应按下式来确定轧制厚度，即目标厚度

$$h = h_0 + \frac{1}{2}(d_1 + d_2) + \frac{1}{2}c \tag{5-20}$$

式中 h——轧制厚度，即厚度控制的目标值；

h_0——用户要求的带钢厚度；

d_1、d_2——分别为带钢的正、负公差；

c——带钢凸度值。

转换为轧制厚度后，带钢的厚度公差已变为对称公差，公差范围为：

$$\pm\left[\frac{1}{2}(d_1 + d_2) - \frac{1}{2}c\right]$$

在此基础上进行带钢温度的计算。带坯出 R_4 机架到精轧除鳞机之间，带钢温度一般在980℃以上，认为在此期间带钢的温降主要是以带钢在高温下热辐射造成的热损失为主，而带钢与辊道接触产生的热传导损失、带坯与厂房内空气产生的对流热损失为次要部分。在带钢进入除鳞机后到精轧最后一个机架间的情况较为复杂，有除鳞水、机架间冷却水引起的带钢温降，有带钢与辊道、轧辊等设备接触产生的热传导损失，也有带钢热辐射产生的热损失，还有带钢由于变形热引起的温度升高。在计算中，计算机考虑一些主要的影响因素，然后计算出带钢头部进入各机架和离开各机架的温度。根据计算出的各机架带钢温度、变形率、机架间张力和带钢宽度，利用相应的数学模型计算出带钢在各机架变形时产生的轧制压力。轧机受到轧制压力的作用后要产生弹性伸长，为此，厚度设定中必须要考虑机架的弹性伸长量。计算机利用已计算出的轧制压力和轧机的刚性系数，计算出各机架产生的弹跳量，在计算各机架辊缝时，再把计算的弹跳量考虑进去，这样就完成了达到目标厚度的预设定工作。

（2）带钢头部厚度的自适应控制。在带钢头部厚度预设定完成之后，当带钢头部由精轧机轧出时，其实际厚度仍然可能离目标厚度有一定的偏差，对第一次轧制的带钢有时甚至会超出要求的公差，这就必须使用头部厚度自适应控制技术，使带钢在其后的轧制中头部厚度偏差减小到最小值。在自适应控制中，主要是计算各自适应系数，如材料相关的遗传系数、压下位置自适应系数、零点修正自适应系数、机架出口厚度自适应系数等。

在热连轧厂，带钢头部厚度的自适应是这样进行的，当带钢头部离开精轧机后的测量仪之后，利用带钢在各机架的实测速度、辊缝、轧制压力、张力、弯辊力等实际值，并利用预计算

使用的数学模型进行重新计算，计算出新的材料变形系数和厚度自适应系数等，新的系数不用于当前正在轧制带钢的控制，而用于轧制下一块带钢或以后轧制相同规格材质带钢的预设定使用。在自适应计算中使用的实测数据，是由精轧过程计算机的前置计算机来完成的，是以200ms的间隔采样，每次采八个点，然后用这八个数据计算出一个平均值和一个表示测量值置信度的数据，以代表这一小段带钢的实测数据，其中7个机架中的实测数据的采集是同段带钢经过各机架的实测值，由前置计算机来完成对这一小段带钢通过精轧各机架和仪表的跟踪，并在适当的时候进行实测值的采集。其中带钢小段的划分是以3s为间隔进行的，自适应计算仅使用前三段的实测数据。

5.3.2　厚板AGC控制系统

为了使工程结构件达到轻型化和提高切削加工工艺性，以及防止由于错口造成的焊接缺陷等，市场对厚钢板板厚尺寸精度的要求日趋严格，因此必须研究厚板轧制过程中的AGC控制系统。

厚板轧制过程中的大压下、高负荷性以及轧件频繁转向、双向可逆输送等特征，需要发展和应用高响应的液压AGC。为尽可能改善检测信号的滞后性，开发了近距厚度计的实用厚度自动控制系统。近距厚度计因直接靠近轧机设置，需考虑高温、多湿、振动与冲击大等恶劣环境的影响，应将各种射线源（多为X或γ射线）的发生装置与检测装置做一定的分离，并应用机械挡板和恒温槽等使其保持清洁。

在厚板轧制过程中常用的AGC控制系统有以下几种：绝对值AGC、前馈AGC、快速AGC、转向前压下量变更（DAT）控制法、自动弯曲控制（ACC）法、双AGC等。

（1）绝对值AGC的应用。由于厚板轧制时，咬入频繁且冲击强烈，AGC系统的剧烈动作，会恶化穿带特性，并可能导致产生不良的板形和板凸度；同时当头部设定值偏差较大时，采用由头部锁定厚度为目标厚度的相对值控制方式，使头部锁定厚度修正到真实目标板厚时间较长，会造成较大的超差长度，所以中厚板轧制时广泛应用的是绝对值AGC。

以厚度计方法厚控时，绝对值AGC则是用预先计算的、为获得目标厚度所需的轧制力作为基准轧制力，根据实际轧制力和基准轧制力之差不断计算出校正值ΔS，以启动液压缸进行厚度自动控制。图5-24为控制原理图。

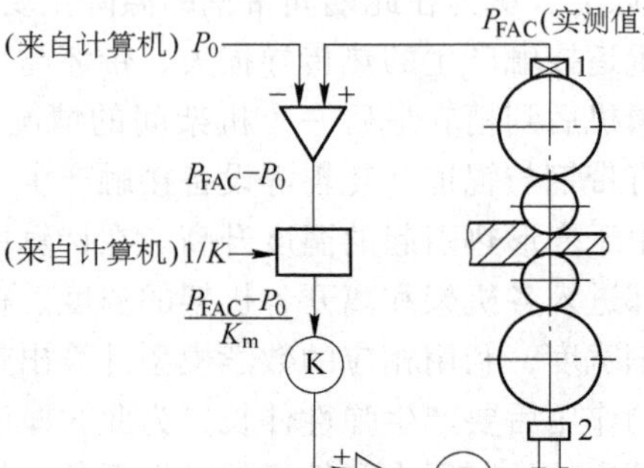

图5-24　以厚度计方程为基础的绝对值AGC原理

1—压力传感器；2—液压缸；3—位置检测器

（2）前馈AGC。前馈AGC是在逆向道次时，随着钢板的前进对轧机入口侧所测板厚偏差进行跟踪，以控制轧辊的压下位置。在前馈AGC中，板厚偏差的跟踪很重要。在钢板移动速度的基础上，还考虑了在测量板厚中由于平均移动处理造成的时间滞后和轧辊液压压下装置的响应滞后，实现了高精度的跟踪。采用前馈AGC，可以减少切头长度，从而提高收得率。

（3）快速AGC。快速AGC是以在短时间里使板厚偏差减少为目的，根据轧制刚开始之后的钢板前端板厚测量值与目标板厚之差，对轧辊位置进行阶跃方式修正。

（4）转向前压下量变更（DAT）控制。DAT是减少轧制中钢板产生不规则形状（如楔形、鱼尾形、舌头）的一种技术，它是利用AGC液压缸，通过改变转向前道次中的给定，沿纵向改变钢板厚差的方法来实现。该技术的目的在于提高钢板的成材率。

图 5-25 是用 DAT 技术控制钢板不规则形状的方法。图 5-25a 为轧制中板坯的每一侧都形成圆桶状或残头；图 5-25b 为轧制中无圆桶状或残头，因为转向前已由 AGC 产生厚度变化。

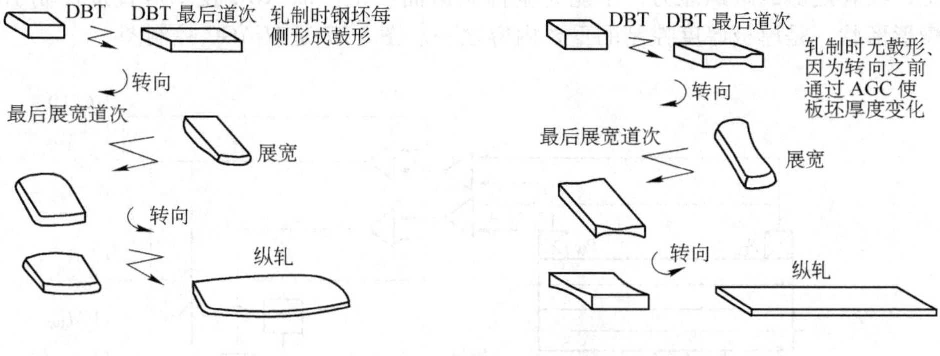

图 5-25　用 DAT 技术控制钢板不规则形状

（a）不用 DAT；（b）用 DAT

应用 DAT 时，必须估计可能产生的钢板异常形状，异常板形的产生取决于板坯尺寸和轧制参数之类的轧制条件，所以在确定 DAT 控制的变量时，要对照各种坯料尺寸和轧制尺寸来测量钢板的异常形状，并将测量结果统计整理成数学模型。

（5）自动弯曲控制（ACC）法。自动弯曲控制的目的是控制钢板的弯曲。在轧制中钢板发生弯曲时，钢板的中心线会偏离轧机中心线，会使轧机左、右两侧有轧制压力差。ACC 的反馈控制就是使轧制压力增高侧的辊缝变小，便可使钢板凹侧的延伸增加，引起钢板的尾部向相反方向摆动，因此钢板中心线重新与轧制中心线对中，从而限制了弯曲。

（6）反馈 AGC。反馈 AGC 是以提高钢板的目标板厚精度为目的，根据轧制后的板厚测量值与目标板厚之差，来进行轧辊的压下控制。

由于采用近距厚度计方法，测厚仪设置在轧机近旁，所以对中厚板轧制可以用测厚仪进行板厚反馈控制。但是，即使这样，由于还要在轧后 0.4～0.8s 之后才能测量出板厚，所以就液压压下的响应而言，也存在过程滞后问题。但是，可运用 AGC 史密斯的滞后时间补偿法来改善控制性能。史密斯法是用预测过程的滞后时间，使用模型对其进行补偿，所以模型精度和滞后时间的预测精度尤为重要。因此，应根据实测的轧制载荷和轧辊压下位置进行厚度计算，来提高模型的精度，并考虑平均移动处理板厚信号的延迟时间，以提高滞后时间的预测精度。图 5-26 是应用近距厚度计的反馈式 AGC 控制系统。

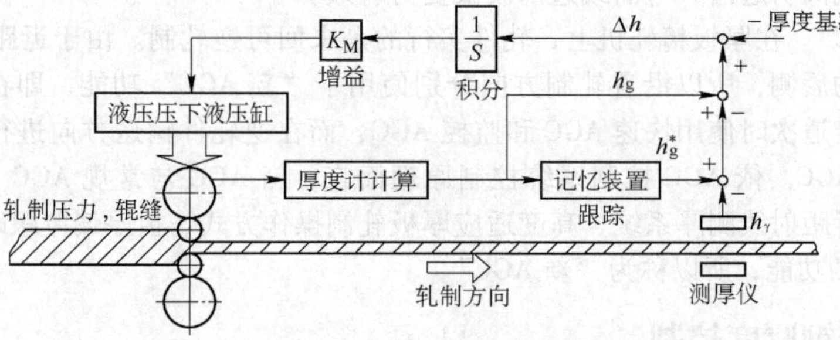

图 5-26　采用近距厚度计的反馈式 AGC 控制系统

（7）双 AGC。双 AGC 是日本大分厂用以降低钢板两侧的厚度差（即楔形）和减少钢板弯曲的一种技术。一般的轧制控制是建立在假设轧件完全对中基础上的，而实际上轧件不可能完全对中，这样将使两侧轧制力不等，导致轧件断面呈楔形而产生弯曲。并且 AGC 是一个二阶滞后系统，没有足够的跟踪能力，不能完全抑制弯曲产生。双 AGC 技术可直接控制引起弯曲的厚板楔形形状，是厚板厚度控制的重要内容之一。图 5-27 是双 AGC 控制图。

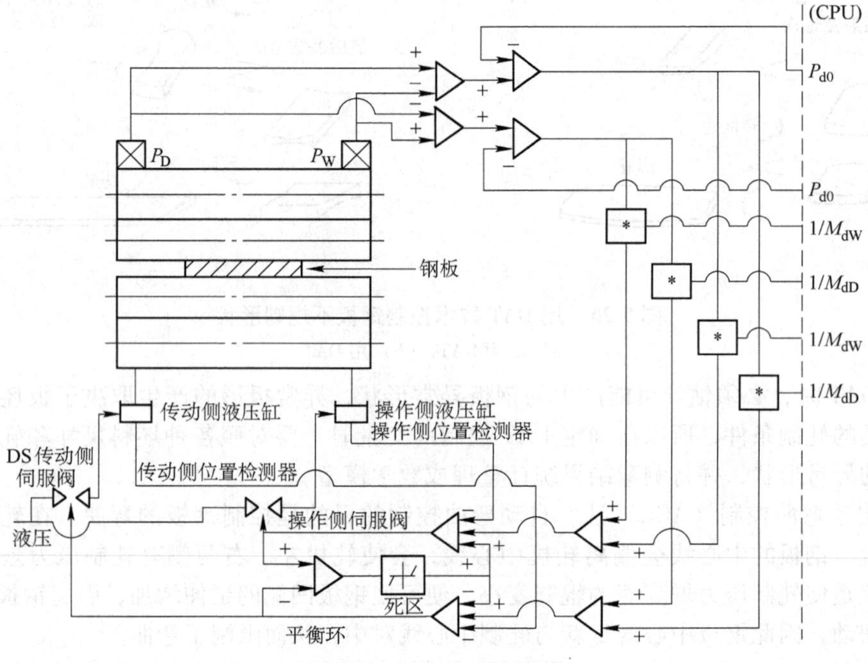

图 5-27　双 AGC 控制图

由 ACC 控制和双 AGC 控制可以发现，两者是非常的相似，因为它们的目的都是限制弯曲，并且都是使用压头作为传感器。但是，在操作原理上，它们有着显著区别：

1）ACC 是假定轧机和钢板相对于它们各自的中心线是对称的，并且假定两侧轧制力的不同归因于钢板中心线对轧机中心的偏离；

2）双 AGC 是假定钢板中心线保持在轧机中心线上，并且假定两侧轧制力的不同归因于轧机和钢板的不对称。

因此，双 AGC 对于使钢板中心线轻微地偏离轧机中心线的小弯曲更为有效，而 ACC 对于钢板中心线显著偏离引起的大弯曲或边部波浪更为有效。

（8）"新 AGC"。在厚板精轧机上，轧件实行的是来回可逆轧制。由于近距 X 或 γ 射线测厚仪设置在轧机的后侧，所以沿着轧制方向分别使用了"新 AGC"功能，即在从轧件输送方向进行轧制的正转道次时使用快速 AGC 和监控 AGC，而在逆轧件输送方向进行轧制的逆转道次时，使用前馈 AGC。依 AGC 控制系统控制原理而言，新 AGC 与常规 AGC 系统是相同的，但是由于采用了近距射线测厚系统、高度适应厚板轧制操作方式、板厚偏差跟踪控制等，使得 AGC 系统具有新的功能，所以称为"新 AGC"。

5.4　冷轧板带钢厚度控制

冷轧机的生产能力、产品的厚度精度以及板形是人们长期以来研究的三大课题。全连续冷连轧机的生产能力有了一个重大的突破，一台五机架冷连轧机的生产能力由原来的100万t～400万t/年，猛增加到200万～500万t/年。CVC、HVC、UCM、UCMW、PC等控制技术研制的成功，使冷轧板带材的板形有了较大的改善。为了提高冷轧板带材的厚度精度，国外某公司在原有的厚度自动控制系统中，不断地开发出了C方式、常规物流和扩展物流方式的厚度自动控制系统，从而大大地提高了板带材的厚度精度。

本节将对冷连轧机和单机架冷轧机的厚度自动控制系统作讨论。

5.4.1　冷连轧机的厚度自动控制

冷连轧机厚度自动控制系统的基本设想是：1）粗调AGC系统：第一机架采用调压下进行厚差的粗调，保证来料厚度偏差基本消除，并协调其他机架；2）精调AGC系统：在末架采用张力进行精调，以保证良好板形的同时，对产品厚度进行精确控制。如厚度偏差超出了精调系统的可调范围，就要改变第一架的设定值，同时重新分配各架压下量，以达到厚度精度，建立保持秒流量恒定的初始条件；3）AGC补偿系统：为提高厚控系统精度，需增加各种补偿系统。下面以2030mm五机架冷连轧机AGC系统加以说明。

5.4.1.1　2030mm冷连轧机厚度自动控制系统的组成

（1）厚度自动控制系统的基本控制思想。2030mm五机架冷连轧机厚度自动控制系统的基本控制思想可以分为三大部分：第一部分是在第1机架上消除来料带来的绝大部分厚度差，并在整个轧制过程中维持第1机架出口的金属秒流量恒定；第二部分为机架间的恒张力控制，维持轧制过程中金属秒流量的恒定；第三部分为第4、5机架的厚度精调，即张力调节回路中的A、B、C三种控制方式。

（2）AGC系统的组成。2030mm五机架冷连轧机AGC系统的组成有；1）第1机架前馈控制；2）第1机架负载辊缝调节；3）第1机架反馈控制；4）第2机架前馈控制；5）第4机架前馈控制；6）第4机架反馈控制；7）第5机架前馈控制；8）第5机架反馈控制；9）第4与第5机架间张力极限控制；10）C方式出口厚度反馈控制；11）甩尾时辊缝修正。

2030mm五机架AGC控制框图如图5-28所示。

5.4.1.2　AGC方式的选择及其功能组成

2030mm五机架AGC系统共有11个功能模块，由此11个模块分别组合成AGC的三种控制方式，即AGC方式A，AGC方式B和AGC方式C。AGC方式的选择原则如下：

（1）AGC方式A的选择：按秒流量恒定原则进行速度反馈控制，在张力调节下进行厚控。这种方式适用于带钢硬度不大，但变形量很大时；或用于带钢厚度与轧制压力有近似线性关系时。此方式与传统的厚调方式无太大区别，它是利用5个机架来完成全部变形的，因而能充分利用各机架电机功率。

（2）AGC方式B的选择：在带钢比较硬时，通过调节机架轧制压力或者通过调节机架速度来消除最终厚度偏差的效果不佳，而采用调张力将会产生很大作用，此时可采用AGC方式B进行厚控。这时仍保留速度控制环节，但不是恒张力而是限制在一定范围内变化（±15%）。当长时间超过张力极限范围时，则必须重新进行负荷分配和设定计算。

（3）AGC方式C的选择：当带钢本身硬度和变形量都不是很大时，则应采用AGC方式C进行控制，因为方式C是利用前4个机架来完成整个变形过程，而第5机架用来改善板形而作为平整机使用，这样轧后的带钢具有比较好的板形。

AGC三种方式功能的组合，如表5-2所示。

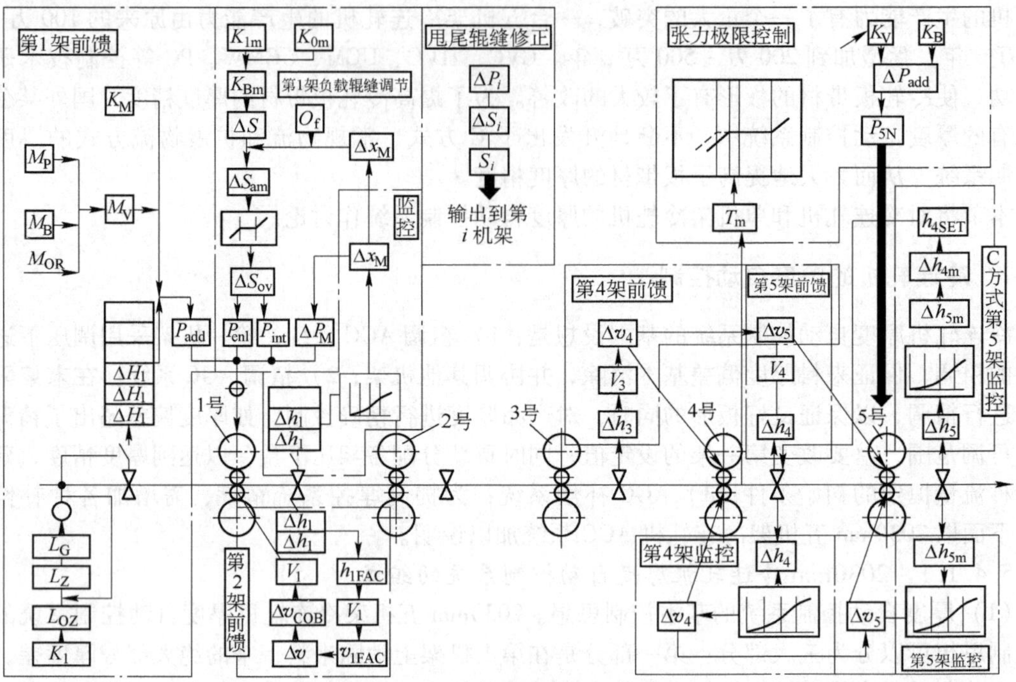

图 5-28　2030mm 五机架 AGC 控制框图

M_p—以轧制压力求得的轧件塑性系数；M_B—带钢宽计算的轧件塑性系数；M_V—低速影响的轧件塑性系数；K_M—最终放大系数；P_{add}—附加轧制压力；P_{int}—负载辊缝调节积分部分轧制压力；P_{enl}—负载辊缝调节放大部分轧制压力；ΔP_M—第 1 机架监控部分轧制压力附加值的增量；Δx_M—监控值；V_1—金属秒流量；T_m—平均张力；K_V—速度影响系数；K_B—宽度影响系数

表 5-2　AGC 三种方式功能的组合

功　能	AGC 方式 A	AGC 方式 B	AGC 方式 C
第 1 机架前馈	投　入	投　入	投　入
第 1 机架负载辊缝调节	投　入	投　入	投　入
第 1 机架监控	投　入	投　入	投　入
第 2 机架前馈	投　入	投　入	投　入
第 4 机架前馈			投　入
第 4 机架监控			投　入
第 5 机架前馈	投　入	投　入	
第 5 机架监控	投　入	投　入	
张力极限控制		投　入	
方式 C 出口厚度监控			
甩尾时辊缝修正	投　入	投　入	投　入

目前 AGC 方式 C 是最常使用的方式，第 4 机架以 A 方式工作，末架恒张力工作，第 4 ~ 5 机架之间张力通过速度调节维持恒定。

5.4.1.3　2030mm 五机架 AGC 控制功能

2030mm 五机架 AGC 系统设计为三个部分。

A　第1机架的AGC

第1机架的AGC由第1机架前馈、负载辊缝调节、监控和速度反馈控制4个环节组成，用来消除来料厚度的绝大部分偏差，并维持第1机架秒流量恒定。

（1）第1机架前馈是根据第1机架前测厚仪测得的厚度偏差，按带钢的变形抗力计算出消除此厚度偏差应施加的附加轧制压力，然后同步叠加到轧制压力环上进行厚度开环控制，用来消除第1机架前带钢来料的厚度偏差。其功能见图5-28中的第1机架前馈部分。

（2）第1机架负载辊缝的调节是根据压下位置值、带钢厚度设定值、机架弹跳量、轧辊辊缝位置初始校正值、油膜轴承油膜厚度的变化量以及监控值求得辊缝偏差，并通过轧件塑性系数和轧机刚性系数换算成消除该厚度偏差所需的轧制压力变化量，通过该轧制压力的变化来调节辊缝。负载辊缝控制仅把轧制压力的变化与厚度的变化关系对应起来，但它不能识别厚度变化是否因其他因素（如温度变化等）引起的。其功能见图5-28中的第1机架负载辊缝调节部分。

（3）第1机架反馈控制的实质是监控，根据第1机架后测厚仪测得的厚度偏差，然后求得监控值Δx_M，并以此作为负载辊缝调节的修正值，其功能见图5-28中的第1机架监控部分。

将以上3个环节的轧制力修正值一起送到轧制力调节器，综合结果进行辊缝调节，从而能消除来料的绝大部分偏差。

（4）第1机架速度反馈控制（即第2机架前馈控制）。第2机架前馈亦称第1机架速度反向控制是由于第1机架辊缝调节引起1～2机架之间的张力变化，为此根据第1机架后测厚仪测得的厚度偏差，以及金属秒流量相等的原则，通过改变第1机架的速度使带钢厚度偏差在第2机架得到消除，因而第2机架的出口厚度基本上是稳定的。其功能见图5-28中的第2机架预控部分。

B　机架间的恒张力调节

张力在连轧过程中是一个十分重要的参数。这是由于全连续冷连轧机通过带钢将开卷机、活套、轧机机架之间以及卷取机等全部机械连成一个整体，构成张力连轧的工艺过程。因此张力恒定是连轧机系统稳定的重要条件，只有保持张力恒定，才能使金属秒流量恒定，保持最佳控制的设定，使成品的厚度得以保证。

2030mm五机架AGC系统利用实测张力偏差通过轧制力调节器来调整辊缝，使之既消除了张力偏差，又修正了出口厚度，也保持了中间机架秒流量恒定。

为保持系统稳定，第4与第5机架间设置了张力极限控制系统。该系统是由模拟量输入装置JAGE按输入节拍20ms进行启动。张力控制方式有方式A、方式B和方式C三种。

在张力调节方式A中，下级张力调节回路是根据张力设定值和张力实际值之间的差值，在第5机架输出一个轧制压力附加值来改变实力，并使之趋向设定值，当实际张力等于设定张力时，则附加轧制压力为零。

在张力调节方式B中，下级张力调节公用一个方式A调节回路，因此由计算机来断开第4机架和第5机架间的张力调节，此时张力调节就由计算机张力极限调节模块来实现。

在张力调节方式C中，下级张力调节回路是根据张力设定值与张力实际值之间的差来调节第5机架速度，以此来保持张力恒定。

张力极限调节功能见图5-28中的张力极限控制部分。

C　第4、5机架厚度自动调节

为了进一步提高厚度精度，2030mm五机架AGC系统都配置有前馈和反馈控制回路。

（1）第4机架的前馈是根据第3机架后测厚仪测得的带钢厚度偏差，来调节第4机架的速度，按金属秒流量相等的原则，来消除第 3 机架后的带钢厚度偏差，而第 5 机架的速度将跟随第 4 机架的速度而变化，其功能见图 5-28 中的第 4 机架前馈部分。

（2）第 4 机架反馈控制为监控，是根据第 4 机架后测厚仪测得的厚度偏差来调节第 4 机架速度，而第 5 机架速度跟随第 4 机架速度进行变化，第 4 机架监控功能见图 5-28 的监控部分。

（3）第 5 机架前馈是根据第 4 机架后的测厚仪测得的厚度偏差来调节第 5 机架的速度，其功能见图 5-28 所示的第 5 机架前馈部分。按照金属秒流量相等的原则，来消除第 4 机架后的带钢厚度偏差。

（4）第 5 机架反馈控制为监控，监控有两种方式，一为方式 A，另一为方式 C。当采用 AGC 方式 A 时，厚度偏差被转换成第 5 机架速度变化量，来调节第 5 机架速度，其功能见图 5-28 中的第 5 机架监控部分。当采用 AGC 方式 C 时轧机出口厚度监控是根据第 5 机架后测厚仪测得的厚度偏差来修正第 4 机架后带钢的设定厚度，再转换成第 5 机架轧制压力附加设定值，用来调节第 5 机架的轧制压力。其功能见图 5-28 中 C 方式第 5 机架监控部分。

AGC 方式 C 投入的前提是：1）轧机主令速度必须大于 5%；2）轧机处于恒速运行状态，即加速或减速期间该功能是不投入的；3）第 4 机架监控执行 N 次该功能运行一次。

此外，2030mm 五机架 AGC 系统还设置了甩尾辊缝修正回路。在甩尾时，当实际轧制压力与接通辊缝修正的轧制压力不一致时，则要根据二者的差值来修正辊缝位置值。见图 5-28 中的甩尾辊缝修正控制部分。

由于采用了合理的 AGC 控制方式和控制功能，即厚度控制的调节量和调节参数是由计算机设定计算并参与调节，保证速度调节精度的前滑值利用实测值由自适应计算得出。用轧制力调节负载辊缝没有滞后，并能很好地考虑各种干扰的影响，以及根据轧制材质和规格选择不同方式等，使得该系统的调节和控制环节更为完善，从而保证该机组所生产的产品厚度精度达到了一个比较高的水准，目前产品的厚度精度在 1% ~3% 范围之内，达到较高水平。

5.4.2　单机架冷轧机的 μ－AGC 自动控制系统

所谓 μ－AGC 就是可以将带材的厚度偏差控制在微米级范围之内的一种微米精度的厚度自动控制系统。例如，轧制厚度为 0.125mm 的成品带材，利用此种厚控系统，可以使其厚度偏差控制为 ±0.00127mm，即厚度偏差约为其厚度的 ±（1% ~2%）。

μ－AGC 的基本原理是采用初始控制回路、前馈控制回路和反馈控制回路联合应用来实现高精度带材的厚度自动控制。图 5-29 是 μ－AGC 系统的控制原理框图，它由三个控制环节构成，即由初始控制回路、前馈控制回路和反馈控制回路所组成。

（1）初始控制回路。在可逆式轧机上轧制带材时，通常由于带材头尾轧制速度低、失张等原因而不能正常地轧制，结果因厚度超差不合格，造成大量的金属损失。为了提高收得率，使带材头尾也能在控制作用下进行正常轧制，因而设置初始控制回路。

在前馈和反馈控制回路等控制回路未能正常投入使用之前，带材的头尾由入口测厚仪到卷取机，就小型轧机而言，一般至少有 2 ~3m 的料长都不能进行正常轧制。初始控制回路是当带材一通过入口测厚仪，轧机就根据该测厚仪测得的入口厚度与给定厚度相比较的结果，针对所要求的出口厚度，按延伸率的原则，通过计算机和液压系统准确地进行辊缝的设定和轧制，使带材头尾的厚度基本上可以符合要求。一般初始控制回路可以使带材头尾的厚度精度达到 ±（3% ~5%）（就 0.1 ~0.5mm 带材而言）。

当带材已到达出口测厚仪、测长仪和卷取张力建立之后，此时前馈和反馈控制回路便自动投入正常轧制。

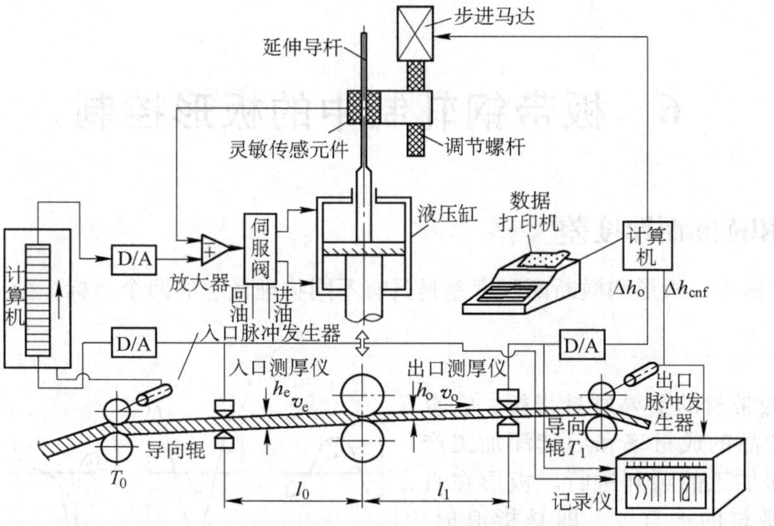

图 5-29　高精度 μ－AGC 系统的控制原理图

(2) 前馈控制回路。前馈控制回路是用来消除来料厚度差的，进入轧机的带材厚度是用入口测厚仪进行测定，并将入口测厚仪至轧机中心线的距离分成若干段，带材每移动 100mm，测厚仪就测定一次带材的厚度，将测出的厚度与目标入口带材厚度进行比较而产生一个与它成比例的偏差信号，然后将偏差信号经计算机送给液压伺服阀，使液压压下作出相应移动，借此来消除来料厚度偏差。

(3) 反馈控制回路。反馈控制回路是根据出口测厚仪得到的厚度偏差 Δh_1 和按金属秒流量相等原则计算出的厚度偏差 Δh_{cnf}，形成复合反馈控制修正指令信号，由计算机计算出该两种偏差的平均值，然后按式（5-6）的关系，通过液压系统进行快速压下来实现厚度控制。

6　板带钢轧制中的板形控制

6.1　板形和横断面厚度差

在板形问题中，板形和横断面厚度差是具有不同物理概念的两个指标。分述如下。

6.1.1　板形

板形是板带材的重要质量指标，它直接影响板带产品的成材率和后续深加工产品的质量及深加工的顺利进行。板形在直观上是指板带材的平直度，即是指浪形、瓢曲、翘曲、折皱或旁弯等板形缺陷的程度，其实质是指带钢内部残余应力分布状况，即轧件在宽度方向变形的均匀程度。在来料板形良好的条件下，它决定于延伸率沿宽度方向是否相等，若边部延伸率大于中部，则产生双边浪；若中部延伸大，则产生中部浪形（简称中浪）或瓢曲；若一边延伸比另一边大，则产生单边浪或“镰刀弯”。浪形和瓢曲缺陷尚有多种表现形式，如图6-1所示。对于所有板带材都不允许有明显的浪形或瓢曲，要求其板形良好。板形不良对轧制操作也有很大影响。板形严重不良会导致勒辊、轧卡、断带、撕裂等事故的出现，使轧制操作无法正常进行。

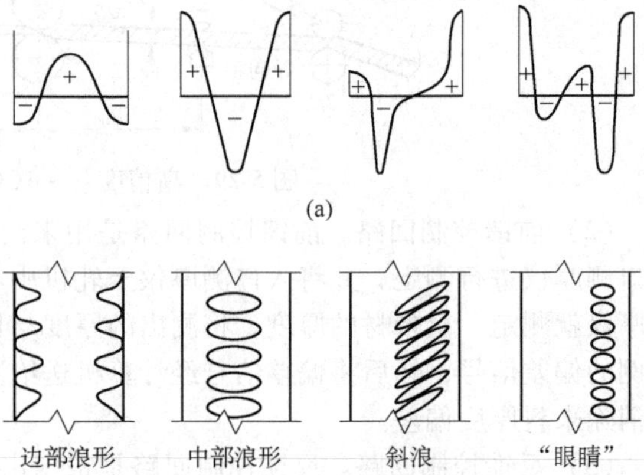

图 6-1　板形缺陷主要形式
（a）残余应力分布；（b）板形缺陷

生产中出现板形问题的主要原因有：

（1）轧制力的变化；

（2）来料板凸度的变化；

（3）原始轧辊的凸度；

（4）板宽度；

（5）张力；

（6）轧辊接触状态；

（7）轧辊热凸度的变化等。

常见的板形表示方法有：

（1）相对长度表示法。将轧后的轧件 L_0 长，沿板材横向均匀裁成若干条并铺平，如图6-2所示，若轧制过程中产生不均匀变形，则横向各条长度不同。以横向最长和最短的相对长度差 $\Delta L/L$ 可以板形的相对长度表示法表示。因该值较小，加拿大铝业公司利用相对长度差定义板形单位，称为I单位，一个I单位相当于相对长度差为 10^{-5}。通常，为保证板形良好，热轧板控制在100个I单位之内，冷轧板要控制在50个I单位之内。

（2）波形表示法。在翘曲的钢板上测量相对长度来求出相对长度差很不方便，所以人们

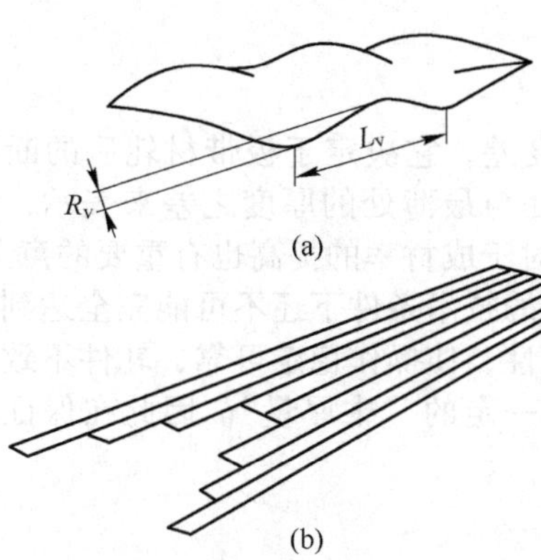

图 6-2 翘曲带钢及其分割形态

（a）翘曲带钢；（b）分割后的翘曲带钢

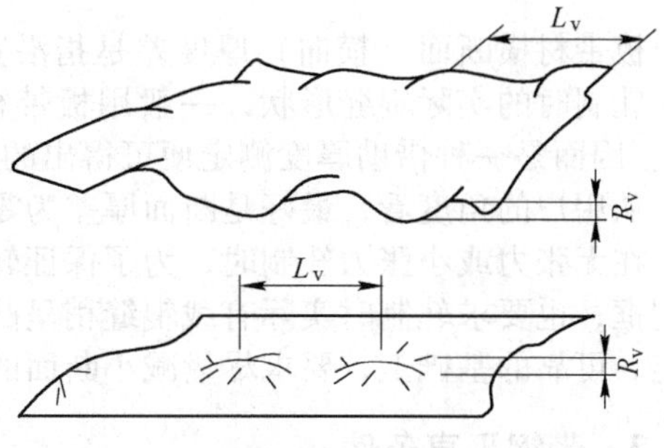

图 6-3 带钢翘曲的两种典型情况

采用了更为直观的方法，即以翘曲波形来表示板形，称之为翘曲度。图 6-3 所示为带钢翘曲的两种典型情况。将带材切取一段置于平台（检验台）之上，如将其最短纵条视为一直线，最长纵条视为一正弦波，则如图 6-4 所示，可将带材的翘曲度 λ 表示为：

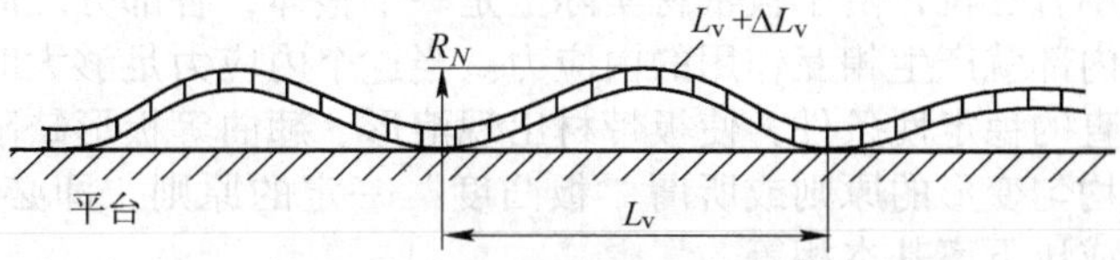

图 6-4 正弦波的波形曲线

$$\lambda = \frac{R_v}{L_v} \times 100\% \tag{6-1}$$

式中 R_v——波幅；

L_v——波长。

这种方法直观、易于测量，故应用广泛。

设在图 6-4 中与长为 L_v 的直线部分相对应的曲线部分长为 $L_v + \Delta L_v$，并认为曲线按正弦规律变化，则可利用线积分求出曲线部分与直线部分的相对长度差。

因设波形曲线为正弦波，可得其方程为：

$$H_v = \frac{R_v}{2}\sin\left(\frac{2\pi y}{L_v}\right) \tag{6-2}$$

故与 L_v 对应的曲线长度为：

$$\begin{aligned} L_v + \Delta L_v &= \int_0^{L_v} \sqrt{1 + \left(\frac{dH_v}{dy}\right)^2}\,dy \\ &= \frac{L_v}{2\pi}\int_0^{2\pi} \sqrt{1 + \left(\frac{\pi R_v}{L_v}\right)^2 \cos^2\theta}\,d\theta \\ &\approx L_v\left[1 + \left(\frac{\pi R_v}{2L_v}\right)^2\right] \end{aligned}$$

因此，曲线部分和直线部分的相对长度差为：

$$\frac{\Delta L_v}{L_v} = \left(\frac{\pi R_v}{2L_v}\right)^2 = \frac{\pi^2}{4}\lambda^2 \tag{6-3}$$

式（6-3）表示了翘曲度 λ 和最长、最短纵条相对长度差之间的关系，它表明带钢波形可以作为相对长度差的代替量。只要测量出带钢波形，就可以求出相对长度差。冷轧板的翘曲度一般应小于 2% 。

除了上述表示法外还有矢量表示法、残余应力表示法、断面形状的多项式表示法、张力差表示法以及厚度相对变化量差表示法。这些表示法对板形控制都很有意义。

6.1.2　横断面厚度差

板带材横断面（横向）厚度差是指沿宽度方向的厚度差，它决定于板带材轧后的断面形状或轧制时的实际辊缝形状，一般用板带材横断面最厚处与最薄处的厚度之差来表示，记为 Δh_b。因而是一种借助厚度测定便可得出的具体指标。它对于成材率的提高也有重要的意义。

从用户的角度看，最好是断面厚差为零。但这在目前的技术条件下还不可能完全达到。此外，在无张力或小张力轧制时，为了保证轧件运行的稳定性，使操作稳定可靠，轧件不致跑偏和刮框，也要求轧制时实际有载辊缝稍呈凸形，亦即要有一定的“中厚量”。因此在保证轧制稳定、可靠的基础上，要求尽量减小断面的厚度差。

6.1.3　带钢平直条件

板形缺陷的产生是由于沿板宽方向各部位延伸不均造成的，延伸较大的部分受压，而延伸较小者受拉，由于板带材实际上是一个整体，各部分之间必定互相牵制，互相影响。因此板带材内部就产生相互作用的内应力。当这个内应力足够大时，就可能破坏板带材各部分之间维持平直的稳定性条件，使板带材出现浪形、翘曲等板形缺陷。故为了要保持良好的板形，必须遵循均匀变形的原则或所谓“板凸度”一定的原则，即必须使板带材沿宽度方向上各点的延伸率或压下率基本相等。

如图 6-5 所示，设轧制前板带材边缘的厚度等于 H，而中间厚度等于 $H+\Delta$，即轧前横断面厚度差或称板凸量为 Δ；轧制后板带材相应横断面上的厚度分别为 h 和 $h+\delta$，即轧后横断面厚度差或板凸量为 δ。而 Δ/H 及 δ/h 则为板凸度。轧件沿宽度上压缩率相等的条件可以写成钢板边缘和中部延伸率 λ 相等的条件，即

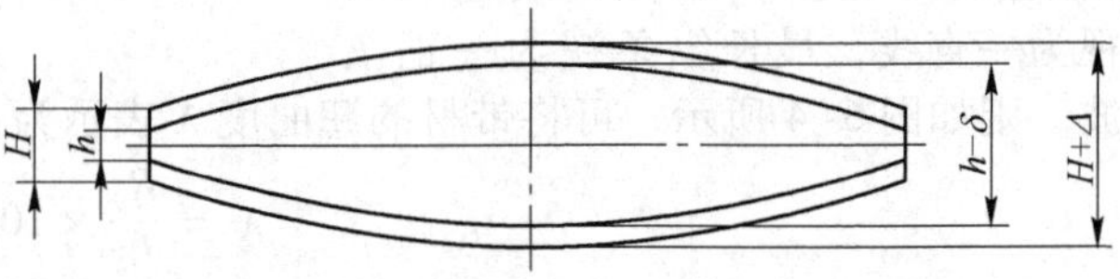

图 6-5　轧制前后板带材断面厚度变化

$$\frac{H+\Delta}{h+\delta}=\frac{H}{h}=\lambda$$

由此可得：
$$\frac{\Delta}{\delta}=\frac{H}{h}=\lambda;\quad \frac{\Delta}{H}=\frac{\delta}{h}=\cdots=\frac{\delta_z}{h_z}=\text{板凸度}$$

$$\delta=\frac{h}{H}\Delta=\frac{\delta_z}{h_z}h \tag{6-4}$$

式中　δ_z、h_z——成品板的厚度差及厚度。

由此可见，要想满足均匀变形的条件，保证板形良好，就必须使板带材轧前的厚度差 Δ 与轧后的厚度差 δ 之比等于该道次的延伸率 λ。或者轧前板凸度（Δ/H）等于轧后板凸度（δ/h），即板凸度保持一定。本道次轧前的板厚也就是前一道次轧后的板厚，亦即前一道次轧制时辊缝的实际形状。因此，在均匀变形的原则下，后一道次的板厚差 δ 要比前一道次的板厚差 Δ 为小，即其差值为：

$$\Delta-\delta=(\lambda-1)\delta \tag{6-5}$$

由于轧辊的原始辊型及因辊温差所产生的热辊型在前后道次中几乎是不变的，故此差值主要取决于轧辊因承受压力所产生的挠度值。这就是说，要保证均匀变形的条件，就必须使后一道次轧制时轧辊的挠度小于前一次的挠度；也就是在轧辊强度相同的情况下，后一道次的轧制压力 P_i 必须小于前一道次的轧制压力 P_{i-1}。其所小的差值可由挠度计算公式反推求出，即由

$$\Delta-\delta=\frac{2P_{i-1}}{K_R}-\frac{2P_i}{K_R}=\frac{2}{K_R}(P_{i-1}-P_i)$$

故得
$$P_{i-1}-P_i=K_R(\Delta-\delta/2)=K_R(\lambda-1)\delta/2 \tag{6-6}$$

由此可见，为了保证良好的板形，满足均匀变形的条件，在设备强度一定的情况下，应使轧制力逐道减少。这就是通常按逐道减小压力的压下规程设计方法的理论基础。

显然，从均匀变形原则出发．后一道次的“中厚量”δ比前一道次的“中厚量”Δ要小$(\lambda-1)\delta$的数值，或者前一道次的“中厚量”为后一道次“中厚量”的λ倍。由此可见良好的板形只有在随着轧制的进行，使“中厚量”也逐道次减小时才能获得。设实际轧制中轧件宽度中心处的辊型凹度，即轧件中厚量之半t为：

$$t=y-y_t-W \tag{6-7}$$

式中　y、y_t、W——分别为工作辊在轧件宽度上的弯曲挠度值、热凸度及原始辊型凸度值。

若将良好板形的条件和“中厚法”操作（主要为使轧制操作稳定，防止轧件跑偏）结合起来考虑，则由式（6-4）及式（6-6）可得：

$$t=y-y_t-W=\frac{\delta}{2}=\frac{\delta_z}{2h_z}h$$

由$y=P/K$，经变换后可得

$$P=\frac{K_R\delta_z}{2h_z}h+K_R(y_t+W) \tag{6-8}$$

式（6-8）称为板形条件方程。将该式作$P-h$图得一条直线，该直线反应了板凸度一定的条件下轧制压力与轧件厚度的关系，称为“理想板形线”，如图6-6所示。其斜率依成品板凸度（δ_z/h_z）及宽度（影响到K_R）等而变化，即因产品不同而不同。各道次（尤其是最终几道次）的压力P和板厚h值基本上应落在此直线的附近，才能保持均匀变形，从而使板形平直。但也应指出，实际生产中并非严格遵守板凸度一定的原则不可，尤其是粗轧道次更可放宽。轧件越厚，温度越高，张力越大，则对不均匀变形的自我补偿能力越强，就越可不受此条件限制。一般道次的P与h值只需落在图6-6阴影区内即可。但至精轧道次，则一般应收敛到此直线上，按板凸度一定原则确定压下量，以保证板形质量。轧件越薄，按该原则设计的道次则应越多。

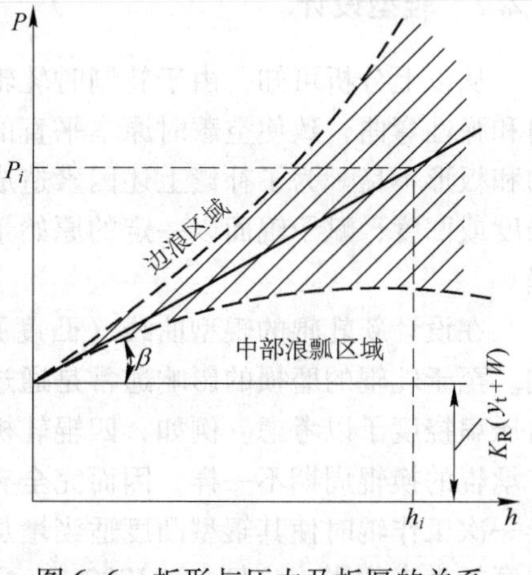

图6-6　板形与压力及板厚的关系

6.2　辊型设计与辊型控制

6.2.1　影响辊缝形状的因素

既然板带材横向厚差和板形主要决定于轧制时实际辊缝的形状，故必须研究影响实际辊缝形状的因素，并据以对轧辊原始形状进行合理的设计。

影响辊缝形状的因素主要有轧辊的弹性弯曲、轧辊的弹性压扁、轧辊的热膨胀、轧辊的磨损和轧辊的辊型设计。

（1）轧辊的弹性弯曲。轧辊的弹性弯曲一般是影响辊缝形状的最主要的因素。在压力作用下轧辊发生弹性弯曲，使辊缝呈“中厚边薄”，其大小以弯曲挠度衡量。

（2）轧辊的弹性压扁。轧辊的弹性压扁沿辊身长度分布是不均匀的，这主要是由于单位压力分布不均匀所致。此外，在靠近轧件边部的压扁也要小一些，使轧件边部出现变薄区，随着轧辊直径的减小，边部变薄区也减小，一般情况下这个区域虽然不很大，却同样影响成材率。在工作辊与支承辊之间也产生不均匀弹性压扁，它直接影响到工作辊的弯曲挠度。

（3）轧辊的热膨胀。轧制过程中轧辊的受热和冷却条件沿辊身分布是不均匀的。在多数场合下，辊身中部的温度高于边部使辊缝呈“中薄边厚”，但有时也会出现相反的情况，并且一般在传动侧的辊温稍低于操作侧的辊温。在直径方向上辊面与辊心的温度也不一样，在稳定轧制阶段，辊面的温度较高，但在停轧时由于辊面冷却较快，也会出现相反的情况。

（4）轧辊的磨损。轧件与工作辊之间及支承辊与工作辊之间的相互摩擦都会使轧辊不均匀磨损，影响辊缝的形状。但由于影响轧辊磨损的因素太多，故尚难从理论上计算出轧辊的磨损量，只能靠大量实测来求得各种轧机的磨损规律，从而采取相应的补偿轧辊磨损的办法。

（5）轧辊的辊型设计。轧辊的辊型设计即新辊的设计凸度及其辊面曲线的合理与否同样影响有载辊缝的形状，从而对产品的横向厚度精度及其板形产生影响。在一般状况下，辊型设计就是考虑轧制时影响辊缝形状的各种因素，通过计算或实践的修正使轧辊预先具有的凸度值及其辊面形状，以补偿轧制过程中由于轧辊的弹性弯曲、轧辊的弹性压扁、轧辊的热膨胀以及轧辊的磨损等因素所引起的有载辊缝的不平直，从而轧出横向厚度均匀、板形平直的板带材。

6.2.2　辊型设计

从以上分析可知，由于轧制时轧辊的不均匀热膨胀、轧辊的不均匀磨损以及轧辊的弹性压扁和弹性弯曲，致使空载时原本平直的辊缝在轧制时变得不平直了，导致板带材的横向厚度不均和板形不良。为了补偿上述因素造成的辊缝形状的变化，需要预先将轧辊车磨成一定的原始凸度或凹度，赋予辊面以一定的原始形状，使轧辊在受力和受热轧制时，仍能保持平直的辊缝。

在设计新轧辊的辊型曲线（凸度）时，主要是考虑轧辊的弹性弯曲和不均匀热膨胀的影响。至于轧辊的磨损的影响通常是通过换辊和生产计划的编排来补偿，而轧辊的弹性压扁则是由压扁挠度予以考虑。例如，四辊轧机用换辊来补偿磨损时通常是这样进行的：由于工作辊和支承辊的换辊周期不一样，因而完全有可能做到每更换一次工作辊时使其辊型凸度适当增加，以弥补支承辊磨损带来的影响。例如，1200mm 可逆式冷轧机在轧制厚度为 0.5mm 以下的产品时，工作辊换 16 次，支承辊才换一次。因此当轧制宽度为 1020mm 的硅钢片时，与新换支承辊配对的工作辊的凸度为 0.07mm，以后随着支承辊的逐渐磨损，工作辊凸度依次递增至 0.13mm。

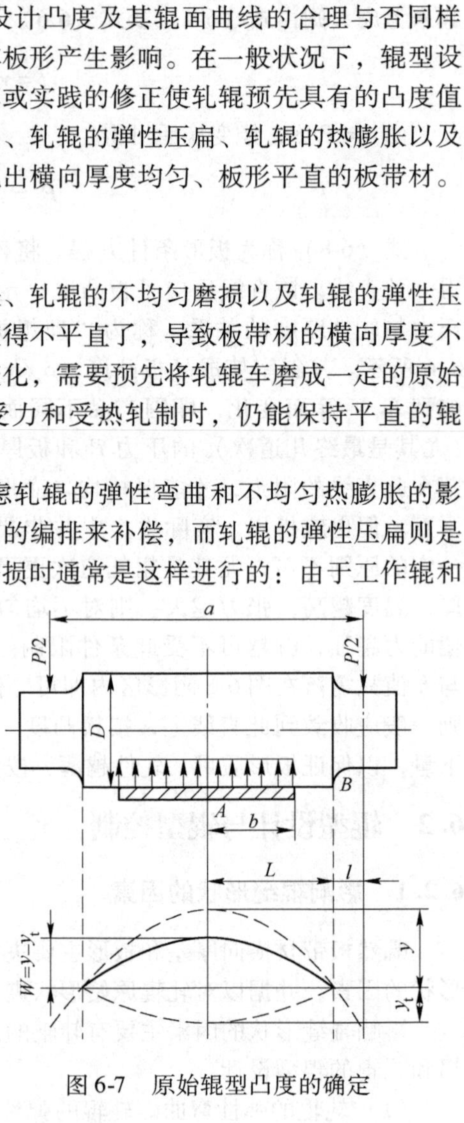

图 6-7　原始辊型凸度的确定

辊型设计的步骤如下：

（1）计算一套轧辊的总原始“凸度”：$W = y - y_t$，见图 6-7。

1）轧辊弯曲挠度 y 的计算。二辊轧机轧辊的弯曲挠度应由弯矩所引起的挠度和切力所引起的挠度两部分所组成，其辊身挠度差可按下式近似计算：

$$y = PK_W$$

$$K_W = \frac{1}{6\pi ED^4}[32L^2(2L + 3b) - 8b^2(4L - b) + 15kD^2(2L - b)] \tag{6-9}$$

式中 K_W ——轧辊的抗弯柔度，mm/kN；

k ——考虑切应力分布不均匀的系数，对圆断面 $k=32/27$。

对四辊轧机而言，支承辊的辊身挠度差可以用上式进行近似计算（在保证 D_1/D_2 与 B/L 值正确配合的情况下）。长期以来，根据对轧辊挠度的分析，认为当支承辊直径与工作辊直径之比值较大时，弯曲力主要由支承辊承担，故工作辊的挠度也可以近似地认为与支承辊的挠度相等。因而就认为辊型设计时可以用支承辊的辊身挠度差来代替工作辊的辊身挠度差。但理论和实验都表明，轧制时工作辊的实际挠度比支承辊大得多。这主要是因为工作辊与支承辊之间存在弹性压扁变形，结果使位于板宽范围之外的那一部分工作辊受到支承辊的悬臂弯曲作用，从而大大地增加了工作辊本身的挠度。轧件的宽度越小，工作辊的挠度便越大。因此，在进行辊型设计时，若不考虑工作辊这一弹性变形特点，而仅凭支承辊辊身挠度差的计算来处理问题，其结果必然与实际不符。亦即四辊轧机工作辊的弯曲挠度不仅取决于支承辊的弯曲挠度，而且也取决于支承辊和工作辊之间的不均匀弹性压扁所引起的挠度。如果支承辊和工作辊辊型的凸度均为零，则工作辊的挠度为：

$$f_1 = f_2 + \Delta f_y \tag{6-10}$$

式中 f_1、f_2 ——工作辊、支承辊的弯曲挠度；

Δf_y ——支承辊和工作辊之间不均匀弹性压扁所引起的挠度差。

据资料介绍，工作辊挠度计算公式为：

$$f_1 = K_{W1}P \quad K_{W1} = \frac{A_0 + \varphi_1 B_0}{L\beta(1+\varphi_1)} \tag{6-11}$$

支承辊挠度计算公式为：

$$f_2 = K_{W2}P \quad K_{W2} = \frac{\varphi_2 A_0 + B_0}{L\beta(1+\varphi_2)} \tag{6-12}$$

式中 K_{W1}、K_{W2}——工作辊、支承辊的抗弯柔度；

φ_1、φ_2——系数，可按下式计算：

$$\varphi_1 = \frac{1.1n_1 + 3n_2\xi + 18\beta K}{1.1 + 3\xi};\quad \varphi_2 = \frac{1.1 + 3\xi + 18\beta K}{1.1n_1 + 3n_2\xi}$$

$$A_0 = n_1\left(\frac{a}{L} - \frac{7}{12}\right) + n_2\xi;\quad B_0 = \frac{3 - 4u^2 + u^3}{12} + \xi(1-u),\ \left(u = \frac{b}{L}\right);$$

$$\beta = \frac{\pi E_1}{L}\left(\frac{D_1}{L}\right)^4;\quad \xi = \frac{kE_1}{4G_1}\left(\frac{D_1}{L}\right)^2$$

支承辊和工作辊之间不均匀弹性压扁所引起的挠度为：

$$\Delta f_y = \frac{18(B_0 - A_0)K\,q}{1.1(1+n_1) + 3\xi(1+n_2) + 18\beta K}$$

其中

$$K = \theta \ln 0.97\,\frac{D_1 + D_2}{\bar{q}\theta};\quad \theta = \frac{1-v_1^2}{\pi E_1} + \frac{1-v_2^2}{\pi E_2};$$

$$n_1 = \frac{E_1}{E_2}\left(\frac{D_1}{D_2}\right)^4;\quad n_2 = \frac{E_1}{E_2}\left(\frac{D_1}{D_2}\right)^2$$

式中 D_1、D_2 ——支承辊、工作辊直径；

$\bar{q}$ ——支承辊和工作辊间的平均单位压力，$\bar{q}=\dfrac{P}{L}$。

此外，由轧制力产生的轧辊挠度曲线，一般也可以按抛物线的规律计算，即距辊身中部为 x 处的任意断面的挠度为：

$$y_x = y\left[1-\left(\frac{x}{L}\right)^2\right] \tag{6-13}$$

式中　y——辊身中部与边部的挠度差，对于二辊轧机按式（6-9）计算。

2）轧辊热凸度 y_t 的计算：

$$y_t = \Delta R_t = K_T\alpha(T_Z - T_B)R = K_T\alpha\Delta TR \tag{6-14}$$

式中　T_Z、T_B ——轧辊辊身中部和边部温度；

R ——轧辊半径；

α ——制辊材质的线膨胀系数，钢辊 α 可取为 $13\times10^{-6}/℃$，铸铁辊 α 可取为 $11.9\times10^{-6}/℃$；

K_T ——考虑轧辊中心层与表面层温度不均匀分布的系数，一般取 $K_T=0.9$。

根据大量的实践资料统计，轧辊不均匀热膨胀产生的热凸度曲线，可近似地按抛物线计算，即距轧辊中部为 x 的任意断面上的热凸度 y_{tx} 为：

$$y_{tx} = \Delta R_t\left[\left(\frac{x}{L}\right)^2 - 1\right] = -\Delta R_t\left[1-\left(\frac{x}{L}\right)^2\right] \tag{6-15}$$

式中　ΔR_t ——辊身中部的热凸度，按式（6-14）计算；

L ——辊身长度之半；

x ——从辊身中部起到任意断面的距离，在辊身中部 $x=0$；在辊身边缘 $x=L$。

如果 W 值为正值，说明由于轧制力引起的挠度大于不均匀热膨胀产生的热凸度，故此时原始辊型应磨成凸形，反之，则为凹形。轧辊必须预先磨制成这样的原始凸度，才能在实际轧制过程中使辊缝保持平直。

（2）原始凸度的分配。四辊轧机轧辊原始凸度分配一般有两种方案：1）一个工作辊“凸”形，其他全为圆柱形（平辊），即凸度集中在一个工作辊上；2）两个工作辊都是“凸”形，两个支承辊为圆柱形，即凸度平均分配在两个工作辊上。第一种凸度分配方案，轧辊磨削方便，换辊也方便，故较为广泛采用。

（3）辊面曲线的确定。常规轧辊辊面形状曲线有抛物线型、双曲线型、阶梯型等，其中以抛物线型居多，但新型的板形控制轧机已形成多样化形态。

（4）实践的检验、修正。在实际生产中，原始辊型的选定并不是或者不完全是依靠计算，而主要是参照国内外已有的同类或相似轧机的经验、数据估计与对比预选一个凸度值，再根据试轧效果逐次加以修订的。在大多数的情况下，一套行之有效的辊型制度都是经过一段时期的生产试轧，反复比较其实际效果之后才最终确定下来的，并且随着生产条件的变化还要作适当的改变。

检验原始辊型的合理与否应从产品质量、设备利用情况、操作的稳定性以及是否能有利于辊型控制与调整等方面来衡量。凸度选得过大，会引起中部浪形，并易使轧件跑偏乃至张力拉偏造成断带等问题；凸度过小又有可能限制轧机负荷能力的充分发挥，即为了防止边浪而不能施加较大的压力。当然在采用液压弯辊装置的现代化板带轧机上，原始辊型凸度的选择可以大为简化。但由于弯辊装置的能力也有一定的限制，因而还需要有一定的原始辊型与之配合工作。辊型凸度配备合适时，液压弯辊在其能力范围内将能有效地消除板形缺陷。表 6-1 及表 6-

2分别为宽带钢热连轧机及可逆式四辊冷轧机的原始辊型凸度配置实例。它们的共同特点是：随着支承辊的逐渐磨损，工作辊凸度都渐次作相应的增加。不同之点则为：在连轧情况下，每一机架的支承辊磨损速度都不一样，所以每一机架工作辊凸度的递增速度也有所不同。

表6-1 1700mm宽带钢精轧机组的辊型配置实例

工作辊周期	机架号					
	3号	4号	5号	6号	7号	8号
	工作辊凸度值/mm					
1	0.00	0.00	0.00	0.00	0.00	0.00
2	0.05	0.00	0.00	0.00	0.00	0.00
3	0.05	0.05	0.00	0.00	0.00	0.00
4	0.05	0.005	0.05	0.00	0.00	0.00
5	0.05	0.05	0.05	0.05	0.00	0.00
6	0.05	0.05	0.05	0.05	0.05	0.00
7	0.05	0.05	0.05	0.05	0.05	0.05
8	0.08	0.05	0.05	0.05	0.05	0.05
9	0.08	0.05	0.05	0.05	0.05	0.05

表6-2 1200mm单机可逆式四辊冷轧机辊型配置实例

品种		工作辊凸度值/mm	备注
$B=1020$mm	T8A	0.07~0.10	支承辊前期用大值，后期用小值；只有上工作辊有凸度，下工作辊为平辊
$B=1020$mm	硅钢板	0.07~0.13	
$B=800$mm	硅钢板	0.28~0.32	
$B=760$mm	镀锡板	0.25~0.28	
$B=820$~870mm	普通板	0.15~0.18	
$B=1020$mm	普通板	0.05~0.10	

6.2.3 辊型控制

原始辊型设计时，仅是对相对稳定的工艺条件、对某一产品而言。但实际生产中由于钢种、产品规格和轧制条件不断变化，且辊型又不断磨损，想用一种辊型去满足各种轧制情况的需要是根本不可能的。这就需要在轧制过程中根据不同的情况随时调整和控制辊型，才能有效地加以补偿。控制辊型的目的就是控制板形，故辊型控制技术实际就是板形控制技术，但后者含义更广，它往往把板形检测以及许多旨在提高板形质量的新技术和新轧机都包括了进去。这方面的技术近年来发展很快，可以分为常用辊型控制技术及板形控制的新技术和新轧机两类。在此仅阐述常用辊型控制技术，板形控制的新技术和新轧机见6.3节。

常用辊型控制技术包括从工艺上和设备上考虑的两类，其中工艺上的控制方法有调温控制法和变弯矩控制法两种，设备上的控制方法是指液压弯辊装置，以下分述。

（1）调温控制法。调温控制法即改变辊温分布控制法。这种方法的应用需沿辊身设有分段的调温装置，人为地向轧辊某些部位进行冷却或供热（多为冷却），改变并控制辊温的分布而改变轧辊热凸度值，以达到控制辊型的目的。通常可作为灵活控制手段的就是通过对沿辊身长度上布置的冷却水流量进行分段控制，调节轧辊冷却水的流量和分布而进行的。这种方法是在生产中早已应用的传统方法，虽然有效，但一般难以满足调整辊型的快速性要求。这是由于轧辊本身热容量大，升温和降温都需较长的过渡时间，而急冷急热又极易损坏轧辊。从发现辊型反常并着手调整辊温时开始，到调至完全见效时为止，要经过较长的时间，在这段时间里所轧产品实际是次品或不合格品，对于现代高速板带轧机来说，这样缓慢的调整方法是绝不可能满足生产工艺要求的，故只能作为弯辊控制或其他板形控制方法的辅助手段。

（2）变弯矩控制法。变弯矩控制法即通过调整轧制工艺参数，如压下量、张力及润滑条件等，改变轧制压力而改变轧辊挠度值，使轧辊的弹性弯曲随之改变，从而及时补偿辊型凸度的变化，以达到控制辊型的目的。这种方法控制较为及时、有效，但为保证轧制的稳定性，轧制工艺参数的调整范围不能过大，故控制有限。

（3）液压弯辊法。液压弯辊法是利用液压缸施加压力使工作辊或支承辊产生附加弯曲，以补偿由于轧制压力和轧辊温度等工艺因素的变化而产生的辊缝形状的变化，以保证生产出高精度的产品的一种板形控制方法，所采用的装置称为液压弯辊装置。利用弯辊控制法，通过控制轧辊在轧制过程中的弹性变形，及时而有效地控制板材平直度和横向厚度差，且调整幅度较大。但采用液压弯辊会增加轧机的载荷。弯辊方法有以下几种：

1）弯曲工作辊（当 $L/D<3.5$ 时用）。在工作辊轴承座之间设置液压缸或直接利用平衡工作辊的液压缸，如图 6-8a 所示，使上下工作辊轴承座受到与轧制压力方向相同的弯辊力 N，结果是减少了轧制时工作辊的挠度，这种弯曲工作辊的方法叫正弯工作辊法（IWW 法）；在工作辊轴承座与支承辊轴承座间装置液压缸，如图 6-8b 所示，使工作辊轴承座受到一个与轧制压力方向相反的弯辊力 N，结果是增大了轧制时工作辊的挠度，这种叫负弯工作辊法（IWB 法）。

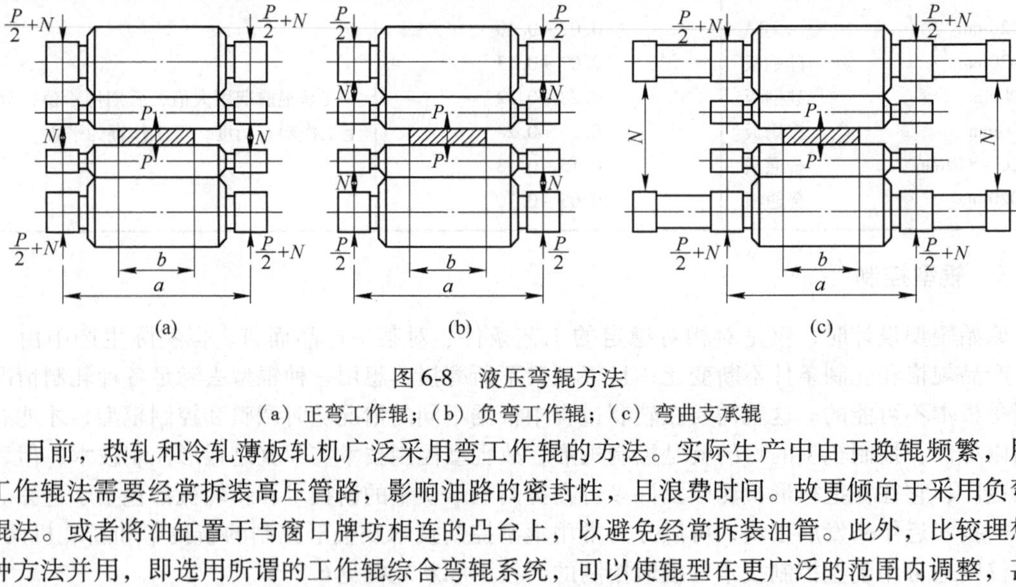

图 6-8　液压弯辊方法

（a）正弯工作辊；（b）负弯工作辊；（c）弯曲支承辊

目前，热轧和冷轧薄板轧机广泛采用弯工作辊的方法。实际生产中由于换辊频繁，用正弯工作辊法需要经常拆装高压管路，影响油路的密封性，且浪费时间。故更倾向于采用负弯工作辊法。或者将油缸置于与窗口牌坊相连的凸台上，以避免经常拆装油管。此外，比较理想的两种方法并用，即选用所谓的工作辊综合弯辊系统，可以使辊型在更广泛的范围内调整，甚至用一种原始辊型就可以满足不同品种和不同轧制制度的要求。

2）弯曲支承辊（工作辊 $L/D>3.5$ 时用）。把支承辊两端加长，在伸长的辊端上装置液压缸（图 6-8c），弯辊力加在两支承辊之间，使上下支承辊两端受弯辊力 N 的作用。通常用的是支承辊正弯辊法，即弯辊力的作用方向与轧制力方向相同，以减小支承辊挠度。

弯曲支承辊的方法适用于厚板轧机，它比弯工作辊能提供较大的挠度补偿范围，且由于弯支承辊时的弯辊挠度曲线与轧辊受轧制压力产生的挠度曲线基本相符合，故比弯工作辊更有效。

根据实际资料，液压弯辊所用的弯辊力一般在最大轧制压力的10%～20%范围内变化。液压缸的最大油压一般为20～30MPa，或倾向于更大。

6.3　板形控制

板形控制是板带材轧制的核心控制技术之一，近年来随着科学技术的不断进步，先进的板形控制技术不断涌现，并日臻完善。板形控制技术的发展，促进了轧制板带材技术装备的进步和产业升级，生产效率和效益大幅提升。据资料统计，如果全国有十分之一的板带轧机采用板厚、板形控制新技术，板带材成才率将提高5%，可见经济效益的可观。因此，开发板厚及板形控制技术将会大大提高板厚、板形控制精度，在国际钢铁行业中将占据越来越重要的地位。

板形控制的目的是要轧出横向厚差均匀和外形平直的板带材。20世纪80年代以来，板形在线检测系统和板形控制轧机与新技术在生产中得到日趋广泛的应用，并与计算机形成闭环控制，使板形自动控制技术渐趋成熟，板形质量成为现代带钢生产技术所追求的重要目标之一。

板形闭环控制的前提条件是实现板形在线检测。带钢板形检测仪器分为接触式和非接触式两大类。作为所检测的内容，一种是测量带钢平直度（纤维长度），以检测带钢的显性板形；另一种是检测带钢横向张应力的分布，以检测带钢的隐性板形。在热轧带钢生产中，板形检测仪要求在高温、潮湿的恶劣环境中工作，通常采用非接触式检测仪，直接检测带钢的显性板形，使用较多的有：1）美国的DMC及英国的Daystrom凸度仪，其工作原理如图6-9所示。2）各种平坦度仪，它们分别采用了电磁、振动、电阻、位移和光电等测量方法，其中IMS公司的新型平坦度仪，应用投射散射原理，将所生成的钢板表面的影像，成为计算钢板伸长率图像的基础，是一种基于扫描投射和先进信息技术的平面测量法，在我国的鞍钢已使用，其原理如图6-10所示。冷轧带钢一般前后有大的张力，在轧制过程中大的张力掩盖了实际的板形缺陷，使得轧制的带钢看上去似乎平直。因此要求板形仪必须能够检测出带钢的隐性板形，此时，只有精确地检测带钢内部张应力分布，才能及时通过轧机自动控制系统进行板形调整，从而保证实际板形的良好。目前可靠地用于冷轧带钢生产的检测设备是由瑞典ABB公司研制的多段辊式板形仪，此外还有应用于英国奥伯厂的BISRA透磁式测量装置和新日铁测量带钢在交变磁场作用下挠度变化的板形装置。

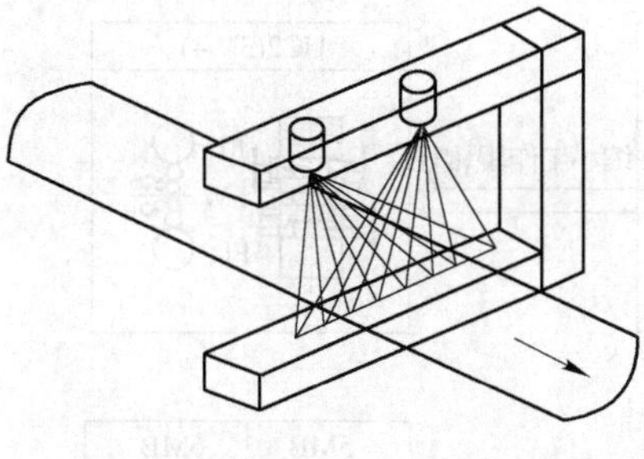

图6-9　直接测量式凸度仪原理图

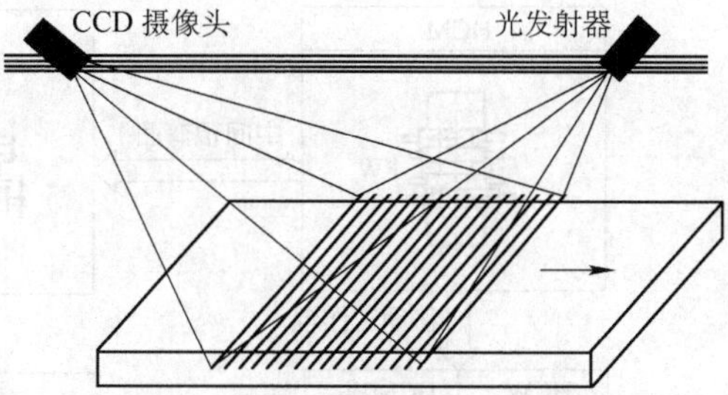

图6-10　平坦度仪原理图

板形控制的实质是对承载辊缝的控制，因此通过调节有载辊缝的形状，使其与来料断面形状保持一致，满足均匀变形条件，使板形平直。为了及时而有效地控制平直度和横向厚度差，需要采用反应迅速的辊缝调节手段。辊缝形状的调节可分成两类，如图6-11所示。为进一步提高板带材的平直度，各种板形控制新技术和新轧机应运而生，主要有：

（1）中间辊轴向移动的HC轧机。HC轧机是1972年日本日立公司和新日铁钢铁公司联合研制的六辊轧机。HC（High －Crown）轧机即高性能板形控制轧机。该轧机是在普通四辊轧

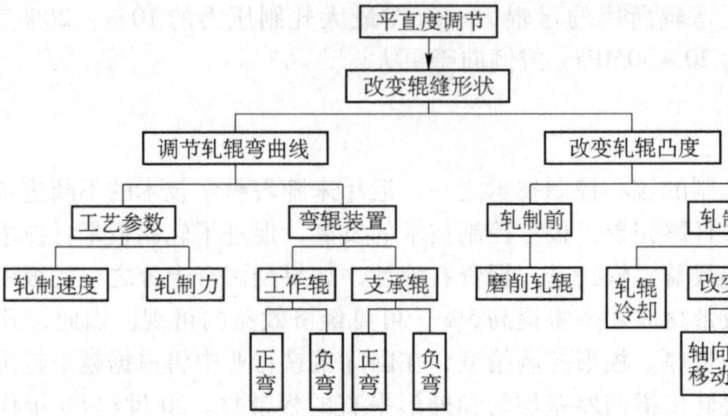

图 6-11　平直度调整手段

机的基础上，在支承辊和工作辊之间安装一对可轴向移动的中间辊，中间辊的轴向移动方向相反，通过中间辊的横移，消除了支承辊与工作辊之间的有害接触区，提高了轧制的板形控制能力，可适用于任何宽度带材的轧制。HC 轧机的出现从理论和实践上纠正了一个错误观念，即认为支承辊的挠度决定于工作辊的挠度，因而为了提高其弯曲刚度，便不断增大支承辊直径。而实际上尽管支承辊很大且有快速弯辊装置，其板平直度仍然不理想。而且理论与实践表明：工作辊的挠曲一般大于支承辊的挠曲，达数倍之多。其原因一方面是由于工作辊与支承辊之间以及工作辊与被轧板带之间的不均匀接触变形，使工作辊产生附加弯曲；另一方面则由于轧辊之间的接触长度大于板宽，因而位于板宽之外的辊间接触段所形成的有害接触使工作辊受到悬臂弯曲力而产生附加挠曲。基于这种分析和对轧机总体弹性变形分布的进一步研究，HC 轧机目前已发展出多种形式，如中间辊传动的 HCM 六辊轧机、中间辊和工作辊均能窜动的 HCMW 六辊轧机、中间辊带辊型曲线的 HC - CVC 轧机、及 HCW、UCM、UVMW、MB、UC2 ~ UC4 等多种改进型轧机，形成了 HC 轧机系列，如图 6-12 所示。表 6-3 列出了 HC 系列的结构特点及应用范围。

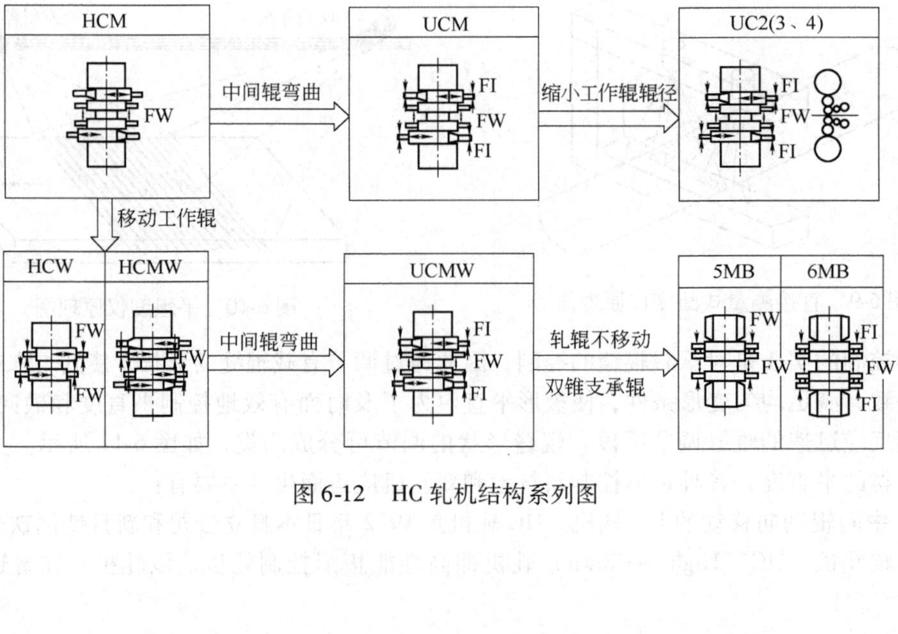

图 6-12　HC 轧机结构系列图

表6-3　各种HC轧机的结构特点及应用范围

序号	轧机型号	形式	轧辊移动		工作辊直径/带钢宽度	应用范围	
			中间辊	工作辊		热　轧	冷　轧
1	HCM	六辊	移动		<0.25		碳　钢
2	HCW	四辊	移动	移动	<0.3	碳　钢	碳　钢（连轧机前架）
3	HCMW	六辊	移动	移动	<0.25	碳钢、合金钢	
4	UCM	六辊	移动		<0.2		碳钢、合金钢
5	UCMW	六辊	移动	移动	<0.2	碳钢、合金钢、极薄带	碳钢、合金钢
6	UC2	六辊	移动		0.2~0.1		中硬质材料
7	UC3	六辊	移动		0.09~0.07		硬质材料
8	UC4	六辊	移动		0.15~0.07		硬质材料
9	6MB	六辊	固定		<0.25		碳　钢
10	5MB	五辊	上辊不动		<0.25		碳　钢

HC轧机自问世以来，世界各国已建200多架，新建或改建的冷轧机约有82.5%采用了HC轧机，可见这是一种应用广泛的板形控制轧机。

（2）支承辊凸度可变的VC轧机。VC轧机的支承辊（VC辊）采用了液压胀形技术，即采用液压方式改变辊型的技术。VC辊为辊套型轧辊，主要由芯轴、辊套、密封油腔、油路、回转接头和高压泵站等部分组成。VC辊在工作时芯轴和辊套作为一个整体旋转的，在芯轴和辊套之间设有液压腔，提高调节液压腔内高压油的压力来控制辊套鼓凸的大小以调整辊型。1977年首先在日本住友金属鹿岛厂平整机上使用，此后，在冷轧机及热带轧机上使用。此支承辊具有较宽范围的板形控制能力，在最大油压49MPa时，VC辊膨胀量为0.261mm。其构造如图6-13所示。

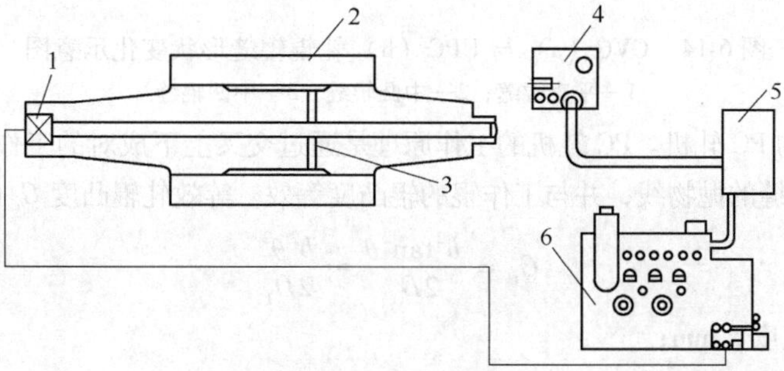

图6-13　VC辊构造

1—回转接头；2—辊套；3—油沟；4—操作盘；5—控制盘；6—油泵

（3）连续变化轧辊凸度的轧机——CVC与UPC轧机。20世纪80年代联邦德国西马克和德马克公司分别开发研制出工作辊横移式CVC轧机和UPC轧机，二者工作原理相同，只是CVC轧机辊型呈S形，UPC轧机辊型呈雪茄形（见图6-14a、b）。这类轧机工作辊横移时，辊缝凸度可连续变化，所以调整板形的能力很强。

CVC（Coutinuously Variable Crown）意为连续可变凸度。该轧机就是将上、下轧辊辊身磨削成相同的S形曲线，上、下辊的位置倒置180°，当曲线的初始相位为零时，形成等距的S形平行辊缝，通过轧辊轴向窜动机构，使上、下CVC轧辊相对同步窜动，在辊缝处获得从中凹到中凸连续变化的辊缝形状，从而适应在不同工艺条件下，轧辊能迅速、连续、任意改变辊缝凸度的要求。经过 20 多年的发展与完善，CVC 轧机已发展出很多种机型，广泛应用于冷轧板带生产中。先进的控制策略和控制手段相结合，使 CVC 技术成为目前世界上最先进的轧制技术之一。

UPC 轧机是将普通四辊轧机的工作辊磨成雪茄形，大、小头相反布置，构成一个不同凸度的辊缝。它是继 HC、CVC 技术之后又一种可改善板形的轧辊横移式轧机，最早使用 UPC 技术的是德国克虏伯 1250mm 轧机和芬兰 2000mm 冷轧机。

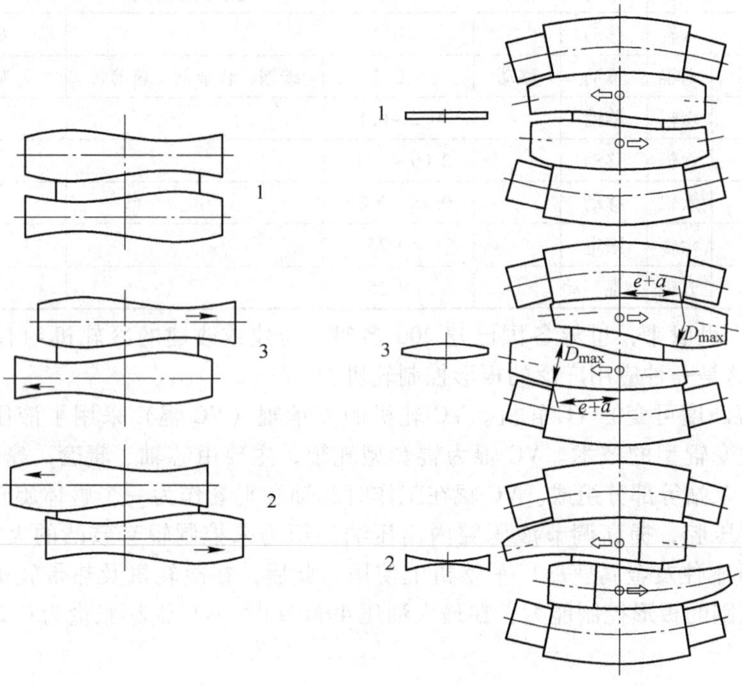

图 6-14　CVC（a）与 UPC（b）轧辊辊缝形状变化示意图
1—平直辊缝；2—中凸辊缝；3—中凹辊缝

（4）对辊交叉的 PC 轧机。PC 轧机的工作原理是通过交叉上下成对的工作辊和支承辊的轴线，形成上下工作辊间辊缝的抛物线，并与工作辊的辊凸度等效。等效轧辊凸度 C_r 由下式表示：

$$C_r = \frac{b^2 \tan^2\theta}{2D_1} \approx \frac{b^2\theta^2}{2D_1} \tag{6-16}$$

式中　b——轧件宽度，mm；

θ——工作辊交叉角度，一般为 0 ~ 1. 2°；

D_1——工作辊直径，mm。

因此，带材凸度变化量 ΔC 为：

$$\Delta C = \delta C_r \tag{6-17}$$

式中　δ——影响系数。

PC 轧机的结构如图 6-15 所示。通过调整轧辊的交叉角，实现对辊缝形貌的控制。常用的轧辊交叉系统有：1）只有支承辊交叉的支承辊交叉系统；2）只有工作辊交叉的工作辊交叉系统；3）每组工作辊与支承辊的轴线平行，而上、下辊系交叉的对辊交叉系统。PC 轧机具有良好的技术性能，具体表现在：1）可获得很宽的板形和凸度的控制范围，因其调整辊缝时不仅不会产生工作辊的强制挠度，而且也不会在工作辊和支承辊间由于边部挠度而产生过量的接触应力。与 HC 轧机、CVC 轧机、VC 轧机等相比，PC 轧机具有最大的凸度控制范围和控制能力；2）不需要工作辊磨出原始辊型曲线，制辊方便；3）配合液压弯辊可进行大压下量轧制，不受板形限制。

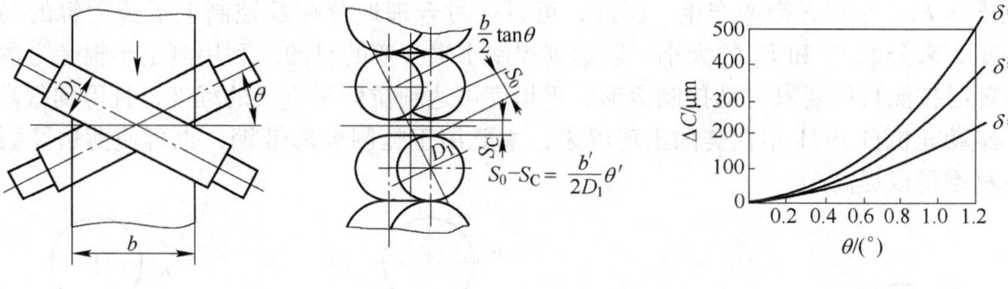

图 6-15　PC 轧辊交叉角与等效辊凸度

$b = 1500$mm；$D_1 = 700$mm

（5）带移动辊套的轧机（SSM）。SSM 轧机的支承辊上装备了比轧辊辊身长度短的可移动辊套，辊套既可旋转，也可沿辊身作轴向移动。调整辊套轴向位置，使支承辊支承在工作辊上的长度约等于带钢宽度（图 6-16），形成与 HC 轧机相似的工作原理。该技术首先在日本新日铁公司的四辊轧机上得到应用。

（6）辊缝控制的 NIPCO 技术。NIPCO（Nip Control）是瑞士苏黎世 S－ES 公司开发的技术，如图 6-17 所示。其特点是四辊轧机的支承辊由固定的辊轴、旋转的辊套和若干个固定在辊轴上、顶部装有液压轴承的液压缸组成。通过控制液压缸的压力可连续调整辊缝形状，有较强的板形控制能力。

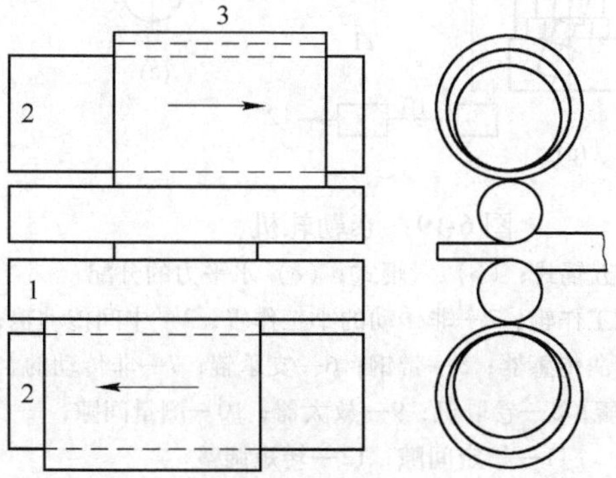

图 6-16　SSM 轧机

1—工作辊；2—支承辊；3—辊套

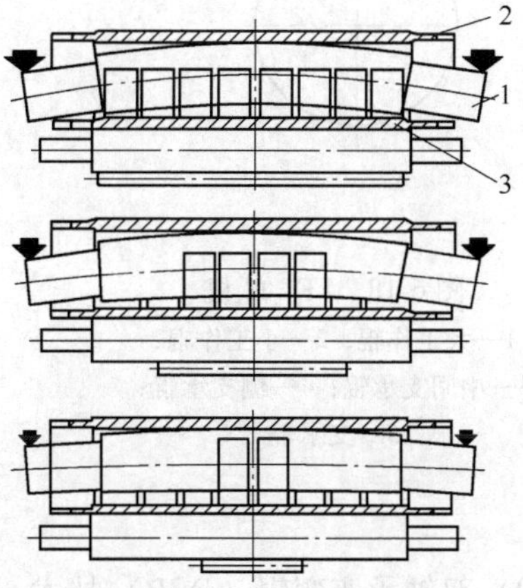

图 6-17　NIPCO 轧辊受力分布

1—固定轴身；2—旋转辊套；3—安置在液压缸上的液压轴承

（7）工作辊垂直和水平弯曲的 FFC 轧机。FFC 轧机为异径五辊轧机（图 6-18），中间小工作辊轴线偏移一定的距离，利用侧向支承辊对小工作辊进行侧弯辊，以便配合立弯辊装置对板形进行灵活控制。1982 年日本出现的 FFC 轧机同时具有异步轧机的功能，其中间的小工作辊是传动辊。1983 年东北工学院与沈阳带钢厂研制成功的异径五辊轧机，小工作辊为惰辊，靠摩擦传动，故两工作辊速度相同，具有设备简单、异径比大、降低轧制压力幅度大的特点。

（8）泰勒轧机。泰勒轧机通常有六辊式和五辊式两种（图 6-19），小工作辊为游动辊，靠上下轧辊摩擦带动。由于在一定形变程度下所需的轧制转矩一定，故如果上传动辊提供的转矩稍大，则下传动辊提供的转矩可稍小。因小工作辊的辊径一定，故力矩的分配就变为两传动辊对小工作辊水平摩擦力 F_1 和 F_2 的分配（图 6-19c）。在此种状况下，若 $F_1 > F_2$，则小工作辊受水平力（$F_1 - F_2$）的作用而向入口侧旁弯；反之若 $F_1 < F_2$，则向出口侧旁弯；若负荷均匀分配，则 $F_1 = F_2$，小辊无旁弯产生。因此，可以通过合理地分配及控制上下传动辊的马达电流控制转矩，来分配 F_1 和 F_2 的大小，以达到控制小辊旁弯的目的。利用测定小辊旁弯的传感器，即可随时按照目标要求自动控制板形，平坦度可达到拉伸矫直后的程度，且得到很高的厚度精度。泰勒轧机自 1971 年在美国出现以来，主要用于轧制极薄带钢，也可使薄边及裂边减少，使成材率得以提高。

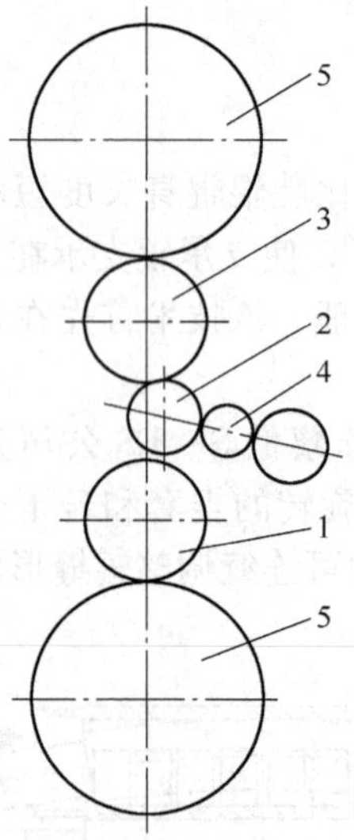

图 6-18　FFC 轧机

1—大工作辊；2—小工作辊；
3—中间支承辊；4—侧支承辊；
5—支承辊

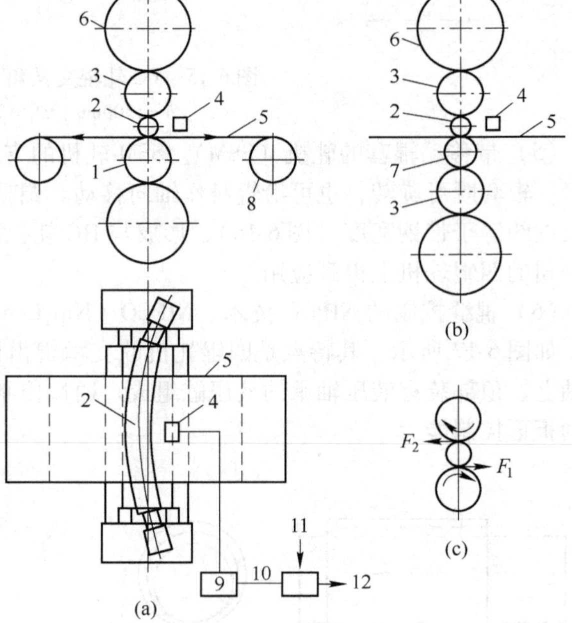

图 6-19　泰勒轧机

（a）五辊式；（b）六辊式；（c）水平力的分配

1—传动的大工作辊；2—非传动的小工作辊；3—中间传动辊；
4—小辊弯曲传感器；5—带钢；6—支承辊；7—非传动的
大工作辊；8—卷取机；9—放大器；10—测量间隙；
11—给定间隙；12—转矩调整

（9）双轴承座弯辊（DCB）技术。将工作辊轴承座分割成为内侧和外侧两个轴承座，各自施加弯辊力，构成双轴承座弯辊系统。其优点是提高了轴承的强度，使弯辊时不逼劲，因而增大了弯辊效果及控制凸度的能力，同时也便于现有轧机的技术改造。

（10）UC 轧机。UC 轧机是在 HC 轧机的基础上发展起来的，与 HC 轧机相比，辊系结构相似，除具有中间辊横移、工作辊弯曲作用外，增加了中间辊弯曲及工作辊直径小辊径化。为防止小直径工作辊侧向弯曲，附加侧支承机构（见图 6-20）。由于 UC 轧机具有两个弯辊系统，一个横移机构，故控制板形

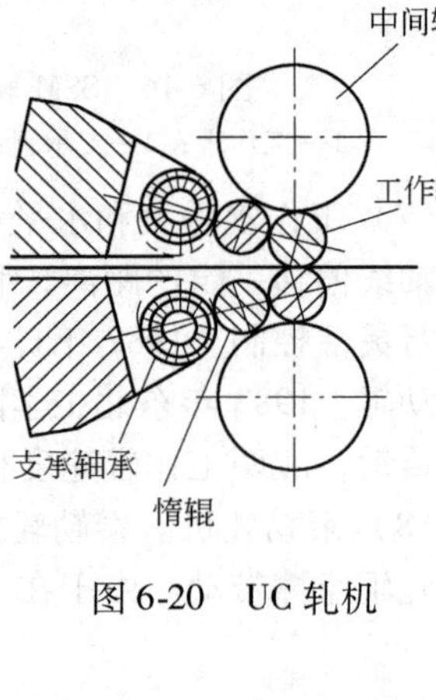

图 6-20　UC 轧机

能力更强，适宜轧制硬质合金薄带。

（11）Z 型轧机。Z 型轧机是在普通四辊或六辊轧机基础上吸收多辊轧机小辊径化技术而开发研制的一种新型轧机，如图 6-21 所示。该轧机中间辊装有液压弯辊装置，同时可横移，工作辊两侧设有侧支承机构，故 Z 型轧机控制板形能力很强，适宜冷轧薄带钢。

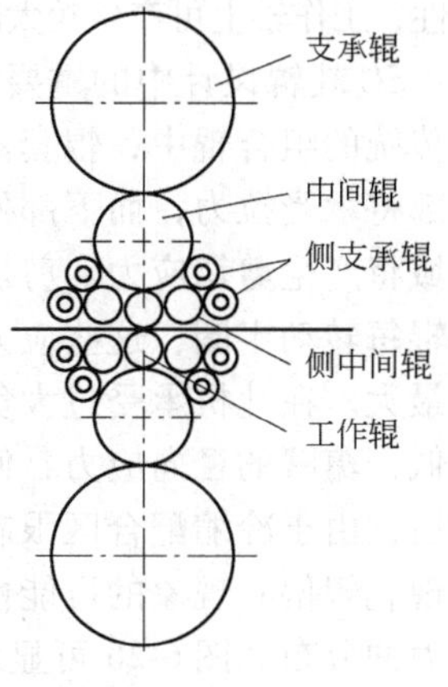

图 6-21　Z 型轧机

（12）DSR 动态板形辊技术。20 世纪 90 年代由法国 VAI Clecim 公司推出的 DSR 动态板形辊采用的是液压胀形技术，可对板形进行高精度在线控制。这种板形控制装置由静止辊芯、旋转辊套、7 个柱塞式液压缸、推力垫及电液伺服阀等部分组成。DSR 动态板形辊多用于四辊轧机的支承辊，可成对使用，也可单独使用。其工作原理是通过 7 个在芯轴上内嵌的、可单独调控的负荷液压缸滑块将压力传递至旋转的辊套上，沿整个带宽经旋转辊套给板带分布相应的轧制力，可实现对辊套形状的动态调节，实现高精度的板形（平直度）控制，可消除对称性和非对称性的板形缺陷，其结构如图 6-22 所示。

VC 辊和 DSR 辊是液压胀形技术的代表性技术。在我国，DSR 技术率先在上海宝钢 2030mm 冷轧机上得到应用，中国铝业河南分公司郑州冷轧厂正在建设的四辊 2300mm 冷轧机也将采用该技术，该项目预计将于 2008 年年底正式投产。

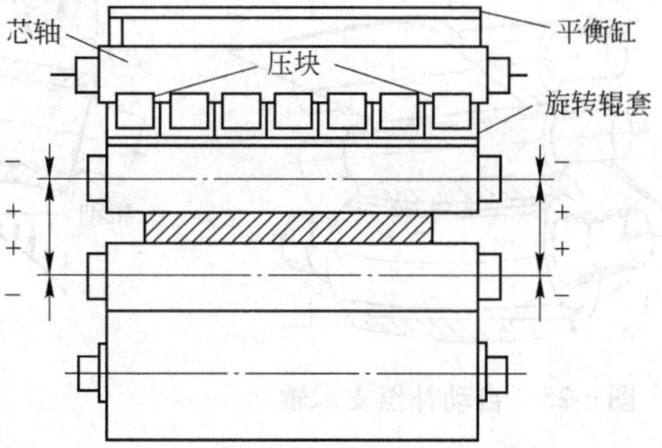

图 6-22　DSR 辊

（13）大凸度支承辊（NBCM）轧制法。日本君津厂自 1979 年在热连轧机的 $F_4 \sim F_7$ 支承辊辊身中部采用大的凸度曲线，增大了控制范围，效果良好，仅 F_7 一架即可使凸度变化 0.035mm（图 6-23）。

（14）用辊心差别加热法控制辊型。采用在支承辊辊心钻孔，插入电热元件，进行分段加热的方法来修正轧辊凸度，以补偿轧辊的磨损，取得良好的效果，如图 6-24 所示。

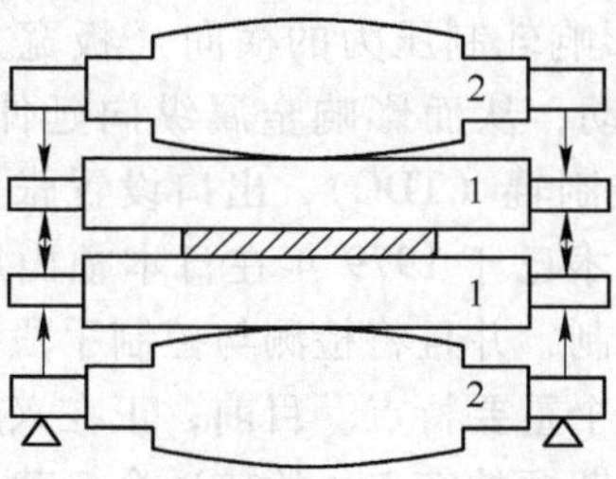

图 6-23　NBCM 轧制法

1—工作辊；2—支承辊

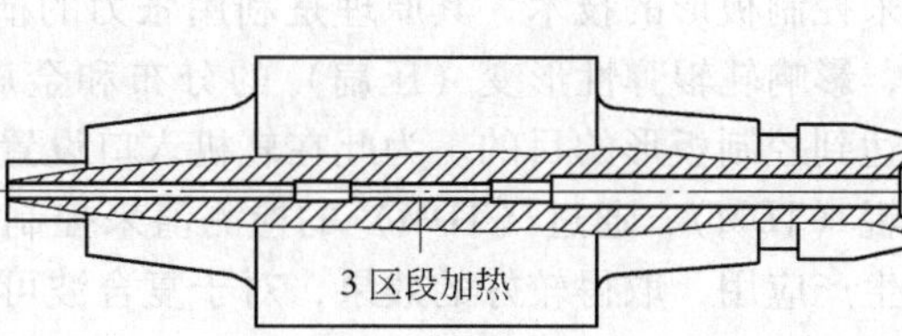

图 6-24　可分段加热的支承辊

（15）自动补偿辊（SC）技术。自动补偿（SC）辊是由德国联合工程公司和国际轧机咨询公司联合开发的一种获得专利的自动补偿支承辊系统。自动补偿（SC）辊的目的是补偿由加载造成的支承辊的挠度。SC 支承辊是由冷缩套在辊轴中间部位上的一个辊套装配而成的，如图 6-25 所示。在冷缩配合区外及辊轴和辊套间有一向轧辊两端逐渐增大的缝隙。当轧辊承受一定负载时，这一缝隙部分闭合，因而辊套的总挠度接近于辊轴的挠度。由于挠度是在相反的方向上，因而在支承辊和工作辊之间接触面的整个挠度大大降低。当在工作辊轴承座间施加正轧辊挠度时，由于工作辊端头的灵活性，工作辊上可产生较大的挠度。因此，增强了弯辊系统的能力。

SC 轧辊设计中的重要特点之一是，它消除了与传统组合式轧辊有关的较普遍产生的问题。在传统的组合辊中，辊套被套在辊轴的整个长度上。在轧制力作用下，上支承辊将弯曲，辊轴上部将承受拉力，而下部处于压缩状态。由于辊套阻碍辊轴的变形，因而在辊套和辊轴接触面区域将产生剪切应力。剪切应力 τ_t 和 τ_b 分别作用在轧辊的上、下部，是相反的两个应力。支承辊每转动半圈，这些应力改变一次。剪切应力 τ_t 和 τ_b 的绝对值在轧辊中部为零，在轧辊两端最大。在轧机承受过大负载时，剪切应力可超过最大屈服应力，而造成辊套滑动。一旦负载降低，蕴藏的径向应力，使辊套滑动而释放出来，导致所谓的轧辊偏心现象出现。采用 SC 轧辊后，由于冷缩配合区限制在轧辊的中间部位，其剪切应力比轧辊两端的剪切应力要小得多，出现轧辊偏心现象的可能性大大降低。SC 支承辊可以大大改变工作辊和支承辊接触区域径向应力的分布。图 6-26 可显示，与典型的传统整体支承辊径向应力分布图形相比，径向应力的峰值移到靠近带钢处，而且在带钢边缘处大大降低。这种径向应力的差异，导致了带钢外形质量的改善和提高。

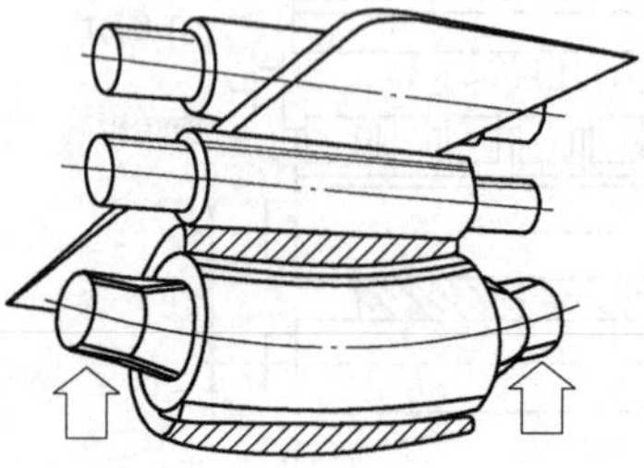

图 6-25　自动补偿支承辊

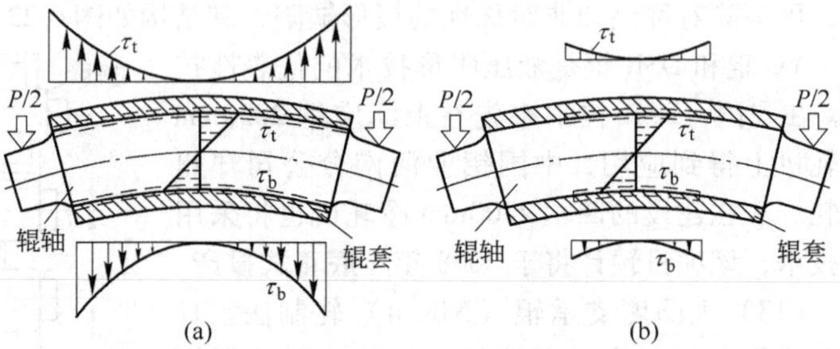

图 6-26　剪切应力 τ_t 和 τ_b 在辊套冷缩配合区的分布

（a）传统辊套辊；（b）SC 辊

此外，轧机上采用冷却剂控制板形的技术也有新的发展，该技术是在轧机上配备有数控的多段冷却剂集管，依靠计算机进行板形控制。在冷轧带材时，近来出现的各种用张力分布控制法来控制板形的技术，其原理是利用张力的横向分布来影响轧制压力的横向（板宽方向）分布，影响轧辊弹性形变（压扁）的分布和金属的横向流动，从而影响金属纵向延伸的分布，以达到控制板形的目的。为此在轧机入口设置张力分布控制辊（TDC），出口设置张力分布检测辊（TDM），通过（TDM）的检测值来控制 TDC。该技术已于 1979 年在日本福山厂首先得到生产应用，取得较好的效果，对于复合波可进行灵敏控制，并且将检测与控制手段都安置在轧机之外，不受轧机干扰，这也是这种板形控制技术的一个重要特点。目前，正在兴起一种称为轧辊热喷淋板形控制先进技术，它具有投资小、改造周期短的特点，比较适合已建设备的在线改造。这项轧辊热喷淋板形控制技术是在轧辊两侧安装有两个热喷淋装置，每个装置上安装有数个喷嘴，每个喷嘴的控制范围约为 25mm，在轧机工作时实施喷淋加热。该系统由计算机控制软件和边部热喷淋系统组成，有效地解决了高速轧制时，因轧辊热凸度引起的边部张紧的板形缺陷，提高了轧制速度，减少了断带几率。

板形控制是一项综合技术，生产中必须通过先进的控制手段与工艺参数的合理匹配，才能获得理想的板形，板带轧机变接触轧制（VCR—Varying Contact Rolling）就是一例。VCR 由与轧机形式相适应的辊型设计及配套的工艺制度、控制模型和带钢平坦度检测装置等多项技术所组成。具有增强轧机对板形的调控能力、提高消化来料板形和规格波动能力、使机架间负荷分配趋于合理、保证轧制过程稳定、提高板形质量和生产率、实现超平材超薄材等极限难轧品种的轧制、降低轧辊及轴承消耗等效果。在我国的武钢和宝钢等企业的冷、热连轧机上已采用了此项技术，并取得了良好的经济效益。

经多年的生产实践表明，辊交叉技术、移辊技术（HC、CVC 等）及弯辊技术和分段冷却方法（控制热凸度）等是行之有效的常用板形控制方法。

6.4　板形自动控制系统的应用

板形自动控制系统通常为闭环系统形式，故由三部分组成，即板形检测装置、控制器和板形调节装置。下面以 2030mm 五机架冷连轧机的计算机闭环控制系统为例说明板形自动控制在生产中的应用。

在 2030mm 五机架冷连轧机组的成品机架上设置有板形自动控制系统，该系统由 ASEA 板形测量辊及其信号处理装置获取实际板形信号，经板形控制计算机处理后，将调节信号送到板形调节机构，由板形调节机构对带钢进行在线调节，使带钢板形得以纠正。故 ASEA 板形测量辊及其信号处理装置、板形控制计算机、板形调节机构以及带钢应力分布和板形曲线显示器构成了该系统的组成，如图 6-27 所示。板形的闭环控制属于多变量控制方式，允许多个板形调节机构同时工作。作为第 5 机架，板形调节机构主要功能有轧辊倾斜、弯辊、CVC 辊轴向横移和乳化液流量分段控制。而 1 ~4 架的板形控制为手动调节，各机架都设有弯辊和乳化液流量分段控制装置。

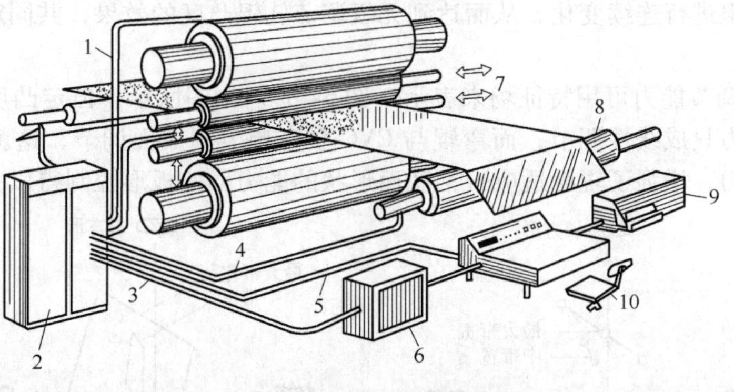

图 6-27　板形自动控制系统组成图

1，3—控制指令；2—信号处理装置；4—输出信号；5—轧制参数；6—平直度显示装置；7—CVC 控制；8—测量辊；9—记录器；10—操作台

该板形自动控制系统的功能执行是这样进行的。首先由 ASEA 板形测量辊进行在线实际检测，该测量辊是标准型的，一个圆环测量段宽度为 52mm，每个圆环芯轴凹槽内装有 4 个互为 90°的磁弹力传感器，共由 36 个组成。在轧制时，带钢与测量辊相接触，由于带钢是处于张紧状态，因而测量辊受到带钢张力作用在转动时产生激磁而发出电磁信号，信号的强弱反映了带钢压紧辊面的张力大小。电磁信号经信号处理装置处理，得出各段的应力和应力偏差值。各段应力偏差值组合即反应了带钢在宽度方向上应力分布的状况，由此反映带钢宽度方向的变形均匀程度。将检测的带钢应力偏差值传送给板形监视器显示和板形控制计算机进行计算。计算机根据 1 号控制计算机或主操作台给出的设定板形曲线算出板形设定值（σ_{si}），与检测的带钢实际值（σ_{xi}）进行比较得到偏差值。由计算机通过数学模型和数学方法把偏差值回归成一个四次多项式，即

$$Y = A_0 + A_1X + A_2X^2 + A_3X^3 + A_4X^4 \tag{6-18}$$

式中　A_0——常数项，由计算确定；

A_1X——对应一次板形缺陷的调节偏差分量；

A_2X——对应二次板形缺陷的调节偏差分量；

……依此类推。

由此分解出对应于不同次方板形缺陷的偏差调节分量，输送给各调节回路，执行相应的调节手段，以达到调节轧机有载辊缝形状的目的。

该系统配置有下列调节手段：

（1）轧辊倾斜调节：用来消除非对称带钢断面形状引起的板形缺陷，如楔形断面、单边浪，即多项式中的一次偏差调节分量（A_1X）。调节系统根据两边应力分布不对称，通过数学模型算出轧辊倾斜调节量，通过操作侧和传动侧液压装置的迅速调整来改变轧辊两侧的压下位置进行调整。轧辊倾斜调节属于自动位置控制。

（2）弯辊调节：用来消除对称带钢断面引起的抛物线板形缺陷，如中间浪、两边浪，即多项式中的二次和四次分量，且四次分量部分的影响随着带钢宽度的增加以及工作辊直径的减小而增加。数学模型根据应力的对称分布，算出实际需要的弯辊设定值。通过设置的正弯辊装置，利用其动作快、简单、没有滞后的特点，首先进行弯辊调节。且当二次板形缺陷分量在弯辊调节能力的40%～80%范围以内时，单独进行弯曲调节。当超出这个范围时，则投入CVC系统进行调节。

（3）CVC调节：为了扩大对称板形缺陷的调节能力，通过上、下CVC轧辊的等量轴向移动，等效地使轧辊进行连续变化，从而达到无级调节轧辊凸度的效果，共同对二次板形缺陷进行联合调节。

CVC轧辊的调节能力可用特征场来表示（图6-28）。如图所示，恒定凸度只有弯辊力作用时，辊缝调节能力只成线性调节，而弯辊与CVC联合调节则成面调节，这就大大地扩展了辊缝曲线的调节能力，增强了辊缝适应带钢截面形状的能力，使板形控制得以完善。

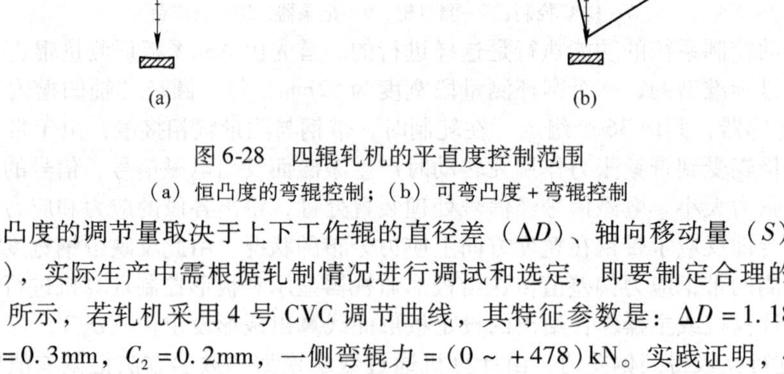

图6-28　四辊轧机的平直度控制范围

（a）恒凸度的弯辊控制；（b）可弯凸度+弯辊控制

CVC轧辊凸度的调节量取决于上下工作辊的直径差（ΔD）、轴向移动量（S）和凸度变化范围（C_1、C_2），实际生产中需根据轧制情况进行调试和选定，即要制定合理的CVC调节曲线。如图6-29所示，若轧机采用4号CVC调节曲线，其特征参数是：$\Delta D = 1.187$mm，$S_{max} = \pm 100$mm，$C_1 = 0.3$mm，$C_2 = 0.2$mm，一侧弯辊力=（0～+478）kN。实践证明，4号曲线能较好地用于轧制（0.3mm×1019mm）～（2.0mm×1820mm）规格带钢的板形调节。

（4）轧辊分段冷却控制：分段冷却控制主要是对无法通过轧辊倾斜、弯辊及横移控制消除的其他复杂的板形缺陷，如复合浪、两肋浪的控制。为此在机架入口侧分9段喷射乳化液，每段由乳化液喷嘴和控制喷量的阀门组成，并与板形仪测量段一一对应，分段控制工作辊的热凸度，以调节辊缝形状。控制系统根据每个测量段带钢应力的三次、四次分量按数学模型计算出每段的乳化液设定值，与轧制必需的基本流量（约1/3的额定流量以保证润滑）叠加作为输出量来控制该段工作辊的热凸度。由于受到轧制过程中的温度和润滑条件限制，其板形调节范围较小且存在控制的滞后性。

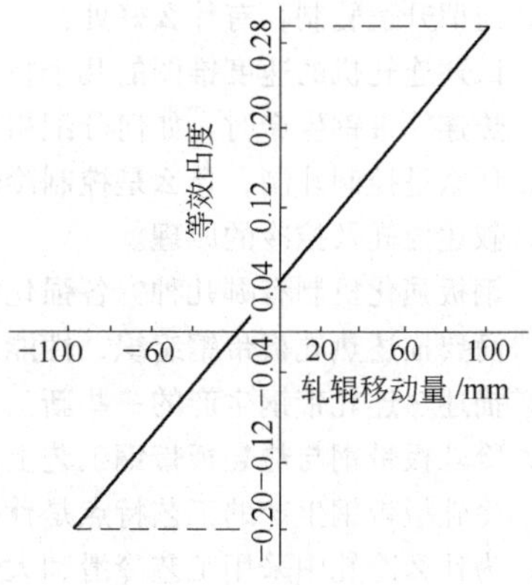

图 6-29　4 号 CVC 调节曲线

生产实践证明，2030mm 五机架冷连轧机组由于采用了一系列板形检测和板形控制手段，并与优化的板形控制模型相结合，使板形质量明显提高，收到了实际效果，可使轧制的带钢平直度达到 201 左右。同时也发现该系统还有不完善之处，如系统对板形缺陷的识别能力不强、目标板形的设定不准确和没有负弯辊控制手段等，影响了高次板形缺陷（如1/4浪和复合浪等）的调节，有待进一步完善。

思考题和习题

1. 板带钢的分类方法有哪几种，如何表示板带钢品种？
2. 板带钢产品的技术要求包括哪些方面？
3. 板带钢生产的工艺特点是什么？
4. 什么是推动板带轧制方法与轧机型式演变的主要矛盾？
5. 板带材轧制技术的特点是什么？
6. 中厚板轧机有哪几种型式，各有哪些特点？
7. 中厚板轧机的布置有哪些，各有何特点？
8. 简述中厚板生产工艺过程的关键工序。
9. 中厚板轧制过程分哪几个阶段，粗轧阶段有哪几种轧制方法？
10. 制定中厚板轧制规程的原则和方法是什么？简述制定压下规程的步骤。
11. 中厚板轧机的速度制度如何确定？
12. 试分析中厚板轧制轧件长度一定、电机加减速一定时，轧制节奏的长短取决于间隙时间，而不取决于轧制时的最高速度。
13. 中厚板轧制时材质的控制应注意的问题是什么？
14. 已知 Q235 板坯规格为 150mm × 1400mm × 2500mm，产品规格为 12mm × 3000mm × 14500mm，其他生产设备工艺条件：开轧温度为 1200℃，横轧开轧温度为 1120℃，轧机为单机架四辊可逆式，设有大立辊及高压水除鳞，工作辊直径为 930 ~ 980mm，支承辊直径为 1660 ~ 1800mm，辊身长度为 4200mm，最大允许轧制压力为 4200×10^4N，扭转力矩为 $2 \times 224 \times 10^4$N · m，轧制速度为 0 - 2 - 4m/s，主电机功率为 2 × 4600kW。试制定其压下规程。
15. 炉卷轧机和行星轧机生产带钢有哪些特点？
16. 热带钢连轧机的粗轧机组有哪几种布置形式，各有什么特点？
17. 热带钢连轧的生产工艺是怎样的？
18. 连轧时，卷取机速度与精轧机末架机架速度如何配合？

19. 何谓升速轧制，有什么好处？
20. 试述连轧机的速度锥图的几个特征点的求法。
21. 热连轧带钢生产时，如何分配粗轧机组和精轧机组的压下量？
22. 什么是控制轧制，什么是控制冷却？控轧控冷的目的是什么？
23. 叙述控轧及控冷的原理。
24. 钢板强化机制有哪几种？各强化机制对金属材料的综合力学性能有何影响？
25. 简要描述热轧板带钢组织，性能预报与控制模型。
26. 描述热连轧带钢生产的一些新工艺的构成思想。
27. 冷轧板带钢与热轧板带钢工艺上的主要差别是什么？
28. 冷轧板带钢生产的工艺特点是什么？
29. 为什么冷轧中采用工艺冷滑和大张力轧制？
30. 简述冷轧深冲板带的生产工艺流程，各工序有哪些特点？
31. 为什么冷轧中需要脱脂工序，其机理是什么？
32. 冷轧工程中的退火方法有哪几种，各有何特点？
33. 冷轧硅钢板工艺中的退火工序有哪几种，其目的是什么？
34. 怎样制定冷轧压下规程？
35. 分析各种冷轧机的结构、特点及应用场合。
36. 板带轧机的分类方法有几种？
37. 计算纵刚性时主要考虑哪几个因素？
38. 板带钢厚度波动的原因有哪些？
39. 利用弹塑性曲线分析厚度调整过程。
40. 厚度自动控制有哪几种方法，厚度控制方程如何推导？
41. AGC 系统的类型有哪些？
42. 说明什么是纵刚性的可变性。
43. 冷、热连轧机的 AGC 系统怎样组成？
44. 试说明单机架轧制和连续式轧制板厚控制原理。
45. 轧辊辊缝形状与哪些因素有关？
46. 结合典型板形的表现形式分析板形的成因？
47. 怎样才能保证板形良好？
48. 怎样确定轧辊的原始辊型凸度？
49. 已知：工作辊直径 $D_1=650\text{mm}$，材质为铸铁轧辊；支承辊直径 $D_2=1250\text{mm}$，材质为锻钢，辊身长度 $L=1700\text{mm}$，压下螺丝中心距 $l=2850\text{mm}$，带钢宽度 $b=1360\text{mm}$，轧制压力 $P=70000\text{N/mm}^2$。试计算四辊轧机的轧辊挠度。
50. 怎样控制辊型？
51. 板形控制系统的构成是什么？举例说明控制板形的方法。
52. 试举例说明板形控制的新技术和新方法。

参 考 文 献

1 刘玠．热轧生产自动化技术．北京：冶金工业出版社，2006

2 王廷溥等．金属塑性加工学（第 2 版）．北京：冶金工业出版社，2002

3 金兹伯格 V B. 高精度板带材轧制理论与实践．姜明东，王国栋等译．北京：冶金工业出版社，2002

4 赵家骏，柳谋渊．热轧带钢生产知识问答．北京：冶金工业出版社，2006

5 梁爱生等．轧钢生产新技术 600 问．北京：冶金工业出版社，2004

6 康永林．轧制工程学．北京：冶金工业出版社，2006

7 丁修堃．轧制过程自动化（第 2 版）．北京：冶金工业出版社，2006

8 傅作宝．冷轧薄钢板生产（第 2 版）．北京：冶金工业出版社，2005

9 田乃媛．薄板坯连铸连轧（第 2 版）．北京：冶金工业出版社，2004

10 赵家骏．板带钢生产．北京：冶金工业出版社，1992

第二篇

钢管生产

7 钢管生产概论

随着国民经济的快速发展，各行各业对钢管的需求量不断攀升，对钢管质量提出了更高要求。我国钢材中的钢管比在不断提高，新工艺、新设备不断涌现。

钢管包括焊管和无缝管，其产品主要用于石油工业、天然气输送、城市输气、电力和通讯管网、工程建筑和汽车、机械等制造业。

本章介绍钢管用途和分类、钢管的技术要求和主要生产方法。

7.1 钢管的用途和分类

作为经济断面钢材，钢管在国民经济建设中有着广泛的应用，是钢材生产中的重要产品，其产量在钢材总产量中约占8% ~15%。

钢管可用作液体、气体和一些固体的输送管道。同时，钢管的抗弯、抗扭能力比同面积实心钢材大，是制造各种机械和建筑结构的重要材料。例如，在石油钻井、地质钻探、化工、建筑、锅炉制造、造船、机械制造、飞机和车辆制造，以及国防工业和日用轻工等行业中，均需要大量品种规格各不相同、技术要求不一的钢管。

钢管种类繁多，性能要求各异，尺寸规格范围很宽，外径范围为0.1 ~4500mm，壁厚范围为0.1 ~100mm。为了区分其特点，通常按以下几种方法分类：

（1）按用途分类。如表7-1所示，不同用途的钢管，技术标准不同，生产方法也有所不同。

（2）按断面形状分类。可分为圆管与异型管两类，其中异型钢管又可分为等壁异型管和不等壁异型管，以及纵向变截面管（图7-1）。

（3）按材质分类。主要有普通碳素钢、优质碳素结构钢、合金结构钢、合金钢、轴承钢、不锈钢和双金属等。有的采用涂镀工艺制成涂覆钢管，如镀锌和涂塑管等。

（4）按管端形状分类。钢管端部形状有光管和车丝管两种（图7-2）。

（5）按生产方法分类。钢管生产方法可分为无缝钢管与焊管两大类。无缝钢管又可分为热轧管、冷轧管和冷拔管等。焊管可分为高频直缝电焊管、螺旋焊管和UOE管等。

表 7-1　钢管按用途分类

用　途	钢管名称	技术标准	常用生产方法
管道用管	水煤气管	GB/T 3091—1993	炉焊、电焊
	石油输送管	API SPEC5CT—1999	直缝电焊、热轧
	石油、天然气干线用管	API SPEC 5L—2000	直缝电焊、螺旋焊
	蒸汽管道用无缝管	GB 13296—1991	热轧
热工设备和热交换器用管	普通锅炉管	GB 3087—2000	热轧、电焊、冷拔
	高压锅炉管	GB 5310—1995	热轧，电焊、冷拔
机械工业用管	航空结构管	GB/T 3094—1986	热轧、冷拔
	汽车拖拉机结构管	GB/T 8162—1999	热轧、电焊、冷拔
	半轴及车轴管	YB/T 5035—1993	热轧、电焊、冷拔
	柴油机高压油管	GB 3093—1986	冷拔
	液压支柱用管	GB/T 17396—98	冷拔
	农机用方矩形管	GB/T 3094—1986	热轧、冷拔
	轴承管	GB/T 18254—2002	热轧、冷拔
	变压器用管	GB/T 3092—1993	电焊
石油地质工业用管	地质钻探管	YB 235—70	热轧、冷拔
	石油油管	API SPEC5CT—1999	热轧、冷拔
	石油套管	ISO11960（API5CT）	热轧、冷拔、电焊
	石油钻杆、钻铤、方钻杆	ISOCD11961、GB/T 9253. 1—1999	热轧、冷拔、电焊
化工用管	石油裂化管	GB 9948—1988	热轧、冷拔
	化肥用高压管	GB 1479—2000	热轧、冷拔
	化工设备及管道用管	GB 13296—1991	热轧、冷拔
其他用管	容器用管	GB 18248—2000	热轧、电焊、冷拔
	仪表用管	GB/T 3090—2000	冷拔

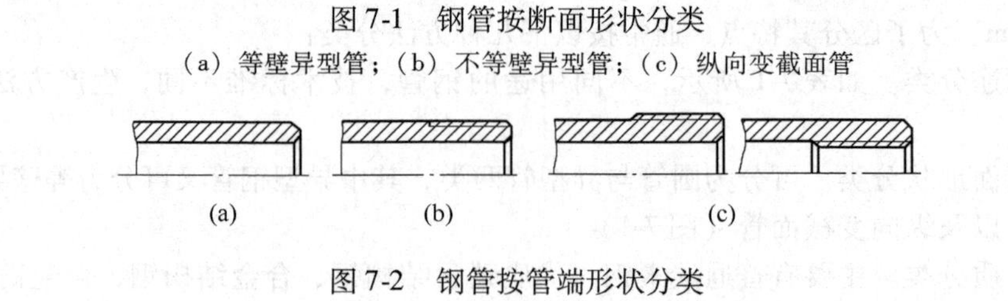

图 7-1　钢管按断面形状分类

（a）等壁异型管；（b）不等壁异型管；（c）纵向变截面管

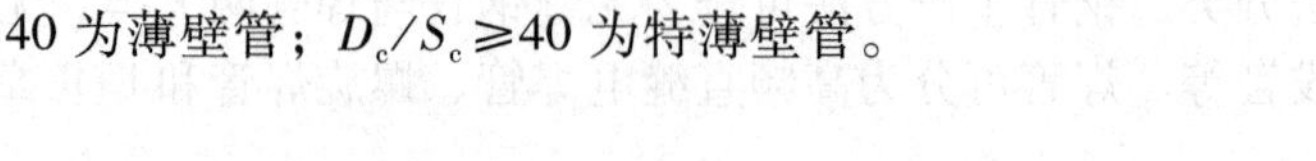

图 7-2　钢管按管端形状分类

（a）光管；（b）普通车丝管；（c）加厚管

（6）按钢管的外径与壁厚之比（D_c/S_c）分类。$D_c/S_c \leqslant 10$ 为特厚管；$D_c/S_c = 10 \sim 20$ 为厚壁管；$D_c/S_c = 20 \sim 40$ 为薄壁管；$D_c/S_c \geqslant 40$ 为特薄壁管。

7.2　钢管的技术要求

各种钢管的技术要求在各类标准或技术协议中有明确规定，不同的工作条件和用途对钢管有不同的技术要求。主要包括以下内容：

（1）品种规格。规定钢管应具有的断面形状、尺寸及其允许偏差、理论重量等。圆管规格通常以 $D \times S$ 表示，例如 ϕ50mm×2mm 表示钢管的外径为 50mm、壁厚为 2mm。尺寸精度有壁厚精度、外径精度和椭圆度等。

（2）表面质量要求。规定钢管的内外表面状态和表面允许缺陷存在的程度等。

（3）化学性能。规定钢种化学成分和 P、S 的最大含量以及试验方法等。

（4）组织和物理性能。规定钢种应具有的金相组织、力学性能和工艺性能等。

（5）检验标准。规定检验项目、取样部位、试样形状和尺寸、试验条件和方法等。在钢管生产中除了常规试验项目外，有时还需进行一些工艺性能试验，见图 7-3。

（6）交货标准。规定钢管交货验收时钢管的包装、标记的方法以及质量证明书的内容等。

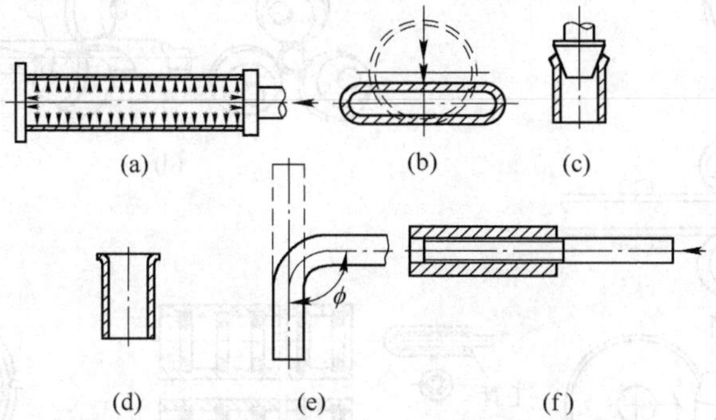

图 7-3　钢管的一些工艺性能试验方法

（a）水压试验；（b）压扁试验；（c）扩口试验；（d）卷边试验；（e）弯管试验；（f）通棒试验

7.3　钢管的主要生产方法

7.3.1　热轧无缝钢管生产方法

热轧无缝钢管生产是将实心管坯穿孔并轧制成符合产品标准的钢管。整个过程有以下三个变形工序。

（1）穿孔。将实心管坯穿孔，形成空心毛管。常见的穿孔方法有斜轧穿孔和压力穿孔（图 7-4）。此外还有直接采用离心浇注、连铸与电渣重熔等方法获得空心管坯，从而省去穿孔工序。

图 7-4　穿孔方法示意图

（a）压力穿孔；（b）斜轧穿孔

（2）轧管。是将毛管轧成接近成品尺寸的荒管。常见的轧管方法有自动轧管、连续轧管（MM、MPM、PQF）、皮尔格轧管（Pilger）、三辊斜轧（Assel）、二辊斜轧（又称狄舍尔轧管，Diesher）、顶管（CPE）和热挤压等（图 7-5）。

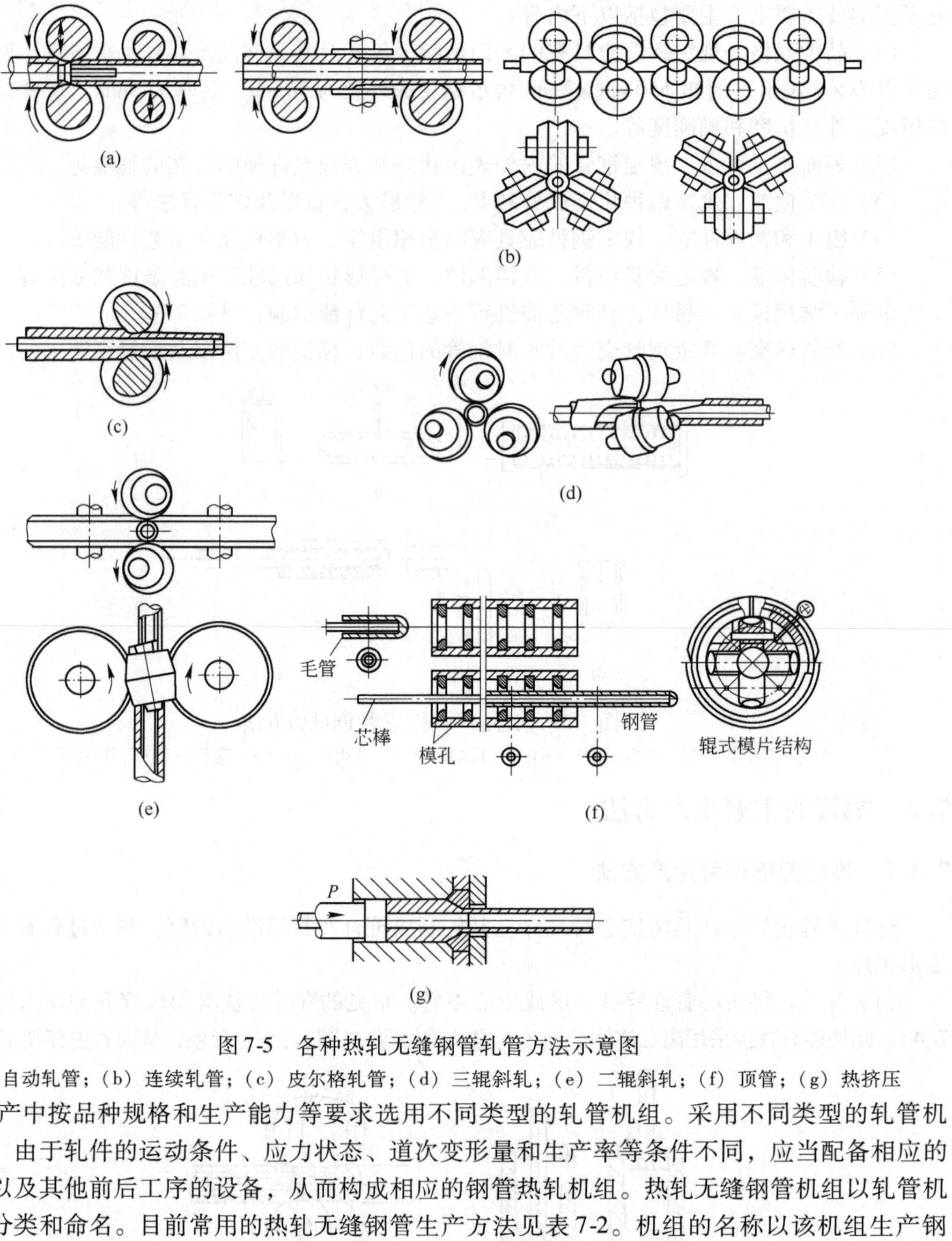

图 7-5　各种热轧无缝钢管轧管方法示意图

（a）自动轧管；（b）连续轧管；（c）皮尔格轧管；（d）三辊斜轧；（e）二辊斜轧；（f）顶管；（g）热挤压

生产中按品种规格和生产能力等要求选用不同类型的轧管机组。采用不同类型的轧管机轧管时，由于轧件的运动条件、应力状态、道次变形量和生产率等条件不同，应当配备相应的穿孔机以及其他前后工序的设备，从而构成相应的钢管热轧机组。热轧无缝钢管机组以轧管机类型来分类和命名。目前常用的热轧无缝钢管生产方法见表 7-2。机组的名称以该机组生产钢管的最大规格和轧管机的类型来表示。例如，140 自动轧管机组，即机组生产的最大外径为 140mm，轧管机型式为自动轧管机。同理有 140 连续式轧管机组、219 三辊轧管机组、133 顶管机组、318 周期式轧管机组等。而钢管热挤压机组则采用挤压机的最大挤压力或产品规格范围来表示其型号，例如 3150 挤压机组，挤压机的最大挤压力为 3150t。

表 7-2　常用无缝钢管生产方法

生产方法		管坯	主要变形工序用设备：穿孔	主要变形工序用设备：轧管	产品范围：外径 D_c /mm	产品范围：壁厚 S_c /mm	产品范围：D_c/S_c	产品范围：轧管机轧后最大长度/m
热轧	自动轧管	初轧圆坯、连铸圆坯	二辊斜轧穿孔机	自动式轧管机	ϕ（12～660）	2～60	6～48	10～16
热轧	连续式轧管	初轧圆坯、连铸圆坯	二辊斜轧穿孔机、三辊斜轧穿孔机	MM、MPM、PQF	ϕ（16～457）	1.75～57.4	6～30	20～33
热轧	三辊轧管	初轧圆坯、连铸圆坯	二辊斜轧穿孔机、三辊斜轧穿孔机	三辊轧管机	ϕ（21～240）	2～55	4～50	8～12.5
热轧	狄舍尔轧管	初轧圆坯、连铸圆坯	二辊斜轧穿孔机	狄舍尔轧管机	ϕ（39～203）	2～8	4～35	～15
热轧	皮尔格轧管	连铸方坯、方锭、多边形锭	压力穿孔和斜轧延伸机	皮尔格轧管机	ϕ（50～100）	2.25～170	4～40	16～28
热轧	皮尔格轧管	圆锭	二辊斜轧穿孔机	皮尔格轧管机	ϕ（50～100）	2.25～170	4～40	16～28
顶制	顶管	初轧或连铸方坯	压力穿孔和斜轧延伸机	顶管机	ϕ（17～1070）	3～200	5～30	14～16
挤压	热挤压	圆锭或圆坯	压力穿孔机或钻孔后扩孔	挤压机	ϕ（25～1425）	≥2	4.5～25	～25

（3）热精整。在热轧钢管机组中，通常在轧管机之后设置均整、定径、减径或扩径等变形工序（图 7-6），实现改善壁厚精度、提高表面质量、提高正圆度和扩大产品规格范围的目的。

(a)　　(b)　　(c)

图 7-6　荒管轧制设备示意图

（a）均整机；（b）定、减径机；（c）扩径机

7.3.2　焊管生产方法

焊管生产过程是将管坯（板带钢）用各种成型方法弯卷成所要求的横断面形状，然后用不同的焊接方法将焊缝焊合而获得钢管的过程。成型和焊接是它的两个基本工序。不同的成型和焊接方式构成不同的焊管生产方法（表 7-3）。焊管机组的名称用机组生产的产品范围、以及成型和焊接的方法表示。例如，产品外径范围为 ϕ（20～102）mm，采用直缝连续成型和高频电阻焊接的机组，表示为 ϕ（20～102）连续高频电阻焊管机组。

表 7-3　常用的焊管生产方法

生产方法		原料	基本工序		产品大纲		
			成　型	焊　接	外径 D_c/mm	壁厚 S_c/mm	D_c/S_c
电焊	连续直缝电焊机组	钢带卷	辊式成型、排辊成型	高频焊、氩弧焊	5～660 400～1219	0.5～15 （6.4～22.2）	～100
	UOE 电焊机组	中板	UO 压力成型	电弧焊、闪光焊、高频电阻焊	406～1625	6.0～40.0	～80
	螺旋焊机组	钢带卷	螺旋成型机成型	电弧焊、高频电阻焊	89～3660	0.1～25.4	～100
炉焊	连续炉焊机组	钢带卷	管坯加热后在连续成形、焊接机组上加工		10～114	1.9～8.6	5～28
	链式炉焊机组	短带钢	管坯加热后在链式成形机上用碗式模加工		19～89	2～10	5～28

注：括弧内为排辊成型产品。

7.3.3　钢管冷加工方法

钢管冷加工方法主要有冷轧、冷拔和旋压（图 7-7）。各种冷加工方法生产的产品规格范围见表 7-4。旋压本质上也是一种冷轧，冷轧管机和旋压机的规格大小用其轧制的产品规格（最

表 7-4　目前钢管冷加工的产品规格范围

冷加工方法	产品范围				
	外径 D_c/mm		壁厚 S_c/mm		D_c/S_c
	最　大	最　小	最　大	最　小	
冷　轧	450.0	4.0	60	0.04	60～250
冷　拔	762.0	0.1	20	0.01	2.1～2000
旋　压	4500.0	10.0	38.1	0.04	≥12000

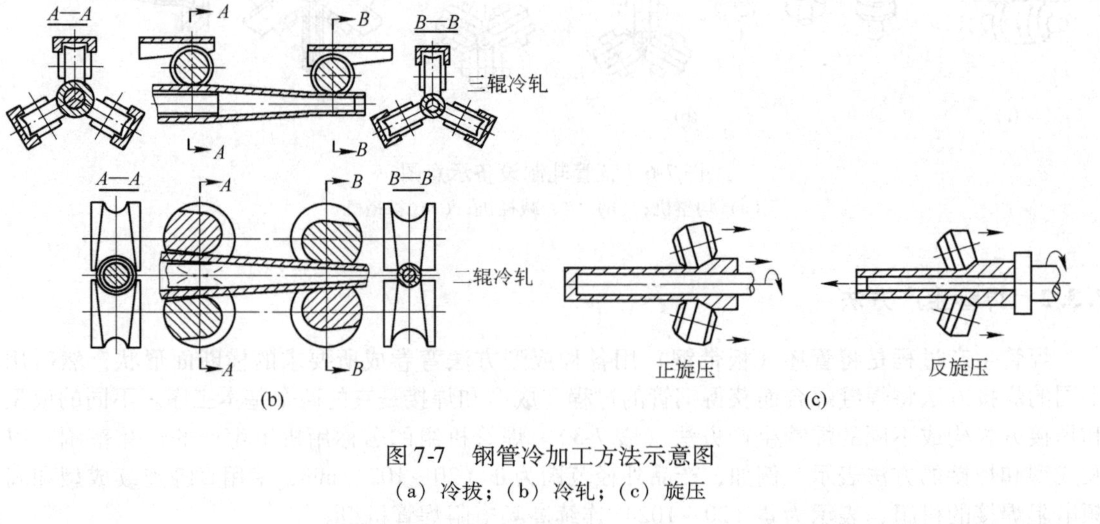

图 7-7　钢管冷加工方法示意图

（a）冷拔；（b）冷轧；（c）旋压

大外径）和轧管机型式来表示。例如 LG－50 表示轧管机的型式为二辊周期式冷轧管机，轧制钢管的最大外径为 150mm。LD－30 表示为多辊式冷轧管机，轧制钢管最大外径为 30mm。冷拔机的规格用其允许的额定拔制力大小和冷拔机的传动方式来表示，例如 LB－20 表示为额定拔制力 20t 的链式冷拔机；80t 液压冷拔机表示额定拔制力为 80t，采用液压传动。

8 热轧无缝钢管生产工艺过程

8.1 一般工艺过程

8.1.1 工艺流程

热轧无缝钢管的基本工艺过程为：轧前准备、管坯加热、轧制、精整。其中轧制部分包括穿孔、轧管、热精整三个主要变形过程。生产工艺流程取决于产品和机组形式。图 8-1 ~ 图 8-6 为各类热轧无缝钢管生产机组的基本工艺流程。

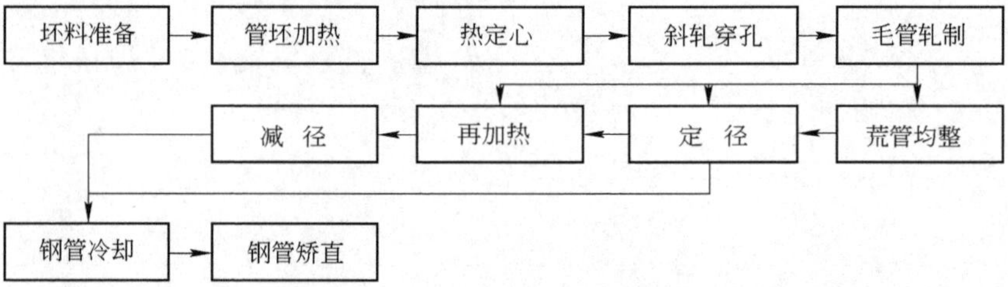

图 8-1 自动轧管机组工艺流程

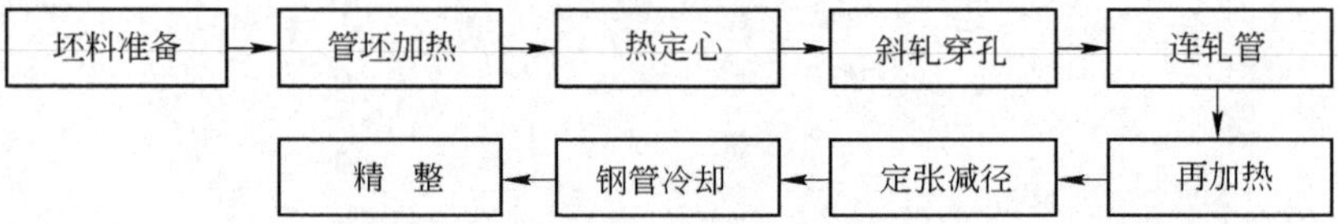

图 8-2 连续式轧管机组工艺流程

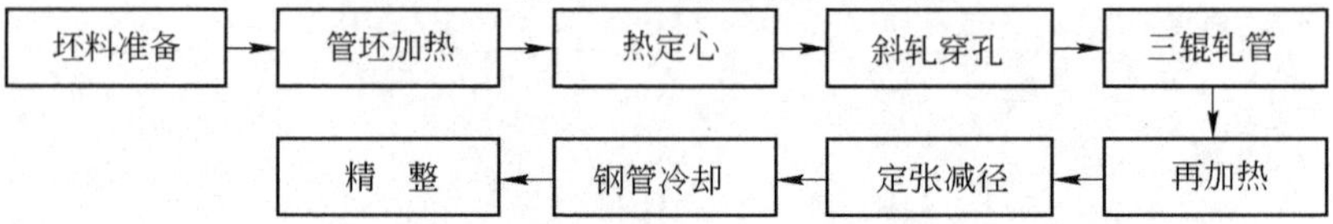

图 8-3 三辊斜轧管机组工艺流程

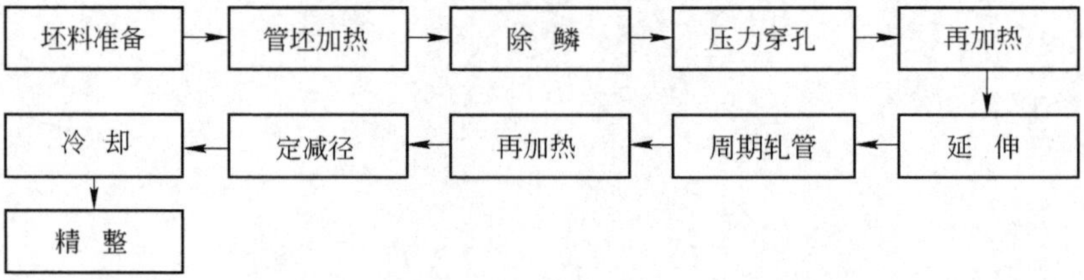

图 8-4 周期式轧管机组工艺流程

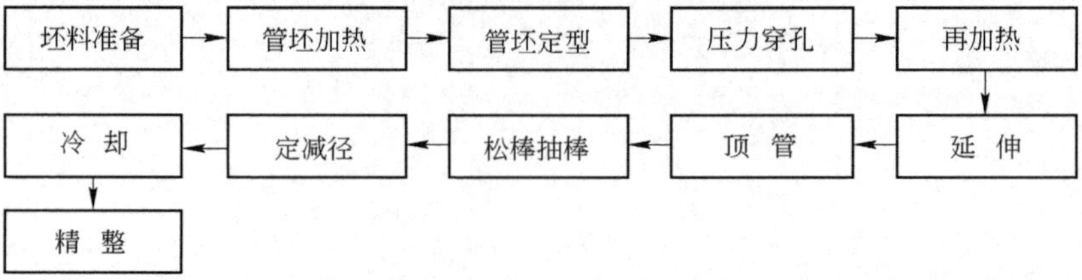

图 8-5 顶管机组工艺流程

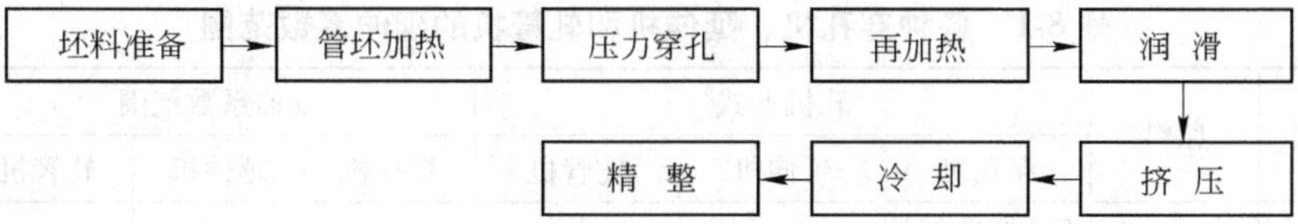

图 8-6 热挤压钢管机组工艺流程

8.1.2 工艺过程简述

热轧无缝钢管生产根据穿孔和轧管方法以及制管的材质不同，可选用圆形、方形或多边形断面的轧坯、锻坯、钢锭或连铸坯为原料。有时还采用离心铸造或旋转连铸的空心管坯。轧前准备包括管坯的检查、清理、切断、定心等工序。

管坯加热目的和要求与一般热轧钢材基本相同。常用加热设备有环形炉、步进炉、斜底炉、感应炉和快速加热炉等。根据需要可在生产线上设置再加热炉，以便继续轧制变形、确保终轧温度、控制成品管的组织性能等。

热轧主要包括穿孔、轧管、定径或减径工序。穿孔工序的任务是将实心管坯穿制成空心的毛管。轧管工序（包括延伸工序）的主要任务是将空心毛管减壁、延伸，使壁厚接近或等于成品管壁厚。均整、定径或减径工序统称为热精整，是热轧钢管生产中的精轧，起着控制成品几何形状和尺寸精度的作用。完整的热轧钢管轧制工艺中必须包含粗、中、精轧三部分，才能获得交货状态的热轧成品管。一个机组中设置哪些精轧工序，视机组的类型和产品规格而定，通常 ϕ50mm 以下的热轧成品管须采用减径工序进行生产。

钢管精整包括锯断、冷却、热处理、矫直、切管、钢管机加工、检验和包装等工序，其目的是保证管材符合技术标准。钢管机加工通常是指管端加厚、端头车丝和制作管接头等机械加工和处理。

8.2 各钢管热轧机组生产工艺过程特点

8.2.1 坯料准备与加热工艺特点

各机组的轧前准备和加热环节基本相同，只是定心工序随管坯种类和穿孔操作的需要而有所变化。挤压机组中为适应穿孔工序进行扩孔的需要，管坯（圆坯或圆锭）剥皮清理后进行中心钻孔。采用方坯压力穿孔的机组，管坯需定型，以加大圆角、使对角线等长以及获得需要的锥度。一些采用分段快速加热炉加热管坯的机组，在加热炉后设置热剪或热锯。

8.2.2 钢管轧制工艺特点

热轧机组产品规格、管坯种类以及使用的穿孔和轧管方法不同时，穿孔和轧管工序所能完成的轧制变形量（表 8-1）、操作方式都发生变化，轧制工艺过程也可能发生如下变化：

（1）增设延伸工序。下述情况，须在穿孔和轧管工序间增设延伸工序：1）生产大口径管时，从管坯至成品间的总变形大，例如大中型自动轧管机组增设一架延伸机；2）压力穿孔的延伸系数 $\mu_{ck}<1.3$，因此其后也应设置延伸工序（挤压机组例外）。

（2）增设毛管再加热工序。采用压力穿孔和增设延伸工序后，操作持续时间延长，为保证合理的轧制温度，应设置毛管再加热炉。

（3）增设芯棒循环使用系统。采用长芯棒轧管的机组，如连续式轧管机、三辊轧管机、狄舍尔轧管机和顶管机等机组，在轧管工序上应增设插芯棒→轧管→抽芯棒→芯棒冷却→芯棒润滑的芯棒循环使用系统。

表 8-1 各种穿孔机、延伸机和轧管机的延伸系数范围

机 组	原料	轧机型式			延伸系数范围			备 注
		穿孔机	延伸机	轧管机	穿孔机	延伸机	轧管机	
自动轧管机组	圆坯	曼内斯曼穿孔机或菌式穿孔机	—	自动轧管机	1.3~4.5	—	1.5~2.1	140 以下的小型机组
	圆坯	曼内斯曼穿孔机	二辊斜轧延伸机	自动轧管机	1.5~2.0	1.25~2.7	1.5~2.1	250、400 机组
连轧管机组	圆坯	曼内斯曼穿孔机	—	MM	1.8~3.0		3~5	
	圆坯	狄舍尔穿孔机	—	MM	1.8~4.25	—	3~5	
	圆坯	三辊穿孔机、锥形辊穿孔机	—	MPM	1.8~4.5	—	3~6.5	48~340 连轧管机组
	圆坯	锥形辊穿孔机	—	PQF、FQM	1.8~4.5	—	3~6.5	159~460 连轧管机组
狄舍尔轧管机组	圆坯	曼内斯曼穿孔机	—	狄舍尔轧管机	1.3~4.5	—	3~5	
三辊轧管机组	圆坯	曼内斯曼穿孔机	—	三辊轧管机	1.8~3.0	—	1.3~3.5	
	圆坯	三辊穿孔机	—	三辊轧管机	1.8~3.0	—	1.3~3.5	
皮尔格轧管机组	圆坯、圆锭	曼内斯曼穿孔机	—	周期式轧管机	1.8~2.1	—	8~15	
	方坯、方锭	压力穿孔机	二辊斜轧延伸机	周期式轧管机	≤1.3	1.75~2.0	8~15	
顶管机组	方坯	压力穿孔机	二辊斜轧延伸机	顶管机	≤1.3	1.7~2.1	4.7~16.5	
挤压机组	圆坯、圆锭	压力穿孔机	—	挤压机	1.2~1.5	—	1.2~30	

注：MM：Mandrel Mill 全浮动芯棒连轧机；MPM：Multi - stand Pipe Mill 限动芯棒连轧机；PQF：Premium Quality Finishing（Mill）三辊半浮动芯棒连轧管机（多用于生产大口径无缝钢管）；FQM：First Quality Mill 三辊半浮动芯棒连轧管机（多用于生产小口径无缝钢管）。

（4）增设均整工序。自动轧管机组在轧管机后必须设置均整工序，以均整荒管壁厚。其他轧管机组的轧管机在轧管过程中均兼有均整管壁作用，故无须设置均整工序。

（5）定径、减径和扩径工序的设置。除挤压机组因挤压过程中兼有定径作用，无须设置定径工序外，其他均应设置定减径工序。生产小口径钢管采用减径或张力减径；生产大口径钢管采用定径。扩径工序一般单独设置。在减径或张力减径工序前一般均设置再加热炉。定径前是否进行钢管再加热，视钢管的温降而定。

8.2.3 钢管精整工艺特点

各类轧管机组，只要产品品种相同，其精整和机械加工工艺就基本相同。钢管精整工艺内容主要取决于钢管品种和技术条件，与机组类型基本无关。

目前我国拥有世界上种类和规格最齐、最先进的热轧无缝钢管机组。但值得指出的是，现有的无缝钢管生产装备水平还参差不齐，为了提高热轧钢管产品质量和实现高效低耗低污染生产，应重视钢管热轧生产工艺的不断发展和完善。20 世纪 80 年代之后我国引进了许多先进机组，原有机组的改造也在不断进行之中，工艺技术和装备的完善化主要体现在三个方面：一是充分发挥现有先进装备的特长；二是开发、设计、制造生产小直径无缝钢管的先进装备；三是调整、改造部分现有的落后机组。其中不乏具有较高技术含量的工艺改进，例如 108 三辊轧管机组和 102 顶管机组的技术改造、引进连轧机组的孔型改进以及锥形辊穿孔技术的应用等，为热轧无缝钢管机组生产总体水平的提高起到了重要作用。

9　管坯及管坯加热

9.1　管坯及其轧前准备

管坯质量直接影响成品管质量，管坯选择不当，将限制机组生产能力的发挥；管坯质量不良，难以生产出高质量的钢管。因此，管坯的选择及轧前准备对于提高产品质量、改善技术经济指标、降低成本以及最大限度地发挥机组生产能力有着重要意义。

9.1.1　管坯种类及选择

管坯按断面形状、冶炼方法和生产方法进行分类。管坯断面形状有圆形、方形、多边形等。管坯的冶炼方法有转炉冶炼、电炉冶炼、电渣重熔等。管坯的生产方法有连铸坯、初轧坯、铸锭和离心浇注等。管坯断面形状取决于穿孔方法：压力穿孔选用方形、带浪边的方形或多边形坯（锭）；挤压机组压力穿孔选用圆坯（锭）；斜轧穿孔则受变形条件限制，需选用圆形坯。管坯冶炼方法和管坯的生产方法首先取决于材质和技术条件，其次是穿孔方法，并与冶炼和浇铸技术有关。按钢种选择冶炼方法：碳素钢管坯与合金结构钢管坯多用转炉钢；合金钢和高合金钢管坯采用电炉钢，有特殊要求的则采用电渣重熔钢。按穿孔方法选择管坯：压力穿孔变形量小、应力状态条件较好，可采用钢锭或连铸坯为坯料；二辊斜轧穿孔应力状态条件较差，当穿孔变形量较大时（$\mu_{ck} \geqslant 3.0$）采用轧坯或锻坯，如果穿孔变形量较小，并采用较低的穿孔速度，可采用钢锭（$\mu_{ck} \leqslant 2.1$）或表面质量较高的连铸坯（$\mu_{ck} \leqslant 3.0$）为坯料。狄舍尔穿孔、三辊斜轧穿孔和锥形辊斜轧穿孔有较好的应力状态条件，可采用连铸坯（$\mu_{ck} \leqslant 3.0$）。锻坯常用于合金钢管生产。

连铸圆管坯具有成材率高、成本和能耗低、表面质量好、组织性能稳定的优点，目前被大量采用。实践证明，通过提高冶炼和浇铸技术，如采用炉外精炼、氩气保护浇铸、旋转振动结晶器、电磁搅拌和结晶器液面自动控制等新技术，可使连铸管坯达到很高的质量水平。除了带大导盘二辊斜轧穿孔外，目前可用于穿制连铸圆坯的有三辊斜轧穿孔法和锥形辊穿孔法。

9.1.2　管坯的技术条件

管坯质量是确保钢管成品质量和顺利生产的先决条件。管坯标准所规定的技术要求有：化学成分、外形和尺寸偏差、表面质量、组织（高倍组织与低倍组织）、性能要求等。

管坯的质量要求与钢管品种、用途和穿孔方法有关。管坯技术条件以保证钢管质量和生产过程顺利进行为依据来确定，并将随穿孔方法不同而有所变化。各种管坯的技术条件可查阅标准和技术协议。

管坯表面质量是指表面可允许存在的缺陷：裂纹、夹杂、结疤、气孔、划伤、凹坑、压痕等；管坯的低倍组织包括：中心疏松、缩孔、皮下裂纹、中心裂纹、白点、皮下气泡等；高倍组织包括：退火组织、脱碳层深度、碳化物分布、非金属夹杂物等；性能要求包括：抗拉强度、屈服强度、断面收缩率、硬度等力学性能和物理性能，还包括某些工艺性能。

9.1.3　管坯检查和表面清理

管坯在冶炼和生产过程中总会形成一定程度的缺陷，因此须对管坯进行严格检查和适当清理，以确保钢管质量和提高成材率。管坯检查和表面缺陷清理一般在管坯生产部门完成，轧管部门则按技术条件复验。

管坯准备工艺流程如图9-1所示。酸洗、剥皮等方法是为了暴露表面缺陷以便检查，现代热轧钢管车间多用无损探伤代替人工检查。表面清理的方法有砂轮磨修、火焰清理、风铲清理和机械剥皮等。

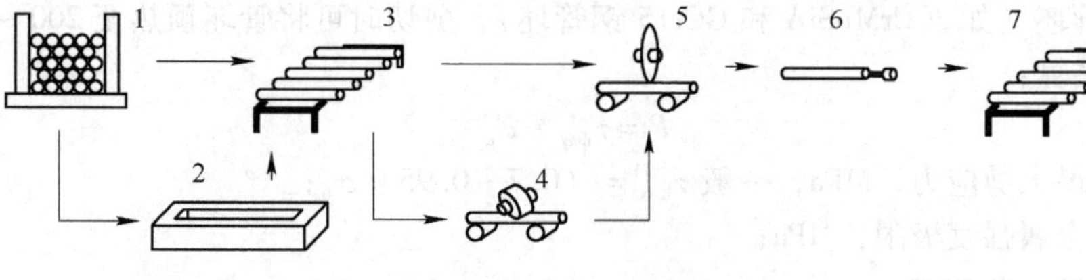

图9-1　管坯准备工艺流程示意图

1—管坯库；2—去除氧化铁皮；3—检查；4—表面清理；5—改切；6—冷定心；7—检查

9.1.4　管坯切断

9.1.4.1　切断长度

现代高效生产采用的管坯体积较大，管坯交货状态按技术要求给定，一根连铸或初轧管坯长度是生产计划要求的投料长度的数倍，此时须设置管坯切断工序。生产所需的管坯长度 L_p 为

$$L_p = \frac{\pi(n_c L_c + \Delta L)(D_c - S_c)}{K_{sh} F_p} \tag{9-1}$$

式中　L_p——生产所需的管坯长度，mm；

F_p——管坯横断面积，mm^2；

n_c——每根热轧管的倍尺数（一根热轧管切成 n_c 根成品管）；

D_c、S_c——成品管外径与壁厚，mm；

L_c——成品管定尺长度，mm；

ΔL——切头切尾（包括切口）长度，mm，一般 $\Delta L = 200 \sim 500$mm；

K_{sh}——管坯加热时的烧损系数，与钢种、炉型和加热操作有关。通常环形炉 K_{sh} = 0.98 ~ 0.99、步进炉 K_{sh} = 0.985 ~ 0.99，斜底连续式加热炉 K_{sh} = 0.97 ~ 0.98，步进式再加热炉 K_{sh} = 0.99 ~ 0.995。

同时，管坯长度不应超过机组设备允许范围，如穿孔机前、后台长度等。穿制高合金钢管时，管坯长度还须考虑到穿孔顶头的寿命。

9.1.4.2　切断方法

管坯切断的方法有剪断、折断、锯断、火焰切割等（图9-2）。

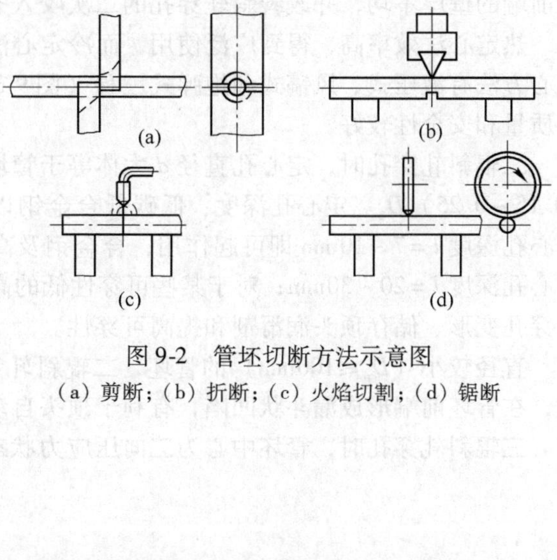

图9-2　管坯切断方法示意图

（a）剪断；（b）折断；（c）火焰切割；（d）锯断

（1）火焰切割法。这种切断方法的操作费用最低，但有金属耗损（割缝宽度6 ~ 7mm），切割面平整度好，管坯形状不限。但管坯碳当量不宜超过0.45%，不适于高

碳钢和合金钢管坯切割。由于效率高，一些工厂用多头火焰切割作为低碳钢管坯切断的主要方法。

（2）剪断法。这种方法生产效率较高、无金属损耗、切断费用低。但断口有压扁变形、切斜甚至切裂。目前强度极限 $\sigma_b < 1000$MPa、管坯直径 $D_p \leqslant 160 \sim 180$mm、低碳和中碳钢管坯以及合金结构钢管坯主要用剪断法剪断。为了减少管坯端部的压扁，可采用成型刀刃；对于易产生剪切裂纹的管坯（如30CrMnSiA和GCr15钢管坯），剪切时可将管坯预热至200～300℃。剪切力可按下式估算：

$$P = \tau_{max} \cdot F_p \tag{9-2}$$

式中 τ_{max}——最大剪应力，MPa，一般 $\tau_{max} = (0.7 \sim 0.95)\sigma_b$；

σ_b——金属强度极限，MPa；

F_p——管坯断面积，mm^2。

（3）折断法。这种方法效率高、费用低，但端面不平整，仅适用于 $D_p > 140$mm 或强度极限 $\sigma_b > 600$MPa 的管坯切断，所用设备为折断压力机。先用火焰切割法在预定折断处割一切口，然后放入折断压力机中用三角斧刃加力而折断。两支点间距 l 为管坯直径 D_p 的4～5倍。

折断压力 P 按下式估算：

圆管坯
$$P = 0.4\frac{D_p^3}{l}\sigma_b \tag{9-3}$$

方管坯
$$P = 0.67\frac{a_p^3}{l}\sigma_b \tag{9-4}$$

式中 D_p、a_p——管坯直径与方坯边长，mm；

l——支点间距，mm；

σ_b——金属强度极限，MPa。

（4）锯断法。这种切断方法的切断质量最好，对管坯形状不限，可切割任何钢种，但成本很高。常用于产量较小的合金钢和高合金钢管坯的切断。锯断设备有弓形锯、带锯和圆盘锯等。镶有高速钢扇形刀片的冷圆盘锯用于冷锯合金钢管坯；镶有硬质合金刀片的冷圆盘锯用于高合金钢管坯锯断。

9.1.5 管坯定心

圆管坯定心是指在管坯前端面中心钻孔或冲孔，其目的是使顶头对中，防止穿偏，减小毛管前端的壁厚不均，并改善斜轧穿孔的二次咬入条件，使穿孔过程顺利进行。

热定心法效率高，得到广泛使用，而冷定心法仅用于高合金钢或重要用途钢管生产中。热定心方法有液压式、风镐式和炮弹式三种（图9-3、图9-4、图9-5），其中液压式和风镐式定心质量和安全性较好。

二辊斜轧穿孔时，定心孔直径 d 大体等于管坯斜轧穿孔时产生的中心疏松区直径，其值为 $(0.15 \sim 0.25)D_p$。定心孔深度：低碳低合金钢以减小毛管前端壁厚不均为定心的主要目的，定心孔深度 $l = 7 \sim 10$mm 即可起作用；合金钢及高合金钢以改善二次咬入为定心的主要目的，定心孔深度 $l = 20 \sim 30$mm；对于某些可穿性低的高合金钢管坯，可采用深孔钻钻通孔，以便减小穿孔变形、储存顶头润滑剂和提高可穿性。

直径较小（$D_p \leqslant 100$mm）的管坯，二辊斜轧穿孔顶头接触管坯之前，变形深透至中心部位，在管坯前端形成漏斗状凹陷，有利于顶头自动对中和便于二次咬入，可以不定心。

三辊斜轧穿孔时，管坯中心为三向压应力状态，形成“刚性核”，所形成的管坯前端凹陷

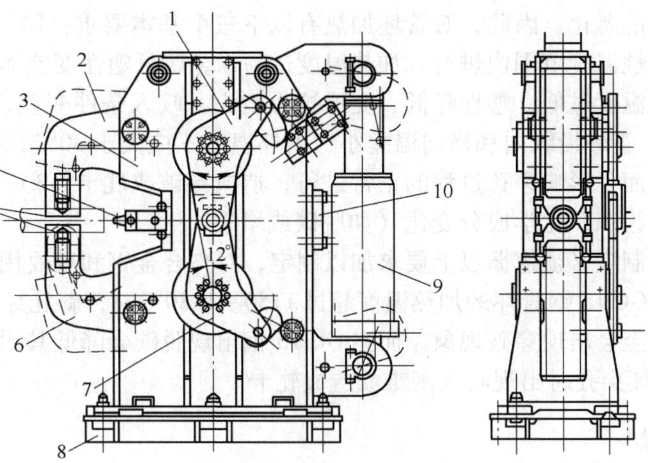

图 9-3　液压式热定心机

1—上同步连接板；2—上夹紧杠杆；3—机架；4—定心顶头；5—夹紧钳口；6—下夹紧杠杆；7—下同步连接板；8—底座框架；9—夹紧液压缸；10—定心液压缸

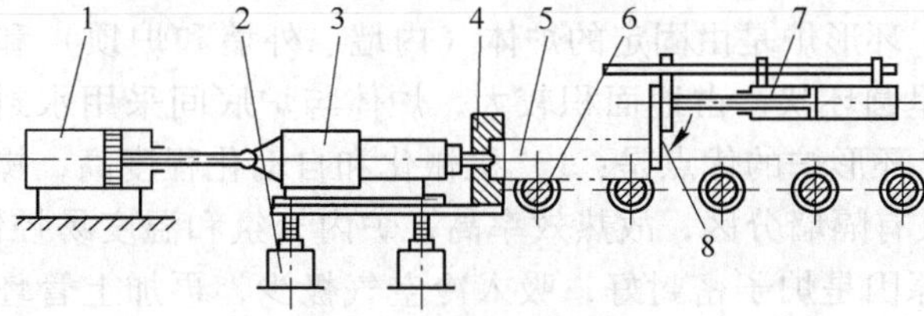

图 9-4　风镐式热定心

1—工作气缸；2—升降螺丝；3—风动装置；4—定位板；5—管坯；6—辊道；7—推力气缸；8—推板

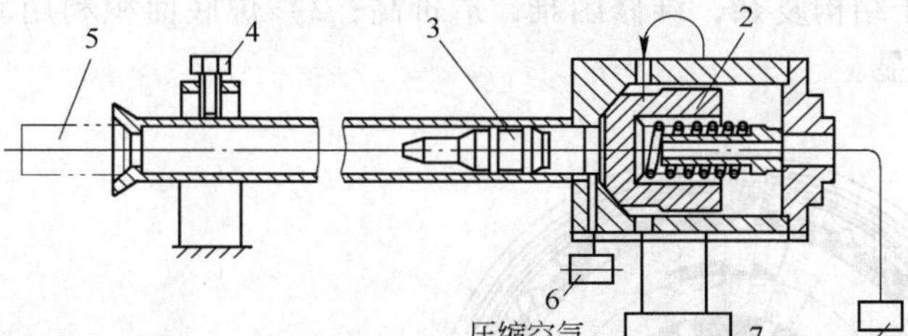

图 9-5　炮弹式热定心

1—电磁换向阀；2—快速阀；3—冲头；4—调整器；5—管坯；6—抽气阀；7—储气缸

很浅，顶头不易对中，需要加以定心。

9.2　管坯加热

9.2.1　管坯加热的目的和要求

管坯加热的目的是：提高管坯塑性、降低变形抗力，有利于塑性变形和降低加工能耗；使碳化物溶解和非金属相扩散，改善钢的组织性能。

加热工艺不当会引起管坯的某些缺陷：1）坯料表面氧化，增加金属消耗，严重的还影响到成品的表面质量；2）脱碳，会影响到钢管某些性能，如表面硬度、疲劳强度和耐磨性等；3）增碳，不锈钢坯在加热过程中会出现表面增碳，而影响其抗腐蚀能力；4）过热、过烧，使金属塑性降低、性能恶化。因此，对管坯加热有以下三个基本要求：1）加热温度准确，确保穿孔过程在最佳塑性温度范围内进行。加热温度过高，金属可塑性变差而造成穿孔时产生内折和轧破缺陷，加热温度过低，塑性降低、变形抗力增大，咬入条件变差，易造成内折和轧卡；2）加热温度均匀，管坯沿纵向和横向温差小，内外温差不应大于30℃，温度不均不仅使穿孔后毛管壁厚不均、而且影响穿孔过程的正常进行，造成穿破或轧卡；3）烧损少，管坯在加热过程中不产生有害组织和化学成分变化（如脱碳或增碳）。

管坯加热工艺制度必须遵循以上要求加以制定，对高合金钢和重要用途钢管坯，上述要求更为严格。例如，GCr15 钢管坯的加热温度超过 1150 ~ 1180℃时，斜轧穿孔后毛管会产生折迭和裂纹等缺陷，甚至会出现穿破现象。而当 GCr15 钢出现脱碳会降低其耐磨性。但当加热温度过低时，GCr15 管坯穿孔时出现咬入困难或造成轧卡。

9.2.2　管坯加热炉

管坯加热炉型式有环形炉、步进炉、斜底炉和感应炉等。现代热轧无缝钢管机组大多采用环形加热炉。步进式加热炉是高效加热炉之一，在加热长管坯和钢管再加热时常用。旧机组改造中可采用步进炉代替斜底炉。

（1）环形加热炉。环形炉是由固定的炉体（内墙、外墙和炉顶）和可转动的炉底两部分组成（图 9-6），整体呈圆环状，占地面积较大，炉体与炉底间采用水封，可防止冷空气进入炉内，加热质量较好。环形炉的优点是：1）机械化和自动化程度高，操作可靠；2）仅有装、出料两个炉门，炉内又有隔墙分区，故热效率高，炉内气氛和温度易控制；3）烧损少，通常烧损为1% ~2%。其原因是炉子密封好，吸入冷空气极少，再加上管坯在炉底上不移动，管坯表面氧化铁皮不剥落；4）管坯在炉内三面受热，加热温度均匀，加热速度快，如 ϕ180mm 碳素钢管坯的单位加热时间可高达 6min/cm；5）轧机发生故障时，可使坯料逆行。环形加热炉的缺点是：1）炉子结构复杂，维修困难，造价高；2）炉底面积利用率低，尤其在加热小直径短管坯时更为明显。

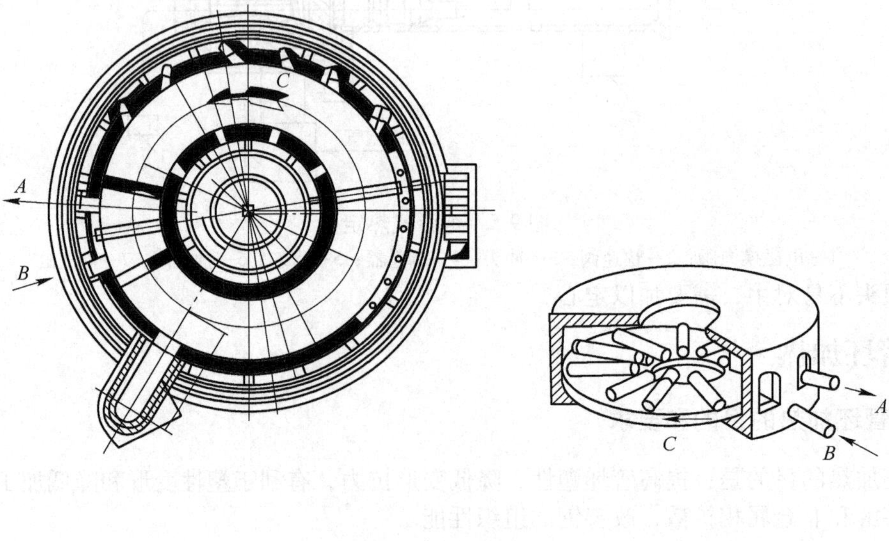

图 9-6　环形加热炉

A—出料；B—装料；C—炉底旋转方向

（2）步进式加热炉。步进炉加热方面的特点与环形炉相同，占地面积较小。但步进炉炉底的步进机构由耐热钢制成，设备投资费用较高。这种炉型（图9-7）主要用于中间再加热。

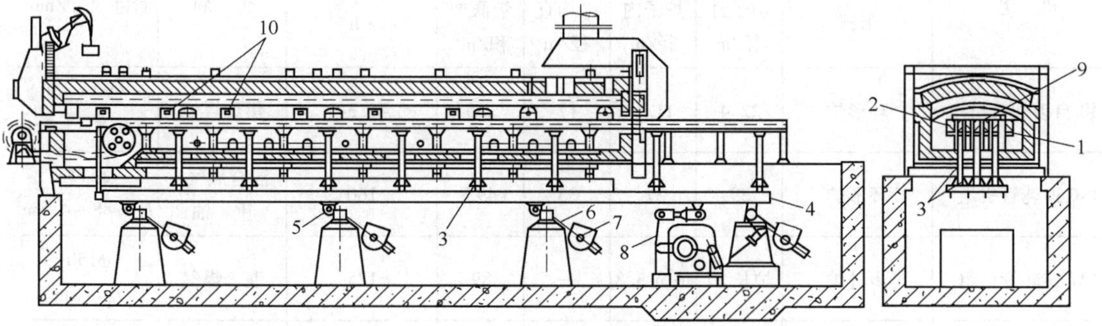

图9-7　步进式加热炉示意图

1—移动梁；2—固定梁；3—支柱；4—纵梁；5—滚轮；6—杠杆；7—平衡锤；8—传动系统；9—管坯；10—烧嘴

（3）斜底式连续加热炉。斜底炉与推钢式连续加热炉的主要区别在于炉底带有斜度（6%～12%），如图9-8所示。圆管坯在炉内依靠自重和人工翻料沿倾斜炉底滚动前进。

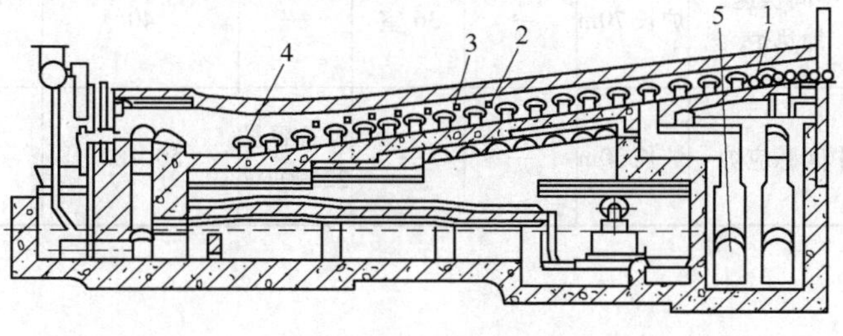

图9-8　斜底式连续加热炉示意图

1—管坯；2—烧嘴；3—翻料炉门；4—出料炉门；5—烟道

斜底炉虽然结构简单造价低，但存在烧损严重、加热质量差、燃耗高、劳动强度大等诸多缺点，因此已逐渐被其他炉型所取代。

（4）感应式加热炉（图9-9）。感应炉通过螺旋感应器的交变磁场使管坯产生涡电流而加热。集肤效应使感应电流集中于坯料表层，中部加热靠表层热量向内传导。感应炉的优点是：1）加热速度快，并可通过气体保护而实现无氧化加热；2）加热制度灵活；3）停炉热损失少；4）炉子占地面积小，易实现机械化、自动化操作。其主要缺点是感应圈大小需要适应管坯直径，以提高热效率。感应加热炉多用于挤压管坯加热和毛管再加热，也可用于钢管减径前的再加热以及管端加厚或管端热处理等加工时的局部加热。

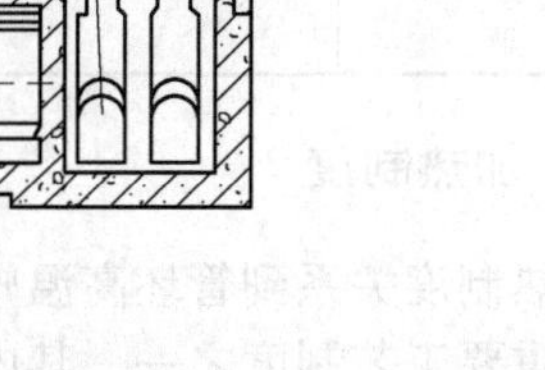

图9-9　感应式加热炉示意图

表 9-1 列出若干热轧无缝钢管机组管坯加热炉的主要技术性能。

表 9-1　管坯加热炉的主要技术性能

机　组	管坯加热炉形式	炉体尺寸				小时产量 /t · h^{-1}	燃　料	管坯尺寸/mm
		炉子外径/m	炉子内径/m	平均直径/m	炉底面积/m^2			
140 自动轧管机组	环形炉	22.4	11.6	17	235	40.34	焦炉煤气	ϕ（90 ~ 160） L_p0.8 ~ 3.6m
140 连轧管机组	环形炉	39	31	35	495	160	混合煤气/ 重　油	ϕ175 L_p0.88 ~ 4.5m
127 连轧管机组	步进炉	炉长 27	炉宽 3.3	—	89	125	混合煤气	ϕ150 L_p ~ 3m
108 三辊斜轧管机组	环形炉	13.4	6.6	10	69	10	重　油	ϕ（90 ~ 130） L_p ~ 2m
216 皮尔格轧管机组	环形炉 2 座	25	15	20	196	40	天然气	方坯（锭） 边长 285 ~ 340 L_p1.1 ~ 1.3m
133 顶管机组	环形炉	15.4	8.6	12	92	12.5	天然气	方坯边长 110 ~ 160
30 ~ 102 连轧管机组	中间快速加热炉	炉长 70m	—	36 室	—	40	天然气	荒管直径 ϕ140 荒管长度 10 ~ 12.5m
30 ~ 102 连轧管机组	中间感应炉	炉长 20m	—	—	设备容量 22500kW	50 ~ 80	—	荒管直径 ϕ108 荒管长度 3 ~ 8m

9.2.3　加热制度

加热制度关系到管坯高温塑性加工性能、终轧组织状态和力学性能、能耗等一系列重要指标，是重要工艺制度之一。其内容涉及加热温度 t_{jr}、加热时间 τ_{jr} 和加热速度等工艺参数的确定。

9.2.3.1　管坯加热温度的确定

加热温度是指管坯的出炉温度。加热温度必须确保管坯的穿孔温度 t_{ch} 在塑性最佳温度范围。碳素钢的塑性最佳温度一般是低于固相线 100 ~ 150℃。对高合金钢和一些新研制钢种，不宜按相图确定加热温度，此时用热扭转法或用测定临界压缩率的方法来确定最佳塑性温度范围，并以此范围作为该钢种的穿孔温度范围。图 9-10 所示为 1Cr18Ni9Ti 钢的热扭转曲线，由图可知，1Cr18Ni9Ti 钢的穿出温度应不高于 1210℃，以 1170 ~ 1200℃ 为好。

临界压缩率是指斜轧时管坯出现中心撕裂的直径压缩率。试验方法是将圆柱形试样加热至不同温度，在斜轧机中不带顶头斜轧，并在中途轧卡，最后将试样纵剖并测量有关尺寸（图 9-11），按下式计算临界压缩率：

$$\varepsilon_{lj} = \frac{D_p - D_{lj}}{D_p} \times 100\% \tag{9-5}$$

式中　D_p ——圆柱试样直径，mm；

D_{lj}——轧后试样开始出现中心或环形撕裂处的断面直径（以裂纹宽度达 0.05mm 作为判别出现撕裂的依据），mm。

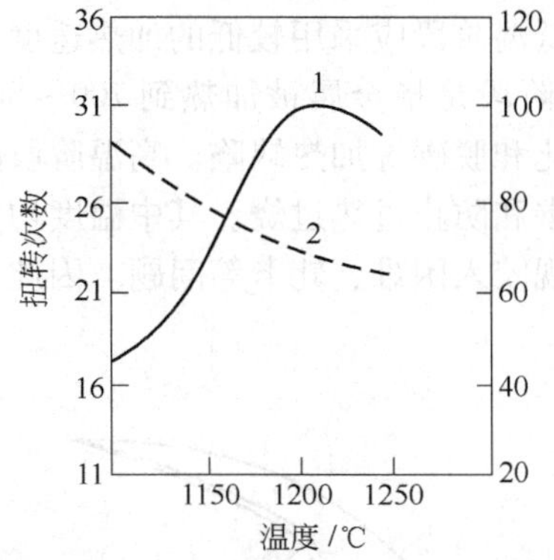

图 9-10　1Cr18Ni9Ti 钢的热扭转曲线
1—扭转次数；2—扭矩

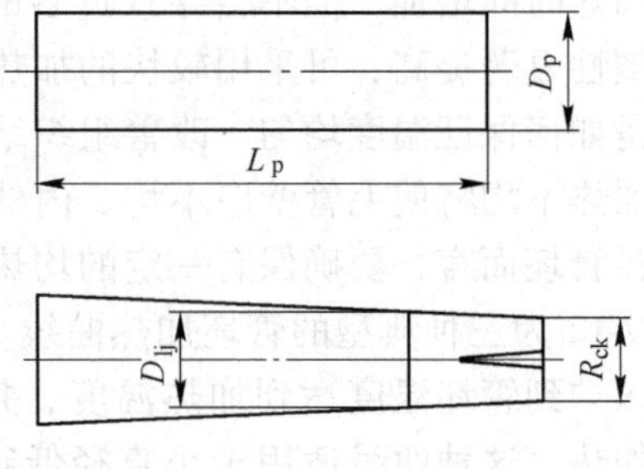

图 9-11　确定临界压缩率 ε_{lj} 的图示

临界压缩率试验时应注意试验条件与实际工况的相似性。

管坯从加热炉送往穿孔机途中温降值与设备布置、管坯尺寸、运送速度和气候等条件有关，一般设计合理的机组，其值不大于 20～30℃，碳素钢穿孔因变形热可使温度升高约 20～30℃，高合金钢穿孔时温升可达 50～100℃。

确定管坯加热温度时还须考虑以下因素：1）防止产生过烧缺陷。各主要钢种的过烧温度见表 9-2；2）管坯质量状况。压缩比小的管坯，低倍组织较差，易产生过热，加热温度和穿出温度应比正常情况略低些；3）终轧温度对钢管组织性能的影响；4）成品管的规格。厚壁管轧制过程中温降较小，加热温度可稍低些；5）顶头材质和形式。用水冷顶头穿孔时加热温度要高些；用钼基顶头穿制不锈钢时，由于顶头不用水冷，加热温度要比用水冷顶头穿孔时低 80～90℃。

表 9-2　各主要钢种的过烧温度

钢　种	过烧温度/℃	钢　种	过烧温度/℃
碳钢 1.5% C	1140	碳　钢	1420
碳钢 1.1% C	1180	镍　钢	1370
碳钢 0.9% C	1220	铬镍钢	1370
碳钢 0.7% C	1280	铬钒钢	1350
碳钢 0.5% C	1350	奥氏体铬镍钢	1420
碳钢 0.2% C	1410		

三辊斜轧穿孔时加热温度和穿出温度与二辊斜轧穿孔相同。

压力穿孔变形较小，穿孔时金属有温降，加热温度应高于穿出温度。

总之，在不发生过热的前提下，一般应尽量提高加热温度，以确保金属穿孔时具有最好塑性和有利于后续变形。

9.2.3.2　加热速度确定

管坯加热速度是指加热时管坯升温的快慢，也就是加热曲线的斜率，可以用温度和加热时间的关系曲线表示。加热速度通常可分为低温和高温两个阶段。低温阶段是加热一些合金钢和高合金钢的关键，这是因为：1）高合金钢在低温阶段导热性差、塑性低，过快的加热速度会产生加热裂纹甚至破碎；2）管坯内部存在着残余应力，尤其是加热冷锭时钢锭内部存在较大的铸造应力，使产生裂纹的敏感性增加；3）钢加热到 300 ~ 500℃范围将出现蓝脆，显著降低钢的塑性和强度；4）当加热到 A_{c1}时将产生相变，而产生组织应力。在低温阶段这些应力的迭加，将有可能破坏金属的连续性而产生加热裂纹。因此在低温阶段应采用较低的加热速度，这虽然使加热时间增加，但不会导致过多的加热缺陷。高温阶段是指金属被加热到 700 ~ 800℃以上，塑性显著提高，可采用较快的加热速度，以减少氧化和脱碳等加热缺陷。高温阶段的主要问题是如何保证温度均匀、改善组织结构、减少氧化脱碳和防止过热过烧。其中温度均匀是关键，加热不均将使毛管壁厚不均、内外表面缺陷以及出现咬入困难、轧卡等问题。因此，对于大直径管坯而言，要确保有一定的均热段。

图 9-12 为三种典型的管坯加热曲线。曲线 1 是从管坯入炉到管坯温度达到加热温度、并以最大加热速度加热，这种曲线适用于小直径低碳钢和某些低合金钢。其优点是生产率高，可减少氧化和脱碳，并使管坯表面形成薄而牢固的氧化铁皮，增加摩擦系数，改善穿孔时的运动条件和提高毛管表面质量。曲线 2 是预热、高温段快速加热和均热所组成的三段式加热方式，适用于导热性差、直径较大的合金钢和高碳钢等。曲线 3 考虑了金属组织转变过程中的保温阶段，这种方式的控制过程不易掌握。

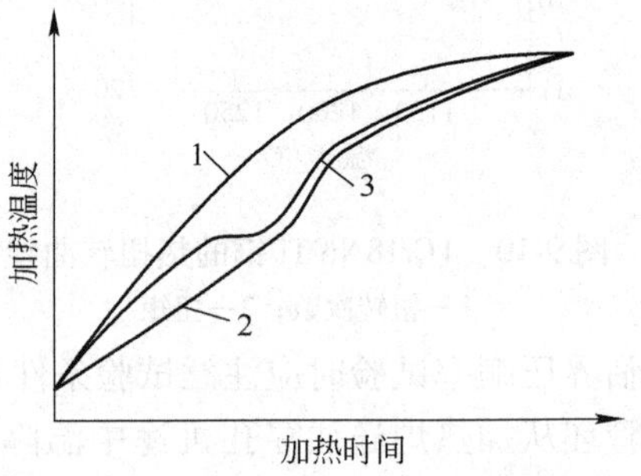

图 9-12 加热曲线

9.2.3.3 加热时间

管坯加热时间可以按下式估算：

$$\tau_{jr} = K_{jr} D_p \tag{9-6}$$

式中 τ_{jr}——加热时间，min；

K_{jr}——单位管坯直径或边长的加热时间（即加热速度），min/cm；

D_p——圆管坯直径（方坯以边长计），cm。

K_{jr}值与管坯钢种、规格、炉子型式、供热能力和操作有关。一些管坯的加热数据见表 9-3 所示。

表 9-3 管坯（轧坯）单位加热时间

钢 种	环形炉 K_{jr}/min · cm^{-1}
碳素钢、低合金结构钢	5 ~ 6.5
合金结构钢	6 ~ 7
中合金钢	6.5 ~ 8
轴承钢	6 ~ 8
不锈钢、高合金钢	7 ~ 10

9.2.3.4 钢管再加热

钢管再加热属于薄材加热，一般都可以采用快速加热，以减少氧化和脱碳，提高炉子的生产率。定减径前钢管再加热温度一般为 900 ~ 1100℃，并考虑热轧产品的组织性能和表面质量和轧后冷却方式。

采用步进炉加热钢管时，加热时间 τ_{jr}可按下式估算：

$$\tau_{jr} = 2.2(D - S)S/D \tag{9-7}$$

式中 τ_{jr}——加热时间，min；

D——被加热的钢管外径，mm；

S——被加热的钢管壁厚，mm。

当再加热前进行700℃热装时，上式计算的加热时间应减少30%。

10　管坯穿孔

管坯穿孔是将实心管坯穿制成空心毛管的工艺过程，是热轧无缝钢管生产中最重要的变形工序。按变形和设备结构特点，穿孔机可分为斜轧穿孔和压力穿孔两大类。其中斜轧穿孔机因轧辊和导卫形式的不同而分为 Mannesmann 穿孔机、锥形辊穿孔机、Diesher 穿孔机和三辊穿孔机等。

10.1　二辊斜轧穿孔机及穿孔过程

10.1.1　二辊斜轧穿孔机

二辊斜轧穿孔法由德国 Mannesmann 兄弟于 1883 年研制发明、1884 年底提出专利申请、1886 年用于工业生产，又称 Mannesmann 穿孔法，是目前无缝钢管穿孔应用最广泛的方法。

图 10-1 所示为辊式、菌式和圆盘式三种不同形状的轧辊所构成的斜轧穿孔形式。各类轧辊均具有穿孔锥（轧辊入口锥）、辗轧锥（轧辊出口锥）和轧辊轧制带（入口锥与出口锥之间的过渡部分）三个基本部分。

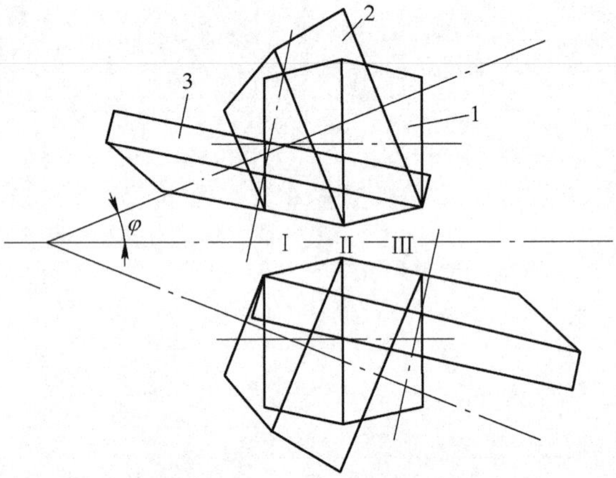

图 10-1　三种型式的斜轧穿孔

1—辊式；2—菌式；3—圆盘式

Ⅰ—入口锥；Ⅱ—轧制带；Ⅲ—出口锥

二辊斜轧穿孔是轧件在两个相对于轧制线倾斜放置的主动轧辊、两个固定的导板（或主动导盘、随动导辊）和一个位于中间的轴向定位的随动顶头组成一个环状封闭孔型（图 10-2）内所进行的轧制过程。表 10-1 为某些机组的二辊斜轧穿孔机的主要性能。

二辊斜轧穿孔机的轧辊左右或上下放置时，分别称为卧式穿孔机或立式穿孔机。带导盘的立式穿孔机又称作 Diesher 穿孔机，其优点在于：1）主传动合理布置，适应大前进角轧制；2）万向联轴节在小倾斜角下运转，工作平稳、磨损小；3）主动导盘使用寿命长，并有利于穿孔过程的进行；4）出口侧设有顶杆自动循环冷却系统，穿孔辅助时间短。

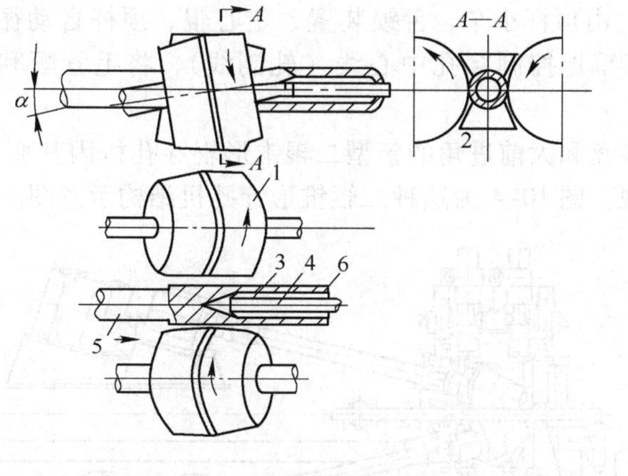

图 10-2 二辊斜轧穿孔示意图

1—轧辊；2—导板；3—顶头；4—顶杆；5—管坯；6—毛管

表 10-1 某些机组的二辊斜轧穿孔机性能

机组	产量 /万 t · a^{-1}	管坯种类和直径/mm	穿孔机				穿孔机主电机		
			型式	轧辊尺寸(D_g × L_g)/mm × mm	前进角 α / (°)	轧辊转速 n_g /r · min^{-1}	型式	功率 /kW	转速 /r · min^{-1}
100 自动轧管机组	5.0	轧坯 ϕ80/100/120	二辊卧式	ϕ650 × 370	3 ~ 13	60 ~ 230	DC	1000	130 ~ 250
140 自动轧管机组	12	轧坯 ϕ160	二辊卧式	ϕ850 × 500	5 ~ 12	110 ~ 180	DC	2000	200 ~ 360
140 连轧管机组	50	连铸坯 ϕ175	Diesher	ϕ1150 × 670	5 ~ 15	30 ~ 150	DC	2 × 2600	230 ~ 440
273 连轧管机组	50	连铸坯 ϕ220/280/330	二辊锥形	1350 × 760	8 ~ 15（辗轧角 15°）	32 ~ 101	DC	2 × 5000	250 ~ 365/500

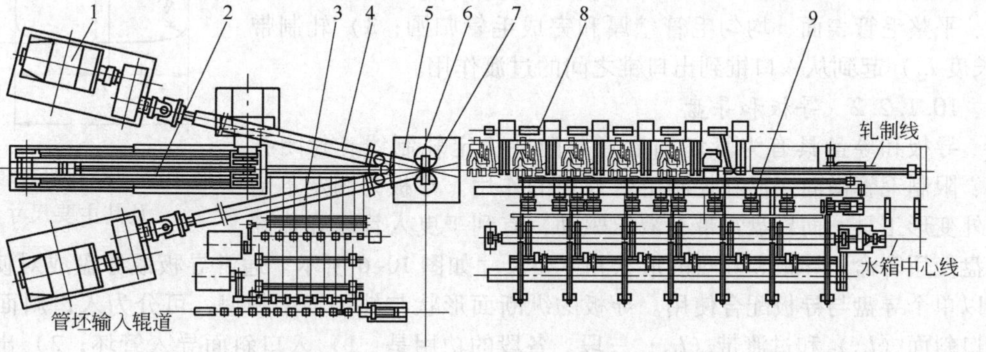

图 10-3 Diesher 穿孔机布置图

1—主电机；2—推料器；3—受料槽；4—万向接轴；5—工作机座；6—导盘；

7—轧辊；8—定心辊；9—顶杆循环冷却装置

Diesher 穿孔机（图 10-3）由以下四部分组成：

（1）主传动。它将主电机动力传送至轧辊。它由主电机、万向接轴、齿轮座等组成。

（2）穿孔机工作机座。它由机座、上盖、轧辊箱、轧辊倾角调整装置、轧辊调整机构、左右导盘调整机构等组成。工作机座是使管坯产生塑性变形，并承受全部轧制力的主要设备。

（3）穿孔机前台。它由受料槽、推料器和扣瓦等组成。用来输送并正确地将管坯喂入穿孔机轧辊间轧制。

（4）穿孔机后台。由顶杆小车、舌锁装置、定心辊、顶杆自动循环冷却装置等组成。其作用是为顶头定位；准确地控制穿孔中心线（轧制线），将毛管顺利引出孔型；顶头顶杆冷却。

近年来，带主动导盘和大前进角的新型二辊锥形辊穿孔机因其变形区金属流动更为合理、穿孔质量好而备受重视。图 10-4 为这种二辊锥形穿孔机结构示意图。

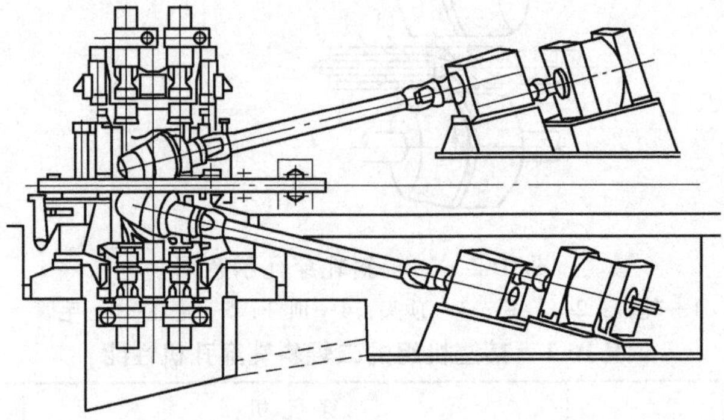

图 10-4 二辊锥形穿孔机结构示意图

10.1.2 二辊斜轧穿孔机的工具

10.1.2.1 轧辊

轧辊为主传动外变形工具。其辊型和主要尺寸参数如图 10-5 所示。通常辊身分为入口锥、出口锥和轧制带（又称压缩带）三段。各段的作用是：1）入口锥（长度 L_1、入口锥角 β_1）曳入管坯以实现穿孔；2）出口锥（长度 L_2、出口锥角 β_2）实现毛管减壁、平整毛管表面、均匀毛管壁厚和完成毛管归圆；3）轧制带（长度 L_3）起到从入口锥到出口锥之间的过渡作用。

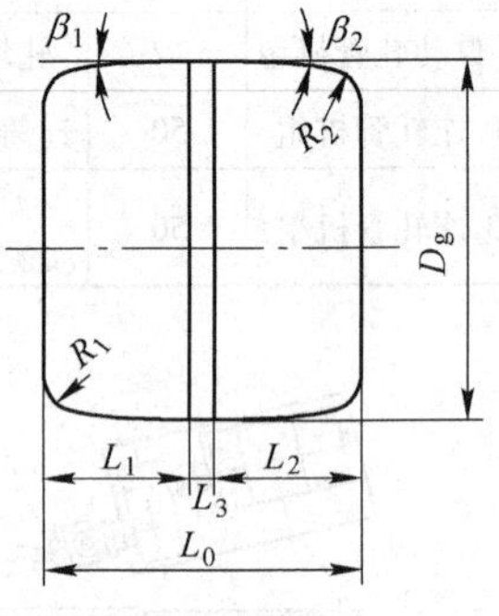

图 10-5 穿孔机轧辊辊型及其主要尺寸

10.1.2.2 导板和导盘

导板和导盘具有为管坯和毛管导向并稳定轧制线、封闭孔型、限制毛管横向变形和控制毛管外径的作用。导板为固定不动的外变形工具，而导盘常带有液压驱动，有利于曳入管坯和提高导盘使用寿命。导板和导盘的形状和主要尺寸如图 10-6 所示。通常导板或导盘成对使用，也可以单个导盘与导板配合使用。导板的纵断面形状与轧辊辊型相似，可分为入口斜面（l_{b1}）、出口斜面（l_{b2}）和过渡带（l_{b3}）三段。各段的功用是：1）入口斜面导入管坯；2）出口斜面导出毛管并限制毛管的扩径；3）过渡带为两斜面间过渡用。

10.1.2.3 顶头

顶头形状和主要尺寸如图 10-7 所示。它是穿孔机内变形工具，相当于钢环轧机的内辊。穿孔时，在顶杆的支撑作用下，顶头在变形区内轴向位置保持不变。实心管坯变成空心毛管过程中，轧件的外径变化不大，而内孔的形成主要靠顶头的穿孔锥来完成。中心部分的金属体积流向长度方向，形成较大的延伸。顶头在穿孔过程中承担重要变形任务，经受高温下的交变应力和剧烈摩擦，工作条件恶劣，其形状和材质对毛管质量和生产率有着重大影响。

顶头分水冷和非水冷两种形式。水冷式顶头又分内水冷式和内外水冷式；非水冷式顶头又

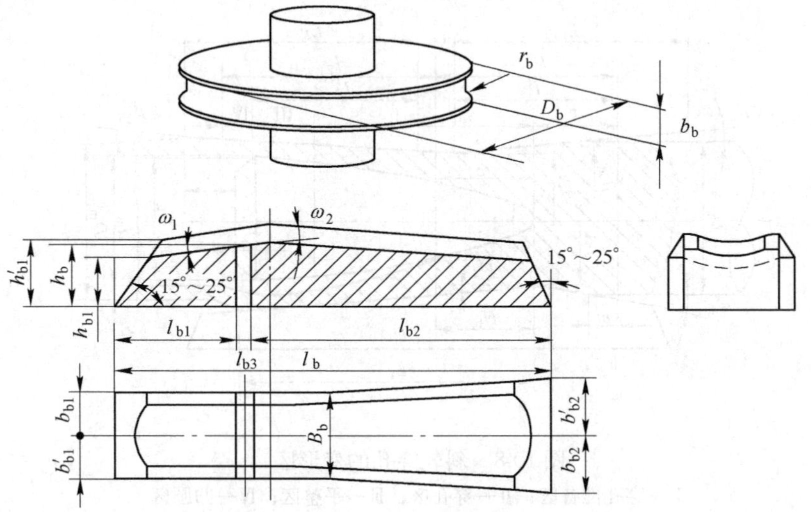

图 10-6 穿孔机导盘和导板及其主要尺寸

分更换式和非更换式。顶头的形状由顶尖 l_0（鼻部）、穿孔锥 l_1、平整段 l_2 和反锥 l_3 四段构成。各段的作用是：1）鼻部用于穿孔时对准管坯定心孔；2）穿孔锥承担管坯穿孔和毛管减壁的任务；3）平整段的锥角约等于轧辊出口锥角，起到均壁和平整毛管内外表面的作用；4）反锥的作用是防止毛管脱离顶头时产生内划伤，更换式顶头的反锥还起到平衡作用。

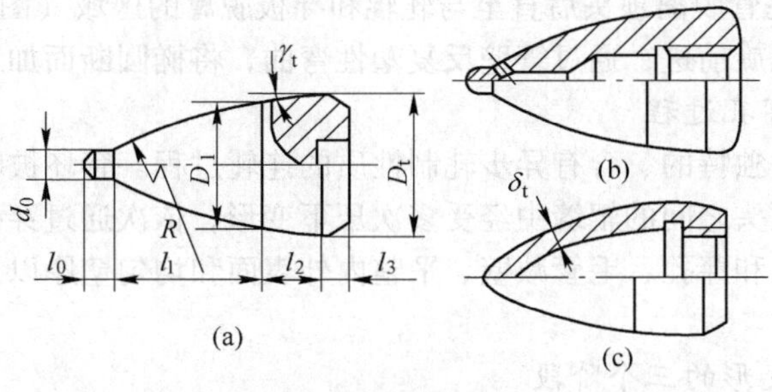

图 10-7 穿孔机顶头形状及其主要尺寸

（a）更换式非水冷顶头；（b）内外水冷式顶头；（c）内水冷式顶头

10.1.3 斜轧穿孔的变形过程

10.1.3.1 穿孔变形区组成

由轧辊、导板、顶头和轧件所构成的穿孔变形区形状如图 10-8 所示。变形区可划分为四个区域：穿孔准备区、穿孔区、平整区（辗轧区）和归圆区。

（1）穿孔准备区。指从管坯开始与轧辊接触起，在轧辊的摩擦力带动下螺旋前进，直至管坯前端与顶头鼻部接触之间的区域（图 10-8 Ⅰ）。其作用是：1）实现管坯的一次咬入；2）为管坯继续进入变形区积累足够大的剩余摩擦力，克服顶头阻力，实现二次咬入；3）使管坯中心处于特殊的应力状态，形成有利于顶头穿入的组织状态（孔腔形成之前的疏松状态），使顶头能够按最小阻力方向沿全长自动对中顺利穿出；4）附带的作用是使管坯的前端形成一个漏斗状的凹陷，便于顶头对中定心。

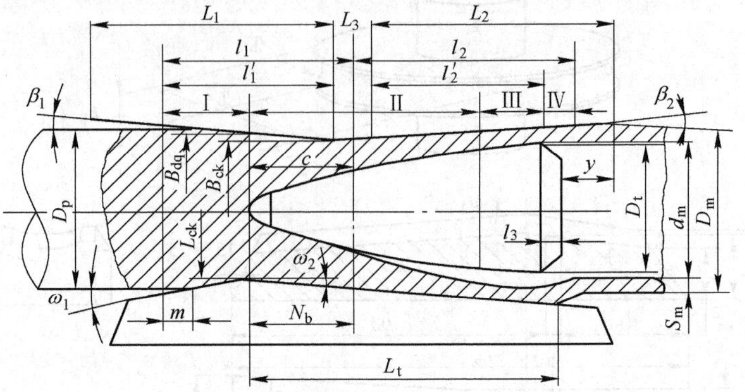

图 10-8　斜轧穿孔的变形区

Ⅰ—穿孔准备区；Ⅱ—穿孔区；Ⅲ—平整区；Ⅳ—归圆区

（2）穿孔区。指轧件与顶头鼻部相接触至顶头穿孔锥后端（成壁结束）之间的区域（图 10-8Ⅱ）。它的主要任务是进行管坯穿孔和毛管扩径、减壁、延伸。穿孔变形主要在此区域内完成。因而鼻部和穿孔锥的工作条件最为恶劣。

（3）平整区（均整区、辗轧区）。指顶头平整段所对应的变形区部分（图 10-8Ⅲ）。此区内轧辊出口锥母线与顶头平整段母线接近平行，因此毛管管壁通过此区域起到平整毛管内外表面和均匀毛管壁厚的作用。

（4）归圆区。指毛管脱离顶头后直至与轧辊和导板脱离的区域（图 10-8Ⅳ）。在轧辊和导板构成的孔型中毛管螺旋前进，通过管壁反复塑性弯曲，将椭圆断面加工成圆形。

10.1.3.2　斜轧穿孔过程

可将斜轧过程视为独特的、含有异步轧制性质的连轧过程。管坯被咬入后呈螺旋运动，各断面的金属在轧辊和顶头之间的辊缝中经受多次压下变形，依次通过穿孔变形区的各部分，经受穿孔准备、二次咬入和穿孔、毛管减壁、平整内外表面和均匀壁厚以及归圆等轧制变形，从而达到所需形状和尺寸。

10.1.3.3　穿孔变形的三个阶段

整个斜轧穿孔过程可分为头部不稳定阶段、中间稳定阶段和尾部不稳定阶段。从管坯与轧辊接触始，到前端金属穿出变形区为止，为头部不稳定阶段，此时穿孔过程建立，而顶头的轴向阻力逐渐增加，使金属纵向流动阻力增大，横向变形（扩径）增加，加上无外区金属的约束，导致前端直径大。中间稳定阶段是穿孔过程的主要阶段，从管坯前端充满变形区到管坯尾端开始离开变形区为止，此阶段金属的热力学条件稳定，尺寸相应稳定。尾部不稳定阶段为管坯尾端开始离开变形区，直至完全离开轧辊，此时顶头逐渐穿出尾端，金属所受轴向阻力减小，延伸增大，直径减小。上述三个阶段导致毛管的头、中、尾尺寸不同，前端直径大、尾端直径小。

10.1.4　斜轧穿孔变形区几何参数和调整参数

斜轧穿孔变形区几何参数和调整参数（图 10-8），简述如下：

（1）轧制线。管坯－毛管中心运行轨迹为穿孔轧制线。实际上穿孔机顶杆的轴线即为轧制线，可通过定心辊来调整。

（2）轧机中心线，即穿孔机安装调整时固有的中心线。有的机组上为使穿孔过程稳定，以及便于下导板更换等因素，将轧制线调整得比机器中心线低3～6mm，使管坯贴紧下导板。

（3）前进角 α（又称送进角）。二辊卧式斜轧穿孔机的前进角是指轧辊轴线与轧制线在包含轧制线的垂直平面上投影的夹角；二辊立式斜轧穿孔机的前进角是上述两线在水平面上投影的夹角。其他斜轧机按此概念类推，$\alpha=6°\sim14°$。前进角是斜轧中最积极的工艺参数。

（4）辗轧角 φ。二辊斜轧穿孔机辗轧角是指轧制线和轧辊轴线二者在以通过辊轴中心到轧制线最短连线和轧制线在内的平面上投影的夹角。对卧式斜轧穿孔机而言，辗轧角指轧辊轴线和轧制线二者在包含轧制线的水平面上投影之间的夹角。对二辊立式斜轧穿孔机而言，辗轧角是指上述两线在过轧制线的垂直平面上的投影之间的夹角（参见图10-1）。

（5）轧辊间距 B_{ck}，指两轧辊的轧制带之间（孔喉处）的轧辊间距。

（6）导板间距 L_{ck}，指两导板过渡带工作面间距。

（7）穿孔机孔型椭圆度系数 ξ

$$\xi=\frac{L_{ck}}{B_{ck}} \tag{10-1}$$

（8）管坯总直径压下量 ΔD_p 和总压缩率 ε

$$\Delta D_p=D_p-B_{ck},\quad \varepsilon=\frac{\Delta D_p}{D_p}\times100\% \tag{10-2}$$

（9）顶头前压下量 ΔD_{dq} 和顶头前压缩率 ε_{dq}

$$\Delta D_{dq}=D_p-B_{dq}$$

$$B_{dq}=B_{ck}+2(C-0.5L_3)\tan\beta_1 \tag{10-3}$$

$$\varepsilon_{dq}=\frac{\Delta D_{dq}}{D_p}\times100\%$$

式中 B_{dq}——顶头前两轧辊辊面间距；

C——顶头前伸量；

L_3——轧辊轧制带宽度；

β_1——轧辊入口锥锥角。

（10）顶头前伸量 C 和顶杆位置 y。顶头前伸量又称顶头位置，是指顶头鼻部伸出轧辊轧制带中线的距离。顶头鼻部伸出轧制带中线 C 值为正，而在轧制带中线之后则 C 值为负。顶杆位置 y 是指在轧制方向上，轧辊后端面与顶头后端面的间距。实际生产中通过调整 y 值来保证获得需要的顶头前伸量 C 值。

（11）毛管外扩径量 ΔD_k 和内扩径量 Δd_k，

$$\Delta D_k=D_m-D_p$$

$$\Delta d_k=d_m-D_t \tag{10-4}$$

式中 D_m——毛管外径，mm；

d_m——毛管内径，mm；

D_t——穿孔机顶头直径，mm。

工具形状和其相互位置（B_{ck}、L_{ck}、α、C 或 y）决定着变形区的形状和大小。ε、ΔD_p、ΔD_{dq}、ε_{dq} 以及 Δd_k 和 ΔD_k 等是实现穿孔过程、计算穿孔机调整参数时所需的变形量。

10.2 斜轧穿孔运动学

10.2.1 二辊斜轧运动参数

斜轧穿孔运动学通常讨论在给定轧辊转速条件下的变形区金属运动速度。斜轧穿孔机的轧辊同向旋转，且轧辊轴线相对于轧制线倾斜一前进角 α 和辗轧角 φ（图 10-9）。当管坯接触轧辊，在摩擦力作用下，管坯－毛管反向转动，同时由于前进角 α 的存在，管坯－毛管在旋转的同时又有轴向移动。变形区中的管坯－毛管产生螺旋运动。

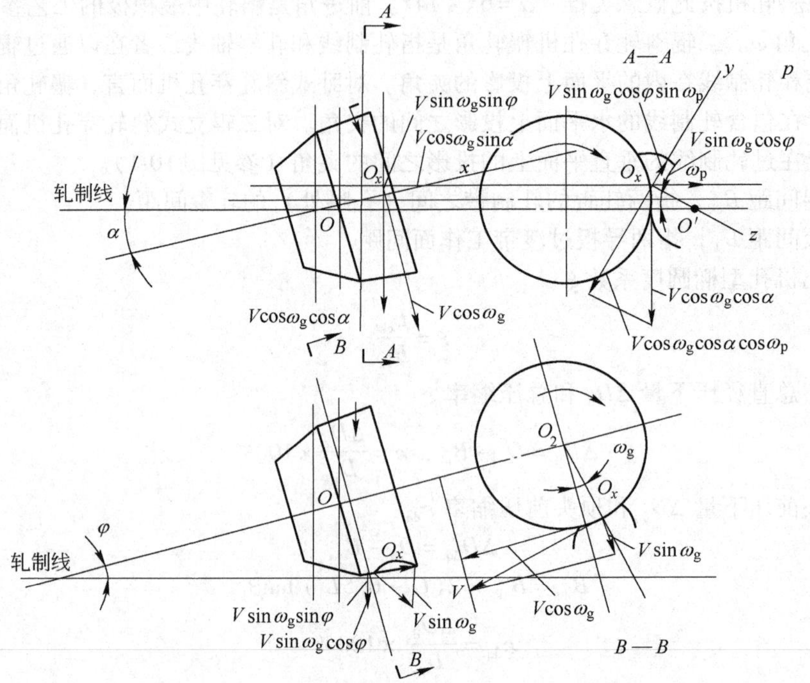

图 10-9　斜轧变形区速度分析

表示螺旋运动的基本参数有轧辊的切向速度 V_y 和轴向速度 V_x、轧件的切向速度 v_y 和轴向速度 v_x、轧件每 $1/n$ 转所前进的距离 Z_x（称作螺距，n 为轧辊数目）、以及一个螺距所产生的变形量 Δr_x（单位变形量）。

10.2.1.1　变形区运动参数分析

辊面上任意一点的轧辊圆周线速度 V 为

$$V = \frac{\pi}{60}D_g n_g \tag{10-5}$$

式中　D_g ——轧辊上任一点直径，mm；

n_g ——轧辊转速，r/min。

将变形区任一点轧辊切线速度 V 沿轧制线和垂直轧制线方向分解所得轴向分量 V_x 和切向分量 V_y 分别为

$$V_x = V(\cos\omega_g\sin\alpha + \sin\omega_g\sin\varphi) \tag{10-6}$$

$$V_y = V(\cos\omega_g\cos\alpha\cos\omega_p - \sin\omega_g\cos\varphi\sin\omega_p) \tag{10-7}$$

显然轧辊的 V_x 和 V_y 将传递给管坯，带动管坯前进和旋转。由于变形区内金属产生塑性变形，金属和轧辊接触面间存在相对滑动，而且这种滑动情况因多种因素变化，同时存在复杂的几何关系，即管坯与轧辊接触点位置接触角 ω_g、ω_p 的影响等，使得速度分析非常复杂，因此采用轴向滑动系数 η_x 和切向滑动系数 η_y 来表示轧辊表面各点与管坯在该点速度之间的差异，则管坯的轴向速度 v_x 和切向速度 v_y 表示为

$$v_x = V_x\eta_x = V\eta_x\sin\alpha \tag{10-8}$$

$$v_y = V_y\eta_y = V\eta_y\cos\alpha \tag{10-9}$$

由于各接触点的 ω_p 和 ω_g 是变化的，在分析变形区速度关系时，工程上通常以管坯离开轧辊的接触点（即 $\omega_p=0$、$\omega_g=0$）的速度来代表该截面的速度：

$$v_x = \frac{\pi}{60}D_g n_g \eta_x \sin\alpha \tag{10-10}$$

$$v_y = \frac{\pi}{60}D_g n_g \eta_y \cos\alpha \tag{10-11}$$

式中 D_g ——任一截面处的轧辊直径；

η_x ——任一截面处的轴向滑动系数；

η_y ——任一截面处的切向滑动系数。

则任一点金属的速度为 $v = v_x + v_y$

$$v = \sqrt{v_x^2 + v_y^2} = V\sqrt{\eta_x^2\sin^2\alpha + \eta_y^2\cos^2\alpha} = VS$$

$$S = \frac{v}{V} = \sqrt{\eta_x^2\sin^2\alpha + \eta_y^2\cos^2\alpha} \tag{10-12}$$

式中 S——变形区内任一点的速度系数。

变形区内任一截面上管坯－毛管转速 n_{px} 为

$$n_p = \frac{60v_y}{\pi D_p} = \frac{D_g}{D_p}n_g\eta_y\cos\alpha \tag{10-13}$$

由式（10-10）和式（10-13）可得变形区内任一截面上管坯、毛管的螺距 Z_x 为

$$Z_x = \frac{60}{n \cdot n_p}v_x = \frac{\pi}{n}D_p\tan\alpha\frac{\eta_x}{\eta_y} \tag{10-14}$$

式中 n——穿孔机轧辊数目。

变形区内管坯－毛管每前进一个螺距所产生的半径压下量 Δr_x 或减壁量 ΔS_x 称为单位压下量（图 10-10），由以下各式确定：

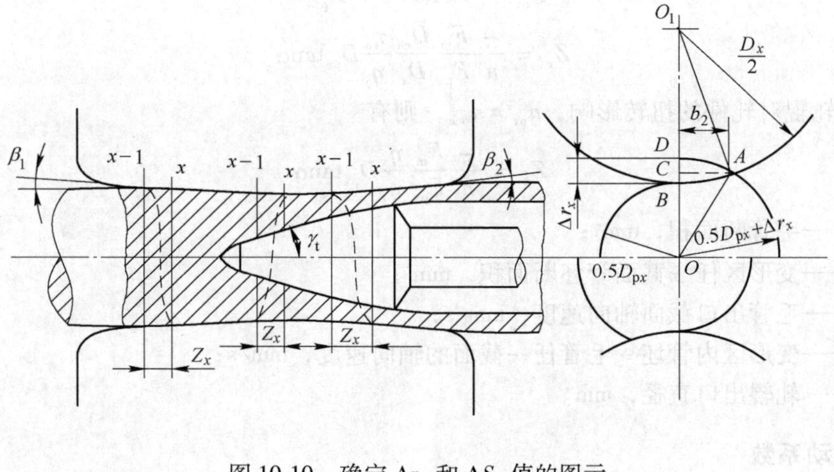

图 10-10 确定 Δr_x 和 ΔS_x 值的图示

在入口锥穿孔准备区内 $\Delta r_x = Z_x\tan\beta_1$ (10-15)

在入口锥穿孔区内 $\Delta S_x = Z_x(\tan\beta_1 + \tan\gamma_t)$ (10-16)

在出口锥内 $\Delta S_x = Z_x(\tan\gamma_t - \tan\beta_2)$ (10-17)

式中 γ_t——顶头母线锥角，它沿顶头穿孔锥部分变化，应将所在位置的 γ_t 代入计算。简化计算时，可将穿孔锥部分的 γ_t 平均值代入计算。

10.2.1.2 毛管出口截面的运动参数

毛管的出口速度对于生产节奏、工模具消耗和毛管质量等均有重要影响。将出口截面的有关参数代入式（10-10）~式（10-13）可得出口截面各运动学参数

$$v_{xch} = \frac{\pi}{60} D_{ch} n_g \eta_x \sin\alpha \tag{10-18}$$

$$v_{ych} = \frac{\pi}{60} D_{ch} n_g \eta_y \cos\alpha \tag{10-19}$$

$$n_{pch} = \frac{D_{ch}}{D_m} \eta_y \cos\alpha \tag{10-20}$$

$$Z_{ch} = \frac{\pi}{n} D_m \frac{\eta_x}{\eta_y} \tan\alpha \tag{10-21}$$

式中 v_{xch}——毛管轴向出口速度，mm/s；

v_{ych}——毛管切向出口速度，mm/s；

n_{pch}——毛管出口转速，r/min；

Z_{ch}——毛管出口螺距，mm；

η_x——轴向滑动系数；

η_y——切向滑动系数；

D_m、D_{ch}——毛管外径和出口截面辊径，mm。

10.2.1.3 变形区任一截面运动参数

轴向出口速度已知后，可根据秒流量相等原则，求取变形区任一截面管料的轴向速度 v_x 和螺距 Z_x

$$F_{px} v_x = F_m v_{xch}$$

$$v_x = \frac{F_m}{F_{px}} v_{xch} = \frac{\pi}{60} D_{ch} n_g \frac{F_m}{F_{px}} \eta_x \sin\alpha \tag{10-22}$$

$$Z_x = \frac{\pi}{n} \frac{F_m}{F_{px}} \frac{D_{ch}}{D_x} \frac{\eta_x}{\eta_y} D_{px} \tan\alpha \tag{10-23}$$

若忽略轧辊对轧件的扭转影响，$n_{px} = n_{pch}$，则有

$$Z_x = \frac{\pi}{n} \frac{F_m}{F_{px}} \frac{\eta_x}{\eta_y} D_{px} \tan\alpha \tag{10-24}$$

式中 F_m——毛管断面积，mm^2；

F_{px}——变形区任一截面管坯断面积，mm^2；

v_{xch}——毛管出口截面轴向速度，mm/s；

v_x——变形区内管坯 - 毛管任一截面的轴向速度，mm/s；

D_{ch}——轧辊出口直径，mm。

10.2.2 滑动系数

10.2.2.1 滑动系数的确定

作为体现轧件和轧辊之间速度关联性的重要参数，在穿孔和其他斜轧的速度计算中，轴向滑动系数 η_x 和切向滑动系数 η_y 首先需要加以确定。然而斜轧穿孔变形区中的金属滑动情况极

为复杂，目前对 η_x 和 η_y 值只能估算或实测。实测表明，切向滑动系数 η_y 接近于1，因此工程计算中取 $\eta_y \approx 1$。轴向滑动系数 n_x 值可用实测法确定，也可用经验公式估算。实测法为：测出穿孔后毛管长度 L_m 和实际纯穿孔时间 τ_{ck}（从管坯被咬入开始到毛管尾部脱离轧辊的时间），然后按下式计算 η_x 值

$$\eta_x = \frac{\tau_{li}}{\tau_{ck}}; \quad \tau_{li} = \frac{L_m + l}{\frac{\pi}{60} D_{ch} n_g \sin\alpha} \tag{10-25}$$

式中 τ_{li}——理论纯穿孔时间，s；

l——穿孔变形区长度，mm。

也可采用以下经验公式估算

$$\eta_x = 0.68\left(\ln\alpha + 0.05\frac{D_m}{D_t}\varepsilon_{dq}\right) f\sqrt{n} \tag{10-26}$$

式中 α——前进角，(°)；

D_m、D_t——毛管外径与顶头直径，mm；

ε_{dq}——顶头前压缩率，%；

n——轧辊数，二辊穿孔机 $n=2$，三辊穿孔机 $n=3$；

f——金属与轧辊间的摩擦系数，对于钢轧辊 $f = K_1 K_2 (1.05 - 0.0005t)$；

K_1——考虑轧辊圆周线速度影响的系数，见图10-11；

K_2——考虑轧件化学成分对摩擦系数影响的系数，见表10-2；

t——轧件温度，℃。

表10-2 几种钢号的 K_2 值

钢号	Q235	20	40	T10	Y12	Y20	Y40Mn	30CrMnSi	Cr18Ni9	80Mn14Ni3	GCr15
K_2	1.0	0.95	0.88	0.82	0.85	0.80	0.70	0.80	0.85	0.85	1.1

10.2.2.2 η_x 在变形区内的变化

由图10-12可见，实测的轴向滑动系数 η_x 沿变形长度上均小于1，并且各截面的 η_x 变化很大。

$\eta_x < 1$ 的主要原因是由于顶头存在的结果，金属处于后滑状态。斜轧穿孔时由于顶头阻力存在，后滑区随该阻力增加而变大，只要不发生轧卡，轧件能够通过自动调整后滑区大小，以足够的摩擦力来克服顶头阻力和其他运动阻力。

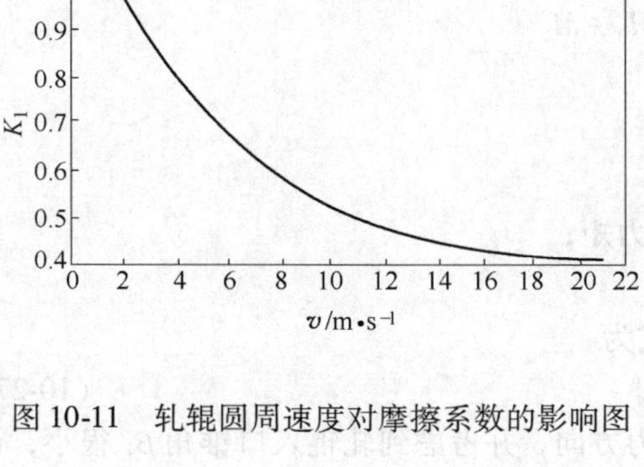

图10-11 轧辊圆周速度对摩擦系数的影响图

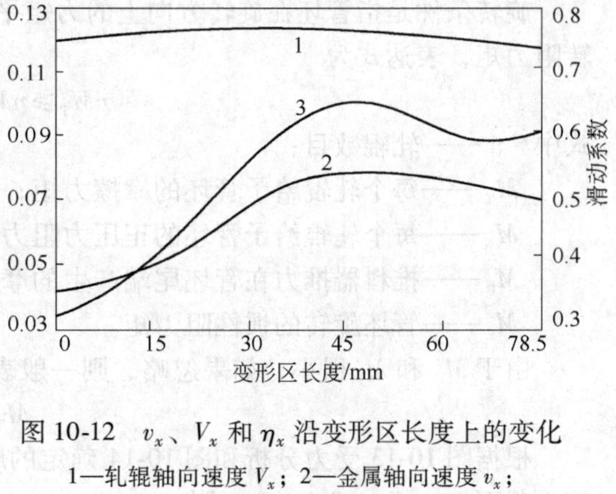

图10-12 v_x、V_x 和 η_x 沿变形区长度上的变化
1—轧辊轴向速度 V_x；2—金属轴向速度 v_x；
3—轴向滑动系数 η_x

10.2.2.3　轴向滑动系数的影响因素

由于轴向滑动系数对产品质量、机组能力、能耗和工具消耗均有影响，因而比切向滑动系数更为重要。影响轴向滑动系数的因素有：轧制速度、延伸系数、管坯直径、摩擦条件、轧件温度、工具形状尺寸、顶头位置、前进角大小等。这些因素的影响规律可归纳为：凡有利于轧件轴向曳入和减小顶头及导板对轧件运动阻力的所有措施，均能提高穿孔效率和改善咬入条件。

10.3　斜轧穿孔过程的咬入条件

斜轧穿孔变形过程中存在着一次咬入和二次咬入，一次咬入是指管坯接触轧辊，由轧辊带动作螺旋运动而曳入变形区；二次咬入是指管坯前端与顶头接触，管坯在轧辊带动下克服顶头阻力而继续曳入变形区，形成稳定的穿孔过程。由于管坯在变形区作螺旋运动，因此每一次咬入均须满足管坯的前进条件和旋转条件。

10.3.1　一次咬入条件

10.3.1.1　一次咬入时管坯受力分析

当推料器将管坯推向轧辊时，管坯受力分析如图 10-13 所示。管坯受到轴向外推力 P_0，来自轧辊的摩擦力 T（其分量 T_x 和 T_y）和正压力 N（其分量 N_x 和 N_y）。

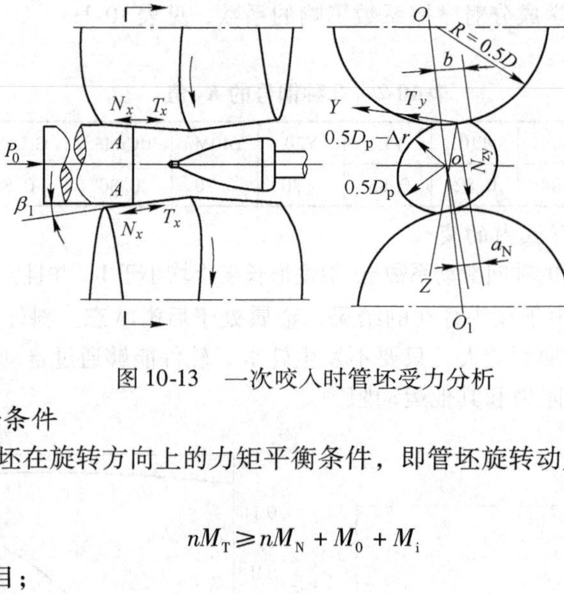

图 10-13　一次咬入时管坯受力分析

10.3.1.2　旋转条件

旋转条件是指管坯在旋转方向上的力矩平衡条件，即管坯旋转动力矩应大于或等于管坯旋转阻力矩，表达式为

$$nM_T \geqslant nM_N + M_0 + M_i$$

式中　n——轧辊数目；

M_T——每个轧辊给予管坯的摩擦力矩；

M_N——每个轧辊给予管坯的正压力阻力矩；

M_0——推料器推力在管坯尾端产生的摩擦阻力矩；

M_i——管坯旋转的惯性阻力矩。

由于 M_0 和 M_i 很小，如果忽略，则一般表达式为

$$M_T \geqslant M_N \tag{10-27}$$

根据图 10-13 受力分析和图 10-14 确定的摩擦力方向，并考虑到轧辊入口锥角 β_1 很小，设咬入截面 $D_x = D_g$，$D_{px} = D_p$，则

$$M_T = \frac{1}{2}D_p T_y = \frac{1}{2}D_p N f \sin\theta$$

由图 10-14 得

$$\sin\theta = \frac{1}{\sqrt{1 + \left[\tan\alpha\left(\frac{1-\eta_x}{1-\eta_y}\right)\right]^2}}$$

故

$$M_T = \frac{1}{2}NfD_p \frac{1}{\sqrt{1 + \left[\tan\alpha\left(\frac{1-\eta_x}{1-\eta_y}\right)\right]^2}} \quad (10\text{-}28)$$

而

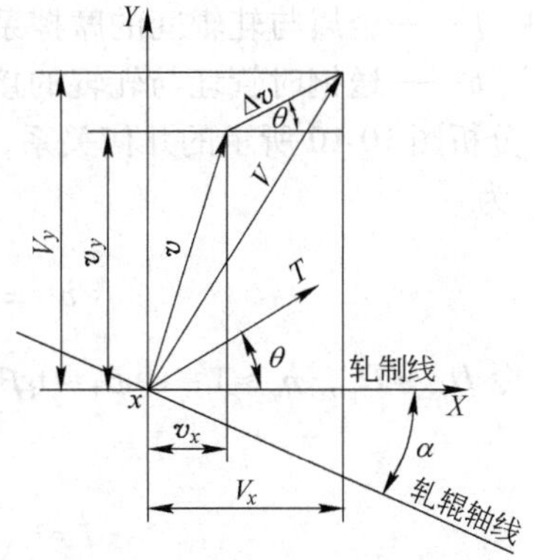

图 10-14 摩擦力 T 方向确定图示

$$M_N = N_{yz} a_N$$

设 $N_{yz} = N$ 并由图 10-13 得

$$a_N = \frac{b}{2}\left(\frac{D_g + D_p}{D_g}\right) = \frac{b}{2}(1+i),\ i = \frac{D_p}{D_g}$$

则

$$M_N = N\frac{b}{2}(1+i)$$

将 M_T 和 M_N 值代入公式（10-28），并令 $m_1 = \frac{D_p f}{1+i}$，整理得一次咬入的旋转条件为

$$\frac{1-\eta_x}{1-\eta_y} \leqslant \cot\alpha\sqrt{\left(\frac{m_1}{b}\right)^2 - 1} \quad (10\text{-}29)$$

10.3.1.3 前进条件

由图 10-13 得其一般表达式为

$$N(T_x - N_x) + P_0 \geqslant 0$$

式中 T_x ——每个轧辊给予管坯摩擦力的轴向分力，其值为

$$T_x = T\cos\theta = Nf\frac{1}{\sqrt{1 + \left[\cot\alpha\left(\frac{1-\eta_y}{1-\eta_x}\right)\right]^2}}$$

N_x ——每个轧辊给予管坯正压力的轴向分力，其值为

$$N_x \approx N\sin\beta_1$$

P_0 ——外加的顶推力，非顶推穿孔时 $P_0 = 0$。

将 T_x、N_x 代入上式，并设 $P_0 = 0$，经整理得一次咬入时的前进条件为

$$\frac{1-\eta_x}{1-\eta_y} \geqslant \frac{\cot\alpha}{\sqrt{\left(\frac{f}{\sin\beta_1}\right)^2 - 1}} \quad (10\text{-}30)$$

咬入过程中有旋转运动，但旋转不一定前进。螺旋轧制过程中，以前进条件为主。

10.3.1.4 一次咬入条件

管坯穿孔一次咬入条件中，前进条件和旋转条件必须同时满足。由式（10-29）、式（10-30）可得一次咬入条件的综合表达式：

$$f \geqslant \sqrt{\sin^2\beta_1 + \left(1 + \frac{D_p}{D_g}\right)^2\left(\frac{b}{D_p}\right)^2}$$

式中　f——金属与轧辊间的摩擦系数；

b——送钢时管坯与轧辊的接触宽度，mm。

分析图 10-10 所示的几何关系，并令 $i=D_p/D_g$，变形区中任一截面上管坯与轧辊的接触宽度 b_x 为

$$b_x = \sqrt{\frac{D_{px}D_x}{D_{px}+D_x}\Delta r_x} = \sqrt{\frac{D_{px}}{1+i}\Delta r_x} \tag{10-31}$$

令 $D_{px}\approx D_p$，$\eta_y\approx 1$，$\sin\beta_1\approx \mathrm{tg}\beta_1$，再按 b 值最大时考虑 $\eta_x\approx 1$，则一次咬入的条件表达式为

$$f \geqslant \sqrt{\tan^2\beta_1 + \frac{\pi}{n}(1+i)\tan\beta_1\tan\alpha} \tag{10-32}$$

上式一定程度上反映了一次咬入的综合情况。实际生产中，当 $\beta_1\leqslant 6°$，$i\leqslant 0.3$，$\alpha\leqslant 18°$，实现一次咬入没有问题。

10.3.2　二次咬入条件

10.3.2.1　二次咬入时管坯受力分析

二次咬入时管坯受力如图 10-15 所示。由于此时顶头参与变形，在旋转条件中比一次咬入时增加了顶头 - 顶杆系统的惯性阻力矩，因其值很小，故基本上与一次咬入的旋转条件相同。因此前进条件是二次咬入的关键。

10.3.2.2　二次咬入条件

二次咬入时轴向力平衡条件为

$$n(T_x - N_x) - Q_0 + P_0 \geqslant 0 \tag{10-33}$$

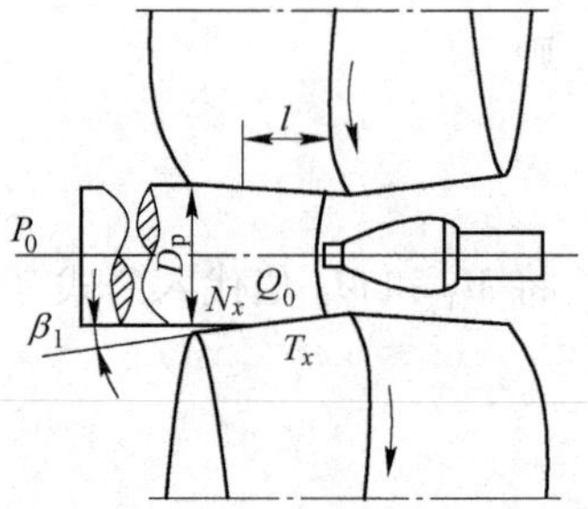

图 10-15　确定二次咬入条件的图示

式中　P_0——后推力；

Q_0——顶头鼻部的轴向阻力，$Q_0=\pi r_0^2\bar{p}_0$

N_x——轧辊给予管坯正压力的轴向分力，其值为

$$N_x = N\sin\beta_1 = \bar{p}lb\sin\beta_1 = \bar{p}b\left(\frac{D_p\varepsilon_{dq}}{2\tan\beta_1}\right)\sin\beta_1$$

T_x——轧辊给予管坯摩擦力的轴向分力，其值为

$$T_x = T\cos\theta = Nf\cos\theta = \bar{p}bf\left(\frac{D_p\varepsilon_{dq}}{2\tan\beta_1}\right)\left(1-\tan^2\alpha\left(\frac{1-\eta_y}{1-\eta_x}\right)^2\right)^{-\frac{1}{2}}$$

将 Q_0、N_x、T_x 代入公式（10-33）得

$$n\bar{p}b\left(\frac{D_p\varepsilon_{dq}}{2\tan\beta_1}\right)\left[f\left(1-\cot^2\alpha\left(\frac{1-\eta_y}{1-\eta_x}\right)^2\right)^{-\frac{1}{2}} - \sin\beta_1\right] - \pi r_0^2\bar{p}_0 \geqslant 0 \tag{10-34}$$

公式（10-34）中 $\frac{1-\eta_y}{1-\eta_x}$ 项以满足旋转条件公式（10-29）代入，其中 $b=\bar{b}_{dq}$ 得到同时满足前进条件和旋转条件的二次咬入条件：

$$\varepsilon_{dq} \geqslant \frac{2\frac{\pi}{n}r_0^2\frac{\bar{p}_0}{\bar{p}}\tan\beta_1}{D_p\bar{b}_{dq}\left\{f\sqrt{1-\left[\frac{1+i}{fD_p}\bar{b}_{bq}\right]^2} - \sin\beta_1\right\}} = \varepsilon_{min} \tag{10-35}$$

式中　ε_{dq}——实现二次咬入所需的顶头前最小压缩率；

$\overline{b}_{dq}$——顶头前变形区平均宽度，mm；

$\overline{p}_0$——顶头鼻部的平均单位压力，MPa；

$\overline{p}$——金属与轧辊接触面上平均单位压力，MPa；

二辊穿孔$\frac{\overline{p}_0}{\overline{p}}=0.78$，三辊穿孔$\frac{\overline{p}_0}{\overline{p}}=0.83$；

r_0——顶头鼻部半径，mm；

f——金属与轧辊间的摩擦系数；

其他符号意义同前。

由此可知，为实现二次咬入条件，顶头前压缩率ε_{dq}必须大于顶头前轧件的最小压缩率ε_{min}；选用ε_{dq}还需考虑穿孔后的毛管质量，希望管坯在顶头前具有适当的疏松状态而不产生内撕裂，因此顶头前压缩率应小于临界压缩率ε_{lj}。综上所述，顶头前压缩率应满足以下条件

$$\varepsilon_{min} < \varepsilon_{dq} < \varepsilon_{lj} \tag{10-36}$$

此式说明了斜轧穿孔时穿孔准备区金属变形所必需遵从的“确保咬入、利用疏松、防止孔腔”的工艺实质。

因$\varepsilon_{dq} \geqslant \varepsilon_{min}$，其值可按以下经验公式确定

$$\varepsilon_{min} = \left[(100 - 0.17R_g)\frac{D_p{}^2 D_t}{(D_t + 2S_m)^3} + 0.087R_g - 36\right]\sqrt{\tan\beta_1} \tag{10-37}$$

式中 R_g——轧辊半径，mm；

S_m——毛管壁厚，mm；

D_t——穿孔顶头直径，mm；

β_1——轧辊入口锥角，(°)。

顶头前压缩率一般为5%～8%。

10.3.3 斜轧穿孔咬入的影响因素

斜轧穿孔的两次咬入中，二次咬入是关键。要实现二次咬入，T_x必须足够大，即穿孔准备区应足够长。此外，应尽量减小Q_0和N_x。改善二次咬入，就有利于提高穿孔效率。

斜轧穿孔咬入的影响因素主要有：轧件温度、摩擦条件、轧辊和轧件的形状尺寸、调整参数如顶头位置、前进角、椭圆度系数、轧辊转速、顶前压下量、后推力及工具形式等。由此可将改善斜轧穿孔咬入条件的措施归纳如下：

（1）增加曳入力的措施：1）减小轧辊入口锥角β_1；2）适当增大孔型椭圆度系数；3）加大顶头前压缩率ε_{dq}；4）增加金属与轧辊接触面之间的摩擦系数，例如轧辊辊面刻槽；5）加大管坯定心孔深度，增大二次咬入时金属与轧辊的接触面积；6）减小D_p/D_g值；7）施加轴向后推力穿孔，但单位后推力不宜过大（$p_0<10$MPa），否则使管坯头部压扁过大而影响旋转；8）三辊穿孔轧辊数虽多，但其顶头鼻部阻力较大，因此二次咬入条件未必好于二辊穿孔，所以一般选用较大的ε_{dq}值（8%～12%）；9）采用主动导盘。

（2）减小二次咬入轴向阻力的措施：1）减小顶头鼻部阻力Q_0的办法是鼻部半径r_0不能取得太大；2）适当提高穿孔温度和增大顶头前压缩率，以降低鼻部阻力来减小顶头轴向阻力；3）减小二次咬入前的导板阻力；4）适当减小前进角。

10.4 斜轧中的孔腔问题

孔腔是旋锻、斜轧或横轧时常见的缺陷，是降低毛管质量和限制钢种范围的重要影响因

素。关于二辊斜轧实心管坯时孔腔的形成机理，长期以来一直是轧管理论研究的重要课题。尽管对孔腔形成机理的认识尚未一致，但孔腔出现的一般规律已被掌握，并形成了孔腔的控制方法。

10.4.1 孔腔形成理论

斜轧螺旋运动中，轧件受到反复辗轧，交变的应力应变状态所导致的轧件纵向内撕裂称为孔腔，孔腔效应也称作旋锻效应。工件中心产生的纵向撕裂称为中心孔腔；工件中呈环状的纵向撕裂称环形孔腔。二辊斜轧时产生的多为中心孔腔，三辊斜轧时产生的多为环形孔腔（图 10-16）。

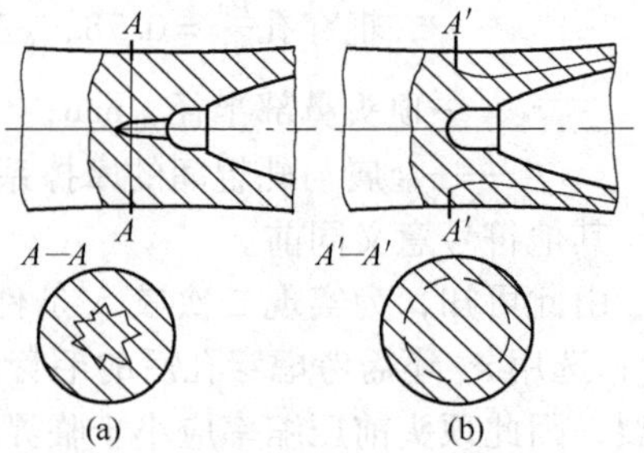

图 10-16 实心轧件斜轧时产生的孔腔

（a）中心孔腔；（b）环形孔腔

目前对斜轧时孔腔形成机理的认识，归纳起来有三种观点：

（1）切应力理论。这一理论由德国的 E. Siebel 提出，认为中心撕裂是管坯中心受交变剪应力作用的结果，属于韧性断裂。图 10-17a 所示为该理论说明横轧时工件中心的应力状态。

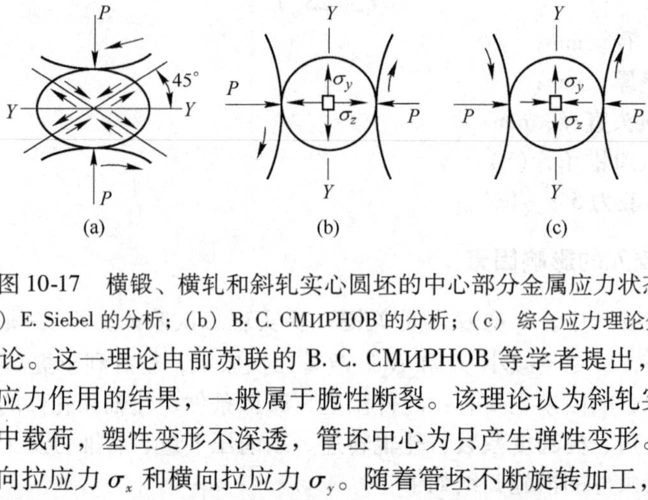

图 10-17 横锻、横轧和斜轧实心圆坯的中心部分金属应力状态

（a）E. Siebel 的分析；（b）B. C. СМИРНОВ 的分析；（c）综合应力理论分析

（2）正应力理论。这一理论由前苏联的 B. C. СМИРНОВ 等学者提出，认为首坯中心撕裂是由于中心金属拉应力作用的结果，一般属于脆性断裂。该理论认为斜轧实心管坯时，接触区很小，外力属于集中载荷，塑性变形不深透，管坯中心为只产生弹性变形。这种不均变形导致管坯中心受附加轴向拉应力 σ_x 和横向拉应力 σ_y。随着管坯不断旋转加工，中心的附加横向拉应力 σ_y 以残余应力的形式不断积累，致使管坯中心在外压力作用方向上也产生很大的拉应力 σ_z（图 10-17b），管坯中心在三向拉应力的作用下产生脆性断裂而形成孔腔。

（3）综合应力理论。这一理论建立在近代金属学观点上，认为孔腔形成是由于中心部位的金属受交变切应力和很大的横向拉应力综合作用结果。表层金属产生塑性变形。随着管坯螺旋前进，直径压缩率增加，塑性变形不断从表层向中心深入，最终管坯中心也可能产生较大的塑性变形，在旋锻压缩率不大的情况下，表层塑性变形大于中心层，而中心部分的金属变形大于过渡层。管坯中心的应力状态为：外压力作用方向上为压应力 σ_x，横向为拉应力 σ_y（图 10-17c），无顶头作用时轴向为拉应力，有顶作用时可能是压应力。管坯中心在上述应力作用下不断旋转加工，中心金属受不断增大的交变切应力和横向拉应力作用。切应力使金属产生滑移，并随滑移而产生微裂纹，横向拉应力使微裂纹扩展成裂缝，各裂缝进一步扩大并互相连接成孔腔。孔腔形成是中心金属韧性－脆性断裂的过程。此过程分两个阶段（表 10-3），第一阶段是因剪切应力作用产生塑性变形并出现微裂纹，微裂纹在拉应力作用下扩大成许多未相互连接的裂缝，使中心金属“疏松”，继续加工可将其焊合；第二阶段是裂纹在大的横向拉应力作用下继续扩大并互相连接成不可焊合的孔腔。

表 10-3　孔腔形成过程

区域	原始区	压缩区	疏松区	孔腔区	顶头轧制区
边缘层	原始缺陷均匀分布（球状或絮状）	→微裂纹细化	→微裂纹细化或消失	→微裂纹消失	→微裂纹消失
中心层		出现新生裂口 显微裂口及其扩大	→不相互连接及自身扩大 →裂缝带→宏观裂口	微裂缝连接→ →孔腔	→裂纹被顶头压折（内折）

图 10-18 为斜轧时管坯中心产生塑性变形由冷轧铝试件沿变形区纵剖晶粒度分布情况。原始晶粒度大的坯料接触轧辊时，外层晶粒首先细化（首先产生塑性变形），而中心和过渡层（指表层与中心之间的金属）晶粒度不变（未产生塑性变形），压缩率达到约 1.1%，中心层晶粒细化（产生塑性变形）。压缩率达约5.7%，过渡层晶粒才出现明显细化（产生塑性变形）。

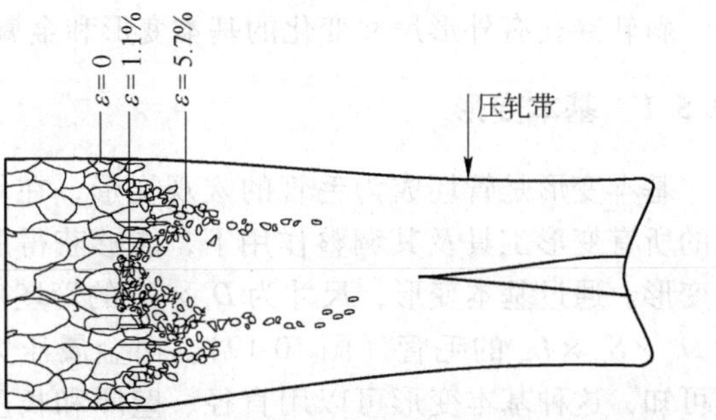

图 10-18　铝试样冷轧、退火后纵剖面上晶粒度的分布

综合应力理论同时考虑了交变切应力和横向拉应力的影响，能较好地反映实际情况。

实践证明，孔腔的形成是毛管出现内折缺陷的根本原因，从而有 $\varepsilon_{min} < \varepsilon_{dq} < \varepsilon_{lj}$ 的斜轧穿孔工艺，穿孔准备区使管坯中心疏松，但不形成孔腔，同时可减少顶头鼻部的单位压力，便于穿正和提高顶头寿命。

10.4.2　影响孔腔形成的因素

影响孔腔形成的因素可从管坯属性、工具形式、调整状态三个方面加以分析：

（1）管坯属性：钢种、组织状态、穿孔温度、力学性能，这几种因素直接影响 ε_{lj}。

（2）工具形式：轧辊、导板和导盘形状尺寸、轧机形式。

（3）调整状态：顶头位置 c、顶头前直径压缩率 ε_{dq}、前进角 α、孔型椭圆度系数 ξ 等。

结合综合应力理论，根据上述影响因素，可采取以下措施避免孔腔过早形成：

（1）提高管坯质量。管坯自身的质量对 ε_{lj} 影响很大，例如 1Cr19Ni11Si4AlTi 不锈钢用电渣重熔时 ε_{lj} 为 11%，普通电炉冶炼时 ε_{lj} 为 7%。

（2）穿孔温度。温度直接影响管坯塑性和穿孔性能，合适的温度可获得最大的 ε_{lj} 值。

（3）采用主动导盘（Diesher 穿孔机）。主动导盘可显著提高 ε_{lj}。这是因为主动导盘可提高轴向滑动系数，提高穿孔速度，减少管坯在顶头前的反复压缩次数。

（4）采用大前进角 α。大前进角可增加穿孔螺距 Z_{ch}，减少管坯顶前反复压缩次数，并提高实际穿孔速度。一些先进机组采用前进角高达 15°～17°。

（5）采用较小的孔型椭圆度系数 ξ。较小的 ξ 值可减小横向变形和由此而产生的横向拉应力值，可以提高 ε_{lj}，避免孔腔形成。

（6）适当增加顶头前伸量 c。在不影响毛管尺寸和二次咬入的前提下，顶头前移，可确保

$\varepsilon_{dq} < \varepsilon_{lj}$。

（7）采用小的轧辊入口锥角 β_1。在小前进角条件下（$\alpha > 12°$），采用较小的 β_1 值，可降低横向拉应力，同时，小 β_1 角可以减小咬入所需的 ε_{min}，ε_{dq} 值可适当下降，使管坯不易出现孔腔。

（8）提高轧辊的曳入能力。例如，辊面刻痕等措施，均有利提高轴向滑动系数和增加纵向变形，而提高 ε_{lj} 值。

（9）施加顶推力。在管坯尾端施加顶推力，有助于提高穿孔效率，减少顶头前的压缩次数，并可减小 ε_{min}，但顶推力过大使横向变形增大，反而促使孔腔的形成。

10.5　斜轧穿孔时的金属变形

斜轧穿孔有外形尺寸变化的基本变形和金属内部不均匀流动所形成的附加变形。

10.5.1　基本变形

基本变形是管坯成为毛管的宏观变形，在斜轧穿孔机的所有变形工具及其调整作用下，能够获得所需的基本变形。通过基本变形，尺寸为 $D_p \times L_p$ 的管坯变成尺寸为 $D_m \times S_m \times L_m$ 的毛管（图 10-19）。由金属压力加工原理可知，这种基本变形可以用直径、壁厚和长度方向上的绝对变形、相对变形或真变形来表示。

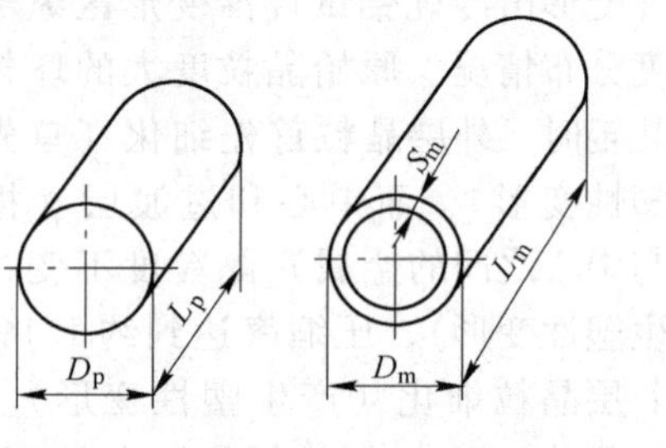

图 10-19　管坯穿孔的基本变形图示

10.5.2　附加变形

附加变形是斜轧穿孔过程中复杂的变形条件所造成的内在有害变形，它会增加能耗和工具消耗，同时降低产品质量。斜轧的主要附加变形有四种：扭转变形、纵向剪切变形、横向剪切变形和管壁塑性弯曲变形。

10.5.2.1　扭转变形

扭转变形是指管料在变形区中各截面间产生的相对角位移。轧辊直径沿变形区长度方向上变化，摩擦导致轧件各截面转速不一，轧制带处的转速快于其他部分，因而形成附加扭转变形。过大的附加扭转变形可导致毛管表面产生缺陷或原有缺陷扩大，如原有纵裂经扭转变形而形成螺旋外折等。现有的锥形辊穿孔机轧辊辊面速度比较符合穿孔时金属切向流动规律，可减少扭转，提高毛管质量。采用三辊斜轧穿孔时扭转变形很小。

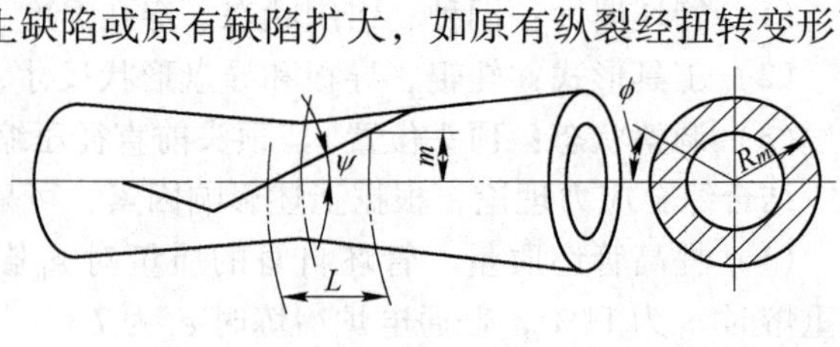

图 10-20　斜轧穿孔时的附加扭转变形

附加扭转变形如图 10-20 所示，可用 ψ 来表示扭转变形程度：

$$\mathrm{tg}\psi = \frac{m}{L} = \frac{R_m \phi}{L} \tag{10-38}$$

式中　ϕ ——相对于原始位置的转角，rad；

ψ ——扭转螺旋线斜角，（°）；

L ——测量角 ϕ 和 ψ 值区段的长度，mm；

R_m——毛管半径，mm。

10.5.2.2 纵向剪切变形

纵向剪切变形是指毛管内外层金属沿纵向的相互剪切（图 10-21）。由实验试样可见外层金属流动快于内层，各层间沿纵向互相剪切。

纵向剪切变形用 β 表示。β 角越大，则纵向剪切变形越大。

纵向剪切变形产生原因是轧辊对管坯外表面的主动轴向曳入和顶头对轧件内表面的轴向阻滞。工具的动力条件使得管壁各层的轴向流动产生差异，并产生剪切变形和附加剪切应力，从而可导致毛管产生表面缺陷，比如低塑性合金管的横裂缺陷。工艺上可采用顶头润滑等方法，目的在于减少顶头轴向阻力。

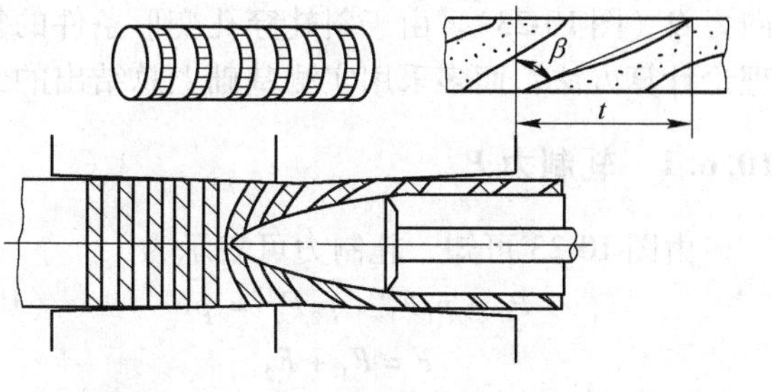

图 10-21 斜轧穿孔时的附加纵向剪切变形

10.5.2.3 横向剪切变形

横向剪切变形是指毛管内外层金属沿横向产生的相互剪切（图 10-22）。由实验试样可见外层金属流动快于内层，各层间沿横向互相剪切。并且内外表层金属出现较大变形，切向流动角速度大于中间过渡层，原有直线形状的纤维产生弯曲，弯曲程度随减壁量增加而变大。

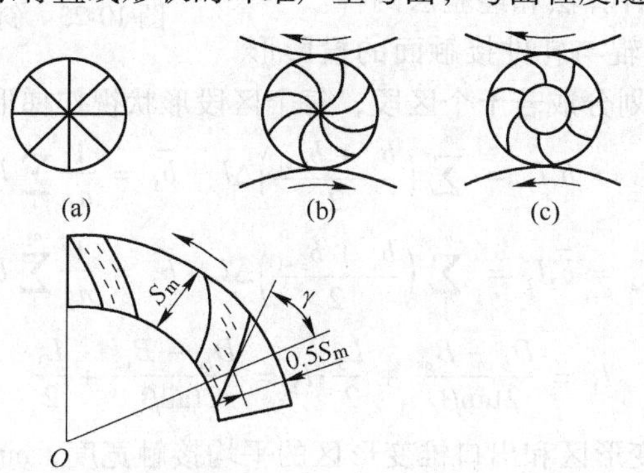

图 10-22 斜轧穿孔时的附加横向剪切变形

（a）组合试样；（b）坯料横轧；（c）穿孔；（d）毛管管壁

横向剪切变形一般以 0.5 壁厚处纤维的切线与径向线之间夹角 γ 来表示（图 10-22d）。

横向剪切变形可造成毛管纵裂、内外折和分层缺陷。分层缺陷多半是靠近内外表面（离内外表面约 $0.2S_m$ 处），而厚壁管的分层缺陷常出现在内层。工艺上采用主动顶头和减小扩径量可改善横向剪切变形。

10.5.2.4 管壁反复塑性弯曲

管壁反复塑性弯曲是指在变形区中，尤其在穿孔区和辗轧区，因椭圆孔型所造成的毛管螺旋前进中管壁反复弯曲变形现象。毛管在变形中每旋转一周，将经受 $2n$ 次反复塑性弯曲（n 为轧辊数）。弯曲曲率和弯曲次数达到材料所能承受的极限时，则出现裂纹。当毛管壁厚系数大于 0.22 ~ 0.35 或穿制高合金钢时，毛管内壁极易出现纵裂和内折。工艺调整中以小弯曲曲率、减少变形区内金属滞留时间为原则，通过诸如减小孔型椭圆度系数、加大前进角等方式来减少毛管在变形区内的附加弯曲变形。

10.6　斜轧穿孔力能参数计算

斜轧穿孔力能参数包括轧制力 P、轧制力矩 M_{zh}、轧制功率 N_{zh}、导板的受力 P_b、顶头的轴向力 Q（图 10-23）。由于斜轧穿孔变形条件的复杂性，目前对于力能参数计算问题尚无严格的理论计算方法，而多采用实测基础上总结出的经验公式等简化方法加以处理和工程应用。

10.6.1　轧制力 P

由图 10-23 可知，轧制力可表示为

$$P = \bar{p}_1 F_1 + \bar{p}_2 F_2 = \bar{p} F \tag{10-39}$$

$$F = F_1 + F_2$$

式中　$\bar{p}$、$\bar{p}_1$、$\bar{p}_2$——分别为变形区内总平均单位压力、入口锥与出口锥平均单位压力，MPa；

F、F_1、F_2——变形区总接触面积、入口锥和出口锥接触面积，mm²。

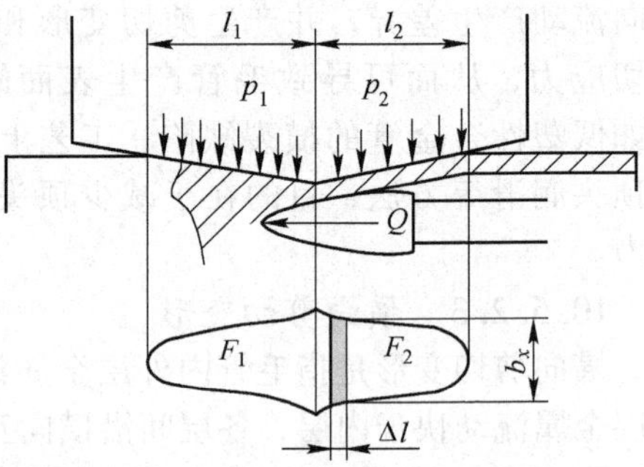

图 10-23　斜轧穿孔轧制力计算图示

10.6.1.1　接触面积

接触面积计算方法有计算法和经验法两种。

（1）计算法。由于轧辊与轧件接触面的投影形状不规则，将整个变形区划分成若干个区段，每个区段形状视作梯形进行计算

$$F_1 = \bar{b}_1 l_1 = \sum_{1}^{n_1}\left(\frac{b_x + b_{x+1}}{2}\right)\Delta l \qquad \bar{b}_1 = \frac{1}{n_1}\sum_{1}^{n_1} b_x$$

$$F_2 = \bar{b}_2 l_2 = \sum_{1}^{n_2}\left(\frac{b_x + b_{x+1}}{2}\right)\Delta l \qquad \bar{b}_2 = \frac{1}{n_2}\sum_{1}^{n_2} b_x \tag{10-40}$$

$$l_1 = \frac{D_p - B_{ck}}{2\tan\beta_1} + \frac{L_3}{2};\ l_2 = \frac{D_m - B_{ck}}{2\tan\beta_2} + \frac{L_3}{2}$$

式中　$\bar{b}_1$、$\bar{b}_2$——入口锥变形区和出口锥变形区的平均接触宽度，mm。

公式（10-40）中的 b_x 可用公式（10-31）确定。Δr_x 或 ΔS_x 可按式（10-15）、式（10-16）和式（10-17）计算。由于变形区轧件压扁，导致实际接触宽度增加，上述计算结果偏小。若考虑椭圆度对接触面积影响，则接触宽度定义为 b'_x，其计算式为

$$b'_x = \sqrt{\frac{D_x D_{px}}{D_x + D_{px}}\Delta r'_x} \tag{10-41}$$

式中　$\Delta r'_x$——考虑椭圆度的单位变形量，对于穿孔变形区各区段的 $\Delta r'_x$（或 $\Delta S'_x$）为：

穿孔准备区：　$\Delta r'_x = Z_x\tan\beta_1 + (\xi_x - 1)\dfrac{D_{px}}{2}$

入口锥穿孔区：　$\Delta S'_x = Z_x(\tan\beta_1 + \tan\gamma_t) + (\xi_x - 1)\dfrac{D_{px}}{2}$

出口锥穿孔区：　$\Delta S'_x = Z_x(\tan\gamma_t - \tan\beta_1) + (\xi_x - 1)\dfrac{D_{px}}{2}$

ξ_x 为 x 截面的椭圆度系数，穿孔准备区 $\xi_x = 1.005 \sim 1.01$（ε_{dq} 较大时取大值），顶头鼻部之后的区域 $\xi_x = L_x/B_x$；L_x 为 x 截面的导板间距，mm；B_x 为 x 截面的轧辊辊面间距，mm。

（2）经验法。按实测统计的接触面积经验公式为：

$$F = F_1 + F_2;\ F_1 = 0.67bl_1;\ F_2 = 0.86bl_2 \tag{10-42}$$

式中　b——轧制带处接触宽度，mm；

l_1、l_2——入口锥和出口锥变形区长度，mm。

考虑到管料在变形区中受到压扁的影响，上式中 b 值应乘以 1.5～1.8。

10.6.1.2　单位压力确定

由于斜轧穿孔时的入口锥和出口锥管料变形情况差别很大，单位压力的理论计算是困难的。这里介绍一种单位压力的经验计算式

$$\bar{p}_1 = n_\sigma K \quad \bar{p}_2 = 0.75\,\bar{p}_1 \tag{10-43}$$

式中　$\bar{p}_1$、$\bar{p}_2$——入、出口锥变形区平均单位压力，N/mm^2；

K——金属平面变形抗力，N/mm^2；

n_σ——应力状态影响系数，其值为

$$n_\sigma = \left(1.8 - \frac{b}{B_{ck}}\right)(1 - 2.7\varepsilon^2)$$

b——轧制带处接触宽度，mm；

B_{ck}——轧辊间距，mm；

ε——管坯直径总压缩率,%。

确定屈服极限 σ_s 要用到温度、变形程度和变形速度三个参数，斜轧穿孔时的平均变形程度和平均变形速度可按下式计算

$$\bar{\varepsilon}_1 = \frac{0.5D_p - S_{ck}}{0.5D_p};\ \bar{\varepsilon}_2 = \frac{S_{ck} - S_m}{S_{ck}} \tag{10-44}$$

$$\bar{u}_1 = \bar{\varepsilon}_1 \frac{\bar{v}_{x1}}{l_1};\ \bar{u}_2 = \bar{\varepsilon}_2 \frac{\bar{v}_{x2}}{l_2} \tag{10-45}$$

$$\bar{v}_{x1} = \frac{v_{xch}}{2}\left(\frac{1}{\mu_{ck}} + \frac{1}{\mu_2}\right);\ \bar{v}_{x2} = \frac{v_{xch}}{2}\left(1 + \frac{1}{\mu_2}\right) \tag{10-46}$$

$$\mu_2 = \frac{F_{ck}}{F_m}$$

$$F_{ck} = \left(\frac{B_{ck} + L_{ck}}{2} - S_{ck}\right)\pi S_{ck}$$

式中　$\bar{\varepsilon}_1$、$\bar{\varepsilon}_2$——入、出口锥变形区的平均变形程度,%；

$\bar{u}_1$、$\bar{u}_2$——入、出口锥变形区的平均变形速度，1/s；

$\bar{v}_{x1}$、$\bar{v}_{x2}$——入、出口锥变形区内金属的平均轴向速度，mm/s；

S_{ck}、S_m——轧制带和穿孔后毛管壁厚，mm；

l_1、l_2——入、出口锥变形区长度，mm；

μ_{ck}、μ_2——穿孔延伸系数和出口锥变形区的延伸系数；

v_{xch}——毛管轴向出口速度，mm/s；

F_{ck}——轧制带处毛管截面积，mm^2；

F_m——毛管截面积，mm^2；

B_{ck}、L_{ck}——轧制带处轧辊和导板的开口度，mm。

10.6.1.3　轧辊入口侧和出口侧压力的确定

由于斜轧穿孔时单位压力分布不均、顶头和导板阻力作用等原因，造成轧辊两侧的支座压

力不等。根据实测结果，入口侧压下螺丝压力 P_r 大于出口侧压下螺丝压力 P_{ch}，其比值 $P_r/P_{ch}=1.1\sim2.3$。

10.6.2　顶头轴向力 Q

顶头的受力由轧辊通过轧件传递形成，其大小对轧辊轴向力和轧制力矩有直接影响。顶头轴向力 Q 是顶杆弯曲强度计算、轧辊止推轴承等零部件设计的重要参数。Q 的计算目前只能参考实测资料。根据实测结果，二辊和三辊斜轧穿孔，当 $\alpha\leqslant12°$、$\mu_{ck}\leqslant4.5$ 时，穿孔顶头轴向力 Q 可按以下经验式确定

$$Q=(0.35\sim0.50)P \tag{10-47}$$

式中　P——轧制力，kN。

根据实测结果，穿孔温度低、穿孔延伸系数 μ_{ck} 大、前进角 α 大和顶头前伸量 c 小时，系数（0.35～0.50）应取大值。$\alpha>12°$时，系数大于 0.4；

10.6.3　导板的作用力 P_b

目前的 P_b 值根据实测资料按下式确定

$$P_b=(0.13\sim0.27)P \tag{10-48}$$

$$P_b=P_{br}+P_{bch};\ P_{br}/P_{bch}=1.1\sim1.8$$

式中　P——轧制力，kN；

P_{br}、P_{bch}——导板入、出口侧压下螺丝受力，kN。

轧件受 P_b 作用如图 10-24 所示。

一个导板对轧件产生轴向阻力 E_x 和旋转阻力矩 M_b 分别为

$$E_x=f_bP_b\sin\alpha=(0.13\sim0.27)Pf_b\sin\alpha \tag{10-49}$$

$$M_b=f_bP_b\cos\alpha(L_{ck}/2)=(0.065\sim0.135)Pf_bL_{ck}\cos\alpha \tag{10-50}$$

式中　P——轧制力，kN；

α——前进角，(°)；

f_b——金属与导板间的摩擦系数，计算时可取 $f_b=f$；

f——金属与轧辊间的摩擦系数；

L_{ck}——导板距离，mm。

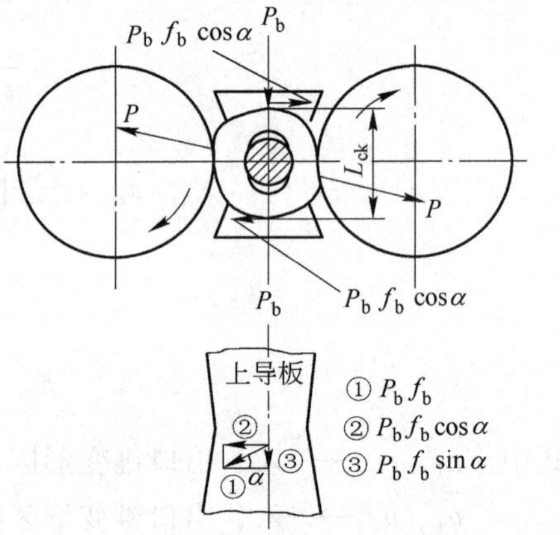

图 10-24　导板对轧件的作用力

10.6.4　轧制力矩 M_{zh}

轧辊作用于轧件的力 P 的连线应通过管坯中心，当考虑顶头轴向力 Q 和导板阻力 E_x 作用时，二辊轧机的每个轧辊所受的轴向力为 $0.5Q+E_x$。轧辊的受力情况如图 10-25 所示。

由图可得每个轧辊所受分力为

$$\left.\begin{aligned}X'&=(0.5Q+E_x)\cos\alpha-P\sin\overline{\omega}_p\sin\alpha\\Y'&=P\sin\overline{\omega}_p\cos\alpha+(0.5Q+E_x)\sin\alpha\\Z&=P\cos\overline{\omega}_p\end{aligned}\right\} \tag{10-51}$$

由此轧制力矩 M_{zh} 为

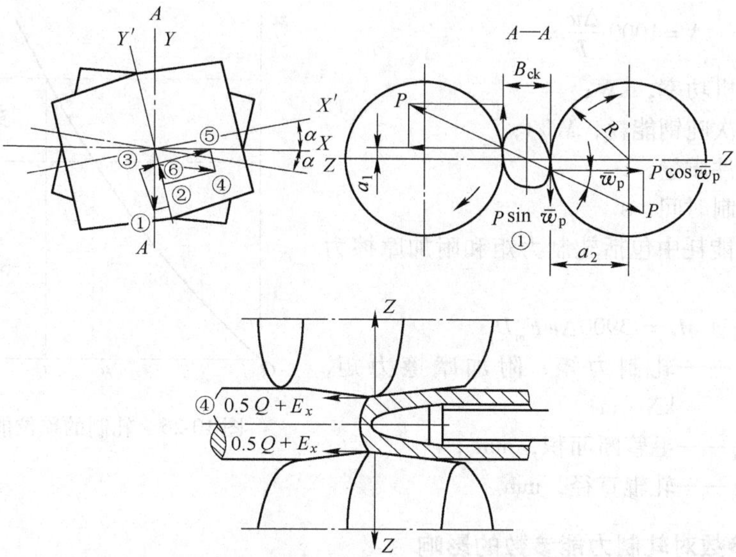

图 10-25　确定轧制力矩 M_{zh} 的图示

① $P\sin\bar{\omega}_p$；② $P\sin\bar{\omega}_p\cos\alpha$；③ $P\sin\bar{\omega}_p\sin\alpha$；④ $0.5Q+E_x$；⑤ $(0.5Q+E_x)\cos\alpha$；⑥ $(0.5Q+E_x)\sin\alpha$

$$M_{zh}=Za_1-Y'a_2 \tag{10-52}$$

式中　$\bar{\omega}_p$ ——P 力与 Z 轴间的夹角，其值为

$$\tan\bar{\omega}_p=\frac{2a_1}{B_{ck}}$$

a_1 ——分力 Z 的力臂。不考虑压扁时 $a_1=0.5\bar{b}$；考虑压扁时 $a_1=(0.4\sim0.45)\bar{b}$；

a_2 ——分力 Y' 的力臂，为

$$a_2=\sqrt{R_g^2-a_1^2}$$

$\bar{b}$ ——变形区平均接触宽度，近似等于轧制带接触宽度，即 $\bar{b}\approx b$，mm；

B_{ck}、R_g ——轧辊距离和轧辊半径，mm。

考虑导板的摩擦阻力矩 M_b，一个轧辊的轧制力矩为

$$M_{zh}=Za_1+Y'a_2+M_b \tag{10-53}$$

按金属压力加工原理中提供的公式计算出摩擦力矩 M_f、空转力矩 M_0 以及电机传动所需的总的轧制力矩，可求出所需的轧制功率：

$$N_{zh}=\frac{M_{zh}\cdot n_g}{9549.3} \tag{10-54}$$

式中　N_{zh}——轧制功率，kW；

M_{zh}——轧制力矩，N · m；

n_g ——轧辊转速，r/min。

按能耗曲线确定轧制力矩是现场常用的方法，对于斜轧穿孔这类复杂变形条件下的轧制场合具有实用意义。图 10-26 为轧制单位能耗曲线图，单位能耗是指单位质量轧材轧制过程中所消耗的电能。

图中的单位能耗和道次延伸系数的函数关系为：

$$w=f(\mu)$$

一道次轧制所需的电机功率为：

$$N = 1000\frac{\Delta w}{T}m$$

式中 N——电机功率，kW；

Δw——道次吨钢能耗，MJ/t；

m——轧件质量，t；

T——轧制时间，s。

上述电动机能耗中包括轧制力矩和附加摩擦力矩，因而

$$M_{zh} + M_f = 3900\Delta w F_m D_g$$

式中 M_{zh}、M_f——轧制力矩、附加摩擦力矩，kN·m；

F_m——毛管断面积，mm^2；

D_g——轧辊直径，mm。

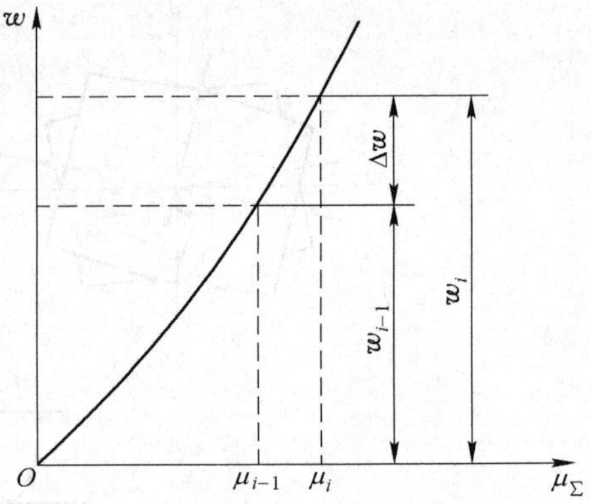

图 10-26 轧制的单位能耗曲线图

10.6.5 工艺参数对轧制力能参数的影响

按有关实测资料，工艺参数对轧制力 P、顶头轴向力 Q、电机功率 N_Σ 和单位能耗 w 的影响规律如下。

（1）毛管直径增加，轧制力增加（图 10-27）。

（2）P、N_Σ、Q 和 w 随穿孔延伸系数 μ_{ck} 的加大而显著增加（图 10-28、图 10-29）。

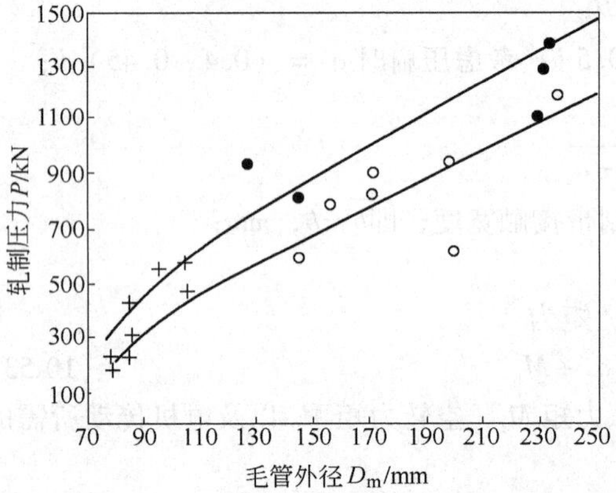

图 10-27 毛管直径与轧制力的关系

（实测小型机组资料）

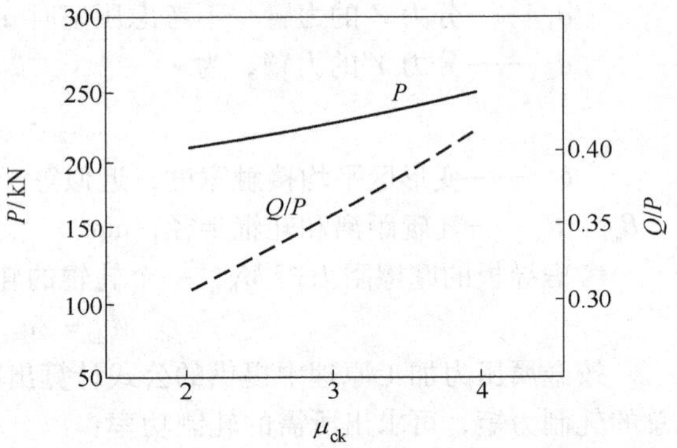

图 10-28 穿孔延伸系数 μ_{ck} 对 P、Q 的影响

（3）P、N_Σ、Q 和 w 随穿孔温度的提高而显著降低（图 10-30、图 10-31）。

（4）随前进角 α 的增加，P 和 N_Σ 值增加，但 w 值降低（图 10-32、图 10-33）。

（5）轧辊转速 n_g 增加，轧制力 P 相应增加，而单位能耗 w 值变化不大（图 10-34、图 10-35）。

（6）顶头前压缩率减小（或顶头前伸量 c 加大），会增加 w 值（图 10-36）。

（7）轧制力 P 随总压缩率的增加而增加（图 10-37）。

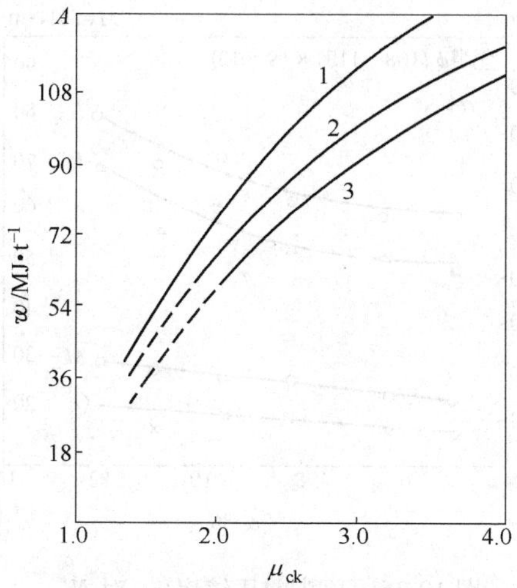

图 10-29　穿孔延伸系数 μ_{ck} 对 w 的影响

1—普通穿孔机；2—Diesher 穿孔机；3—大前进角高效穿孔机

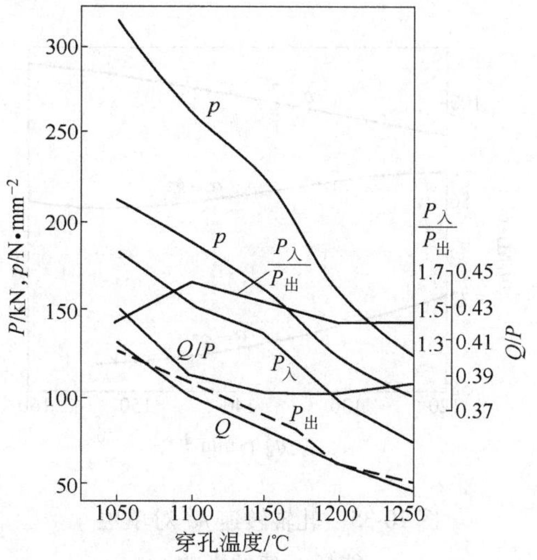

图 10-30　穿孔温度对轧制力的影响

（高温合金，$D_p = 85$mm，毛管尺寸 $\phi89 \times 11$）

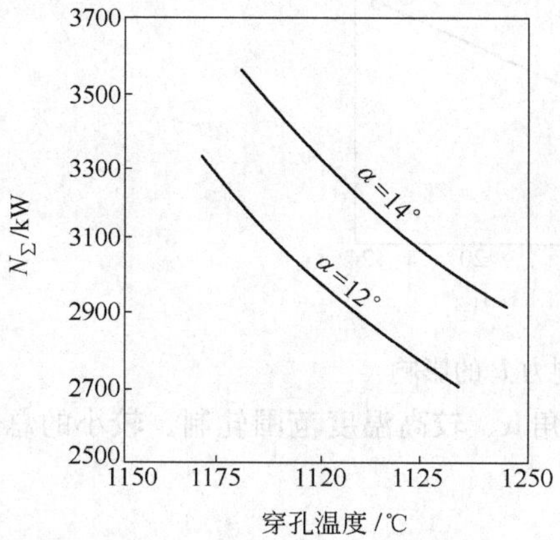

图 10-31　穿孔温度对轧制功率 N_Σ 的影响

（$D_p = 140$mm，毛管尺寸 $\phi136 \times$（14 ~ 18.5））

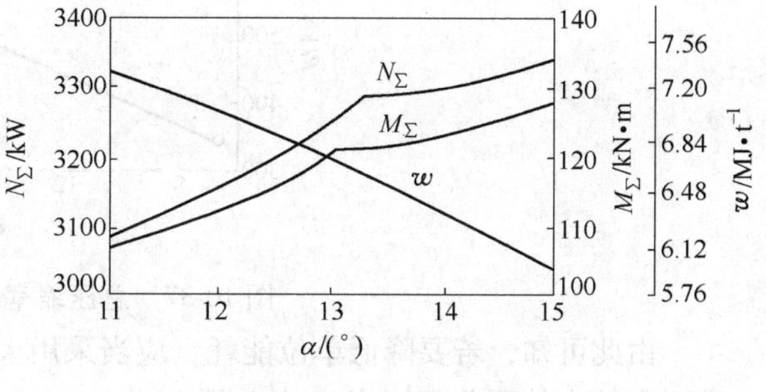

图 10-32　前进角 α 对 N_Σ、M_Σ 和 w 的影响

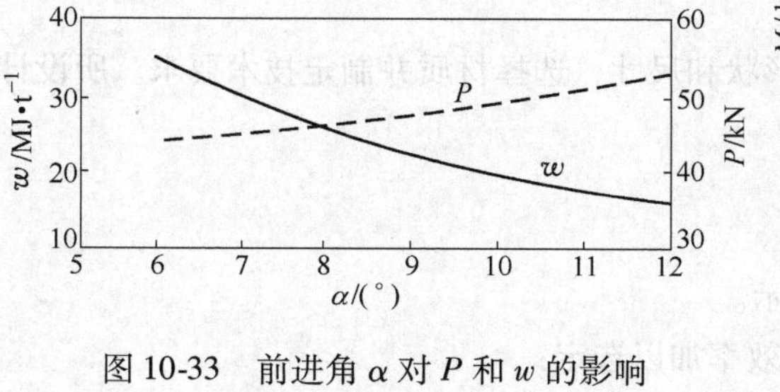

图 10-33　前进角 α 对 P 和 w 的影响

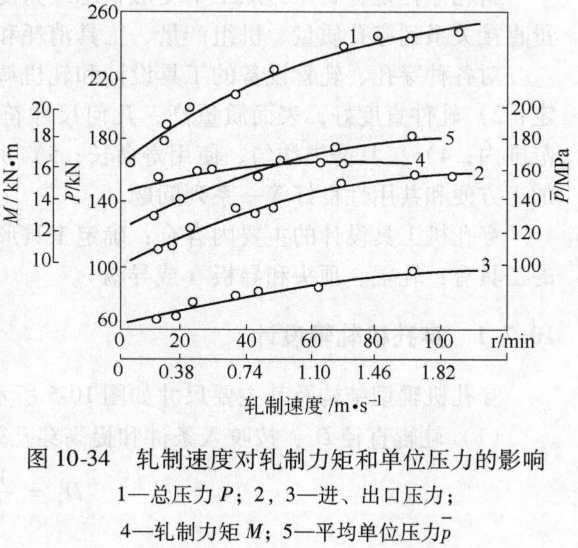

图 10-34　轧制速度对轧制力矩和单位压力的影响

1—总压力 P；2，3—进、出口压力；

4—轧制力矩 M；5—平均单位压力 $\overline{p}$

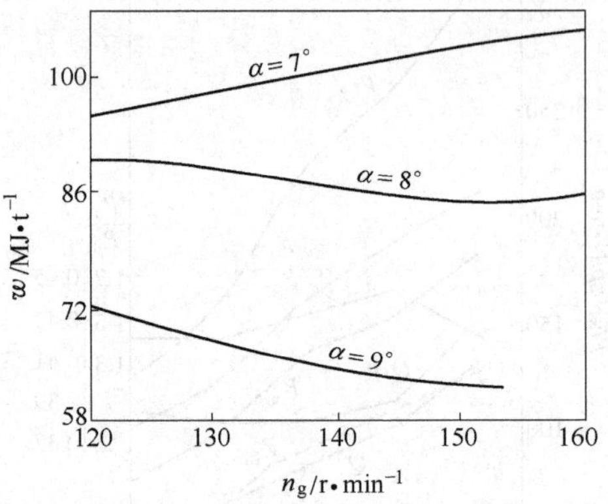

图 10-35 轧辊转速 n_g 对单位能耗 w 值的影响

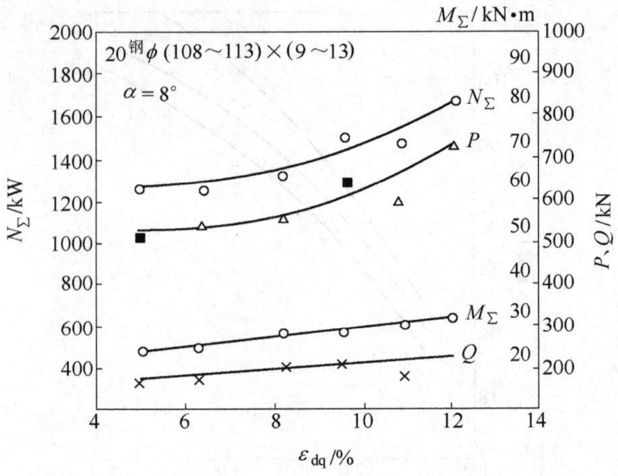

图 10-36 顶头前压缩率 ε_{dq} 对 N_Σ、P、Q、M_Σ 值的影响

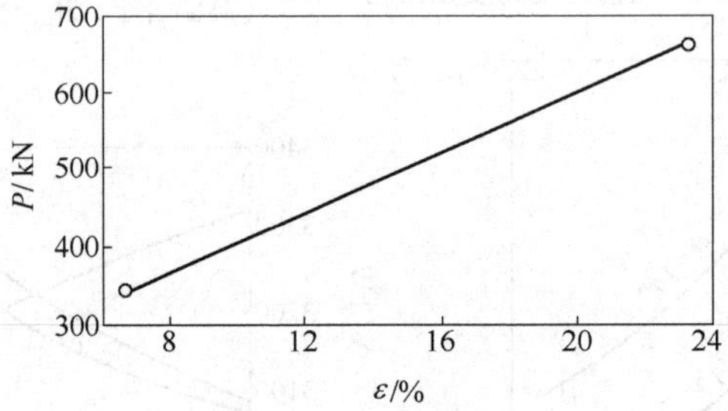

图 10-37 总压缩率对轧制力 P 的影响

由此可知，若要降低单位能耗，应当采用大前进角 α、较高温度范围轧制、较小的总压缩率 ε 和较大的顶前压缩率 ε_{dq} 的穿孔工艺。

10.7 穿孔机工具设计

斜轧穿孔是金属压力加工中变形状态最为复杂的一种加工方式，斜轧穿孔的工具的设计质量直接关系到穿孔质量、机组产量、工具消耗和能耗等诸多方面。

对各种穿孔、轧管设备的工具设计和轧机调整的要求是：1）咬入条件良好，轧制过程稳定；2）轧件直度好，表面质量高，几何尺寸符合要求；3）单位能耗小，轧机负荷在允许的范围内；4）工具磨损均匀、使用寿命长；5）机组生产率高。工具设计还需要考虑便于调整、加工方便和共用性良好等一系列问题。

穿孔机工具设计的主要内容有：确定工具形状和尺寸，选择材质并制定技术要求。所设计的工具有：轧辊、顶头和导板（或导盘）。

10.7.1 穿孔机轧辊设计

穿孔机辊型结构及其主要尺寸如图 10-5 所示。

（1）轧辊直径 D_g：按咬入条件和提高穿孔效率加以选定：

$$D_g = \frac{1}{i}D_{pmax} \tag{10-55}$$

$1/i$ 值为：小型机组为6～7.5；中型机组为4.5～5.0；大型机组为4.0左右。

轧辊辊轴直径按强度要求确定。

（2）轧辊辊身长度 L：以满足穿孔工艺对管坯压缩量和毛管外扩径量的要求为依据加以确定。由图10-5和图10-8可得

$$L = L_1 + L_2 + L_3$$

$$L_1 = \frac{\Delta D_{pamx}}{2\tan\beta_1} + R_1 \qquad (10\text{-}56)$$

$$L_2 = \frac{(\Delta D_k + \Delta D_p)_{max}}{2\tan\beta_2} + R_2$$

式中 ΔD_{pmax}——该穿孔机上管坯直径最大压缩量，mm；

$(\Delta D_k + \Delta D_p)_{max}$——该穿孔机上最大毛管外扩径量，mm；

R_1、R_2——轧辊端面圆角半径，mm。

穿轧外径为最大的薄壁毛管时所用的压缩量即为 ΔD_{pmax} 值，相应出口锥毛管外扩径量为 $(\Delta D_k + \Delta D_p)_{max}$ 或 $(D_m - B_{ck})_{max}$ 值。各机组穿孔机常用的 ΔD_{pmax} 和 $(\Delta D_k + \Delta D_p)_{max}$ 值见表10-4。

表10-4 各机组穿孔机常用的角 β_1 和 β_2 值及 $(\Delta D_k + \Delta D_p)_{max}$

机 组	最大管坯直径 D_{pmax}/mm	β_1/（°）	β_2/（°）	ΔD_{pmax}/mm	$(\Delta D_k + \Delta D_p)_{max}$/mm
140自动轧管机组	160	3～3.5	β_1 +（0～1.5）	20	25
250自动轧管机组	230	3.5～4	β_1 +（1～1.5）	30	40
400自动轧管机组	350	3.5～4.5	4～6	35	45
140连轧管机组	180	3～3.5	β_1 ±（0～1.5）	22	25
200三辊轧管机组	220	3～3.5	β_1 ±（0～1.5）	24	30
160三辊轧管机组	200	3～3.5	β_1 ±（0～1.5）	24	30
100自动轧管机组	120	3～3.5	β_1 ±（0～1.5）	18	20

通常，轧制带宽度 $L_3 = 0～20$mm，当 β_1 和 β_2 角很小时，可用大圆弧过渡。一般情况下 $L/D_g = 0.55～0.8$，大前进角的穿孔机 $L/D_g = 0.6～1.0$，大机组取小的比值。

（3）轧辊辊型：常用的有四种：1）$L_1 = L_2$，$\beta_1 = \beta_2$，适用于等径穿孔；2）$L_1 = L_2$，$\beta_1 < \beta_2$，适用于扩径穿孔；3）$L_1 < L_2$，$\beta_1 > \beta_2$，能利用辊身长度，加长 L_2 并减小 β_2，以改善毛管质量；4）$L_1 < L_2$，$\beta_1 < \beta_2$，用于小直径管坯穿制大直径毛管的场合。

采用小的入口锥角 β_1 可改善咬入条件、提高毛管质量和穿孔效率，但 β_1 角过小导致轧制力增大。$\beta_1 = 2.5°～4.5°$，常用3°～3°30′。当 $\alpha > 12°$时，$\beta_1 \leqslant 2.5°$。为改善咬入，可采用双入口锥辊型，第一段锥角取1°～2.5°；第二段锥角取3°～7°。

出口锥角 β_2 与顶头锥角相配合，形成狭缝以供辗轧。较小 β_2 的可改善壁厚质量，β_2 角一般为 $\beta_2 = \beta_1 = 2.5°～4.5°$。大前进角须采用较小 β_2 角（1.5°～2.5°）。扩径穿孔时，采用较大 β_2 值（可达8°参照表10-4）。

端面圆角半径 $R_1 = R_2 = 15～25$mm。

（4）轧辊材质：穿孔机轧辊大多采用辊轴和辊身热套或键连接组合结构。辊轴多用40Cr或45Cr；辊身用50Mn、65Mn或55号钢等铸钢或锻钢，热处理后的硬度HB141～184左右，

既保证耐磨性，又有较高的摩擦系数，以保证曳入能力。

10.7.2 顶头设计

斜轧穿孔时苛刻的工作条件，要求顶头具有特定的形状和材质。顶头形状和主要尺寸如图10-7 所示。顶头直径 D_t 由轧制表确定。设计时，应根据现场的管坯和毛管的尺寸规格，使顶头直径简化并系列化。

10.7.2.1 鼻部尺寸

鼻部直径 d_0 约与管坯中心疏松区直径相等，并与定心尺寸相适应。鼻部尺寸为

$$\left.\begin{aligned} d_0 &= (0.15 \sim 0.25)D_p \\ r_0 &= 0.5d_0 \\ l_0 &= (0.8 \sim 1.0)d_0 \end{aligned}\right\} \tag{10-57}$$

一组顶头直径（或一组管坯直径）的 d_0 值应统一。为减小顶头阻力，d_0 值不宜过大，大直径顶头的鼻部直径也不大于 35mm。

内水冷的顶头的鼻部为穿孔锥顶部的圆弧过渡，r 值可取等于式（10-57）中的 r_0 值。

内外水冷式顶头需在穿孔锥前部处钻有喷水孔（孔径约 2～6mm）。

10.7.2.2 穿孔锥尺寸

通常 $l_1/D_t = 1 \sim 2.5$，大直径顶头取较小值，l_1 过小或过大均使顶头轴向阻力增大。图10-38是某 140 机组的实际情况。大前进角穿孔时（$\alpha > 12°$），l_1 值应增加 20%～30%，以提高顶头寿命，直径 D_1 和穿孔锥母线圆弧半径 R（图 10-39）可用作图法或下式确定：

$$\begin{aligned} D_1 &= D_t - 2l_2\tan\beta_2 \\ R &= \frac{(D_1 - d_0)^2 + 4l_1^2}{4[(D_1 - d_0)\cos\beta_2 - 2l_1\sin\beta_2]} \end{aligned} \tag{10-58}$$

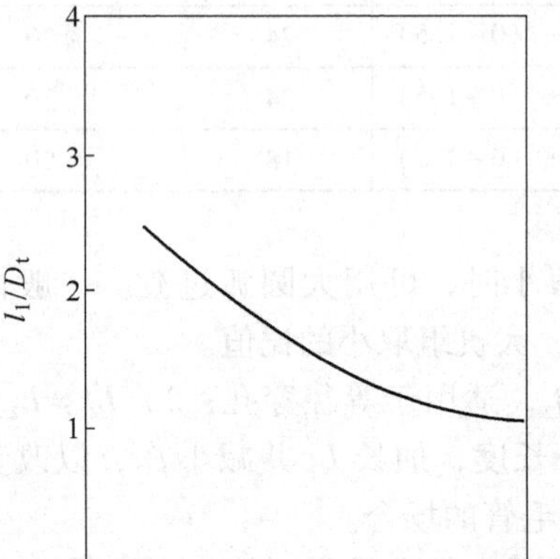

图 10-38 某 140 自动轧管机组穿孔顶头的 l_1/D_t 值

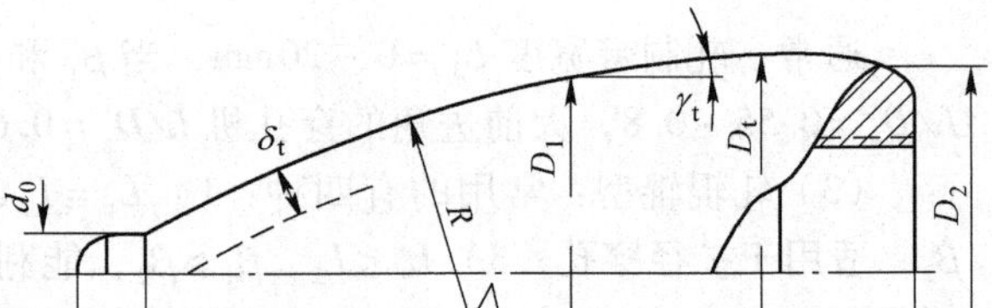

图 10-39 确定顶头穿孔锥圆弧 R 的图示

10.7.2.3 平整段尺寸

平整段长度 l_2 应保证毛管任一点金属在辗轧区中至少受到一次以上的加工，因此

$$l_2 = (1.5 \sim 1.75)Z_{ch} \tag{10-59}$$

式中 Z_{ch}——毛管出口螺距，mm。

平整段母线锥角 γ_t 与轧辊出口锥角 β_2 相等。在大前进角条件下，可比 β_2 大 1°～2°，以确

保两母线平行。

10.7.2.4 倒锥尺寸

长度 l_3 因顶头型式而定。对非更换式水冷或非水冷式顶头，$l_3=5\sim15$mm。更换式顶头 l_3 取 30 ~ 50mm，以起到平衡作用。倒锥后端直径 $D_2\leqslant0.95D_t$，以免顶头从毛管中抽出时划伤内表面。

10.7.2.5 顶头材质与要求

顶头工作时承受高温高压，需采用高温强度、导热性好并耐急冷急热的材料制造。水冷顶头的壁厚 δ_t 应兼顾强度和冷却两方面。通常 $\delta_t=(0.13\sim0.20)D_t$。目前穿孔机顶头的常用材质有：3Cr2W8、20CrNi3A 等，穿制高温强度高的材料时多用钼基合金如 Mo - 0.5Ti - 0.02C 等。

10.7.3 导板和导盘的设计

导板、导盘的形状尺寸如图 10-6 所示。除了能对轧件起到导向作用外，更重要的是导板、导盘还起到封闭孔型、限制毛管的横向变形、促进金属纵向延伸和控制毛管外径的作用，因而其形状和尺寸应按照变形区金属形状约束出发加以设计。

导板规格指对应于轧辊轧制带处的导板宽度。导板设计也要考虑简化和系列化，按毛管与管坯进行分组，每组以薄壁毛管进行导板设计。这是因为穿制薄壁管时采用的压缩率 ε 值较大，此时所需的导板最窄，此时要求导板与轧辊的间隙为最小，以防止金属挤入间隙。

导板应具有高耐磨性和足够的强度，对穿制合金钢管用的导板则要求更高。导板铸造后要经热处理和磨光后使用。常用的导板材质为 Cr15Ni2、Cr32Ni5 等合金铸钢。

导盘直径 $D_b\geqslant1.5D_g$，厚度 b_b 按构成封闭孔型而定，原则与导板设计相同。导盘工作面圆弧 r_b 可用单弧或双弧形，通常采用双弧形。导盘一般由盘体和外环（工作部分）构成，二者热压装配。外环采用耐热钢，盘体可选用结构钢。

10.8 穿孔机调整参数的确定

确定穿孔机调整参数的目的在于，按管坯尺寸、材质和毛管尺寸，选定顶头规格，并按照穿孔工作状态，确定如下参数。对于轧辊：辊距 B_{ck}、前进角 α、辗轧角 φ 和轧辊转速 n_g；对于导板或导盘：间距 L_{ck}、导板偏移量 N_b 等；对于顶头：顶头前伸量 c。

调整参数确定步骤

(1) 根据轧制表选定顶头直径 D_t。

(2) 根据管坯尺寸和材质及选定 ε_{dq} 值。按式（10-36），需首先掌握管料的临界压缩率 ε_{lj} 值。或按式（10-35）或式（10-37）确定二次咬入所需的顶前最小压缩率 ε_{min}。并适当考虑顶杆刚度等因素，即可选定合适的 ε_{dq} 值。一些现场采用的 ε_{dq} 值见表 10-5。

表 10-5 一些现场采用的 ε_{dq} 值和 ε 值

钢 种	管坯直径 D_p/mm	顶前压下率 ε_{dq}/%	总压下率 ε/%
低、中碳钢	80 ~ 170	5 ~ 8	12 ~ 16
	180 ~ 270	4 ~ 6	8 ~ 12
高合金钢（含不锈钢）	80 ~ 170	3 ~ 5	10 ~ 12
	180 ~ 270	2 ~ 4	7 ~ 10

(3) 确定轧辊间距 B_{ck}。按图 10-8 的几何关系，忽略前进角对变形区形状的影响，有

$$B_{ck}=(1-\varepsilon_{dq})\frac{D_p\tan\beta_2}{\tan\beta_1+\tan\beta_2}+(D_t+2S_m)\frac{\tan\beta_1}{\tan\beta_1+\tan\beta_2}-\frac{2(L_t-l_3-L_3)\tan\beta_1\tan\beta_2}{\tan\beta_1+\tan\beta_2} \tag{10-60}$$

$$\varepsilon=\frac{D_p-B_{ck}}{D_p}\times100\%$$

计算得到的 ε 值应在合适的范围内（参见表 10-5）。

（4）确定顶头前伸量 c 和顶杆位置 y。由图 10-8 的几何关系得

$$c=(L_t-l_3-0.5L_3)-(D_t+2S_m-B_{ck})\frac{1}{2\tan\beta_2} \tag{10-61}$$

$$y=(L_2+0.5L+c)-L_t \tag{10-62}$$

（5）确定导板距离 L_{ck}

$$L_{ck}=\xi B_{ck} \tag{10-63}$$

或

$$L_{ck}=\left(1+0.75\varepsilon\frac{D_m}{D_p}\right)B_{ck}$$

式中　ξ——孔型椭圆度系数，现场采用的 ξ 值范围见表 10-6。

表 10-6　现场应用的较合适的 ξ 值范围

钢　种	管坯直径 D_p/mm	ξ	钢　种	管坯直径 D_p/mm	ξ
中、低碳钢	75～140	1.10～1.16	高合金钢（包括不锈钢）	75～140	1.05～1.10
	140～170	1.08～1.10		140～170	1.03～1.05
	170～270	1.06～1.08		170～270	1.02～1.05

（6）选取顶杆直径 D_{ga} 和进出料管（槽）内径。顶杆直径应尽量选大，以提高其刚度，减小纵向弯曲。

（7）前进角 α 和轧辊转速 n_g 选定。同一穿孔机中大直径管坯采用小前进角和低转速；同一直径的管坯，薄壁毛管取数值范围的上限；对于低塑性和变形抗力高的合金钢，采用低速大前进角。

10.9　压力穿（扩）孔

压力穿孔由 Enrhard 于 1891 年与顶管机一起发明，1948 年 A. H. Calmes 又将其与延伸机配合用于皮尔格机组。目前主要用于顶管机组、皮尔格机组和挤压机组的管坯穿孔。

压力穿孔是一挤压过程。由于其应力状态为三向不均匀压缩，从而有利于低塑性金属和钢锭的穿孔。它以方、圆坯（小型机组）或带波浪形的多角形钢锭为坯料，加热至 1250～1280℃并经定形后（钢锭不用定形），在压力穿孔机上穿制成杯形或空心毛管。其穿孔延伸系数 $\mu_{ck}=1.0\sim1.1$，L_m/d_m 值为 7～10，以免造成毛管壁厚不均。

钢管生产有三种压力穿孔方式：1）开式穿孔，如图 10-40 所示；2）闭式穿孔，如图 10-41 所示；3）穿透式穿孔，如图 10-42 所示。

方坯压力穿孔采用充满式，在这种情况下坯料中心被穿孔头挤出的金属刚好充满穿孔筒与坯料之间的间隙，金属流动仅发生在径向，而坯料高度上保持不变。被挤金属面积大于间隙面积时为过充满。由于闭式穿孔时被挤金属向高度流动受模壁阻力的影响，穿孔力显著增加。因此生产中开式穿孔的延伸系数为 1.0～1.1。压力穿孔时由于穿孔头与坯料接触面间摩擦力的影响，在穿孔头下形成一个难变形区（其高约为 0.3～0.4 的穿孔头直径），当难变形区接近模

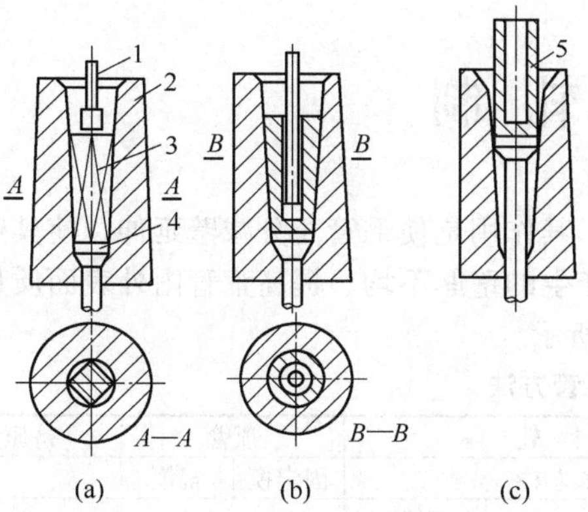

图 10-40 开式压力穿孔示意图

（a）开穿；（b）终穿；（c）出料

1—穿孔针；2—外模；3—坯料；4—顶出杆

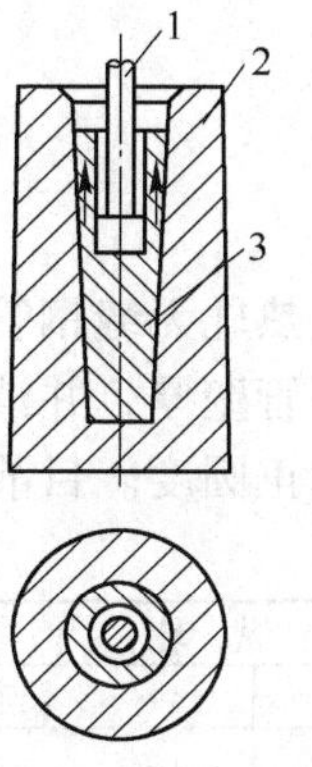

图 10-41 闭式压力穿孔示意图

1—穿孔针；2—穿孔筒；3—坯料

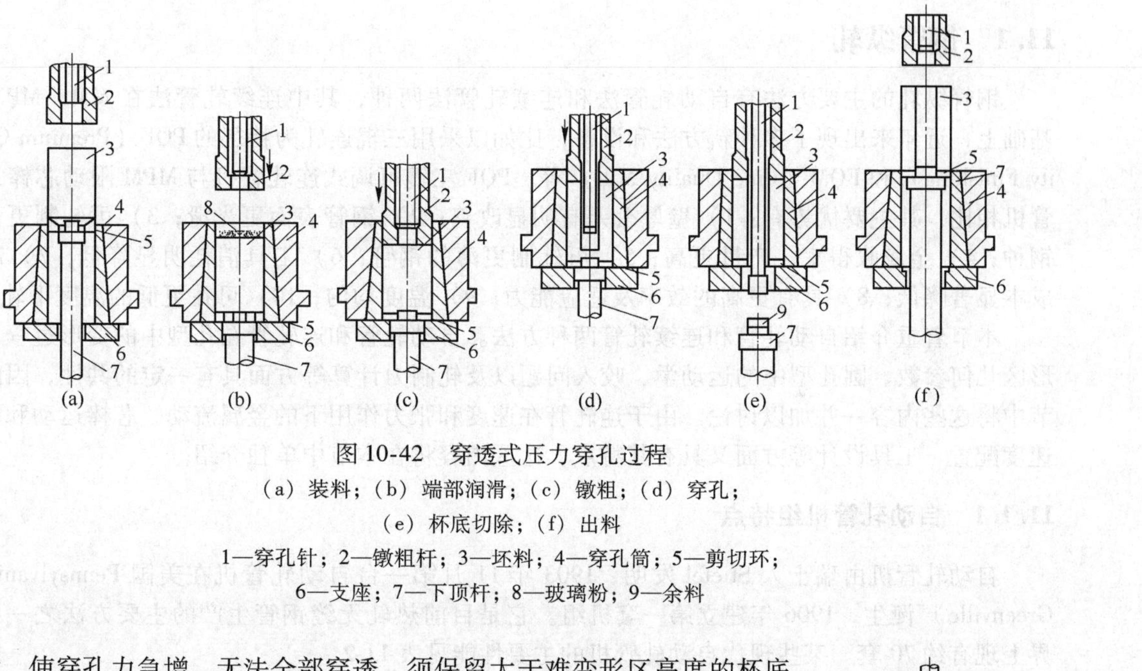

图 10-42 穿透式压力穿孔过程

（a）装料；（b）端部润滑；（c）镦粗；（d）穿孔；

（e）杯底切除；（f）出料

1—穿孔针；2—镦粗杆；3—坯料；4—穿孔筒；5—剪切环；

6—支座；7—下顶杆；8—玻璃粉；9—余料

底时，使穿孔力急增，无法全部穿透，须保留大于难变形区高度的杯底，而获得杯形毛管。若需要获得空心毛管，须在穿孔结束后增加杯底切除的工序。坯料过长会因穿孔针弯曲而造成严重壁厚不均，故此法 $L_m/d_m \leqslant 7 \sim 10$。

挤压机组所用的毛管采用穿透穿孔。其穿孔过程增加镦粗和切杯底两个环节（图 10-42）。镦粗目的是先使金属充满穿孔筒，以保证挤压坯形状规整和减少毛管壁厚不均。坯底切除是为了获得空心坯。当 $L_m/d_m > 5$ 时，为了减小毛管的壁厚不均，广泛采用扩孔法（图 10-43）。扩孔法是先在管坯中心用深孔钻钻一 ϕ（20 ~ 40）mm 的导向孔，然后在压力穿孔机上进行热扩孔。这种方法得到的毛管壁厚精度高，穿孔比可达 12 ~ 13。

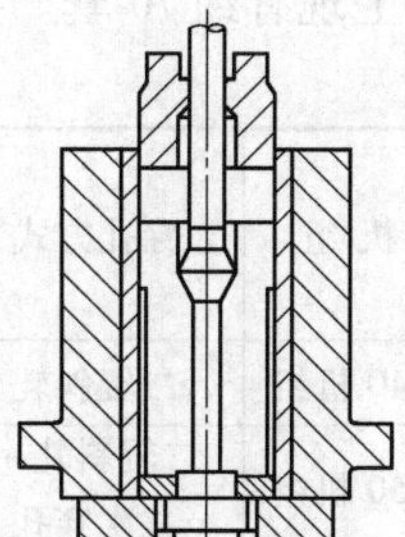

图 10-43 扩孔法

11　毛 管 轧 制

毛管轧制是热轧无缝钢管生产的主要变形工序，其作用是使毛管充分减壁延伸，使其壁厚接近或达到成品管壁厚，并消除毛管在穿孔过程中产生的壁厚不均、提高荒管内外表面质量和控制荒管外径和正圆度。目前的轧管方法如表 11-1 所示。

表 11-1　常用的轧管方法

纵　轧			斜　轧			顶管		挤压
顶　头		长芯棒	长芯棒			固定模	辊模	
锥形	球形		二辊		三辊			
自动轧管机		连轧机（MM/MPM、PQF/FQM），Pilger 轧机	Diesher 轧机	Accu - Roll 轧机	Assel 轧机			

本章主要讨论毛管纵轧和挤压工艺。

11.1　钢管纵轧

钢管纵轧的主要方法有自动轧管法和连续轧管法两种，其中连续轧管法在 MM、MPM 法基础上，近年来出现了多种新方法和设备，比如以采用三辊连轧为特征的 PQF（Premium Quality Finishing）和 FQM（Fine Quality Mill）等。PQF 三辊可调式连轧管机与 MPM 限动芯棒连轧管机相比，其主要优势有：1）壁厚公差有明显改善；2）钢管表面更光滑；3）可轧制更多的钢种；4）金属收得率、产量更高；5）可轧制更薄的钢管；6）工具消耗明显降低；7）芯棒成本显著降低；8）具有更高的效率及适应能力；9）温度均匀；10）可在更低的温度下轧制。

本节着重介绍自动轧管和连续轧管两种方法。自动轧管和连轧管在孔型中的变形过程、变形区几何参数、圆孔型中的运动学、咬入问题以及轧制力计算等方面具有一定的共性，因此本节中将这些内容一并加以讨论。由于连轧管在速度和张力作用下的金属流动、芯棒运动和机组速度配置、工具设计等方面又具有其特点，这些内容将在本节中单独介绍。

11.1.1　自动轧管机组特点

自动轧管机由瑞士人 Stiefel 发明，1903 年 11 月第一台自动轧管机在美国 Pennsylvania 的 Greenville 厂诞生，1906 年建立第一套机组。它是目前热轧无缝钢管生产的主要方法之一，世界上现有约 70 套。某些现代自动轧管机的主要性能见表 11-2。

表 11-2　某些自动轧管机的主要性能

机 组	穿孔方式	轧管机主要性能：轧辊尺寸 /mm × mm	轧辊转速 /r · min^{-1}	轧制速度 /m · s^{-1}	主电机功率/kW 转速/r · min^{-1}	设计年产量 /万 t	备注
140 机组	二辊斜轧	ϕ750 × 1680	65 ~ 130	2.5 ~ 5.0	DC890，n = 400 ~ 750	12	多槽
250 机组	二辊斜轧 + 二次穿孔	ϕ850 × 1680	65 ~ 130	2.5 ~ 5.0	DC1100，n = 395 ~ 750	20	多槽
400 机组	二辊斜轧 + 二次穿孔	ϕ1100 × 1500	60 ~ 90	3.6 ~ 5.3	DC1800，n = 375 ~ 550	30	多槽
400 机组	二辊斜轧 + 二次穿孔	ϕ1350 × 560	120	4.55	AC3000	48	单槽
100 机组	二辊斜轧	ϕ550 × 1200	100	3.0	AC525	5	多槽

11.1.1.1　自动轧管机组成

自动轧管机由以下部分组成：

（1）轧辊主传动装置，由主电机、减速器、传动轴、齿轮座和万向接轴组成。

（2）工作机座，如图11-1所示，工作机架为闭口式，其上装有轧辊、轴承座、压下装置、压上装置、上辊升降和平衡装置等。

（3）轧管机前台，其由工作台架、前台横移机构、受料槽和升降机构、推料器以及翻料机构等组成。

（4）回送装置，它由回送电机、回送辊传动系统和回送辊机座等组成。

（5）轧管机后台，其包括顶杆座和顶杆轴向调整装置、后台支持器和制动枕等组成。

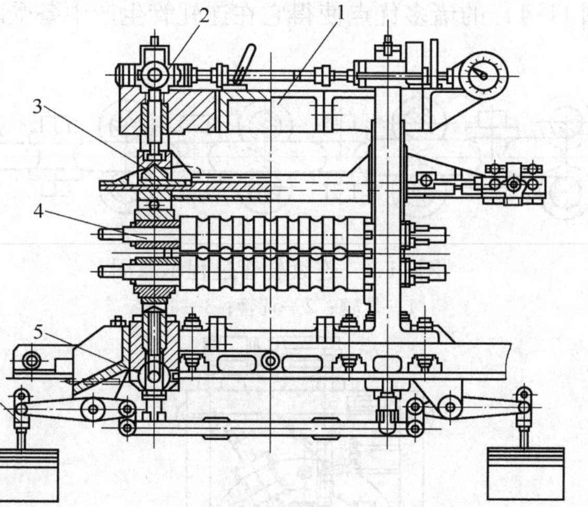

图11-1　自动轧管机工作机座总图

1—上横梁；2—压下装置；3—上辊升降装置；4—轧辊；5—压上装置；6—上辊平衡装置

11.1.1.2　自动轧管机轧管过程

自动轧管机的工作机座为二辊不可逆式纵轧机，其特点是在工作辊后设置一对高速反向旋轧的回送辊（图11-2）。同时为了满足轧后的荒管回送到前台的需要，设有上工作辊和下回送辊快速升降机构。

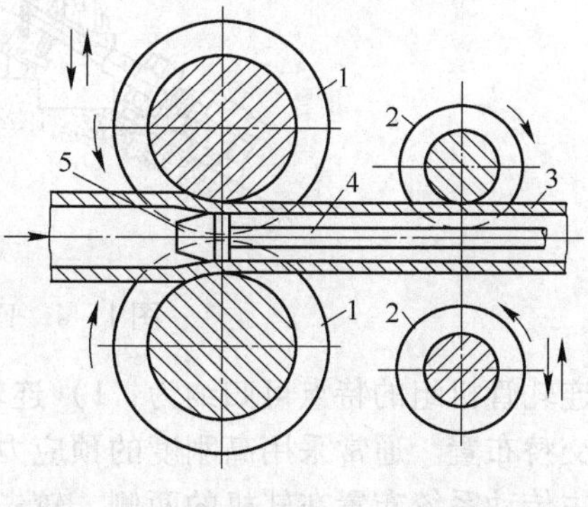

图11-2　自动轧管机轧管过程示意图

1—工作辊；2—回送辊；3—毛管；4—顶杆；5—顶头

自动轧管机的轧辊孔型，顶头的形状和尺寸构成如图11-8所示。轧管时，顶头由顶杆轴向支持在轧辊孔型中构成环状孔型。毛管通常在自动轧管机上轧制两道成荒管。每轧一道后，快速抬起上工作辊打开孔型，同时下回送辊同步快速升起以夹持轧后荒管，将其快速回送到前台，然后工作辊和回送辊复位。回送到前台的荒管需翻90°后，再在同一轧辊孔型进行第二道轧制。经两道轧制回送到前台的荒管，由翻料装置移出轧制线进入下一工序。

毛管在自动轧管机上轧制两道次的变形量分配，通过两道顶头的直径的大小来调整。

11.1.1.3　自动轧管机及其操作的改进

自动轧管机轧管时，辅助时间占整个轧制周期的65%～80%，缩短辅助操作时间是提高自动轧管机生产率的重要措施。为此，自动轧管机及其操作有如下改进：单孔型自动轧管机、双机架跟踪式轧管、自动更换顶头以及采用单独驱动等。

11.1.2 连续轧管机组特点

连续轧管是将穿孔后的毛管套在长芯棒上，经过多机架顺次排列且相邻机架辊缝互错60°或90°的连续轧管机而轧成荒钢（图11-3）。连续轧管机按其芯棒运动形式可分为两种，一种是芯棒随同管子自由运动的长芯棒连轧管机，简称MM（Mandrel Mill）；另一种是轧管时芯棒是限动的或速度可控的限动芯棒连轧管机，简称MPM（Multi－Stand Pipe Mill）。

我国当今拥有数量最多的各类连轧管机组，产量居世界首位。近年来，三辊限动芯棒连轧管机（PQF、FQM，图11-4）的诸多优点使得它在连轧管生产中备受瞩目。

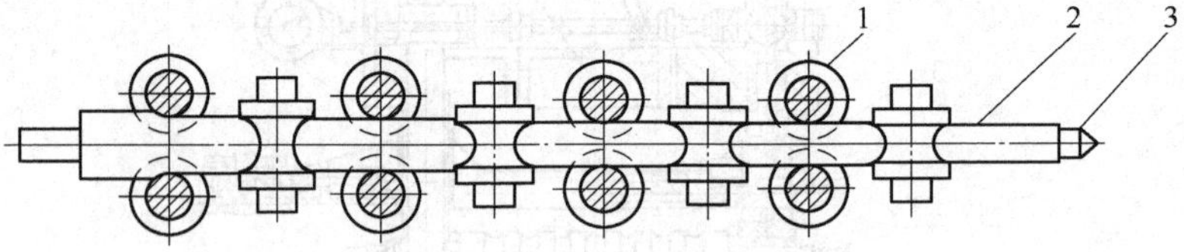

图11-3 连续轧管过程示意图

1—轧辊；2—荒管；3—芯棒

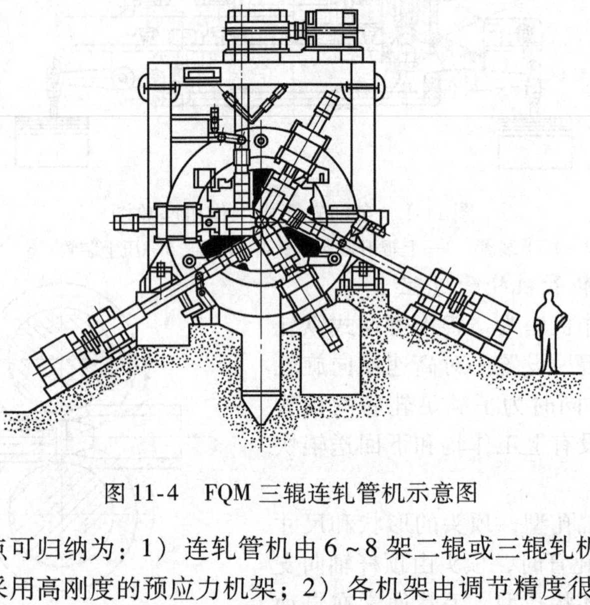

图11-4 FQM三辊连轧管机示意图

连轧管机组的特点可归纳为：1）连轧管机由6～8架二辊或三辊轧机组成。而相邻机架的辊缝交替布置。通常采用高刚度的预应力机架；2）各机架由调节精度很高的直流电机单独传动，主传动系统布置在轧机的两侧。较先进二辊连轧管机是用与平面成45°倾斜安装的直流电机直接驱动轧辊，以提高轧机转速调节响应度；3）连轧管机后配有张力减径机；4）采用了最新的电控技术。表11-3列出一些浮动芯棒连轧机（MM）的主要技术性能。

MM连轧管机具有以下主要优点：1）生产率高，大多数机组年产量在25～30万t左右，有的机组达56.2万t，新设计的某42～146机组的设计能力达年产75万t；2）钢管质量较高，可以生产锅炉管、油井用管和中、低合金钢管。钢管的表面质量和尺寸精度比自动轧管机组好；3）可以轧出长管、荒管可达33m，经张力减径后可达160～165m。连轧管机为发挥张力减径的优越性创造了条件，而张力减径机又为连轧管机简化工具，扩大品种和提高了经济效益

表 11-3 一些连轧管机（MM）的主要技术性能

机组成品管外径/mm	轧后钢管尺寸/mm	伸长系数	机架数	轧辊尺寸 $D \times L$/mm	机架间距/mm	出口速度/$m \cdot s^{-1}$	主电机		芯棒最大长度/m
							功率 N_e/kW	转速 $n/r \cdot min^{-1}$	
30 ~ 102	ϕ108 ×（3 ~ 8）× ~27000	~6	9	ϕ550 × 230	1150	3.9 ~ 6.0	1400 × 9	375 ~ 500	19.5
27 ~ 138	ϕ114,146 ×（4 ~30）× ~23000	~4.5	8	ϕ535 × 450	950	~5.0	1—1300 × 2 2—1100 × 2 3 ~ 6—1300 × 2 7 ~ 8—1300 × 1	200 ~ 360	26
25 ~ 127	ϕ95,133 ×（4 ~ 9）× ~23000	~4.4	8	ϕ535 × 444	1003	~4.57	1,7,8—720 × 1 2 ~ 6—720 × 2	550 ~ 1000	19.8
22 ~ 168	ϕ90,146,175 ×（3.25 ~ 15）× ~25000	~4.35	8	ϕ500 × 305	1120	~5.0	2，7—700 × 2 1，8—700 × 1 3 ~ 6—700 × 3	450 ~ 1100	22
21 ~ 140	ϕ119,152.5 ×（3.25 ~ 25）× ~33000	~4.5	8	ϕ（600 ~ 490）× 300	1000	~8.3	1,2—2200 3 ~ 6—2600 7，8—1300	1,2—150 ~ 250 3 ~ 8—230 ~ 400	29.7

起了重要作用；4）连轧管机可以承担较大的变形量（一般 $\mu = 3.5 \sim 5$），允许提供厚壁毛管而减小穿孔机的延伸系数。因此对管坯质量要求可比自动轧管机低些；5）自动化程度高，操作人员少；6）钢管成本低，这主要是机组生产率高，金属消耗低和每吨管子的折旧费较小的缘故。如连轧管机组的金属消耗系数为 1.07 ~ 1.095（无头张力减径时为 1.06 ~ 1.075），而自动轧管机组为 1.10 ~ 1.15。采用连铸坯为原料的连轧管机组，钢管成本可与焊管相竞争。故连轧管机组是目前用来生产无缝钢管最经济的方法。

MM 连轧管机的缺点：1）一次投资费用大；2）长芯棒的加工制造、贮存和维修困难，特别是大直径芯棒。因此多用于轧制 ϕ168mm 以下口径管的生产；3）目前还不能用于生产高合金钢管。又因脱棒问题，使其生产更薄、更厚和更长的钢管受到限制。

鉴于 MM 连轧的上述问题，新建连轧多采用 MPM 方式，这种方式可生产较大口径钢管，金属流动比较均匀，壁厚质量和内外表面质量较高，可采用大延伸轧制长度达 30 ~ 40m 的荒管，并且轧制节奏短，是发展最为迅速的轧管设备。

11.1.3 钢管纵轧变形过程和变形区几何参数

11.1.3.1 变形区组成

自动轧管时变形区如图 11-5 所示。轧制过程中第一道次和第二道次变形咬入状态有所不同，第一道毛管与轧辊孔壁四点接触，因此整个变形区可分为：1）压扁区，毛管由推料器送入与轧辊孔型侧壁接触，此时毛管呈圆形，而孔型与之接触的平面则呈立椭圆形，轧件与孔型在侧壁上四点接触，实现一次咬入，并受径向压力管壁开始失稳变形直至管壁与孔底完全接触；2）减径区，毛管在轧辊曳入摩擦力作用下进入变形区，到毛管内壁与顶头相遇为止，毛管积累足够的剩余摩擦力来克服顶头阻力，实现二次咬入；3）减壁区，自毛管实现二次咬入开始直至脱离轧辊为止的区域，毛管实现减壁变形。而第二道毛管直接与孔型底部接触咬入，不存在压扁区。两个道次的咬入条件也有所不同。

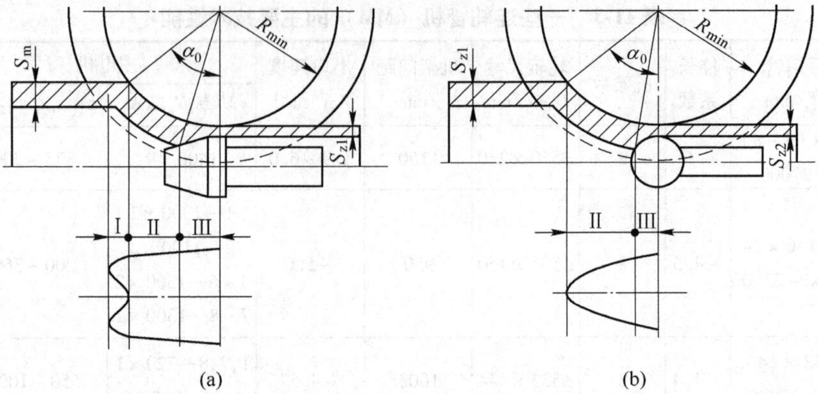

图 11-5　自动轧管变形区示意图

（a）第一道（锥形顶头）；（b）第二道（球形顶头）

Ⅰ—压扁区；Ⅱ—减径区；Ⅲ—减壁区

同理，连轧管过程也存在类似的变形区，如图 11-6 所示。

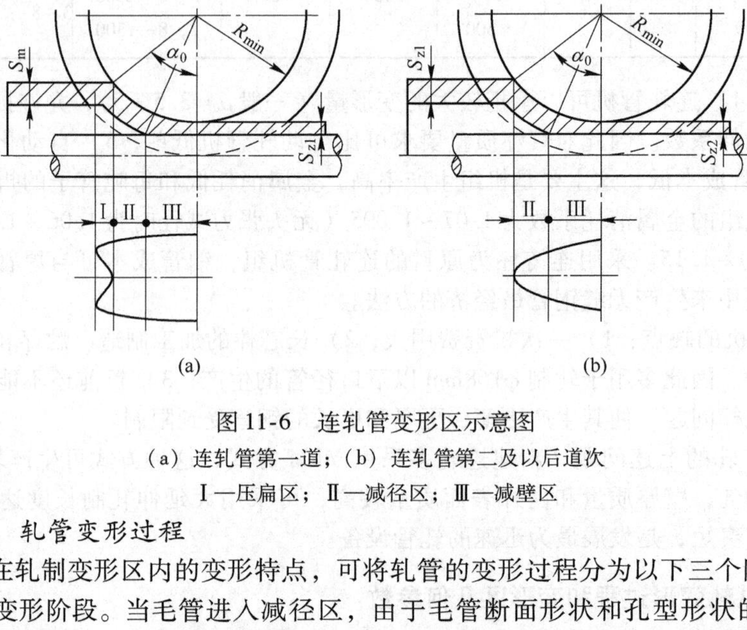

图 11-6　连轧管变形区示意图

（a）连轧管第一道；（b）连轧管第二及以后道次

Ⅰ—压扁区；Ⅱ—减径区；Ⅲ—减壁区

11.1.3.2　轧管变形过程

根据毛管在轧制变形区内的变形特点，可将轧管的变形过程分为以下三个阶段：

（1）压扁变形阶段。当毛管进入减径区，由于毛管断面形状和孔型形状的缘故，仅四点接触（图 11-7c）。此时，因接触面积很少，轧辊给予毛管的轴向摩擦力不足以使其产生延伸变形；相反，轧辊给予空心毛管的径向力却足以使毛管断面形状失稳（产生塑性屈曲）。结果毛管受轧辊孔型高度方向上压缩同时，其横向宽度增加，而其周长不变（因高度方向压缩在毛管管壁内产生的切向应力小于金属的屈服极限）。因此把此阶段的变形称为压扁变形，即毛管高度方向上的压缩仅改变其断面形状，而不产生纵向延伸（$\mu=1$）。

（2）减径变形阶段。随着毛管压扁变形增加，其与孔型的接触面积增加，孔型侧壁对管壁的支撑作用也随之增加，结果使压扁变形变得愈来愈困难，当管壁内产生的切向压缩应力超过金属的屈服极限时，管壁产生切向压缩变形（即减径）。此时的变形特点是毛管高度方向压缩，使其平均直径减小，产生纵向延伸（$\mu>1$）和管壁厚度有所增加（这实质上是金属展宽）。但由于在此区段内毛管横断面上各处的金属应力状态条件不同，因而产生的管壁增厚也

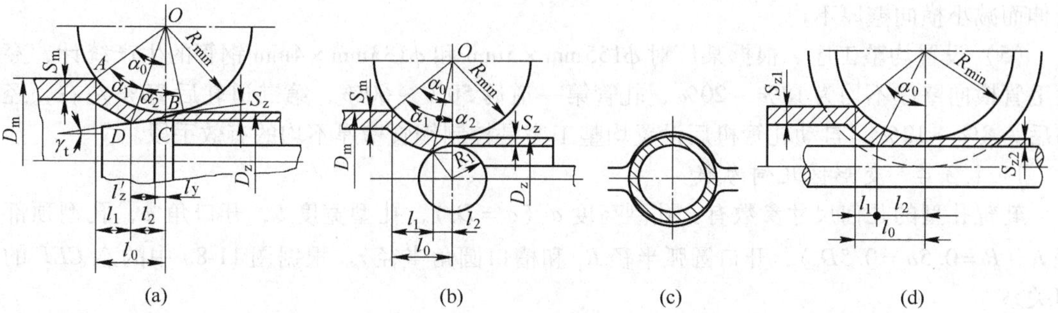

图 11-7 纵轧管变形区参数

（a）锥形顶头轧管；（b）球形顶头轧管；（c）咬入开始时；（d）连轧管

有所不同。例如，在孔型开口处的管壁处于自由镦粗状态，并且这里的切向应力也较大，因此产生管壁增厚较其他各处大。压扁变形与减径变形两者间并无明确分界，在变形区中毛管外形压扁结束位置，由许多工艺因素所决定。例如，孔型的形状、金属塑性和变形抗力、轧辊直径以及 D_m/S_m 值等。其中除了孔型形状外，D_m/S_m 值的影响最大，D_m/S_m 值越大，毛管外形越容易压扁。

（3）减壁变形阶段。当毛管内壁与顶头接触，毛管变形由减径转入减壁变形阶段。此时毛管在轧辊给予的摩擦力带动下，通过由轧辊孔型和顶头组成的逐渐减小的环状间隙，使管壁迅速减薄而获得较大的延伸。应当指出，由于孔型和顶头的形状所决定，在此阶段孔型开口处对毛管管壁加工小，结果必然带来轧后荒管横向壁厚不均。另外，由于不均匀变形的结果，延伸大的孔型顶部金属对开口处的金属产生一个附加轴向拉应力，如果此应力过大，将会导致荒管两侧出现周期性的横裂，特别是低塑性高合金钢。

11.1.3.3 *改善横向壁厚不均措施*

由上述变形过程可见，横向壁厚不均是圆孔型带芯棒轧管中的一个重要质量问题，其中以自动轧管较为突出。在自动轧管机上为了减小毛管壁厚和消除毛管纵向螺旋分布的壁厚不均，均需要具有一定的减壁量，但它却又会带来横向壁厚不均。为了将在自动轧管机上产生的横向壁厚不均控制在允许的范围内，生产中主要采取下列措施：

（1）增加轧制道次。毛管在自动轧管机上至少轧制两道（第二道轧制前须将荒管旋转90°）。道次愈多壁厚均匀性提高。一般情况下，为兼顾轧管机的生产率，轧制两道。对于壁厚精度要求高或易产生横裂的合金钢管，可轧制三道。温度较高的第一道采用较大的变形量，后道则采用小的变形量，这样既可减小横向壁厚不均，又可避免横裂产生。轧制两道次时，轧管总伸长系数 $\mu<2.1$。为了能消除穿孔毛管的螺旋形分布壁厚不均，轧管机上应有一定的减壁量 ΔS_z。

（2）选择合理的孔型宽高比（即孔型椭圆度系数 $\xi=b/a$）。小的孔型宽高比 ξ 有利于减轻荒管横向壁厚不均，但过小会影响到咬入，且容易因过充满而产生耳子。试验证明，孔型宽高比 $\xi=1.04\sim1.05$ 时效果最好。

（3）选择合适的顶头锥角 γ_t。顶头锥角 γ_t 从接触面积和方向余弦两个方面影响顶头的轴向力。加大 γ_t 角可以减小顶头与金属的接触面积，减小稳定过程的顶头轴向力，从而减小横向变形和横向壁厚不均。但是加大 γ_t 角不利于二次咬入。试验证实，当 $\gamma_t\geqslant14°$ 时则无法实现二次咬入，而 $\gamma_t<7°$ 时，顶头轴向力相当大。为兼顾上述两方面，常取 $\gamma_t=7°\sim12°$。或按 $\tan\gamma_t=f_t$ 来确定（f_t 为金属与顶头间的摩擦系数）。

（4）采用顶头润滑。选用润滑效果好的顶头润滑剂可减小顶头轴向阻力，促进金属纵向延伸而减小横向壁厚不均。

（5）设置均整工序。根据某厂对 ϕ155mm × 5mm 和 ϕ133mm × 4mm 钢管的生产统计，穿孔后毛管横向壁厚不均为 18% ~20%，轧管第一道后 50% ~60%，第二道轧后 20% 左右，经均整后为 8% ~12%。自动轧管机后设置均整工序是控制钢管壁厚不均的有效手段。

11.1.3.4　变形区几何参数

轧辊孔型的几何尺寸参数有：孔型高度 a（$a = D_z$），孔型宽度 b，开口角 φ，孔型顶部半径 R（$R = 0.5a = 0.5D_z$），开口圆弧半径 R_1 和槽口圆角半径 r。根据图 11-8a 中的△ CEF 的几何关系

$$R_1 = \frac{4R^2 + b^2 - 4Rb\cos\varphi}{4(2R - b\cos\varphi)} \tag{11-1}$$

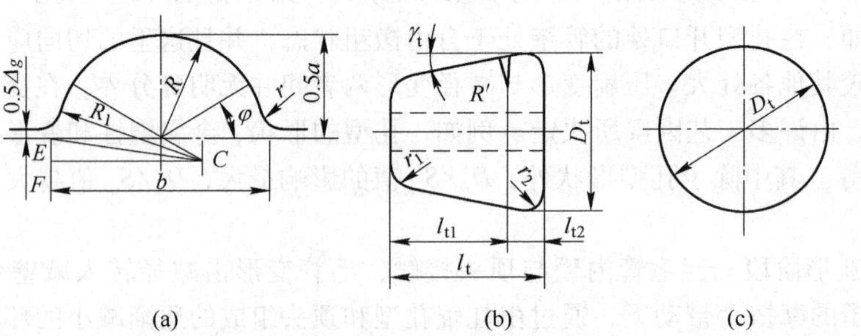

图 11-8　自动轧管机轧辊孔型和顶头的形状和构成

（a）轧辊孔型；（b）锥形顶头；（c）球形顶头

按孔型顶部计算变形区长度 l_0（图 11-7a、b）为

$$l_0 = R_{\min}\sqrt{1 - \cos\alpha} = \frac{D_m - D_z}{2}\sqrt{\frac{4R_{\min}}{D_m - D_z} - 1} \tag{11-2}$$

$$\alpha_0 = \arccos\left(1 - \frac{D_m - D_z}{2R_{\min}}\right)$$

锥形顶头减壁变形区长度 l_2 为

$$l_2 = \cos\gamma_t \sqrt{(R_{\min} + S_m)^2 - (R_{\min} + S_z - l_y\tan\gamma_t)^2\cos^2\gamma_t} \\ -0.5(R_{\min} + S_z - l_y\tan\gamma_t)\sin 2\gamma_t \tag{11-3}$$

$$\sin\alpha_2 = \frac{l_2}{R_{\min} + S_m} \tag{11-4}$$

球形顶头减壁变形区长度 l_2 为

$$l_2 = (R_{\min} + S_m)\sin\alpha_2 \tag{11-5}$$

$$\cos\alpha_2 = \frac{(R_{\min} + S_m)^2 + (R_{\min} + S_z + R_t)^2 - R_t^2}{2(R_{\min} + S_m)(R_{\min} + S_z + R_t)} \tag{11-6}$$

减径变形区长度 l_1 为

$$l_1 = l_0 - l_2$$

11.1.4　圆孔型中轧管运动学特点

11.1.4.1　速度分析

圆孔型中轧管运动学是讨论工具和轧件的运动速度之间关系的。轧管时孔型形状决定了荒

管轧出速度，也决定了轧机的生产率。圆孔型中轧管的运动学特点是孔型上各点的圆周线速度不相等，孔型顶部最小，近辊环处最大（图 11-9）。

$$V = \frac{\pi}{60} D_g n_g$$

轧辊孔槽上任一点的线速度为

$$V_x = \frac{\pi}{60} D_x n_g$$

则孔型宽度上的平均速度为图 11-9 中速度曲线下的面积 F_V 除以孔型宽度 b，即

$$V_{cp} = \frac{F_V}{b} = \frac{\pi}{60} D_{cp} n_g \qquad (11\text{-}7)$$

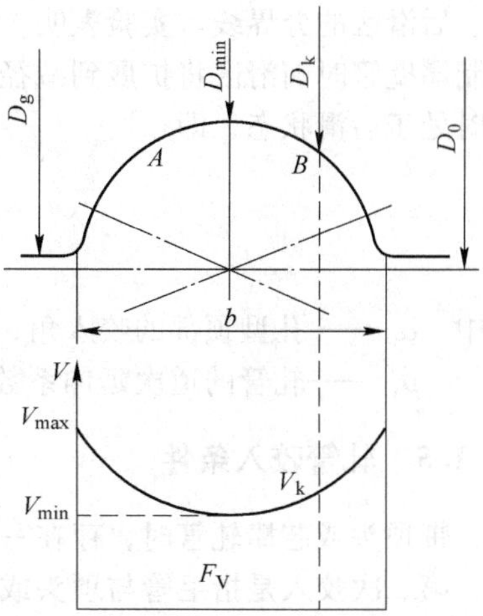

图 11-9　孔型上的速度分布

式中　F_V ——速度图面积，mm^2；

D_{cp}——对应平均速度的轧辊直径，mm，其值为

$$D_{cp} = D_0 - h_{cp}$$

n_g ——轧辊转速，r/min；

D_0 ——轧辊名义直径，$D_0 = D_g + \Delta_g$（Δ_g 为辊缝），mm；

h_{cp}——轧辊孔型平均高度，mm，其值为

$$h_{cp} = \frac{F_k}{b} = \lambda a$$

a ——孔型高度，mm；

λ ——孔型形状系数，当采用圆和椭圆孔型，孔型椭圆度系数 $\xi = 1.05 \sim 1.12$ 时，$\lambda = 0.75$。

在自动轧管机上轧管时，可以近似将平均轧辊直径看作轧辊工作直径 D_k，则 D_k 为

$$D_k = D_{cp} = D_0 - 0.75a = D_g + \Delta_g - 0.75a \qquad (11\text{-}8)$$

轧件出口速度 v_k 为

$$v_k = \frac{\pi}{60} D_k n_g \qquad (11\text{-}9)$$

11.1.4.2　前滑

在变形区出口截面上，小于 D_k 的孔型各点上的金属纵向流动速度大于轧辊圆周速度，将产生前滑（图 11-10）；较 D_k 大的孔型上各点将产生后滑现象。显然，管子出口速度大于孔型顶部圆周速度，产生前滑；而孔型侧壁处产生后滑。最大的前滑在孔型顶部，一般实际计算时用下式求出最大前滑系数值。

$$S_h = \frac{V_k}{V_{min}} = \frac{D_k}{D_0 - a}$$

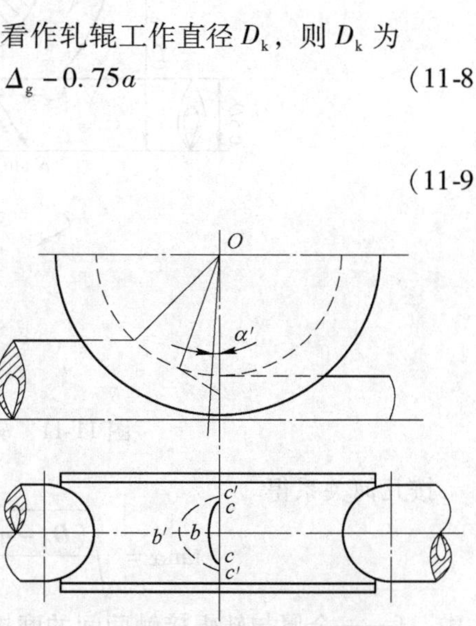

图 11-10　圆孔型轧管时的前滑分布

cbc—薄壁管轧制时的前滑区；

$c'b'c'$—厚壁管轧制时的前滑区

变形区内的其他横截面上，也可能存在着轧辊水平分速度与轧件表面水平速度相等点，将这些点连接构成一条空间曲线（图 11-10），成为变形区内

前、后滑区的分界线。实验表明，在自动轧管机上轧制薄壁管时前滑主要产生在减壁区内，而轧制厚壁管时前滑区将扩展到减径区，但前滑区长度小于变形区长度。据此可知毛管进入变形区时处于后滑状态，即

$$V_{\min}\cos\alpha_0 < \frac{V_k}{V_z} = \frac{V_{\min}S_h}{\mu_z}$$

$$S_h > \mu_z\cos\alpha_0 \tag{11-10}$$

式中 α_0——孔型顶部的咬入角，(°)；

μ_z——轧管的道次延伸系数。

11.1.5 轧管咬入条件

带顶头或芯棒轧管时，存在一次咬入和二次咬入。第一次咬入是轧辊将毛管曳入减径变形区；第二次咬入是指毛管与顶头或芯棒相接触，克服阻力而进入减壁区，直至建立稳定轧制过程。

11.1.5.1 一次咬入条件

（1）按孔型侧壁确定一次咬入条件，此时的轧件受力分析如图 11-11 所示，轧件与孔型侧壁四点接触，因此

$$T_x - N_x \geqslant 0$$

$$T_x = Nf\cos\alpha$$

$$N_x = N\sin\varphi\sin\alpha$$

则

$$f \geqslant \tan\alpha\sin\varphi \tag{11-11}$$

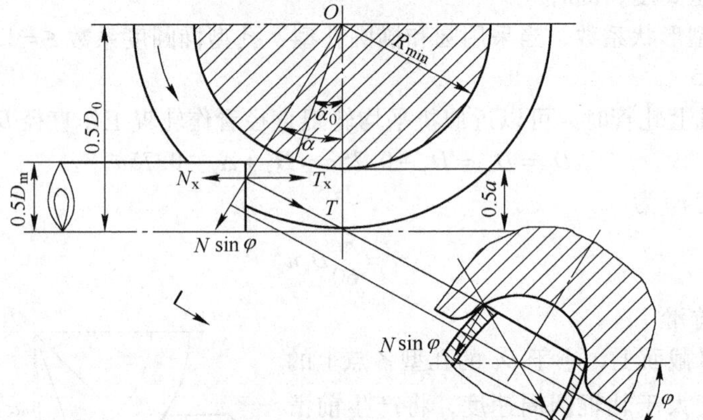

图 11-11 轧管一次咬入时轧件受力分析

按几何关系得

$$\tan\alpha = \sqrt{\frac{(D_0 - a\sin\varphi)^2 - (D_0 - \sqrt{D_m^2 - a^2\cos^2\varphi})^2}{(D_0 - \sqrt{D_m^2 - a^2\cos^2\varphi})^2}} \tag{11-12}$$

式中 f——金属与轧辊接触面间的摩擦系数，对于硬面铸铁轧辊，其值为

$$f = 0.8K_1K_2(1.05 - 0.0005t)$$

K_1、K_2——K_1 和 K_2 值见图 10-11 和表 10-2；

φ——孔型侧壁角，(°)；

α——毛管与孔型开始接触点的咬入角，(°)；

D_m——毛管外径，mm；

a——孔型高，其值 $a = D_z$；

t——轧制时毛管温度,℃。

带后推力轧管（包括空心轧管）的一次咬入条件，推荐按下式确定

$$\tan\alpha \leqslant \frac{2f}{1-f^2} \tag{11-13}$$

当摩擦系数 $f = 0.3$，$\tan\alpha \leqslant 0.66$ 时，咬入角相当于 33°30′，当 $f = 0.2$，$\tan\alpha \leqslant 0.42$ 时，$\alpha = 22°40'$。而在自动轧管机上的咬入角均小于 15°。因此，带后推力时，实现一次咬入没有问题。由此可知，在钢管连轧机组上，只要第一架咬入后，以后各架均带有后推力，均能实现一次咬入。

自动轧管和连轧管可同样采用上述方法计算孔型侧壁的一次咬入条件。

（2）按孔型顶部确定一次咬入条件。方法与普通纵轧相同，即一次咬入条件为

$$f \geqslant \tan\alpha_0$$

$$\alpha_0 = \arccos\left(1 - \frac{D_m - a}{2R_{min}}\right) \tag{11-14}$$

通常，轧管温度为 1100℃ 左右，轧制速度不大于 5m/s，$f \approx 0.3$，$\varphi = 30°$，理论上 φ 值允许达 30°，α_0 值允许达 17°。因此在有推料器送料的情况下，实现轧管的一次咬入是有保证的。

11.1.5.2　二次咬入条件

二次咬入时毛管受力情况如图 11-12 所示，二次咬入的力平衡条件为

$$(T_{1x} - N_{1x}) \geqslant N_{tx} + T_{tx} \tag{11-15}$$

式中　T_{1x}——减径区轧辊作用于毛管摩擦力水平分力，其值为

$$T_{1x} = \bar{p}_1 F_1 f\cos\left(\frac{\alpha_0 + \alpha_2}{2}\right)$$

N_{1x}——减径区轧辊作用于毛管上的正压力水平分力，其值为

$$N_{1x} = \bar{p}_1 F_1 \sin\left(\frac{\alpha_0 - \alpha_2}{2}\right)$$

T_{tx}——顶头作用于毛管上的摩擦阻力水平分力，其值为

$$T_{tx} = \bar{p}_t F_t f_t \cos\gamma_t$$

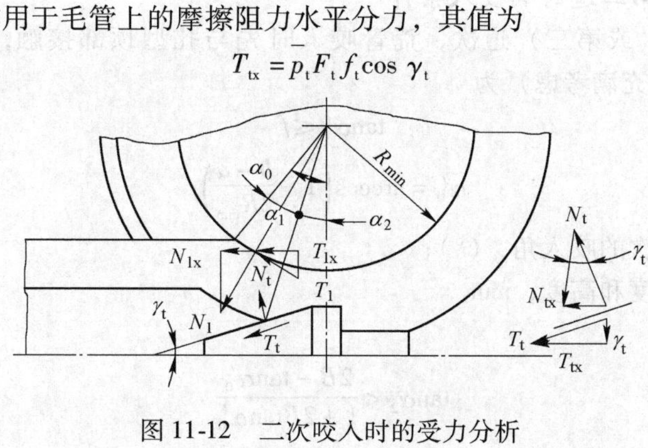

图 11-12　二次咬入时的受力分析

N_{tx}——顶头作用于毛管正压力水平分力，其值为

$$N_{tx} = \bar{p}_t F_t \sin\gamma_t$$

由于减径区内的平均单位压力 $\bar{p}_1$ 和毛管与顶头接触面上的平均单位压力 $\bar{p}_t$ 未知，平衡式

(11-15）无法解出。从式中可以看出，要实现二次咬入，需要有一定的减径区长度 l_1 和限制 α_2 值，以保证减径区提供足够剩余摩擦力来克服顶头阻力。同时顶头锥角 γ_t 不能太大，这是因为增大 γ_t 后虽然 $\cos\gamma_t$ 值减小，但 $\sin\gamma_t$ 值增大的速率要大，结果使轴向阻力增加（N_{tx}增加大），从而影响二次咬入的实现。

这里推荐二次咬入的经验公式为：

$$\tan\alpha_2 < \frac{2B - \tan\alpha_0}{1 + 2B\tan\alpha_0}$$

$$B = [(f_t + \tan\gamma_t)f + 1]^{-1}\left\{f\sqrt{\frac{\tan^2\gamma_t}{[(f_t + \tan\gamma_t)f + 1]^2} + 1} - \tan\gamma_t\right\} \tag{11-16}$$

式中 α_2——减壁区中心角，又称二次咬入角，其值为

$$\tan\alpha_2 \approx \frac{2\Delta S_z}{(D_0 - D_t + 2\Delta S_z)\tan\gamma_t}$$

代入公式（11-16）可得实现二次咬入最大允许的减壁量为

$$\Delta S_z < \frac{0.5(D_0 - D_t)(2B - \tan\alpha_0)\tan\gamma_t}{(1 - 2B\tan\gamma_t) + (2B + \tan\gamma_t)\cos\alpha_0} \tag{11-17}$$

式中 ΔS_z——道次减壁量（按孔型顶部计算），mm；

f_t——金属与顶头间的摩擦系数，直接接触时为0.33～0.35，当用食盐润滑时为0.2～0.25；

D_t——顶头直径，mm。

连轧管咬入条件主要取决于第一架的咬入条件，当第一架正常实现咬入，其他各架必能实现咬入。连轧管第一架的二次咬入条件为

$$\tan\alpha_2 < \frac{2f - \tan\alpha}{1 + 2f\tan\alpha} \tag{11-18}$$

式中 α——咬入角，(°)；

f——金属与轧辊间的摩擦系数；

α_2——减壁角，(°)。

11.1.5.3 轧制第二道时的咬入条件

对于轧管的第二（或第三）道次，荒管咬入时先与孔型顶部接触，此时一次咬入条件（按第一道次轧件正常充满考虑）为

$$\tan\alpha'_0 \leqslant f$$

$$\alpha'_0 = \arccos\left(1 - \frac{b - a}{2R_{\min}}\right) \tag{11-19}$$

式中 α'_0——第二道次的咬入角，(°)；

b、a——孔型宽度和高度，mm。

二次咬入条件为

$$\tan\alpha_2 < \frac{2B - \tan\alpha'_0}{1 + 2B\tan\alpha'_0} \tag{11-20}$$

式中符号同式（11-16）。

11.1.5.4 影响轧管咬入条件的因素

自动轧管机上轧管时，建立稳定轧管过程的关键也是二次咬入条件，在实际生产中常遇到的影响咬入的因素有以下几点：

(1) 毛管外径 D_m 小，不好咬入，特别是轧制厚壁管时更加明显。这是因为 D_m 减径区长度减小，而厚壁管的压扁变形程度小使减径内接触宽度减小，结果使减径区内金属与轧辊的接触面积减小，曳入摩擦力减小，咬入困难。实际生产中一般在轧前，常将顶头试放入毛管，如果顶头方便放入或取出，则认为轧制时咬入问题不大。一般情况下，毛管内径 d_m 和顶头直径 D_{tz1} 差的经验数据见表 11-4。

表 11-4 ($d_m - D_{tz1}$) 的经验值

成品管壁厚 S_c/mm	毛管内径与顶头直径差 ($d_m - D_{tz1}$) /mm	
	$D_m < 150$	$D_m > 150$
<10	2 ~ 3	2 ~ 3
10 ~ 15	3 ~ 4	3 ~ 4
15 ~ 25	3 ~ 4	4 ~ 5
>25	4 ~ 5	4 ~ 6

(2) 毛管温度低，这常在轧制薄壁管时出现，虽然温度降低摩擦系数增加可使曳入摩擦力增加，但因使金属变形抗力增加，顶头轴向阻力显著增加而咬入困难。

(3) 毛管壁厚 S_m 大或顶头伸出过前，会导致减径区长度减小，而咬入困难。因此生产时须经常检查 S_m 和顶头位置。

(4) 轧辊被磨光，使摩擦系数减小，咬入困难。产生这种现象时，可采取关闭轧辊冷却水，减小减壁量，使毛管实现咬入，待孔型变得粗糙些后，恢复正常工艺，咬入条件会改善。

(5) 孔型椭圆度系数增大，可增加毛管在减径区压扁程度而增加接触宽度，使曳入摩擦力增加，有利于实现二次咬入。

(6) 带后推力咬入，后推力使毛管横向变形增加（压扁变形），金属与轧辊接触面积增大，曳入摩擦力增加而有利于咬入。

11.1.6 纵轧管轧制力参数计算

轧管的力学参数包括：轧制力 P、顶头轴向力 Q 和轧制力矩 M_{zh}。

11.1.6.1 轧制力 P

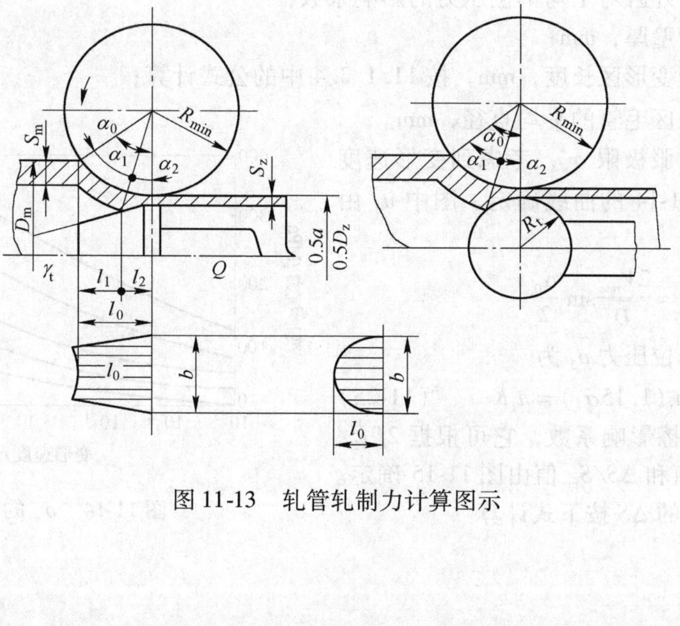

图 11-13 轧管轧制力计算图示

由图 11-13 得

$$P = \overline{p}_1 F_1 + \overline{p}_2 F_2 \quad (11\text{-}21)$$

$$F = F_1 + F_2$$

式中 $\overline{p}_1$、$\overline{p}_2$ ——减径及减壁区内平均单位压力，MPa；

F、F_1、F_2 ——总接触面积的水平投影面积、减径和减壁区接触面积的水平投影面积，mm。

（1）求接触面积。根据几何关系可得，轧制变形区总的水平投影面积为

$$F = F_1 + F_2 = b\left(1 + \frac{D_0}{12D_{min}}\right)\sqrt{\frac{D_{min}}{2}(D_m - a)} \quad (11\text{-}22)$$

式中 b、a ——孔型宽度和高度，mm；

D_{min} ——孔型顶部的轧辊直径，mm；

D_m——毛管外径（或轧前高度），mm。

式（11-22）计算结果偏低，薄壁管结果比实际低 25% ~40%；厚壁管低 15% ~20%。对于小型机组误差较小，约比实际低 10% 左右。偏低的原因是式（11-22）中没有考虑压扁变形引起的接触面积增加。

各区接触面水平投影面积为

$$F_2 = (1.06 \sim 1.1) b l_2, F_1 = F - F_2 \quad (11\text{-}23)$$

式中 l_2——减壁变形区长度，mm，按式（11-3）、式（11-5）计算。

（2）平均单位压力确定。减径内的平均单位压力 $\overline{p}_1$ 为

$$\overline{p}_1 = n_1 \frac{2S_m}{\overline{D}} \sigma_s \quad (11\text{-}24)$$

$$n_1 = 1 + 0.9 \frac{\overline{D}}{l_1}\sqrt{\frac{S_m}{\overline{D}}}$$

$$l_1 = \sqrt{\frac{D_{min}}{2}(D_m - a)} - l_2$$

$$\overline{D} = \frac{1}{2}(D_m + D_1)$$

$$D_1 = D_{min}(1 - \cos\alpha_2) + a$$

式中 n_1 ——估计外区对平均单位压力的影响系数；

S_m——毛管壁厚，mm；

l_1 ——减径变形区长度，mm，按 11.1.3.4 中的公式计算；

$\overline{D}$ ——减径区毛管的平均直径，mm。

至于金属的屈服极限 σ_s，考虑到变形速度 $\overline{u}_1$ 的影响，由图 11-14 的曲线确定。图中 $\overline{u}_1$ 由下式确定

$$\overline{u}_1 = \frac{2V_{min}}{\overline{D}} \sin\frac{\alpha_0}{2}$$

减壁区平均单位压力 $\overline{p}_2$ 为

$$\overline{p}_2 = n_f(1.15\sigma_s) = n_f K \quad (11\text{-}25)$$

式中 n_f——外摩擦影响系数，它可根据 $2f\,l_2/\Delta S$ 值和 $\Delta S/S_m$ 值由图 11-15 确定。图中的 ΔS 按下式计算

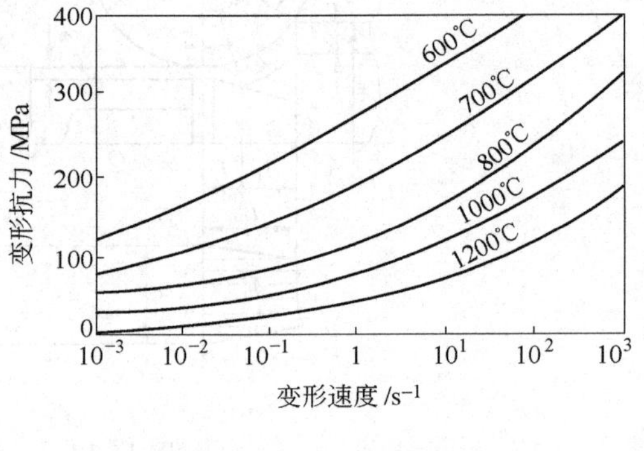

图 11-14 σ_s 的确定

$$\Delta S = S_{\mathrm{m}}\left[1 - \frac{D_{\mathrm{m}} - S_{\mathrm{m}}}{\mu(D_{\mathrm{z}} - S_{\mathrm{z}})}\right] = \frac{D_{\min}}{2}(1 - \cos\alpha_2) + l_2\tan\gamma_{\mathrm{t}} \tag{11-26}$$

μ——该道次的伸长系数；其余参数见图 11-13。

减壁区内金属的屈服极限 σ_{s}，由图 11-14 确定，图中的变形速度由下式确定：

$$\bar{u}_2 = \frac{2V_{\min}}{S_{\mathrm{m}} + S_{\mathrm{z}}}\left(\frac{\alpha_2}{2} + \gamma_{\mathrm{t}}\right)$$

α_2——减壁区弧度，按 11.1.3.4 中公式计算。

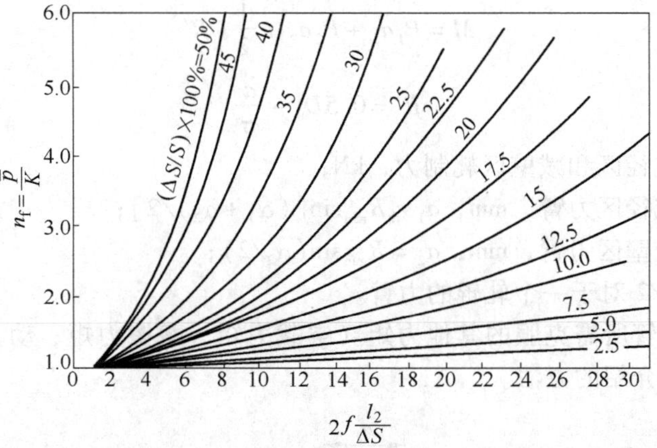

图 11-15　减壁区平均单位压力的确定

上式计算出来的轧制力只能给出大致结果，为可靠起见应参考有关实测资料加以对比。图 11-16 为国内某些自动轧管机轧制力实测资料的回归曲线。

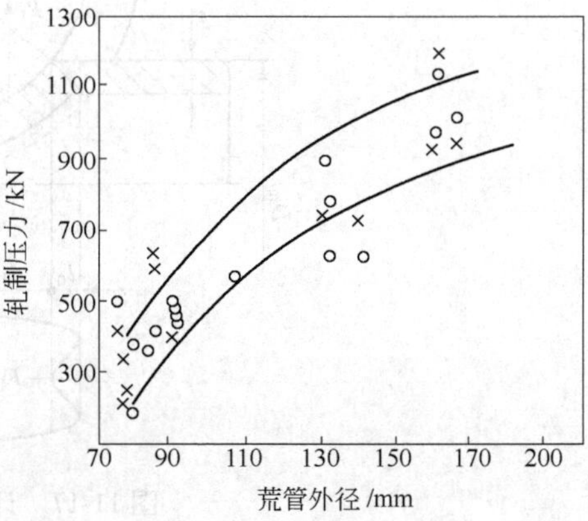

图 11-16　自动轧管机轧制力实测曲线

连轧管轧制力计算与上述方法相同。对于第一架的减壁区面积 F_2 为

$$F_2 = b_1 l_2$$

$$l_2 = \sqrt{(S_{\mathrm{m}} - S_{\mathrm{z1}})[(D_{\mathrm{c}} - a_1) + S_{\mathrm{m}} + S_{\mathrm{z1}}]} \tag{11-27}$$

式中　a_1、b_1——第一架孔型高及宽度，mm；

S_{z1}——第一架孔型顶部管子壁厚，mm；

l_2——减壁变形区长度，mm。

对于第二架及以后各架的接触面积按下式近似计算

$$F_i \approx \frac{2}{3} l_{0i} b_i$$

式中　l_{0i}——该架按孔型顶部计算的变形区长度，mm；

b_i——该架孔型宽度，mm。

11.1.6.2　顶头轴向力 Q

顶头轴向力可按下式计算：

$$Q = \bar{p}_{\mathrm{t}}\pi D_{\mathrm{tz}}[(f_{\mathrm{t}} + \tan\gamma_{\mathrm{t}})l_2 - 0.5 l_{\mathrm{tz}}\tan\gamma_{\mathrm{t}}] \tag{11-28}$$

式中　$\bar{p}_{\mathrm{t}}$——金属对顶头的平均单位压力，MPa；

f_t ——金属与顶头间的摩擦系数，$f_t = 0.15 \sim 0.35$；

l_{tz} ——顶头圆柱段长度，mm；

D_{tz}——轧管顶头直径，mm。

上式中 $\bar{p}_t$ 值难以精确确定，因此 Q 可采用实测经验式来确定

$$Q = (0.25 \sim 0.4)P \tag{11-29}$$

11.1.6.3　每个轧辊的纯轧制力矩 M_{zh}

传动每个轧辊的纯轧制力矩 M_{zh} 由图 11-17 可得

$$M = P_1 a_1 + P_2 a_2 + \frac{1}{2} Q R' \tag{11-30}$$

$$R' = 0.5D_0 - \frac{a}{\pi}$$

式中　P_1、P_2 ——减径区和减壁区轧制力，kN；

a_1 ——减径区力臂，mm，$a_1 = R_{min} \sin[(\alpha_0 + \alpha_2)/2]$；

a_2 ——减壁区力臂，mm，$a_2 = R_{min} \sin(\alpha_2/2)$；

R' ——$Q/2$ 对于一个轧辊的力臂。

至于传动轧辊轧管所需克服的其他力矩（空载力矩、摩擦力矩、动力矩等）的计算参照金属压力加工原理中介绍的方法。

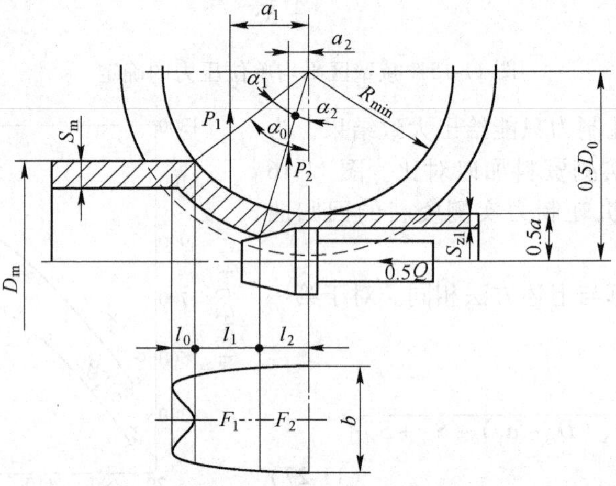

图 11-17　计算轧管机轧制力矩图示

11.1.6.4　主要工艺因素对轧制力参数的影响

根据实测结果，主要工艺因素对轧制力参数的影响如下：

（1）轧制温度是主要工艺因素，随温度降低轧制力增加，而且对轴向力增加影响更大。

（2）毛管壁厚在某一范围内轧制力较低，而大于或小于这一范围轧制力都增加（图 11-18）。这是因为薄壁管轧制时减壁区中单位压力大，而厚壁管轧制时减径区中的单位压力大。

（3）球形顶头比锥形顶头的轧制力和轴向力降低 1/3 左右。其原因是球形顶头的减壁变形区较短，轴向阻力小，使单位压力下降。

（4）钢种、工艺润滑、管径对轧制力的影响，在各计算式中均能反映。实测得出，不锈钢的轧制力比碳钢大 1 倍，采用食盐加木炭润滑轧制力和轴向力最低。

（5）道次变形量的分配（即两道顶头直径差）的影响。图 11-19 为轧制 $\phi 83 \times 3.5$ 钢管的

三种轧制方案实测轧制力和功率结果。第Ⅰ方案为两道顶头直径 $D_{tz1}=70\text{mm}$，$D_{tz2}=74\text{mm}$，延伸系数为 $\mu_{z1}=1.47$，$\mu_{z2}=1.31$；第Ⅱ方案为 $D_{tz1}=72\text{mm}$，$D_{tz2}=74\text{mm}$，$\mu_{z1}=1.66$，$\mu_{z2}=1.17$；第Ⅲ方案为 $D_{tz1}=D_{tz2}=74\text{mm}$。由图中可见，按第 2 种方案轧制，两道轧制力均匀，轧制力可降低。

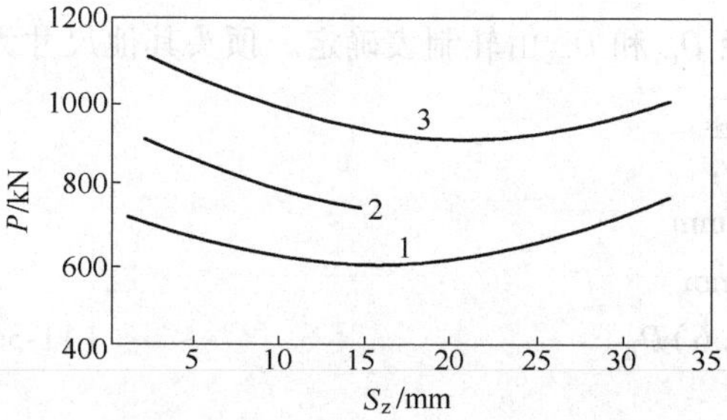

图 11-18 毛管管壁厚度对轧制力的影响
1—ϕ140mm 毛管；2—ϕ159mm 毛管；3—ϕ219mm 毛管

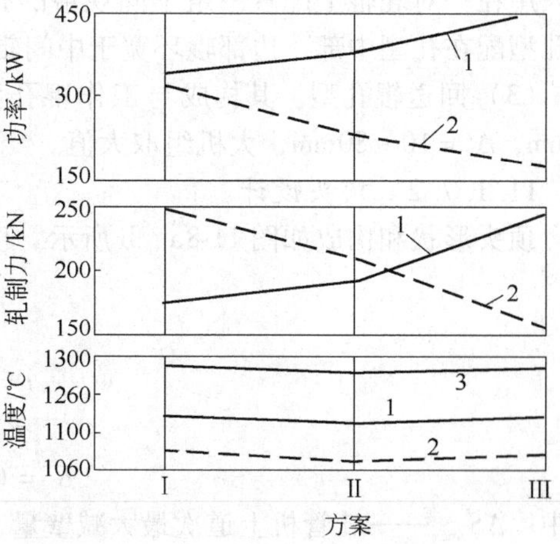

图 11-19 变形量分配对轧制力的影响
1—第 1 道；2—第 2 道；3—毛管

11.1.7 自动轧管机工具设计

轧管机工具设计包括工作辊、回送辊和顶头的尺寸选择及孔型设计。

11.1.7.1 轧辊设计

（1）轧辊尺寸确定。轧辊尺寸一般根据工艺要求按下列经验式选定，然后校核工作辊强度（以重车后最小直径计算，重车量一般为 10%～15%）。

工作辊直径（名义值） $D_0=K_D D_z$ （11-31）

回送辊直径（名义值） $D_{01}=(0.77\sim0.79)D_0$ （11-32）

多槽工作辊辊身长 $L=K_L D_0$ （11-33）

单槽工作辊辊身长 $L=D_z+(160\sim220)\text{mm}$ （11-34）

式中 D_z——轧管机上轧制的最大荒管直径，mm；

K_D——辊径系数。根据统计得小型机组 $K_D=4\sim6$，中型机组 $K_D=3\sim4$，大型机组 $K_D=2.6\sim3.2$；

K_L——辊身长度系数。根据统计得小型机组为 2.35～3.0，中型机组为 1.85～2.3，大型机组为 1.45～1.55。

（2）轧辊孔型设计。参见图 11-8，孔型各构成尺寸按下式确定：

$$R=0.5a=0.5D_z$$
$$b=(1.03\sim1.07)a=\xi a$$
$$\varphi=30°\sim35° \quad (11\text{-}35)$$
$$\Delta_g=3\sim10\text{mm}$$
$$r=7\sim15\text{mm}$$

孔型开口处圆弧半径 R_1 按式（11-1）计算。式中 D_z 由轧制表确定。考虑孔型的共用性，孔型按共用规格中的薄壁管设计。常用的孔型椭圆度系数 $\xi=1.04\sim1.05$，所确定的孔型槽口宽度 b 应比毛管外径大 2～3mm，以便毛管的咬入。孔型的辊缝 Δ_g、槽口圆角半径 r，以大规格孔型取大值。

多槽轧辊孔型配置要适应生产计划，生产量多的规格，孔型多配。为适应多规格轧管，一般采用在一对轧辊上配置一组不同规格的孔型（一般 4～6 孔）。大规格孔配于辊边，而小规格孔型配在孔型中部。边部辊环宽于中间辊环。

（3）回送辊孔型。其构成与工作辊孔型相同，但开口角 $\varphi=40°$，$\xi=1.1$。常用 $r=9\sim15$mm，$\Delta_g=10\sim80$mm，大机组取大值。

11.1.7.2 顶头设计

顶头形状和构成如图 11-8a、b 所示。顶头直径 D_{tz1} 和 D_{tz2} 由轧制表确定。顶头其他尺寸为

$$
\begin{aligned}
l_{t1} &\geqslant \frac{\Delta S_{zmax}}{\tan\gamma_t} \\
r &= 10\sim60\text{mm} \\
r_1 &= 3\sim5\text{mm} \\
R' &= (0.5\sim0.6)D_{tz}
\end{aligned}
\tag{11-36}
$$

式中 ΔS_{zmax}——轧管机上道次最大减壁量，mm；

γ_t——顶头锥角，(°)，推荐 10°～12°。

顶头圆柱段长度 l_{t2} 按经验确定：

$$
\begin{aligned}
&D_{tz}\leqslant140 && l_{t2}=17\sim23\text{mm} \\
&D_{tz}=140\sim210 && l_{t2}=23\sim30\text{mm} \\
&D_{tz}>210 && l_{t2}=35\sim40\text{mm}
\end{aligned}
\tag{11-37}
$$

11.1.7.3 工具材质

轧管机工作辊多用无限冷硬铸铁、球墨铸铁或冷硬球墨铸铁，以提高其耐磨性并保证荒钢表面质量。回送辊采用中碳锻钢经退火后使用，以加大摩擦系数，增加回送的可靠性。

轧管机顶头采用 Cr32Ni5 和 Cr15Ni2 等镍铬铸钢。

11.1.8 MM 连轧管机轧制特点

11.1.8.1 变形特点

连轧过程可获得壁厚均匀的荒管。连轧管孔型中管壁变形区组成如图 11-20 所示。连轧管机每架轧制时，孔型顶部的金属受压缩而产生轴向延伸和周向宽展；孔型侧壁部分的金属与芯棒不接触，但受孔型顶部轴向延伸的金属对它的附加拉应力作用而产生轴向延伸和周向拉缩。因此，只有当顶部金属的宽展与侧壁部分金属的拉缩保持一定关系时，才能保证孔型的正常充满。

如图 11-21 所示，根据塑性理论，当孔型断面上的总轴向力 $\sum P_1=\sigma_1A+\sigma'_1A'=0$ 时，孔型正常充满；当 $\sum P_1>0$ 时，发生过充满；当 $\sum P_1<0$ 时，发生欠充满。式中 σ_1 和 A 为孔型顶部金属的轴向压应力和金属的断面积，σ'_1 和 A' 为孔型侧壁部分金属的轴向拉应力和金属的面积。某机架的过充满或欠充满均会引起随后机架的连锁反应，从而使荒管断面形状不规则。因此最佳情况是 $\sum P_1=0$。

11.1.8.2 运动特点

连轧管过程中为保持各架金属秒流量的连轧关系，各机架轧辊转速递增，芯棒的运动速度

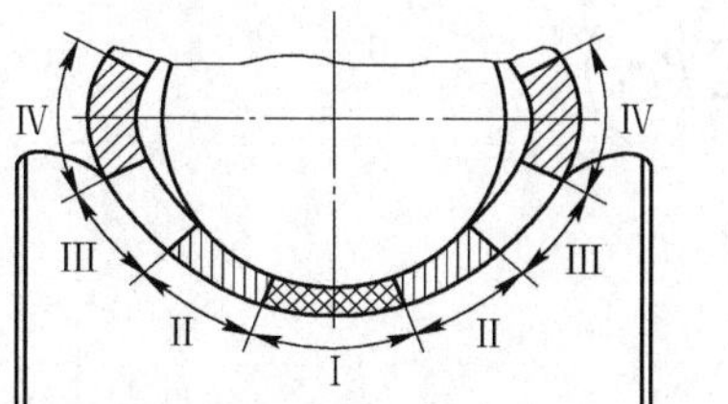

图 11-20 管壁变形区组成

Ⅰ，Ⅱ—直接变形区；Ⅲ—受轧辊压缩、与芯棒不接触的中间区；

Ⅳ—与工具不接触、在张力作用下产生流动的非直接变形区

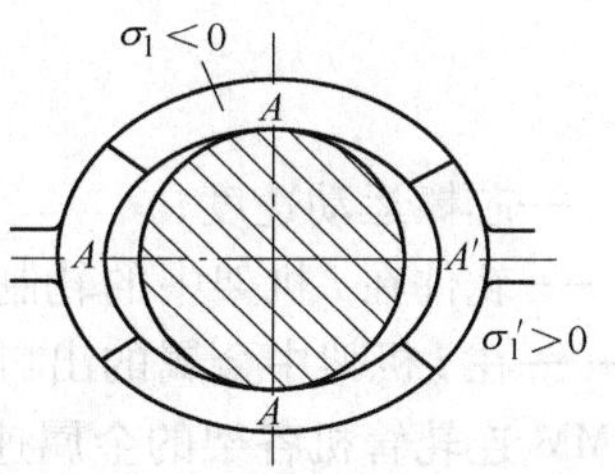

图 11-21 孔型中金属的轴向应力分析

随轧制过程也将发生变化，而芯棒速度的变化又将给金属的速度与变形带来影响。图 11-22、图 11-23 分别为 MM、MPM 连轧金属和芯棒的速度图示。

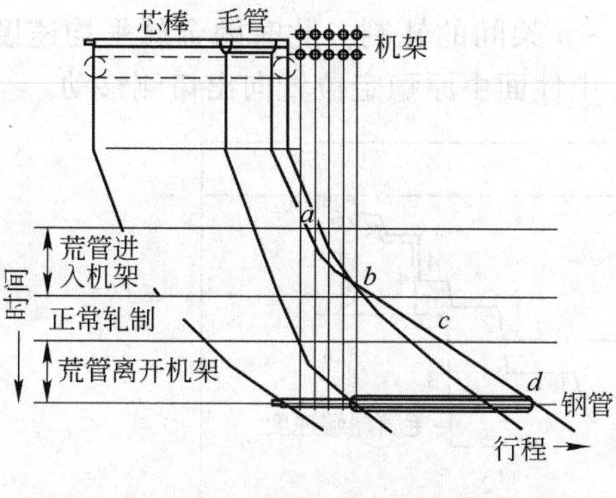

图 11-22 MM 连轧管速度图

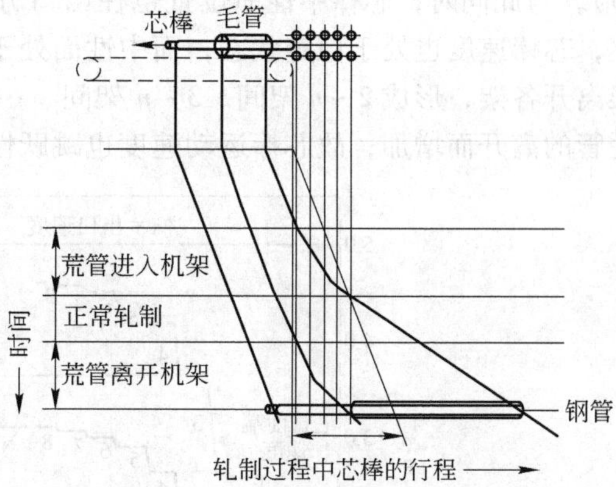

图 11-23 MPM 连轧管速度图

MM 连轧管时，芯棒在轴向仅受轧件的摩擦力作用。全浮动芯棒（图 11-24）在任一时间的运动速度 V_t 等于同轧制状态下的各架金属速度的平均值，即

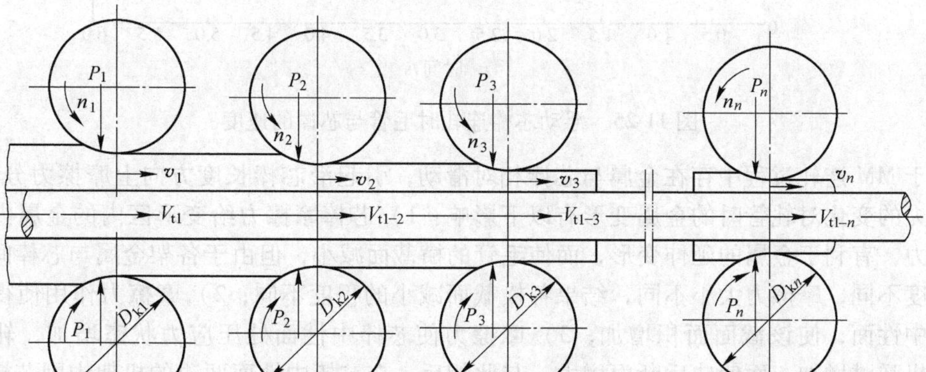

图 11-24 连轧管时毛管和芯棒速度

（V_{t1-i}表示芯棒前端经过 i 架时的速度）

$$V_t = \frac{1}{\sum_1^n P_i}\left(\sum_1^n P_i v_i\right) \tag{11-38}$$

式中　V_t——芯棒运动速度；

P_i——轧件在 i 机架中的轧制力；

v_i——在 i 机架中金属的出口速度。

由于 MM 连轧管机各架的金属速度逐架提高，而芯棒在某一时刻只能有一个运动速度。因此在芯棒和金属整个接触长度上存在一个芯棒速度与金属速度一致的面，称为芯棒中性面。在芯棒中性面到入口侧，金属速度低于芯棒速度（金属后滑）；从芯棒中性面到出口侧，金属相对于芯棒前滑。

MM 连轧管过程可分以下三个阶段：1）咬入阶段：毛管依次在 1 ~ 2 架间、1 ~ 3 架间、…1 ~ n 架间轧制，建立起连轧过程。此阶段芯棒运动速度随各架咬入而跳跃性地增大（图 11-25），与此同时，芯棒中性面位置也往出口方向跳跃移动；2）稳定轧制阶段：连轧管过程建立，芯棒速度也处于稳定状态，而中性面处于某一稳定位置；3）抛出阶段：毛管尾端开始逐架离开各架，形成 2 ~ n 架间、3 ~ n 架间、…、$n-1$ ~ n 架间的轧制。此时因金属平均速度随毛管的离开而增加，故芯棒运动速度也跳跃性增加，中性面由原稳定位置向出口侧移动。

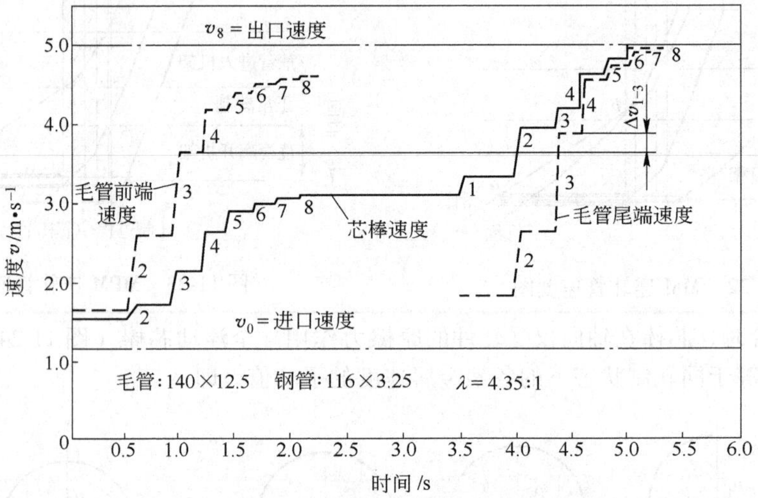

图 11-25　浮动芯棒连轧时毛管与芯棒的速度

由于 MM 连轧过程中存在金属与芯棒相对滑动，引起沿芯棒长度方向上摩擦力分布不均，而摩擦力的变化对轧管时的金属变形有以下影响：1）芯棒摩擦力给变形区内的金属内表面纵切向应力，有利于金属的延伸变形，而使毛管的横截面减小，但由于各架金属与芯棒间的相对滑动速度不同，摩擦力大小不同，结果各横截面减小的程度不同；2）摩擦力作用使得金属挤向芯棒中性面，使该截面面积增加；3）摩擦力使芯棒中性面处压应力状态增加，轧制力增加，轧机弹跳增加，而使轧后断面增大。与此相反，在芯棒中性面两边的机架中因芯棒与金属的相对滑动增加，而使轧制力减小，轧件断面减小。综合上述因素，芯棒中性面处的轧件断面将比设定的值有所增加。显然在稳定轧制阶段，由于毛管上各截面通过芯棒中性面的机遇相同，反映在轧后荒管上断面尺寸一致。而在咬入和抛出阶段，由于芯棒中性面位置的变化，使毛管各截面通过中性面的几率不同，几率大的截面轧后断面尺寸大（壁厚与外径大），结果造成连轧管轧制时出现的“竹节”缺陷。

限动芯棒在轧制过程中速度恒定（图 11-26）。速度的控制原则为：1）速度必须低于任一机架的轧制速度，使得各机架中的轧件与芯棒间的摩擦力相同，各机架均处于同一方向的差速轧制状态。因此，芯棒限动速度应略小于第一机架的入口速度；2）兼顾工作芯棒的长度和使用寿命，芯棒速度越快，轧制同一长度的荒管所需的芯棒工作长度越长。芯棒限动速度越低，作用的机架受轧件热传导时间越长，芯棒受热过多，热摩擦越高，会导致芯棒表面温度过高，从而降低芯棒寿命。但芯棒速度过快，将使得芯棒某些截面受力作用次数过多降低使用寿命。为兼顾两者，现有的限动速度为 $V_t = 0.5 \sim 1.5\text{m/s}$。

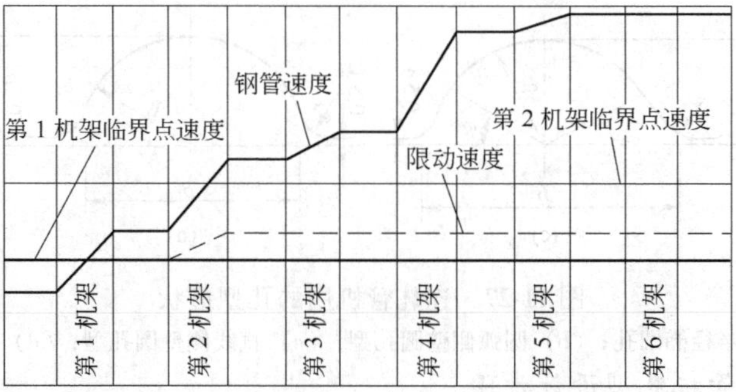

图 11-26 限动芯棒连轧时毛管与芯棒的速度

11.1.8.3 张力对连轧管过程的影响

连轧时，各架间的速度关系对金属在孔型中的变形特点有重大的影响。张力轧制有助于金属的延伸变形，但因横向变形减小，易使管子抱芯棒，给脱棒造成困难；而推力轧制不利于延伸变形，增加横向变形使荒管横向壁不均，易使荒管呈“竹节”形。因此，理想的连轧管过程应是无张、无推力自由状态的连轧方式，但由于连轧管存在长芯棒，则不能用产生活套的方法来协调各架间的金属秒流量关系；另外，由于孔型内存在不均匀变形会导致带干扰性的纵向张力的产生。因此，要使各架金属的秒体积流量恒定不变是困难的。现代连轧管运动学张力系数表示为：

$$C_i = \frac{F_i v_i - F_{i-1} v_{i-1}}{F_i v_i} \tag{11-39}$$

C_i 从第一架至最后机架逐渐减小。前几架（1～3）采用 0.5%～1% 张力（动态张力系数），中间机架采用 0.5%～0% 张力，以保证轧制过程稳定而又不将芯棒包得太紧，后几架采用 0%～1% 的推力轧制以利于脱棒。

11.1.9 连轧管机的孔型设计

11.1.9.1 连轧机孔型种类

连轧管机的合理孔型设计必须保证具有高的生产率、荒管尺寸精度高和表面质量好、脱棒容易及孔型磨损均匀等。连轧管机上采用的孔型有椭圆孔型、带直线侧壁的圆孔型、带圆弧侧壁的圆孔型和棱面孔型等，其中常用的是前三种孔型。

图 11-27a 为单半径椭圆孔型，这种孔型有利于金属横向变形造成荒圆与芯棒间隙，便于脱棒。另外孔型磨损后可通过调整继续使用。但荒管的壁厚不均较大，适宜用于伸长系数较大的毛轧机架；图 11-27b 为带圆弧侧壁的圆孔型，这种孔型对金属的横向变形限制作用大，壁厚不均较小，孔型磨损均匀，允许采用小减径量轧制毛管，伸长系数大，但脱棒不易；图

11-27c为带切线侧壁的圆孔型，这种孔型对金属的横向变形有限制作用，壁厚不均较椭圆孔型小，也用作毛轧孔型；图11-27d为圆孔型（或小开口角的圆孔型），这种孔型用作成品孔，变形量小，以提高荒管的尺寸精度。

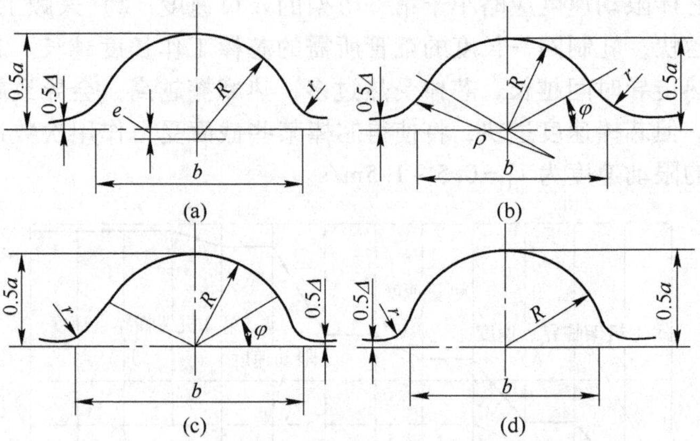

图11-27　连轧管机用的孔型形状

（a）单半径椭圆孔；（b）圆弧侧壁圆孔型；（c）直线侧壁圆孔型；（d）圆孔型

11.1.9.2　连轧管机孔型设计步骤

（1）选定孔型系统。图11-27中的各种孔型在实际生产中均有应用，但为了提高荒管精度，可多使用圆孔型系统。

（2）计算总变形量和分配各机架的变形量。总减壁量 ΔS_z 和总延伸系数 μ_z 为

$$\mu_z = \frac{F_m}{F_z} = \frac{(D_m - S_m)S_m}{(D_z - S_z)S_z} \tag{11-40}$$

$$\Delta S_z = S_m - S_z$$

式中　F_m、D_m、S_m——分别为毛管断面积、外径和壁厚，mm；

F_z、D_z、S_z——分别为轧后荒管断面积、外径和壁厚，mm。

各机架变形量分配满足以下关系式

$$\mu_z = \mu_{z1} \cdot \mu_{z2} \cdot \mu_{z3} \cdots \mu_{zn}$$

$$\Delta S_z = \Delta S_{z1} + \Delta S_{z3} + \Delta S_{z5} + \Delta S_{z7} = \Delta S_{z2} + \Delta S_{z4} + \Delta S_{z6} + \Delta S_{z8} \tag{11-41}$$

式中　μ_{z1}、μ_{z2}、μ_{z3}、…、μ_{zn}——第1架到 n 架的延伸系数；

ΔS_{z1}、ΔS_{z2}、ΔS_{z3}、…、ΔS_{z8}——第1架到8架孔型顶部的减壁量（不考虑轧制过程中孔型开口处的壁厚变化）。

图11-28是某140机组8机架连轧管机变形量分配曲线。由图可见，变形量的分配遵从轧制理论所分析的一般规律。

（3）计算各架孔型顶部和开口处管壁厚度。为简便起见，可认为孔型开口处的壁厚轧制前后不变，则

$$S_{z1} = S_m - \Delta S_{z1};\ S_{z3} = S_{z1} - \Delta S_{z3};\ S_{z5} = S_{z3} - \Delta S_{z5};\ \cdots$$

$$S_{z2} = S_m - \Delta S_{z2};\ S_{z4} = S_{z2} - \Delta S_{z4};\ S_{z6} = S_{z4} - \Delta S_{z6};\ \cdots \tag{11-42}$$

式中　S_{z1}、S_{z2}、S_{z3}…——各架孔底壁厚。

（4）确定各架孔型高度 a_i 为（图11-29）

$$a_i = D_{tz} + 2S_{zi} \tag{11-43}$$

式中　D_{tz}——芯棒直径，mm；

a_i、S_{zi} ——该架孔型高度和孔型顶部壁厚，mm。

（5）确定各架孔型宽度 b_i。$b_i=\xi_i a_i$，式中的孔型椭圆度系数 ξ 应从便于脱棒和壁厚精度两方面考虑。当 $\xi<1.25$ 时，不均变形和横向壁厚不均较小，但荒管包芯棒紧不易脱棒；$\xi>1.25$ 时，脱棒容易，但壁厚不均大。因此，第 1 ~ 2 架由于壁厚大，不易包芯棒，为提高壁厚均匀性，取 $\xi=1.2\sim1.25$；第 3 ~ 5 架采用自由宽展孔型以便脱棒，取 $\xi=1.25\sim1.30$；第 6 ~ 7 架是成壁孔型，为提高壁厚精度和不使管子包芯棒太紧，取 $\xi=1.24\sim1.2$；最后两架 $\xi=1.02\sim1.06$ 以提高荒管真圆度。同时为了保证第一架的咬入，其孔型宽度为

$$b_1=(1.025\sim1.03)D_m$$

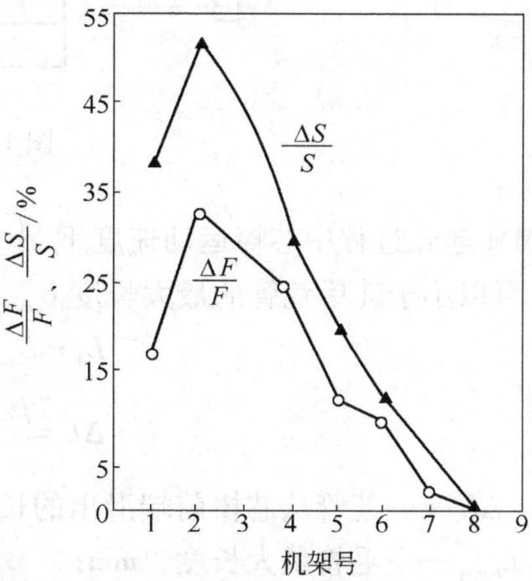

图 11-28 8 机架 MM 连轧管机变形量分配曲线

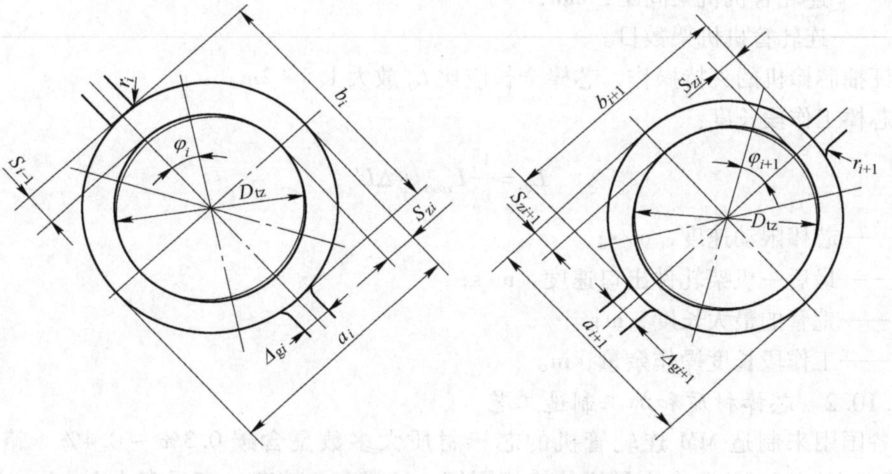

图 11-29 连轧管机孔型尺寸确定图示

（6）确定孔型其他尺寸。开口角 φ 第 1 架取 45° ~ 50°，2 ~ 6 架 $\varphi=40°\sim45°$，最后两架取 $\varphi=30°$。辊缝 Δ_g 第 1 架取 8mm，其他各架取 4mm。前几架槽口圆角半径 r 取 20mm，后几架取 5 ~ 15mm。

（7）绘制孔型图。计算各孔型管子面积。

（8）校核各架孔型的延伸系数。延伸系数如果接近设定值，则可用，否则应进行修正。

限动芯棒连轧机孔型设计步骤与以上相同。不同之处在于：1）脱棒间隙较小；2）采用较小的孔型椭圆度系数；3）道次变形量较大。

11.1.10 连轧机的芯棒

11.1.10.1 芯棒尺寸（图 11-30）

芯棒直径 D_t 为

$$D_t=D_z-2S_z-\Delta \text{ 或 } D_t=d_m-\Delta_m \quad (11\text{-}44)$$

式中 Δ ——芯棒与荒管内孔间隙（脱棒间隙），一般为 1 ~ 3mm；

Δ_m ——芯棒与毛管内孔间隙（插棒间隙），一般为 3 ~ 5mm。

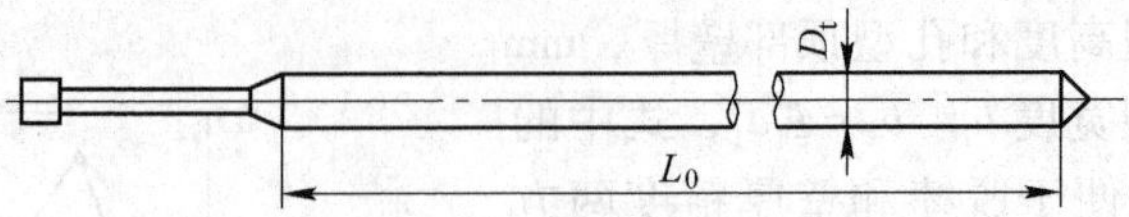

图 11-30 芯棒结构尺寸

MM 连轧过程中芯棒运动速度 V_t 小于连轧管机末架荒管的出口速度，因此芯棒工作段长度 L_0 可以小于轧后荒管的最大长度 L_{zmax}，L_0 的计算公式为

$$L_0 = L_{mmax}\mu_z - \Delta L$$
$$\Delta L = \frac{\mu_z - 1}{2}\left[L_{mmax} - \frac{A(n-1)}{\mu_z + 1}\right] \tag{11-45}$$

式中 ΔL ——荒管从芯棒前端滑出的长度，mm；

L_{mmax}——毛管最大长度，mm；

μ_z ——连轧管机的总延伸系数；

A ——连轧管机机架间距，mm；

n ——连轧管机机架数目。

为保证抽芯棒机的夹持操作，芯棒全长应比 L_0 放大 1.5 ~2m。

限动芯棒工作段长度：

$$L_0 = \frac{V_t}{v_n}L_{zmax} + \Delta L' \tag{11-46}$$

式中 V_t ——芯棒限动速度，m/s；

v_n ——最后一机架轧件出口速度，m/s；

L_{zmax} ——荒管的最大长度，m；

$\Delta L'$——工作段长度操作余量，m。

11.1.10.2 芯棒材质和加工制造工艺

目前各国用来制造 MM 连轧管机的芯棒材质大多数是含碳 0.3% ~0.4%、铬 4.0% ~6.0%、钼 1.5% ~0.5% 和含少量钒的铬钼圆钢。经粗车、精车（直径车去 2 ~4mm）后经滚压或矫直，并用磨床或砂轮磨机抛光，再进行调质处理和最终矫直。芯棒加工精度一般为 ±0.05mm，表面粗糙度 $Ra = 0.8\mu m$，淬火层厚度为 5 ~10mm，热处理后硬度为 HRC55 ~60。芯棒一般可返修 2 ~5 次，总轧出量为 18000 根荒管左右。抽出芯棒采用水冷，为防止急冷时出现表面龟裂，应当控制冷却水温度（70 ~80℃）。

11.1.10.3 芯棒润滑

芯棒润滑对连轧管过程极为重要，它可促使金属变形均匀、降低能耗、减小荒管的横向壁厚不均、改善荒管内表面质量并可提高芯棒寿命。对芯棒润滑剂的要求是减摩性好、附着良好、层厚均匀、与金属不起反应和资源丰富、无害。

通常采用的润滑剂有水溶性石墨油（含水 53% ±3%）、石墨水溶液（石墨 20%，高分子聚合物 15%，其余水）等。润滑剂涂在经预热（100 ±20℃）的芯棒上，涂层厚度为 0.2 ~0.3mm。芯棒温度过低时润滑剂涂抹不均匀，而温度过高将使润滑剂容易剥落。

11.1.11 连轧管机各架速度配置

若不考虑芯棒运动速度对金属运动速度的影响，则各架轧辊转速按下式计算

$$n_{gi} = \frac{D_{k(i+1)} n_{g(i+1)}}{D_{ki} \mu_{z(i+1)} C_{(i+1)}} \tag{11-47}$$

式中　n_{gi}、$n_{g(i+1)}$——分别为前架和后架（按轧制方向）的轧辊转速，r/min；

D_{ki}、$D_{k(i+1)}$——分别为前架和后架轧辊工作直径，其值为 $D_{ki} = D_{gi} + \Delta_{gi} - \lambda_i a_i$；

λ_i——确定轧辊工作直径的系数，由图 11-31 查得；

D_{gi}、a_i、Δ_{gi}——为该道次轧辊直径、孔型高度和辊缝值，mm；

$\mu_{z(i+1)}$——第 $i+1$ 架的孔型延伸系数；

$C_{(i+1)}$——第 $i+1$ 架的运动学张力系数。通常 1 ~ 3 架为 1.01 ~ 1.005，中间机架为 1.005 ~ 1.0，最后几架为 1.0 ~ 0.99。由第一架开始逐道减小。

根据连轧管机技术性能、钢管品种和机组生产率的要求，选定连轧管机进口或最末架轧辊转速，即可按公式（11-47）求出各架轧辊转速。

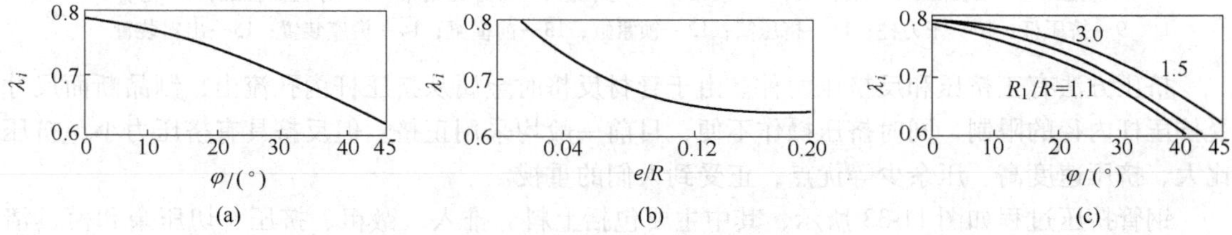

图 11-31　确定各种孔型的 λ_i 值曲线

（a）带切线侧壁圆孔型；（b）椭圆孔型；（c）带圆弧侧壁圆孔型

浮动芯棒运动速度虽然由各架金属速度所决定（式（11-38）），而芯棒运动速度又反过来影响各架金属的速度。根据 K. Neuhoff 和 G. Pfeiffer 的假设，各架管子的出口速度为轧辊工作圆周速度和芯棒速度的平均值，即

$$v_i = \frac{V_{gi} f + V_t f_t}{f + f_t} \tag{11-48}$$

式中　v_i、V_t——i 架管子出口速度和芯棒速度，m/s；

V_{gi}——i 架轧辊工作圆周速度（按工作辊径计算），m/s；

f_t、f——金属与芯棒、轧辊间摩擦系数，可按一般方式计算或 $f = 0.94 - 0.0005t - 0.056V_{gi}$。

式（11-48）中，t 为轧制温度；f_t 视润滑条件、芯棒温度和速度以及延伸系数而定，一般为 0.02 ~ 0.08。

为了较精确设定各架轧辊转速，可先按式（11-47）初算各架轧辊转速 n_{gi}，再按工作辊径和 n_{gi} 得到各架管子的出口速度，由式（11-38）得到芯棒速度 V_t，可按式（11-48）得到各架的 v_i，最后按 v_i 计算各架轧辊转速 n_i。上述过程经计算机迭代计算可获得较精确结果。

11.2　钢管挤压

本节讨论钢管挤压工艺中区别于其他热轧机组的特殊问题。

11.2.1　挤压设备和挤压方法

钢管挤压机型式有立式和卧式两种，以液压传动为主。目前一般采用的四柱卧式挤压机的结构简图如图 11-32 所示。钢管挤压机的能力 5000 ~ 60000kN。为了挤压机机械化自动操作，还需配置运坯装置、挤压筒清理与冷却装置、压余锯切分离装置、挤压垫冷却循环装置，以及挤压模、挤压杆快速更换装置等。

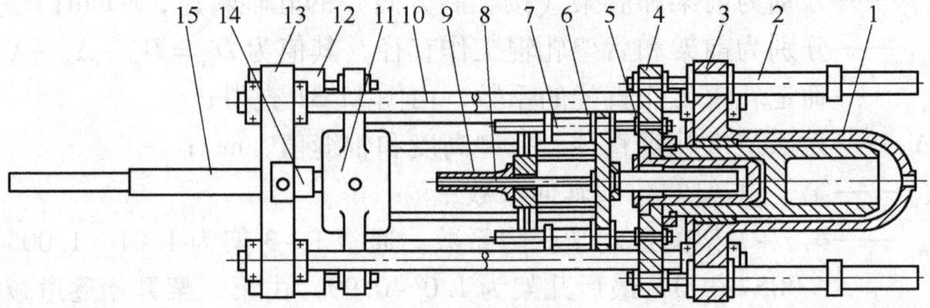

图 11-32 四柱卧式挤压机结构简图

1—主缸；2—回程缸；3—后横梁；4—动梁；5—穿孔缸；6—穿孔动梁；7—穿孔回程缸；8—芯棒；9—挤压杆；10—张力柱；11—挤压筒；12—锁紧缸；13—前横梁；14—模座装置；15—出料装置

挤压方法有正挤压和反挤压两种。由于管材反挤时金属从挤压杆内孔流出，制品断面尺寸受挤压杆内径的限制，同时挤压操作不便，目前一般均采用正挤。但反挤具有挤压力小、挤压比大、挤压速度高、压余少等优点，正受到人们的重视。

钢管挤压过程如图 11-33 所示，其中主要包括上料、推入、镦粗、挤压、切压余和模具清理等操作过程。

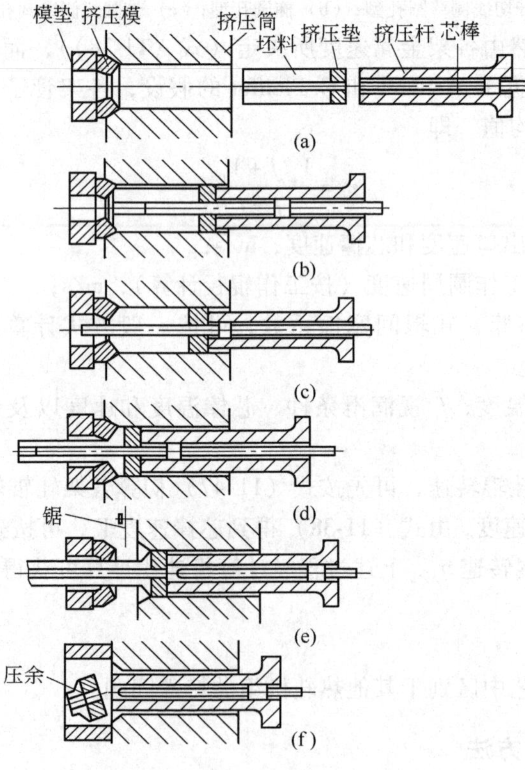

图 11-33 钢管挤压时的挤压循环

(a) 上料；(b) 推入；(c) 镦粗；(d) 挤压；(e) 压余锯切；(f) 压余推出

11.2.2 挤压工艺主要问题

挤压变形量以挤压比 λ 表示

$$\lambda = \frac{F_k}{F'_c} = \frac{F_k}{F_p} \cdot \frac{F_p}{F'_c} = \lambda' \cdot \mu \tag{11-49}$$

式中 F_k——挤压筒断面积，mm^2；

F_p——挤压坯料断面积，mm^2；

F'_c——挤压模模孔断面积，mm^2；

λ'——挤压时的镦粗比；

μ——挤压延伸系数。

11.2.2.1 坯料准备

（1）坯料剥皮。一般挤压机上配备3~5种规格的挤压筒直径，与此相对应有3~5种直径的坯料。经剥皮后的坯料外径公差：$D_p \leqslant 200$mm 为2.0mm；$D_p > 200$mm 为3.0mm。坯料表面状态对挤压时的润滑和成品的表面质量有很大的影响，经剥皮后坯料表面粗糙度要求见表11-5。

表11-5 各种材料挤压坯的表面粗糙度

材 料	碳素钢	低合金钢	高合金钢	低塑性钢
表面粗糙度 Ra	≥12.5	6.3	3.2	1.6

（2）钻孔与扩孔。挤压用毛管一般采用压力穿孔。但当穿孔后毛管内径 d_m 与长度 L_m 之比小于1/7时，穿孔杆易弯曲而造成毛管壁厚不均，此时采用扩孔工艺，即先在坯料钻通孔，然后在压力穿孔机上扩孔。扩孔直径 d_m 与钻孔直径 d 之间关系见图11-34。对于成品内径 d_c < 30mm 的坯料，一般不采用穿孔，而直接采用坯料钻孔后供挤压机用。

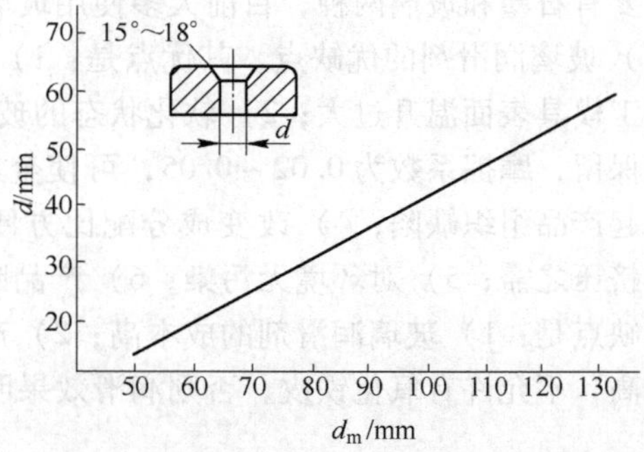

图11-34 扩孔直径 d_m 与钻孔直径 d 之间的关系

11.2.2.2 坯料加热

（1）无氧化加热。挤压法加工条件要求进入挤压筒的坯料表面无氧化，否则将严重降低润滑效果，使挤压力急增，恶化产品表面质量和加剧工模具的磨损。甚至造成挤压时摩擦条件不稳定，挤压机出现严重抖震，使挤压操作无法进行。实现加热后坯料无氧化方法通常有两种：一是采用将坯料置于保护介质（保护气体、盐浴、玻璃浴）中加热，坯料出炉后即涂覆润滑剂防止氧化；二是在加热后用高压水对坯料内外表面除鳞，随即涂覆润滑剂。

（2）加热温度。加热温度高低将影响挤压润滑效果和挤压力大小，同时还影响产品组织性能，须严格控制。考虑到坯料在运输中的温降和挤压中的温升，挤压温度（指进入挤压筒时的温度）按表11-6选取。挤压速度大、挤压比大时取下限，加热温度比挤压温度高20~50℃。

表 11-6 某些材料的挤压温度

材 料	挤压温度/℃	化学成分/%									变形抗力/MPa
		C	Mn	Si	Cr	Ni	Mo	W	Fe	其 他	
碳素钢	1200±100	0.1~1.0	0.3~1.5	<0.1						余 量	130
合金钢	1200±70	0.2~0.6	0.3~1.0		0~1.7	0~3.7	0~0.2		余量		150
不锈钢	1175±25	<0.15	<1.0	<0.5	11~13				余量		180
不锈钢	1180±30	<0.08	<2		17~19	9~12			余量	Ti<0.4	200
不锈钢	1170±20	<0.25	<2	<1.5	24~26	10~22			余量		230
高速钢	1140±20	2	0.3	0.3	12				余量	V 0.9	250
高速钢	1110±20	0.7			4			18	余量	V 1.0	300
球墨铸铁	1050±25	3.1~3.5	0.3~0.5	2.4~3.0		1.1~1.8			余量	Mg 0.04~0.09	220
镍	1100~1200					90					180
钛	850~900										120
钼	1300~1400										400
钨	1600~1700										500

11.2.2.3 工艺润滑

钢管热挤压是在高温（1200℃左右）、高压（400~1200MPa）下进行，合理的工艺润滑剂和润滑方法不仅影响到挤压的能量和工模具消耗，而且关系到挤压过程能否实现。如铜、铝等有色金属其本身具有润滑作用，故挤压法在这些金属加工中得到广泛应用。用于钢热挤压的润滑剂主要有石墨和玻璃两种，目前大多使用玻璃润滑剂。

（1）玻璃润滑剂的优缺点。其优点是：1）导热系数小，具有绝热作用，能防止坯料表面温降和工模具表面温升过大；2）软化状态的玻璃具有较高耐压性和润滑性，可在坯料和工模具之间保留，摩擦系数为0.02~0.05，可使金属流动均匀和降低挤压力；3）化学稳定性好，不会引起产品组织缺陷；4）改变成分配比方便，获得不同的物理性能（表 11-7），以适应不同材质挤压之需；5）对环境无污染；6）产品断面形状理想。

其缺点是：1）玻璃润滑剂的成本高；2）产品表面玻璃膜去除较困难；3）对坯料表面质量要求高，不允许有氧化铁皮，否则润滑效果明显恶化。

表 11-7 玻璃润滑剂黏度和化学成分

玻璃润滑剂	成分/%										黏度/Pa·s			备 注
	SiO_2	Fe_2O_3	Al_2O_3	TiO_2	B_2O_3	CaO	MgO	SO_3	Na_2O	K_2O	1220℃	1140℃	1100℃	
润滑芯棒和内表面的玻璃粉	71.5 65.6	0.1 0.2	0.6 —	— 0.1	0.5 7.6	8.6 10.0	3.2 2.3	0.2 —	15.3 13	15.3 0.3	— —	 —	 —	90%的颗粒尺寸为 0.125 ~ 0.4mm
润滑坯料和毛管外表面	47.7 33.4	0.1 —	9.6 —	8.0 0.1	10.4 39.5	7.4 6.0	— 4.4	— —	16.8 16.3	16.8 0.3	4.8	9.6	14.3	<1000℃黏度为52.8Pa·s，85%的粒度<0.053mm

续表 11-7

玻璃润滑剂	成分/%										黏度/Pa·s			备 注
	SiO_2	Fe_2O_3	Al_2O_3	TiO_2	B_2O_3	CaO	MgO	SO_3	Na_2O	K_2O	1220℃	1140℃	1100℃	
挤压垫下玻璃棉	6.5	0.3	1.4	—	4.2	8.1	3.8	—	16.1	16.1	18.7	38.5	72.6	含 1.1% PbO
玻璃垫	71.0	0.3	0.7	—	0.5	8.6	3.2	0.3	15.4	15.4	58.3	175	—	90% 的颗粒尺寸为 0.125 ~0.5mm
润滑挤压模的玻璃粉	67.4	0.1	—	0.1	6.6	9.6	2.2	—	13.8	0.6	—	—	—	

（2）影响润滑效果的因素。玻璃润滑剂常温状态有玻璃板、玻璃棉、玻璃布和玻璃粉等。玻璃粉较便宜，能压制成各种形状。为了提高润滑效果，应根据使用场合选用不同粒度的玻璃粉，如供模子润滑的玻璃垫采用20~80目70%和80~130目30%的混合玻璃粉用粘结剂压制而成。坯料内、外表面润滑采用200~300目细粒度玻璃粉。

为使玻璃润滑剂在挤压时能起到有效的润滑作用，在挤压温度下玻璃应具有一定的导热性和合适的黏度。导热性是传导热量来不断加热和软化下面玻璃层，使润滑过程持续进行。但由于各种玻璃的导热系数相近，软化后的黏度对润滑效果起到决定性作用。软化点不能低至接触钢坯后黏度过小，导致挤压一开始润滑剂就全部流失；软化点又不应过高，以保证在高挤压速度下有足够的玻璃相继软化，使具有合适的黏度。

影响润滑效果的因素有：1）挤压速度。低黏度的润滑剂可采用高速，高黏度的则采取低速。高速挤压时以采用黏度为80~90Pa·s为好；2）挤压比。挤压比对挤压力影响较大，如挤压比增加2.5倍，挤压力增加50%~55%，而黏度增加（由15Pa·s增至83Pa·s）5倍，挤压力仅增加10%。因此，挤压比增加时，玻璃润滑剂黏度相应增加；3）加热温度。当坯料加热温度升高，玻璃黏度降低，为保证挤压时玻璃润滑剂具有合适的黏度，对不同加热温度的坯料采用不同软化点的玻璃；4）挤压材质的强度。高温强度大的材质应选用黏度高的润滑剂，如0Cr18Ni9Ti，合适黏度范围为70~120Pa·s，而10号钢则黏度减小到25~50Pa·s；5）坯料表面质量。坯料表面质量好的坯料挤压力可减小5%~10%。

11.2.2.4 挤压

（1）挤压工模具预热与冷却。为减少坯料表面温降、改善润滑效果、降低工模具表面热冲击引起的温度应力，挤压工模具在使用前应进行预热。各工模具的预热温度见表11-8。挤压后工模具温度升高，将降低红硬性，需采用专门的冷却装置（如挤压垫循环冷却装置、芯棒冷却装置和挤压筒冷却装置等）。

表 11-8 挤压工模具的预热温度

工具名称	预热温度/℃	保温时间/h
挤压筒	250~400	—
芯 棒	400~450	—
挤压垫	300~400	0.5~1
挤压模	350~400	—

（2）挤压速度，指挤压杆推进速度。现代挤压机在提高挤压机能力的同时，提高挤压速度（最大可达400mm/s）。但实际挤压速度的选用需考虑润滑效果和金属温升而引起的产品表面缺陷，一般金属的挤出速度被限制在一定范围内（表11-9），可按下式确定挤压速度 V

$$V = v_{ch}/\lambda \tag{11-50}$$

式中 v_{ch}——挤压机出口处的金属速度，mm/s，可由表11-9查得；

λ——挤压比。

表11-9 管材的挤压温度和最大挤出速度 v_{ch}

材 质	温度/℃	v_{ch}/m · s^{-1}
10号钢	1200	8～10
20号钢	1180	8～9
35号钢	1150	8～9
低合金钼钢（0.15% C，0.3% Mo）	1150	7～9
铬钼钢（0.15% C，1.0% Cr，0.5% Mo）	1150	7～9
耐热钢（0.17% C，1.0% Si，18% Cr，1.0% Al）	1100	7～8
18－8不锈钢（0.07% C，17.80% Cr，7.92% Ni）	1100	7～8①
铬镍钢（1.0% C，18% Cr，9% Ni，4% Mo）	1100	4～6①
铁镍合金（47% Ni）	1100	2～5①
铁钴合金（28% Co，8.0% Ni）	1100	2～5①
双金属：不锈钢－碳素钢	1100	2～4
不锈钢－紫铜	830	1.5～3
不锈钢－黄铜	830	1.5～3
碳素钢－紫铜	900	3～5
紫 铜	750	0.6～0.8
黄 铜	850	0.1～0.2
铝	350	0.1～0.2

① 为钻孔的坯料。

11.2.2.5 挤压后钢管表面玻璃膜的清除

用玻璃润滑剂的挤压管内外表面残留一层厚度约20～50μm的玻璃膜，其性质硬而脆，必须清除。清除的方法有机械法（喷丸、水急冷却－喷丸、张力矫直－喷丸等）和化学法（碱洗或酸洗）。

11.2.3 挤压力工程计算

挤压力计算式很多，以下介绍计算结果比较符合实际的计算式。

A 塞茹尔内（J. Sejourniee）公式

$$P = \frac{\pi}{4}(D_k^2 - D_t^2)\sigma_s \cdot \left(\exp\frac{4fL'_p}{D_k - D_t}\right) \cdot \ln\lambda \tag{11-51}$$

式中 P——挤压力，N；

D_k——挤压筒直径，mm；

D_t——挤压芯棒直径，mm；

λ——挤压比；

L'_p——镦粗阶段结束时坯料长度，按 $L'_p = L_p/\lambda'$ 计算；

L_p——坯料长度，mm；

λ'——镦粗比；

f ——金属与模具间的摩擦系数，用玻璃润滑剂时取 $f=0.02\sim0.035$；

σ_s ——变形抗力，MPa。

变形抗力可参考有关资料或按图 11-35 查取。

B 普罗佐洛夫（Л. В. Прозоров）公式

$$P=\frac{\pi}{4}(D_k^2-D_t^2)C\sigma_s\left(1+f\frac{L'_p}{D_k}\right)\ln\lambda \qquad (11\text{-}52)$$

式中 σ_s ——变形抗力，MPa；

C ——产品断面形状影响系数。对断面形状简单的型、棒材和光管取 4；对于带小筋的异形管材取 5；对于带高筋的异形管材取 6。

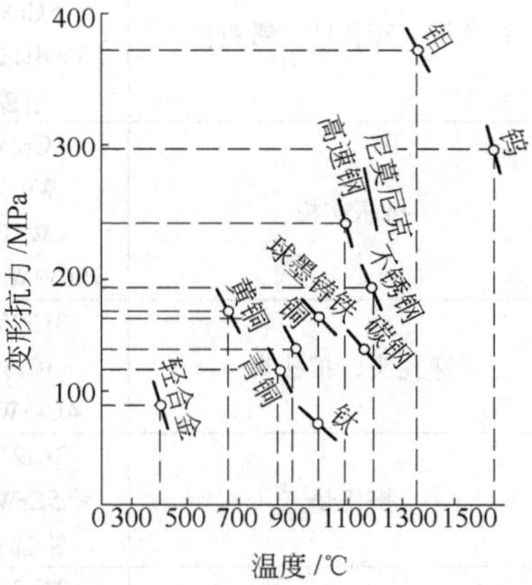

图 11-35 各种金属的变形抗力

11.2.4 挤压工模具

挤压工模具组成如图 11-36 所示。由于工模具处于高温高压、急冷急热和周期性冲击负荷的恶劣工作条件，因此工模具材质的合理设计和正确选择是能否实现挤压工艺的关键技术之一，目前挤压工模具使用的材质见表 11-10。

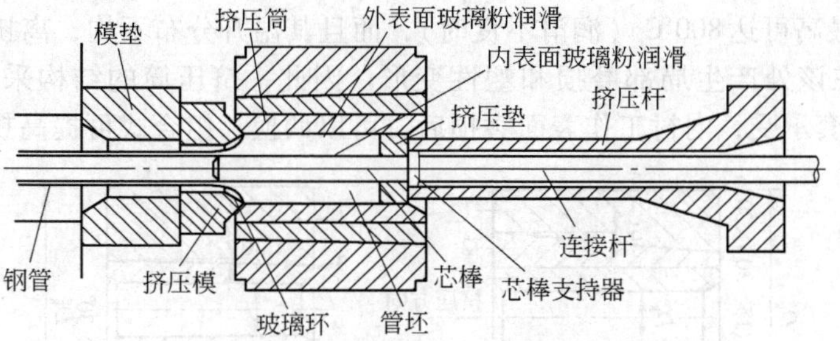

图 11-36 钢管挤压机工模具组成示意图

表 11-10 挤压与穿孔工模具材料选用范例

工具名称		钢 种	硬度 HRC	主 要 性 能
挤压筒、穿孔筒	内 衬	4CrW2Si	48 ~ 51	有较高的强度和硬度
		5CrW2Si	48 ~ 50	高温下有较高的硬度和强度
		3Cr2W8V	45 ~ 50	有较高的硬度，耐磨性好
		5CrNiMo	45 ~ 48	综合力学性能好
		铬镍钨钢	45 ~ 51	耐磨性好，强度高
	外 套	40Cr	HB240 ~ 280	
		40CrNi	HB250 ~ 280	
挤压模	模 子	3Cr2W8V	48 ~ 53	
		4Cr4W8MoV	48 ~ 51	耐磨性好，较脆
		65W4Cr2NiV	48 ~ 51	综合力学性能好
		钼合金	95 ~ 100	高温下硬度、强度很高
		尼莫尼克 90		韧性好
	模 套	3Cr2W8V	46 ~ 50	
		4CrNiV	45 ~ 48	

续表 11-10

工具名称	钢 种	硬度 HRC	主 要 性 能
挤压杆、穿孔针、镦粗杆	3Cr2W8V	44~48	韧性好
	5CrNiMo	44~48	
	55W4Cr2MoVSi	44~48	
	铬镍钢	45~48	
挤压芯棒	3Cr2W8V	47~50	
	W9Cr4V	48~53	硬度高，塑性差
	W3CrV	45~52	硬度高，塑性差
	45Cr3W3MoVSi	45~50	
穿孔头、扩孔头	3Cr2W8V	43~48	
	35Cr8MoSi	43~48	
	4Cr5W2VSi	43~48	
挤压垫	3Cr2W8V	46~50	
	5CrW2Si	46~50	
	铬镍钼钢	46~50	
连接件	3Cr2W8V	44~48	耐热疲劳比 5CrNiMo 差
	5CrW2Si	43~47	

11.2.4.1 挤压筒

挤压筒内的径向单位压力约为挤压筒静压的 50%~90%；挤压筒内壁温度 650~670℃（润滑良好时），最高可达800℃（润滑不良时），而且其温升分布不均，离挤压模200~300mm处温升最高，易在该处产生局部磨损和塑性变形。因此，挤压筒的结构采用组合式（图 11-37）。径向力由外套承受，内衬工作表面磨损后，可以调换。组合式可提高挤压筒的承载能力。

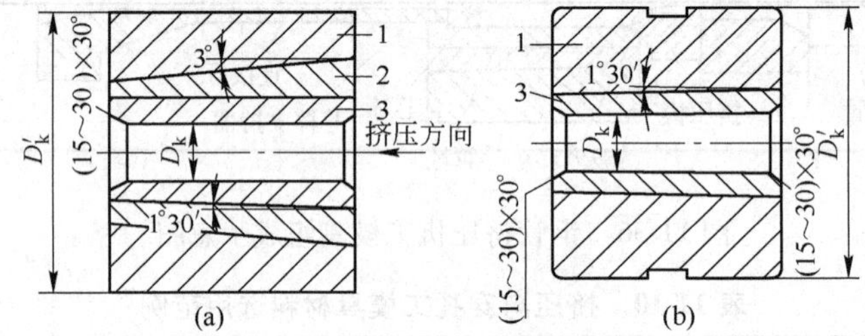

图 11-37 挤压筒的结构形式

（a）不可逆式；（b）可逆式

1—外套；2—中衬；3—内衬

11.2.4.2 挤压模

挤压模对产品的形状、尺寸和挤压机能力的发挥有着直接的影响。挤压模孔由入口锥，成形带（或工作带 1）和出口段构成。按入口锥的形状挤压模的形式可分平模、锥形模和平锥模三种（图 11-38）。平模（图 11-38a）主要用于挤压有色金属，能得到光洁表面的产品。钢挤压主要采用锥形模和平锥模（图 11-38b、c），其模孔构成参数：入角锥 $\alpha=60°\sim70°$，$\alpha'=75°\sim90°$，$l=10\sim25$mm。

为合理使用模具材质，减少模具消耗，挤压模可采用组合结构（图 11-39）。后配式由模子、模套和支撑环组成（图 11-39b），其共用性好，并便于模子的清理和循环使用。

11.2.4.3 芯棒

芯棒断面形状和尺寸由挤压表得到。芯棒长度应保证挤压开始时伸出模孔工作带。芯棒表

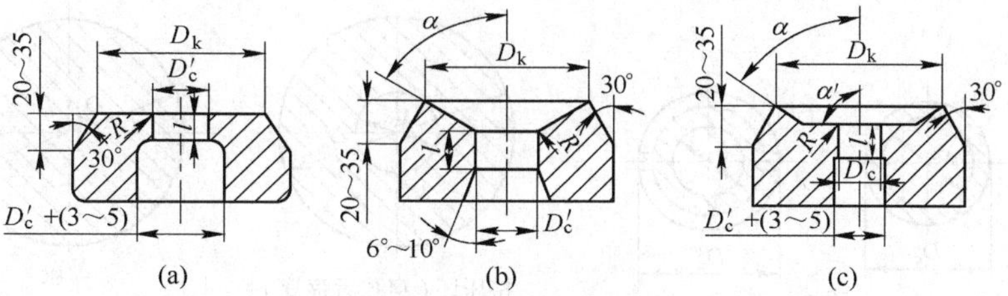

图 11-38 挤压模构成形式

（a）平模；（b）锥形模；（c）平锥模

面工作温度高达 800℃，使用后需冷却，因此对芯棒材质要求具有高的强韧性，表面硬度 HRC45～50。

11.2.4.4 挤压垫

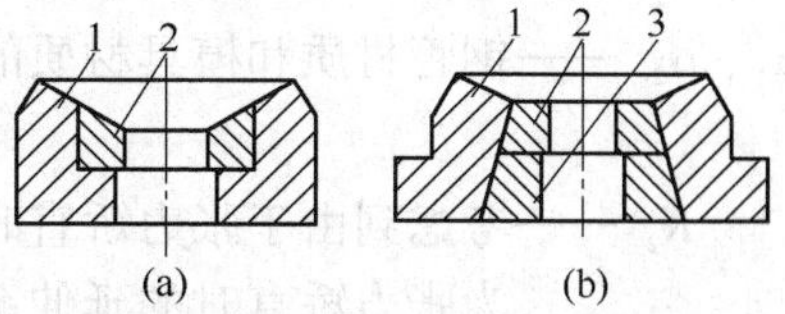

图 11-39 组合式挤压模结构

（a）前配式；（b）后配式

1—模套；2—模孔；3—支撑环

挤压时挤压垫置于挤压杆与坯料之间，起到保护挤压杆的作用，同时可使挤压杆与挤压筒间的间隙量放大，便于挤压操作。挤压垫的形状有平垫和带沟槽垫（图 11-40）两种。采用后一种的原因在于使挤压垫与压余在未分离前不自动脱开，以便自动控制。挤压垫尺寸根据挤压筒和芯棒直径确定。挤压垫外径和挤压筒间隙约 0.5～3mm。挤压垫内孔断面形状与芯棒相似，尺寸比芯棒断面尺寸放大 0.5～2mm。挤压垫工作端形状常设计成与挤压模入口锥相似形状。挤压垫一般取挤压筒直径的 0.4～0.6 倍。

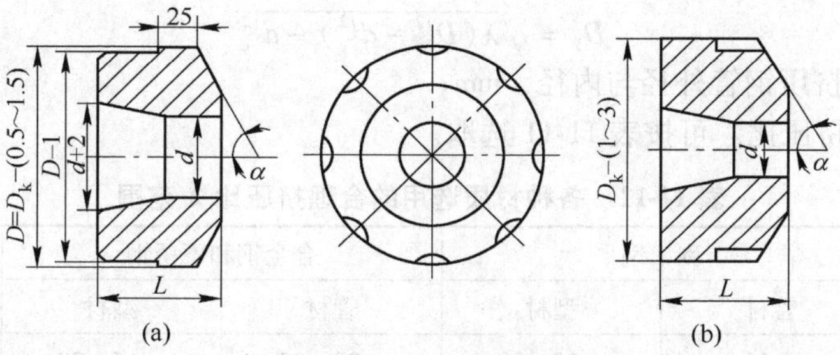

图 11-40 挤压垫形式

（a）平垫；（b）带沟槽垫

11.2.4.5 挤压杆

挤压杆不直接与坯料接触，其前端工作温度不超过 360℃，其他部分不超过 200～250℃，但挤压杆承受着很大的轴向应力，须考虑稳定性，当长径比大于 7 时尤须注意。挤压杆多用高韧性、高强度钢制造。

11.2.5 挤压表编制

按挤压状态交货，各工序变形前后的断面尺寸符号见图 11-41。

11.2.5.1 挤压钢管断面尺寸确定

考虑到各种因素对挤压后钢管断面尺寸的影响，热状态下挤压断面尺寸应按下式计算

$$D'_c = D_c \cdot K_1 \cdot K_2 \cdot K_3 \quad (11\text{-}53)$$

式中 D'_c——挤压断面热尺寸，mm；

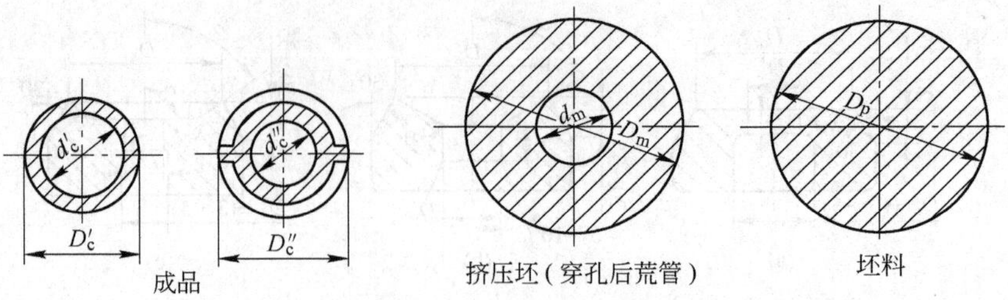

图 11-41 挤压表编制的计算符号

D_c ——产品断面名义尺寸，mm；

K_1 ——考虑模孔出口钢管温度 t_1 和模孔温度 t_2 的热膨胀系数，其值

$$K_1 = 1 + \alpha_1 t_1 + \alpha_2 t_2$$

α_1、α_2 ——钢管材质和模具材质的线膨胀系数，挤压碳钢可取

$$K_1 = 1.012 \sim 1.015$$

K_2 ——考虑到由于张力矫直时的拉伸变形引起断面尺寸的变化的系数，$K_2 = \sqrt{\mu_p}$（μ_p 为张力矫直时的延伸系数）；

K_3 ——考虑到由于模孔磨损引起成品尺寸变化的系数，$K_3 = 1 - \Delta$（Δ 为产品尺寸的负偏差%）。

此外还必须考虑挤压制品表面玻璃对制品尺寸的影响，玻璃膜的厚度一般为 0.05～0.15mm。

11.2.5.2 挤压筒直径 D_k 确定

挤压筒直径按下式预定

$$D_k = \sqrt{\lambda(D'^2_c - d'^2_c) - d'^2_c} \tag{11-54}$$

式中 D'_c、d'_c——挤压钢管外径与内径，mm；

λ——挤压比。可按表 11-11 选取。

表 11-11 各种材质选用的合理挤压比 λ 范围

材质与钢种	碳钢		合金钢和不锈钢		铸锭
	管材	型材	管材	型材	
挤压比 λ	<50	<25～30	<30～35	<15～20	>20

按计算得到的挤压筒直径，在挤压机的挤压筒规格中选定相近的 D_k。对于挤压异形管材时，管材的外接圆直径与挤压筒直径之比应小于 0.75，一般按 0.17～0.3 来确定挤压筒直径。

11.2.5.3 挤压模具尺寸

模孔尺寸等于挤压钢管外形热尺寸；芯棒断面尺寸等于钢管内孔热尺寸。挤压杆外径 D_g 比挤压筒直径 D_k 小 m 值，即 $D_g = D_k - m$。m 值由表 11－12 查得。挤压杆内径 d_g 比芯棒直径大 4mm 左右。

表 11-12 不同挤压筒直径的 m 值

挤压筒直径 D_k/mm	<200	201～250	251～350	>350
m 值/mm	5	6	8	10

11.2.5.4 挤压坯尺寸确定

为了防止挤压坯推入挤压筒时表面润滑剂被刮除，管坯外径 D_m 比挤压筒直径 D_k 小

1.5% ~2%，即 D_m = （0.975 ~0.98） D_k。各种挤压机上管坯与挤压筒间隙量见表11-13。管

表11-13 不同吨位挤压机上挤压筒规格、坯料尺寸和坯料与工具的间隙量

挤压机吨位/t	管型材挤压机挤压筒直径 D_k/mm	穿孔机穿孔筒直径 D_k/mm	坯料直径 D_m/mm	间隙量/mm	
				管坯与挤压筒之间	坯料与穿孔筒之间
1600	140，150，160，180，200	136，146，156，177，197	130，140，150，170，190	~5	~7
3150	80，200，230，245，265，295	177，197，225，240，260，290	170，190，215，230，250，280	~5	~10
3500	220，260，310，350	215，255，305，345	205，245，295，335	~5	~10
5000	265，295，320，350，400	260，290，315，345，395	250，280，300，330，380	~5	~15

坯内径 d_m 应使芯棒进入坯料内孔时不与内表面接触，以免芯棒弯曲变形，d_m 按下式确定

$$d_m = d'_c + (D_k - D_m) + (3 \sim 5)\text{mm} \tag{11-55}$$

挤压坯长度 L_m 按下式计算

$$L_m = \left[\frac{nL_c + L_t + L_w + (n+1)10}{\lambda} + L_y\right]\frac{F_k}{F_m} \tag{11-56}$$

式中 L_c ——成品定尺长度，mm；

n ——倍尺数；

L_t ——成品切头长度，一般取250mm；

L_w ——成品切尾长度，即留在压余上的钢管长度，一般取100mm；

L_y ——压余长度，一般取（0.4 ~0.6） D_k；

$(n+1)$ 10 ——钢管切口总长，mm，每个切口损耗10mm。

计算得到的 L_m 值再加上挤压垫厚度后，应小于穿孔筒长度。

11.2.5.5 验算挤压力和挤压杆应力

挤压力计算值不应大于挤压机名义能力 P_H 的85%，若挤压力比值过大或过小则应重新选用挤压筒直径或缩短（或增加）毛管长度。为使挤压杆工作可靠，挤压杆压应力应满足以下关系

$$\frac{4P_{max}}{\pi(D_g^2 - d_g^2)} \leqslant 1080 \tag{11-57}$$

式中 P_{max} ——最大挤压力，N；

D_g、d_g ——挤压杆外径和内径，mm；

1080 ——采用5CrW2Si和3Cr2W8V挤压杆的许用应力，MPa，选用高强度钢时此值可提高。

11.2.5.6 穿孔工具与坯料尺寸确定

按挤压坯（毛管）的 L_m/d_m 值，参照表11-14来确定挤压坯的加工方法。当 L_m/d_m 值大于12或成品直径 d_c <30mm时，采用坯料钻孔后直接挤压。L_m/d_m 值在表11-15对应范围内则采用穿孔或扩孔，此时挤压坯的外径和内径即为穿孔筒的平均直径和穿孔头直径。进入穿孔筒的坯料直径 D_p 可参照表11-13确定，坯料长度按下式计算

穿孔时
$$L_p = \frac{L_m(D_m^2 - d_m^2) + d_m^2 h_c}{D_p^2}$$

扩孔时
$$L_p = \frac{L_m(D_m^2 - d_m^2) + 15600G_c}{D_p^2 - d^2} \tag{11-58}$$

式中　h_c——穿孔结束时杯底高度，一般 30 ~ 40mm；

d——钻孔直径，mm；

G_c——扩孔时的杯底冲块重量，kg，按 d_m 查表 11-15。

表 11-14　各种材质坯料穿孔比和 L_m/d_m 值

材　质	碳钢和合金钢	不锈钢和高合金钢	扩　孔
穿孔比	≤1.6	≤1.5	≤1.3
L_m/d_m	≤7	≤6	≤10 ~ 12

表 11-15　扩孔时杯底冲块重量

扩孔直径 d_m/mm	75	85	90	100	105	115	120	130	150	175	190	200	215
杯底重量 G_c/kg	1.7	2.1	2.4	3.3	3.6	5.0	5.5	7.2	10.8	18.0	23.5	17.5	35

11.2.5.7　计算穿孔力和穿孔比

A　穿孔力按经验式计算

$$P_{ck} = F_t\left(\ln\frac{D_{min}}{D_{min} - d_m} - 0.16\right)K_f \qquad (11\text{-}59)$$

式中　D_{min}——穿孔筒小头直径，mm（为便于从穿孔筒顶出毛管，一般穿孔管内孔采用1∶100 锥度）；

d_m——毛管内径（即穿孔头直径），mm；

F_t——穿孔头断面积，其值为 $F_t = \frac{\pi}{4}d_m^2$，mm²；

K_f——在穿孔温度（1150 ~ 1200℃）下的变形抗力，MPa，碳素钢取 90；合金钢、滚珠轴承钢和耐热不锈钢取 132；高温耐热钢取 198。

扩孔力可按实心坯穿孔力的 70% ~ 75% 计算。

B　穿孔比计算

穿孔变形量由镦粗比 λ′和穿孔比 λ″组成（即 λ = λ′ · λ″），其值分别为

穿孔时

$$\lambda' = \frac{D_p^2}{\overline{D}_m^2}, \qquad \lambda'' = \frac{\overline{D}_m^2}{\overline{D}_m^2 - d_m^2} \qquad (11\text{-}60)$$

扩孔时

$$\lambda'' = \frac{D_p^2 - d_m^2}{\overline{D}_m^2 - d_m^2} \qquad (11\text{-}61)$$

式中　D_p、d_m——分别为坯料直径、毛管内径，mm；

$\overline{D}_m$——毛管平均外径（即穿孔筒平均外径），mm。

计算所得穿孔力应小于设备能力。穿孔比 λ″应在表 11-14 范围内。

12 钢管定径与减径

钢管定径和减径是热轧无缝钢管生产中最后的热变形工序，也称作热精整。经过定减径加工，可消除前道热变形工序中所造成的荒管外径不一，提高热轧成品管外径精度和正圆度，并扩大产品规格。直径小于60mm 的钢管一般需经过减径加工。定减径有二辊或三辊多机架连轧以及二辊或三辊斜轧两种方式，现代钢管生产大多采用前者。

钢管定径、减径和张力减径均为无芯棒连轧过程（图7-6）。定径的主要任务是控制成品管的外径精度和正圆度，机架一般为3～12架。减径除了起定径作用外，还使管径减小，机架数一般为9～24架。张力减径除有减径作用外，还通过机架间建立张力实现减壁，机架数一般为12～24架，最多达28架。目前，已普遍采用定、减径共用一套三辊式机组（图12-1）的生产方式。

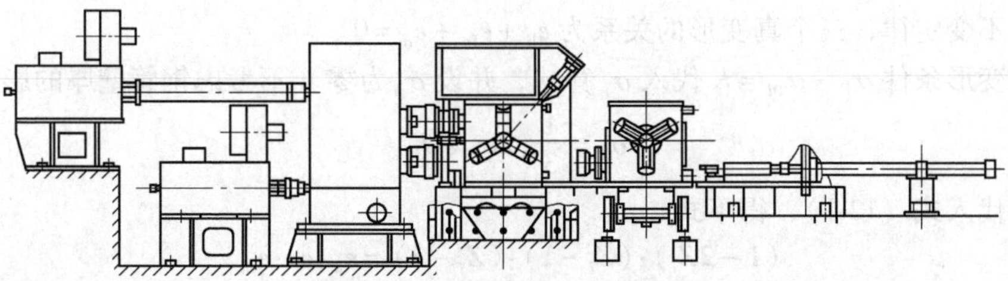

图 12-1 三辊定减径机示意图

12.1 钢管空心轧制理论

12.1.1 钢管空心轧制时的变形

在定径、减径和张力减径过程中，钢管在直径压缩的同时，壁厚也发生变化（增壁或减壁），因此，掌握定、减径过程中的壁厚变化规律，对于正确制订定、减径工艺，保证产品壁厚精度是十分重要的。而壁厚变化与张力大小以及壁厚与外径之比值（*S/D* 值）等因素有关。

12.1.1.1 张力的影响

A 应力状态分析

定减径时空心钢管受孔型径向压缩，变形区金属受径向应力 σ_r、切向应力 σ_D 和轴向应力 σ_l（图12-2）。但变形区内纵向和横向截面的 σ_r、σ_D、σ_l 分布都是不均匀的，一般认为，由变形区入口到出口，σ_r、σ_D 逐渐减小，σ_l 逐渐增大。传统方法中忽略切应力 τ_{lr}、τ_{rl}，而现代方法中则考虑。

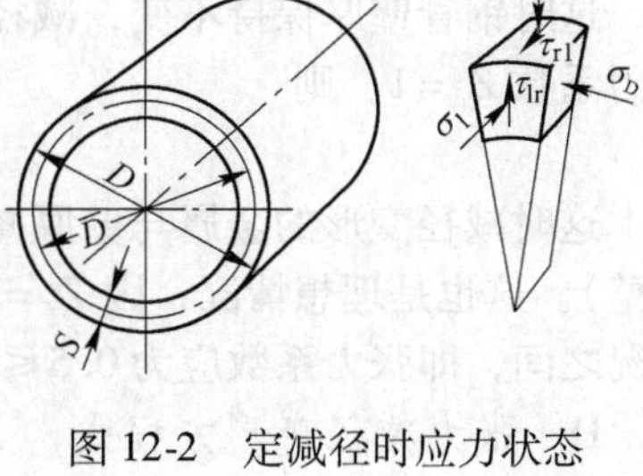

图 12-2 定减径时应力状态

实际定减径变形分析过程相当复杂。为了便于分析，假设 σ_r、σ_D、σ_l 沿变形区均匀分布并等于这些应力的平均值。

B 定减径时的变形

根据塑性变形的基本假设：在某一方向上的真应变与该方向上的偏差应力成正比，即

$$(\sigma_{li}-\overline{\sigma}_i):(\sigma_{Di}-\overline{\sigma}_i):(\sigma_{ri}-\overline{\sigma}_i)=e_{li}:e_{Di}:e_{ri} \qquad (12\text{-}1)$$

式中　σ_{li}、σ_{Di}、σ_{ri}——分别为 i 架的轴向、切向和径向应力，MPa；

$\overline{\sigma}_i$——i 架的平均应力，其值为 $\sigma_i=(\sigma_{li}+\sigma_{Di}+\sigma_{ri})/3$，MPa；

e_{li}、e_{Di}、e_{ri}——分别为 i 架的轴向、切向和径向真变形，其值为

$$e_{li}=\ln\frac{l_i}{l_{i-1}}=\ln\mu_i$$

$$e_{Di}=\ln\frac{D_i-S_i}{D_{i-1}-S_{i-1}}$$

$$e_{ri}=\ln\frac{S_i}{S_{i-1}}$$

D_{i-1}、D_i——分别为 i 架轧前和轧后的钢管外径，mm；

l_i、l_{i-1}——分别为 i 架轧后和轧前的钢管长度，mm；

S_i、S_{i-1}——分别为 i 架轧后和轧前的钢管壁厚，mm；

μ_i——i 架延伸系数。

按体积不变定律，三个真变形的关系为 $e_{li}+e_{Di}+e_{ri}=0$。

将塑性变形条件 $\sigma_{li}-\sigma_{Di}=K$ 代入 $\overline{\sigma}_i$ 算式，并设 σ_{ri} 为零（不考虑钢管壁厚的影响），得

$$\overline{\sigma}_i=\frac{1}{3}(2\sigma_{li}-K)$$

将上式代入式（12-1），得下式

$$(1-2Z_i):(Z_i-1):(Z_i-2)=e_{ri}:e_{li}:e_{Di} \qquad (12\text{-}2)$$

式中　Z_i——张力系数，其值为

$$Z_i=\frac{\sigma_{li}}{K}$$

C　张力对钢管定减径变形的影响

由式（12-2）可见张力系数 Z_i 对金属流动的影响。若 $\sigma_{li}=0$，则 $Z_i=0$，代入公式(12-2)得

$$1:1:(-2)=e_{ri}:e_{li}:e_{Di}$$

这意味着钢管切向压缩（即减径）变形的金属一半向长度方向流动（即延伸变形），另一半向钢管厚度方向流动（即增厚），这为无张力定减径的变形情况。

若 $\sigma_{li}=0.5K$，可得

$$0:1.5:(-1.5)=e_{ri}:e_{li}:e_{Di}$$

这时钢管壁厚保持不变，减径变形的金属仅向长度方向流动。若 $\sigma_{li}=K$，即理论上最大的张力系数 $Z_i=1$，则

$$(-1):2:(-1)=e_{ri}:e_{li}:e_{Di}$$

这时减径变形的金属与壁厚减薄的金属以等量向钢管长度方向流动（即在减径同时实现减壁）。这也是理想情况，因 $Z_i=1$ 时钢管将被拉断，一般 $Z_i\leqslant0.8$。张力减径相当于第二、三情况之间，即张力系数应为 $0.5\leqslant Z_i\leqslant1$。

D　张力减径变形方程式

公式（12-2）未考虑径向力的影响，实际应用时不能忽略其影响。对于薄壁管的径向平均应力 $\overline{\sigma}_{ri}$ 为

$$\overline{\sigma}_{ri}=\sigma_{Di}\frac{S_{i-1}}{D_{i-1}}=\sigma_{Di}v_i$$

式中　v_i——为 i 架钢管的壁厚系数，其值为 $v_i=\dfrac{S_{i-1}}{D_{i-1}}$。

考虑到径向应力 σ_{ri} 的影响，公式（12-2）应改写为

$$\frac{2Z_i(v_i-1)+(1-2v_i)}{e_{ri}}=\frac{Z_i(1-v_i)+(1+v_i)}{e_{li}}=\frac{Z_i(1-v_i)-(2-v_i)}{e_{Di}} \tag{12-3}$$

上式称为钢管张力减径变形方程式。此式反映三个真变形比值与平均张力系数 $\bar{Z}_i=(Z_i+Z_{i+1})/2$ 和壁厚系数 v_i 的关系。当已知 $\bar{Z}_i$ 和 v_i 时，可求得各真应变的比值，也可在一定减径量下确定张力系数和可达到的减壁量。

令
$$\frac{2Z_i(v_i-1)+(1-2v_i)}{Z_i(1-v_i)-(2-v_i)}=C$$

并以 $\dfrac{D_i}{D_{i-1}}$ 近似代替 $\dfrac{D_i-S_i}{D_{i-1}-S_{i-1}}$（其误差 <2%），则公式（12-3）可改写成

$$\varepsilon_{ri}=1-(1-\varepsilon_{Di})^C \tag{12-4}$$

式中　ε_{ri}——i 机架减壁率；

ε_{Di}——i 机架减径率。

当 ε_{Di} 和 Z_i 已知时，上式可用于求各机架的相对减壁量。

12.1.1.2　无张力定减径时壁厚变化量的确定

无张力定减径时决定壁厚变化的主要因素是减径程度 D_c/D_1 和来料壁厚系数 $v_1=S_1/D_1$（D_c 为成品管直径，S_1、D_1 为来料壁厚与外径，当来料为均整荒管时，则 $S_1=S_j$，$D_1=D_j$），同时和材料的性质有关（如钢种、温度和加工硬化程度等）。

图 12-3a 为无张力定、减径时，有加工硬化时的管壁厚度变化曲线（碳钢和合金钢管）。由图可见壁厚变化的大致规律：$S_1/D_1<0.1$ 的薄壁管在任何减径量下都增壁；$S_1/D_1>0.35$ 时任何情况均减壁；$S_1/D_1=0.1\sim0.35$ 范围内，视减径量的大小，可能增厚也可能减薄。实际生产中，S_1/D_1 一般较小，减径量不大的无张力减径均增壁，只有当厚壁管减径时才出现管壁不变或减壁。图 12-3b 表明小壁厚系数情况下，来料壁厚系数和减径量越大，增壁量越大。

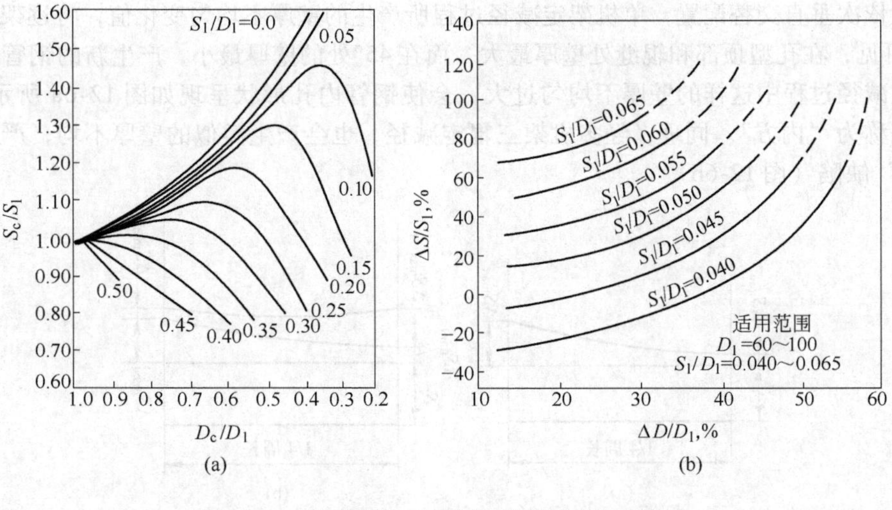

图 12-3　壁厚系数、减径量对壁厚变化的影响

实际生产中可用图 12-3a 来确定来料壁厚 S_1，先用 S_c/D_1 代替 S_1/D_1 值，由图得到 S_c/S_1 值，即可得到 S_1 值。为了得到比较精确的结果，再由先前求得的 S_1 来确定 S_1/D_1 值，重新由图求出比较精确的 S_1 值。

也可以采用经验公式确定无张力定减径时的壁厚变化值，这些公式在工作条件相似时方有可靠性。对于碳钢和合金钢的经验公式为

$S_c < 15$mm 时
$$S_c = S_1[1 - 0.004(D_1 - D_c)] \tag{12-5}$$

厚壁管时
$$S_c = S_1 - \frac{D_1 - D_c}{14.9} \tag{12-6}$$

另一个计算壁变化的经验式为

$$\Delta S = \frac{2(D_1 - D_c)}{D_1} + 0.2S_1 - 0.8 \tag{12-7}$$

12.1.1.3　定减径时横向壁厚分布规律

A　定减径时壁厚变化分布规律

实际上，采用轧辊孔型进行的任何空心轧制所导致的管壁变化沿周向的分布都是不均匀的，如图 12-4 所示。无张力或微张力定减径时，孔型顶部 I—I 位置及其附近处的金属受减径变形而产生延伸和宽展（增厚），并表现为向内增厚；辊缝处（III—III）管壁受自由镦粗，增厚程度较大；Ⅱ—Ⅱ处的金属介于以上两者之间。同时孔底单位压力最大，辊缝处单位压力最小，Ⅱ—Ⅱ介于中间状态，相应的切向摩擦阻力分布不均，辊缝处最小，导致孔底金属流向辊缝。上述两种原因，造成每一道轧制的变形各点增壁不均，Ⅰ—Ⅰ位置处最小，并由Ⅰ—Ⅰ断面至Ⅲ—Ⅲ断面逐渐增大。

同理，张力减径时，辊缝处金属的镦粗增厚倾向，即使在大张力的减壁作用下，其减壁量也为最小，导致孔底处管壁减薄最大，而辊缝处减壁最小。所以张力减径时，每道次轧制的实际壁厚分布与图 12-4 相似。

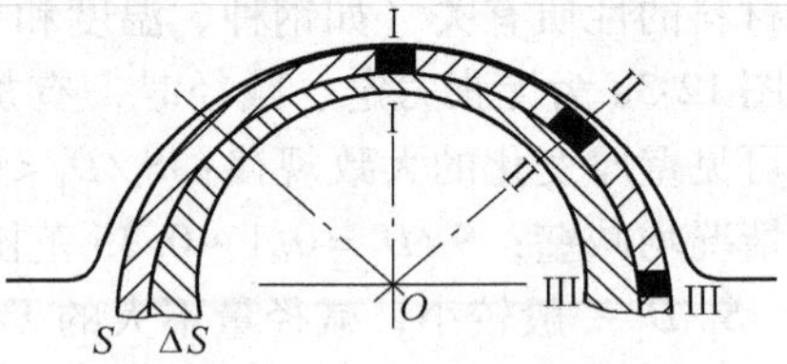

图 12-4　增壁量沿孔型宽度上的不均匀分布

B　壁厚不均匀变化对产品质量的影响

多机架二辊定、减径机相邻机架孔型顶部和辊缝位置依次垂直交替配置，单机架定减径过程所产生的壁厚不均匀变化值，将逐架累积。由图 12-5 可见，在孔型顶部和辊缝处壁厚最大，而在 45°处的壁厚最小，产生新的钢管横向壁厚不均。定减径过程中这样的壁厚不均匀过大，会使钢管内孔形状呈现如图 12-6a 所示的形状，这种缺陷称为“内方”。同理，经多机架三辊定减径，也会产生类似的壁厚不均，严重时出现“内六角”缺陷（图 12-6b）。

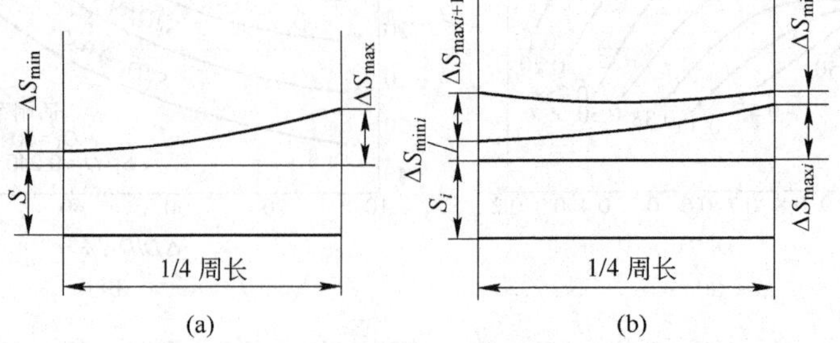

图 12-5　增壁量沿 1/4 周长上的分布

（a）单机架时；（b）多机架时

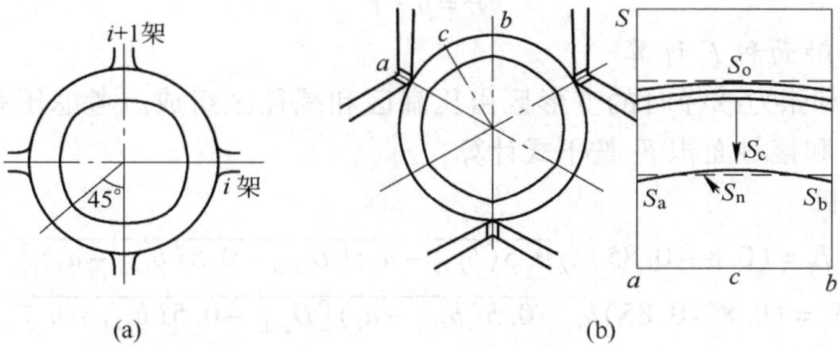

图 12-6　钢管内孔形状缺陷

(a) 内方；(b) 内六角

C　改善定减径横向壁厚不均措施

对于无张力定、减径目前有下列措施；1）采用三辊定、减径机；2）孔型调整时，使钢管产生适当扭转；3）采用微张力定减径。张力促使金属轴向延伸，有利于减小横向壁厚不均；4）控制单机减径量和总减径量；5）适当减小孔型椭圆度系数。

12.1.1.4　张力减径时长度方向壁厚不均

A　管端增厚原因

张力减径时，由于钢管前、后端处于张力建立和消失的两个不稳定阶段，此时钢管所受张力较小，减壁效果不显著，造成钢管前、后端的管壁厚度比中间的略厚，使切头、切尾长度增加。

B　管端增厚长度确定

管端增厚长度（即需要切除的管壁厚度超差部分长度）一般随总变形量、机架间距、平均张力系数 Z 和轧制速度的增大而增加。但随单机架的减径率、S/D 值、轧辊理想直径、摩擦系数的增大而减短。此外合金钢管的增厚长度比碳钢的大。实际生产计算时可采用以下经验式估算：

Шевченко 公式（适用于小延伸）

$$L_c = 2C_d\sqrt{\mu_\Sigma} \tag{12-8}$$

式中　L_c——切头、切尾长度，mm；

C_d——机架间距，一般 $C_d = (0.9 \sim 1.0)D_0$；

D_0——轧辊理想直径，mm；

μ_Σ——总延伸系数，一般 $\mu_\Sigma = 2 \sim 2.5$。

Redder 公式（适用于大延伸）

$$L_c = (0.85 \sim 0.90)\left(\frac{2\mu_\Sigma C_d}{1 - 0.01\Delta S}\right) \tag{12-9}$$

式中　ΔS——总减壁量，mm。

C　减小管端增厚长度措施

减小管端增厚长度措施有：1）增加单机架减径率、减小机架间距、增加钢管长度等。但这仅将增厚段长度减小到钢管全长的 8% ~14%；2）采用管端厚控技术，即通过调整轧辊转速来增加钢管前后端不稳定状态轧制时的张力，使前后端所受总张力与稳定阶段的张力相近，这可使管端增厚长度减少 37% ~53%。3）实现无头张减，但这种工艺还有较大的技术难度。

12.1.2　定、减径和张力减径轧制力计算

轧制力的一般算式为

$$P = \bar{p} \cdot F$$

12.1.2.1 接触面积 F 计算

钢管定、减径和张力减径时的变形区由压扁区和减径区组成。考虑压扁区对轧制力的影响，变形区长度 L_i 和接触面积 F_i 按下式计算：

对二辊式定、减径机

$$L_i = (0.8 \sim 0.85)\sqrt{0.5(b_{i-1} - a_i)[D_{\text{gmin}} - 0.5(b_{i-1} - a_i)]} \tag{12-10}$$

$$F_i = (0.8 \sim 0.85) b_i \sqrt{0.5(b_{i-1} - a_i)[D_{\text{gmin}} - 0.5(b_{i-1} - a_i)]} \tag{12-11}$$

式中 b_i、b_{i-1}——该架和前一架的孔型宽度，mm；

a_i——该架的孔型高度，mm；

D_{gmin}——该架孔型顶部的轧辊直径，mm。

对三辊式定、减径机

$$L_i = (0.9 \sim 0.95)\sqrt{(b_{i-1} - a_i)[D_{\text{gmin}} - (b_{i-1} - a_i)]} \tag{12-12}$$

$$F_i = \bar{B}_i L_i = \sqrt{3} b_i L_i \tag{12-13}$$

式中 b_i、b_{i-1}——该架和前一架孔型长半轴长度，mm；

a_i——该架孔型的短半轴长度，mm；

$\bar{B}_i$——该架金属与轧辊平均接触宽度，mm。

12.1.2.2 平均单位压力 $\bar{p}$ 确定

$\bar{p}$ 按下式计算：

$$\bar{p}_i = n_f \cdot n_t \cdot n_q \cdot \frac{2S_{i-1}}{D_{i-1}} K \tag{12-14}$$

式中 K——平面变形抗力，$K = 1.15\sigma_s$，MPa，σ_s 为金属的屈服极限；

S_{i-1}——前一架减径后钢管壁厚（即轧前钢管壁厚），mm；

D_{i-1}——前一架减径后钢管直径（前架孔型的平均直径），mm；

n_f——外摩擦对 $\bar{p}$ 的影响系数，见图 12-7；

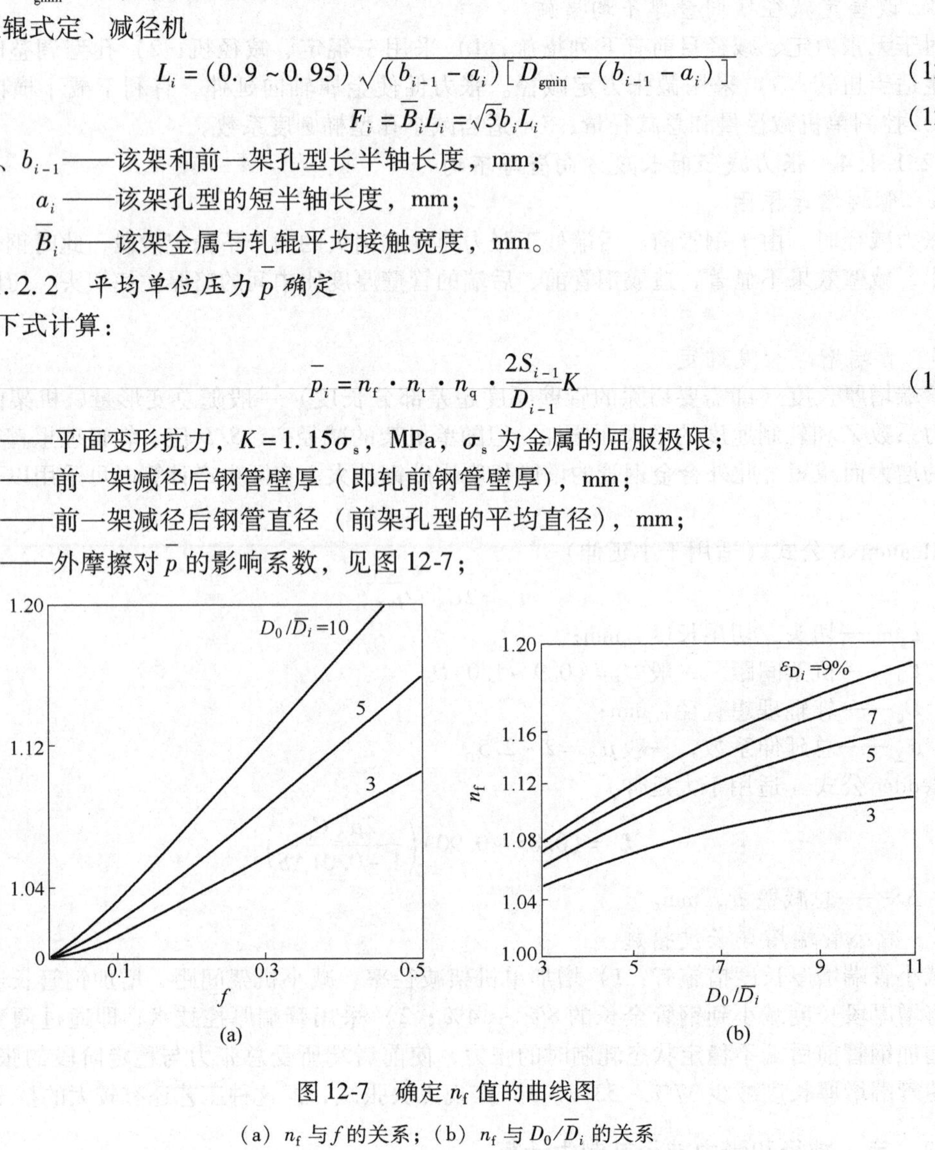

图 12-7 确定 n_f 值的曲线图

(a) n_f 与 f 的关系；(b) n_f 与 $D_0/\bar{D}_i$ 的关系

ε_{Di}—减径率,%；D_0—轧辊名义直径；$\bar{D}_i$—i 机架孔型平均直径

n_t——外区对 $\bar{p}$ 的影响系数，$n_t = 1 + 0.9\dfrac{\sqrt{D_{i-1}S_{i-1}}}{L_i}$

n_q——张力对 $\bar{p}$ 的影响系数，$n_q = 1 - \left(\dfrac{1}{3}Z_i + \dfrac{2}{3}Z_{i-1}\right)$

L_i——该架变形区长度，按公式（12-10）或式（12-12）计算；

Z_i、Z_{i-1}——该架前、后张力系数。

定减径机上的轧制力一般不大，约 200 ~ 300kN。影响定减径时轧制力大小的因素有：钢管壁厚、变形抗力、平均张力系数、轧辊直径和单机架减径率 ε_{Di} 等。

12.2　二辊减径工艺

12.2.1　二辊定减径机及其轧辊孔型

12.2.1.1　二辊式定、减径机

图 12-8 为二辊式定径机的工作机座。轧辊轴线与地平面成 45°角，相邻机架的轧辊轴线互相垂直，以使各架辊缝错开，保证钢管横断面圆周上各部分都得到良好加工。为使钢管能顺利进出各架孔型，各架装有入口和出口导管。

二辊式定、减径机主传动形式有集体传动和单独传动两种。

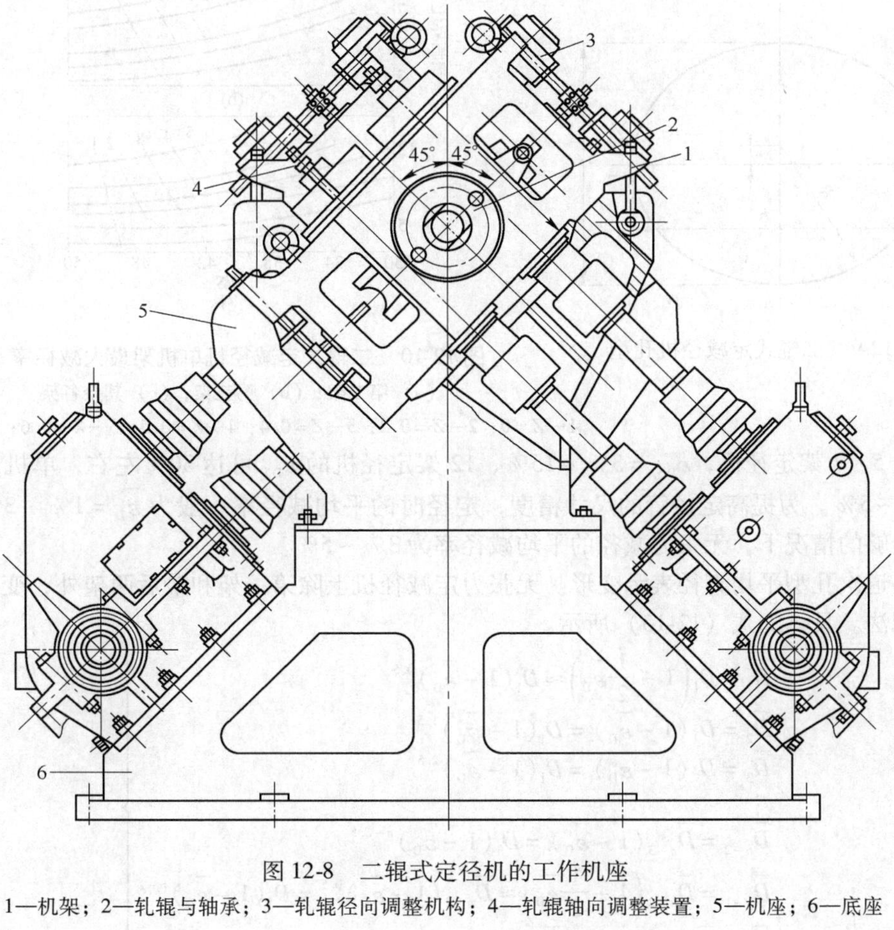

图 12-8　二辊式定径机的工作机座

1—机架；2—轧辊与轴承；3—轧辊径向调整机构；4—轧辊轴向调整装置；5—机座；6—底座

12.2.1.2 二辊定减径孔型

为了便于咬入、增加单机架的减径量，以及便于轧辊加工和生产中的调整，采用图12-9所示的单半径椭圆孔型，而成品机架则采用圆孔型（$e=0$）。一套定减径机孔型可用于轧制相同外径不同壁厚的钢管，并按共用规格的薄壁管进行孔型设计。

12.2.2 减径变形量分配

减径变形量用减径率 ε_D 表示，其值为 $\varepsilon_D=\Delta D/D$。需要确定的变形量有单机架减径率 ε_D 和总减径率 $\varepsilon_{D\Sigma}$。

无张力定减径时，为防止产生过大的横向壁厚不均，单机架减径率 $\varepsilon_D \leqslant 3\% \sim 5\%$，总减径率 $\varepsilon_{D\Sigma} \leqslant 40\% \sim 45\%$（薄壁管），$\varepsilon_{D\Sigma}=20\% \sim 30\%$（厚壁管）。单机最大减径率还受钢管横断面形状稳定性限制，过大的 ε_D 会导致轧折等缺陷。二辊式定减径机上最大 ε_D 见图12-10。

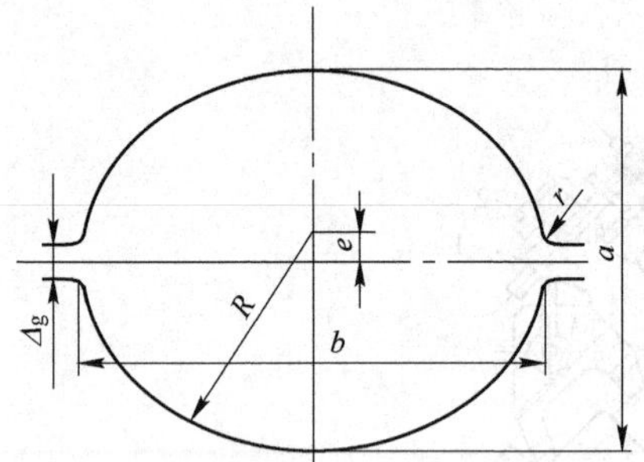

图12-9 二辊式定减径机孔型

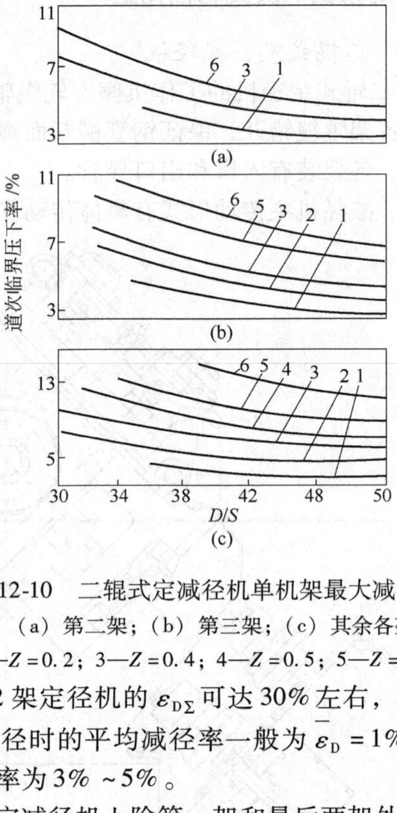

图12-10 二辊式定减径机单机架最大减径率

（a）第二架；（b）第三架；（c）其余各架

1—$Z=0$；2—$Z=0.2$；3—$Z=0.4$；4—$Z=0.5$；5—$Z=0.6$；6—$Z=0.7$

对于5~7架定径机，$\varepsilon_{D\Sigma}=3\% \sim 15\%$，12架定径机的 $\varepsilon_{D\Sigma}$ 可达30%左右，单机最大减径率为3%~5%。为提高定径管的尺寸精度，定径时的平均减径率一般为 $\bar{\varepsilon}_D=1\% \sim 3\%$。在机架数目足够的情况下，无张力减径的平均减径率为3%~5%。

用各道次孔型平均直径表示变形。无张力定减径机上除第一架和最后两架外，变形量采用均匀分配法。具体如式（12-15）所示。

$$\left.\begin{aligned}
\bar{D}_1 &= D_1\left(1-\frac{1}{2}\bar{\varepsilon}_D\right) \approx D_1(1-\bar{\varepsilon}_D)^{0.5} \\
\bar{D}_2 &= D_1(1-\bar{\varepsilon}_D) = D_1(1-\bar{\varepsilon}_D)^{1.5} \\
\bar{D}_3 &= D_2(1-\bar{\varepsilon}_D) = D_1(1-\bar{\varepsilon}_D)^{2.5} \\
&\vdots \\
\bar{D}_{n-2} &= \bar{D}_{n-3}(1-\bar{\varepsilon}_D) = D_1(1-\bar{\varepsilon}_D)^{n-2.5} \\
\bar{D}_{n-1} &= \bar{D}_{n-2}\left(1-\frac{1}{2}\bar{\varepsilon}_D\right) \approx \bar{D}_{n-2}(1-\bar{\varepsilon}_D)^{0.5} = D_1(1-\bar{\varepsilon}_D)^{n-2} \\
\bar{D}_n &= \bar{D}_{n-1} = D_1(1-\bar{\varepsilon}_D)^{n-2}
\end{aligned}\right\} \tag{12-15}$$

式中 $\overline{D}_1$、$\overline{D}_2$、…、$\overline{D}_n$ ——$1 \sim n$ 架钢管的平均直径，mm；

D_1 ——来料外径，mm；

$\overline{\varepsilon}_D$ ——平均减径率，%。

由式（12-15）得

$$\frac{D_n}{D_1} = 1 - \varepsilon_{D\Sigma} = (1 - \overline{\varepsilon}_D)^{n-2} \tag{12-16}$$

$$n = \frac{\ln(1 - \varepsilon_{D\Sigma})}{\ln(1 - \overline{\varepsilon}_D)} = \frac{\ln \dfrac{D_n}{D_1}}{\ln(1 - \overline{\varepsilon}_D)} \tag{12-17}$$

12.2.3 二辊定减径孔型设计

孔型设计的步骤如下：

（1）根据轧制表得到来料直径和成品管热尺寸。选择平均减径率 $\overline{\varepsilon}_D$，用公式（12-17）确定所需的机架数 n。

（2）按公式（12-15）确定各架钢管的平均直径 $\overline{D}_i$，即为二辊孔型的平均直径，$\overline{D}_i = 0.5(b_i + a_i)$。

（3）计算各架孔型的高度 a_i 和宽度 b_i。由图 12-11 可得孔型中的压下量 Δa_i，与宽展量 Δb_i 分别为

$$\Delta a_i = b_{i-1} - a_i;\ \Delta b_i = b_i - a_{i-1}$$

由于 $\overline{D}_{i-1} - \overline{D}_i = 0.5[(b_{i-1} - a_i) - (b_i - a_{i-1})] = 0.5(\Delta a_i - \Delta b_i)$

令 $\Delta b_i = \eta_i \Delta a_i$，则 $\Delta a_i = \dfrac{2\overline{D}_i}{1 - \eta_i}$

$$\left.\begin{aligned} a_i &= b_{i-1} - \frac{2\Delta \overline{D}_i}{1 - b_i} \\ b_i &= 2\overline{D}_i - a_i \end{aligned}\right. \tag{12-18}$$

式中 b_{i-1}——前一架孔型宽度。在设计时为保证第一机架咬入顺利进行，须保证 $b_i > D_1$

$\overline{D}_i$、$\Delta\overline{D}_i$——该架孔型平均直径与平均减径量，mm；

η_i ——该架孔型内钢管外轮廓线宽展系数，$\eta_i = \Delta a_i / \Delta b_i$。无张力定减径时，对于碳钢，$D/S < 10$，取 $\eta_i = 0.2$；$D/S > 20$，取 $\eta_i = 0.41$。不锈钢的 η_i 值比碳钢在相同条件下大 30% ~40%；张力减径比无张力减径时小 20% ~50%，张力系数 Z_i 愈大，则 η_i 值愈小。

另外，也可按选定的孔型椭圆度系数 $\xi_i = b_i / a_i$ 来确定孔型的高度 a_i 和宽度 b_i，即

$$\overline{D}_i = 0.5(a_i + b_i) = 0.5(1 + \xi_i)a_i$$

$$\left.\begin{aligned} a_i &= \frac{2\overline{D}_i}{1 + \xi_i};\ b_i = \xi_i a_i \\ \xi_i &= \frac{1}{(1 - \varepsilon_{Di})^q} \end{aligned}\right\} \tag{12-19}$$

式中的 q 值：无张力减径时碳钢 1.5，不锈钢 2 ~2.5；张力减径时碳钢 0.75 ~1.25；不锈钢 1.8 ~2。

当已知 $\overline{D}_i$、$\overline{\varepsilon}_D$ 后，选定 q 值按公式（12-19）即可确定 ξ_i、a_i 和 b_i 值。

（4）确定各孔型的孔型圆弧半径 R_i、偏心距 e_i 和其他尺寸（图 12-11）。

$$\left.\begin{aligned} R_i &= \frac{a_i^2 + b_i^2}{4a_i} \\ e_i &= R_i - 0.5a_i \\ \Delta_g &= 1.5 \sim 5\text{mm} \\ r &= 3 \sim 6\text{mm} \end{aligned}\right\} \quad (12\text{-}20)$$

辊缝 Δ_g 和槽口圆角半径 r 值按小尺寸孔型和成品孔取小值的原则选取。

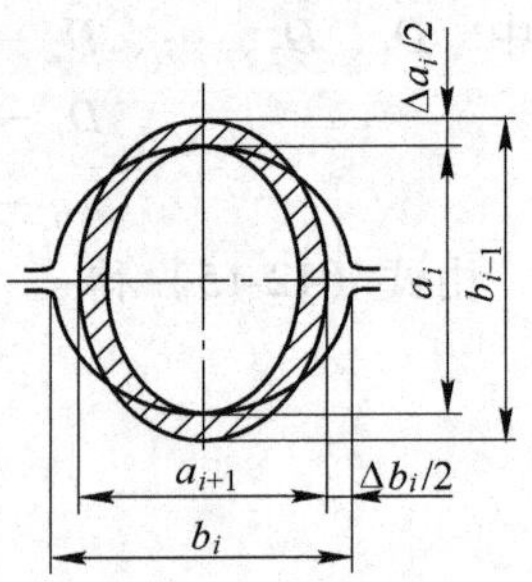

图 12-11 孔型中的压下量与宽展量确定

12.2.4 各架轧辊转速 n_i 设定

按秒流量相等原则，确定各架钢管断面积以及定减径过程中钢管壁厚变化值。

12.2.4.1 计算各架钢管断面积

设各架的壁厚变化量与钢管的周长压缩成正比，则各架的壁厚变化量 ΔS_i 为

$$\Delta S_i = \Delta S_{\Sigma} \frac{\overline{D}_{i-1} - \overline{D}_i}{D_1 - D_n} \quad (12\text{-}21)$$

式中 ΔS_{Σ}——定、减径过程中总的壁厚变化量，mm。按式（12-5）~式（12-7）确定；

$\overline{D}_{i-1}$、$\overline{D}_i$——前架和该架钢管的平均直径，mm；

D_1、D_n——来料和成品直径，mm。

则各架钢管壁厚 S_i 和断面积 F_i 为

$$S_i = S_{i-1} + \Delta S_i$$
$$F_i = \pi(\overline{D}_i - S_i)S_i$$

各架的延伸系数 μ_i 为

$$\mu_i = \frac{F_{i-1}}{F_i} = \frac{(\overline{D}_{i-1} - S_{i-1})S_{i-1}}{(\overline{D}_i - S_i)S_i} \quad (12\text{-}22)$$

12.2.4.2 各架轧辊转速设定

按秒流量相等原则

$$F_{i-1} \cdot v_{i-1} = F_i \cdot v_i(1 - C_{vi})$$
$$\overline{D}_{ki} = \frac{\mu_i \overline{D}_{ki-1} n_{gi-1}}{n_{gi}(1 - C_{vi})} \quad (12\text{-}23)$$

式中 $\overline{D}_{ki}$、$\overline{D}_{ki-1}$——该架和前一架轧辊的平均工作直径，mm，

n_{gi}、n_{gi-1}——该架和前一架轧辊的转速，r/min；

C_{vi}——第 i 架的运动学张力系数，$C_{vi} = 0.003 \sim 0.005$。

则各道次工作辊径 D_{ki} 为

$$D_{ki} = D_{gi} + \Delta_{gi} - 0.75a_i \quad (12\text{-}24)$$

式中 D_{gi}——该架的轧辊直径，mm；

a_i——该架孔型高度，mm，

Δ_{gi}——该架辊缝值，mm。

一般各架轧辊直径相等，末架轧辊转速由轧机出口速度决定（一般给定）。因此就可以按逆轧制方向依次确定各架轧辊转速 n_{gi}，即

$$n_{gi} = \frac{D_{ki+1} n_{gi+1}(1 - C_{vi+1})}{D_{ki}\mu_{i+1}} \quad (12\text{-}25)$$

式中　n_{gi}、n_{gi+1}——顺轧制方向前架和后架轧辊转速，r/min；

D_{ki}、D_{ki+1}——前架和后架轧辊工作直径，mm；

μ_{i+1}——后架的延伸系数；

C_{vi+1}——前、后两架间运动学张力系数。

12.3　张力减径工艺

12.3.1　设备特点

12.3.1.1　张力减径机结构

目前广泛使用的三辊式张力减径机具有以下优点而获得广泛采用：1）增加变形的均匀性，有利于提高壁厚精度；2）机架间距小，在理想直径相同情况下比二辊式减小12%～14%，从而可显著降低切头、尾的金属损耗；3）所有机架传动轴可单侧水平安装（图12-12），从而简化减径机的传动，方便更换机架；4）三辊式轧机孔型可采用组装后在专用机床上加工，不需进行调整。

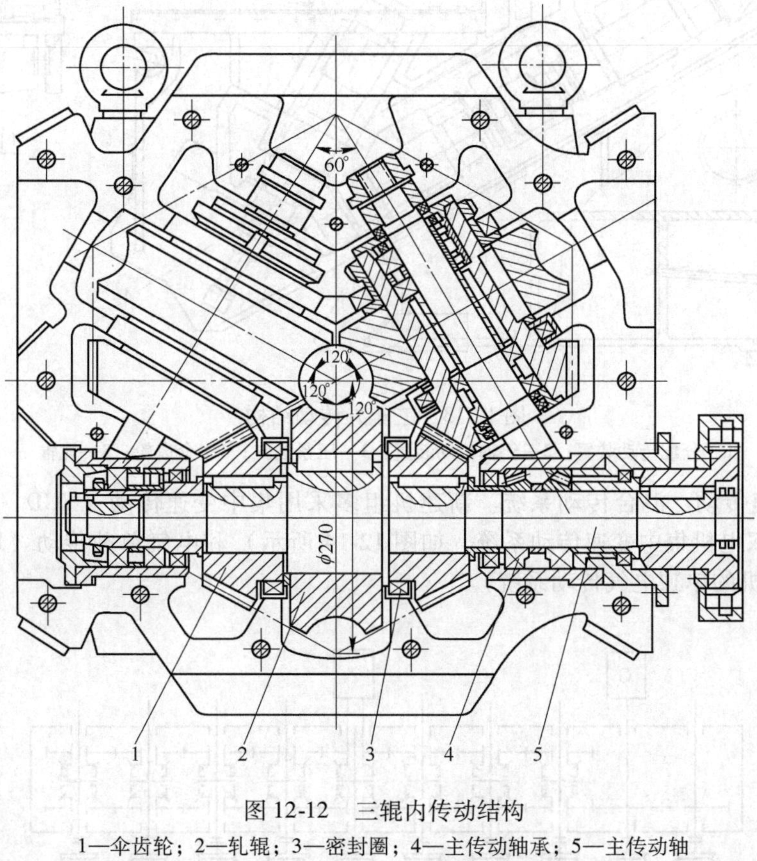

图12-12　三辊内传动结构

1—伞齿轮；2—轧辊；3—密封圈；4—主传动轴承；5—主传动轴

根据驱动方式，三辊式张力减径机可分为：1）机架内齿轮传动（图12-12），一般适用于进口管径为90～150mm的机组；2）机架外部齿轮传动，一般用于入口管径为120～250mm的张力减径机（图12-13）。

12.3.1.2　主传动方式

目前采用的张力减径机主传动方式有单独传动（单独电气调速系统和液压差动调速系统）、

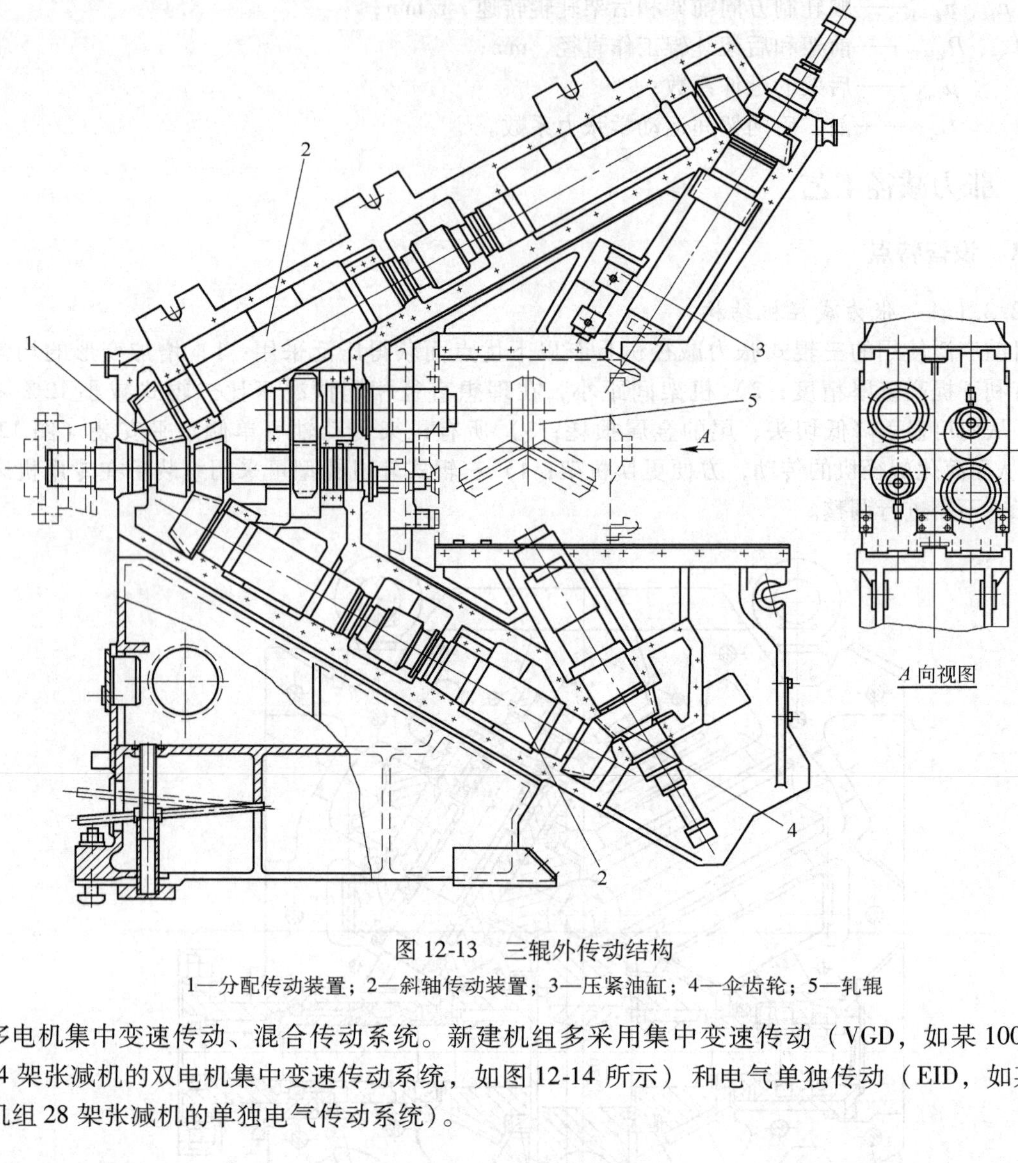

图 12-13　三辊外传动结构

1—分配传动装置；2—斜轴传动装置；3—压紧油缸；4—伞齿轮；5—轧辊

多电机集中变速传动、混合传动系统。新建机组多采用集中变速传动（VGD，如某 100 机组 24 架张减机的双电机集中变速传动系统，如图 12-14 所示）和电气单独传动（EID，如某 140 机组 28 架张减机的单独电气传动系统）。

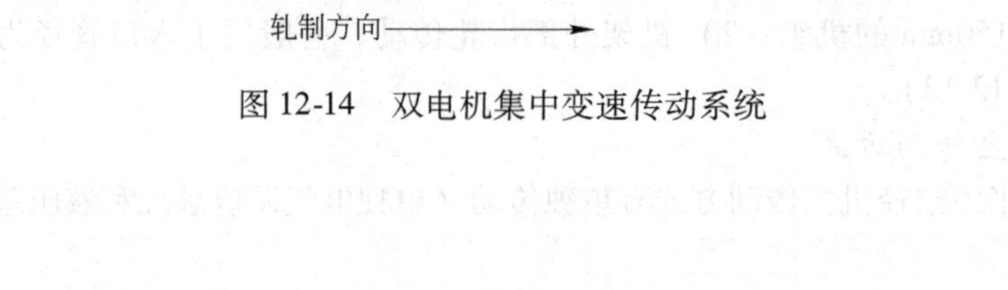

图 12-14　双电机集中变速传动系统

12.3.2　减力减径变形制度

12.3.2.1　张力系数 Z

大张力减径时可获得薄壁成品管，但张力系数过大会造成轧件打滑、咬入困难和产生拉断。因此 $Z_{max} \leqslant 1$。总减径率不大于 50% ~55% 时，Z_{max} 主要受轧辊曳入能力限制；若 $\varepsilon_{D\Sigma} >$ 55%，Z_{max} 值主要受钢管拉裂条件的限制。为充分利用张力减壁和避免钢管拉断，张力减径时的 Z_{max} 在 0.65 ~0.85 之间。

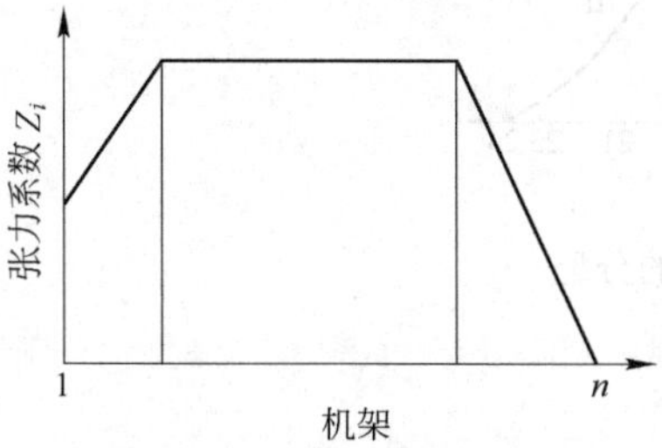

图 12-15　张力系数的分配

张力减径时，按机架间张力的变化分为始轧、中轧和终轧三部分。使张力升起到最大值的始轧机架数为 2 ~4 架，而使张力下降至零的终轧机架数为 4 ~6 架。分配张力系数时应考虑：1）为获得最大张力，多数机架应具有可能的最大值；2）为避免钢管拉裂，Z 值不得超过允许的最大值 Z_{max}；3）不管实际 Z 值多大，它在中间的一架或几架中达到峰值。图 12-15 是张力减径中各架张力系数通常的分配方案。

12.3.2.2　减径率及其分配

A　单机架减径率和总减径率

张力减径时单机架的最大减径率根据钢管的品种来确定，它与壁厚系数、张力系数等有关，并受钢管断面稳定性限制，单机架减径临界值如图 12-16 所示。总减径率则根据管料和成品尺寸及其精度要求和机架数目来确定。张力减径时，由于存在张力，利于轴向流动，横向壁厚不均大为减少，可有效增加单机架减径率。其总减径率最大可达 90%（28 架），单机架减径率可达 12%（最高可达 17%）。为保证质量起见，单机架减径率通常被限制在 7% ~9% 范围内。

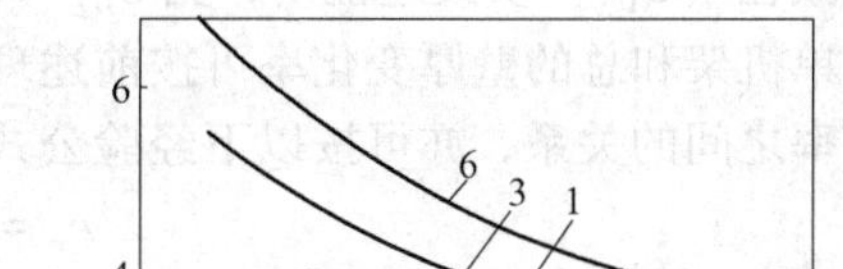

图 12-16　三辊定、减径机的临界减径率

（a）第二架；（b）第三架；（c）其他各架

1—$Z=0$；2—$Z=0.2$；3—$Z=0.4$；

4—$Z=0.5$；5—$Z=0.6$；6—$Z=0.7$

B　减径率分配

减径率的分配就是把总减径率合理地分配到各机架上。一般在机架数目既定的条件下，总减径率越大，单机架的减径率也越大。单机架的减径率的最大值多处于中间机架，而始轧和终轧机架均匀升、降。图 12-17 为典型的减径率分配方案。减径率分配原则为：1）中间机架 ε_{Di} 逐渐下降或均匀分配，前者可使各架孔型磨损均匀，轧制负荷均衡；2）开始张力升起机架的减径率相当于无张力减径机的减径率，但小于正常机架；3）终轧机架逐渐减小，末架 $\varepsilon_{Dn} < 1\%$，成品前架 $\varepsilon_{Dn-1} < 3\%$，成品前架与正常机架的差值不大于 3%；4）各单机架减径率与总减径率之间必须

满足如下关系

$$(1-\varepsilon_{D\Sigma}) = D_1/D_n = (1-\varepsilon_{D1})(1-\varepsilon_{D2})(1-\varepsilon_{D3})\cdots(1-\varepsilon_{Dn-1})(1-\varepsilon_{Dn}) \qquad (12\text{-}26)$$

式中　D_1、D_n——来料和成品钢管直径，mm；

ε_{D1}、ε_{D2}、…、ε_{Dn}——各架的减径率，%。

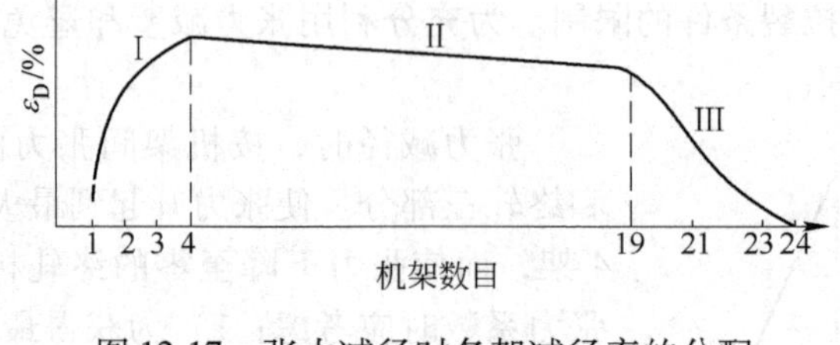

图 12-17　张力减径时各架减径率的分配

12.3.2.3　减壁率及其分配

A　总减壁率

张力减径时减壁靠轴向张力实现，较大单机减径率是施加较大张力的前提。实践证明，单机架减径率小于4% ~5%时，不能发生减壁。同理，要获得一定的总减壁率 $\varepsilon_{r\Sigma}$，需要有相应的总减径率 $\varepsilon_{D\Sigma}$，实践还证明，当 $\varepsilon_{D\Sigma}<30\%$ 时，不能实现减壁。

单机架和总的壁厚变化率可按前述理论公式计算。在实际生产中为迅速找出壁厚变化率与减径率之间的关系，亦可按以下经验公式计算。单机架上两者关系为

$$\varepsilon_{ri} = (0.33 \sim 0.35)\varepsilon_{Di} \qquad (12\text{-}27)$$

总的减壁率 $\varepsilon_{r\Sigma}$ 和总的减径率 $\varepsilon_{D\Sigma}$ 的关系为

$$\varepsilon_{r\Sigma} = (\varepsilon_{D\Sigma} - 13\%) \times 0.55 \qquad (\varepsilon_{D\Sigma} \geqslant 50\% \text{时})$$
$$\varepsilon_{r\Sigma} = (\varepsilon_{D\Sigma} - 16\%) \times 0.55 \qquad (\varepsilon_{D\Sigma} < 50\% \text{时}) \qquad (12\text{-}28)$$

B　各架减壁率

分配道次减壁率的原则是道次减壁率须与道次减径率相对应，再按张力升降平滑性加以调整。张力减径时沿机组顺序方向壁厚变化如图 12-18 所示。虽然张力系数在始轧和中轧机架升起和降落保持平滑，中间机架的张力系数也接近一致，但由于 ε_{ri} 与 ε_{Di} 并非完全成正比，而是一种较复杂的关系。因此，先按单机架减径率相对应分配减壁率，然后进行减壁率调整。在张力升起和降落机架，壁厚增加；中轧机架壁厚按直线关系减薄。

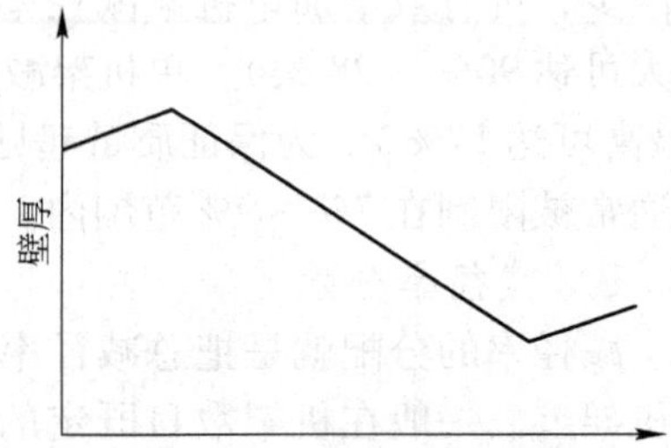

图 12-18　张力减径时壁厚沿机架顺序的变化示意图

中间机架的平均减壁率按下式计算

$$\overline{\varepsilon}_r = (1 - \sqrt[n-m]{1-\varepsilon_{r\Sigma}}) \times 100\%$$
$$m = m_s + m_j + 2m_1 \qquad (12\text{-}29)$$

式中　$\varepsilon_{r\Sigma}$——总减壁率，%；

m_s、m_j、m_1——张力升起、降落和张力为零的机架数。

以上减壁率分配作为第一次近似值，而后采用式（12-4）逐架校核，可得较为精确的各架壁厚。

12.3.3　三辊式减径机孔型设计

12.3.3.1　三辊式减径机孔型构成

三辊减径机孔型采用三个圆弧构成的椭圆孔（图 12-19），成品机架采用圆孔型（$e=0$）。孔型平均直径为

$$\overline{D}_i = a_i + b_i \tag{12-30}$$

式中　b_i、a_i——第 i 架孔型的长半轴和短半轴，mm；

孔型圆弧半径 R_i、偏心距 e_i 和其他尺寸为

$$\left.\begin{aligned} R_i &= \frac{b_i^2 + a_i^2 + a_i b_i}{2a_i - b_i} \\ e_i &= R_i - a_i \\ \Delta_g &= 0.5 \sim 3\text{mm} \\ r &= 1.5 \sim 5.0\text{mm} \end{aligned}\right\} \tag{12-31}$$

小尺寸的孔型和成品孔型选用小的 Δ_g 和 r 值。

12.3.3.2　孔型设计步骤

（1）确定机架数目 n

$$n = \frac{\ln \dfrac{D_n}{D_1}}{\ln(1 - \overline{\varepsilon}_D)} + q \tag{12-32}$$

式中　q——张力升起、降落和减径率较小的机架的折合机架数，$q = 0.5(m_s + m_j + m_l)$，一般 $q = 2 \sim 4$；

$\overline{\varepsilon}_D$——中轧机架的平均减径率，%；

D_1、D_n——来料和成品管直径，mm。

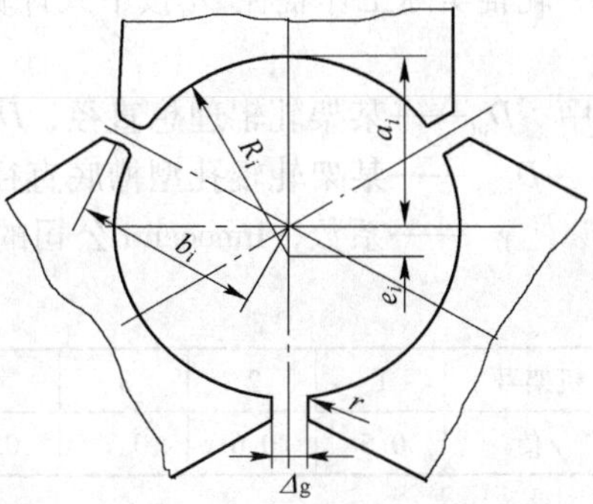

图 12-19　三辊式减径机孔型图

（2）分配减径率。按 12.3.2.2 节方法得到各架 ε_{Di}。

（3）计算各架孔型平均直径 $\overline{D}_i$，即

$$\overline{D}_1 = D_1(1 - \varepsilon_{D1})$$

$$\overline{D}_2 = \overline{D}_1(1 - \varepsilon_{D2}) = D_1(1 - \varepsilon_{D1})(1 - \varepsilon_{D2})$$

$$\overline{D}_3 = \overline{D}_1(1 - \varepsilon_{D1})(1 - \varepsilon_{D2})(1 - \varepsilon_{D3})$$

（4）计算各架孔型长半轴 b_i 和短半轴 a_i。

三辊式孔型的椭圆度系数 ξ_i 的大小与钢管直径、减径率 ε_{Di} 和壁厚系数有关。对于薄壁管为防止产生耳子，椭圆度系数应大些，但这对厚壁管则易产生内六角缺陷。因此，一个三辊张减机孔型的壁厚共用范围不能太大，一般为 3～8mm，若超过此范围则应另外设计孔型。孔型的椭圆度系数 ξ_i 按下式计算

$$\xi_i = e^{\varphi\lambda\varepsilon_{Di}} + \lambda\varepsilon_{Di} \tag{12-33}$$

式中　φ——常数，其值为 115；

λ——与厚壁系数 S/D 有关的系数，当 $S/D = 0.05 \sim 0.15$ 时，$\lambda = 0.0057$。

根据　$\overline{D}_i = a_i + b_i$；$\xi_i = b_i / a_i$　可得

$$\left.\begin{aligned} a_i &= \frac{\overline{D}_i}{1 + \xi_i} \\ b_i &= \frac{\overline{D}_i}{1 + 1/\xi_i} \end{aligned}\right\} \tag{12-34}$$

（5）按式（12-30）确定 R_i、e_i、Δ_g 和 r 值。

12.3.4 各架转速 n_{gi} 设定

轧辊转速是关系到张力控制的重要工艺参数。Innocenti 公司的经验法：轧辊转速计算建立在减径率、减壁量和张力系数分配的基础上，按秒流量相等原则可得各架轧辊转速 n_{gi} 为

$$n_{gi}=\frac{(\overline{D}_1-S_1)S_1D_{k1}n_{g1}}{(\overline{D}_i-S_i)S_iD_{ki}}=\frac{C}{(\overline{D}_i-S_i)S_iD_{ki}} \tag{12-35}$$

式中 D_{k1}、D_{ki}——第一架和 i 架轧辊工作直径，mm；

S_1、S_i ——第一架和 i 架钢管壁厚；mm；

$\overline{D}_1$、$\overline{D}_i$ ——第一架和 i 架钢管平均直径，mm；

n_{g1}、n_{gi} ——第一架和 i 架轧辊转速，r/min；

C ——连轧常数。

轧辊实际工作辊径 D_{ki} 按下式计算

$$D_{ki}=D_{0i}-2a_iy \tag{12-36}$$

式中 D_{0i}——某架轧辊理想直径，$D_{0i}=D_{i\min}+2a_i$，mm；

$D_{i\min}$——某架轧辊孔型槽底直径，mm；

y ——系数，Innocenti 公司的推荐值见表 12-1。

表 12-1 y 推荐值

机架号	1	2	3	4	5	中间机架	$n-4$	$n-3$	$n-2$	$n-1$	n
y 值	0.5	0.6	0.7	0.8	0.86	0.85	0.86	0.9	0.96	1	1

12.3.5 各架钢管壁厚确定

由 12.3.2.3 节所得的各架钢管壁厚只是假设值，要得到接近实际壁厚值，可采用下式计算

$$\Delta S_i=A\cdot\frac{S_{i-1}}{\overline{D}_{i-1}}\Delta D_i$$

$$A=\frac{2\left[1-\dfrac{3S_{i-1}}{\overline{D}_{i-1}}-2\overline{Z}_i\left(1-\dfrac{2S_{i-1}}{\overline{D}_{i-1}}\right)\right]}{(1-\overline{Z}_i)\left[1+3\left(1-\dfrac{2S_{i-1}}{\overline{D}_{i-1}}\right)^2\right]+2\overline{Z}_i\left(1-\dfrac{S_{i-1}}{\overline{D}_{i-1}}\right)} \tag{12-37}$$

$$S_i=S_{i-1}-\Delta S_i$$

式中 S_i、S_{i-1}——该架和前架钢管壁厚，mm；

$\overline{D}_{i-1}$——前架钢管平均直径，mm；

ΔD_i ——该架上的减径量，$\Delta D_i=\overline{D}_{i-1}-\overline{D}_i$，mm；

$\overline{Z}_i$ ——平均张力系数，$\overline{Z}_i=0.5(Z_i+Z_{i-1})$，可采用 12.3.2.1 张力系数分配得到的值。

系数 A 可由图 12-20 曲线查得。查图时，$Z_i=\overline{Z}_i$，$S/D=S_{i-1}/\overline{D}_{i-1}$。

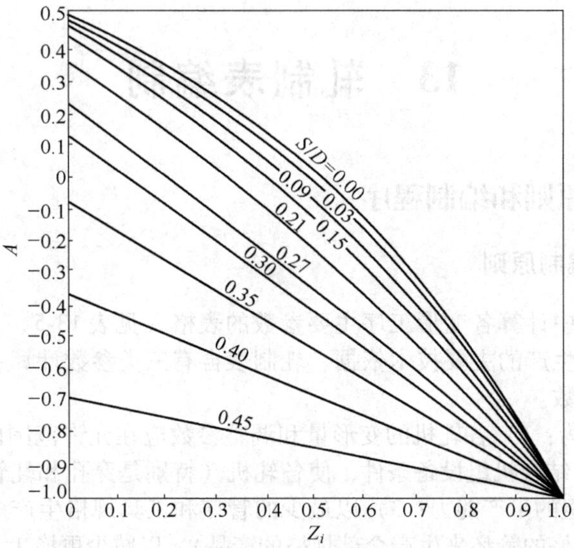

图 12-20　求 A 值的曲线

13　轧制表编制

13.1　轧制表编制原则和编制程序

13.1.1　轧制表及其编制原则

轧制表是钢管生产中计算各变形工序主要参数的表格（见表13-5、表13-6）。轧制表是轧管工艺的基础，是组织生产的主要技术依据。轧制表含有三类参数计算：轧件的尺寸及变形参数、工具参数和调整参数。

编制轧制表的原则为：1）各轧机的变形量和调整参数应在允许范围内，以保证钢管质量和轧管过程正常进行；2）结合机组设备条件，使各轧机（特别是穿孔和轧管机）的能力和轧制负荷均衡，以充分发挥机组的生产能力；3）以最少的管坯和工具规格生产多品种规格的钢管（连轧管机组则用1～2种规格的管坯来生产全部规格的产品），以减少更换工具的时间和便于生产管理；4）充分考虑管材的力学性能、物理性能和工艺性能对成品性能的影响；5）降低能耗。

轧制表编制的具体内容有：1）根据产品技术条件和规格确定生产工艺流程；2）分配、计算各轧机轧后的毛管或荒管尺寸，校验各轧机的变形量；3）选定各轧机的工具尺寸和计算调整参数；4）必要时校验轧辊强度和电机的能力。

轧制表编制方法有三种：1）逆轧制程序计算；2）顺轧制程序计算；3）从轧管工序开始，分别向前、后工序计算。不论哪种方法，其计算内容和对工艺问题的考虑方法相同。这里介绍逆轧制程序计算方法。

13.1.2　轧制表编制步骤和使用公式

轧制表编制步骤：1）根据已知成品外径 D_c、壁厚 S_c、内径 d_c 和长度 L_c、确定钢管的热尺寸，即计算定径或减径后钢管尺寸；2）计算均整后钢管尺寸，均整机工具尺寸和调整参数（有的机组无均整机）；3）计算轧管机的变形量、荒管尺寸和工具尺寸；4）计算穿孔机变形量、毛管尺寸、工具尺寸及调整参数；5）选定管坯尺寸；6）校验各轧机的变形量和咬入条件等。必要时校核各轧机的主要零件及电机功率。

各机组变形量分配和工具选择，目前常按经验公式计算。配有二辊斜轧穿孔机的钢管热轧机组所用计算公式和轧机调整参数计算公式列入表13-1。

表13-1　轧制表计算公式

参数		符号	计算公式			说明
			自动轧管机组	连轧管机组	三辊轧管机组	
1	2	3	4	5	6	7
热成品管尺寸	外径	D'_c	$D'_c=(1+\alpha t)\dfrac{D_{cmax}+D_{cmin}}{2}$			D_{cmax}、D_{cmin}—成品允许最大和最小外径，mm； S_{cmax}、S_{cmin}—成品允许最大和最小壁厚，mm；
	壁厚	S'_c	$S'_c=(1+\alpha t)\dfrac{S_{cmax}+S_{cmin}}{2}$ $t=800\sim900℃$，$(1+\alpha t)=1.01\sim1.013$ $t=900\sim1000℃$，$(1+\alpha t)=1.013\sim1.015$			α—材料的线膨胀系数； n_c—成品倍尺支数； L_c—成品定尺长度，mm；
	内径	d'_c	$d'_c=D'_c-2S'_c$			Δl—切头、尾长度，mm；
	长度	L'_c	$L'_c=n_cL_c+\Delta l$			D_c、S_c、d_c、L_c—成品管冷尺寸

续表 13-1

参　数		符号	计算公式			说　明
			自动轧管机组	连轧管机组	三辊轧管机组	
1	2	3	4	5	6	7
定减径或张力减径	轧后外径	D_d	$D_d=D'_c$			
	轧后壁厚	S_d	$S_d=S'_c$　　$\Delta D_d=\frac{D_d}{7\sqrt{S_d}}$			自动轧管机组：$D_1=D_j$，$S_1=S_j$
	轧后内径	d_d	$d_d=D_d-2S_d=d'_c$			连轧或三辊机组：
	延伸系数	μ_d	$\mu_d=\frac{(D_1-S_1)\ S_1}{(D_d-S_d)\ S_d}$			$D_1=D_z, S_1=S_z$
均整轧管	轧后外径	D_j	$D_j=D_d+\Delta D_d$			ΔD_d—定、减径时的减径量，mm；
	轧后壁厚	S_j	$S_j=S_d\pm\Delta S_d$			ΔS_d—定、减径时的壁厚变化，增厚（-），减薄（+）；
	延伸系数	μ_j	$\mu_j=\frac{(D_z-S_z)\ S_z}{(D_j-S_j)\ S_j}$			
	顶头直径	D_{tj}	$D_{tj}=d_z+\frac{d_z}{10\times\sqrt{S_z}}$			
	辊　距	B_j	$B_j=D_{tj}+2S_j$			B_j、L_j—计算式只适用于二辊均整机；
	导板距离	L_j	$L_j=2D_j-B_j$			
	孔型高度	a				二辊均整
	轧后外径	D_z	$D_z=a=D_j-\Delta D_j$	$D_z=D_d+\Delta D_d$		$\Delta D_j=\frac{D_j}{7\sqrt{S_j}}$
	轧后壁厚	S_z	$S_z=S_{z2}=S_j+\Delta S_j$	$S_z=S_d\pm\Delta S_d$		$\Delta S_j\approx 0$
	轧后内径	d_z	$D_z=d_{z2}=a-2S_z$	$d_z=D_z-2S_z$		
	第一道顶头直径	D_{tz1}	$D_{tz1}=D_{tz2}-(0\sim2)$	—		
	第二道顶头直径	D_{tz2}	$D_{tz2}=d_z$	—		
	第一道轧后壁厚	S_{z1}	$S_{z1}=0.5(D_z-D_{tz1})$	—		
	芯棒直径	D_{tz}		$D_{tz}=d_z-\Delta$		连轧管：$\Delta=1\sim3$mm
	第一道延伸系数	μ_{z1}	$\mu_{z1}=\frac{(D_m-S_m)\ S_m}{(D_{z1}-S_{z1})\ S_{z1}}$	—		三辊轧管机：
	第二道延伸系数	μ_{z2}	$\mu_{z2}=\frac{(D_{z1}-S_{z1})\ S_{z1}}{(D_z-S_z)\ S_z}$	—		$D_z/S_z<12$，$\Delta=0.03(d_z-S_z)$
	轧管机延伸系数	μ_z	$\mu_z=\frac{(D_m-S_m)\ S_m}{(D_z-S_z)\ S_z}$	$\mu_z=\frac{(D_m-S_m)\ S_m}{(D_z-S_z)\ S_z}$		轧管机延伸系数范围见表8-1
二次穿孔（延伸）	穿后毛管外径	D_{m2}	$D_m=D_{m2}=d_m+2S_m$			
	穿后毛管壁厚	S_{m2}	$S_m=S_{m2}=S_z+\Delta S_z=S_z+2\sqrt[3]{S_z}$			
	穿后毛管内径	d_{m2}	$d_m=d_{m2}=d_{z2}+\Delta m$ $\Delta_m=0.58(\sqrt[3]{d_{z1}}+\sqrt[3]{S_z})$			
	顶头直径	D_{tz}	$D_{tz}=d_{m2}-\Delta d_{k2}$ $\Delta d_{k2}=\frac{D_{m2}}{\sqrt[3]{S_{m2}}}$ $\Delta d_{k2}=0.84\Delta D_{m2}$ $\Delta D_{k2}=\frac{D_{m2}}{2.5\sqrt{S_{m2}}}$			
	延伸系数	μ_{ck2}	$\mu_{ck2}=\frac{(D_{m1}-S_{m1})\ S_{m1}}{(D_{m2}-S_{m2})\ S_{m2}}$			自动轧管机组：$\mu_{ck2}=1.25\sim2.7$

续表 13-1

参数		符号	计算公式			说明
			自动轧管机组	连轧管机组	三辊轧管机组	
1	2	3	4	5	6	7
一次穿孔	有二次穿孔时					连轧管机组：$\mu_{ck}=1.8\sim4.5$　$\Delta_m=5\sim12mm$　$\Delta=1\sim3mm$　$\Delta S_z=8\sim14mm$
	穿后毛管外径	D_{m1}	$D_{m1}=D_m-\dfrac{D_m}{2.5\sqrt{S_m}}$			
	穿后毛管内径	d_{m1}	$d_{m1}=D_{t2}/1.2$			
	穿后毛管壁厚	S_{m1}	$S_{m1}=0.5(D_{m1}-d_{m1})$			三辊轧管机组：$\mu_{ck}=1.5\sim3.5$　$\Delta_m=8\sim12mm$　$\Delta S_z=3\sim20mm$
	顶头直径	D_{t1}	$D_{t1}=d_{m1}-\dfrac{D_{m1}}{3\sqrt{S_{m1}}}$			
	延伸系数	μ_{ck1}	$\mu_{ck1}=\dfrac{D_p^2}{4(D_{m1}-S_{m1})S_{m1}}$			
	仅一次穿孔时					自动轧管机组：$\mu_{ck1}=1.5\sim2.0$　$\mu_{ck2}=1.3\sim4.5$
	穿后毛管外径	D_m	$D_m=d_m+2S_m$	$D_m=d_m+2S_m$		
	穿后毛管壁厚	S_m	$S_m=S_z+\Delta S_z=S_2+2\sqrt[3]{S_z}$	$S_m=S_z+\Delta S_z$		三辊和连轧管机组：$D_t=d_m-\dfrac{D_m}{5\sqrt{S_m}}$
	穿后毛管内径	d_m	$d_m=d_{z1}+\Delta_m=d_{z1}+\dfrac{\sqrt[3]{d_{z1}}+\sqrt[3]{S_z}}{1.7}$	$d_m=D_{tz}+\Delta_m=d_z-\Delta+\Delta_m$		
	延伸系数	μ_{ck}	$\mu_{ck}=\dfrac{D_p^2}{4(D_m-S_m)S_m}$			
	辊　距	B_{ck}	公式（10-60）			
	导板距离	L_{ck}	公式（10-63）			
	顶头位置	c	公式（10-61）			
	顶杆位置	y	公式（10-62）			
管坯	有二次穿孔时					
	直　径	D_p	$D_p=D_{m1}-\dfrac{D_{m1}}{1.5\sqrt{S_{m1}}}$	$D_p=(0.9\sim1.10)D_m$ 或 $D_p=D_m-\dfrac{D_m}{10\sqrt{S_m}}$		厚壁厚取 1.00～1.05　薄壁管取 0.9～1.00
	仅一次穿孔时					
	直　径	D_p	$D_p=D_m-\dfrac{D_m}{10\sqrt{S_m}}$			
	长　度	L_p	公式（9-1）	公式（9-1）		

13.2　轧制表编制方法

轧制表编制时的计算符号如图 13-1 所示。根据产品规格大小，在自动轧管机上可在均整机上轧出厚壁成品管（一般 $S_c \geqslant 15\sim20mm$）；可在定径机组上出大口径成品管，而小口径管（一般 $D_c \leqslant 60mm$）须采用减径或张力减径出成品管。轧制表编制方法介绍如下。

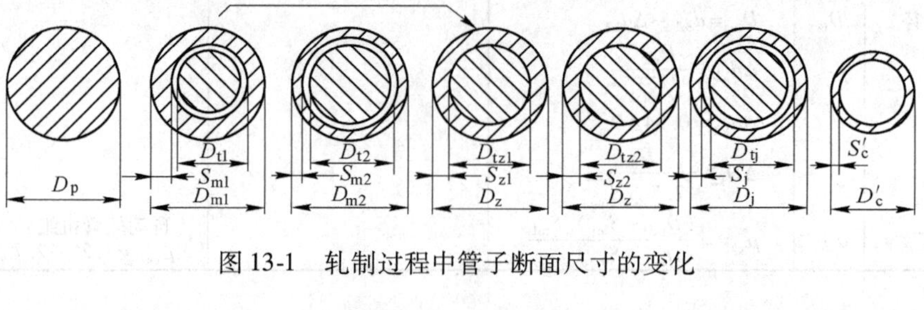

图 13-1　轧制过程中管子断面尺寸的变化

13.2.1 成品管热尺寸计算

$$D'_c = D_d = \frac{D_{cmax} + D_{cmin}}{2}(1+\alpha t)$$
$$S'_c = S_d = \frac{S_{cmax} + S_{cmin}}{2}(1+\alpha t) \tag{13-1}$$

式中 D_{cmax}、D_{cmin}——成品钢管允许的最大和最小外径，mm；

S_{cmax}、S_{cmin}——成品钢管允许的最大和最小壁厚，mm；

α——钢管材质的线膨胀系数。终轧温度 800～900℃，$(1+\alpha t)=1.01$～1.013；终轧温度 900～1000℃，$(1+\alpha t)=1.013$～1.015。

13.2.2 定、减径前荒管尺寸确定

进入定、减径的荒管即为均整后荒管（对于其他机组则为轧管后的荒管），其尺寸根据定、减径机组上的变形量确定。对于定径管可按下式确定：

$$D_j = D_d + \Delta D_d \tag{13-2}$$

式中 ΔD_d——定径总减径量，mm，按表 13-1 中公式计算，也可按经验确定：三架定径 $\Delta D_d = 2$～5mm；五架定径 $\Delta D = 5$～10mm；七架定径 $\Delta D = 7$～19mm（大规格取大值）。

由于一般钢管在定径过程中增壁，而在均整时存在减壁，因此对定径管可认为两者相抵，从而可简化轧制表的编制，即

$$S_j = S_d = S_z \tag{13-3}$$

式中 S_d、S_j、S_z——分别为定径后、均整后、轧管后管子壁厚，mm。

对于减径管按下式确定：

$$D_j = D_d\left(\frac{1}{1-\varepsilon_{D\Sigma}}\right)$$
$$S_j = S \mp \Delta S_d \tag{13-4}$$

式中 $\varepsilon_{D\Sigma}$——减径时的总减径率，%；

ΔS_d——减径时的总壁厚变化量，mm。增壁时用“-”；减壁时用“+”。

由于轧制厚壁管与薄壁管时的终轧温度不同，而引起热轧成品管的外径收缩不同，为减少孔型套数和换辊次数，定径机孔型一般按轧制薄壁管设计。新孔型用于轧制薄壁管，旧孔型用于轧制厚壁管。

13.2.3 均整前荒管尺寸确定

$$D_z = D_j - \Delta D_j$$
$$S_z = S_j - \Delta S_j \tag{13-5}$$

式中 D_j——均整机上荒管的外径扩径量，mm。ΔD_j 值取大时均整效果增加，但过大将产生内螺旋缺陷，一般可按表 13-1 中经验式确定，也可在表 13-2 中选定；

ΔS_j——均整机上的减壁量，mm。一般 $\Delta S_j = 0.1$～1mm（壁厚大者取大值）。

均整机顶头直径 D_{tj} 确定：

$$D_{tj} = d_z - \Delta d_j = D_z - 2S_z - \Delta d_j \tag{13-6}$$

式中 d_z——轧管机轧后荒管内径，mm；

Δd_j——均整机上荒管的内扩径量，mm。一般取 Δd_j = （0.3～0.5） ΔD_j

表 13-2　均整机上的 ΔD_j 经验值　（mm）

S_j \ D_j	≤ϕ114	ϕ121～146	ϕ152～219	ϕ245～325
≤8	7.0～4.0	8.0～5.0	9.0～6.0	—
8～15	6.0～3.0	6.0～4.0	7.0～5.0	13～10
15～25	3.0～1.0	4.0～2.0	5.0～3.0	11～18
≥25	—	2.0～0	3.0～0	6.0～3.0

13.2.4　轧管机上各道荒管尺寸确定

在轧管机上所有道次均在同一孔型中轧制，为了满足均整后荒管尺寸要求，其孔型高 a 为

$$a = D_{z1} = D_{z2} = D_z = D_j - \Delta D_j \tag{13-7}$$

由表 13-2 可见，相同的外径，不同壁厚的荒管在均整机上的扩径量 ΔD_j 不同，薄壁管大而厚壁管小，为满足进入定径机的荒管外径一致，这就要求轧管后荒管外径薄壁管小，厚壁管大。因此，当同一外径，不同壁厚的钢管共用轧管机孔型时，应按薄壁管来设计轧管机孔型（孔型高度小）。当轧制厚壁时可通过抬高辊缝的方法来解决，因此时由于毛管的 S_m/D_m 值大，不会带来轧折缺陷。

轧管机上最后一道顶头直径 D_{tz2}（轧制三道时 $D_{tz2} = D_{tz3}$）为

$$\begin{aligned} D_{tz2} &= D_{tz3} = d_z = D_z - 2S_z \\ D_{tz1} &= D_{tz2} - (0\sim2)\,\text{mm} \end{aligned} \tag{13-8}$$

式中，（0～2） mm 为轧管机上轧制两道的顶头直径差值，其含义实际上是分配两道轧管的延伸系数 μ_{z1}、μ_{z2}的大小，也就是分配两道轧管的轧制负荷的大小。

13.2.5　毛管尺寸确定

毛管壁厚 S_m 根据轧管机上的总减壁量 ΔS_z 确定。轧管机上为了消除毛管在穿孔时产生的螺旋状分布的纵向壁厚不均，需要有足够的减壁量，但 ΔS_z 过大会带来横向壁厚不均过大；同时，ΔS_z 的合理选取，实际上又起到了分配穿孔与轧管两个变形工序的变形量 μ_{ck}和 μ_z 的大小，会影响到机组的生产率和钢管的质量。一般可按表 13-1 公式或由图 13-2 确定 ΔS_z。对于小型机组可参考表 13-3 来确定。在轧管机能力和顶杆刚度允许的条件下 ΔS_z 可参考表 13-4 确定，此时毛管尺寸按下式确定

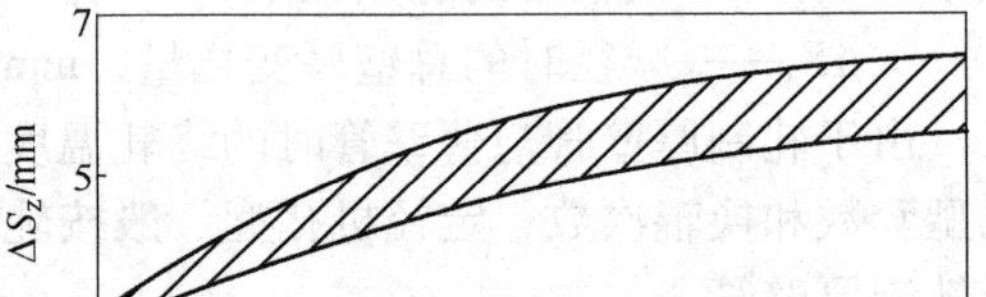

图 13-2　确定自动轧管机上减壁量 ΔS_z 的曲线

$$\left.\begin{aligned} S_m &= S_z + \Delta S_z \\ d_m &= D_{tz1} + \Delta_m \\ D_m &= d_m + 2S_m \end{aligned}\right\} \tag{13-9}$$

式中　Δ_m——毛管内径 d_m 与轧管第一道顶头直径 D_{tz1} 的差值，这是为保证实现轧管咬入条件的需要，一般 Δ_m = 2～5mm。具体选定可参见表 11-4。

表 13-3　小型机组上的 ΔS_z 经验值

机　组　名　称	ΔS_z
76 机组	1.5 ~ 3.5
114 机组	2 ~ 4.5
140 机组	3 ~ 5

表 13-4　轧管机上的 ΔS_z 经验值

S_z	<10	10 ~ 15	>15
ΔS_z	3 ~ 4	4 ~ 5	5 ~ 6

13.2.6　管坯尺寸确定

通过穿孔机调整参数可将不同直径的管坯穿制成相同尺寸的毛管，当钢管规格范围已定后，希望选用较少的管坯规格。一般管坯直径按下式确定

$$D_p = (0.9 \sim 1.10) D_m \tag{13-10}$$

穿孔机顶头直径 D_t 按下式计算

$$D_t = d_m - \Delta d_k \tag{13-11}$$

式中　Δd_k ——穿孔时顶头内扩径量，mm。按表 13-1 或按以下经验式确定

$$\Delta d_k = (0.075 \sim 0.00135) S_m D_p$$

S_m ——毛管壁厚，mm；

D_p ——管坯直径，mm。

13.2.7　参数校核

（1）穿孔机延伸系数 μ_{ck}

$$\mu_{ck} = \frac{D_p^2}{4(D_m - S_m)S_m} = 1.5 \sim 5.3$$

（2）穿孔毛管外径校验

薄壁管：　$D_m \leqslant b$

厚壁管：　$D_m \leqslant b + 2$　　(13-12)

式中　b——轧管机孔型槽口宽度，mm。

（3）轧管机延伸系数 μ_z

$$\mu_z = \frac{(D_m - S_m)S_m}{(D_z - S_z)S_z} \leqslant 2.1$$

$$\mu_{z1} = \frac{(D_m - S_m)S_m}{(D_{z1} - S_{z1})S_{z1}} = 1.3 \sim 1.8$$

$$\mu_{z2} = \frac{(D_{z1} - S_{z1})S_{z1}}{(D_z - S_z)S_z} = 1.05 \sim 1.25$$

（4）均整后荒管直径校验

$$a_1 < D_j < b_1 \tag{13-13}$$

式中　a_1、b_1——定径（或减径）第一架孔型的高度与宽度，mm。

通过以上各式校验后，如有不符，则应进行调整。

13.2.8 工具设计或选用

以上所确定的各工序的轧制前后钢管尺寸及顶头直径，是工具设计的主要参数。工具设计方法按前面各章介绍的方法进行。对已有车间，为充分利用现有工具，减少工具储备，编制轧制表时，应尽可能选用现有的轧辊孔型系列和顶头规格系列。

13.2.9 调整参数计算

将计算所得的工艺参数、调整参数和工具尺寸列成表，如表13-5、表13-6所示。为了分析所编制的轧制表的可行性和合理性，必要时，应进行轧机速度计算、绘制轧制进程图表、确定轧制周期和计算机组生产率等。为校验设备和电机能力，还需计算各轧机的力学性能参数。

表13-5 100mm自动轧管机组轧制表（定径管举例） （mm）

序号			1	2	3	4	5	6	7	8	9	10	11	12	13
成品规格			83×4	83×7.5	83×8	83×10	95×4	95×7	95×8	95×12	95×20	108×7	108×15	121×4	121×10
管坯直径			90	90	100	100	100	100	110	110	110	115	120	120	120
穿孔机	毛管尺寸	外径	94	94	99	99	106	106	109	109	109	119	121	125	126
		内径	80	73	76	72	91	85	85	77	61	98	83	110	98
		壁厚	7	10.5	11.5	13.5	7.5	10.5	12	16	24	10.5	19	7.5	14
	延伸系数		3.22	2.23	2.41	2.10	3.28	2.42	2.52	1.97	1.44	2.82	1.80	3.97	2.23
	压缩量	%	14.5	14.5	15	15	15	15	14.5	14.5	14.5	13.9	14.5	13.3	13.3
		mm	13	13	15	15	15	15	16	16	16	16	17	16	16
	距离	轧辊	77	77	85	85	85	85	94	94	94	99	103	104	104
		导板	88	88	94	94	100	100	105	105	105	114	116	119	120
	顶头直径		73	66	70	66	82	76	78	70	55	89	75	100	88
	顶前压下/%		5.22	7.3	5.75	6.7	7.68	8.66	5.18	6.08	7.9	5.52	7.23	4.15	6.4
	顶头位置		68	52	76	68	60	52	84	76	60	76	68	92	68
	顶杆位置		83	88	104	104	72	72	104	104	104	80	88	80	72
	顶杆直径		67	63	63	60	76	73	73	67	51	83	70	95	83
	导板宽度		76	76	84	84	84	84	92	92	92	96	100	104	104
	导板垫厚		36	36	34	34	30	30	28	28	28	24	22	22	21
轧管机	钢管尺寸	孔型高	88	88	92	92	100	100	102	102	102	112	114	118	118
		内径	80	73	76	72	92	86	86	78	62	98	84	110	98
		壁厚	4	7.5	8	10	4	7.0	8.0	12	20	7.0	15	4	10
	延伸系数		5.84	3.24	3.62	2.95	6.32	3.72	3.92	2.72	1.79	4.34	2.35	7.66	3.23
	顶头直径	一道	78	71	74	70	90	83	83	75	59	96	81	108	96
		二道	80	73	76	72	92	86	86	78	62	98	84	110	98
	顶杆直径		70	63	63	60	76	73	73	87	51	83	73	89	83
均整机	钢管尺寸	外径	94	94	96	96	107	107	107	107	107	119	119	126	124
		内径	86	79	80	76	99	93	91	83	66	105	89	118	104
		壁厚	4	7.5	8	10	4	7.0	8.0	12	20	7.0	15	4	10
	距离	轧辊	90	90	94	95	102	102	105	105	105	114	117	120	121
		导板	98	98	98	97	112	112	109	109	109	124	121	132	127
	顶头直径		82	75	78	75	94	88	89	81	65	100	87	112	101
	顶杆直径		73	67	67	63	83	76	76	73	57	89	76	95	89
	导板宽度		92	92	92	92	104	104	104	104	104	116	116	122	122
定径机	第一架孔宽		97.3	97.3	97.3	97.3	109.2	109.2	109.2	109.2	109.2	121.3	121.3	129.5	129.5
	热态管径		83.9	83.9	83.9	83.9	96	96	96	96	96	109.3	109.3	122.2	122.2
总延伸系数			6.23	3.46	4.05	3.32	6.65	3.94	4.21	2.94	1.95	4.54	2.5	7.46	3.15

表 13-6　140mm 连轧管机组轧制表（普通管举例）　（mm）

序号	规格范围	代表规格	孔型系列	热轧管				荒管				减径空心坯				空心坯				管坯		
				直径 /mm	壁厚 /mm	管长 /m	延伸系数	直径 /mm	壁厚 /mm	管长 /m	延伸系数	直径 /mm	壁厚 /mm	管长 /m	延伸系数	直径 /mm	壁厚 /mm	管长 /m	延伸系数	直径 /mm	长度 /m	重量 /kg
1	(21.3～31.8)×(2.0～2.6)	26.9×2.6	119	26.9	2.6	160.1	6.40	119	3.50	26.11	3.84	141.5	12.00	6.79	1.25	184	11.25	5.43	1.68	175	1.39	262
	×(2.9～3.6)	30.0×2.9	119	30.0	2.9	159.9	5.50	119	3.75	30.00	3.66	141.5	12.25	8.19	1.25	184	11.50	6.53	1.65	175	1.71	323
	×(4.0～7.1)	30.0×5.0	119	30.0	5.0	159.9	5.21	119	5.75	31.13	2.78	141.5	14.25	11.18	1.25	184	13.25	8.96	1.45	175	2.67	504
2	(33.7～51.0)×(2.6～3.2)	38.0×2.9	152.5	38.0	2.9	159.9	5.48	152.5	3.75	30.22	3.31	179	11.00	9.12	1.03	184	11.00	8.86	1.72	175	2.22	419
	×(3.6～5.0)	38.0×4.5	152.5	38.0	4.5	160.1	5.36	152.5	5.50	30.48	3.04	179	15.00	10.02	1.03	184	15.00	9.72	1.29	175	3.25	614
	×(5.6～12.5)	44.5×6.3	119/152.5	44.5	6.3	126.5	4.23	152.5	7.00	30.26	2.67	179	16.75	11.34	1.03	184	16.75	11.00	1.17	175	4.07	768
3	(54.0～70.0)×(2.6～4.0)	60.3×3.2	152.5	60.3	3.2	97.6	3.05	152.5	3.75	33.00	3.31	179	11.00	9.97	1.03	184	11.00	9.68	2.84	175	2.43	459
	×(4.5～7.1)	63.5×5.0	152.5	63.5	5.0	89.8	2.76	152.5	5.50	33.00	3.04	179	15.00	10.85	1.03	184	15.00	10.53	1.29	175	3.52	665
	×(8.0～17.5)	63.5×11.0	119/152.5	63.5	11.0	57.3	2.06	119	11.00	28.01	2.00	141.5	19.50	13.99	1.27	184	18.25	11.00	1.13	175	4.39	829
4	(73.0～101.6)×(2.9～5.0)	76.1×4.0	152.5	76.1	4.0	74.8	2.31	152.5	4.50	33.00	3.30	179	13.25	10.01	1.03	184	13.25	9.72	1.45	175	2.90	548
	×(5.6～10.0)	82.5×7.1	152.5	82.5	7.1	58.7	2.03	152.5	7.50	29.08	2.57	179	17.25	11.33	1.03	184	17.25	11.00	1.25	175	4.17	787
	×(11.0～25.0)	88.9×12.5	119/152.5	88.9	12.5	35.5	1.80	152.5	12.25	19.86	2.03	179	22.25	9.78	1.03	184	22.25	9.48	0.91	175	4.50	850
5	(108.0～139.7)×(3.6～6.3)	114.3×4.5	152.5	114.3	4.5	43.8	1.35	152.5	4.50	33.00	3.30	179	13.25	10.01	1.03	184	13.25	9.72	1.45	175	2.90	548
	×(7.1～11.0)	121.0×17.5	152.5	121.0	17.5	18.8	1.03	152.5	17.50	14.44	1.78	179	27.75	8.13	1.03	184	27.75	7.87	0.76	175	4.50	850
	×(12.5～25.0)	127.0×8.8	119/152.5	127.0	8.8	31.8	1.18	152.5	8.50	27.18	2.40	179	18.25	11.34	1.03	184	18.25	11.00	1.08	175	4.39	829

13.3　轧制表编制实例

在 100mm 自动轧管机组中生产 ϕ76mm × 5mm 的 20 号钢管，执行 GB3639—2000。已知该机组有二辊斜轧穿孔机一台，自动轧管机一台，二辊式均整机两台，七机架定径机一组。穿孔机和轧管机的技术性能分别见表 10-1、表 11-2 所列。均整机轧辊尺寸为 ϕ500/400mm × 400mm，送进角 $\alpha = 6°$，轧辊转速为 80 ~ 150r/min，主电机为 400kW，400 ~ 750r/min；定径机轧辊尺寸为 ϕ400mm × 250mm，轧辊转速为 20 ~ 50r/min，主电机功率每架为 40kW，500 ~ 1000r/min。该厂各轧机的工具已有规格系列，需用的有关数据在计算时一并提出，试用表 13-1 所列计算式编制轧制表。

13.3.1　成品热尺寸（定径）

终轧温度 $t = 800 \sim 760℃$，成品公差 $D_{c\,-1.0\%}^{\,+1.25\%}$、$S_{c\,-1.5\%}^{\,+12.5\%}$，

$D_d = D'_c = 0.5(1+\alpha t)(D_{cmax} + D_{cmin}) = 0.5 \times 1.01 \times (76 \times 1.0125 + 76 \times 0.99) \approx 76.86\text{mm}$

$S_d = S'_c = 0.5(1+\alpha t)(S_{cmax} + S_{cmin}) = 0.5 \times 1.01 \times (5 \times 1.125 + 5 \times 0.985) \approx 5.33\text{mm}$

$d_d = D_d - 2S_d = 76.86 - 2 \times 5.33 \approx 66.2\text{mm}$

13.3.2　均整

由式（13-2）和表 13-1 中 ΔD_d 的计算式 $\Delta D_d = \dfrac{D_d}{7\sqrt{S_d}}$可得

$$\Delta D_d = \left(1 + \frac{D_d}{7\sqrt{S_d}}\right) = 5.76\text{mm}$$

因采用定径机，由公式（13-3）得

$$S_j = S_d = S_z = 5.33\text{mm}$$

$$D_j = D_d + \Delta D_d = 76.86 + 5.76 = 82.62\text{mm}$$

$$d_j = D_j - 2S_j = 83.62 - 2 \times 5.33 = 71.96\text{mm}$$

13.3.3　轧管

$$D_z = a = D_j - \Delta D_j = D_j\left(1 - \frac{1}{7\sqrt{S_j}}\right) = 82.62\left(1 - \frac{1}{7\sqrt{5.33}}\right) = 77.51\text{mm}$$

现场孔型 a 为 76mm 或 80mm 两种，取 76mm。

$$D_{tz2} = d_z = D_z - 2S_z = 76 - 2 \times 5.33 = 65.34\text{mm}$$

$$D_{tz1} = D_{tz2} - (0 \sim 2) = 65.34 - 1 = 64.34\text{mm}$$

$$S_{z1} = 0.5(D_z - d_{z1}) = 0.5(76 - 64.34) = 5.83\text{mm}$$

由公式得

$$D_{tj} = d_z + \frac{d_z}{10 \times \sqrt{S_z}} = 65.34 + \frac{65.34}{10\sqrt{5.33}} = 68.17\text{mm}$$

13.3.4　穿孔

$$S_m = S_z + \Delta S_z = S_z + 2\sqrt[3]{S_z} = 5.33 + 2\sqrt[3]{5.33} = 8.82\text{mm}$$

$$d_m = D_{tz1} + \Delta_m = D_{tz1} + 0.58(\sqrt[3]{D_{tz1}} + \sqrt[3]{S_z})$$
$$= 64.34 + 0.58(\sqrt[3]{64.34} + \sqrt[3]{5.33}) = 67.68\text{mm}$$
$$D_m = d_m + 2S_m = 67.68 + 2 \times 8.82 = 85.32\text{mm}$$
$$D_t = d_m - \frac{D_m}{5\sqrt{S_m}} = 67.68 - \frac{85.32}{5\sqrt{8.82}} = 62\text{mm}$$

13.3.5　管坯直径

$$D_p = D_m - \frac{D_m}{10\sqrt{S_m}} = 85.32\left(1 - \frac{1}{10\sqrt{8.82}}\right) = 82.45\text{mm}$$

按现有管坯规格取 ϕ80mm。

13.3.6　调整参数计算

13.3.6.1　均整机调整参数

均整机采用锥形轧辊，$\beta_1 = 2°$，$\beta_2 = 1.5°$，$L_1 = 160$mm，$L_2 = 240$mm。均整机顶头为圆锥形 $L_t = 200$mm，$l_{t1} = 60$mm，$l_{t2} = 125$mm，$l_{t3} = 15$mm，采用

$$B_j = D_{tj} + 2S_j - 2l_{t2}\tan\beta_2 = 68.17 + 2 \times 5.33 - 2 \times 125 \times 0.026 = 72\text{mm}$$

$$L_j = 2D_j - B_j = 2 \times 82.62 - 72.33 = 93\text{mm}$$

13.3.6.2　穿孔机调整参数

现有顶头直径 ϕ62mm，$L_t = 140$mm，$l_0 = 15$mm，$l_1 = 85$mm，$l_2 = 30$mm，$l_3 = 10$mm，$\gamma_t = 3.5°$。轧辊尺寸 ϕ650mm × 370mm，$L_1 = 304$mm，$L_2 = 455$mm，$L_3 = 0$，$\beta_1 = 3.5°$，$\beta_2 = 3.5°$。选定 ε_{dq}（表 10－5），由式（10-60）～式（10-63）得

$$B_{ck} = (1 - \varepsilon_{dq})\frac{D_p\tan\beta_2}{\tan\beta_1 + \tan\beta_2} + (D_t + 2S_m)\frac{\tan\beta_1}{\tan\beta_1 + \tan\beta_2} - \frac{2(L_t - l_3 - L_3)\tan\beta_1\tan\beta_2}{\tan\beta_1 + \tan\beta_2}$$
$$= (1 - 0.05) \times 40 + (62 + 2 \times 8.82) \times 0.5 - 7.95 = 70\text{mm}$$

$$\varepsilon = (80 - 69.87)/80 = 0.127 = 12.7\%\ (\text{在允许范围内})$$

$$c = (L_t - l_3) - (D_t + 2S_m - B_{ck})\frac{1}{2\tan\beta_2} = (140 - 10) - (62 + 17.64 - 70)/0.122 \approx 51\text{mm}$$

$$y = L_2 - L_t + c = 240 - 140 + 51 = 151\text{mm}$$

$$L_{ck} = \left(1 + 0.75\varepsilon\frac{D_m}{D_p}\right)B_{ck} = (1 + 0.75 \times 0.127 \times 85.32/80) \times 70 = 77\text{mm}$$

13.3.7　各轧机的延伸系数

定径　$$\mu_d = \frac{(D_j - S_j)S_j}{(D_d - S_d)S_d} = \frac{(82.62 - 5.33) \times 5.33}{(76.86 - 5.33) \times 5.33} = 1.08$$

均整　$$\mu_j = \frac{(D_z - S_z)S_z}{(D_j - S_j)S_j} = \frac{(76 - 5.33) \times 5.33}{(82.62 - 5.33) \times 5.33} = 0.914$$

轧管　$$\mu_z = \frac{(D_m - S_m)S_m}{(D_z - S_z)S_z} = \frac{(85.32 - 8.82) \times 8.82}{(76 - 5.33) \times 5.33} = 1.79$$

$$\mu_{z1}=\frac{(D_m-S_m)S_m}{(D_{z1}-S_{z1})S_{z1}}=\frac{(85.32-8.82)\times 8.82}{(76-5.83)\times 5.83}=1.65$$

$$\mu_{z2}=\frac{(D_{z1}-S_{z1})S_{z1}}{(D_z-S_z)S_z}=\frac{(76-5.83)\times 5.83}{(76-5.33)\times 5.33}=1.09$$

穿孔　$\mu_{ck}=\dfrac{D_p^2}{4(D_m-S_m)S_m}=\dfrac{80^2}{4\times(85.32-8.82)\times 8.82}=2.37$

总延伸系数　$\mu_{\Sigma}=\dfrac{D_p^2}{4(D_d-S_d)S_d}=\dfrac{80^2}{4\times(76.86-5.33)\times 5.33}=4.2$

穿孔、轧管（μ_z、μ_{z1}、μ_{z2}）均在允许范围内。

14　钢管的冷却和精整

14.1　钢管冷却

14.1.1　冷床类型

热精整后钢管的温度一般为700～900℃。为便于后续精整，须将其冷却至100℃以下。钢管冷却一般在冷床上进行。冷床有链式、步进式和螺旋式三种。链式冷床易产生链条错位而使钢管弯曲、不能自由收集钢管，已很少采用。步进式冷床（图14-1）和螺旋式冷床（图14-2）均可保证钢管冷却后的弯曲度在±1.6mm/m的范围内，二者均能使钢管在移动过程中旋转矫直，后者使钢管在旋转前进中存在滑动，易降低表面质量，但能够使钢管成排对齐，便于管端加工。相比之下，步进式冷床较为优越。

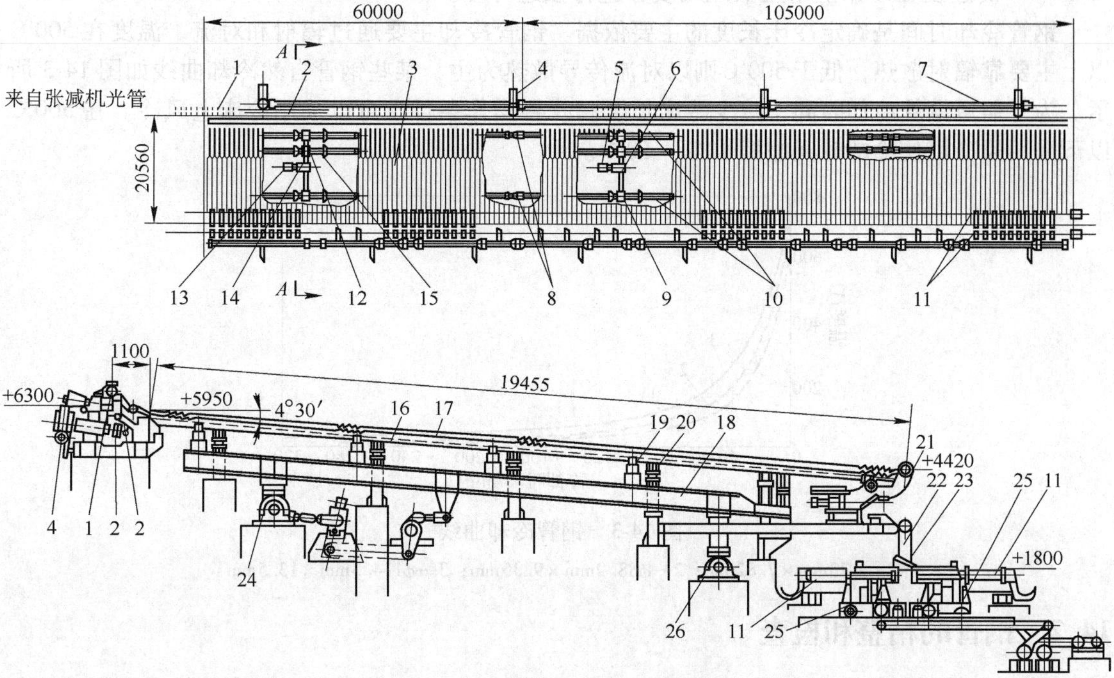

图14-1　步进式冷床结构示意图

1—输入辊道；2—制动器；3—床面结构；4—制动槽传动；5—主传动电机；6—减速箱；7—自由辊道；8—离合器；9—蜗轮箱；10—上、下传动主轴；11—输出辊道；12—蜗轮箱；13—主传动电机；14—减速箱；15—步幅调节器；16—活动齿条；17—固定齿条；18—步进大梁；19—步进小梁；20—固定小梁；21—一次接料机构；22—二次接料机构；23—分料机构；24—升降、水平往复偏心轮；25—横移输送小车；26—升降偏心轮

14.1.2　钢管冷却制度

钢管冷却方式因其材质和性能要求而异。大多数钢种采用自然冷却即可。对某些特殊用途的钢管，为了保证其组织性能，须有一定的冷却方式和冷却制度。例如，奥氏体不锈钢管，须在一定温度终轧后水冷固溶，再送入冷床进行自然冷却；GCr15轴承钢管为使其具有片状珠光

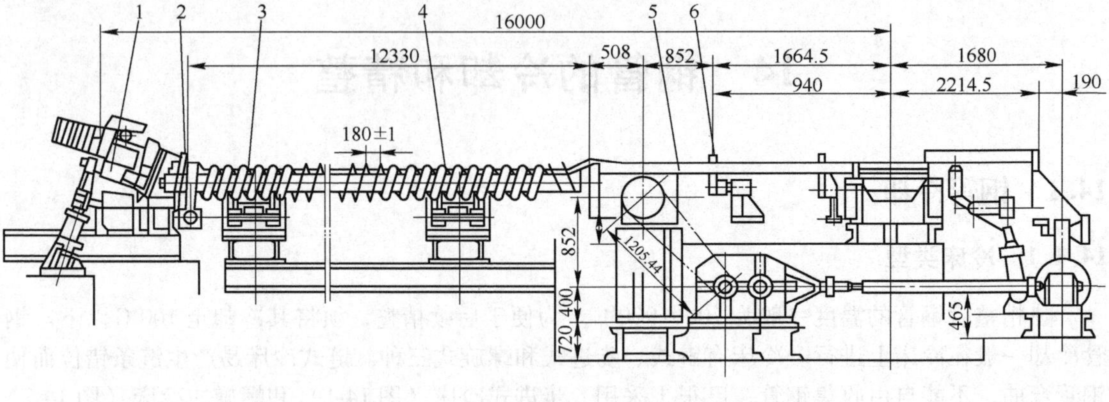

图 14-2　螺旋式冷床结构示意图

1—给料机构；2—给料器；3—螺旋杆；4—托辊；5—步进出料机构；6—挡料器

体组织和防止网状碳化物析出，以利于后续球化退火，应控制在850℃以上终轧，然后以 50 ~ 70℃/min 的速度在冷床上采用吹风或喷雾进行强迫冷却。

钢管冷却时间是确定冷床长度的主要依据。钢管冷却主要通过辐射和对流，温度在 500℃以上主要靠辐射散热，低于 500℃则以对流传导散热为主，某些钢管自然冷却曲线如图 14-3 所示。为了缩短钢管冷却时间，减少冷床长度和改善操作条件，可以采用冷床上风冷。在 500℃以下采用风冷可使冷却时间缩短 40% ~50% 。

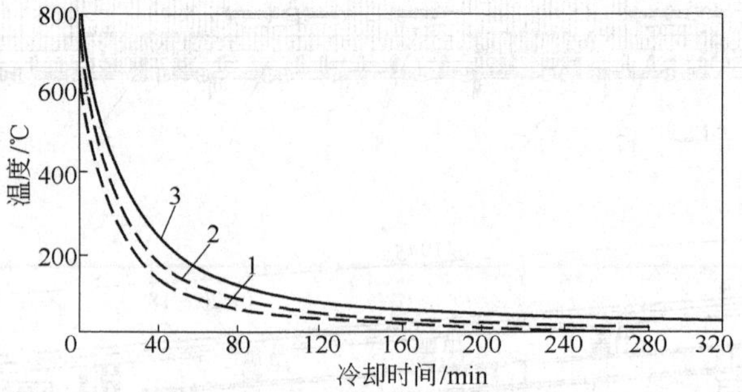

图 14-3　钢管冷却曲线

1—ϕ73mm ×7. 82mm；2—ϕ88. 9mm ×9. 35mm；3—ϕ114. 3mm ×13. 5mm

14. 2　钢管的精整和检查

由于钢管用途较广、质量要求较高、生产过程中会出现各种缺陷，因而冷却后还须进行各种精整（加工）和检查，以保证产品的质量。钢管的品种不同，精整工艺也不同，一般包括矫直、切断、热处理、检查、试验、打印、称重、包装等工序。各种钢管的精整工艺流程如图 14-4 所示。

14. 2. 1　钢管的矫直

矫直工序的任务是消除轧制、运送、冷却和热处理过程中产生的钢管弯曲，同时兼有减小钢管椭圆度和去除氧化皮的作用。

14. 2. 1. 1　钢管矫直机的种类及其应用

用于钢管矫直的主要有压力矫直机、斜辊矫直机和张力矫直机。压力矫直机结构简单、生

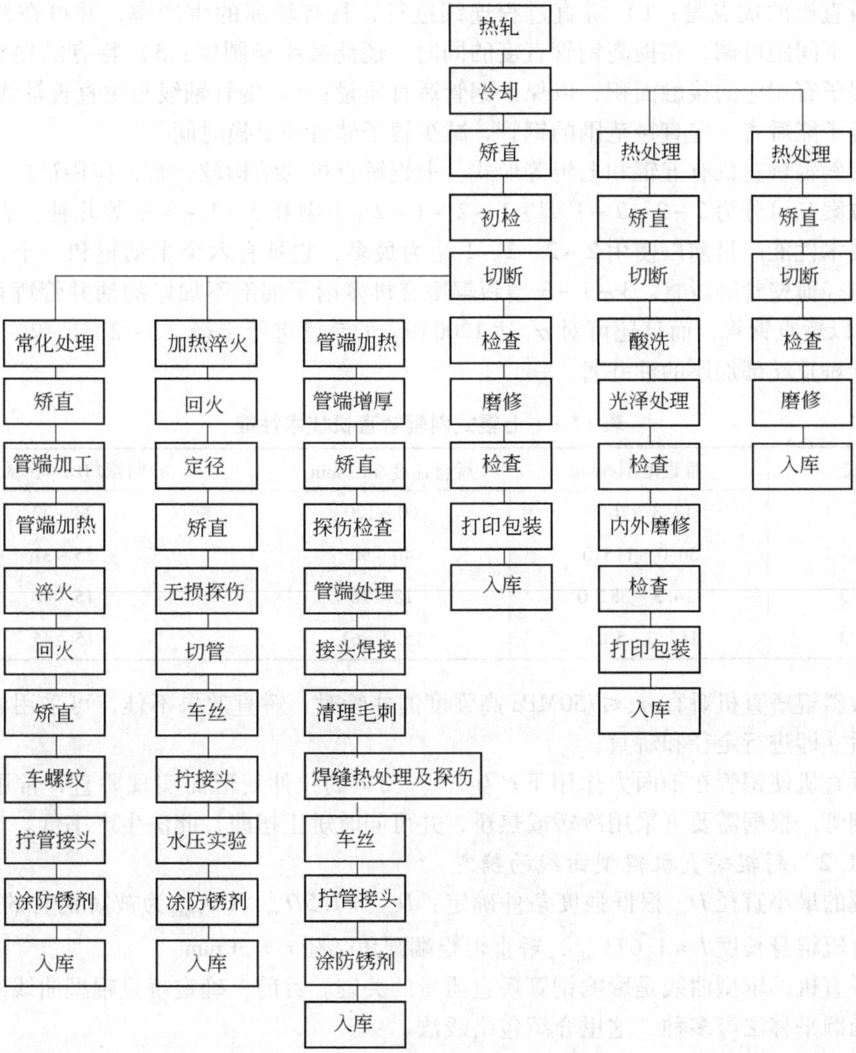

图 14-4　各种钢管的精整工艺流程

产率低、矫直质量不高，适用于直径为 38 ~ 600mm、弯曲度在 50mm/m 以上钢管的粗矫和异型管矫直。目前广泛采用的是斜辊矫直机，其矫直辊的排列形式如图 14-5 所示。由于矫直辊倾斜放置，即便采用少量的矫直辊（甚至只用一对矫直辊）也可使钢管在矫直辊间作螺旋运动（图 14-6），在多次纵向反复弯曲过程中提高钢管直度和正圆度。

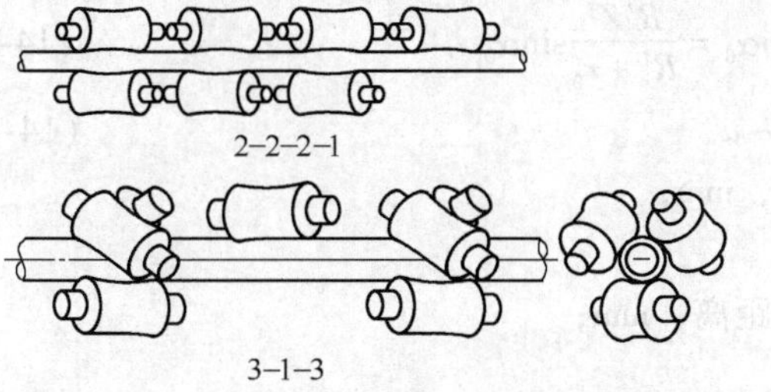

图 14-5　斜辊矫直机矫直辊的排列型式

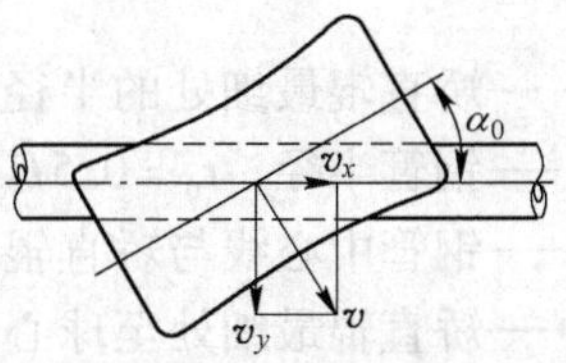

图 14-6　矫直辊与钢管的配置关系

斜辊矫直机的优点是：1）矫直过程连续进行，具有较高的生产率，并可在线矫直；2）矫直辊上、下间距可调，在提高钢管直度的同时，还能减小椭圆度；3）特有的辊型曲线可保证钢管与辊子有相应的接触面积，以保证钢管矫直质量；4）钢管轴线与矫直辊轴线交角 α_0 可调，一套辊子能矫直一定直径范围的钢管，减少辊子储备和更换时间。

常用的斜辊矫直机有五辊和七辊等形式。七辊矫直机的结构较完善，应用最广。七辊矫直机按配辊方案又可分为2－2－2－1型、1－2－1－2－1型和3－1－3型等几种。表14-1是七辊矫直机技术性能。目前以使用2－2－2－1型为最多，它具有六个主动辊和一个被动辊，主要用于小口径薄壁管的矫直。3－1－3型斜辊矫直机多用于端部不加厚的油井管矫直。3－1－3型不仅可以矫直钢管，而且还可对 σ_s 达1200MPa的套管进行定径。1－2－1－2－1型斜辊矫直机多用于矫直端部加厚的油井管。

表14-1 七辊式斜辊矫直机技术性能

形 式	矫直范围/mm	矫直速度/m · min^{-1}	调整角度 α_0/（°）
2－2－2－1	17.3～76.3	60～120	28～32
2－2－2－1	30.0～115.0	40～90	25～31
3－1－3	114.3～381.0	18～70	15～40
3－1－3	165.2～50.8	15.2～61	15～45

用一般斜辊矫直机矫直 $\sigma_b \leqslant 750$MPa高强度油井管时，矫直效果不佳，可采用温矫法，即钢管回火后立即进行定径和矫直。

张力矫直机使钢管在轴向力作用下产生1%～3%的拉伸变形而实现矫直，常用于断面形状复杂的钢管。根据需要可采用冷矫或热矫，并可同时矫正扭曲，此法生产率低。

14.2.1.2 斜辊矫直机辊型曲线的确定

矫直辊的最小直径 D_{min} 根据强度条件确定：$D_{min} = 1.5D_{cmax}$（D_{cmax} 为被矫钢管的最大直径，mm），矫直辊辊身长度 $L = 1.67D_{min}$，矫直辊辊端圆角半径 $r' = 30$mm。

斜辊矫直机的辊型曲线是影响钢管矫直质量的关键。目前，确定矫直辊型曲线的方法有包络线法和椭圆平移法等多种，这里介绍包络线法。

包络线法把辊型曲线视为由无数个与被矫钢管表面相切的球面的包络线所构成（图14－7），并可作图求得。

精确的辊型曲线，按方程式 $R = f(z)$ 获得。由图14-7，对应于坐标 Z 的矫直辊半径 R 为

$$R = \sqrt{R'^2 - u^2} \tag{14-1}$$

$$R' = \sqrt{(R_0 + r_0)^2 + (Z'\sin\alpha_0)^2} - r'_0 = \sqrt{C_0^2 + (Z'\sin\alpha_0)^2} \tag{14-2}$$

$$u = v\sin\alpha_0 = R'\sin\varphi\sin\alpha_0 = \frac{R'Z'}{R' + r_0}\sin\alpha_0 \tag{14-3}$$

$$Z = Z' - u \tag{14-4}$$

式中 R_0——矫直辊最细处的半径，$R_0 = 0.5R_{min}$，mm；

r_0——钢管半径，$r_0 = 0.5D_c$，mm；

C_0——钢管中心线与矫直辊轴线间的最短距离，mm；

Z'——矫直辊最细处至球心的距离，mm；

Z——沿矫直辊中心线，矫直辊最细处至圆周接触点的距离，mm；

α_0——矫直辊倾角，（°）；

u——接触点圆周中心至球心的距离，mm；

φ——接触点至管轴心的连线与垂线的夹角，(°)；

v——接触点至球心的水平距离，mm；

R'——接触点至球心的距离，mm。

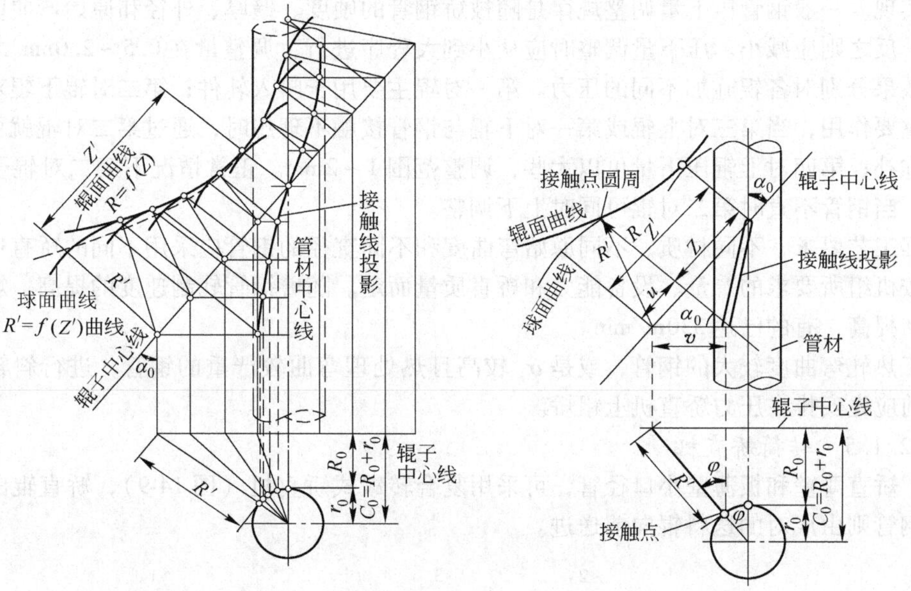

图 14-7　包络线作图法求矫直辊辊型曲线

包络线法辊型曲线计算步骤如下：1）先给定出各个 Z' 值，按式（14-2）计算出对应的 R' 值；2）按式（14-3）计算出对应的 u 值；3）按式（14-4）、式（14-1）计算出对应坐标 Z 的辊面圆周半径 R，即可得出辊型曲线 $R=f(Z)$（图 14-8）。

应当指出，包络线方程 $R=f(Z)$ 和球面半径方程 $R'=f(Z')$ 是两条不同的曲线，二者不可混淆，否则造成矫直辊与钢管不是线接触，而是点接触。

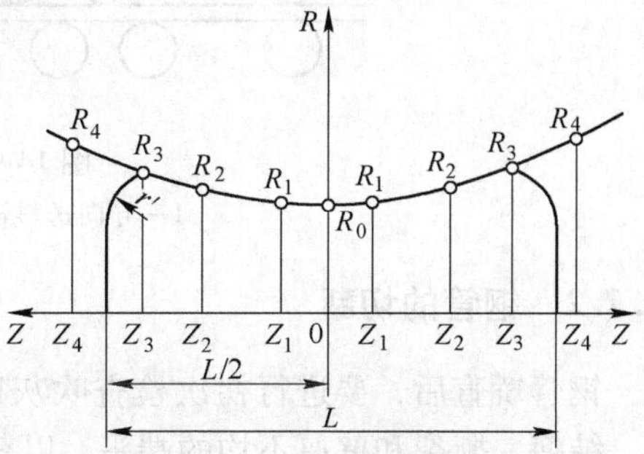

图 14-8　包络线法辊型曲线计算

14.2.1.3　斜辊矫直原理

斜辊矫直主要通过中间辊组的调节，使钢管产生纵向反复弯曲，同时每对矫直辊还对钢管施加一定压力，使钢管横截面发生反复椭圆变形，这一椭圆变形和弯曲变形相叠加，使得钢管产生轴向拉伸塑性变形区。矫直过程中，钢管的每个横截面在这个塑性区中产生连续多次沿横向反复的弯曲，弯曲度逐渐变小，从而产生矫直效果。

14.2.1.4　斜辊矫直调整规律

矫直辊轴线与矫直中心线的倾角 α_0 多在 24°～35°间变化。在实际生产中，为简化矫直辊备件和换辊作业，多采用一种矫直辊辊型，通过调整矫直辊倾角的办法来完成不同规格钢管的矫直。表 14-2 为 2－2－2－1 型矫直机新辊时所矫钢管尺寸与倾角的关系，当矫直辊磨损后可根据情况进行调整，但应保证使 3/4 辊身长度与管的接触，辊子与钢管的接触部分的间隙一般不大于 0.05～0.1mm，以免发生矫凹缺陷。

表 14-2　钢管尺寸与矫直辊倾角的关系

钢管直径/mm	38	50	70	88	108	133	140
倾角/（°）	25°12′	26°7′	27°1′	27°58′	28°45′	29°35′	30°

矫直机压下量的调整应根据被矫钢管的材质、原始弯曲度和矫直精度，通过调整上下辊的间距来实现。一般钢管压下量调整规律是随被矫钢管的硬度、壁厚、外径和原始弯曲度的增加而加大，反之则应减小。压下量调整时应从小到大程序进行，调整量在 0.5 ~ 2.0mm 之内，根据矫直效果分别对各辊施加不同的压力。第一对辊主要用于咬入轧件；第二对辊下辊对钢管矫直起着重要作用，当第三对上辊或第一对下辊与钢管接触不理想时，通过第二对辊就可以得到相应的弥补；第四对上辊压下量可以大些，调整范围 1 ~ 2mm。正常情况下第二对辊子禁止随意调整，当钢管不直时第二对辊可同时上下调整。

根据工艺要求，不同材质、不同原始弯曲度和不同直径的钢管应采用不同的矫直速度，其大小应按机组所要求的产量、设备能力和矫直质量而定。随着钢管轧制速度的提高，矫直的速度也不断提高，有的已达 330m/min。

对于热轧弯曲度较大的钢管，或是 σ_s 较高且热处理弯曲较严重的钢管，进行斜辊矫直机精矫之前应先安排在压力矫直机上粗矫。

14.2.1.5　*转筒矫直机*

为了矫直薄壁和板薄壁小口径管，可采用复合转毂式矫直机（图 14-9），矫直辊围绕钢管旋转而钢管则由成对的送料辊向前送进。

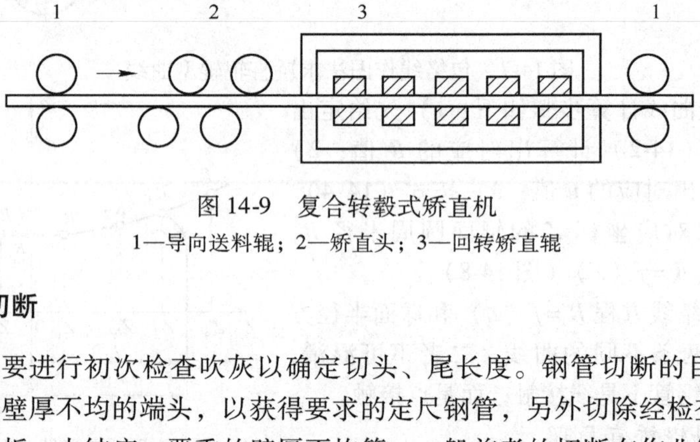

图 14-9　复合转毂式矫直机
1—导向送料辊；2—矫直头；3—回转矫直辊

14.2.2　钢管的切断

钢管矫直后，要进行初次检查吹灰以确定切头、尾长度。钢管切断的目的是清除具有裂纹、结疤、撕裂和壁厚不均的端头，以获得要求的定尺钢管，另外切除经检查后不合格、难于挽救的缺陷，如内折、内结疤、严重的壁厚不均等。一般前者的切断在作业线上进行，而后者离线切断。

钢管切头、尾长度主要取决于生产方法和生产技术水平。一般定减径管切头长度为 50 ~ 100mm，切尾长度为 50 ~ 300mm。张力减径机切头、尾长度按式（12-8）、式（12-9）估算。

钢管切断设备有切管机、砂轮锯和圆盘锯等。目前应用较广的是附有自动装卸料和集料装置的各种切管机。有的钢管厂采用热（冷）圆盘锯预锯切，再用切管机进行平头和倒棱。砂轮锯主要用于锯切外径小于 100mm 的薄壁管。

14.2.3　钢管的热处理

无缝钢管热处理的目的是：1）提高钢管的力学性能；2）改善金属的塑性；3）获得一定的组织状态；4）消除冷变形后的残余应力等。例如，不锈钢管、轴承钢管、高压锅炉管等，在精整加工或交货前要进行热处理。

14.2.3.1　不锈钢热处理

按化学成分和组织特点不同，这种钢管可分为马氏体型、铁素体型和奥氏体型三类。就奥氏体不锈钢管来说，具有双相组织的不如具有单相组织的塑性好。在常温下为获得单一的奥氏体组织，以增强抗蚀能力，减弱晶间腐蚀倾向和破坏致密的表面氧化铁皮，这种钢管轧后必须进行固溶处理，即轧后的钢管再加热至920～1180℃后进行水淬。淬火时应防止增碳，因为任何增碳都会使晶间腐蚀性能降低。

14.2.3.2　轴承管热处理

轴承钢属高碳钢（如GCr6，GCr9、GCr12、GCr15）。按使用条件，它要求有高而均匀的硬度、没有软点、没有脆弱的夹杂物。因此，轴承钢管除对非金属夹杂、表面脱碳和低倍组织有一定要求外，其显微组织应是球化珠光体。为得到均匀的珠光体组织，消除内应力降低硬度，以便于矫直和切削加工，轴承钢管轧后必须进行球化退火。

14.2.3.3　高压锅炉管热处理

高压锅炉管多在高温高压条件下工作，要求相应的高温强度、抗氧化和耐磨能力，需根据工作条件选用相应的钢管材质。在475～570℃工作的锅炉管多采用珠光体的钼钢、铬钼钒钢、铬钒钢等，在570～625℃工作的多采用马氏体和奥氏体类型的耐热钢；工作温度高于700℃时主要采用高温合金（镍基合金）。为使高压锅炉管具有足够的高温强度、高的塑性变形能力、小的时效和热脆倾向、足够的腐蚀稳定性和良好的工艺性能，这类钢管轧后必须进行正火热处理。

表14-3为各种钢管的热处理曲线。

表14-3　各种钢管的热处理曲线

热处理种类	热处理曲线	适用钢种
完全退火	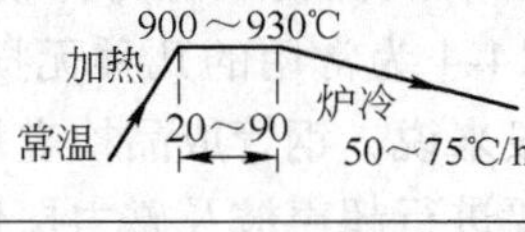	锅炉管、热交换器管
等温退火	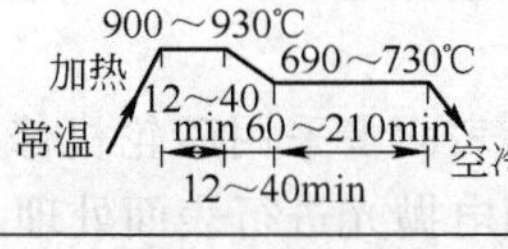	配管用合金钢管
球化退火（缓冷法）	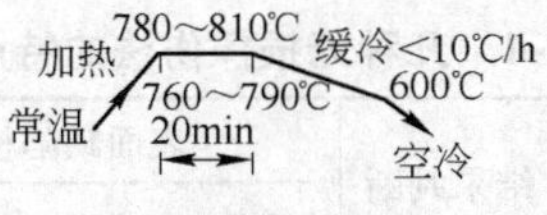	轴承管
球化退火（等温法）	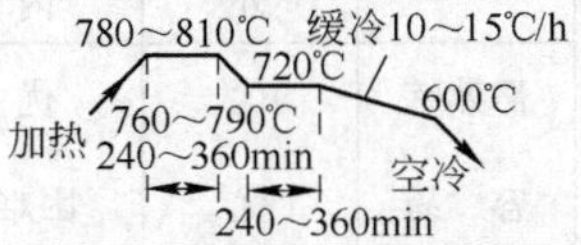	轴承管
去应力退火、再结晶退火	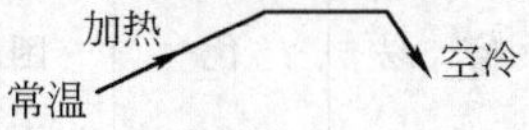	所有钢管（冷加工和电焊管）
退　火	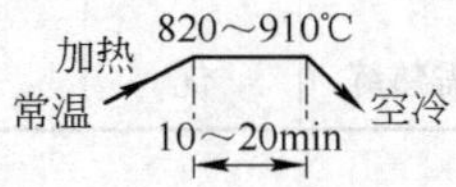	所有钢管（碳素钢管）

续表 14-3

热处理种类	热处理曲线	适用钢种
常化 + 回火	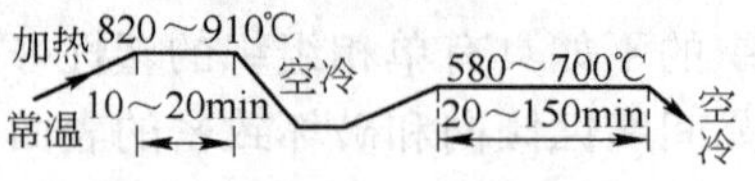	锅炉热交换器合金管
淬火 + 回火	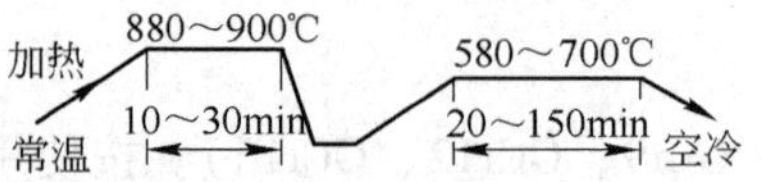	油井管、管线管
固溶处理	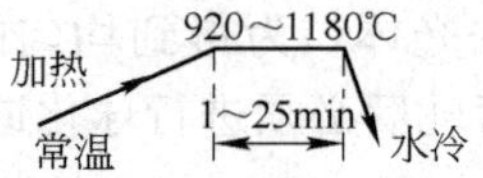	奥氏体不锈钢管
常　化	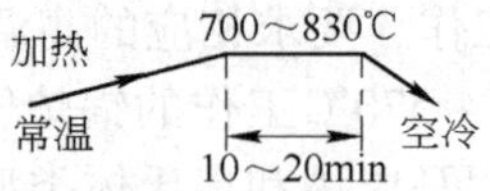	铁素体不锈钢管

14.2.4　钢管尺寸和质量检查

切断后的钢管要根据技术要求进行质量检查。检查内容包括逐根检查钢管的尺寸和弯曲度以及钢管内外表面质量，并取样抽查钢管的力学性能和工艺性能等。钢管几何尺寸和弯曲度的检查，可在检查台上用各种量具进行，也可采用自动尺寸检测装置（如激光测径、测厚和测长）进行连续检测。现代化钢管车间采用后一种方式。

目前已大量采用各种无损探伤法（射线探伤、磁力探伤、超声探伤、涡流探伤和荧光探伤等）检测其内部和外表面缺陷。表 14-4 为常用的几种无损探伤法的特点。可按产品检查要求选用其中一种或几种方法进行。一般来说，钢管成品检查均采用在线涡流探伤、在线荧光磁粉和超声波探伤；油井等专用钢管还要进行超声波及磁力探伤；冷轧、冷拔钢管一般采用超声波、涡流和磁力探伤。

表面不合格的产品须进行修磨。外表面多采用砂轮机修磨，内表面多采用内圆磨床修磨。对某些表面质量要求严格的钢管则采用电抛光进行表面处理。

表 14-4　几种无损探伤法的特点

检查方法	设备成本	技术要求	检查速度	结果判断	表面缺陷检查结果			化学成分	尺寸
					外	内	壁中		
超声波	高	高	中	需熟练	优	优	优	不可	可
磁　粉	中	中	高	容　易	优	困难	可	不可	不可
着　色	低	低	中	容　易	优	困难	不可	不可	不可
荧　光	中	中	中	容　易	优	不可	不可	不可	不可
涡　流	高	高	高	需熟练	优	良	良	可	可

14.2.5　水压试验

凡承受压力的钢管均需在水压试验机上进行水压试验，以检查其承压能力和发现缺陷。试验压力按有关标准进行。压力 p 可按下式计算

$$p = \frac{200S_{cmin}\,[\sigma]}{d_c} \tag{14-5}$$

式中　S_{cmin}——成品管最小壁厚，mm；

d_c ——成品管内径，mm；

$[\sigma]$——许用应力，$[\sigma]=0.8\sigma_s$，MPa；

σ_s ——钢管屈服强度，MPa。

14.2.6　打印、涂油、包装和特殊加工

（1）打印。打印标记方法与品种、规格和使用要求有关，其主要内容为：钢号、产品规格、产品标准号和制造厂标记（或商标）。合金钢管在钢号后面应有炉号、批号；地质、石油用管的管接头应有钢号或钢级标志，另外标上螺纹名称、试验水压力等。

（2）涂油。防锈涂油根据用户要求或标准规定而有差别。防锈期限大致分为长期（3 ~6 个月）、短期（1~3 个月）两种。对防锈油的要求：1）防锈能力；2）干燥性；3）经济性；4）密封性；5）操作难易性；6）脱脂性；7）透明、美观性；8）安全性。涂油方法主要有浸渍法、喷雾法和淋浴法三种。为提高防锈能力，涂油前要进行干燥处理，以去除水分和油渍。

（3）包装。为了便于运输和保护，要对钢管进行包装，不同产品的防护措施不同，包装的方法有捆扎、装箱、涂油捆扎和涂油装箱等。对于车丝管一端应拧有管接头，另一端应装上保护套。

（4）管加工。有些钢管根据工作条件的要求，还需进行一些特殊的加工工序，如管端加厚、管端定径、管端车丝以及钢管表面涂（镀）处理（如镀锌）等。

（5）质量证明书。每批交货的钢管必须证明钢管符合订货合同和产品标准要求的质量证明书。其内容包括注明厂名或厂标、用户名称、发货日期、合同号、标准编号、钢号、炉罐号、批号、交货状态、重量和根数、品种名称、尺寸和级别、标准中所规定的各项试验结果（包括参考性指标），以及技术监督部门的印记等。

14.3　钢管质量的保证

14.3.1　表面质量的保证

钢管外表面缺陷主要有外折叠、外裂、压痕（凹坑、结疤）、划伤（青线、螺旋道）、耳子和轧折等。内表面缺陷主要有内折叠、内裂和内划伤（直道和螺旋道）等。

钢管表面质量主要有如下措施加以保证：1）提高管坯质量和对管坯表面缺陷进行严格清理。2）采用合理的加热制度、合理分配变形系数和正确调整轧机。3）采用耐磨的工具、精确加工孔型，并保持工具工作表面的光洁。

可以根据缺陷分布形状来判断缺陷产生于哪一个变形工序。在斜轧工序和矫直工序，由于工具原因而带来的表面缺陷呈螺旋状分布，而纵轧工序出现的缺陷则呈直线状分布。

14.3.2　几何尺寸精度的保证

钢管的几何尺寸精度包括外径精度、正圆度和壁厚精度。内径精度一般不做规定。

14.3.2.1 外径精度

影响外径精度的主要因素有：1）定径方式。用纵轧定、减径时，外径精度可达 ±（0.8 ~1.0)%，而用斜轧定径机的精度可达 ±0.5%；2）终轧温度不稳定或沿管长温度不均匀，将因冷却收缩不同而引起外径尺寸波动；3）轧辊孔型车削精度及轧机调整精度越高，钢管外径精度也越高，轧辊偏心会引起钢管外径的周期性变化；4）变形量分配不当而产生的过充满或欠充满，都会使钢管外径精度下降；5）来料尺寸波动也会使外径精度下降；6）正常的矫直操作可使外径减小量控制在0.2%以下，如果矫直机调整不当，会使钢管外径增大或明显减小。

14.3.2.2 壁厚精度

钢管壁厚精度有两个主要指标，一是壁厚均匀度，一般是指横向壁厚不均度 ΔS，$\Delta S = (S_{cmax} + S_{cmin}) / S_c$，有时也考虑纵向壁厚不均（指沿钢管长度上各截面的平均壁厚差）；另一个是实际壁厚平均值与名义壁厚之差。后者通过稳定轧制温度和及时检查并相应调整轧机加以解决。

热轧钢管生产中横向壁厚均匀度尤为重要，它与整个工艺过程有关。提高横向壁厚均匀度的主要措施有：1）管坯正确定心；2）管坯及中间管均匀加热；3）增加各轧机顶杆系统的刚度；4）提高各轧机调整的对称性和同心度；5）减壁道次的变形量要小，以达到均壁作用；6）精确加工各工具（孔型、顶头或芯棒）；7）在连轧管机组中，前几架采用微张力轧制，并采用端部控制技术；8）张力减径，$Z = 0.75 \sim 0.7$ 时，横向壁厚不均可降低 8% ~10%；9）在张力减径中采用沿孔型宽度上接触长度相等的孔型；10）张力减径中采用端部加厚控制技术。

14.3.2.3 钢管的弯曲度

钢管的弯曲主要靠矫直来消除。通常，钢管原始弯曲度小、矫直压下量大、钢管与矫直辊接触长度大，矫直效果好。

14.3.3 钢管性能的保证

除了注意热加工各工艺环节以确保钢管质量外，可采用控制轧制和形变热处理的方法来提高钢管的力学性能。例如，碳素钢管采用低温形变热处理工艺，使热轧后的钢管再进入加热炉内进行全长均热，而后以5%的减径率进行定径，在冷床上空冷，可获得表14-5所示的力学性能。又如，对36CrSi钢地质钻探管采用高温控制轧制，定径后温度为830℃，急冷至室温，再经550 ~570℃回火，其力学性能有明显提高，见表14-6所示。

表 14-5 低温形变热处理后的性能

工 艺	热轧后	形变热处理后
抗拉强度/MPa	760	810
屈服强度/MPa	450	670
总伸长率/%	27	24

表 14-6 36CrSi 钢管高温控制轧制后力学性能

性 能	R_m/MPa	$R_{p0.2}$/MPa	A_e/%	ψ/%	a_K/N · m · cm^{-2}	HR
高温控制轧制	1000 ~1030	785 ~895	12 ~14	38 ~45	60 ~75	31
一般轧制工艺	800 ~850	600 ~640	8	40 ~42	40 ~45	—

15　钢管冷加工

15.1　钢管冷加工概述

15.1.1　钢管冷加工的特点和工艺流程

钢管冷加工包括冷轧、冷拔、冷张力减径和旋压等方法，它是生产精密薄壁和高强度管的主要方法。其中冷轧、冷拔是普遍使用的钢管冷加工高效生产方法。

与热轧相比，冷加工有下列优点：可生产大直径薄壁管材；几何尺寸精度高；表面光洁；有助于晶粒细化，配以相应的热处理制度，可获得较高综合力学性能；可生产各种异型和变断面管及一些热加工温度范围窄、高温韧性低而室温塑性好的材料。冷轧的突出优点是减壁能力强，并可显著改善来料的性能、尺寸精度和表面质量。冷拔的道次减面率比冷轧低，但设备较简单，工具费用少，生产灵活，产品的形状规格范围也较大。因此现场需要合理联用冷轧、冷拔方式。近年来冷张力减径、焊管冷加工、超长管冷拔工艺等，可提高机组的产量，扩大品种规格范围，改善焊缝质量，为冷轧、冷拔提供合适的管料。此外，温加工近年来备受重视，通常感应加热至200～400℃，使管坯塑性提高，温轧的最大延伸率约为冷轧的2～3倍；温拔的断面收缩率提高30%，使一些塑性低、强度高的金属也有可能得到精加工。

尽管冷加工管的规格范围、尺寸精度、表面质量和组织性能均比热轧优异，但其生产中存在四个方面的问题：循环次数多、生产周期长、金属消耗大、中间处理过程复杂。

图15-1是碳钢管和合金钢管的冷轧、冷拔生产一般工艺流程图。各种钢管由于其材质、技

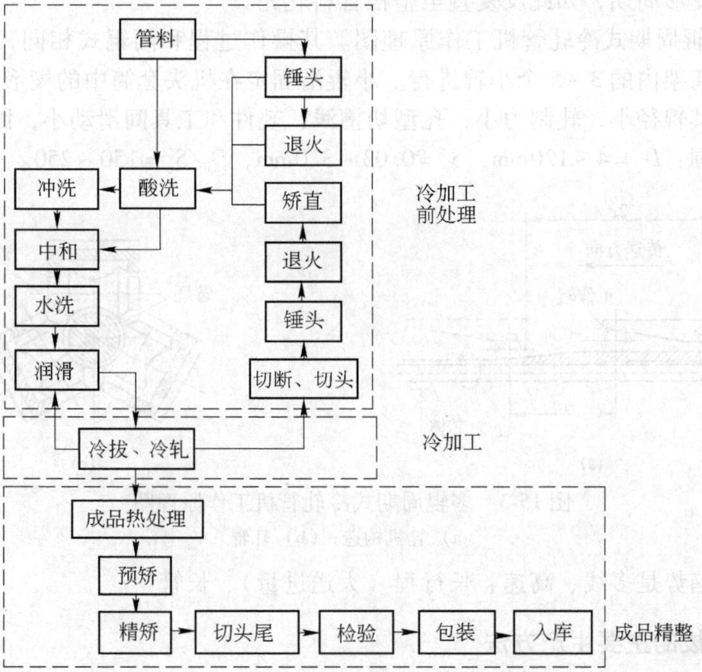

图15-1　冷轧、冷拔生产一般工艺流程

术条件、规格不同，其生产工艺流程及工艺制度也有所不同，但总的来说由下列主要工序组成：1）冷加工前处理，其中包括尺寸形状、组织性能和表面状态三方面的准备；2）冷加工，其中包括冷拔、冷轧和旋压等；3）成品精整，其中包括成品热处理、切断、矫直和检验等。

15.1.2　管材冷轧的主要方法

周期式冷轧是目前高精度薄（厚）壁管和异形管的主要方法。常用设备为二辊周期式冷轧管机和三辊周期式冷轧管机。二辊周期式轧机的生产规格范围：外径 4 ~ 210mm，壁厚 0.1 ~ 40mm，并可生产 $D_c/S_c = 60 \sim 100$ 的薄壁管（$D_c > 200$mm，$D_c/S_c > 100$ 时，采用旋压方式生产）。图 15-2 是二辊周期式冷轧管机工作原理图。

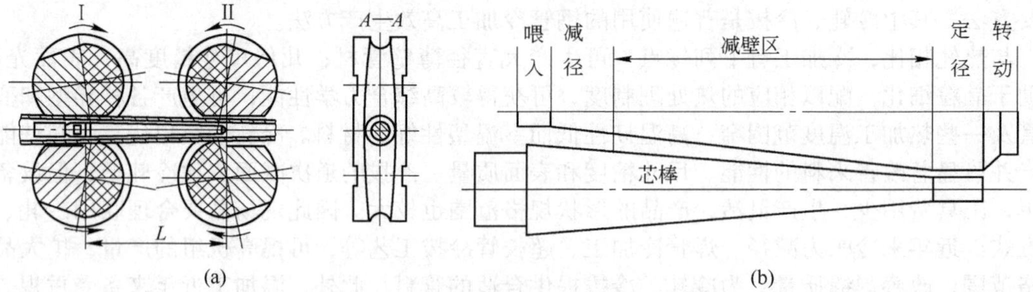

图 15-2　二辊周期式冷轧管机工作原理图

（a）轧辊结构及正反向轧制示意；（b）变形区展开图

二辊周期式冷轧管机的孔型沿工作弧由大向小变化：入口比来料外径略大，出口与成品管直径相同，再后孔型略有放大以便管料转动。轧辊随机架往复运动在轧件上前后滚轧，芯棒与轧件作相应旋转，转角略有差异，使芯棒磨损均匀。轧辊回轧时能消除壁厚不均。轧辊回至原位，完成一个变形周期，如此反复直至整根管料轧完。

图 15-3 为多辊周期式冷轧管机工作原理图。其操作过程和两辊式相同，只是对轧件的加工是由安装在隔离架内的 3 ~ 5 个小辊进行。小辊沿固定在机头套筒中的楔形滑轨作往返运动，从而实现压下。其辊径小，轧制力小；孔型切槽浅，轧件和工具间滑动小，因而可生产高精度极薄管。规格范围：$D_c = 4 \sim 120$mm，$S_c = 0.03 \sim 3.0$mm，$D_c/S_c = 150 \sim 250$。

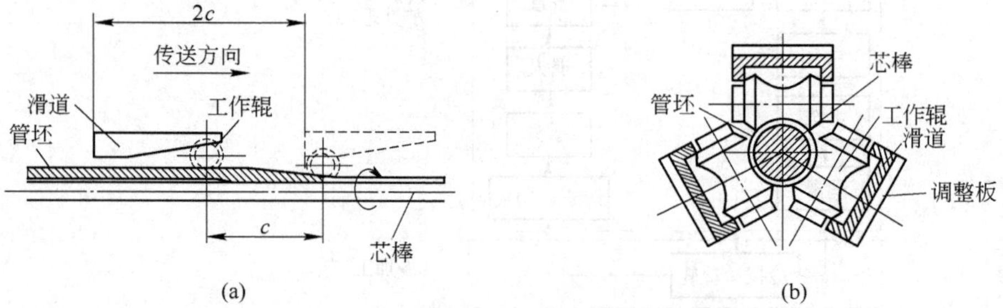

图 15-3　多辊周期式冷轧管机工作原理图

（a）轧机构造；（b）轧辊

冷轧的发展趋势是多线、高速、长行程（大送进量）、长管料。

15.1.3　管材冷拔的主要生产方法

冷拔可以生产直径 0.2 ~ 765mm、壁厚 0.015 ~ 50mm 的钢管，是毛细管、小直径厚壁管以及部分异形管的主要生产方式。目前直线运动冷拔机的最大拔制长度达50m。图15-4是现有冷拔管材的主要生产方法。

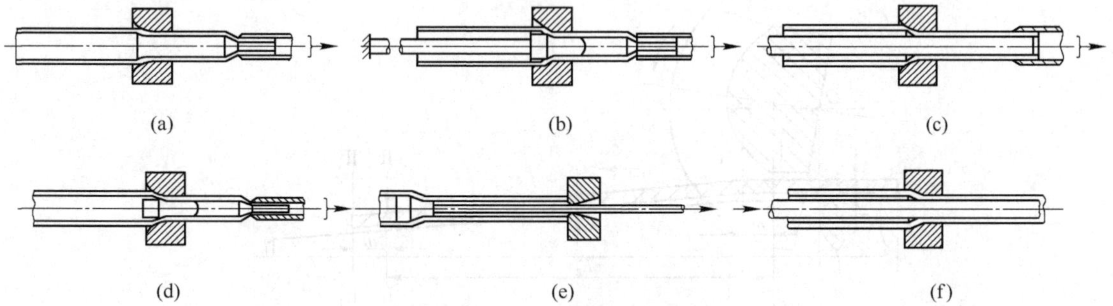

图15 -4　管材拉拔示意图

（a）无芯棒拉拔；（b）短芯棒拔制；（c）长芯棒拔制

（d）游动芯棒拔制；（e）扩拔；（f）顶管

无芯棒拔制也称空拔，用于减径、定径，每道最大延伸系数1.5，主要受变形区横断面不均匀变形和管料强度限制，薄壁管还需考虑形状失稳的限制。所以来料壁厚系数不得小于0.04。游动芯棒拔制主要用于生产小直径长管，道次延伸系数1.2～1.8。它与空拔都是毛细管、小径厚壁管生产的主要方法，均可采用卷筒拔制。卷筒拔制的最大管径：钢管36mm，铜管60mm；最大拔制速度：钢管300m/min，铜管720m/min；拔制长度在130～2300m；卷筒直径：管径大、壁厚薄，卷筒直径较大。卷筒拔制延伸系数比直线拔制小15%～20%。

短芯棒拔制可同时减径减壁，应用较广。最大道次延伸系数1.7，主要受管体拔后屈服强度和头部抗拉强度限制，小直径管有时受到芯棒强度的限制。

长芯棒拔制减壁能力强，可获得尺寸精度较高、表面质量较好的管材，是目前$D_c \leqslant 3.0$mm、$S_c \leqslant 0.2$mm小直径薄壁管生产的唯一方法。其最大道次延伸系数2.0～2.2。在线脱棒工艺：冷拔的同时辗轧管壁，拔后自行脱棒。

扩拔主要用于生产大直径薄壁管、定内径、制造双金属管等，一般扩径量15%～20%。

此外，还有双模拔制、辊模拔制、多线拔制、连拔、温拔以及超声波拔制等多种方法。

目前冷拔的发展趋势是多条、快速、长行程和拔制操作连续化。

15.2　冷轧管生产

15.2.1　冷轧管轧制过程

图15-5为二辊周期式冷轧管机的轧制进程工作图示。其工作进程如下：（1）管料送进（图15-5a）：轧辊位于进程轧制的起始位置，也称进轧的起点Ⅰ，管料送进m，Ⅰ-Ⅰ移至$\mathrm{I}_1-\mathrm{I}_1$，轧制锥前端由Ⅱ－Ⅱ移至$\mathrm{II}_1-\mathrm{II}_1$，管体内壁与芯棒间形成间隙$\delta$；（2）进程轧制（图15-5b）：轧辊向前滚轧，轧件被推碾前移，前部的间隙δ随之扩大。瞬时变形区由两部分组成：瞬时减径区和瞬时减壁区，各自所对应的中心角分别为减径角θ_j和减壁角θ_y，两者之和为咬入角θ_t；（3）转动管料和芯棒（图15-5c）：滚轧到管件末端后，孔型直径稍大于成品外径，管料转动60°～90°，芯棒同时转动，但转角略小。轧件末端滑移至Ⅲ－Ⅲ，一次轧出总长$\Delta L_z=\mu_\Sigma m$（μ_Σ为总延伸系数）。轧至中间任意位置时，轧件末端移至$\mathrm{II}_x-\mathrm{II}_x$，轧出长度为$\Delta L_x=\mu_x m$（$\mu_x$为中间任意位置的积累延伸系数）；（4）回程轧制：轧辊从轧件末端回轧。因为正轧时机架有弹性变形，金属横向有宽展，所以回程轧制时仍有一定减壁量，约占一个周期总减

壁量的 30% ~40%。回轧时的瞬时变形区与进程轧制相同，也由减径和减壁区构成。回轧时，金属仍向原延伸方向流动。

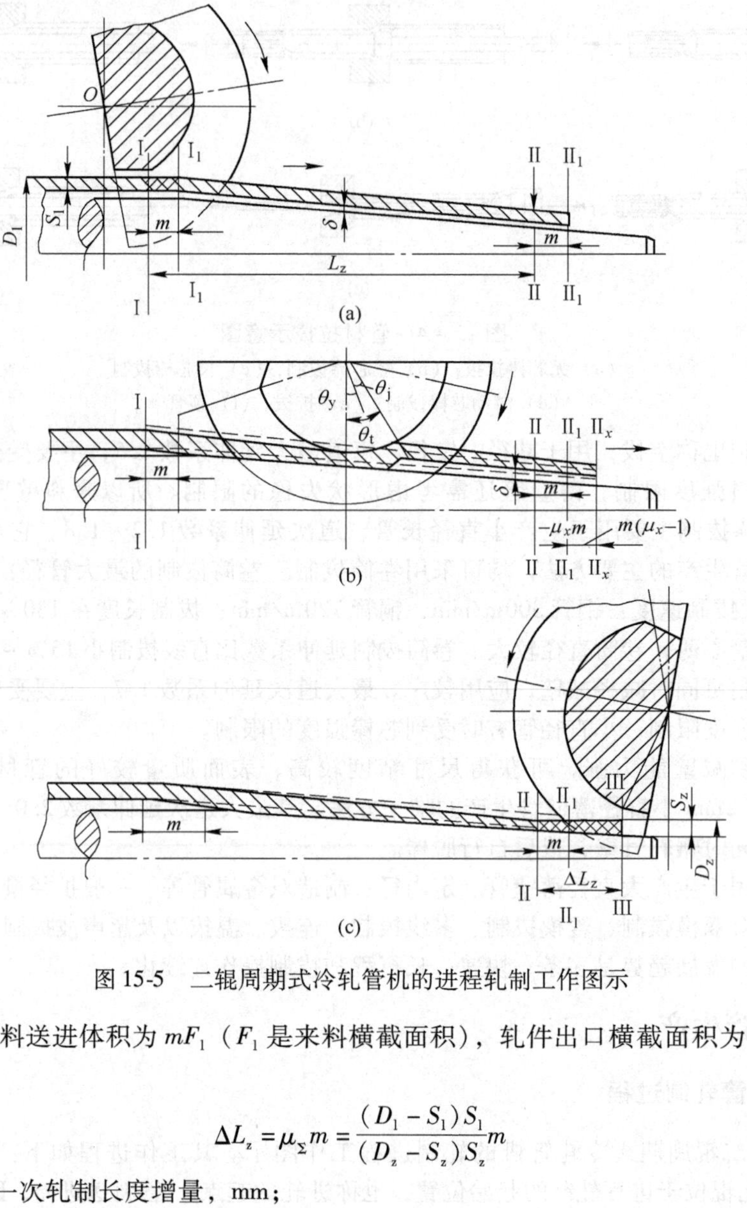

图 15-5　二辊周期式冷轧管机的进程轧制工作图示

每一周期管料送进体积为 mF_1（F_1 是来料横截面积），轧件出口横截面积为 F_z，按体积不变条件可得

$$\Delta L_z = \mu_\Sigma m = \frac{(D_1 - S_1)S_1}{(D_z - S_z)S_z}m \tag{15-1}$$

式中　ΔL_z——一次轧制长度增量，mm；

m——送进量，mm；

D_1、D_z——来料和轧出外径，mm；

S_1、S_z——来料和轧出壁厚，mm。

沿着轧辊周向有四个变形区：减径区、压下区、预精整区和精整区（图 15-6）。

（1）空轧送进区：管料送进 m；

（2）减径区：压缩管料外径直至内表面与芯棒接触为止。减径时略有增壁，增壁量 ΔS 按式（15-2）计算

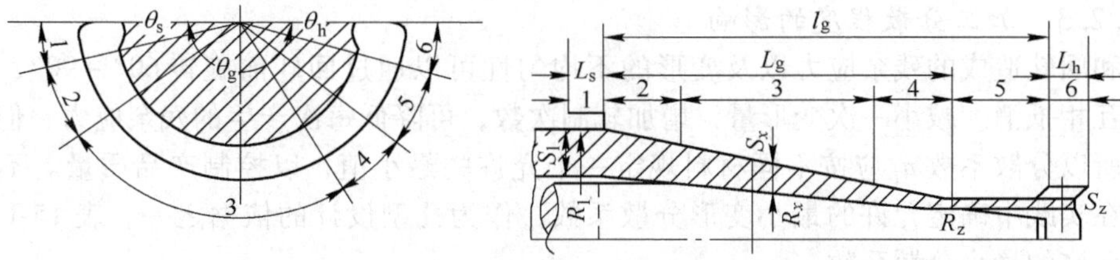

图 15-6　二辊周期式冷轧管机孔型展开图

1—空轧送进区；2—减径区；3—压下区；4—预精整区；5—精整区；6—空轧转动区

$$\Delta S \approx (0.7 \sim 0.8) S_1 \frac{\Delta D_1}{D_1} \tag{15-2}$$

式中　D_1、ΔD_1、S_1——管料的外径、外径减缩量和壁厚。

由于减径增壁过程中金属的塑性有所降低，变形不均匀性增加，宜采用较小减径量，一般插棒间隙 $\Delta_1 \leqslant (3\% \sim 6\%)\ d_1$，$d_1$ 为来料内径。

（3）压下区：为主要变形区，可同时减径、减壁。此段的变形曲线和孔型宽度是孔型设计的主要内容，应根据加工材料的性能和质量要求进行设计；

（4）预精整区：定壁，完成主要变形。

（5）精整区：定径，并提高表面质量和尺寸精度；

（6）空轧转动区：管料旋转 60°~90°以便回轧，对正轧时各种弹性变形所造成的变形余量和孔型侧部的金属进行精整加工。

15.2.2　变形区内金属的应力状态分布

变形区内应力状态影响因素主要有外摩擦、变形均匀性和变形分散程度。

15.2.2.1　外摩擦的影响

孔型中轧制、芯棒的摩擦作用以及轧制时金属只流向进程轧制方向流动，使得前滑区金属承受三向附加压应力，在后滑区承受轴向附加拉应力，其他两向为附加压应力。回轧时轧辊反向旋转，孔底金属在外摩擦力作用下受三向附加压应力，孔侧部分金属受轴向拉应力，其余两向为压应力。芯棒接触表面的摩接力方向，因轧件始终向机架进程轧制的运行方向延伸，所以对接触表面的金属总是造成三向附加压应力。

15.2.2.2　不均匀变形的影响

与所有纵轧相同，孔型开口处的金属受附加轴向拉应力，孔底金属受附加轴向压应力。出口截面上出现的工作应力状态分布将如图 15-7 所示。孔型开口处始终承受着拉应力，严重时甚至可能出现横裂，这是限制冷轧管一次变形率的主要原因之一。

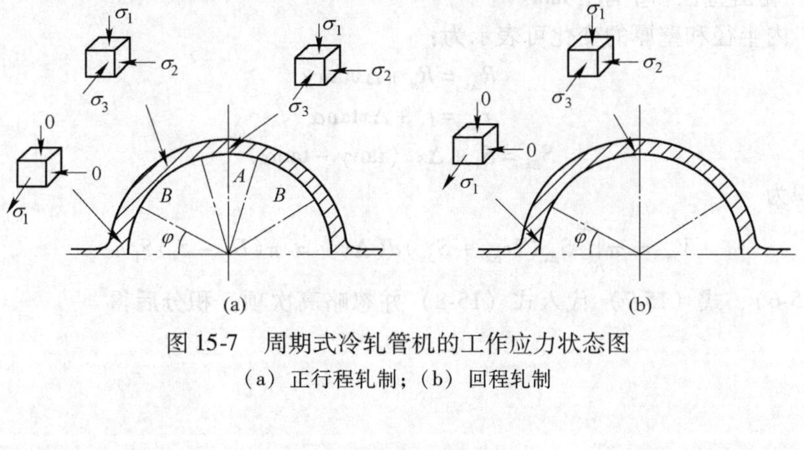

图 15-7　周期式冷轧管机的工作应力状态图

（a）正行程轧制；（b）回程轧制

15.2.2.3 加工分散程度的影响

正轧和回轧造成的残余应力以及变形的不均匀性可以通过回轧前旋转60°～90°，再加以回轧便能互相抵消。减小一次变形量，增加轧制次数，可降低每次产生的残余应力，但增加加工时间。所以分散系数n_{fs}应按不同材料规定一个允许的最小值，以控制产品质量。不同材料的管材可在实践中确定允许的最小变形分散系数，作为孔型设计的依据之一。表15-1列出了一些材料允许的最小分散系数。

$$n_{fs}=\frac{3l_1}{m\ (1+2\mu_\Sigma)} \tag{15-3}$$

式中 l_1——变形区压下段水平长度，mm；

m——送进量，mm；

μ_Σ——一个轧制周期的延伸系数。

表15-1 几种材料的最小分散系数

孔 型	材 质	变形程度/%	允许最小变形分散系数 n_{fs}
68×4→41×1.0	钢	85	6～7
70×6→38×2.0	不锈钢	81	11～12

15.2.3 周期轧制主要变形参数的计算

周期轧管通过累积变形获得成品尺寸，需要计算由坯料尺寸轧到变形锥内任一剖面时的“积累变形量”，和变形锥内任一剖面的“瞬时变形量”。

变形锥内任一横截面F_x的瞬时延伸系数等于与F_x相距Δx的前一横截面F_{x-1}与F_x之比。而一个轧制周期截面移动所包含的体积等于该轧制周期的送进体积mF_1，F_1为来料横截面积。如图15-8所示，Ⅰ-Ⅰ与Ⅱ-Ⅱ断面的间距为Δx，它们之间所包括的体积等于送进体积。根据送进体积与一个轧制周期所轧成钢管体积相等原则，有

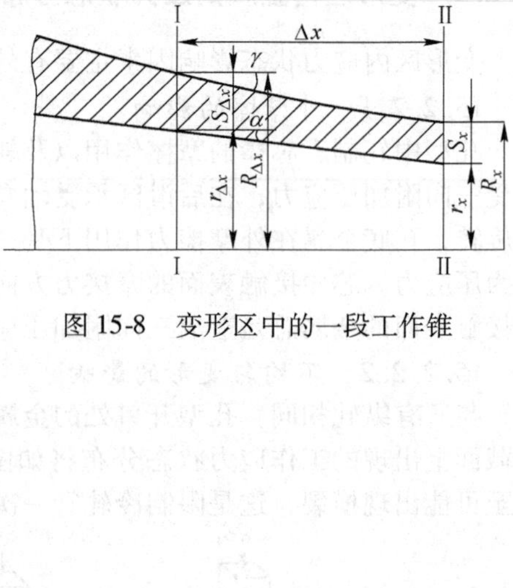

图15-8 变形区中的一段工作锥

$$\Delta x=\mu_\Sigma m=\frac{(D_1-S_1)S_1}{(D_z-S_z)S_z}m \tag{15-4}$$

式中 μ_Σ——一个轧制周期的延伸系数；

D_1、S_1——来料外径和壁厚，mm；

D_z、S_z——轧出直径和壁厚，mm。

外半径、内半径和壁厚的变化可表示为：

$$R_{\Delta x}=R_x+\Delta x\tan\gamma \tag{15-5}$$

$$r_{\Delta x}=r_x+\Delta x\tan\alpha \tag{15-6}$$

$$S_{\Delta x}=S_x+\Delta x\ (\tan\gamma-\tan\alpha) \tag{15-7}$$

送进体积为

$$V_m=\pi\int_0^{\Delta x}S_{\Delta x}(2r_{\Delta x}+S_{\Delta x})d(\Delta x)=\pi(D_1-S_1)S_1m \tag{15-8}$$

将式（15-6）、式（15-7）代入式（15-8）并忽略高次项，积分后得

$$\Delta x=\frac{\sqrt{(2r_x+S_x)^2S_x^2+4\frac{V_m}{\pi}[r_x(\tan\gamma-\tan\alpha)+S_x\tan\gamma]}-S_x(2r_x+S_x)}{2[r_x(\tan\gamma-\tan\alpha)+S_x\tan\gamma]} \tag{15-9}$$

Δx 已知后，通过式（15-5）、式（15-6）、式（15-7）分别求出 $R_{\Delta x}$、$r_{\Delta x}$ 和 $S_{\Delta x}$ 各值，可得延伸系数 μ_x、相对减面率 $\Delta F_x/F_x$ 和相对减壁量 $\Delta S_x/S_x$ 如下：

$$\mu_x=\frac{S_{\Delta x}(2r_{\Delta x}+S_{\Delta x})}{S_x(2r_x+S_x)}=\sqrt{1+4\frac{V_m}{\pi}\frac{R_x(\tan\gamma-\tan\alpha)+S_x\tan\alpha}{S_x^2(R_x+r_x)^2}} \tag{15-10}$$

$$\frac{\Delta F}{F}=1-\frac{1}{\mu_x}=1-\frac{1}{\sqrt{1+4\frac{V_m}{\pi}\frac{R_x(\tan\gamma-\tan\alpha)+S_x\tan\alpha}{S_x^2(R_x+r_x)^2}}} \tag{15-11}$$

$$\frac{\Delta S}{S}=1-\frac{S_x}{S_{\Delta x}}=1-\frac{S_x}{S_x+\Delta x(\tan\gamma-\tan\alpha)} \tag{15-12}$$

回程轧制的减壁量约占总减壁量的30% ~40%。

15.2.4 周期冷轧管机的孔型设计

设计内容包括：孔型各段长度的计算、孔型底部的展开线、计算孔型横断面尺寸、计算芯棒形状和尺寸。

15.2.4.1 计算孔型长度

如图 15-6 所示，孔型由工作段 L_g、送进段 L_s、回转段 L_h 构成，对应的是工作角 θ_g、送进角 θ_s、回转角 θ_h。设计时应尽量缩短送进和回转段的长度，增加工作段的长度。

孔型常用的半圆形轧块最大回转角 $\gamma_{max}=180°\sim215°$，且应满足以下条件：

$$\theta_s+\theta_g+\theta_h\leqslant\gamma_{max} \tag{15-13}$$

$$L_s+L_g+L_h\leqslant\pi D_j\frac{\gamma_{max}}{360°\times3600} \tag{15-14}$$

式中 D_j ——主动齿轮节圆直径，mm。

15.2.4.2 设计孔型槽底的纵向展开曲线

孔型槽底纵向展开曲线分为四段（图 15-6），其中减径段、预精整段为直线，与轧制线成一定倾角；定径段是与轧制线平行的直线；压下段是按一定变形规律设计的光滑曲线，是孔型设计的关键部分。

图 15-9 为减径区段图示，其中减径长度 l_j 为

$$l_j=\frac{\Delta_1}{\tan\gamma-\tan\alpha} \tag{15-15}$$

管料的减径段锥度为 $\gamma=6.8°\sim11.3°$，轧制薄壁管时的插棒间隙 $\Delta_1=1.0\sim1.5$mm。

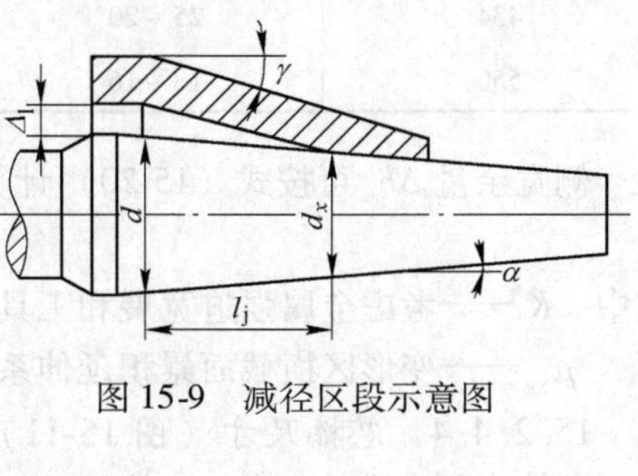

图 15-9 减径区段示意图

精整段也称定径段，孔型直径应与成品管外径相等，长度取决于进入预精整段管料直径与成品管的直径差，以及进入精整段管料的椭圆度。椭圆度小，孔型开口度不大，则芯棒锥度 $2\tan\alpha\leqslant0.01$，精整次数可以少些，一般取 1 ~2 次，相应定径段长度为

$$l_d=(0.1\sim2.0)m\,\mu_\Sigma \tag{15-16}$$

预精整段长度视管料每一断面可能受到的预精整次数而定，次数多少取决于压下段瞬时延

伸率，尤其是进入预精整段前的瞬时延伸率，压下段瞬时延伸率大则预精整次数多。压下段多采用逐渐减缓瞬时延伸率的光滑曲线，精轧系数取 1.0 ~ 1.5，相应长度为

$$l_{y} = (1.0 \sim 1.5) m\mu_{\Sigma y} \tag{15-17}$$

式中　$\mu_{\Sigma y}$——预精整段始点的积累延伸系数，一般 $\mu_{\Sigma y} = (0.95 \sim 0.98)\mu_{\Sigma}$。

为保证纵向壁厚均匀性，应使该段与芯棒母线保持平行 $\tan\gamma = \tan\alpha$。

压下区槽底纵向展开线的设计原则是充分利用金属塑性。因为轧制过程中随着变形量的增加金属塑性相应下降，所以沿变形区长度方向的壁厚压下率应按逐渐减小的原则设计。

按压下区轧制压力不变原则，压下量分布的经验公式为

$$\Delta S_{x} = \frac{m\left(\dfrac{S_{j}}{S_{yx}} - 1\right)n_{1}}{1 - e^{-n_{1}}}\left(1 - n_{2}\frac{x}{l_{yx}}\right) \tag{15-18}$$

式中　ΔS_{x}——压下区的瞬时壁厚压下量，mm；

S_{j}、S_{yx}——分别为减径区和压下区出口位置的壁厚，mm；

n_{1}——常数，$n_{1} = 0.64$；

n_{2}——按压下区轧制压力为常数而确定的系数。

对应坐标 x 的各点壁厚为

$$S_{x} = \frac{S_{j}}{\dfrac{S_{j}}{S_{yx}}\left(\dfrac{2 - n_{2}\dfrac{x}{l_{yx}}}{2 - n_{2}}\right)\dfrac{x}{l_{yx}}} \tag{15-19}$$

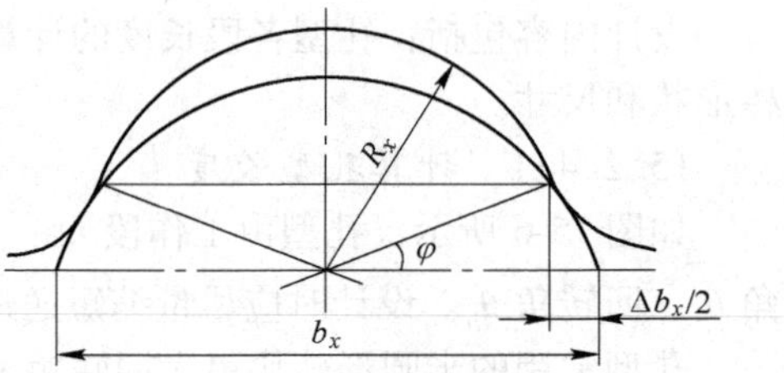

图 15-10　孔型结构图

15.2.4.3　孔型断面尺寸（图 15-10）

孔型开口角 φ 对于咬入和变形的影响规律如同一般椭圆孔轧制过程。其值如表 15-2 所示。

表 15-2　孔型开口角 φ 值

辊径/mm	开口角 φ/(°)			
	减径开始	压下区	预精整区	精整区
300	35 ~ 32	32 ~ 29	29 ~ 27	27 ~ 25
364	31 ~ 24	31 ~ 27	27 ~ 25	25 ~ 23
434	25 ~ 20	25 ~ 22	22 ~ 20	20 ~ 18
550	18 ~ 16	22 ~ 20	22 ~ 20	17 ~ 15

侧宽余量 Δb_{x} 可按式（15-20）计算

$$\Delta b_{x} = 2Km\mu_{\Sigma x}\tan\alpha \tag{15-20}$$

式中　K——考虑金属强迫宽展和工具磨损的系数，取 1.10 ~ 1.15；

$\mu_{\Sigma x}$——变形区横截面累积延伸系数。

15.2.4.4　芯棒尺寸（图 15-11）

芯棒主要参数为锥角 α、外径 D_{t}、长度 L_{t}。L_{t} 应大于减径段、压下段和预精整段长度的总和。精整段（定径段）起点的芯棒外径为 D_{d}。

芯棒定径段起点的直径为

$$D_{d} = D_{z} - 2S_{z} \tag{15-21}$$

式中　D_z、S_z ——成品管的外径和壁厚，mm。

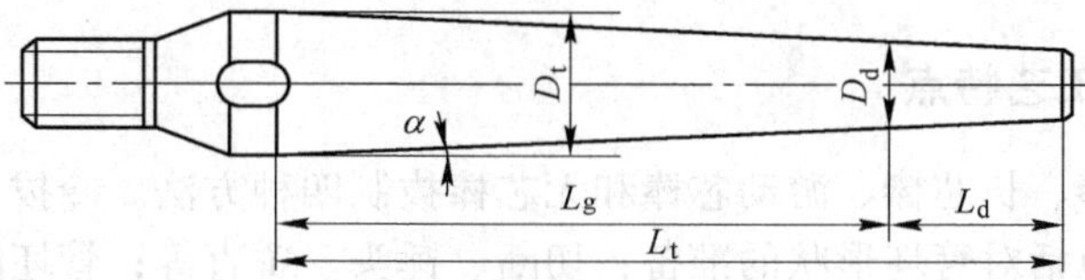

图 15-11　芯棒结构图

芯棒直径为

$$D_t = D_1 - 2S_1 - \Delta_1 = D_d + 2L_g\tan\alpha \tag{15-22}$$

式中　D_1、S_1——来料的外径、壁厚，mm；

Δ_1——插棒间隙，mm。

芯棒的锥度按下式计算：

$$2\tan\alpha = \frac{D_t - (D_z - 2S_z)}{L_g} = \frac{(D_1 - D_z) - 2(S_1 - S_z) - \Delta_1}{L_g} \tag{15-23}$$

芯棒锥度小，可减少不均匀变形和轧制压力、减少瞬时减径量、改善瞬时金属流动。但过小则易使管料端部相互咬合。芯棒锥度最小值为：0.002～0.005。硬质材料和薄壁管选用较小的芯棒锥度。

15.2.5 冷轧管轧制力计算

轧制压力

$$P = \bar{p}F \tag{15-24}$$

式中　F——冷轧时管壁压下区接触表面的水平投影，mm^2；

$\bar{p}$——平均单位压力，MPa。

二辊冷轧机的平均单位压力计算可采用式（15-25）、式（15-26）。

正轧时：

$$\bar{p} = R_{mx}\left[1.05 + f\left(\frac{S_1}{S_x} - 1\right)\frac{R_x}{R_j}\frac{\sqrt{2\Delta S_j R_x}}{S_x}\right] \tag{15-25}$$

回轧时：

$$\bar{p} = R_{mx}\left[1.05 + (2\sim2.5)f\left(\frac{S_1}{S_x} - 1\right)\frac{R_x}{R_j}\frac{\sqrt{2\Delta S_h R_x}}{S_x}\right] \tag{15-26}$$

式中　R_{mx}——所计算断面的金属抗拉强度，MPa；

S_1、S_x——来料壁厚和所计算断面的轧件壁厚，mm；

R_j、R_x——主动传动齿轮节圆半径和所讨论断面孔型底部轧辊半径，mm；

f——摩擦系数，对钢和铝合金 $f = 0.08\sim0.10$；紫铜和黄铜 $f = 0.05\sim0.07$；

ΔS_j、ΔS_h——进程和回程时管壁压下量，$\Delta S_j = (0.7\sim0.8)\Delta S_i$，$\Delta S_h = (0.2\sim0.3)\Delta S_i$，$\Delta S_i$ 为一个轧制周期管壁总压下量。

管壁压下区接触面的水平投影按下式计算

$$F = b_x\sqrt{2R_x\Delta S_x} \tag{15-27}$$

式中　b_x——x 断面的孔型宽度，mm；

ΔS_x——x 断面的壁厚压下量，mm。

15.3　冷拔管生产

15.3.1　管材拔制的工艺特点

拔管主要有短芯棒、长芯棒、游动芯棒和无芯棒拔制四种方法。冷拔加工之前，管坯需要进行拔前准备，其中包括对管坯形状的准备：切断、锤头、矫直等；管坯的组织性能准备：适当的热处理；管坯表面的准备：酸洗、喷丸、表面润滑处理等。

冷拔金属在变形过程中的加工硬化、延伸变长、管端不能继续穿过模孔、表面润滑膜破损等一系列变化，需要进行适当的处理，比如采用热处理工艺对管料加以软化、对管端需要锤头以便穿过模孔、进行管料的中间切断以适应拔机长度、对管料进行酸洗以去除表面氧化层以及重新润滑等以便继续加工。通常将这一系列工序统称为中间处理，所有的冷拔之前的加工内容称做拔前准备工作。中间处理或拔前准备工作对冷拔加工过程和产品的加工质量至关重要。

与冷轧相比，冷拔的道次变形量较小，小规格成品需要经过多次冷拔才能获得，通常需要多次退火处理。一次退火后冷拔直至下一次退火之间的工艺过程叫做一个拔程，一个拔程中包括冷加工和中间处理过程。

因此，尽管冷拔管具有通常冷加工金属的所有优点，并且设备简单操作容易，但与冷轧相比，冷拔工艺道次多、中间处理工序多、成材率低。

15.3.2　拔管时的变形区受力与拔制条件

各种拔管方式，管料在变形区内受到拉模和芯棒的作用力如图 15-12 所示。固定模座拔管变形力或变形功的 40% ~60% 用于克服摩擦力或摩擦功。因此，为减少拔制力，除了要降低金属变形抗力和合理设计模具外，还需充分润滑以降低摩擦系数。

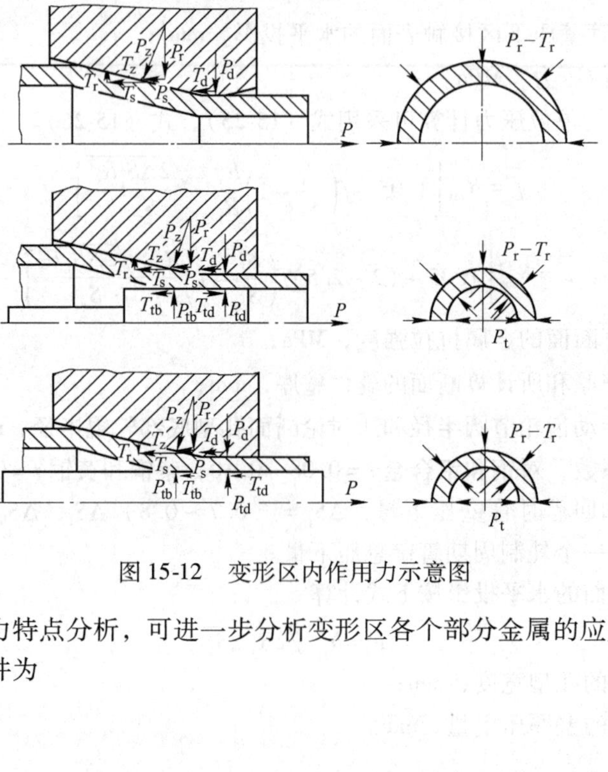

图 15-12　变形区内作用力示意图

通过对变形区受力特点分析，可进一步分析变形区各个部分金属的应力应变状态，并且可得实现拔制过程的条件为

$$\sigma_z = \frac{P}{F_1} < \sigma_s \tag{15-28}$$

式中　σ_z ——出口断面单位拔制力，MPa；

P ——拔制力，N；

F_1 ——冷拔管出口断面面积，mm^2；

σ_s ——拔后管身的屈服强度，MPa。

同时，管料锤头部分所受的拔制应力应小于该处的强度极限

$$\frac{P}{F_0} < \sigma_b \tag{15-29}$$

式中　F_0 ——管料锤头部分断面积，mm^2；

σ_b ——锤头部分的强度极限，MPa。

15.3.3　拔管时金属的变形

15.3.3.1　无芯棒拔制时的变形

无芯棒拔制也称做空拔，主要作用为减径。主要模具形式有锥形外模和弧形外模两种（图15-13），其变形区分为减径区和定径区两个区域（图15-14）。

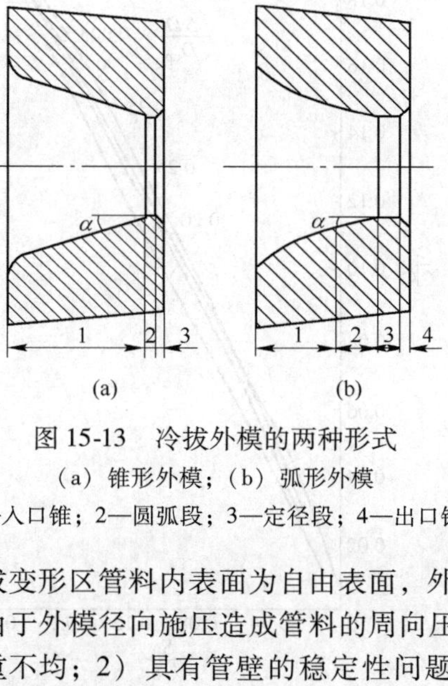

图15-13　冷拔外模的两种形式

（a）锥形外模；（b）弧形外模

1—入口锥；2—圆弧段；3—定径段；4—出口锥

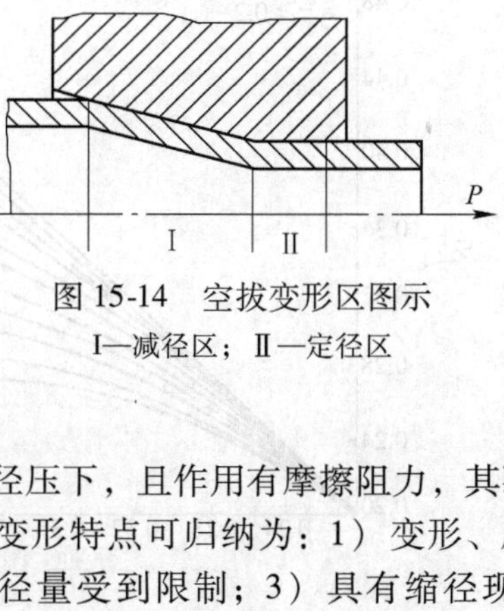

图15-14　空拔变形区图示

Ⅰ—减径区；Ⅱ—定径区

空拔变形区管料内表面为自由表面，外表面受外模减径压下，且作用有摩擦阻力，其减径变形是由于外模径向施压造成管料的周向压缩，因而空拔变形特点可归纳为：1）变形、应力分布严重不均；2）具有管壁的稳定性问题，使得道次减径量受到限制；3）具有缩径现象，管料拔后直径略小于模孔直径；4）具有均壁作用，使得这种加工方式适用于成壁后道次；5）壁厚增减的变化规律如同热轧定减径。

空拔道次减径量一般为4～10mm（<15mm），每道次的面缩率为25%～30%（<35%），延伸系数最大值为1.5～1.6。此法一般用于生产小直径（$D<30$mm、壁厚$S<1.0$mm）的管材以及各种冷成形管的成品道次和成品前几道次的定径。

A　壁厚变化规律

空拔时，钢管除了减径外，壁厚同时发生变化。由全量理论所推导的下式可分析空拔壁厚随减径量的变化规律。

$$\ln\frac{S_0}{S_1} = \frac{2\sigma_r - \sigma_D - \sigma_1}{2\sigma_D - \sigma_r - \sigma_1}\ln\frac{D_0}{D_1}$$

式中　S_0、D_0 ——来料壁厚和外径，mm；

S_1、D_1 ——拔后壁厚和外径，mm；

σ_r、σ_D、σ_1 ——作用于变形区微分体的径向、切向和轴向应力。

生产过程中可采用以下经验公式计算空拔壁厚变化

$$\frac{\Delta S}{S_0}=\frac{1}{6}\frac{\Delta D}{\overline{D}}\left[3-10\left(\frac{S_0}{D_0}\right)^2-13\left(\frac{S_0}{D_0}\right)\right] \tag{15-30}$$

式中　ΔS ——冷拔一道次前后壁厚变化量，mm；

D_0、S_0 ——来料外径和壁厚，mm；

$\overline{D}$ ——冷拔一道次前后平均直径，mm。

或

$$\Delta S=\pm D\times 10^{-3} \tag{15-31}$$

来料壁厚系数 $\nu_0<0.2$ 时取正，$\nu_0>0.2$ 时取负。

图 15-15 所示为空拔时壁厚变化与减径率、来料壁厚系数之间的关系。

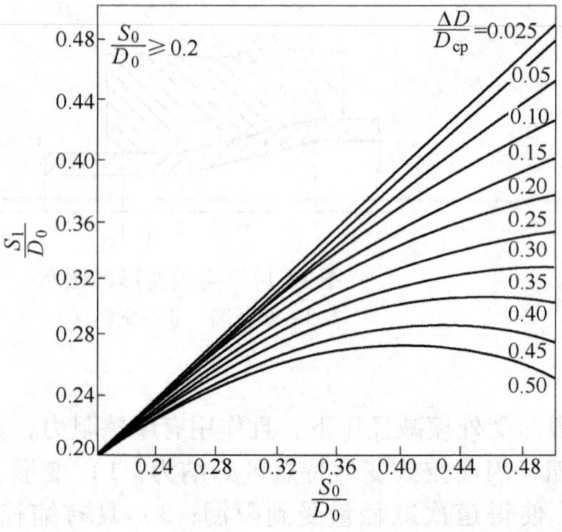

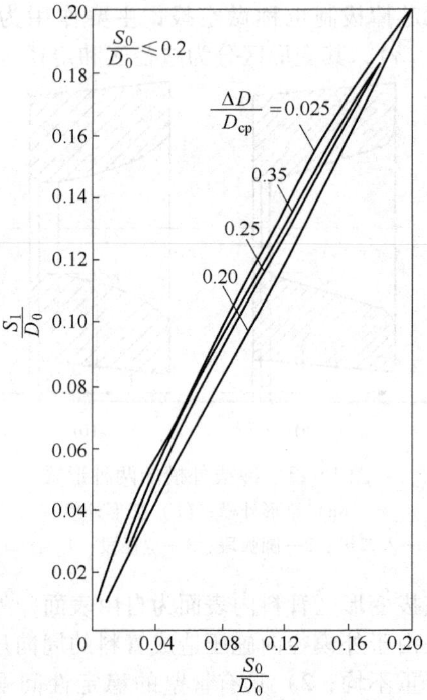

图 15-15　空拔时壁厚变化与减径率、来料壁厚系数之间的关系

也可以按经验方法估算壁厚变化值：来料管外径和壁厚比值 $D_0/S_0>5\sim6$ 时，钢管减径 10mm，则壁厚约增厚 0.1mm；来料 $D_0/S_0<5\sim6$ 时，钢管减径 10mm，则壁厚约减薄 0.1mm。

B　管壁失稳问题

管料失稳拔折是减径变形受限的主要因素，其临界减径率可按下式计算

$$\varepsilon_{D_{lj}}=2.8\nu_0\times 10^4 \tag{15-32}$$

式中　ν_0 ——来料壁厚系数。

生产中应注意：1）锤头形状对管壁失稳影响较大，肩部皱褶不宜过深过长；2）$\nu_0<0.04$ 时注意控制；3）采用模具锥角 $\alpha=10°\sim15°$，并且 $\Delta D<6S_0$。

C　残余应力问题

空拔特定的变形状态，会产生严重的不均匀变形，导致残余应力分布不均，严重时将导致管材纵裂。这也同样使变形量受到限制。从空拔变形情况看，其外表面摩擦导致如下结果：沿壁厚方向，内层金属的相对减径量大于外层；内层金属的长度方向上的相对变形量大于外层；内层金属的相对减壁量大于外层。这一现象导致拔后管出现如图 15-16 所示的残余应力分布情况。外层金属所呈现的较大周向残余拉应力，容易造成管材纵裂（图 15-17）。因此，空拔时应适当控制连拔次数，并且 ΔD 不宜过大（薄壁管容易拔折，厚壁管容易纵裂）。

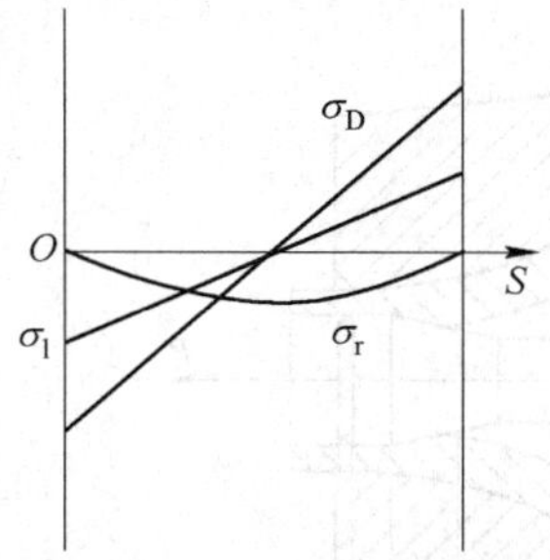

图 15-16　残余应力分布

图 15-17　钢管纵裂缺陷

D　缩径现象

所谓缩径现象是指空拔后管材外径略小于模孔内径的现象。造成缩径现象的原因有：1）金属流动惯性，实验表明，拔制速度加大可导致缩径量增大；2）最小弯曲半径，不同壁厚和材质具有不同的最小弯曲半径，其值越小，缩径值越小。通常，壁厚系数 $\nu_0=0.1\sim0.15$ 时，缩径有最大值。同时，模具类型对缩径也有所影响，弧形外模缩径量较小（表 15-3）。

表 15-3　弧形外模缩径量

来料壁厚 S_0/mm	缩径量/mm
2 ~ 5	0.03 ~ 0.04
>5	0.04 ~ 0.09

缩径量计算的经验公式：

$$D_1=\left(1+\frac{1.1\sigma_s}{E}\right)\left[d_t-(2R-S_1)(1-\cos\alpha)+k\right] \tag{15-33}$$

式中　D_1、S_1——拔后外径和壁厚，mm；

σ_s——材料的屈服强度，MPa；

E——材料的弹性模量，MPa；

d_t——模孔直径，mm；

R——材料最小弯曲半径，mm；

α——外模锥角，(°)；

k——模具材质系数，硬质合金模 $k=0$，钢模 $k=0.05\sim0.1$。

E　均壁作用

空心轧制管材成形中壁厚变化的一般规律同样适用于空拔变形过程中局部管壁的变化：厚壁处趋向减薄、薄壁处趋向增厚。因此，空拔具有一定的均匀管壁的作用，在确保管件不产生弯曲的前提下，较大的模具锥角、增加空拔道次、加大道次减径量都有利于均壁。

15.3.3.2 短芯棒拔制时的变形

在锥形外模和柱形芯棒或弧形外模和锥形芯棒配合构成的环状模孔中进行的变形过程（图15-18），变形区由减径区、减壁区和定径区组成，外模和芯棒均阻碍金属纵向流动，但外模较大的压下和较长的接触面积使得外层金属的纵向流动始终滞后于内层，但不如空拔严重。锥形外模柱形芯棒拔制力比弧形外模锥形芯棒小20%左右，变形量较大，适用于较大规格钢管冷拔。短芯棒拔制时，管料内外侧上压下变形较大的一面具有较好的表面质量，也就是说，弧形外模锥形芯棒能够加工出内表面质量较好的钢管，锥形外模柱形芯棒所拔制的管子外表面质量较好。

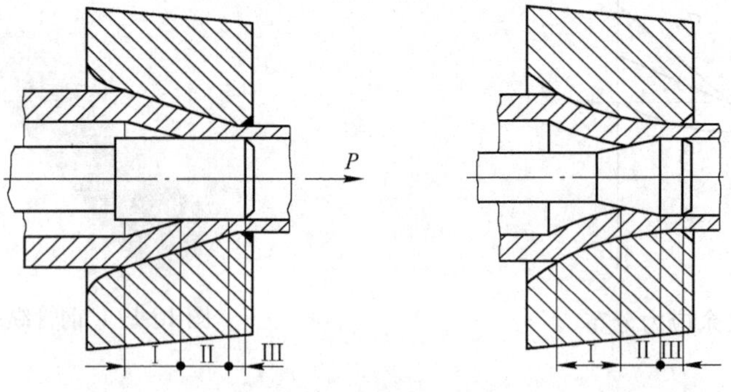

图15-18 短芯棒拔制的两种形式及其变形区图示

（a）锥形外模柱形芯棒；（b）弧形外模锥形芯捧

Ⅰ—减径区；Ⅱ—减壁区；Ⅲ—定径区

15.3.3.3 长芯棒拔制时的变形

长芯棒拔制时芯棒随管料一起向前移动，因此芯棒对变形管料内表面的摩擦力要比短芯棒拔制小得多。第一道拔管变形区情况与短芯棒拔制相同，分为减径区、减壁区和定径区（图15-19a），第二道连拔管变形区则只有减壁区和定径区（图15-19b）。长芯棒拔制变形量可比短芯棒大，同时管材的表面质量，尤其是内表面质量较高。

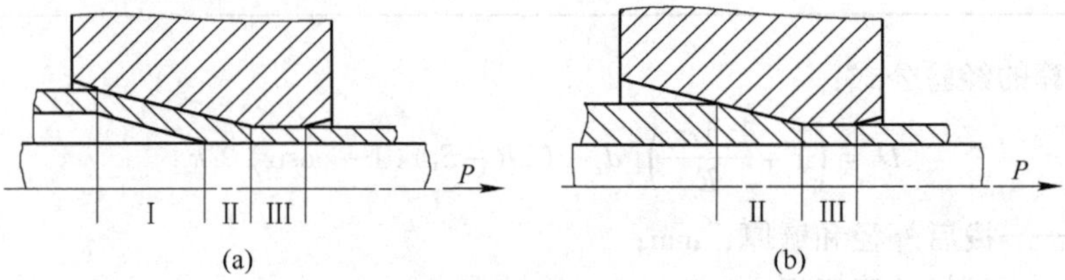

图15-19 长芯棒拔管变形区图示

（a）第一道拔制；（b）连拔第二道

Ⅰ—减径区；Ⅱ—减壁区；Ⅲ—定径区

长芯棒拔制需要脱棒工序。壁厚较薄的管料可以采用拔棒的方式进行拔制。

长芯棒拔制时管料与芯棒一起通过拔模，管子与芯棒间摩擦力很小，一般只有延伸率相同条件下的短芯棒拔制时的摩擦力的1/6，金属在拔模工作带的拉拔应力比短芯棒拔制时小15%～20%，因而该方法可生产壁厚为0.01mm的极薄壁管。长芯棒拔制道次变形量可达40%～55%，壁厚相对变形量为30%～35%，延伸系数为2.2～2.25。该方法多应用于生产薄壁管的第一、二道次，以获得较大的变形，消除来料纵、横向壁厚不均。另外还用于生产小直径极薄壁管、毛细管以及塑性较差的特殊合金及有色金属管材。长芯棒拔制缺点是要求有材质好、尺寸精确、表面需精加工且数量较多的芯棒，此法需要设置脱棒工序。

15.3.3.4 游动芯棒拔制时的变形

游动芯棒拔管时的变形区可分作减径区、第一减壁区、第二减壁区和定径区四个区域（图 15-20），随外界条件变化，变形区各段长度将有所改变，有的区域可能消失。

游动芯棒拔制时，芯棒应处于变形区稳定位置（图 15-21），按芯棒所受到的正压力和摩擦力的水平分量之和应满足大于零，可得其自平衡条件为

$$\alpha \geqslant \alpha_1 > \beta \tag{15-34}$$

式中 α ——外模锥角，(°)；

α_1——芯棒锥角，(°)；

β ——管料与芯棒之间的摩擦角，(°)。

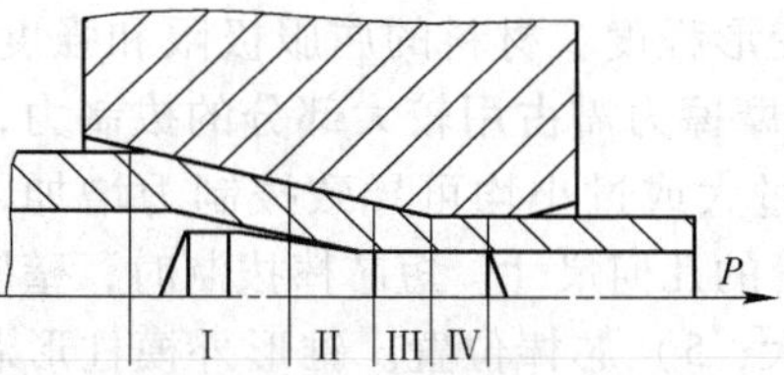

图 15-20 游动芯棒拔管变形区图示

I—减径区；II—第一减壁区；

III—第二减壁区；IV—定径区

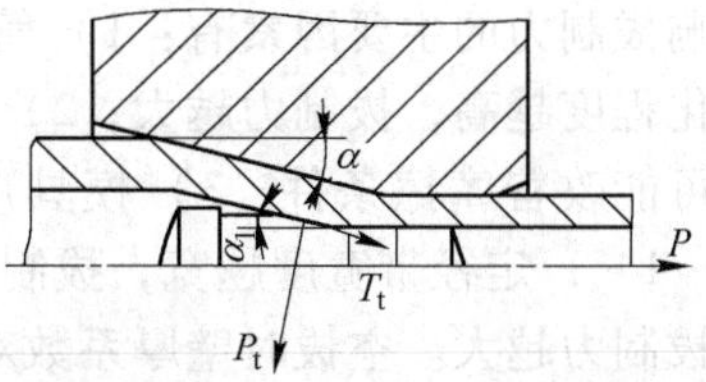

图 15-21 游动芯棒拔管芯棒自平衡受力示意图

若不满足上述平衡条件，芯棒将受摩擦力作用而前移，与模孔构成对管料的剪切，使管料被拉断。

冷拔管金属变形受拔管形式、管料尺寸、变形程度、模具形状、润滑条件等多种因素影响。一般而言，摩擦条件和模具形状对变形不均匀程度影响较大，其中尤以无芯棒拔制方式所造成的不均匀变形程度较为严重，生产中应多加注意。

短芯棒拔制的道次减径量一般为 6 ~ 10mm，道次面缩率为 30% ~35%（<40%），延伸系数最大为 1.7 ~ 1.8（个别情况下可达 2.1）。该拔制方法道次变形量大，且管子内表面质量好，所以多用于开始及中间道次以及成壁前的各道次，承担拔制生产过程中的主要变形。

15.3.4 拔制力及其影响因素

15.3.4.1 拔制力计算

拔制力计算的意义在于校核拉拔过程中管料各截面上的拔制应力承受能力和选择适当的冷拔设备。

空拔时的拔制力

$S<0.05D$ 时 $$P = 1.93\overline{\sigma}_b F_1 \psi \tag{15-35}$$

$S \geqslant 0.05D$ 时 $$P = 2.11\overline{\sigma}_b F_1 \psi \tag{15-36}$$

短芯棒拔制时的拔制力 $$P = 2.52\overline{\sigma}_b F_1 \psi \tag{15-37}$$

式中 $\overline{\sigma}_b$ ——钢管拔制前后的平均抗拉强度，MPa；

ψ ——钢管的面缩率。

计算拔制力的经验公式

$$P = K(F_0 - F_1) \tag{15-38}$$

式中 F_0、F_1 ——钢管拔制前后的横截面积，mm^2；

K——拔制力系数（由表 15-4 选取），MPa。

表 15-4　拔制力系数　（MPa）

钢　种	空　拔	短芯棒
低碳钢	65～75	75～85
中碳钢	90～100	110～120
合金结构钢	140～150	160～170
合金钢	140～150	170～180
不锈钢	140～150	160～170

15.3.4.2　拔制力影响因素

影响拔制力的主要因素有：1）管料力学性能和变形程度。材料的屈服极限和强度越大、加工硬化程度越高，拔制力越大；2）摩擦条件。克服摩擦力需占用较大部分的拔制力，生产中应尽可能改善摩擦条件；3）模具形状。入口锥角过大或过小均可导致拔制力增加，一般 $\alpha=12°\sim14°$；定径带宽度越宽，拔制力越大；4）钢管的几何尺寸。短芯棒拔制时，壁厚系数越小，拔制力越大。空拔时壁厚系数对拔制力影响不大；5）芯棒位置。锥形外模柱形芯棒拉拔时，若芯棒位置过于靠前，使出口内表面摩擦力增加；6）拔制速度。稳定拔制时，拔制速度对拔制力影响不大。开始拔制瞬间速度不宜过高，避免附加动载荷导致拔制力过大；7）拔制方式。同样变形量条件下，短芯棒拔制力比空拔大，长芯棒拔制力比短芯棒拔制小。

15.3.5　冷拔工具设计

拔管工具对冷拔管材的产量、质量至关重要。对拔管工具的要求有：1）工具表面的硬度高（HRC58～62）和耐磨性好，特别是在冷变形摩擦生热时仍应保持较高的硬度；2）工具几何尺寸精确、形状合理；3）工具表面光洁无损。

15.3.5.1　外模设计

冷拔管外模有锥形和弧形两种形式，其结构参数如图 15-22 所示。入口锥起减径作用，生产实践证实锥形模锥角 α 在 12°～14°时拔制力最小。

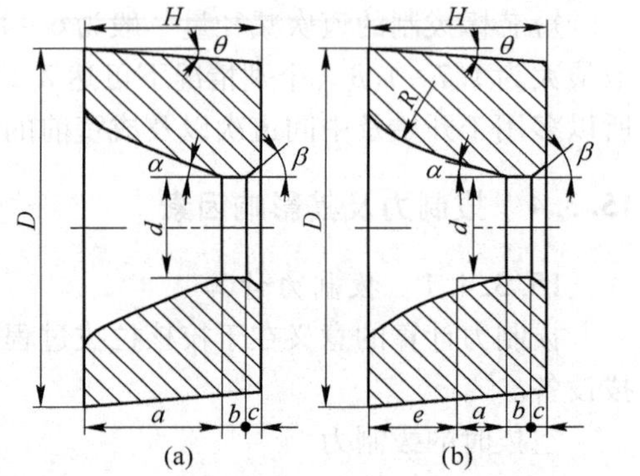

图 15-22　冷拔外模的两种形式
（a）锥形外模；（b）弧形外模

定径带起定径作用，其宽度 b 增大，拔制力增大，但钢管拔制稳定，拔后钢管弯曲小，空拔后缩径小；反之，定径带窄，拔制力小，但模具易磨损，拔后钢管弯曲大，空拔后缩径大，一般，锥形外模的定径带宽度为 3～7mm。出口锥的作用是使拔后管顺利脱模，不划伤外表面。出口锥角一般为 30°，也可以弧形代替锥形，出口锥长度 c 一般近似等于定径带宽度 b。拔模厚度 H 按所需的最大减径量来选定，一般 H 值为 35～70mm，因 d 值而异。从保证拔模强度出发，一般拔模外径 $D\geqslant 2d$。为使模套有共用性，外模的外径 D 应尽可能统一。表 15-5、表 15-6 为现场使用的锥形外模和弧形外模尺寸。

拔管外模需要经受较大的摩擦，为提高拔模的使用寿命，改善拔管表面质量，目前普遍使用碳化钨硬质合金拔模，采用热压法装入钢套中，以免受冲击破碎。

表 15-5　短芯棒拔管锥形外模尺寸

D/mm	d/mm	H/mm	b/mm	c/mm	α/（°）	R/mm	β/（°）
170	≥70	60	6	10	13	7	30
140	51～69	50	5	8	13	5	30
120	45～50	45	4	6	13	5	30
120	35～44	40	4	5	13	4	30
100	20～34	30	4	5	13	3	30

表 15-6　短芯棒拔管弧形外模尺寸

D/mm	H/mm	d/mm	a/mm	b/mm	c/mm	e/mm	α	R/mm	β/（°）
150	45	60～46	8	15	2	20	3°30′	23.8	30
150	45	45～40	7	14	2	22	3°30′	30.6	30
120	32	39～20	7	13	2	9	3°30′	12.5	30
90	28	19～12	6	12	2	8	3°30′	11	30

15.3.5.2　芯棒设计

短芯棒分柱形和锥形两种，柱形芯棒与锥形外模配合使用；锥形芯棒与弧形外模配合使用（图 15-18）。空心柱形芯棒用于拔制内径大于 ϕ30mm 的钢管；拔制 ϕ30mm 以下的钢管时，采用实心芯棒，如图 15-23 所示。空心芯棒机加工方便，可两头互换使用。柱形芯棒外径 D_t 等于拔后的钢管内径，芯棒长度 L_t 与直径 D_t 之比为 1～1.5。拔制内径小于 5mm 管材时，可采用钢丝代替芯棒，但拔后需经脱棒处理。

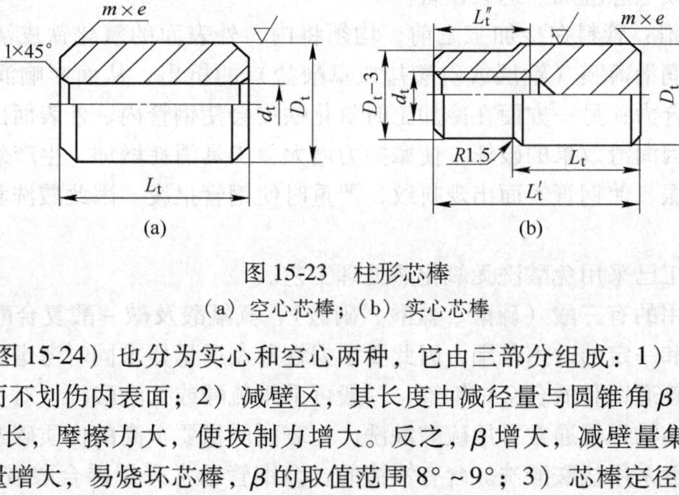

图 15-23　柱形芯棒

（a）空心芯棒；（b）实心芯棒

锥形芯棒（图 15-24）也分为实心和空心两种，它由三部分组成：1）顶端倒角区，使钢管平稳脱离内模而不划伤内表面；2）减壁区，其长度由减径量与圆锥角 β 决定，减壁量一定时，β 小则减壁带长，摩擦力大，使拔制力增大。反之，β 增大，减壁量集中在很窄的区域，单位压力及发热量增大，易烧坏芯棒，β 的取值范围 8°～9°；3）芯棒定径带是用来控制钢管壁厚。定径带受力大，摩擦发热严重，一般以圆弧过渡，宽度为 1～3mm。

15.3.6　中间工艺制度

中间工序是用来消除加工硬化、调整管料尺寸、改善表面状态的必要过程，可使得变形过程顺利进行、设备能力充分发挥、提高模具使用寿命以及确保管料加工质量。主要工序有来料检验及选择、管料及半成品管的锤头、热处理、酸洗及润滑，高合金钢还需酸洗、检查、修磨或剥皮等。

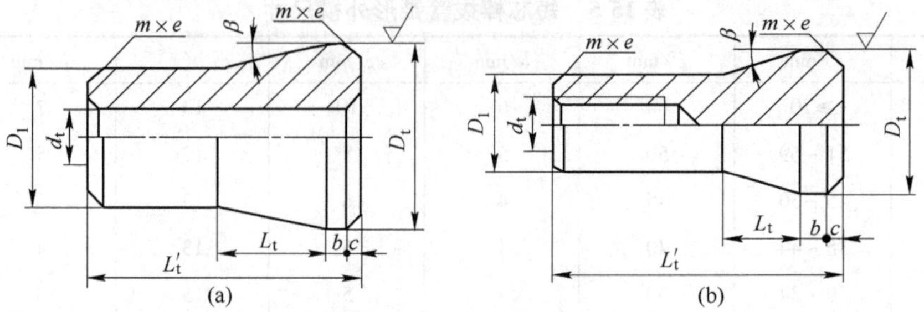

图 15-24　锥形芯棒
（a）空心芯棒；（b）实心芯棒

（1）冷拔管料锤头，冷轧管料清除毛刺：锤头是将管料前端加热并锻打至小于模孔直径，以便拔管时打头部分先伸过模孔，让小车钳口夹紧管头，实现拔制过程。锤头直径按打头一次可以拔制 2~3 道为准。锤头长度要满足切头量最小以及保证钳口能正常夹紧，一般为100~200mm，打头断面形状多为 S 形或 W 形。现代的拔管生产已采用头部强迫挤出技术。

（2）管料热处理：主要是软化处理。管料的硬度和组织显著影响冷拔过程。硬度过高，冷拔（轧）时模具磨损快，电能消耗大，钢管易开裂或拔断。热轧低碳钢管料的硬度与组织符合冷拔要求时可不必热处理；中、高碳钢及合金钢管料的终轧温度高、轧后冷却速度不均，因而导致管料组织与性能不均、内应力较大和硬度偏高，故拔（轧）前一般都要进行退火或正火处理。奥氏体类钢拔（轧）前需进行固溶处理；高碳工具钢、合金工具钢及滚珠钢，需进行球化处理；半成品管为消除冷加工硬化、提高塑性需进行中间热处理；成品管为提高钢管综合力学性能需进行最终热处理。钢管热处理所用设备，常用的有室式退火炉，辊底式连续退火炉和电接触加热或电感应加热退火设备。

（3）酸洗和润滑：管料在冷加工之前，均须将内、外表面的氧化铁皮清除。氧化铁皮的存在，一方面影响润滑薄膜（铜层或磷酸盐或草酸盐）的析出，从而影响润滑层组织的致密性及其与基体的结合力；另一方面在冷加工时氧化铁皮会使钢管内、外表面出现压痕、麻点和划痕等缺陷。同时因润滑效果的破坏，使摩擦力增大，工具消耗增加，生产效率降低，并可能使拔制过程产生抖振，使钢管表面出现抖纹，严重时使钢管报废。因此酸洗和润滑是冷加工管材生产的重要工序。

现代钢管冷加工已采用免酸洗无氧化热处理工艺。

管料酸洗通常用的有三酸（硫酸、盐酸、硝酸）、氢氟酸及碱-酸复合酸洗等方法。各种酸液具有不同特点和一定的适用范围，因此要根据钢种及质量要求同时考虑经济上的合理性来选择酸洗方法。对普通钢和低合金钢钢管，一般可采用硫酸或盐酸酸洗，对一般没有特殊要求的碳素钢和低合金结构钢管通常可用硫酸酸洗。对表面质量要求高的优质碳素钢和低合金结构钢的精密钢管，一般采用盐酸酸洗。含有镍铬的合金钢管通常采用混合酸或碱-酸复合酸洗。对奥氏体类不锈钢采用氢氟酸酸洗。

采用硫酸酸洗时，氧化铁与硫酸溶液反应生成水溶性铁盐及亚铁盐，同时铁基体与硫酸作用生成氢气，其膨胀作用可将氧化铁皮剥离。表 15-7 为部分钢种的冷加工酸洗方法。

钢管在冷拔（轧）前润滑是为了减少拔（轧）加工时金属与工具间的摩擦，减少拔（轧）制力，提高钢管表面质量，减少工具磨损与消耗，加大这次变形量，提高变形速度，提高生产率。钢管的拔（轧）前润滑方法有化学镀铜法，草酸盐法，磷酸盐法及涂牛油-石灰等，在钢管表面上形成牢固的镀（涂）层。不同钢种采用不同的润滑方法。部分钢种的酸洗润滑制度参看表 15-7。冷拔（轧）管润滑实例见表 15-8。

表 15-7　部分钢种冷加工酸洗方法

钢　种	酸洗方法	溶液使用范围	使用温度/℃	时间/min
轴承钢、碳素结构钢、合金结构钢	硫酸酸洗	H_2SO_4　8%～20% $FeSO_4$ 小于 200g/L	65～75	10～40
	盐酸酸洗	HCl 8%～12%（冬、春、秋），6%～8%（夏） F_3Cl 小于 100g/L	室　温	10～30
	磷酸盐法	HNO_3　18g/L，H_3PO_4 8g/L ZnO 15g/L，Fe 小于 2.5g/L	65～75	10～40
奥氏体不锈钢	氢氟酸洗	HF 4%～6%，HNO_3 8%～12%，Fe 小于 18g/L	50～60	20～40
	草酸盐法	$H_2C_2O_4$ 40～60g/L，NaCl 25～35g/L， $NaSO_3$ 2～4g/L	70～80	镀上为准
不锈钢		牛油∶石灰＝1∶(9～10)	室　温	
经磷化、草化后的管料	皂化法	磷化后，游离碱小于 4g/L，脂肪酸 50～80g/L 草化后，游离碱小于 4g/L，脂肪酸 140～160g/L	30～45 30～40	20～60 20～60

表 15-8　部分钢种的润滑方法

钢　种	加工方法	润　滑　方　法
不锈钢	冷　拔	1. 内外表面涂牛油石灰＋烘烤 2. 草化＋皂化＋表面涂灰＋烘烤 3. 草化＋皂化 4. 镀铜＋皂化＋氯化石蜡 5. 白化＋氯化石蜡
	冷　轧	1. 镀铜＋氯化石蜡 2. 镀铜＋牛油石灰＋皂化或机油 3. 白化＋氯化石蜡＋皂化或机油
碳钢合金结构钢	冷　拔	1. 磷化＋皂化；2. 草化＋皂化；3. 镀铜＋皂化
	冷　轧	1. 镀铜＋氯化石蜡

15.3.7　成品管精整和处理

成品管精整工艺包括成品管热处理、矫直和切管、表面质量和尺寸精度检验、物理性能检验、工艺性能检验、无损探伤以及化学成分鉴定等。有些成品管还要经酸洗及钝化、烘干、涂油包装等。

15.4　冷轧、冷拔制表编制

所谓冷轧、冷拔制表是指钢管冷加工的变形尺寸、加工方法、模具类型、中间工序和技术经济指标等参数所汇总而成的工艺表格。这一工艺表格对于生产组织、质量控制、设备管理具有重要意义。

15.4.1　拔制表编制原则

（1）合理选择加工方法和工艺流程，充分发挥设备特点，力求减少工序，缩短生产周期。

（2）合理选择变形参数，充分利用金属塑性，采用较大变形量，尽可能采用连拔。

（3）合理选用管料尺寸。保证变形量的前提下，管料尺寸尽可能接近成品尺寸；选用长管料以减少金属消耗；考虑设备能力平衡。

15.4.2　拔制表编制步骤与方法

（1）管料选择

$$D_0 = D_n + (5 \sim 30)\ \text{mm}$$
$$S_0 = S_n + (0.5 \sim 1.5)\ \text{mm}$$

（2）确定总延伸系数

$$\mu_\Sigma = \frac{F_0}{F_n} \tag{15-39}$$

式中　F_0——来料横截面积，mm^2；

F_n——成品管横截面积，mm^2。

（3）确定拔制道次

$$n = \frac{\lg\mu_\Sigma}{\lg\mu_{cp}} \tag{15-40}$$

式中　μ_{cp}——平均延伸系数，一般为1.30～1.60。

（4）选定各道次加工方法和所用工具形式，按塑性加工变形量规律分配各道次延伸系数，并满足

$$\mu_1\mu_2\cdots\mu_{n-1}\mu_n = \mu_\Sigma \tag{15-41}$$

（5）确定各道次钢管尺寸。1）按上述初定的μ_i计算各道次钢管断面积：$F_i = F_{i-1}/\mu_i$，$i = 1, 2, \cdots, n$；2）确定道次减壁量：$S_i = S_{i-1} - \Delta S_i$；3）计算道次管径 $D_i = S_i + F_i/(\pi S_i)$；4）按模具系列圆整$D_i$；5）修正$F_i$和$\mu_i$，并满足式（15-41）；6）确定各道次钢管长度：$L_i = \mu_i L_{i-1}$。

（6）计算拔制力，选择冷拔机，校核工艺可行性。

（7）确定中间工序。根据需要选择连拔、切断、锤头、热处理、酸洗、润滑、中间矫直等工序。

（8）其他工艺计算（技术经济指标）。内容包括道次拔后管长、根数和重量；每一中间工序金属消耗和总金属消耗；吨钢投料量等。用于核算产品成本和物料平衡。

表15-9、表15-10为轧拔制表示例。

表15-9　20Aϕ25mm×2mm锅炉管的拔制表

道次	钢管尺寸		延伸系数	拔制方法	拔制力/kN	拔 机	中间工序
	$D \times S$/mm	F/mm^2					
0	57×3.5	588.0					锤头、酸洗、润滑
1	49×3	433.3	1.367	短芯棒	182	LB－30	矫直、润滑
2	40×2.4	283.4	1.53	短芯棒	167	LB－30	切头、切断、退火、锤头、矫直、酸洗、润滑
3	35×1.9	191.5	1.48	短芯棒	1.8	LB－15	矫直、润滑
4	25×2	144.4	1.33	空　拔	55	LB－10	退火、矫直、切定尺

表 15-10 20A ϕ6mm ×1mm 钢管的轧拔制表

道次	钢管尺寸/mm	面积/mm^2	延伸系数	轧拔制方法	中间工序
0	89 ×7	1085			
1	57 ×4	665	2.72	LG－75	热处理、切断
2	40 ×2	239	2.78	LG－55	热处理
3	25 ×0.85	64.5	3.54	LG－32	热处理、锤头、润滑
4	18 ×0.9	48.5	1.33	空 拔	润 滑
5	13 ×0.95	36.0	1.34	空 拔	连拔、热处理、切断、锤头、润滑
6	10 ×1	28.4	1.28	空 拔	润 滑
7	8 ×1	22.1	1.28	空 拔	连拔、润滑
8	6 ×1	15.4	1.4	空 拔	连拔、成品热处理

16　焊管生产

16.1　各种焊管生产工艺过程概述

16.1.1　高频直缝连续电焊管生产工艺过程

16.1.1.1　产品范围

高频直缝连续电焊管机组目前可生产 ϕ（5～660）mm×（0.5～15）mm 的水煤气管道用管、锅炉管、油管、石油钻采管和机械工业用等中小口径管。当采用排辊成形法时，产品规格可扩大到 ϕ（400～1220）mm×（6.4～22.2）mm。

16.1.1.2　工艺过程

图 16-1 为小型高频直缝连续电焊管生产工艺流程。高频电焊管机组一般以冷、热轧带卷为原料。原料成形前经开卷、直头、矫平、切头尾、端头进行闪光对焊后，进入成形机成形和焊接。需要时进行剪边以使带钢沿长度方向上宽度相等，以使成形后焊缝间隙一致，提高焊缝质量。为了使成形、焊接过程连续进行，除设置带卷端头对焊等头部设备外，还需设置活套装置。在电焊管机组中采用的带钢活套装置的型式有坑式、架空式、笼式、隧道式和螺旋式等几种。图 16-2 为现代电焊管机组上应用的螺旋式活套。

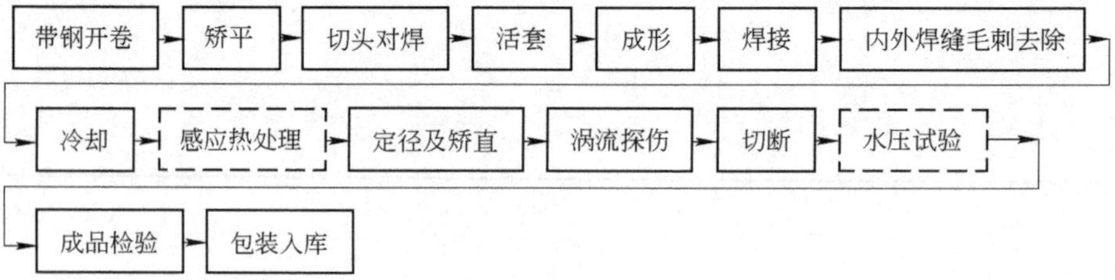

图 16-1　ϕ（20.3～168.3）mm 小型高频直缝连续电焊管生产工艺流程

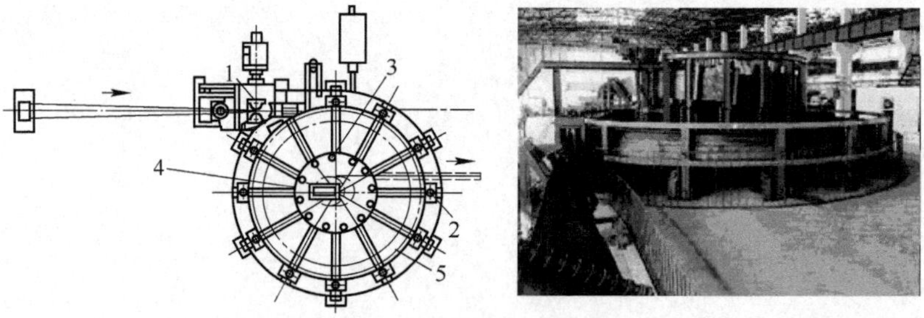

图 16-2　螺旋活套

1—送料辊；2—外圈导辊；3—内圈导辊；4—导向辊；5—圆盘

成形、焊接后的钢管，经去除内外毛刺后，用水冷却焊缝。焊缝冷却可保证焊缝的组织性能和防止焊缝在定径时镦粗。由于钢管在焊接过程中受热受压而产生变形，为确保外径精度和正圆度、改善焊缝质量和矫直钢管，焊接后的钢管须冷定径。定径后的钢管锯切成倍尺长度后，再进行矫直和加工管端并保证钢管成品长度。成品管经水压试验、检验、车丝和涂层

（镀锌）等精整加工后，包装入库。

为了提高中小直径电焊机组生产率、减少换辊、提高作业率、扩大机组产品规格范围和改善产品质量，可配置张力减径机。在定径、切断工序后，增设再加热炉、张力减径机和飞锯。经张力减径后的钢管再进行上述精整。

16.1.1.3 高频直缝电焊管机组的特点

高频直缝电焊管机组的特点有：1）设备简单、投资少；2）产量高，一套 ϕ102 机组的年产量可达7万t；3）成本低，比无缝管低10%～20%；4）钢管的力学性能好；5）精度高、壁厚均匀、表面光洁；6）焊缝质量好。由于检测和控制手段不断提高，焊管获得迅速发展，国外电焊管的产量占钢管产量的60%以上，国内超过70%。

中小直径电焊管大多在辊式连续成形机上生产，但在辊式连续成形机上成形大直径（$\phi>400$mm）薄壁管时，最主要的问题是带钢边缘在成形过程中产生“边缘伸长”。D_0/S_0 值越大，越容易产生边部折皱现象，成形不稳定，并降低焊缝质量。为了避免上述情况，在中型直缝电焊管成形工艺中，多采用排辊成形（CFE—Cage－roll Forming of Edges）技术（图16-3）或技术特性类似的CTA（Cost saving, Time reducing, Availability increasing）成形技术。排辊成形的特点是沿管坯边缘配置了轧辊群（图16-4），轧辊群由外侧束缚管坯边缘，迫使带钢边缘呈直线状态，边缘伸长得到有效控制，因而此法能用于大口径薄壁管的成形。此外CFE法兼有轧辊共用性好、对带钢擦伤少的优点。

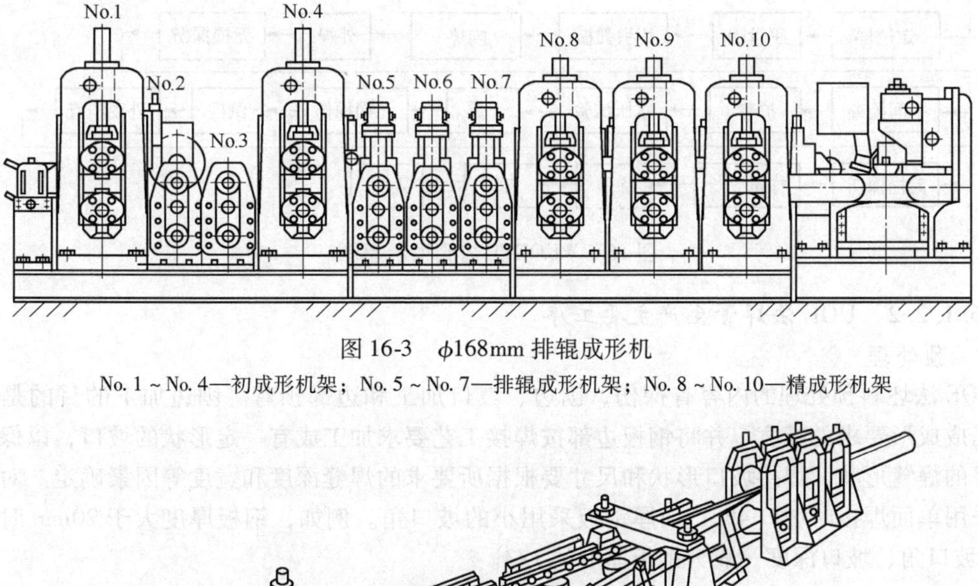

图16-3 ϕ168mm 排辊成形机

No.1～No.4—初成形机架；No.5～No.7—排辊成形机架；No.8～No.10—精成形机架

图16-4 排辊成形示意图

16.1.2 UOE 焊管生产工艺过程

UOE 产品的规格范围为 $\phi(406\sim1625)mm\times(6.0\sim50)mm\times(12\sim18.3)m$，是目前生产大口径直缝电焊管的主要方法。

16.1.2.1 UOE 法的特点

UOE 工艺流程如图 16-5 所示。原料为板带钢，经刨边、打坡口和预弯等预处理工序后，依次进入 U 成形机和 O 成形机压制成管筒，然后焊接成钢管。与辊式弯板机成形相比有较好的成形质量和较高的生产率。与螺旋焊管相比，UOE 法有以下特点：1）UOE 法可生产的最大直径达 1625.6mm，最大壁厚达 50mm，螺旋焊管最大壁厚为 25.4mm；2）UOE 法操作简单，质量容易保证，相同长度钢管的焊缝仅为螺旋焊管的一半左右，焊缝产生缺陷的几率小；3）UOE 机组产量高，一套 UOE 焊管机组的产量一般相当于 4～6 套螺旋焊管机组的总产量；4）UOE 焊管经过机械扩径后，可提高钢管强度和内径尺寸精度，管道铺设维修比较方便；5）UOE 设备比螺旋焊管机组大、费用高，而且不能像螺旋焊那样使用较窄的和较小规格的板卷生产出不同直径的大口径钢管。由于 UOE 焊管在质量和品种上有螺旋焊管不能取代的种种优点，因此目前在大批量生产石油、天然气输送干线用管方面仍较优越。

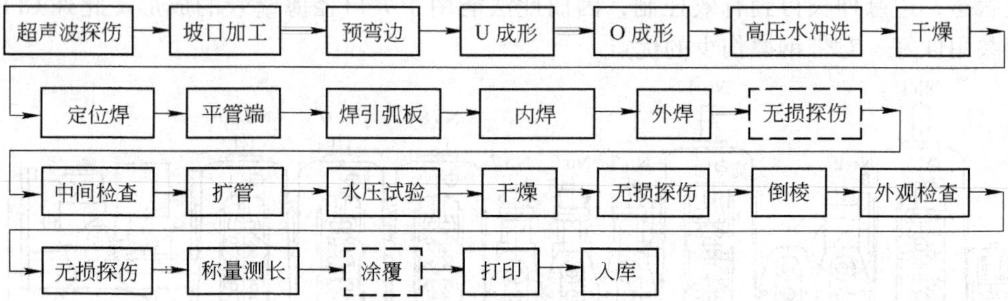

图 16-5 UOE 工艺流程示意图

16.1.2.2 UOE 法焊管生产主要工序

A 预处理

UOE 法坯料预处理的内容有探伤、刨边、坡口加工和边部预弯。刨边加工的目的是把钢板加工成成形要求的板宽，并将钢板边部按焊接工艺要求加工成有一定形状的坡口，以保证获得良好的焊缝形状。焊接坡口形状和尺寸要根据所要求的焊缝深度和宽度等因素确定。对于薄钢板采用单面焊接时坡口 45°，而厚钢板采用小的坡口角。例如，钢板厚度大于 20mm 时，采用 30°坡口角、坡口深度一般为钢板厚度的 1/3。

钢板两边部预弯曲的目的是为了便于获得正确的正圆管筒，如果不设置预弯边部工序，即使在 O 成形压力机上成形时有 1% 左右的压缩率，在钢板边缘仍然会出现平直线段而使成形后的管筒形状不佳。边部预弯曲在压力机或辊压机上进行。

B 成形、冲洗和干燥

经预处理后的钢板送 U 成形压力机中将钢板全长一次压成 U 形。然后用立辊装置将 U 形钢板送往 O 成形压力机。经润滑剂喷射装置自动在 U 形钢板外表面喷射水溶性润滑剂后，进入 O 成形压力机将 U 形钢板压制成圆管筒。

UOE 成形中的技术关键在于 O 成形中对钢板边缘施加足够的压力，使边缘对边紧密贴紧，以保证成形质量。大直径直缝焊管成形中，如受钢板宽度限制，则可用双缝焊接成形法。用两块钢板预先双面焊接成需要的钢板宽度，随后成形，最终焊接成钢管；或者预先将钢板压成半圆，随后将两个半圆焊接成钢管。

O 成形后的管筒用辊道输送到高压水清洗处进行内、外表面的清洗，去除残留油脂和氧化铁皮。高压水压力约为 5MPa，清洗后的钢管送到循环式热风干燥机中干燥（风温约 300℃）。

C 预焊、本焊和扩管

预焊（或定位焊）是本焊前的一道重要工序，预焊好坏直接影响本焊后的焊管质量。预焊采用手工电弧焊或二氧化碳、惰性气体保护焊（MTG）、自动非连续焊（点焊）或连续焊。定位焊接的目的是防止内、外焊接时发生偏心。预焊后的钢管用平头机车平管筒的两端面，用手工在两端焊缝处焊上引弧板，然后开始本焊。

本焊也叫正焊，先内焊后外焊。内焊时可将管筒固定，焊头移动，也可焊头固定，管筒移动，但大多数采用前种焊接方式。在内焊之前使焊缝朝下，再用夹紧工具定位。此时将装在悬臂横梁上的焊头伸入管筒里，然后横梁由里向外边移动焊接，焊接速度约为 2m/min。焊丝对正焊缝是靠装在焊头上的导向轮沿坡口斜槽滚动，并用电视接收机跟踪来实现。为防止焊接时烧穿，需采用焊剂垫。在开始焊接和焊接结束时，由于电流不稳定，焊接部位容易出现裂纹等缺陷，为了保证管端焊接质量，应在管端前 100 ~ 200mm 处开始引弧，结束时也要越过管边 150mm 以上灭弧，因此需要在正式焊接之前在管子两端焊上引弧板。外焊时，焊头固定不动，管筒由输入辊道送到焊机内，直接用辊子托住，焊接时管筒按焊接速度移动。为保证焊接时管筒稳定，管筒上边用滚轮压住。为了提高焊接速度和焊接质量，内、外焊采用双丝埋弧焊（图 16-6），焊速为 0.3 ~ 3m/min。

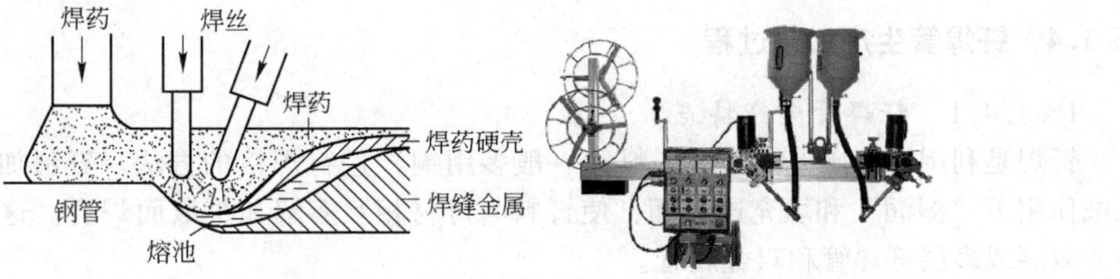

图 16-6 双丝埋弧电弧焊

最近也有采用 3 ~ 4 电极的埋弧焊接法。

扩管目的是为了矫正钢管的焊接变形，同时可消除焊缝的残余应力，避免发生氢脆破裂。扩管机有水压式和机械式两种。机械扩管法在生产大口径焊管时扩管率高，正圆度好，管端形状和几何尺寸较精确，普遍应用。机械扩管原理如图 16-7 所示，液压缸通过拉杆拉动楔形装置，迫使扇形芯棒径向胀缩，达到扩管的目的。

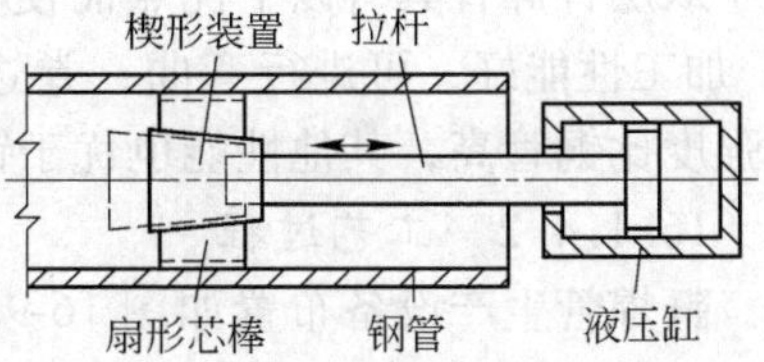

图 16-7 机械扩管示意图

16.1.3 螺旋电焊管生产工艺过程

螺旋焊管机组主要用于生产直径(5689 ~ 2450)mm ×(0.5 ~ 25.4)mm，长度为 6 ~ 35m 的输送管道用管、管桩和某些机械结构用管。

16.1.3.1 螺旋焊管特点

与 UOE 法相比有以下特点：1）用同样宽的板卷可生产不同直径的钢管；2）内、外焊缝呈螺旋形，具有增加钢管刚性的作用；3）钢管直度好，不需设置矫直机，外径椭圆度小，但外径偏差比UOE成形法的大；4）生产过程易于实现机械化、自动化和连续化；5）设备外形尺寸小，占地面积小，投资少，建设快。

16.1.3.2　工艺过程

螺旋焊管机组的生产工艺流程如图16-8所示。其生产方式分为连续式和间断式两种。机组采用螺旋成形，焊缝焊接采用内外双弧焊机。焊缝可搭接或对接。为保证焊缝质量，必须控制焊丝对准焊缝中心，为此螺旋焊管机组设有内外焊头跟踪机构。

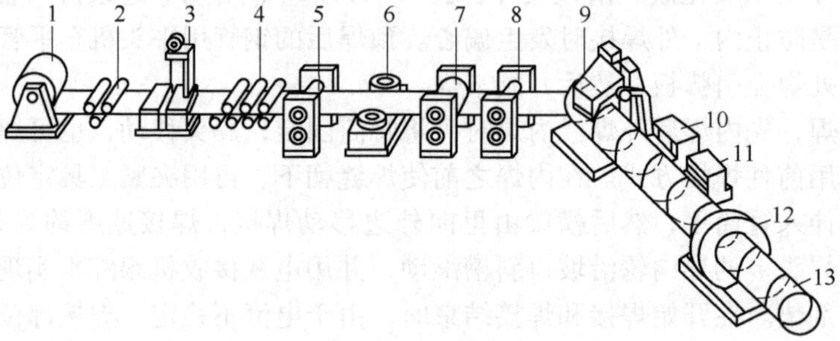

图16-8　螺旋焊管机组工艺流程示意图

1—板卷；2—三辊直头机；3—焊接机；4—矫直机；5—剪边机；6—刨边机；7—主动夹送辊；8—折边机；9—成形机；10—内外自动焊接机；11—超声波探伤机；12—剪切机；13—焊管

焊接后的钢管用超声波进行连续探伤，对焊缝缺陷部位，通过探伤仪自动着色，打标记，然后用飞锯或等离子切割切断。

16.1.4　钎焊管生产工艺过程

16.1.4.1　钎焊管生产特点

钎焊是利用熔点比母材低的钎料（一般多用铜）进行焊接的方法。钎料加热熔化后，在毛细作用下“湿润”和填充连接面，使钎料与母材相互溶解和扩散而焊合。这种方法可用来生产双层或多层钎焊管和双金属管。

双层钎焊管（Bundy管）可用于汽车、拖拉机刹车管、冷冻机冷凝管和压缩机小口径管。由于双层钎焊管具有以下优点而使其成为一种专门的生产方法：1）尺寸精度高，表面光洁；2）加工性能好，可进行弯曲、卷边、扩口、压扁、顶锻和扩径等加工；3）价格比铜管低，而强度比铜管高，其他性能也优于铜管；4）防锈性能较好，容易镀层。

16.1.4.2　工艺过程

钎焊管生产设备布置如图16-9所示。其生产工艺过程为：镀铜带钢卷经开卷机开卷后，进入14～16机架组成的成形机组各架孔型，将带钢弯卷成双层管。接着，钢管进入加热炉中加热到铜的熔化点1083℃，使两层管中间钎料熔化，将两层管壁焊合起来。焊管经冷却装置冷却到铜的无氧化温度350℃以下。然后焊管经5机架定径机定径，用锯或剪切断成要求的长度，最后收集。钎焊管主要工序要求如下：

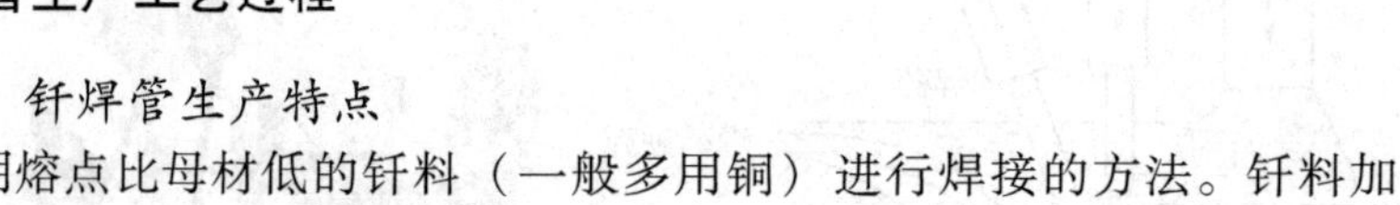

图16-9　双层钎焊管机组设备布置示意图

1—开卷机；2—成形机；3—加热炉；4—冷却装置；5—定径机；6—锯切设备；7—集料台架

（1）坯料。双层钎焊管一般都用低碳冷轧带钢，各国有关标准中规定的化学成分差别不大。带钢表面采用电解镀铜法镀上厚度不小于 3～4μm 的铜合金层。

（2）成形。双层钎焊管的成形过程如图 16-10 所示。带钢在成形机组第一架中一般将其边部倒出 20°～30°斜边，使焊缝部分不致增厚。第一架后面装有去除毛刺装置，以便除去在边部倒斜时形成的毛刺。在第二架中将中部弯折（图 16-10a），带钢的两斜边将在此处形成焊缝。带钢在 3～4 架机架中两边对称弯曲成图 16-10b 所示的形状。随后在几个机架中弯卷里层管壁成形（图 16-10c），接着在后面机架中将另一半带钢弯卷成外层（图 16-10d）。在最后的几个机架中为使焊管规圆，钢管内层在一根圆形芯棒上卷绕成形。芯棒用拉杆支撑固定在第 4 或第 5 机架上。成形机上的成形速度一般为 30m/min。

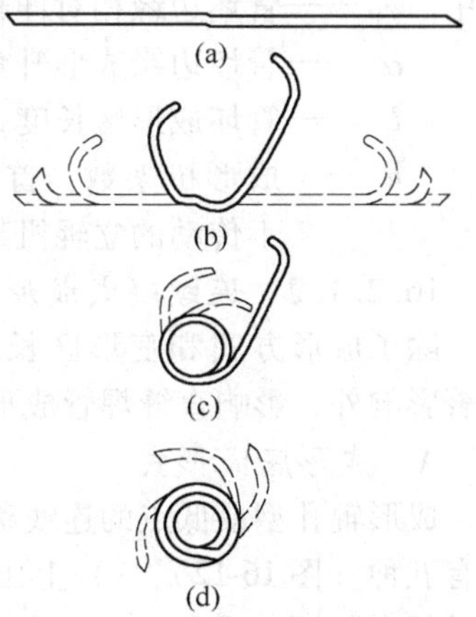

图 16-10　双层钎焊管的成形过程

（3）焊接。成形后的双层管在电阻加热炉加热至 1083℃。为防止氧化，钢管加热和冷却均须在中性气氛中进行。正确选择加热温度和加热制度有重要意义，加热制度应能保证在导热较差的钢管被加热到钢－铜合金化温度以后，铜层才开始熔化。否则钢管表面将出现斑点。

16.2　焊管成形工艺

16.2.1　连续辊式成形

16.2.1.1　连续辊式成形带钢变形

连续辊式成形是将管坯在一定轧辊孔型的多机架轧机上进行连续塑性弯曲成管筒，是一种应用广泛的中小口径电焊管成形方法。

成形机一般由 6～10 架二辊式水平机架组成，各水平机架间装有被动的导向立辊，其作用是防止管坯横向移动，并且防止带钢回弹。水平机架数取决于钢管规格。水平机架有悬臂式和双支点式两种，小口径（$D_c < \phi65$mm）或薄壁（$S_c < 2$mm）管可采用换辊方便的悬臂式，较大口径管则采用刚度大的双支点式。

直缝焊管连续成形的变形区如图 16-11 所示，带钢逐架进入轧辊孔型并弯曲成圆管的过程中，边缘逐渐上升并卷拢，使长度由原来的 L 伸长到 L'，边缘存在拉应力。$\Delta L = L' - L$ 越大，带钢边缘产生的拉应力越大。若拉应力超过材料的屈服强度，则边部产生塑性变形，产生边缘伸长，当成形为圆筒时，由于边部长度大于其他部分的长度而受压应力，将产生筒边波浪形折皱缺陷。因此在设计成形机组时，必须保证因带钢边缘伸长所产生的拉应力不超过金属材料的屈服强度，将成形过程中引起的边缘拉伸控制在弹性变形范围内。通常将边缘拉伸变形（相对延伸率）控制在不大于 0.1% 范围内，即

$$\varepsilon_L = \frac{L' - L}{L} \leqslant 0.1\% \tag{16-1}$$

或

$$\alpha = \mathrm{arc\ cot}\frac{L}{D_{c\max}} \leqslant 1° \sim 1°25' \tag{16-2}$$

因此

$$L = D_{c\max}\cot\alpha = (40 \sim 57)D_{c\max} \tag{16-3}$$

$$L_{\min} = (4 \sim 7)D_{c\max} \tag{16-4}$$

$$n = \frac{L}{L_{\min}} + 1 = 6 \sim 14 \qquad (16\text{-}5)$$

式中　ε_L ——管坯边缘相对伸长率，%；

α ——管坯边缘成形升角，（°）；

L ——管坯成形区长度，mm；

n ——成形机架数，首架水平夹送辊和不传动的立辊机架均不计在内。

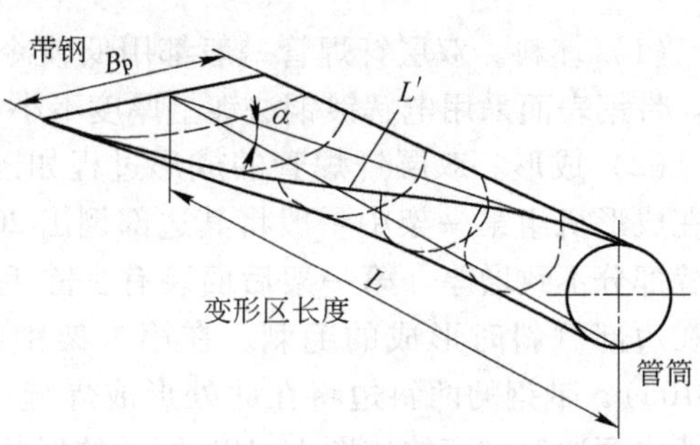

图 16-11　连续辊式成形变形区示意图

16.2.1.2　连续辊式成形法及其特点

除了成形方式和变形区长度对边缘拉伸有显著影响外，影响直缝焊管成形边缘拉伸的另外两个主要因素是成形底线形式和孔型系统。

A　成形底线形式

成形辊孔型最低点的连线称做成形底线，其形式有五种（图 16-12）：1）上山法，成形底线在成形过程中逐渐上升（图 16-12a）；2）水平法，成形过程中底线保持一条水平线（图 16-12b）；3）下山法，成形过程中底线逐渐下降（图 16-12c），或者在前面成形机架中逐渐下降，至最后 2 ~3 架闭口孔保持水平；4）边缘水平法，使边缘在成形过程中保持水平（图 16-12d），是一种将钢管外径作为下山量的成形方法；5）重心水平法，带钢成形过程中截面重心位于水平线上的成形方法（图 16-12e），是将钢管半径作为下山量的成形方法。通常采用底线水平法和下山法，下山法断面上纵向延伸均匀，边缘拉伸小。

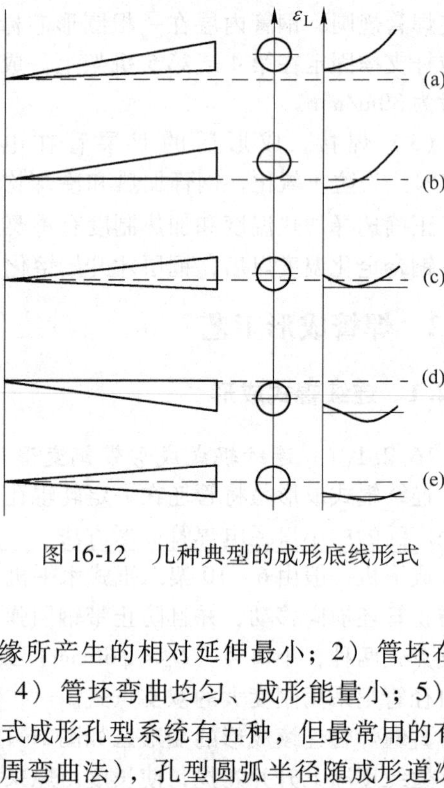

图 16-12　几种典型的成形底线形式

B　横向成形形式（孔型系统）

焊管的横向成形即连续成形的轧辊孔型系统。连续辊式成形的孔型设计应满足：1）成形时管坯边缘所产生的相对延伸最小；2）管坯在孔型中稳定；3）成形后管坯边缘在焊缝处能精确吻合；4）管坯弯曲均匀、成形能量小；5）轧辊孔形加工容易，孔型磨损小而均匀。现有的连续辊式成形孔型系统有五种，但最常用的有图 16-13 所示的四种。图 16-13a 为单半径孔型系统（圆周弯曲法），孔型圆弧半径随成形道次逐架减小，直至接近成品管半径。这种孔型系统变形均匀、共用性好，易于机械加工，但管坯在孔型中易横向窜动、稳定性差、焊缝处曲率不易保证，影响焊缝质量。目前这种孔型系统用于小口径管（≤ϕ168mm）的成形。图 16-13b 为边缘弯曲法孔型系统，其特点是从管坯边缘开始成形，其弯曲半径 R 恒定并等于成品管半径，成型角 φ 随成形道次逐道增大。这种孔型系统的优点是成形稳定，边缘拉伸小，成形质量较好，孔型形状简单、可分片组合、加工制造方便，一般适用于大直径（>ϕ200mm）和低塑性高强度钢种的成形。图 16-13c 所示为双半径孔型系统（综合成形法），其边部弯曲半径恒定，并且等于成品管半径，中部弯曲半径较大且随成形道次逐架减小（与单半径孔型系统相似）。这种孔型系统比较完善，管坯在孔型中变形分布均匀，孔型磨损也较均匀，管坯在孔型中比较稳定，管坯边部造形质量好，适用于各种规格和钢种的管坯成形，尤其是适合于厚壁管的成形。其缺点是共用性小。图 16-13d 所示为前 1 ~2 道次带有 W 反弯的双半径成形孔型系统，这种孔型系统扩大了边缘弯曲成形角，兼有减少成形道次、减少孔型切槽深度和变形均匀的优点。我国目前不少114以上辊式成形焊管机组采用了双半径孔型系统。

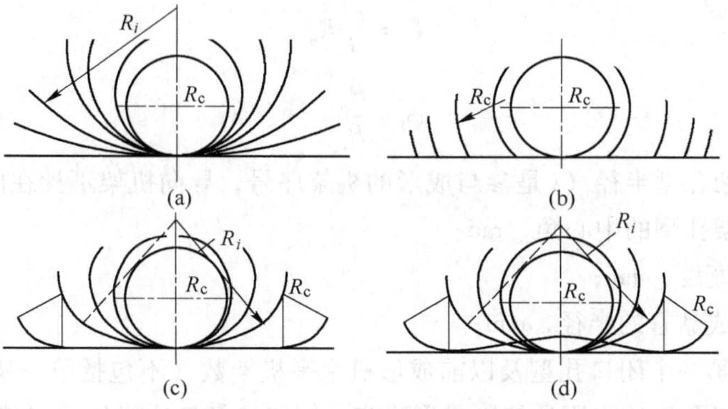

图16-13 常用的连续成形孔型系统

16.2.1.3 孔型设计（以单半径孔型系统为例）

孔型设计时，可将孔型系统分作三组。第一组，成形角 $\varphi_i \leqslant 180°$；第二组，$180° < \varphi_i \leqslant 270°$；第三组，$\varphi_i > 270°$。孔型设计步骤如下。

A 确定来料宽度 B_p

$$B_p = \pi(D_c - S_c) + \Delta B_1 + \Delta B_2 + \Delta B_3 \tag{16-6}$$

式中 D_c、S_c——成品管外径和壁厚，mm；

ΔB_1、ΔB_2、ΔB_3——分别为成形余量（表16-1）、焊接余量（表16-2）和定减径余量（定径余量查表16-3，减径余量另行计算）。

表16-1 保证管坯边缘紧密接触的成形余量 ΔB_1/mm

D_c/S_c	10~15	15~25	25~40	40~60
ΔB_1	$\frac{1}{2}S_c$	$\frac{2}{3}S_c$	$\frac{3}{4}S_c$	S_c

表16-2 保证焊接质量的焊接余量 ΔB_2/mm

S_c	≤1.0	1.0~4.0	4.0~6.0
ΔB_2	S_c	$\frac{2}{3}S_c$	$\frac{1}{2}S_c$

表16-3 定径余量 ΔB_3/mm

D_c	6~22	22~35	35~45	45~70	70~95	95~121	121~146	146~172	172~200
ΔB_3	0.7	1.0	1.3	1.5	2.0	2.6	2.9	3.2	3.5

计算坯料宽度的经验公式有很多，但都从成形、焊接，定径三方面考虑坯料宽度上的损失，采用不同的系数加以补偿。使用这些公式均须根据实际条件和经验进行修正。

B 确定各成形机架孔型半径

各成形机架孔型半径的变化规律是以设计者根据最优的孔型设计要求给定的，以下仅介绍变形量按均匀分配法的各孔型半径计算方法。

不带导向环（开口孔型）的水平辊孔型半径通常按下式计算

$$R_i = \frac{n'}{i}R_c$$

$$\varphi_i = \frac{B_p}{R_i} \tag{16-7}$$

式中 R_i——第 i 架孔型半径（i 是参与成形的机架序号，导向机架不计在内），mm；

φ_i——第 i 架孔型的中心角，rad；

B_p——带钢宽度，mm；

R_c——定径成品管的半径，mm；

n'——包括第一个闭口孔型及以前成形机水平机架数（不包括第一架平辊机架）。

带导向环的闭口孔型的作用是控制成形稳定，同时给管坯边缘压力以消除折皱，保证成形和焊接质量。闭口孔型的数目，一般对小直径（$<\phi76$mm）焊管机组，采用二架闭口孔型，大直径（$>\phi76$mm）机组，采用三架闭口孔型。带导向环的圆孔型半径 R_{fi} 按下式计算（采用二架闭口孔型时）

$$R_{fi} = \frac{B_p + b_{fi}}{2\pi} + C \tag{16-8}$$

式中 C——以弦长代替弧长及考虑带钢宽度变化而取的修正值，一般取 $C = 0.5 \sim 1.5$mm；

b_{fi}——导向环宽度，对采用二架闭口孔，取以下经验值，第一架闭口孔 $b_{f1} = 7 \sim 10$mm；第二架闭口孔 $b_{f2} = 5 \sim 6$mm。

采用三架闭口孔型时，带导向环孔型半径 R_{fi} 按下式计算

$$R_{fi} = \frac{57.3(B_p + \Delta B)}{\varphi_{fi}} + C \tag{16-9}$$

式中 ΔB——当带钢宽度稍有变化时的调整量，取 $\Delta B = 1 \sim 2$mm；

φ_{fi}——闭口孔型的中心角，一般第一架闭口孔取 $\varphi_{f1} = 315° \sim 325°$，第二架闭口孔取 $\varphi_{f2} = 335°$左右，第三架闭口孔型导向环宽度 $b_{f3} = 5 \sim 6$mm（R_{f3}按式（16-8）计算）。

第 1、2 架导向环宽度按下式计算

$$b_{fi} = 2R_{fi}\sin\frac{\varphi_{fi}}{2} \tag{16-10}$$

第 i 与 $i+1$ 水平机架之间的立辊孔型半径 R_{li} 按下式计算

$$R_{li} = \frac{R_i + R_{i+1}}{2} \tag{16-11}$$

式中 R_i、R_{i+1}——i 架和 $i+1$ 架开口孔型半径，mm。

闭口孔型之后的立辊孔型半径

$$R_{lfi} = R_{fi} \tag{16-12}$$

式中 R_{lfi}——闭口孔型半径，mm。

C 计算水平辊孔型尺寸

（1）第一组孔型（$\varphi_i \leqslant 180°$），如图 16-14a 所示。

$$
\left.\begin{aligned}
&\varphi_i = 57.296\frac{B_p}{R_i}\\
&R_{xi} = R_i\\
&R_{si} = R_{xi} - S_c\\
&a_i = 2R_{si}\sin\frac{\varphi_i}{2} + (3\sim5)\text{mm}\\
&b_i = 2R_{si}\sin\frac{\varphi_i}{2} + (40\sim50)\text{mm}\\
&D_{gi} = D_{xi} + 2R_{xi}\left(1-\cos\frac{\varphi_i}{2}\right)\\
&D_{xi} = (1.004\sim1.0065)D_{xi-1}\\
&D_{x1} = (1.7\sim2.1)d_{np}\\
&D_{si} = \frac{n_{xi}}{n_{si}}D_{xi}\\
&d_{np} = KD_{c\max}\\
&r = 1.5\sim3.0\text{mm}
\end{aligned}\right\} \tag{16-13}
$$

式中 $D_{c\max}$、S_c——成品管最大外径和成品管壁厚，mm；

d_{np}——轧辊辊轴直径，mm；

D_{x1}——第一机架下辊工作辊径，mm；

n_{xi}、n_{si}——下辊和上辊转速，r/min；

K——系数，$D_c \leqslant 35$mm 时，$K = 1.15\sim1.2$；$D_c = 35\sim250$mm 时，$K = 0.75\sim1.0$；

其他符号含义参见图 16-14。

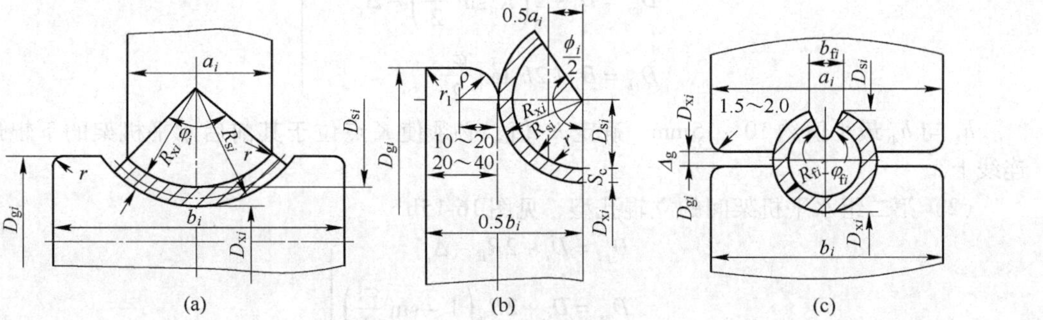

图 16-14 水平辊计算符号

（a）第一组开口孔型；（b）第二组开口孔型；（c）第三组闭口孔型

（2）第二组孔型（$180° < \varphi_i < 270°$），见图 16-14b。

$$
\left.\begin{aligned}
&a_i = 1.9R_{si}\sin\frac{\varphi_i}{2}\\
&b_i = 2R_{xi} + (40\sim80)\text{mm}\\
&D_{gi} = D_{xi} + 2(R_{xi}+\rho)\\
&\rho = 10\sim20\text{mm}\\
&r = 0.8\sim1.0\text{mm}\\
&r_1 = 1.5\sim2.0\text{mm}
\end{aligned}\right\} \tag{16-14}
$$

其他尺寸如 R_{si}、D_{si}、D_{xi} 等计算与公式（16-13）相同。

（3）第三组孔型（$\varphi_i \geqslant 270°$ 的闭口孔型），见图 16-14c 所示。

$$\left.\begin{aligned}&a_i = b_i = 2R_{fi} + (40 \sim 50)\,\mathrm{mm}\\&D_{xi} = D_{si}\\&D_{xi} = (1.004 \sim 1.006)D_{xi-1}\\&D_{gi} = D_{xi} + 2R_{fi} - \Delta_g\\&\Delta_g = 1 \sim 2\mathrm{mm}\end{aligned}\right\} \tag{16-15}$$

D 计算立辊孔型尺寸

（1）第一组水平辊间的立辊孔型，计算符号参见图 16-15a

$$\left.\begin{aligned}&\varphi_i = 57.296\frac{B_p}{R_{li}}\\&\Delta_g = 2R_{li}\sin\left(\frac{\varphi_i}{2} - \alpha_i\right)\\&\alpha_i = \frac{1}{3}\varphi_i\\&h_2 = R_{li}\left[\cos\left(\frac{\varphi_i}{2} - \alpha_i\right) - \cos\frac{\varphi_i}{2}\right]\\&h_3 = 0.5h_2\\&h_4 = 20 \sim 30\mathrm{mm}\\&D_i = 2d_{nl}\\&d_{nl} = 0.5D_{c\max}\\&D_{gx} = D_i + 2\left(R_{li}\sin\frac{\varphi_i}{2}\right) - \Delta_g\\&D_{gs} = D_i + 2h_3\tan\frac{\varphi_i}{2}\end{aligned}\right\} \tag{16-16}$$

h_1 与 h_4 最小值约 10 ~ 15mm。确定 h_1 值，必须使 K 点位于其前后水平机架的下辊最低点连线上。

（2）第二组水平机架间的立辊孔型，见图 16-15b

$$\left.\begin{aligned}&D_{gx} = D_i + 2R_{li} - \Delta_g\\&D_{gs} = D_i + 2R_{li}\left(1 - \sin\frac{\varphi_i}{2}\right)\\&h_3 = R_{li}\sin\left(\frac{\varphi_i}{2} - 90°\right)\\&h_2 = R_{li}\\&\Delta_g = 2\mathrm{mm}\end{aligned}\right\} \tag{16-17}$$

φ_i、D_i 和 d_{nl} 值见式（16-16）。h_1 值的确定方法同第一组。

（3）第三组水平机架间的立辊孔型，见图 16-15c

$$\left.\begin{aligned}&B_g = 2R_{fi} + h_1 + h_4\\&D_{gx} = D_{gs} = D_i + 2R_{fi} - \Delta_g\\&\Delta_g = 1.5 \sim 2\mathrm{mm}\end{aligned}\right\} \tag{16-18}$$

D_i 和 d_{nl} 值见式（16-16）。

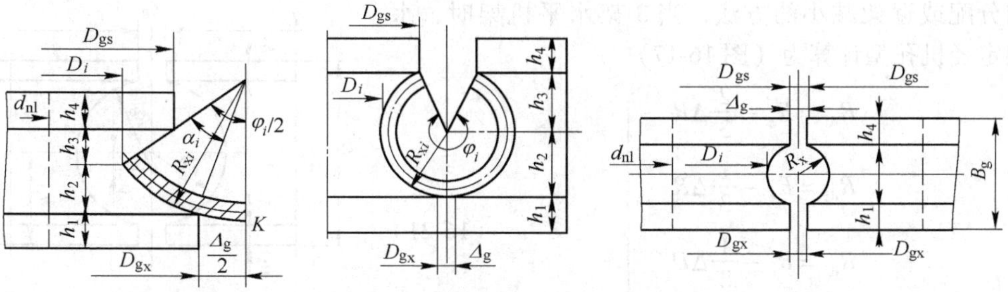

图 16-15 水平机架间立辊孔型

（a）第一组立辊孔型；（b）第二组立辊孔型；（c）第三组立辊孔型

E 挤压辊孔型设计

成形后的管筒通过高频电流加热，使管边达到焊接温度，然后由挤压辊对焊缝处金属施加挤压力。因此，挤压辊孔型设计正确与否，将直接影响到焊缝质量。挤压辊孔型构成也有单半径和双半径两种。

（1）单半径孔型计算

$$R_j = \frac{D_c}{2} + \Delta R \tag{16-19}$$

式中 R_j——挤压辊孔型半径，mm；

ΔR——半径定径量，当 $D_c \leqslant 40$mm 时，$\Delta R = 0.25 \sim 0.3$mm；当 $D_c = 41 \sim 114$mm 时，$\Delta R = 0.3 \sim 0.7$；当 $D_c \geqslant 114$mm 时，$\Delta R = 0.7 \sim 1$mm。

其他轧辊孔型尺寸与下述双半径孔型挤压辊相同。

（2）双半径孔型挤压辊计算。挤压辊孔型由两个半径组成（图 16-16）。其作用是使焊缝部分的管形呈平椭圆形，使挤压力沿整个管壁均匀分布，以提高焊缝质量。

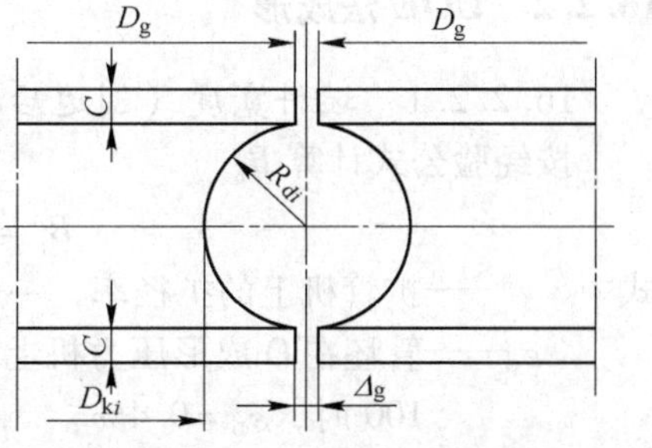

图 16-16 双半径挤压辊孔型

$$\left.\begin{aligned}
R_H &= \frac{D_c}{2} + \Delta R \\
h_H &= R_H + h_1 \\
R_B &= R_H + (3 \sim 4)\text{mm} \\
m &= \Delta - (R_B - R_H) = 0.5 \sim 1.5\text{mm} \\
\Delta_g &= 2 \sim 4\text{mm} \\
h_1 &= h_2 = 10 \sim 15\text{mm}
\end{aligned}\right\} \tag{16-20}$$

式中 m——压下量或称上压力（上辊环对管边缘的压力）。m 值取大了易产生搭焊，并且上辊环受力大，又受高温影响，辊环易产生裂纹而剥落；

Δ——偏心量，一般取 $\Delta = 4 \sim 5$mm；

ΔR——半径定径量，同式（16-19）。

F 定径机孔型设计

焊管定径是钢管冷减径，其定径量已在挤压辊设计时叙述，具体参见表 16-4。通常大多数焊管机组的定径机为 5 ~ 6 架，其中 3 架为水平辊，2 ~ 3 架为立辊。定径机孔型设计时应考虑轧辊磨损造成孔型增大，最后机架的直径按成品管外径负偏差设计。各架减径量的分配可采

用均匀分配或逐架减小的方法，当3架水平机架时，水平机架定径机孔型计算为（图16-17）

$$\left.\begin{aligned}R_{d1}&=R_c+\frac{2}{3}\Delta R\\R_{d2}&=R_c-\frac{1}{3}\Delta R\\R_{d3}&=R_c-\frac{1}{2}\Delta D^-\\D_g&=D_{ki}+2R_{di}-\Delta_g\\\Delta_g&=1\sim2\text{mm}\end{aligned}\right\}\quad(16\text{-}21)$$

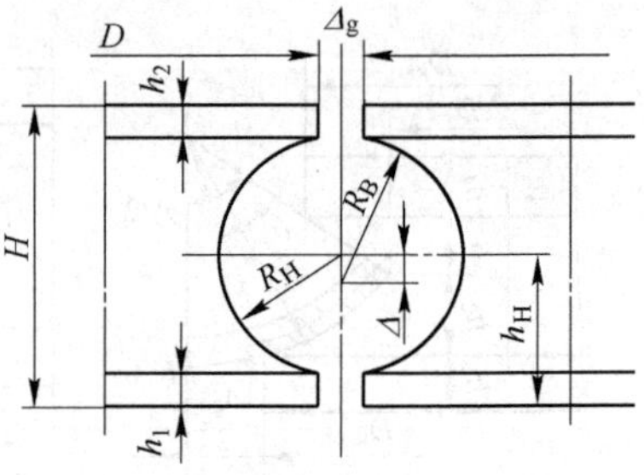

图16-17 定径孔型

式中 R_{d1}、R_{d2}、R_{d3}——各架定径机孔型半径，mm；

ΔD^-——成品管外径负偏差，mm；

D_g——定径机孔型槽底轧辊直径。它与成形机水平的工作直径确定方法相同；

R_c——成品管半径，mm。

表16-4 定径机的减径量 (mm)

D_c	≤33.5	33.5～48	48～60	60～75
ΔD	0.6	0.7	0.8	1.0

定径机立辊孔型半径，可取前后水平辊孔型半径的平均值，或取前架水平辊孔型半径。

16.2.2 UOE法成形

16.2.2.1 坯料宽度（刨边后板宽）B_p 确定

按经验公式计算 B_p

$$B_p=\pi(D_c-S_c)[1-(e-\varepsilon_D)]\quad(16\text{-}22)$$

式中 e——扩管机上的扩径率，一般取 $e=0.5\%\sim1.5\%$；

ε_D——管坯在O成形压力机上的直径压缩率，当 $D_c/S_c<100$ 时，$\varepsilon_D=0.5\%$；当 $D_c/S_c>100$ 时，$\varepsilon_D=0.4\%$。

16.2.2.2 U成形

钢板在U成形压力机上压制成U形坯的过程和使用的模具如图16-18所示。U成形压力机上两支点间距 B 按下式计算

$$\begin{aligned}&S_c\leqslant12.7\text{mm}\quad B=2R+50\\&S_c>12.7\text{mm}\quad B=2R+50+(S_c-12.7)\end{aligned}\quad(16\text{-}23)$$

式中 R——压头曲率半径，一般 R 比O成形压力机上的管筒内半径大50mm。U成形压力 P_U 按下式计算

$$P_U=K_US_c^2\sigma_sl/B\quad(16\text{-}24)$$

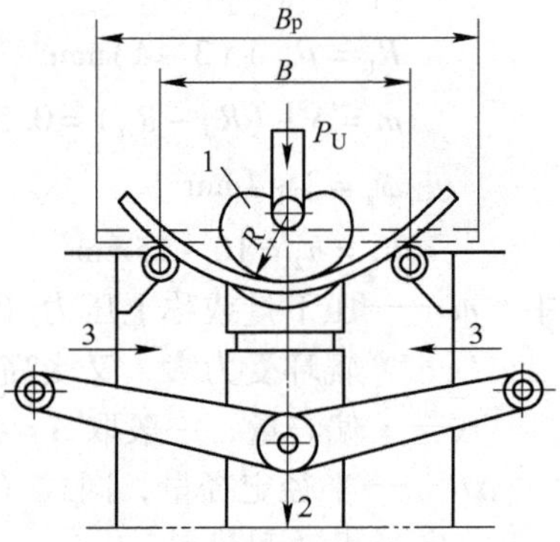

图16-18 U成形压力机上成形示意图
1—上模；2—下模；3—横向弯板装置

式中 σ_s——钢板的屈服极限，MPa；

l——钢板长度，mm；

K_U——系数，参考板料冲压手册。

16.2.2.3　O 成形

O 成形压力机上压制方法如图 16-19 所示，其模具内孔半径 R_0 按下式计算

$$R_0 = \frac{1}{2}D_c(1-e) \tag{16-25}$$

式中　e——扩径率。

对于不同规格钢管，O 成形所需压力 P_0 按下面经验公式计算

$$P_0 = K_0\sigma_s S_c l \tag{16-26}$$

式中　σ_s——钢板屈服极限，MPa；

l——钢板长度，mm；

K_0——系数，由经验式确定：$K_0 = 5.34(0.5\varepsilon_D + 0.1)$，$\varepsilon_D$ 符号意义同公式（16-22）。

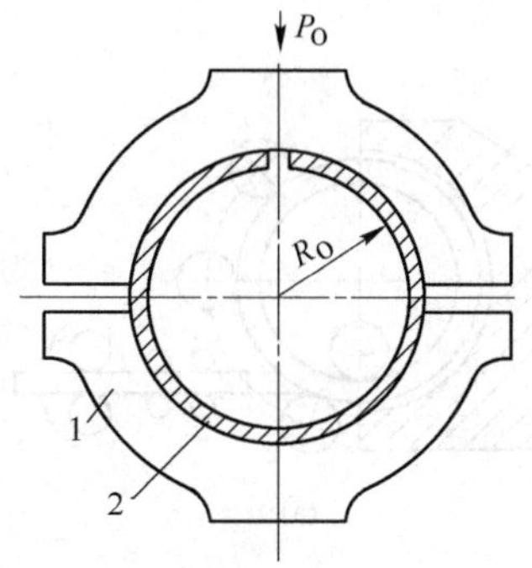

图 16-19　O 成形压力机模具
1—模具；2—管筒

16.2.2.4　扩管力计算

$$P_K = 2\pi S_c R_e l'(\tan\theta + f) \tag{16-27}$$

式中　P_K——扩管时的拉力，kN；

R_e——钢管的屈服极限，MPa；

S_c——钢管壁厚，mm；

θ——扩管锥体的锥角，(°)；

f——扇形块与锥体间的摩擦系数；

l'——扩管模的有效长度，mm。

16.2.3　螺旋成形

16.2.3.1　成形方式

螺旋焊管采用螺旋成形器成形它可分为上卷成形和下卷成形两种（图 16-20）。前者设备简单、操作方便、产品规格范围广。但目前采用高频电阻焊接时却需要采用下卷成形方式。

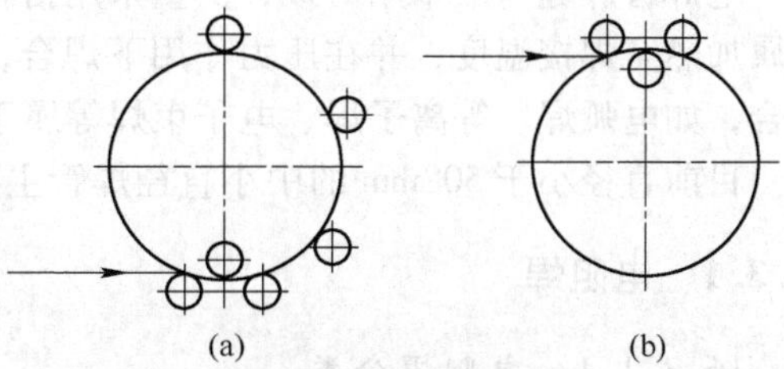

图 16-20　螺旋成形方式
（a）上卷成形；（b）下卷成形

16.2.3.2　螺旋成形器

目前螺旋焊管的成形器结构归纳起来有三种基本形式（图 16-21）。

（1）套筒式螺旋成形器（图 16-21a）。只适用于小口径焊管的成形（$\phi<520$mm）。其优点是造价低，易操作和掌握，更换规格调整工作量小，但其成形阻力大，工具寿命短，对产品表面有擦伤。

（2）辊式螺旋成形器（图 16-21b）。辊式成形器根据三辊弯板机工作原理制成，这种成形器与带钢的接触面呈滚动摩擦，阻力小、工具寿命长，对产品表面几乎无擦伤。但其结构复杂，变换产品规格时调整工作量大。在生产品种规格少时，比套筒式成形器明显优越。

（3）芯棒螺旋成形器（图 16-21c）。这种成形器适合于小直径、薄壁优质螺旋焊管的成形。但钢管内表面可能因摩擦而擦伤。

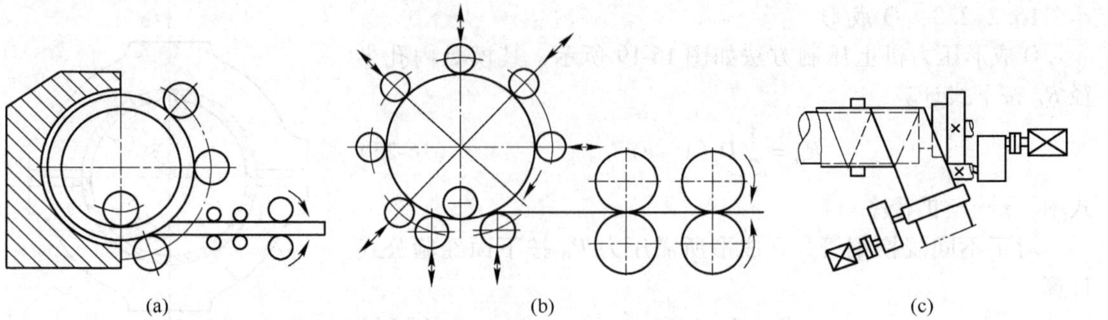

图 16-21　螺旋成形器的形式

(a) 套筒式；(b) 辊式；(c) 芯棒式

16.2.3.3　带钢宽度确定

螺旋成形角 α 与带钢宽度 B_p、钢管直径 D_c 之间的关系如图 16-22 所示。螺旋线的螺距 t 为

$$t = \pi D_c \tan\alpha = \frac{B_p}{\cos\alpha} \qquad (16\text{-}28)$$

合理的螺旋成形角一般为 $\alpha = 30° \sim 50°$，则

$$B_p = 1.57 \sim 2.4 D_c$$

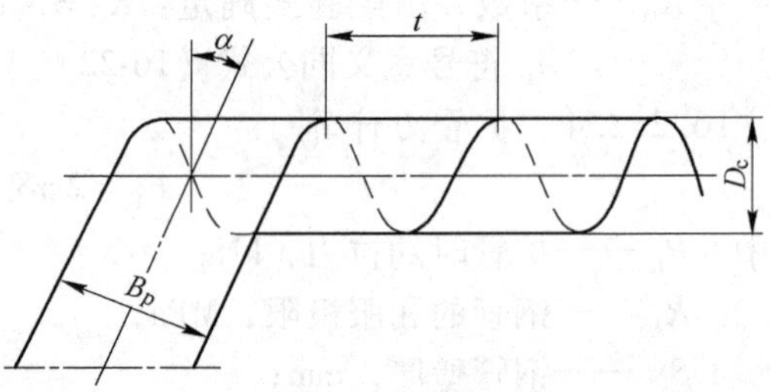

图 16-22　螺旋成形时 α、D_c 和 B_p 之间的关系

16.3　电焊管焊接工艺

电焊管焊缝一般采用对接，少量采用搭接。对接焊方法很多，主要有：1）压力焊。利用金属加热至焊接温度，并在压力作用下焊合，如炉焊、电焊等；2）熔化焊。利用金属熔化而焊合，如电弧焊、等离子焊、电子束焊等属于这一类。此外，还有钎焊等专门用于小直径管焊接。目前直径小于 508mm 的中小直径焊管主要采用高频电焊，大直径管则采用埋弧焊。

16.3.1　电阻焊

16.3.1.1　电阻焊分类

电阻焊是一种压力焊，它利用成形后管筒边缘 V 形缺口的电流产生的热量，将焊缝处金属加热至焊接温度，然而由挤压辊施加压力使之焊合。根据电流频率，电阻焊可分为低频电阻焊（50 ~ 360Hz）和高频电阻焊（200 ~ 450kHz）两种。高频焊又可分为高频接触焊和高频感应焊两种。中小直径高频焊管机的电源功率一般为 30 ~ 600kW，频率为 200 ~ 450kHz。

16.3.1.2　低频电阻焊

低频电阻焊焊接钢管的原理如图 16-23 所示。两个铜合金电极轮分别与管筒两边缘接触，电流由变压器次级线圈供给，电流从一个电极轮通过管筒边缘 V 形缺口流

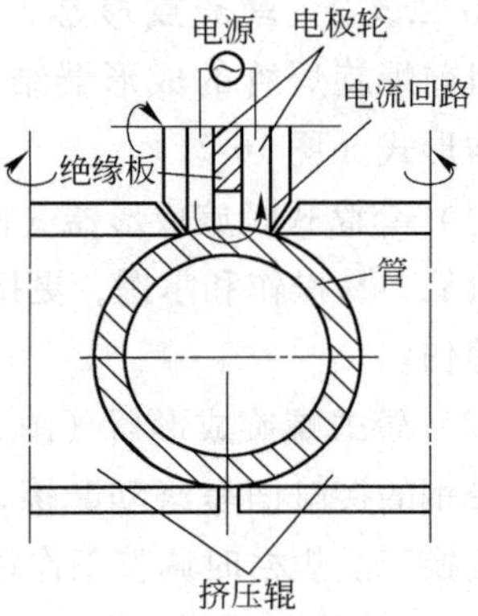

图 16-23　低频电阻焊焊接原理示意图

向另一个电极轮。由于管筒边缘的自身电阻发热使V形缺口处的金属被加热到焊接温度，并靠挤压辊的挤压作用，使金属焊合成钢管。

16.3.1.3　高频电阻焊

（1）高频电阻焊：其焊接原理如图16-24a所示，利用两电极分别与管筒两边缘接触，因高频电流产生的集肤效应和临近效应使焊接电流集中于V形缺口，将V形缺口处金属瞬间加热到焊接温度，通过挤压辊加压焊合成钢管。另一部分电流从一个电极经过管筒圆周流向另一电极（此电流称为循环电流）作为热损失而消耗掉。

（2）高频感应焊：其焊接原理如图16-24b所示，感应圈中通过高频电流时产生高频磁场，当成形后的管筒从感应圈中间通过时，管筒将产生高频感应涡电流。同样，由于集肤效应和临近效应的作用使涡电流集中于管筒边缘的V形缺口，管筒因自身阻抗而迅速被加热到焊接温度，同时加压焊合成钢管。加热V形缺口的电焊称高频感应焊接电流，而沿管筒横截面外圆周向内层流的是循环电流，加热管筒周身是一种热损失。为了增大焊接电流、减小循环电流，一般在感应圈所在的管筒中心放置一个磁棒（阻抗器），以增加内表面的感抗。实践表明，焊接小口径钢管时放置磁棒后焊接速度可提高2倍。

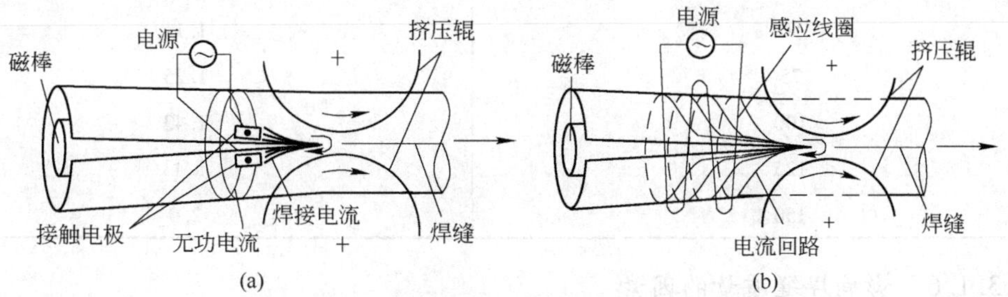

图16-24　高频电阻焊原理示意图

（a）高频电阻焊接法；（b）高频感应焊接法

16.3.1.4　电阻焊方法比较

（1）与低频焊接比较，高频焊接有如下优点：1）焊缝质量高，这是由于高频电流产生集肤效应和临近效应，使电流密集通过V形缺口，热量集中于该处，使得边缘焊接温度比低频电流的焊接温度高，而且热影响区狭窄，故可加大挤压力以获得良好的焊缝质量。高频焊接法不仅能焊接碳钢、低合金钢，也能焊接不锈钢；2）焊接速度快，在0.01s内就能使管筒边缘达到焊接温度。高频焊接不像低频焊接那样受跳焊缺陷等限制，与相同功率低频电源比较，高频焊焊接速度高；3）高频接触焊使用的接触片小，不像低频焊使用大电极轮，故热影响区狭窄，易焊薄壁管；4）高频焊接不需要清除带钢表面氧化物。

（2）与高频接触焊的比较，感应焊有如下优点：1）从根本上消除了由于电极开路所引起的设备故障，从而提高了设备利用率和降低了成本；2）焊接过程稳定，焊接质量好，焊缝表面光滑；3）对带钢接头及表面质量的要求比接触焊低；4）无电极压力，适用于焊薄壁管；5）无电极消耗，节约了有色金属，而且消除了因更换电极而造成的停机时间；6）便于焊接调整。但感应焊的最大缺点是功率消耗比接触焊大30%～50%。

16.3.1.5　焊接功率计算

焊接装置的功率N一般可参考国内外同类机组选取，也可采用下式估算

$$N = K_1 K_2 S_c bv \qquad (16\text{-}29)$$

式中　N——焊接功率，kW；

K_1——管材质的影响系数，按表 16-5 选取；

K_2——管子尺寸的影响系数，接触焊时 $K_2 = 1$，感应焊时 K_2 值见表 16-6；

b ——加热宽度，cm。在计算时一般 $b = 1\text{cm}$；

v ——焊接速度，m/min。

表 16-5　管材质影响系数 K_1 值

材　质	K_1
软钢	0.8 ~ 1.0
不锈钢	1.0 ~ 1.2
铝	0.5 ~ 0.7
铜	1.4 ~ 1.6

表 16-6　管尺寸影响系数 K_2 值

外径尺寸/mm	K_2
25.4	1.00
50	1.11
75	1.25
100	1.43
125	1.43
150	2.0

16.3.1.6　影响焊缝质量的因素

焊接过程的根本问题是焊缝质量，它主要受带钢材质、尺寸精度以及焊接工艺因素的影响，为保证焊缝质量生产必须做到：

（1）正确控制带钢尺寸，使带钢全长等宽，严禁月牙形以保证焊接中焊缝挤压力相等。

（2）正确放置接触电极（或感应圈）的位置，见图 16-25 所示。焊接电流的阻抗与接触电极（或感应圈）的位置、磁棒直径及位置有关，一般当接触片（或感应圈）距焊接点（挤压辊中心连线上）的距离 L_1 较远时，消耗电能多，为保证质量，须降低焊速，导致生产率低。反之，若 L_1 值小，焊缝质量恶化。一般焊管外径 ϕ（13 ~ 400）mm 时，L_1 为 40 ~ 200mm。焊接速度一定时，磁棒直径越大，耗电越少（图 16-26）。焊接小管时加磁棒的效果显著，随着被焊钢管直径的增加，效果减小。

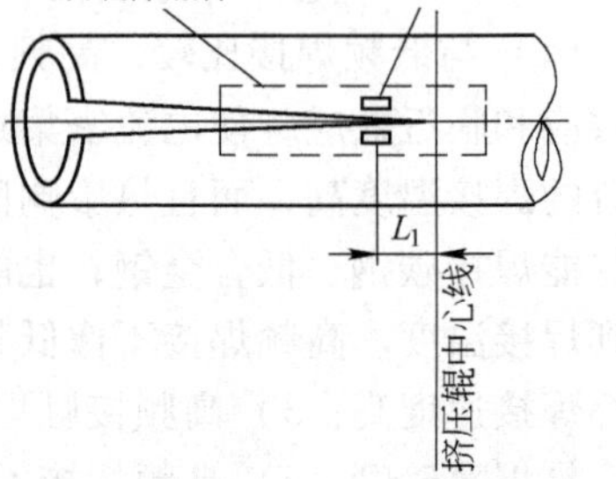

图 16-25　电极（感应圈）的位置

（3）焊接温度与焊接速度恰当配合。焊接温度与电源供给焊缝的热量有关，热量过多造成焊缝过烧，否则又会造成焊缝热量不足。当电源供给热量足够时可提高焊速，焊缝不开花则表明焊接温度与焊接速度配合恰当。

（4）控制带钢的化学成分。带钢中碳当量增加则焊缝处硬度高、塑性低（图 16-27）。这对剪断及后续加工带来困难，在弯曲成形时易产生裂纹，因此，目前只能焊接碳当量上限为 0.65% ~ 0.7% 的带钢。所谓碳当量是将钢中各合金元素对钢的性能影响折算成当量碳对钢的

性能影响。碳当量 C_{eq} 按国际焊接学会（IIW）推荐的公式计算

$$C_{eq} = C + Mn/6 + (Ni + Cu)/15 + (Cr + Mn + V)/5 \tag{16-30}$$

式中，C、Mn、Ni、Cu、Cr、V 为钢中这些元素的百分数含量。此外钢中含杂质多，也会恶化焊缝质量。故炼钢时应采取适当方法净化钢水中的杂质。

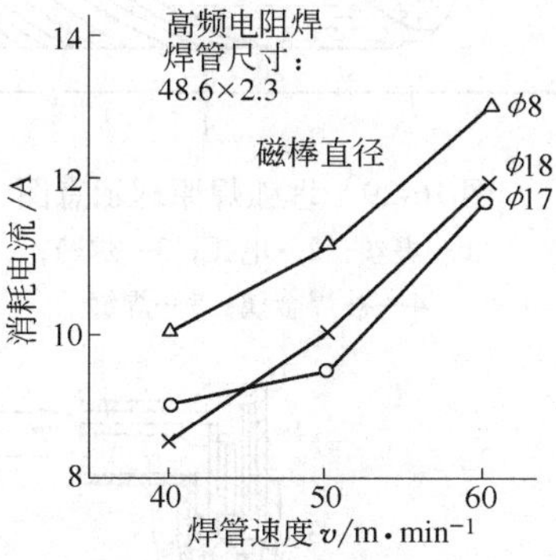

图 16-26 磁棒直径、焊速和电耗的关系

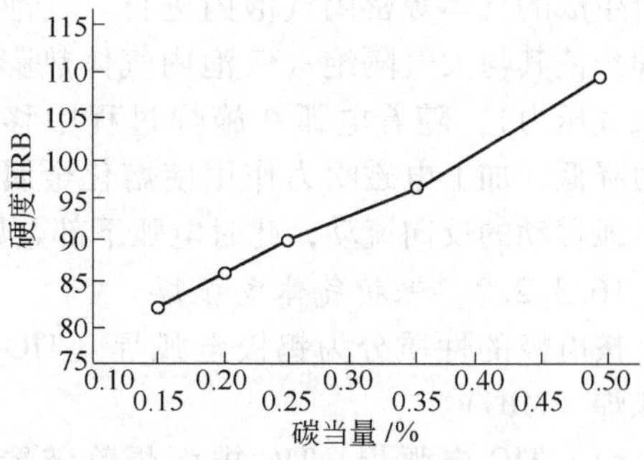

图 16-27 碳当量与硬度的关系

（5）控制挤压辊的挤压量。挤压量大形成毛刺量大，挤压量小则焊缝不稳定，产生不完全焊合，一般挤压力控制在 10 ~ 40MPa。近年来为适应寒冷地区与深海地区开发石油、天然气对高强度、高韧性钢管的需要，在电焊管车间作业线的焊接机与定径机之间设置退火设备，焊接后钢管立即在定径前采用电感应局部加热，并急速冷却使焊缝及其附近获得细小珠光体和铁素体，并消除含碳量较高时钢的焊接脆性而使其强韧化。

16.3.2 电弧焊

电弧焊接利用电极间电弧放电原理产生的高温，使焊丝和待焊金属熔化而焊合。其中埋弧焊接在生产大直径钢管中应用广泛。埋弧电焊管生产中分直缝和螺旋焊缝两种，直缝焊根据管子壁厚和耐压要求采用单面焊或双面焊，螺旋焊一般采用双面焊。

16.3.2.1 埋弧焊接

A 埋弧焊焊接过程

钢管埋弧焊接在带有自动焊头的专用电焊机上进行，如图 16-28 所示。待焊钢板或焊缝对接处有坡口，在焊接过程中有送丝机构将焊丝盘上的焊丝连续不断送入坡口之内。在焊丝和被焊管筒坡口之间形成电弧，借助于电弧将焊丝和被焊管壁金属熔化。而粒状焊药在送入焊丝之前，覆盖着焊接口。当焊头或被焊钢管移动速度与焊接速度一致时，焊接过程连续进行。焊缝上覆盖的焊药 70% ~ 80% 未熔化，由吸嘴吸取并回送到焊药贮罐内，以便再次使用。熔化金属最初呈液体状态，然后冷却成致密的焊缝。而紧贴在熔化金属表面上熔化的焊药冷却后形成极易清除的硬壳。在焊接过程中，为防止熔化的液体金属从焊缝内溢出，在焊缝之下放置一块垫板。

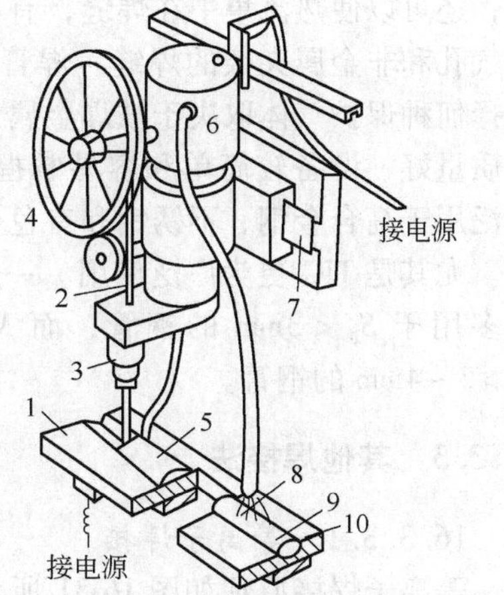

图 16-28 埋弧焊装置示意图

1—钢管边缘；2—焊丝；3—送丝机构；4—焊丝盘；5—焊药；6—焊药罐；7—导轨；8—焊药吸嘴；9—焊药硬壳；10—焊缝

B　埋弧焊接原理

如图 16-29 所示，埋弧焊接时阳极与阴极间的电弧柱温度高达 6000℃，焊丝和被焊金属不仅被熔化，而且部分蒸发。因此焊药下电弧放电是在金属蒸气和焊药中各成分的蒸气，以及待焊金属与焊药进行化学反应所生成的气体等密闭气泡内进行。气泡上部有熔化的焊药使其与大气隔绝（气泡内气体热膨胀压力远超过大气压力），随着电弧在施焊过程中移动，气泡内压力降低，加上电磁吹力作用使熔化金属由电弧底部向电弧移动的反向流动，此时电弧下部金属继续熔化。

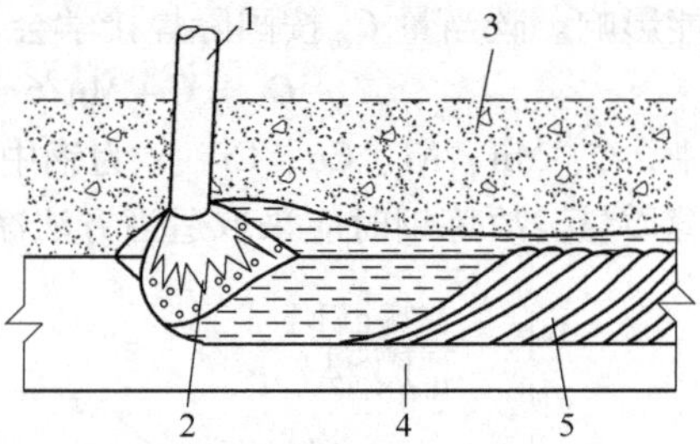

图 16-29　埋弧焊原理示意图
1—焊丝；2—电弧；3—焊药；4—被焊金属；5—焊缝

16.3.2.2　保护气体电弧焊

按电极的性质分为钨极电弧焊（TIG）和熔化极电弧焊（MIG）。

（1）TIG 电弧焊。TIG 电弧焊管装置如图 16-30 所示，其钨极不熔化，只利用钨极与焊件之间的电弧所产生的高温，使带钢边部熔化形成熔池，在一定压力作用下将带边部焊合。为防止氧化，电弧和熔池均处于惰性气体保护之下。电极在焊接处上方 1.5 ~ 3mm，距离太大造成热量散失，金属加热不良。电弧柱的温度约为 5000 ~ 8000℃，电弧产生的热量和电弧的电流强度及电压成比例。

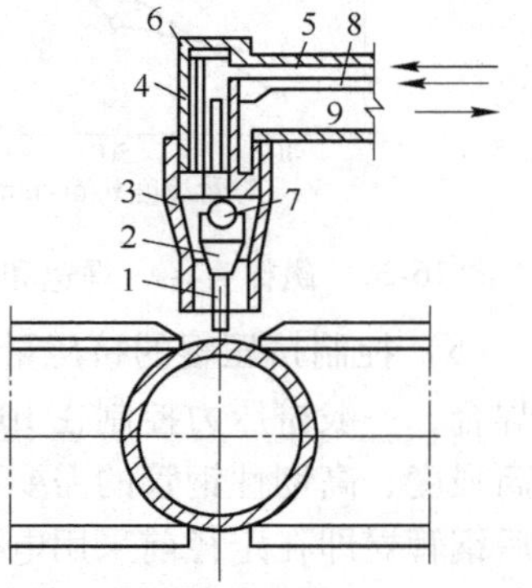

图 16-30　TIG 电弧焊装置
1—钨板；2—夹持器；3—陶制喷嘴；4—焊件；5—保护气体导管；6—小室；7—孔；8—进水带；9—出水管

（2）MIG 电弧焊。MIG 电弧焊所有电极是与金属相同或相近的金属焊丝。在焊接过程中，电极同时熔化，在惰性气体保护下，熔化的焊丝滴入熔池中，由电极金属和带钢金属形成焊缝。MIG 的优点可以不使用昂贵的惰性气体，常用“半惰性”气体，如 CO_2 等。

（3）保护气体及其作用。用以保护的惰性气体，除了防止空气中的氧和氮气进入电弧区外，还可以使热流集中在焊缝，有利于金属的熔化和使焊接过程稳定，从而得到没有氧化、没有气孔和非金属夹杂的焊缝。焊管生产中使用的惰性气体有氦（He）、氩（Ar）或 He + Ar。选择何种保护气体取决于被焊金属性质及经济合理性。惰性气体保护焊由于焊接过程稳定、焊缝质量好、设备较简单和容易掌握等优点，广泛用于高合金钢、不锈钢和有色金属的焊接。尤其是 TIG 更为广泛使用。一般 TIG 方法多用于 $S_c < 3$mm 的钢管，而 MIG 用于 $S_c > 3 \sim 4$mm 的钢管。

16.3.3　其他焊接法

16.3.3.1　等离子焊接

等离子焊接原理如图 16-31 所示，是一种利用等离子电弧进行焊接的方法。

当在钨极与被焊金属之间加上高压电压时，通过高频振动器使气体产生电离而形成

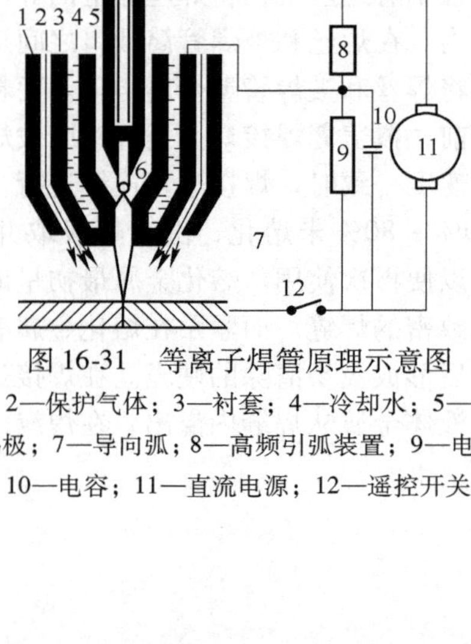

图 16-31　等离子焊管原理示意图
1—喷嘴；2—保护气体；3—衬套；4—冷却水；5—等离子气；6—钨极；7—导向弧；8—高频引弧装置；9—电阻器；10—电容；11—直流电源；12—遥控开关

等离子体，在机械压缩效应、热收缩效应的作用下，电弧被压缩在很小的范围内，温度达(1.6～3.3)×10^4K。在电弧柱中的气体被电离成等离子体，其导电性和导热性好，可集中很大的电流。等离子焊适用于不锈钢和其他难熔金属的焊接，与埋弧焊相比，其能量更集中、电弧温度更高、穿透性大，而且更稳定。焊接管壁较厚时速度快但等离子焊的设备复杂、不易控制、生产成本较高。

16.3.3.2 电子束焊接

电子束焊接是由电子发射枪的电子群在高压下成为高速电子束轰击金属表面，使其熔化加压而进行焊接。电子束焊分真空和非真空焊两种。非真空电子束焊接 S_c = 2～2.5mm 的钢管，焊速可达 10m/min。

电子束焊与电弧焊相比，电子束热量集中、热影响区窄，所以焊速高，用小功率焊接机可进行深焊，且焊接质量好。适用于不锈钢和其他高合金钢的焊接。

思考题和习题

1. 二辊斜轧穿孔时，管坯的定心作用是什么？
2. 热轧管坯料准备有哪些内容，为什么要有管坯截断工序，其方法有哪几种，各适用于哪些范围，坯料切断长度如何确定？
3. 在 100 自动轧管机组上，穿孔机后台允许穿出的最大毛管长度为 4.2m，采用斜底炉加热 45 号钢 ϕ100mm 管坯，生产 ϕ70mm×4mm×5000mm（穿孔延伸系数 μ_{ck} = 3.72）和 ϕ70mm×12mm×6000mm（μ_{ck} = 2）的钢管。试确定：1）管坯截断长度；2）选择截断方法，计算截断力；3）确定定心孔尺寸。
4. 如何确定管坯加热制度？
5. 对比说明二辊斜轧穿孔机和三辊斜轧穿孔机的结构与特点。
6. 与纵轧相比，斜轧穿孔的变形特点是什么？
7. 试述主动回转导盘、大送进角的菌式两辊斜轧穿孔机为什么是今后发展的趋势？
8. 为什么二辊斜轧穿孔的变形区内 η_x 大部分小于 1，如何提高穿孔效率？
9. 斜轧穿孔的咬入有什么特点？影响咬入的因素有哪些？
10. 已知：在二辊斜轧穿孔机上（图 1），将 ϕ100mm 的管坯穿制成 ϕ106mm×7.5mm 毛管。辊径 550～600mm，材质 55 号锻钢，转速 144r/min，管坯材质 45 号钢，尺寸为 ϕ100mm×1400mm，加热温度 1230～1260℃，温降 Δt = 50℃。试计算：当前进角 α = 9° 和 α = 12°时的纯穿孔时间。
11. 条件同上题，校核当前进角 α = 9° 和 α = 12°时的咬入条件。
12. 斜轧穿孔时实际的顶头前径缩率应在哪个区间内，才能保证轧制正常进行，且保证毛管内表面质量良好？试述其原因。
13. 斜轧轧辊的主要参数有哪些，说明各参数对轧制的稳定性和毛管质量有何影响？
14. 试分析斜轧穿孔时孔腔产生的原因。
15. 结合孔腔效应实验，分析二辊斜轧穿孔时孔腔形成过程，说明内折缺陷产生的原因。
16. 轧辊的主要参数有哪些，说明各参数对轧制的稳定性和毛管质量有何影响？

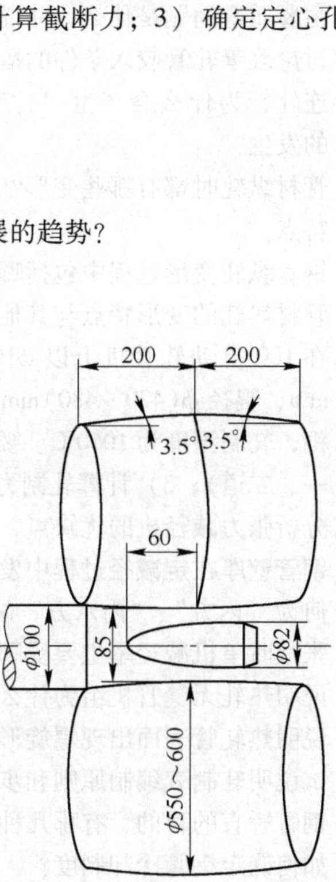

图 1

17. 穿孔过程中钢管是如何运动的，为什么？
18. 说明斜轧穿孔的变形区组成，各区的作用，并说明穿孔后为什么顶头能从毛管内孔中抽出？
19. 二辊斜轧时轧件、轧辊是如何运动的？矢量分析送进角小于13°的斜轧机轧制速度。
20. 管材穿孔为什么一般采用斜轧，试述斜轧穿孔过程中穿孔机调整参数对“孔腔”形成的影响。
21. 斜轧穿孔的咬入有什么特点？并分析两次咬入条件。
22. 斜轧穿孔时实际的顶头前径缩率应在哪个区间内，才能保证轧制正常进行，且保证毛管内表面质量良好？试述其原因。
23. 穿孔后的毛管外径沿长度方向有何变化，为什么？
24. 如何确定二辊斜轧穿孔时轧辊作用于轧件的摩擦力方向，并说明摩擦力自动调整原理。
25. 二辊斜轧穿孔有哪些调整参数，其中前进角对斜轧穿孔过程有何影响？
26. 二辊斜轧穿孔变形过程中有哪些附加变形？说明产生的原因和对钢管质量带来的影响。
27. 顶头前压下率 ε_{dq} 的确定原则是什么，为什么？
28. 在100穿孔机上将 ϕ100mm 管坯穿成 ϕ106mm × 7.5mm 毛管。辊径600mm，转速160r/min，材质为55号钢，穿孔温度为1200℃，管坯材质为45号钢，调整参数 B_{ck} = 85mm，ξ = 1.105，其余见图2。试计算接触面积。
29. 上题中的轧制压力为45t时，试计算总轧制力矩（轧件与导板间的摩擦系数 f_t 与轧件轧辊间 f 相同）。
30. 轧管方法有哪些，各有什么特点？
31. 自动轧管机轧管时变形区由哪几部分组成，轧后带来的主要质量问题是什么，并说明产生原因和改善措施。
32. 讨论改善轧管咬入条件的措施。
33. 连轧管为什么会产生“竹节”现象，如何控制该现象的发生？
34. 管材纵轧时都有哪些变形？举例说明管材纵轧时横变形特点。

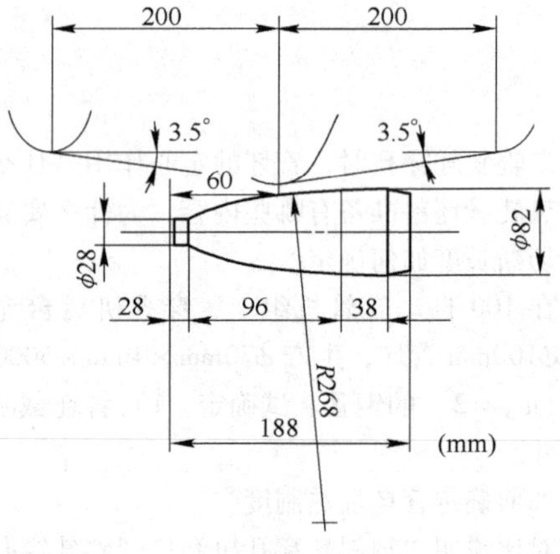

图2

35. 钢管纵轧变形过程中包括哪几部分变形，容易出现的缺陷及其解决办法是什么？
36. 管材热轧的变形特点与其他钢材加工有何不同？
37. 在100自动轧管机上以 ϕ106mm × 7.5mm 毛管轧制成 ϕ100mm × 4.2mm 荒管，轧辊转速 n_g = 120r/min，辊径 ϕ(420 ~ 480)mm，辊身长度 L = 1275mm，轧辊材质为球墨冷硬铸铁，管坯材料为45号钢，轧制温度为1060℃。要求：1）设计轧管机轧辊与回送辊孔型和顶头；2）验算咬入条件（第一、二道）；3）计算轧制力和轧制力矩（第二道）。
38. 分析张力减径机的优缺点，如何改善。
39. 钢管壁厚在定减径过程中发生什么变化？
40. 何为“内方”、“内六方”缺陷？说明产生原因及改善措施。
41. 张减时单机减径率主要受哪几方面的限制？
42. 说明热轧无缝管机组为什么必须由相应的轧机组成。各轧机轧后钢管断面尺寸发生什么变化？
43. 说明热轧管表面出现螺旋形分布缺陷，可能在哪些设备上出现。
44. 试说明轧制表编制原则和步骤。
45. 钢管矫直的目的，有哪几种方法，如何分工？
46. 如何确定钢管冷却制度？
47. 正挤压时各阶段金属流动有什么特点，变形区内的应力分布有什么规律？
48. 挤压时采用梯温加热的目的是什么？
49. 挤压时死区形成的原因是什么，它的存在有什么利弊？

50. 挤压时产生的缩尾有哪几种，它们的成因是什么？
51. 为什么反挤压时金属流动的均匀性比正挤压好？
52. 挤压时影响金属流动的因素有哪些？
53. 确定挤压力的意义是什么？
54. 影响挤压力的因素有哪些？
55. 计算挤压力的皮尔林公式有哪些优点？
56. 与其他热加工方法相比，挤压制品的组织有什么特点？
57. 挤压制品的常见缺陷有哪些，如何防止？
58. 挤压模中工作带的作用是什么？
59. 多孔模挤压时，模孔数目如何选择，模孔排列的原则是什么？
60. 什么是阻碍角，其作用是什么？
61. 挤压模具设计的原则是什么？
62. 什么是金属的可挤性，影响金属可挤性的因素有哪些？
63. 挤压时限制金属流出速度的因素是什么？
64. 确定挤压温度的依据是什么？
65. 挤压比的确定依据是什么？
66. 管材的拉拔有哪些主要方式，各有什么特点？
67. 管材拉拔时变形区内的应力分布有什么规律？
68. 空拉时壁厚的变化有什么规律，为什么空拉能在一定程度上纠正管子的偏心？
69. 游动芯棒拉拔成立的条件是什么？
70. 辊模拉伸的特点是什么？
71. 实现拉拔的必要条件是什么？
72. 拉拔配模的程序和原则是什么？
73. 冷轧管材时常出现的缺陷有哪些，形成的主要原因是什么？
74. 周期式冷轧管机轧辊孔型分为哪几段？解释各段的作用。
75. 管材的冷加工中如何搭配冲轧、冷拔工序，并发挥各自的特长？
76. 钢管冷加工的目的、方法、优缺点。
77. 冷拔法有哪几种，各有何优缺点？
78. 说明空拔变形特点。如何控制尺寸和质量？
79. 说明冷拔钢管工艺流程和各主要工序的作用。
80. 说明拔制表编制原则、步骤和方法。
81. 冷拔模具有哪些形式，各有何优缺点？
82. 冷拔模组成如何，与芯棒如何配合使用？
83. 影响焊管成形质量的因素有哪些，试分析其影响规律。
84. 焊管生产的成形底线如何分类？分析成形底线对成形质量的影响。
85. 焊管生产基本工序由哪几部分组成，每个工序中可采用哪些方法？
86. 连续成形时产生的主要质量问题是什么，如何解决？
87. 连续成形时孔型系统有哪几种，各有何特点？
88. 说明各种主要焊接方法的用途和特点。
89. 说明高频焊接的机理和特点。
90. 焊管焊接质量的主要影响因素有哪些，它们是如何影响焊接质量的？
91. 某 $\phi76$ 高频连续成形电焊管机组的成形机组如图 3 所示，其中水平辊传动，立辊被动。试设计在此机组上生产 $\phi51\text{mm} \times 1.5\text{mm}$ 焊管时的成形机组孔型（包括挤压辊孔型）。
92. 试编制将 $\phi74\text{mm} \times 4\text{mm}$ 管料拔制成 $\phi50\text{mm} \times 2\text{mm}$ 钢管时的拔制表（最大允许拔制力为 30t），并设

计一套冷拔模具。

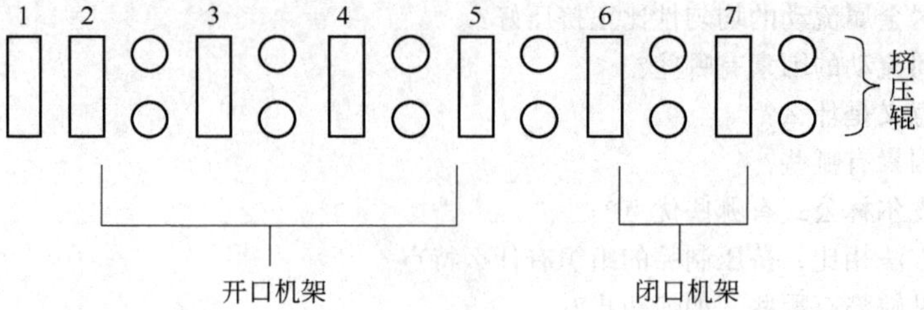

图3

参 考 文 献

1 王廷溥．轧钢工艺学．北京：冶金工业出版社，1981
2 李长穆等．现代钢管生产．北京：冶金工业出版社，1982
3 龚尧等．连轧钢管．北京：冶金工业出版社，1990
4 韩观昌，李连诗．小型无缝钢管生产．北京：冶金工业出版社，1990
5 许云祥．钢管生产．北京：冶金工业出版社，1993
6 王廷溥，齐克敏．金属塑性加工学．北京：冶金工业出版社，2001
7 殷国茂．中国钢管50年．成都：四川科学技术出版社，2004
8 李小平，秦建平．轧制理论．北京：化学工业出版社，2006
9 李国祯．现代钢管轧制工具设计原理．北京：化学工业出版社，2006
10 高秀华．钢管生产知识问答．北京：冶金工业出版社，2007
11 双远华．现代无缝钢管生产技术．北京：化学工业出版社，2008

第三篇

型线材生产

17 型钢生产的一般问题

17.1 型钢的分类和用途及质量要求

型钢是经过塑性加工成形、具有一定断面形状和尺寸的直条实心钢材。

型钢的范围比较广，产品品种规格众多，断面形状和尺寸的差异大。型钢广泛应用于国民经济的各个部门，如机械、金属结构、桥梁建筑、汽车、铁路车辆制造和造船等部门，在国民经济领域中占有不可缺少的地位。

17.1.1 型钢的分类

按生产方式分，型钢有热轧型钢、冷弯型钢、挤压型钢、锻压型钢、拔制型钢、焊接型钢及特殊轧制型钢等数类，后者包括火车车轮、轮箍、钢球、变断面阶梯轴、齿轮、钻头等。目前的型钢品种规格已多达万余种。

热轧型钢生产具有规模大、效率高、能耗少和成本低等优点，故为型钢生产的主要方式。

按断面形状分，型钢品种可分为简单断面和复杂断面两类。简单断面型钢没有明显的凸凹分肢部分，外形比较简单，包括方、圆、扁及六角等。简单断面型钢又称为棒材。复杂断面（或异形）型钢有明显的凸凹分肢部分，成形比较困难，包括槽钢、工字钢及其他异形钢等。周期断面型钢的断面形状和尺寸呈周期性沿钢材纵轴方向变化，可用纵轧、斜轧、横轧或楔横轧方法生产。

按使用部门分，型钢有铁路用型钢（钢轨、鱼尾板、道岔用轨、车轮、轮箍）、汽车用型钢（轮箍、轮胎挡圈和锁圈）、造船用型钢（L 型钢、球扁钢、Z 字钢、船用窗框钢）、结构和建筑用型钢（H 型钢、工字钢、槽钢、角钢、吊车钢轨、窗框和门框用钢、钢板桩等）、矿山用钢（U 型钢、π 型钢、槽帮钢、矿用工字钢、刮板钢）、机械制造用异钢材等。

按型钢断面尺寸和单位长度的质量分，型钢可分为钢轨、钢梁、大型材、中小型材。

为了提高金属利用率、降低建筑结构和机器的重量与成本。目前普遍开始重视经济断面型钢和钢精度型材的发展。

所谓“经济断面型材”，就是指其断面类似普通型钢，但壁薄，断面金属分配得更加合理，从而使之重量轻而截面模数大，既省金属又有较大的承载能力，便于拼装组合。其中 H 型钢（亦称平行宽缘工字钢）是各国大力发展的一种型钢。其特点是 *H/B* 值较小，腿宽而腰薄，腿内外侧边平行，腿端呈直角，这使其便于拼装组合成各种构件，从而节约焊接、铆接工作量 25% 左右。另外 H 型钢的断面模数、惯性矩均较大，故强度和刚度较高，常用于要求承载能力大，截面稳定性好的大型桥梁、高层建筑、重型设备、高速公路等方面，因此 H 型钢近年来发展很快。几个主要产钢国家的 H 型钢占大型型材产量的 30% ~45%，H 型钢按其腰高与腿宽之比为 1:1、3:2、2:1，分别称为宽、中、窄幅 H 型钢。

所谓“高精度型材”是指其二次加工余量极少，或轧后可直接代替机械加工零件使用的轧材，如汽轮机叶片，各种冷轧、冷拔型材等，见图 17-1。

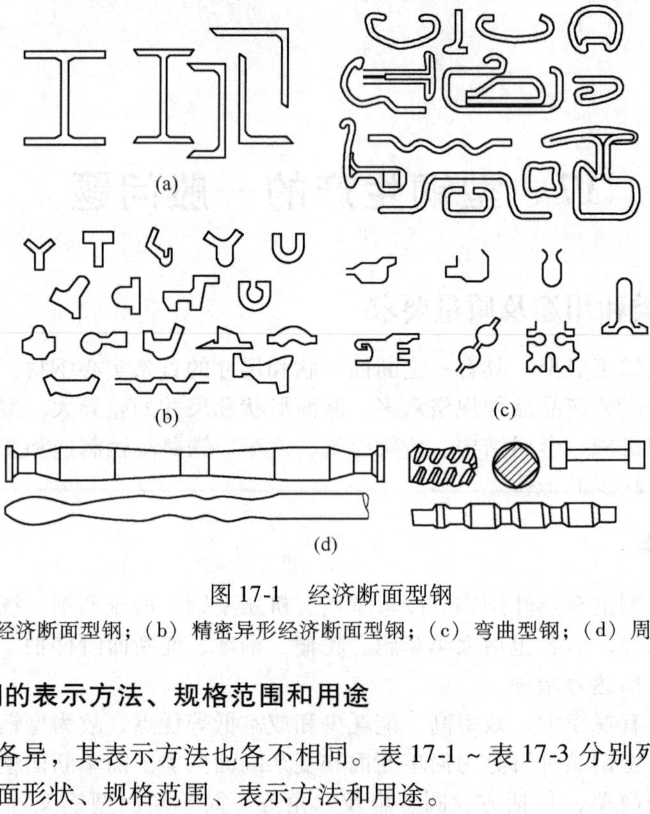

图 17-1　经济断面型钢

（a）通用经济断面型钢；（b）精密异形经济断面型钢；（c）弯曲型钢；（d）周期断面型钢

17. 1. 2　热轧型钢的表示方法、规格范围和用途

热轧型钢形状各异，其表示方法也各不相同。表 17-1 ~ 表 17-3 分别列出了上述各类热轧型钢部分产品的断面形状、规格范围、表示方法和用途。

表 17-1　部分简单断面型钢

名 称	断面形状	表示方法	规格/mm	交货状态	用 途
圆钢	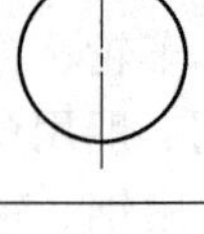	直 径	10 ~ 50 50 ~ 350	条(卷) 条	钢筋、螺栓、冲、锻零件、无缝管坯、轴
线材	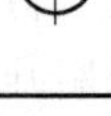	直 径	4. 6 ~ 12. 7	卷	钢筋、二次加工丝

续表 17-1

名称	断面形状	表示方法	规格/mm	交货状态	用途
方钢	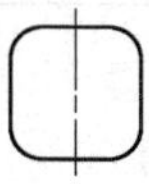	边长	4 ~ 250	条（卷）	零件
扁钢	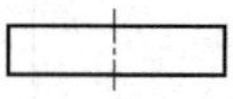	厚×宽	（3 ~ 60）×（10 ~ 240）	条（卷）	焊管坯、薄板坯
弹簧扁钢	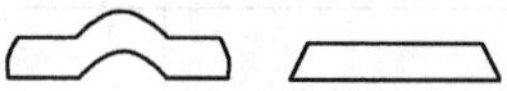	厚×宽	（7 ~ 13）×（63 ~ 120）	条	车辆板簧
三角钢	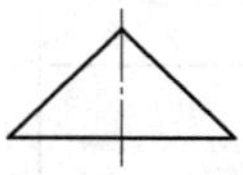	边长	9 ~ 30	条	零件、锉刀
弓形钢	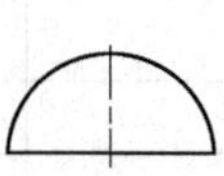	宽×厚	（15 ~ 20）×（5 ~ 12）	条	零件、锉刀
椭圆钢	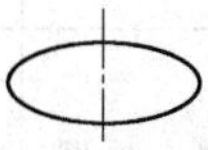	宽×高	（10 ~ 26）×（4 ~ 10）	条（卷）	零件、锉刀
六角钢	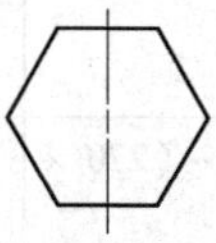	内接圆直径	7 ~ 80	条	螺帽、风铲、工具
角钢 等边	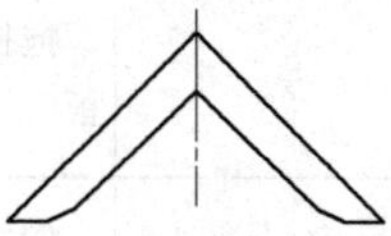	边长的 1/10	No. 2 ~ No. 25	条	建筑、造船、机械、车辆、结构件等
角钢 不等边	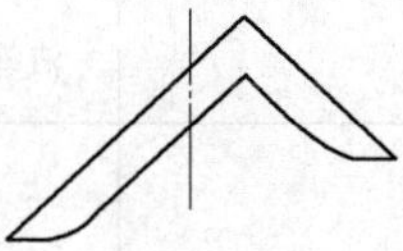	长边长/短边长的 1/10	No. 2. 5/1. 6 ~ No. 25/16. 5	条	建筑、造船、结构件

表 17-2 部分异形断面型材

名称	断面形状	表示方法	规格	用途
工字钢		以腰高的 1/10 表示，如腰高为 200mm，则为 20 号	80 ~ 630（8 号 ~ 63 号）	建筑、造船、金属结构件
H 型钢		以腰高的 1/10 表示，如腰高为 200mm，则为 20 号	80 ~ 630（8 号 ~ 63 号）80 ~ 1200（8 号 ~ 120 号）	土建、桥梁、建筑、支护

续表 17-2

名　称	断面形状	表示方法	规　格	用　途
槽　钢	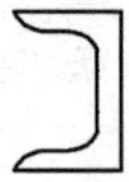	以腰高的 1/10 表示，如腰高为 200mm，则为 20 号	50 ~ 400（5 号 ~ 40 号）	建筑、车辆制造、金属结构件
钢　轨	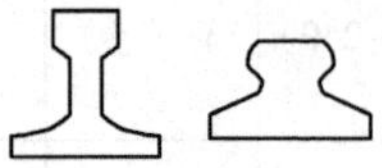	以每米单位重量表示，如 50kg/m	5 ~ 24kg/m 38 ~ 75 kg/m 80 ~ 120kg/m	轻轨，矿山用 重轨，铁路用 起重机轨，吊车用
T 字钢	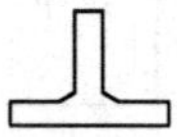	以腿宽表示，如腿宽 200mm，则表示为 T_{200}	20 ~ 400	结构件、铁路车辆
Z 字钢	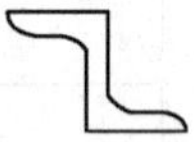	以高度表示，如高 310mm，为 Z_{310}	60 ~ 310	结构件、铁路车辆
窗框钢	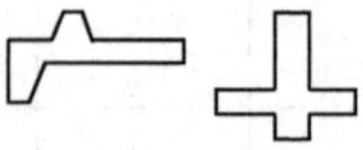		品种规格 20 余种	钢窗
钢　桩	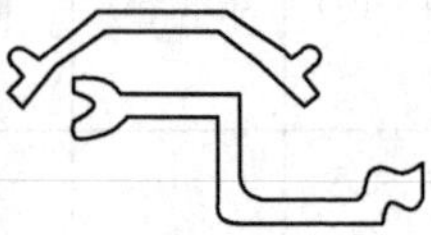		槽型、Z 型、板型、U 型	矿山、码头、海港、井下工程
球扁钢		宽 × 厚	（50 × 4）~（270 × 14）	造船
履带钢	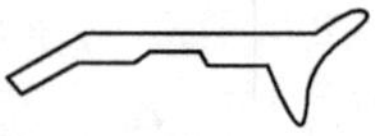			拖拉机、电铲等链板
鱼尾板	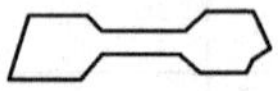	以对应的钢轨号表示		钢轨接头
轮辋钢	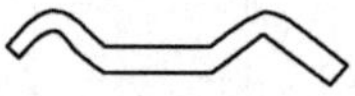	以对应的汽车号表示		汽车轮辋
其他小型异型钢	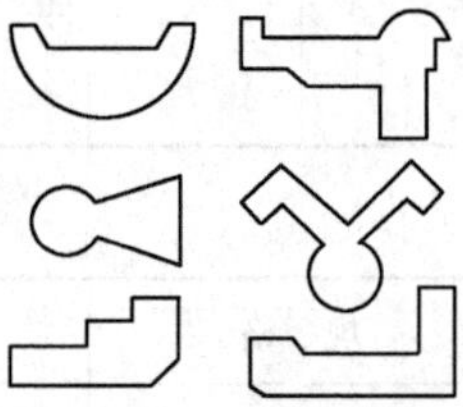			纺织、轻工、化工、船舶等

表 17-3　部分周期断面型材

名　称	形　状	轧　法	用　途
螺纹钢	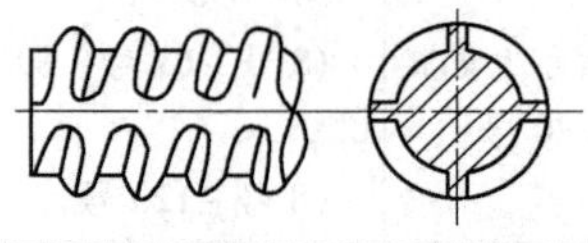	二辊纵轧	建筑、地基、混凝土结构

续表 17-3

名　称	形　状	轧　法	用　途
犁铧钢	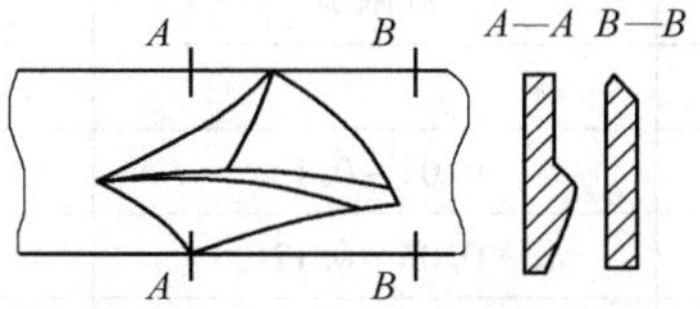	二辊纵轧	犁　铧
轴承座圈	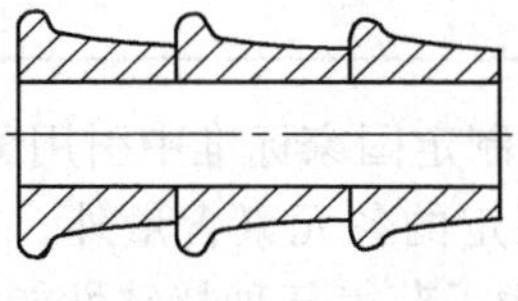	二辊斜轧	轴承外座圈
变断面轴	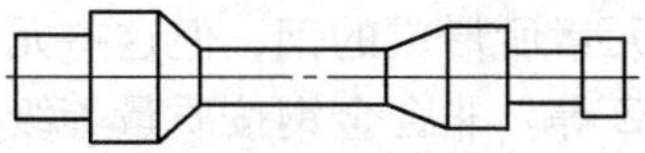	三辊楔横轧	各种轴类
犁刀型钢		二辊纵轧	犁刀坯

17.1.3　热轧型钢钢种及质量要求

根据国家标准 GB/T 13304—91，用于生产型钢的钢种有非合金钢、低合金钢和合金钢三类。各类钢的合金元素规定含量界限值见表 17-4。

表 17-4　非合金钢、低合金钢和合金钢合金元素规定含量界限值（$w/\%$）

合金元素	非合金元素界限值	低合金元素界限值	合金元素界限值
Al	<0.10		≥0.10
B	<0.0005		≥0.0005
Bi	<0.10		≥0.10
Cr	<0.30	0.30~0.50	≥0.50
Co	<0.10		≥0.10
Cu	<0.10	0.10~0.50	≥0.50
Mn	<1.00	1.00~1.40	≥1.40
Mo	<0.05	0.05~0.10	≥0.10
Ni	<0.30	0.30~0.50	≥0.50
Nb	<0.02	0.02~0.06	≥0.06
Pb	<0.40		≥0.40
Se	<0.10		≥0.10
Si	<0.50	0.50~0.90	≥0.90
Te	<0.10		≥0.10
Ti	<0.05	0.05~0.13	≥0.13

续表 17-4

合金元素	非合金元素界限值	低合金元素界限值	合金元素界限值
W	<0.10		≥0.10
V	<0.04	0.04～0.12	≥0.12
Zr	<0.05	0.05～0.12	≥0.12
La 系（每一种元素）	<0.02	0.02～0.05	≥0.05
其他元素（S，P，C，N 除外）	<0.05		≥0.05

用于生产型钢的非合金钢。非合金钢是 1991 年制定国家标准中引用国际标准的通用术语，便于与国际标准统一。非合金钢应符合表 17-4 中限定的各元素含量外，它的内涵比以前通用的“碳素钢”更广泛，既包括“碳素钢”，还包括为了获得某种特殊性能和工艺性能而有意加入的一种或某几种微量元素或保留一定量的残余元素所形成的钢，但这些元素的含量仍未达到低合金钢成分范围钢种的含量，如兵器专用钢 50Z 等。非合金钢按质量等级分为普通质量非合金钢，优质非合金钢和特殊质量非合金钢 3 种级别。

普通质量非合金钢不专门规定在生产过程中有目的的质量控制，仅能满足有关标准中所规定的碳、硫、磷和氮含量及其性能即可。用于生产型钢的普通质量非合金钢主要有：1）以规定最低强度为主要特性的 Q195、Q215、Q235、Q255 中的 A、B 级和 Q275 碳素结构钢，Q235 碳素钢钢筋、50Q、55Q、Q235－A 及一般工程用不进行热处理的钢；2）以碳含量为主要特征的普通碳素钢盘条、一般用途低碳钢钢丝等。

优质非合金钢是指在生产过程中需要控制钢的晶粒度，降低硫、磷含量，改善钢材表面质量，具有比普通质量非合金钢高一个级别的质量要求的非合金钢。用于生产型钢的优质非合金钢主要有：1）以规定最低强度为主要特征的优质碳素结构钢 65Mn、70Mn、55Ti、60Ti 、70Ti 等，U71、U74 重轨等优质碳素钢，16q 桥梁用钢，12LW、15LW、08Z～25Z 汽车用钢；2）以碳含量为主要特征的焊条用钢，如 H08、H15Mn、ML10～ML45、ML25Mn～ML45Mn 冷镦用钢，25～65、40Mn～60Mn 冷拔用盘条，Y12～Y35、Y12Pb、Y15Pb、Y45Ca 易切削结构钢等。

特殊质量非合金钢是指在生产过程中需要特别严格控制钢的质量和性能（例如控制钢的淬透性能和钢质的纯净度），钢材要进行热处理，限制非金属夹杂物含量和改善内部材质均匀性等的非合金钢。生产特殊质量非合金钢型钢的钢种主要有：1）以规定最低强度为主要特征的 65Mn、70Mn、70～85 钢的优质碳素结构钢，CL60A 级、LG60 与 LG65A 级铁道用钢，所有航空专用非合金结构钢以及各种兵器用非合金钢；2）以氧含量为主要特征的 H08E、H08C 焊条用钢，65～68、65Mn 碳素弹簧钢，65～80、60～70Mn、T8MnA、T9A 特殊盘条钢，非合金调质钢，冷顶锻和冷挤压钢；3）要求测定热处理后冲击韧性的 Y75 易切削钢；4）碳素工具钢和碳素中空钢。

用于生产型钢的低合金钢，在国家标准中将低合金钢作为一种分类规定下来。在我国，已经形成完整的低合金钢钢号系列和标准体系。牌号系列中以锰系为主，有些钢中加入微量元素钼、铌、镉、稀土等，重点牌号为 16Mn。

用于生产型钢的低合金钢也分为普通质量低合金钢、优质低合金钢和特殊质量低合金钢 3 个质量等级。

普通质量低合金钢在生产中不规定进行专门的质量控制，如不规定对钢材进行热处理等，但应满足有关标准中所规定的技术条件。用于生产型钢的普通质量低合金钢主要包括：1）钢材的屈服强度不大于360MPa的一般用途可焊接高强度低合金结构钢，如09MnV、09MnNb、16Mn、09MnCuPTi、14MnNb等；2）一般低合金钢筋，如20MnSi、20MnTi、20MnSiV、25MnSi等；3）铁道用一般低合金轻轨钢，如45SiMnP、50SiMnP；4）矿用低合金钢，如20MnK、25MnK、24Mn2K和30Mn2K等。

优质低合金钢要在生产中有目的地进行钢的质量控制，降低钢中硫、磷含量，控制晶粒度，改善表面质量，增加工艺控制等，以达到比普通质量低合金钢高一个级别的质量要求。用于生产型钢的优质低合金钢主要包括：1）屈服强度大于360MPa并小于420MPa的可焊接低合金高强度结构钢，如15 MnV、15MnTi、16MnNb、15MnVNb等，造船、汽车、桥梁和自行车用低合金钢，如AH36、DH36、EH36、06～10TiL、16Mnq、15MnVq；2）铁道用低合金重轨钢，如U71Cu、U71Mn、U70MnSi、U71MnSiCu；3）铁路用异形钢，如09CuPRe、90V；4）矿用低合金结构钢，如调质的20Mn2k、20MnVK、34SiMnK；5）易切削结构钢，如Y40Mn。

特殊质量低合金钢除满足合金成分在限定界限值范围内之外，在生产中还要严格控制非金属夹杂物含量，钢材内部质量要均匀，控制硫、磷含量（质量分数）小于或等于0.025%，w（Cu）≤0.10%，w（V）≤0.05%。用于可焊接的高强度钢屈服强度不小于420MPa，更应满足钢材的低温（低于-40℃）冲击性能。用于生产特殊质量低合金钢型钢的钢种主要有：1）可焊接的性能用低合金钢、船舰兵器用低合金钢；2）铁道用低合金车轮钢，如CL45MnSiV；3）低温用低合金钢。

用于生产型钢的合金钢的合金元素含量如表17-4所示。合金钢的质量等级分为优质合金钢、特殊质量合金钢两类，均可用于生产各种品种规格的型钢。用合金钢生产的型钢多以棒材、线材和丝材为主。

优质合金钢是在满足合金成分要求的条件下，在生产过程中对其钢的质量和性能进行必要的控制，但其要求低于特殊质量合金钢。例如，生产可焊接的高屈服强度合金结构钢规定，其屈服强度值不大于420MPa，耐磨钢和SiMn弹簧钢中的磷、硫含量（质量分数）不大于0.035%等。

用于生产型钢的优质合金钢钢种主要包括：1）一般工程结构用合金钢，主要为高强度合金钢，但屈服强度值小于420 MPa，如生产履带板用热轧型钢；2）合金工具钢，除要求高强度外，还有硬度的要求，如各种刀刃具和模具用热轧型钢。

17.2　型钢的轧制方法与特点

17.2.1　型钢轧制方法

热轧型钢具有生产规模大、效率高、能量消耗少和成本低等优点，是型钢生产的主要方式。其轧制方法有以下几种：

（1）普通轧法。一般在二辊或三辊轧机上进行的轧制叫普通轧法。孔型由两个轧辊的轧槽所组成，能生产一般的简单断面、异型断面和纵轧周期断面型钢。当轧制异型断面产品时，不可避免地要用闭口轧槽，此时轧槽各部分存在明显的辊径差见图17-2，因此无法轧制凸缘内外侧平行的经济断面型钢；而且轧辊直径还限制着所轧型钢的凸缘高度，辊身长度限制着轧件宽度，因此轧制60号以上工字钢和大型钢桩等感到困难。辊径差和不均匀变形的存在，引起孔型内各部分金属的相对附加流动，从而增加轧制能耗，加速孔

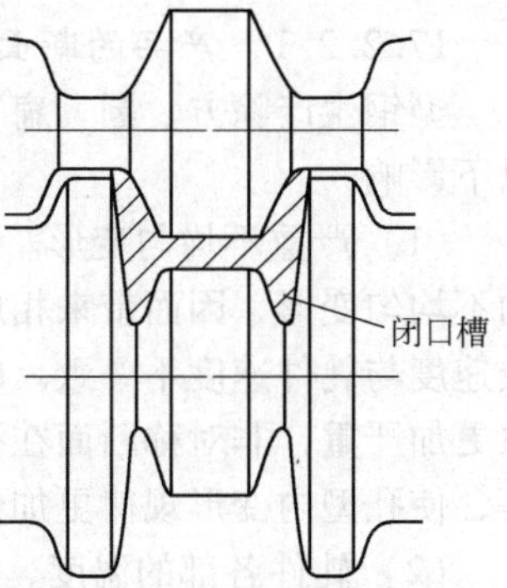

图17-2　闭口槽和辊径差

型磨损，且成品内部产生较大的残余应力，影响轧材质量。但这种轧法设备比较简单，故目前大多数型钢生产仍然采用这种方法。

（2）多辊轧法。多辊轧法的特点是：孔型由 3 个以上轧辊的轧槽所组成，从而减少闭口槽的不利影响，辊径差也减少，可轧出凸缘内外侧平行的经济断面型钢，轧件凸缘高度可以增加，还能生产普通轧法不能生产的异型断面产品。这种轧法比普通轧法轧制精度高，且轧辊磨损、能量消耗、轧件内残余应力均减少。其中 H 型钢即属这一类。图 17-3 为采用多辊轧法轧制角、槽、T 字钢的示意图。

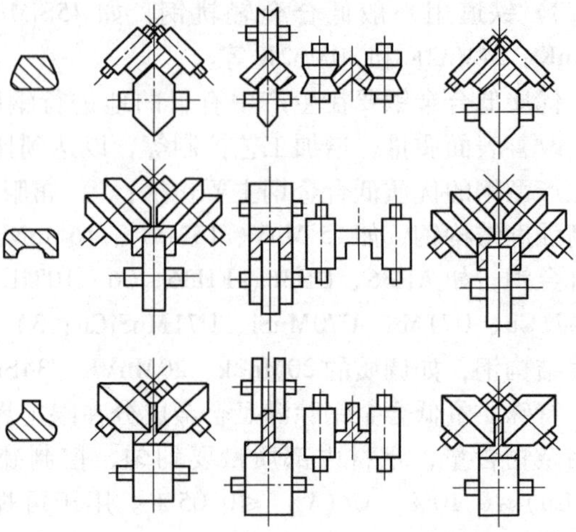

图 17-3　多辊轧制法示意图

（3）热弯轧法。这种轧法的特点是：它的前半部分孔型是将坯料热轧成扁带或接近成品断面的形状，然后在后续孔型中趁热弯曲成形，它可在一般轧机或顺列布置的水平—立式轧机上生产，并可得到用一般方法得不到的弯折断面型钢。热弯轧法的成形过程如图 17- 4 所示。

（4）热轧纵剖法。它的特点是：将较难轧的非对称断面产品先设计成对称断面，或将小断面产品设计成并联形式的大断面产品，以提高轧机能力，然后在轧机上或冷却后用圆盘剪进行纵剖，如图 17-5 所示。这种方法可以提高轧机的生产能力。

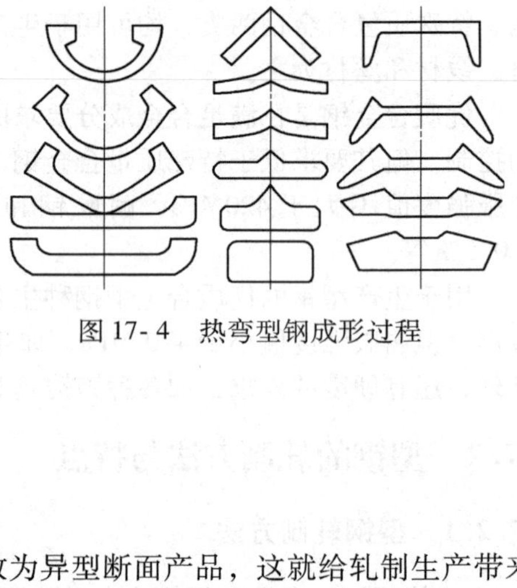

图 17- 4　热弯型钢成形过程

热轧—冷拔法：先在热轧机上轧制成形，但留有一定冷加工余量，然后经冷拔加工成材。这种方法可生产出力学性能和表面质量均高于一般热轧型钢的产品，可直接加工成机械零件。

17. 2. 2　型钢生产特点

17. 2. 2. 1　*产品的断面比较复杂*

型钢生产除方、圆、扁等简单断面产品外，大多数为异型断面产品，这就给轧制生产带来以下影响：

（1）严重不均匀变形。由于坯料大多为方形、矩形，因此轧制异型钢材，必然产生严重的不均匀变形，因而带来相应的不良后果。另外在孔型各部分存在明显的辊径差，使轧辊各点线速度与轧件速度不一致。断面各部分不是同一时间与轧辊接触变形，使本来变形不均匀的现象更加严重，非对称断面在孔型内受力、变形更为不均。某些产品在轧制过程中存在热弯变形等，使孔型内变形规律更加复杂化。

（2）轧件各部的温度、变形程度、轧辊直径的不同，使型钢生产中的前滑、力能参数计算要比钢板生产中的困难得多。

（3）孔型限制宽展或强迫宽展的作用，使本来计算困难的宽展值更加难以计算。因而目前有许多方面仍靠经验解决，其中有不少问题必须今后在理论上加以研究解决。

（4）严重的不均匀变形，对轧制产品的质量、能耗、轧辊消耗、导卫设计与安装、孔型的调整、轧机的产量等都有不利影响。

（5）由于轧件断面复杂，各部分轧制条件不同，所以轧件轧后各部分温度不同，且冷却条件也不同，因此轧件各部分冷缩不一致，造成轧件内部存在较大的残余应力和成品尺寸的变形。如何防止异型断面轧后冷却不均造成弯曲扭转，也是一个必须进一步解决的问题。

（6）型钢生产中如何防止异型端面剪切过程中轧件端部走形，控制矫直质量，特别是矫直侧向弯曲问题，如何实现成品机械化包装等问题，都具有一定困难。

（7）组织连轧生产较困难。由于断面复杂，连轧中的堆拉关系的控制难度较大，断面形状尺寸很难保证。断面各部分尺寸不同，使连续测量和连续探伤困难。因此使异形型钢连轧发展缓慢，近年才有少数国家出现复杂断面的连轧生产。

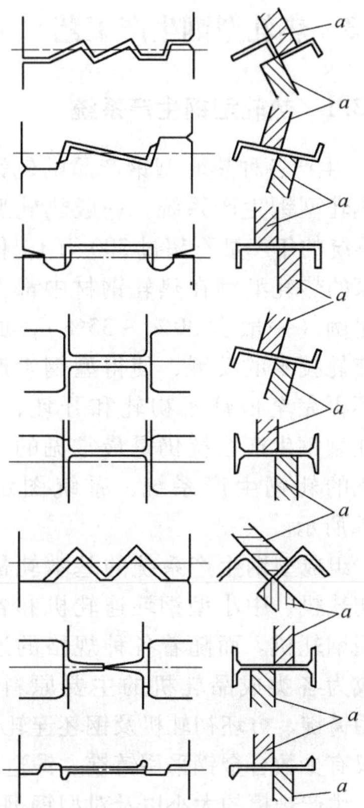

图 17-5　热轧纵剖法

a—圆盘剪

17.2.2.2　产品品种多

除少数专业化型钢轧机外，大多数型钢轧机生产的品种规格繁杂而多样，因此造成坯料的品种规格多、轧辊储备量大、导卫装置数量多，使生产管理工作大为复杂。并且换辊次数频繁，轧机安装调整技术要求较高，从而大大影响轧机有效生产时间。因此对于多品种型钢车间来说，如何加强孔型和备件的共用性；如何加强管理；如何调配生产计划，实现快速换辊；如何使精整工艺流程合理，使各品种精整流线互不干扰，实现机械化代替繁重的体力劳动，这些都是型钢生产正在不断完善的地方。

17.2.2.3　轧机结构和类别多

型钢品种、规格很多，切尺寸相差很大，加上各自生产要求不同，使得型钢轧机类型很多，包括各种轧机类型和布置形式。

在轧机结构形式上有二辊式轧机、三辊式轧机、四辊万能孔型轧机、多辊孔型轧机、Y 型轧机、450 轧机和悬臂式轧机等。轧机布置形式上有横列式轧机、顺列式轧机、棋盘式轧机、半连续式轧机和全连续式轧机等。

采用何种轧机和布置形式，需视生产品种、规格及产品技术条件而定。一般将轧机分为大批量、专业化轧机和小批量、多品种轧机两类，以便发挥各类轧机之所长。专业化轧机包括 H 型钢轧机、重轨轧机、钢筋轧机和线材轧机以及特殊型钢轧机等。这几种轧机产品专业化强、批量大，并有配套的专用设备。其优点是：轧机作业率与设备利用率高、技术容易熟练、易于实现机械化和自动化，对提高产品质量、产量、劳动生产率，降低成本均有好处。专业化轧机一般采用连续式或半连续式轧机。多品种轧机可采用联合型钢轧机，以适应多品种生产，满足国民经济各部门的需要。

17.3　热轧型钢生产工艺

17.3.1　热轧型钢生产系统

生产各种热轧型钢产品的轧钢系统叫热轧型钢生产系统。一般热轧型钢生产系统的年产量不超过 300 万 t，但许多国家的热轧型钢在热轧钢材中都占有较大比例（一般占 30% ~35%），加上连铸连轧技术的发展，使得型钢生产的原料不再完全依赖于初轧和开坯，因此，热轧型钢生产系统仍是最常见的一种单一化的轧钢生产系统，系统图示如图 17-6 所示。

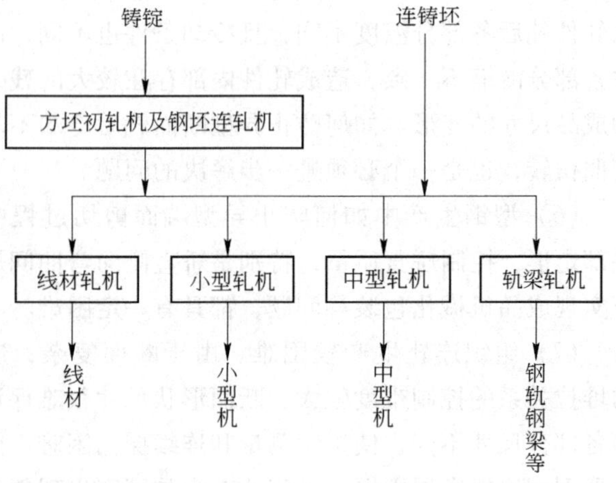

图 17-6　型钢生产系统图示

组成型钢生产系统的基本轧机是方坯初轧机、中小型钢坯连轧机和各类成品型钢轧机。而随着各种规格的连铸坯已成为各类成品轧机的主要原料来源，采用铸锭、方坯初轧机及钢坯连轧机为型钢轧机提供原料的生产方式已经被连铸坯所代替，目前仅有少数合金钢采用铸锭、锻造开坯提供型钢坯料。

生产规模的大小以及对型钢钢种、品种规格的要求是选择和决定型钢生产系统轧机组成的基本依据。

17.3.2　热轧型钢的生产工艺过程

17.3.2.1　热轧非合金钢和低合金钢型钢的生产工艺过程

根据所采用的原料和型钢生产系统，热轧非合金钢和低合金钢型钢生产工艺过程可分为以下三种类型：

（1）连铸坯直接轧制系统。其特点是连铸设备和轧钢设备紧凑，充分利用连铸坯的热量，坯料不重新加热或仅角部局部加热后直接进入轧机，轧制成成品。这一工艺不需要建立大的开坯机，但要求连铸质量有所保证，连铸速度和轧制速度要匹配、协调。

（2）连铸坯采用一次加热，轧制成成品。连铸坯既可以是冷料，也可以热送热装。在热送连铸坯过程中，采取保温措施，减少热量损失。这种生产工艺已在型钢生产中得到广泛应用。

（3）以钢锭和连铸坯为原料的大型生产系统。其特点是有能力强大的初轧机或开坯机。以钢锭为原料时，既可以用热锭也可以用冷锭在均热炉中加热。原料经加热之后初轧成坯，经二次加热甚至三次加热轧成成品。由于多次加热，增加了燃料和金属消耗，所以除特殊要求外，一般新建型钢轧机都不采用这一工艺。

以上三种类型的型钢生产工艺的基本工序是相同的，即：原料—加热—轧制（或控制轧制）—冷却（或控制冷却）—精整—表面清理—打印、标记—包装—入库。

17.3.2.2　热轧合金钢型钢生产工艺过程

由于对合金钢型钢的表面和内部质量、物理、化学或力学性能等的技术要求比非合金钢和低合金钢的要求严格，钢种特性比较复杂，故其生产工艺过程一般也比较复杂。

合金钢型钢生产的原料可分为钢锭（冷、热锭）和连铸坯两种。采用冷锭时，对钢锭表面进行缺陷清理，以保证和提高钢坯表面质量。在清理前进行软化退火，以降低钢的硬度。钢锭的开坯方式有两种，一种为轧制开坯，对某些高合金钢则采用锻造开坯。随着钢种的不同，锻、轧后的合金钢钢坯采用空冷、缓冷和热处理等工艺制度，如图17-7所示。

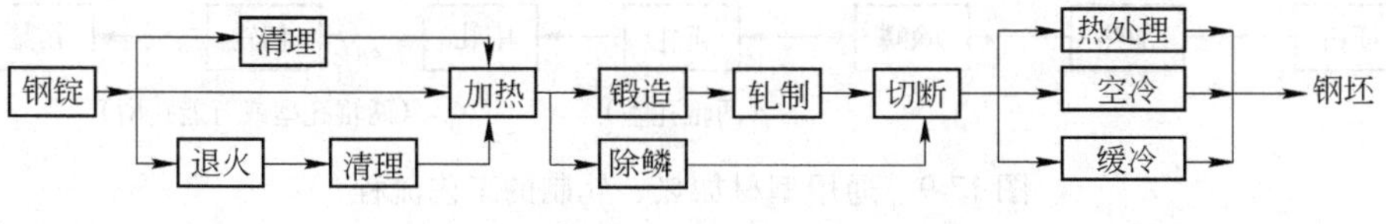

图17-7　合金钢钢锭开坯工艺过程示意图

由于合金钢的钢种、型钢尺寸和用途的不同，合金钢型钢的生产工艺过程也有所不同，其基本生产工艺如图17-8所示。

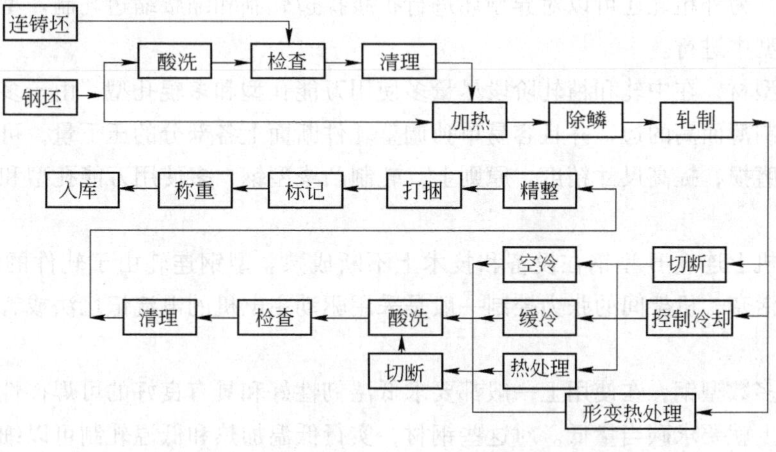

图17-8　合金钢型钢生产工艺过程示意图

为了清除合金钢表面缺陷，通常先对所用原料连铸坯和轧（锻）坯进行酸洗，然后进行表面检查和清理，接着在连续式加热炉中加热，经高压水除鳞后轧制。轧后合金钢型钢进行控制冷却或变形热处理等工艺，控制型钢的组织状态和性能。然后进行表面检查、缺陷清理、精整，一些合金钢进行必要的热处理，最后进行打捆、标记、打印和入库。与非合金钢和低合金钢相比，合金钢轧制时，除各工序的具体工艺规程会因钢种的不同而不同外，在工序上多了原料准备中的退火和酸洗，轧制后的热处理和酸洗等工序。

17.3.3　型钢轧制工艺

17.3.3.1　坯料

型钢在材质上的要求一般并不特殊，在目前的技术水平下，几乎可以全部使用连铸坯。连铸坯的断面形状可以是方形、矩形，目前正在开发和使用异形坯。坯料的检查一般依靠肉眼，采用火焰清理。用连铸坯轧制普通型钢，绝大多数可以不必检查和清理，从这个角度上说，大、中型型钢最容易实现连铸坯热送热装，甚至直接轧制。

17.3.3.2　加热、轧制

现代化型钢生产的加热一般使用步进炉，以避免水印对产品质量的不利影响。

通用型钢的轧制工艺并不复杂，工艺流程如图 17-9 所示。型钢轧制分为粗轧、中轧和精轧。粗轧的任务是将坯料轧成适用的雏形中间坯。在粗轧阶段，轧件温度较高，应该将不均匀变形尽可能放在粗轧孔型轧制阶段。中轧的任务是令轧件迅速延伸，接近成品尺寸。精轧是为保证产品的尺寸精度，延伸量较小，成品孔和成前孔的延伸系数一般为 1. 1 ~ 1. 2 和 1. 2 ~ 1. 3。现代化的型钢生产对轧制过程有以下要求。

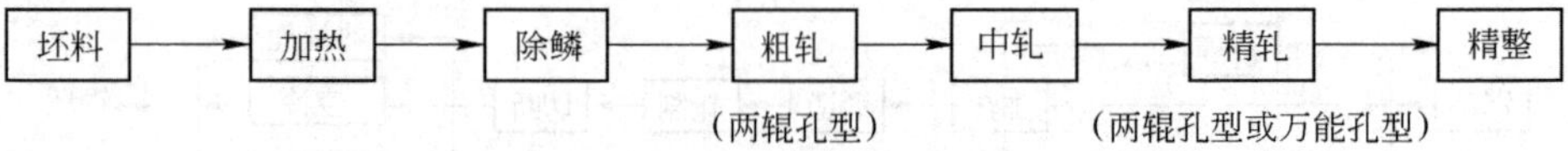

图 17-9　通用型材加热、轧制的工艺流程

一种规格的坯料在粗轧阶段轧成多种尺寸规格的中间坯。如果型钢坯料全部使用连铸坯，从炼钢和连铸的生产组织来看，连铸坯的尺寸规格是愈少愈好，最好是只要求一种规格。而型钢成品尺寸规格却是愈多，企业开拓市场的能力就愈强，这就要求粗轧具有将一种坯料开成多种坯料的能力。另外粗轧还可以对异型坯进行扩腰扩边轧制和缩腰缩边轧制。型钢的粗轧一般都是在两辊孔型中进行。

对于异型型材，在中轧和精轧阶段尽量多使用万能孔型和多辊孔型。由于多辊孔型和万能孔型有利于轧制薄而高的边，并且容易单独调整轧件断面上各部分的压下量，可以有效地减少轧辊的不均匀磨损，提高尺寸精度。原则上，轧制凸缘型钢，多使用万能孔型和多辊孔型是有好处的。

在万能轧机上连轧 H 型钢在设备和技术上不断成熟。型钢连轧由于轧件的断面截面系数大，不能使用活套，机架间的张力控制一般是采用驱动主电机的电流记忆法或者是力矩记忆法进行。

对于绝大多数型钢，在使用上一般都要求低温韧性好和具有良好的可焊接性，为保证这些性能，在材质上就要求碳当量低。对这些钢材，实行低温加热和低温轧制可以细化晶粒，提高材料的力学性能。在精轧后进行水冷，对于提高材料性能和减少在冷床上的冷却时间也有明显好处。

17. 3. 3. 3　精整

型钢的轧后精整有两种工艺，一种是传统的热锯切定尺，定尺矫直工艺；一种是较新式的长尺冷却、长尺矫直、冷锯切工艺，其工艺流程如图 17-10 所示。

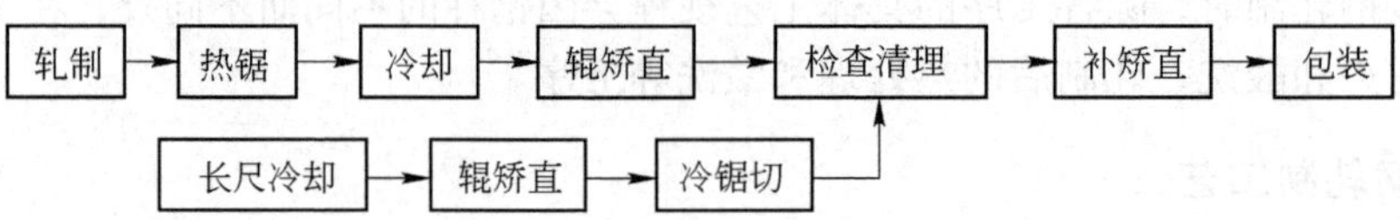

图 17-10　型材的精整工艺流程

型钢精整，较为突出之处就是矫直。型材的矫直难度大于板材和管材，原因是：其一因在冷却过程中，由于断面不对称和温度不均匀造成的弯曲大。其二是型材的断面系数大，需要的矫直力大。由于轧件的断面较大，因此矫直机的辊距也必须大，矫直的盲区大，在有些条件下，对钢材的使用造成很大影响。减少矫直盲区，在设备上的措施是使用变节距矫直机，在工艺上的措施就是长尺矫直。

17.4　型钢轧机的布置形式

型钢轧机的布置形式绝大多数是横列式和串列式布置，以生产 H 型钢为主的万能轧机有少量的半连续式布置，中、小型型钢轧机则有全连续式和棋盘式的布置。

17.4.1　大型型钢轧机的典型布置形式

17.4.1.1　串列式布置

典型的串列式布置大型型钢轧机多数是万能轧机，其轧机组成最常见的方式是：粗轧机为一台或两台二辊可逆开坯机（简称 BD 机），中轧机是一组（万能—轧边端—万能）3 机架可逆连轧机组（简称 UEU 机组）或者是一组或两组（万能—轧边端）可逆连轧机组（简称 UE 机组），精轧机是一台成品万能轧机（简称 U_f 轧机）。其典型布置简图如图 17-11 所示。

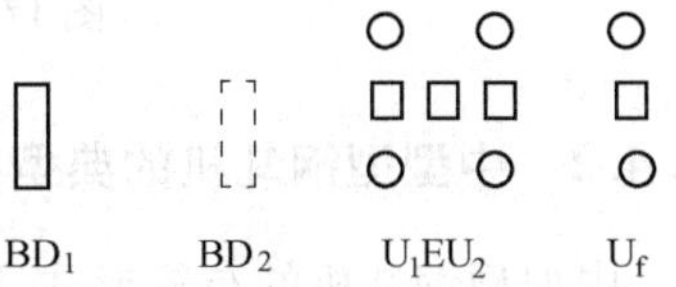

图 17-11　串列式大型型钢轧机的典型布置

大型型钢轧机在布置形式上的发展方向是：1）各架万能轧机可根据需要很方便地转换成两辊轧机；2）以生产 H 型钢为主时，不设置万能精轧机，UEU 机组形成 X—H 孔型系统，在 H 孔型直接轧出成品，这样可大大缩短厂房长度。

17.4.1.2　横列式布置

横列式大型型钢轧机以一列式和两列式最多，布置简图如图 17-12 所示。这种布置的历史最悠久。

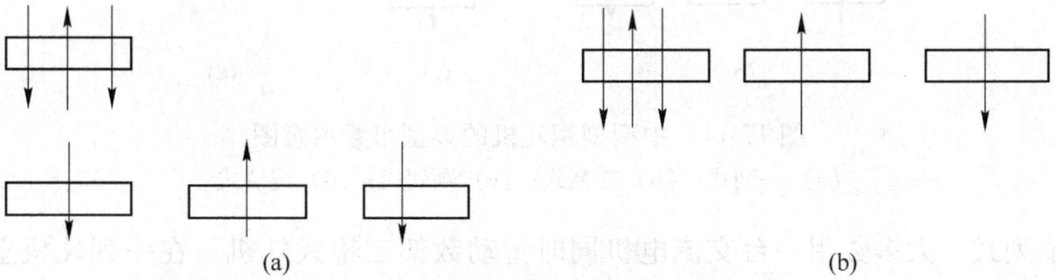

图 17-12　横列式大型型钢轧机的两种布置

（a）二列式；（b）一列式

二列式布置时，其 BD 机一般为二辊可逆式开坯机。第二列的轧机为三辊轧机。一列式不布置的机架一般是三辊轧机。横列式布置的优点是：厂房的长度短、产品灵活、设备简单、造价低、操作方便，便于生产断面形状复杂的产品，对小批量、多品种的生产适应性强。对于产品品种较多的情况，横列式大型轧机有其优越性，即使在工业先进国家，这种布置形式也还是有广阔的生存空间。如果在多列的横列式布置的轧机中再装备 1 ~ 2 架万能轧机，则横列式布置的轧机将具有很强大的市场竞争力。

17.4.1.3　半连续式布置

大型型钢半连续式布置的轧机多见于万能连轧机，其布置简图如图 17-13 所示。在万能连轧机组前有一台或两台二辊可逆开坯机，万能连轧机由 5 ~ 9 架万能连轧（U）和 2 ~ 3 架轧边端机（E）组成，万能轧机数目较多时，则分成两组。从设备条件上看，万能连轧机由于是连续布置，应该最适合于生产轻型薄壁的 H 型钢。但实际上，H 型钢在连轧时，由于轧件形状的限制，在整个连轧线的长度上，轧辊冷却水充满了轧件腰部、两条上腿和上、下游轧辊所组成的空间，无法排出，轧件腰部温降很快，故万能连轧机轧制轻型薄壁型材的优点并不明显。

另外，由于型材的市场常常要求多规格、小批量，因此连续式布置满足这种要求既有困难也不经济。故在世界范围内，万能型钢连轧机的数量并不多。

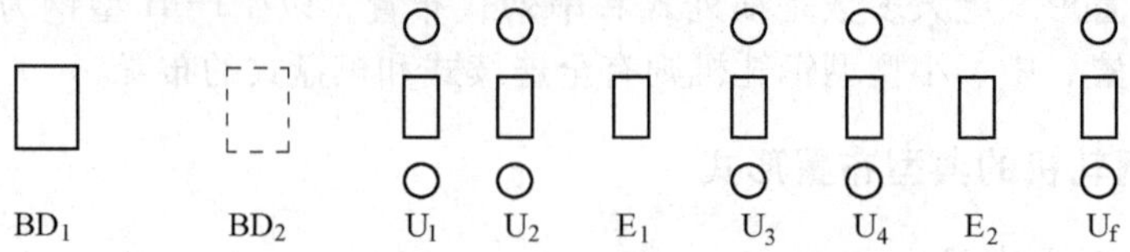

图 17-13　半连续式万能型钢轧机的典型布置

17.4.2　中型型钢轧机的典型布置形式

中型型钢轧机的布置形式主要有横列式、顺列式和连续式三种布置形式，此外还有棋盘式、半连续式等布置形式，后者可视为前者的变种或者组合。横列式、顺列式和连续式三种布置简图如图 17-14 所示。

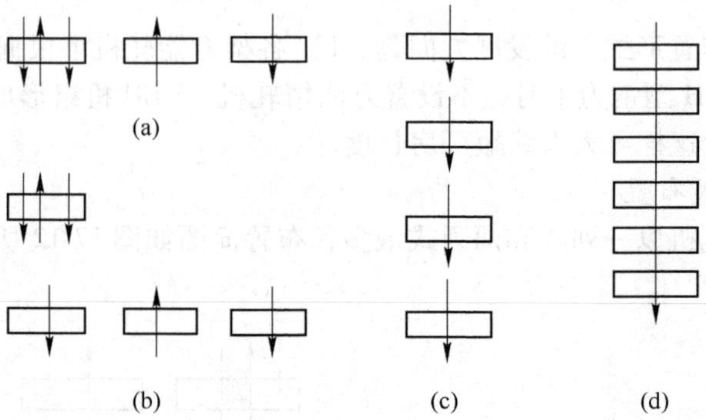

图 17-14　中型型钢轧机的典型布置示意图

（a）一列式；（b）二列式；（c）顺列式；（d）连续式

（1）横列式。大多数用一台交流电机同时传动数架三辊式轧机。在一列轧机上进行多道次穿梭轧制。其优点与大型横列式轧机相同。而其缺点为，产品精度不高；轧件轧制过程中要横移和翻钢，故长度受限，同时温降大；生产不便于实现自动化；轧制速度不可调等。所以促使横列式轧机向二列式、多列式发展。产品规格越小，轧机机列就越多。

（2）顺列式。各架轧机顺序布置在 1～3 个平行纵列中，各架轧机单独传动，每架只轧一道，但机架间不形成连轧。这种布置的优点是：各机架的速度可单独设置或调整，使轧机能力得以充分发挥。由于每架只轧一道，故轧辊 $L/D=1.5\sim2.5$，且机架多为闭口式，刚度大，产品尺寸精度高。由于各架轧机互不干扰，故机械化，自动化程度较高，调整亦比较方便。其缺点为：轧机布置比较分散，由于不连轧，故随轧件延伸，机架间的距离加大，厂房很长，因此，轧件温降仍然较大。机架数目多，投资大。为了弥补上述缺点，可采用顺列布置，可逆轧制，从而减少机架数和厂房长度。

（3）连续式。各架轧机纵向紧密排列成为连轧机组。每架轧机可单独传动或集体传动，每架只轧一道。一根轧件可在数架轧机上同时轧制，各机架间的轧件秒流量保持相等。其优点是：轧制速度快，产量高；轧机紧密排列，间隙时间短，轧件温降小，可尽量增大坯料重量，提高轧机产量和金属收得率。其缺点是：机械和电器设备比较复杂，投资大，并且所生产的品种受限制。目前，产量较高的中型连轧车间的年产量可达160万t。

各种布置形式都有明确的优、缺点。为了兼顾，在各种不同的条件下，可采用棋盘式、半连续式布置等形式。

17.4.3 小型型材的轧机布置形式

随着这几年棒材和高速线材生产的连续化和专业化，使其已从小型型材中分离出成为专门的棒、线材生产，其中棒、线材生产的轧机布置形式已逐步实现了全连续布置。其布置形式将会在后续的棒、线材生产中作介绍。而小型异形型材的轧机布置形式，由于异形型材加工的特殊性，所以其轧机一般都不是以追求产量为目标，而是以多品种、小批量来填补市场空白的，故这种轧机的适用布置形式还是横列式。

17.5 型钢生产的发展

型钢生产的发展主要表现在以下几个方面：

化学成分更加纯净。通过炼铁、炼钢和炉外精炼等新技术的采用，对钢的成分、有害气体和夹杂物等进行严格的控制，净化了钢质，改善和提高了钢材的内部质量。

生产日趋连续化。为了提高轧机产量的成品精度，型钢生产趋向采用连续生产方式，特别是轧制小断面型材时，连续生产具有特殊的优越性。

轧制速度不断提高。生产过程的连续化为提高轧制速度提供了有利的条件。连续式中小型轧机的轧制速度达到14～36m/s。

轧机的强度和刚度不断提高。为了提高型钢的断面形状和尺寸精度，对轧机结构进行更新和改造，采用各种类型的短应力线轧机、预应力轧机等。

广泛采用连铸坯，同时为满足异形型钢生产，近终形连铸坯也正在开发并得到一定的应用。国外一些型钢厂连铸比在90%以上。

连铸坯热送热装和直接轧制技术或短流程技术的采用。将连铸坯直接热送到轧钢车间，稍进行加热、均温后即可进行轧制，简化了工艺，节省了热能。

柔性轧制设备的发展，目前已投产多种具有柔性轧制能力的新型型钢轧机机组，开发了H型钢自由尺寸轧制、延伸道次无孔型轧制、多辊万能孔型轧制等柔性轧制新技术。

切分轧制技术的推广应用和发展，广泛采用切分辊和切分轮设备，具有提高产量、减少道次、降低能耗和轧辊消耗等优点。

采用低温轧制、控制轧制、控制冷却和形变热处理技术。根据热变形物理冶金理论，通过控制轧制工艺参数和轧后冷却速度来控制钢材组织变化规律，改善和提高型钢的性能。

开发新品种和经济断面型钢。复杂断面型钢向着轻型薄壁型材和平行宽腿钢梁即H型钢的方向发展，以提高型钢的承载能力，减轻钢结构件的自重。用冷弯型钢和热弯型钢替代一些热轧型钢产品。

生产趋向专业化。采用专用设备，如型钢万能轧机、H型钢轧机以及专用加工线进行生产，以提高轧机产量、产品质量和降低成本。

发展低合金钢和合金钢型钢。利用铌、钒、钛等合金化元素，配合控制轧制、控制冷却和形变热处理工艺，生产低合金钢和合金钢型钢，能显著地提高型钢的性能，延长使用寿命，减轻自重和扩大使用范围。

采用轧钢自动化和计算机控制技术。特别是中小型型钢生产，已广泛采用此项技术。

采用自动检测技术。型钢自动检测技术得到飞速发展，既能离线检测，也能在线检测。

现代化精整设备，精整设备实现连续化、自动化，如步进式齿条冷床、连续定尺剪切（CCL）机组，悬臂结构的单根矫直设备和变辊距型钢矫直机等。

18 轨梁生产

在交通运输用型材中用量最大且对产品质量要求最高的当属重轨。而在结构用型材中H型钢这几年的发展也很快。而现代化的轨梁生产以其专业化和采用多辊轧制法使其轧制生产具有它们的特殊性，对其专门做一些介绍。

18.1 钢轨生产

钢轨作为铁路运输轨道的重要组成部分，与铁路具有同样悠久的历史。1840年就开始了钢轨的生产。

18.1.1 钢轨的规格和质量要求

18.1.1.1 断面形状和规格

钢轨是仅Y轴对称的异型断面钢材。其横截面可分为轨头、轨腰和轨底三部分。轨头是与车轮相接触的部分；轨底是接触轨枕的部分，如图18-1所示。世界各国对钢轨的技术条件有不同的要求，但钢轨的横截面的形状都是一致的。

钢轨的规格以每米长的重量来表示。普通钢轨的重量范围为5～78kg/m，起重机轨重可达120kg/m。常用的规格有（kg/m）9、12、15、22、24、30、38、43、50、60、75。通常将30kg/m以下的钢轨称为轻轨，在此以上的钢轨称为重轨。轻轨主要用于森林、矿山、盐场等工矿内部的短途、轻载、低速专线铁路。重轨主要用于长途、重载、高速的干线铁路。也有部分钢轨用于工业结构件。

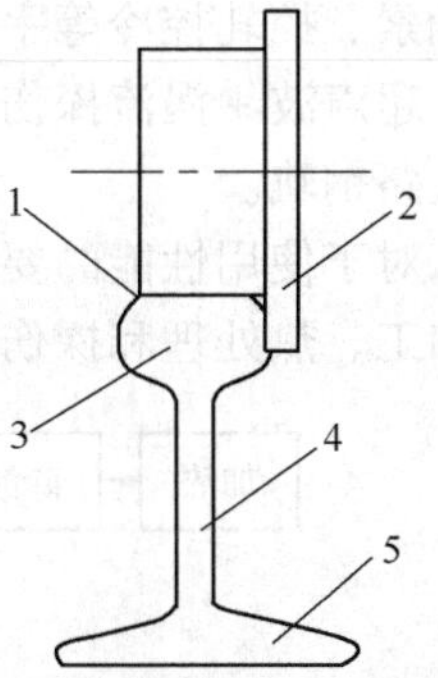

图18-1 钢轨受偏心载荷
1—踏面；2—车轮；3—轨头；4—轨腰；5—轨底

18.1.1.2 工作特点和技术要求

钢轨的受力条件较为复杂，在使用过程中，轨端部分承受周期性冲击载荷。在火车轮作用下，钢轨踏面有接触应力、机车运行中的滚动摩擦以及刹车时的滑动摩擦。轨腰则承受偏心载荷的弯曲应力，轨底处于拉应力状态，见图18-1。另外再加上工作条件的恶劣（风吹、日晒、雨淋以及气候的变化）。

钢轨的损坏形式主要有断裂、踏面磨损、踏面剥离、压溃等。为适应铁路运输高速、重载的需要，除要求提高重轨的强韧性和耐磨性外，为保证重轨有较大的纵向抗弯截面模数而不断提高轨底宽度和轨腰高度，从而使钢轨的单重达到70kg/m以上，以重型钢轨代替较轻型钢轨已成为世界各国干线铁路发展的共同趋势。

高速铁路是铁路运输发展的趋势。1964年日本建成第一条高速铁路。从20世纪80年代起法国TGV、德国ICE高速列车相继开行，推动了全欧主要干线的高速化。从而，以高速为目标的铁路建设高潮正在兴起。高速铁路也是我国铁路运输发展的目标。广深160km/h准高速铁路建成通车；1997年铁路大提速成功；时速200km/h以上的京沪高速铁路等，标志着我国已进入高速铁路的大建设时代。

为保证列车高速运行时的平稳性、舒适性、安全性以及高的运营效率，对高速铁路钢轨提出了更为严格的要求：

（1）应具有高耐磨性、高强度。如法国 TGV 所用的钢轨为 60kg/m，强度为 UIC900A 以上级别的钢轨。

（2）应具有良好的抗疲劳性能，特别是良好的抗接触疲劳性能，即除要求具有高强度外，还要求钢轨具有高清洁度。其指标包括：钢轨内部的有害气体、非金属夹杂、硫磷含量以及成分和组织的均匀性等。如 Sacilor 公司所生产的钢轨中要求链状氧化物小于 200μm，球状氧化物直径小于 13μm。

（3）应具有良好的焊接性能，以适应无缝线路的要求。

（4）应具有良好的抗断裂性能，以保证铁路系统运行的安全可靠性。

（5）具有高的平直度和尺寸精度。

高纯净、高断面尺寸精度、高平直度是高速铁路钢轨的基本特征。

18.1.2　重轨的生产工艺流程

由于钢轨需要强度、韧性和良好的焊接性能的配合，采用单一的强化方法已很难达到要求。为此，必须采用准确控制化学成分、钢质净化和钢轨中夹杂物变形处理、热处理、添加合金元素、控轧控冷等手段来改善钢轨的综合力学性能；并采用方坯连铸、万能轧制、复合矫直、超声波 + 涡流探伤、激光测尺寸和平直度等技术，才能生产出性能优良、尺寸精度高的高速铁路钢轨。

对于使用性能的要求，重轨生产工艺比一般的型钢更复杂，要求进行轧后冷却、矫直、轨端加工、热处理和探伤等工序。图 18-2 为重轨生产的工艺流程。

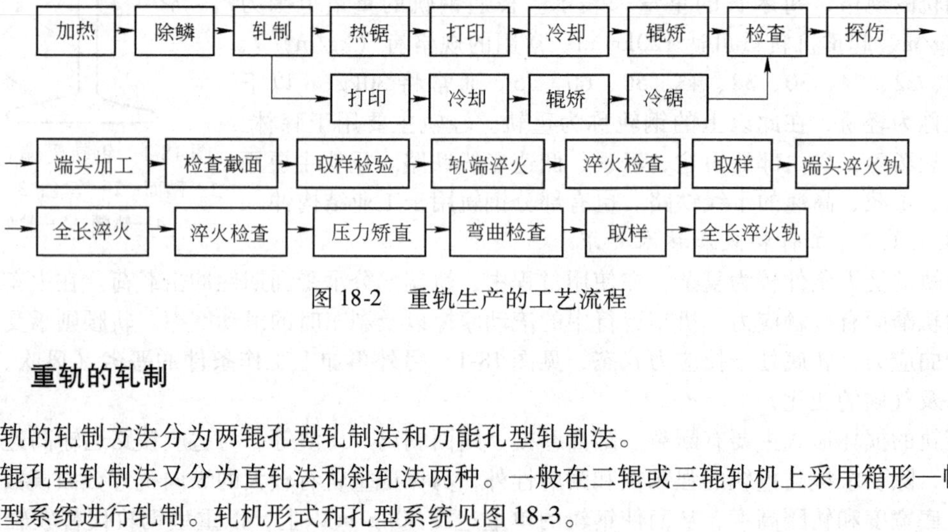

图 18-2　重轨生产的工艺流程

18.1.3　重轨的轧制

重轨的轧制方法分为两辊孔型轧制法和万能孔型轧制法。

两辊孔型轧制法又分为直轧法和斜轧法两种。一般在二辊或三辊轧机上采用箱形—帽形—轨形孔型系统进行轧制。轧机形式和孔型系统见图 18-3。

万能孔型轧制法是利用万能轧机轧制重轨。其万能轧机由主辅机架组成。主机为一对平辊和一对立辊所组成，其轧辊轴线在同一垂直平面上，实现上下、左右同时压缩轧件。在四辊组成的主机前或后紧跟一架二辊水平轧机，作为辅助成形机架，称为辅机。辅机只轧轨头和轨底而不轧腰。主辅机架均为可逆式，在轧制中形成连轧关系。

采用多辊轧制法时，需注意下列问题：

（1）轧制的对称性。由于重轨属于 Y 轴不对称断面，轨头和轨底形状、压下量均不相同。为了保证咬入时左右辊能同时接触轧件，防止左右串动，故压下量较大的头部立辊直径小，而压下量较小的腿部立辊直径大，以保证左右立辊轧制力近似相等。

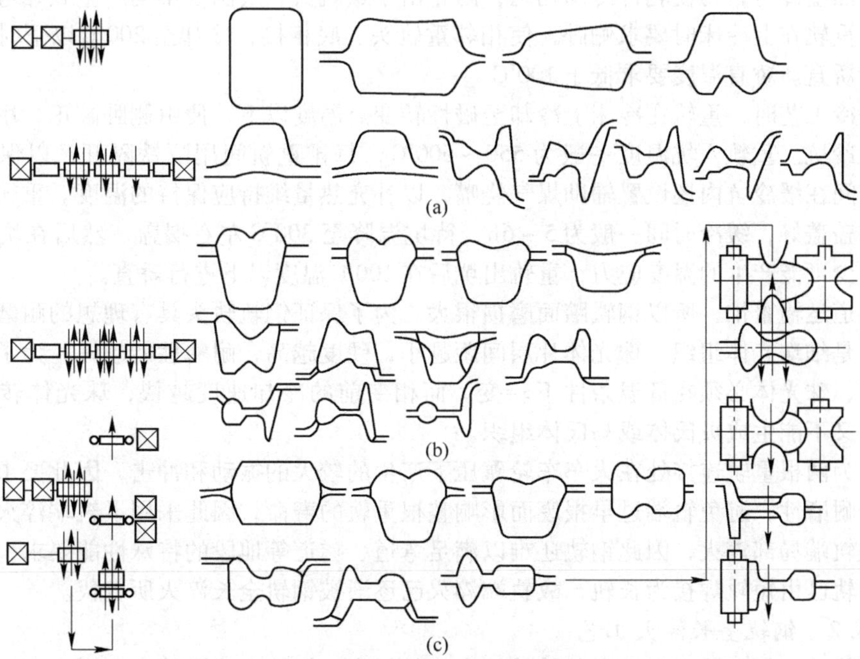

图 18-3 轧制钢轨的孔型系统
（a）斜轧孔型系统；（b）直轧孔型系统；（c）万能孔型系统

（2）辅机快速移位。在多辊轧机上轧制重轨，是主机上下、左右同时压缩轧件，而辅机只轧轨头和轨底而不轧腰。由于主机水平辊和立辊辊型是固定的，孔型大小随各道次压下量而变，因此辅机上必须有数个尺寸不同的孔型，以适应各道变化着的轧件断面，满足在同架轧机上往复轧制数道的需要，这就要求辅机快速移位。即当主机每轧完一道后，辅机马上横移一个位置，使新孔型对准轧制线，以便进行下一道轧制。

（3）防止轨腰水平轴线偏移问题。由于在重轨轧制过程中，主机四个轧辊同时对轧件进行加工，因此要求重轨水平轴线位置固定，进行上下对称轧制。为此，必须保证上下轧辊移动距离一致，同时在轧机上设有自动导引装置，依靠可调整的入口上下导卫板，使每道轧件水平轴线与水平轧制线对中。

图 18-3c 为万能轧制法轧制重轨的轧机形式和孔型图示。由于万能轧制法闭口轧槽数很少，且为上下对称轧制，故产品尺寸精确，轧件内部残余应力小，轨底加工质量好，并且轧辊磨损、电能消耗均减少，调整也比较灵活。轧制高速铁路用重轨的效果优于两辊孔型轧制法。所以在工业先进国家，主要的大、中型型材轧机都是万能轧机，故重轨也是由万能孔型轧制为主。在我国几大主要干线重轨生产厂，如攀钢、包钢、武钢和鞍钢都已完成了由传统轧制法到万能轧制重轨的技术改造。

18.1.4 重轨的冷却和热处理

18.1.4.1 冷却

重轨的轧后冷却分为自然空冷和缓冷两种方式。当炼钢厂采用无氢冶炼方法时，重轨轧后直接在冷床上冷却，而在其他情况下，为去除钢轨中的氢，防止冷却过程氢析出而造成的白点缺陷，将重轨放在缓冷坑中冷却，或在保温炉中进行保温，以使氢从重轨中缓慢析出。

采用自然空冷时，为使轧件冷却均匀，防止由于重轨头、底温度不均产生收缩弯曲，影响矫直质量，重轨在上冷床时要求侧卧，使相邻重轨头、底相接，冷却至200℃以下时，方可吊下冷床进行矫直。矫直温度要求低于100℃。

采用缓冷工艺时，重轨在冷床上冷却至磁性转变点温度以下，便由侧卧翻正，用磁力吊车成排吊往缓冷坑。重轨入坑温度一般为550～600℃，每排重轨间用隔铁隔开，以保证缓冷均匀，有的车间在缓冷坑内还设置辅助煤气烧嘴，以补充热量维持应保持的温度。重轨装满缓冷坑后立即加盖盖好，缓冷时间一般为5～6h，待坑温降至300℃左右揭盖，然后在坑内仍停留1.5h，以减少可能产生的温度应力，重轨出坑后在100℃温度以下进行矫直。

由于铁道运输繁忙，所以钢轨踏面磨损很大。为了保证钢轨轨头具有理想的耐磨性能，轨头踏面必须是细珠光体组织。珠光体片层间距越小，硬度越高，耐磨性能越好。为了得到细小的片层间距，珠光体必须在低温条件下转变。而相变前的冷却速度越快，珠光体转变温度越低，但是，又不能生成贝氏体或马氏体组织。

以前因为两根重轨连接处在火车车轮碾压下产生的较大的振动和冲击，因此要求轨端有足够的强度和耐磨性，避免轨端过早报废而影响整根重轨的寿命，因此采用了轨端淬火工艺。但由于只对重轨端局部淬火，因此钢轨还难以满足弯道、隧道等地段的特殊性能要求，加上干线铁路上的钢轨已由短轨焊接为长轨，故轨端淬火已逐渐被钢轨全长淬火所替代。

18.1.4.2　钢轨全长淬火工艺

钢轨全长淬火的目的在于提高整根重轨头部的强度、韧性和耐磨性，以适应高速重载列车运行线路和弯道、隧道等特殊地段的要求。经过钢轨全长淬火的重轨，其使用寿命比未经处理的重轨提高2倍以上。

钢轨全长淬火按淬火工艺不同，可分为轧后余热淬火和重新加热淬火两类。轧后余热淬火的设备置于轧制线上，并利用终轧后的温度对重轨进行淬火，所以也称为轨头在线热处理。钢轨在线余热热处理较离线热处理具有以下特点：与轧制节奏相匹配，生产效率高，不用再加热，节省能源，简化工艺，成本低并且占地面积小。轨头硬化层深和对轨腰、轨底适当的冷却而强化，并且使钢轨收缩、膨胀及相变应力在淬火过程中得到均衡，因而钢轨中残余应力较小。

但要实现重轨的在线余热淬火必须具备以下条件：

（1）采用低氢气冶炼、真空脱气、连铸技术使钢质纯净、均匀，这样以取消钢轨缓冷；

（2）有合理的和稳定的加热、轧制和在线余热淬火工艺参数；

（3）要求生产节奏稳定，并能够根据来料的温度波动自动调节淬火时间和用水量，以保证得到稳定的组织和性能；

（4）具有完整的检测技术；

（5）具有计算机过程自动控制和相关模型。

钢轨全长淬火时，钢轨受热不均要产生纵向弯曲，故有时在淬火前将其反向预弯，也有时采用夹持防弯装置，或在淬火冷却后重新矫直。

重新加热淬火可以在单独的淬火生产线上进行，生产组织比较灵活，但需要有中间仓库，再加热设备。按其加热方式不同，有感应加热和火焰加热两种。淬火介质可为水、汽水混合物或油。此工艺由于重轨需重新加热，因而能耗较高，占地面积和投资均较大。

钢轨全长淬火中采用的冷却工艺有两种：

（1）用强冷却介质（水）冷却时采用间断冷却方式。喷水冷却时轨头表面温度迅速下降，随后空冷时轨头内部热量传到表面，使表面温度回升，从而降低了轨头表面冷却速度，使其不产生贝氏体转变，同时心部也较快冷却。这种周期性的间断冷却一直进行到珠光体转变开始时才停止，不再快冷，使珠光体在近似等温条件下完成转变，获得细珠光体组织，珠光体片层间距小于 1000×10^{-10}m，然后继续冷却到室温。

（2）用软介质（压缩空气、水雾、油、热水或添加缓冷剂的水）冷却时则采用连续冷却方式以获得细珠光体组织。

在采用软介质连续冷却钢轨时，由于冷却速度不够，轨头硬度达不到要求，故在标准碳素钢中适当提高 Mn、Si 含量，并加入少量 Cr、V、Nb 等元素，以推迟珠光体转变，从而在较低冷却速度下（约 240℃/min）冷却即可获得要求的轨头硬度。

18.1.5 重轨矫直

重轨的断面特点是各部温降不同而造成冷缩的差异，另外冷却时由奥氏体转变为珠光体时钢轨体积增大，以致造成重轨在冷却时多次的反复弯曲，而高速铁路重轨对弯曲度要求很严，为达到其平直度要求，矫直工艺是先采用先进的变辊距辊式矫直机及复合矫直，可矫直钢轨的立弯和旁弯，矫直温度应低于 50℃，为防止轨内产生较大残余应力，只允许矫一次。而钢轨的局部弯曲和轨端弯曲采用双向液压压力矫进行补充矫直。

18.2 H 型钢生产

18.2.1 H 型钢的断面特点和用途

H 型钢是断面形状类似于大写拉丁字母 H 的一种经济断面型材，它又被称为万能钢梁、宽边（缘）工字钢或平行边（翼缘）工字钢。H 型钢的断面形状与普通工字钢的区别如图 18-4 所示。由其形状特点决定，H 型钢的截面模数、惯性矩及相应的强度均明显优于同样单重的普通工字钢。H 型钢用在不同要求的金属结构中，不论承受弯曲力矩、压力负荷还是偏心负荷都显示出它的优越性能，比普通工字钢具有更大的承载能力，并且由于它的边宽、腰薄、规格多、使用灵活，故节约金属 10%～40%。由于其边部内侧与外侧平行，边端呈直角，便于拼装组合成各种构件，从而可节约焊接和铆接工作量达 25% 左右，因而能大大加快工程的建设速度，缩短工期。

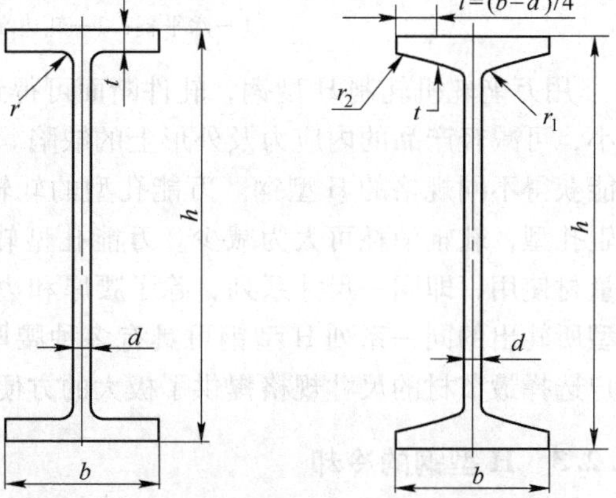

图 18-4 H 型钢和普通工字钢的区别

由于上述优点，H 型钢的应用广泛，用途完全覆盖普通工字钢。它主要用于各种工业和民用建筑结构；各种大跨度的工业厂房和现代化高层建筑，尤其是地震活动频繁地区和高温工作条件下的工业厂房；要求承载能力大、截面稳定性好、跨度大的大型桥梁；重型设备；高速公路；舰船骨架；矿山支护；地基处理和堤坝工程；各种机械构件等。

18.2.2 H 型钢机组和生产方法

H 型钢可用焊接、轧制两种方法生产。焊接 H 型钢因有金属消耗大、生产的经济效益低、不易保证产品性能均匀等缺点。因此，H 型钢生产多以轧制方式为主。H 型钢的断面特点决定了其无法在两辊孔型中轧制，而必须在万能孔型中轧制。使用万能孔型轧制，H 型钢的腰部在上下水平辊之间进行轧制，边部则在水平辊侧面和立辊之间同时轧制成形。由于仅有万能孔型尚不能对边端施加压下，这样就需要在万能机架后设置轧边端机，俗称轧边机，以便加工边端并控制边宽。在实际轧制生产中，可以将万能轧机和轧边端机组成一组可逆连轧机，使轧件往复轧制若干次，如图 18-5a 所示。或者是将几架万能轧机和 1 ~ 2 架轧边端机组成一组连轧机组，每道次施加相应的压下量，将坯料轧成所需规格形状和尺寸的产品。在轧件边部，由于水平辊侧面与轧件之间有滑动，故轧辊磨损比较大。为了保证重车后的轧辊能恢复原来的形状，除万能成品孔型外，上下水平辊的侧面及其相对应的立辊表面都有 3° ~ 10°的倾角。成品万能孔型，又叫万能精轧孔，其水平辊侧面与水平辊轴线垂直或有很小的倾角，一般在 0° ~ 0. 3°，立辊呈圆柱状，见图 18-5b、c、d 所示。

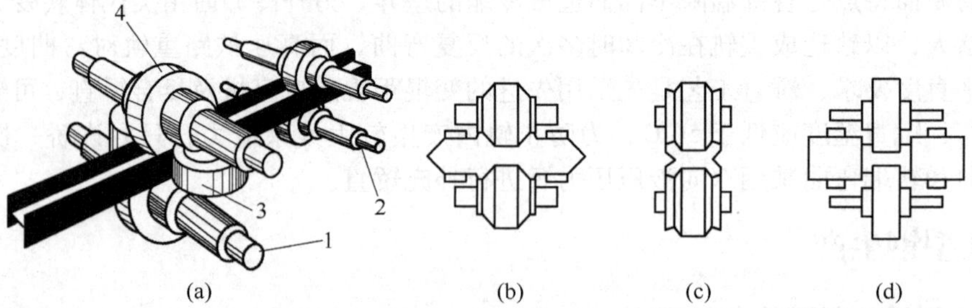

图 18-5 用万能轧机轧制 H 型钢

（a）万能—轧边端可逆连轧；（b）万能粗轧孔；（c）轧边端孔；（d）万能成品孔

1—水平辊；2—轧边端辊；3—立辊；4—水平辊

用万能轧机轧制 H 型钢，轧件断面可得到较均匀的延伸，边部内外侧轧辊表面的速度差较小，可减轻产品的内应力及外形上的缺陷。适当改变万能孔型中的水平辊和立辊的压下量，便能获得不同规格的 H 型钢。万能孔型的轧辊几何形状简单，不均匀磨损小，寿命大大长于两辊孔型，轧辊消耗可大为减少。万能孔型轧制 H 型钢，可以方便地根据用户要求的产品尺寸量材使用，即同一尺寸系列，除了腰厚和边厚变化外，其余尺寸均可固定。因此，同一万能孔型所轧出的同一系列 H 型钢可具有多种腰厚和边厚尺寸，使产品的规格数量大大增加，为用户选择最节材的尺寸规格提供了极大的方便。

18. 2. 3 H 型钢的冷却

H 型钢腰与腿的厚度比一般为 1. 5 ~ 2. 0，腿厚腰薄，加上轧制时冷却水的影响，轧后腰部温度低于腿部。如何防止因轧件各部分温度不均而造成的残余应力，使轧件冷却后造成扭曲甚至裂纹，一直是 H 型钢冷却过程中必须注意的问题。因此采用在成品轧机出口两侧向轧件腿部喷水，同时采用链式冷床立冷。立冷比平冷腿部散热条件好，利于使轧件各部分温度均匀。轧件上冷床是采用逐渐倾斜的步进式机构，在冷床入口侧设置翻钢机，使 H 型钢由平放变为立放。

18. 2. 4 H 型钢生产工艺流程

莱钢 H 型钢生产线为我国继马钢之后建成的第二条以生产中小规格 H 型钢为主的现代化生产线。该生产线采用了当今世界先进的节能型连铸坯—热送—热装—连轧短流程生产工艺，工艺装备精良，全过程计算机控制和管理，在国内同类型轧机中处于领先水平，具有较大的示范意义。

工艺流程：连铸坯—步进梁式加热炉加热—高压水除鳞—开坯机开坯—热锯切头—万能精轧机轧制—热锯切头及倍尺分段—步进式冷床冷却—多辊矫直机矫直—编组台编组—冷锯定尺分段—检查台检查—码垛机码垛—打捆机打捆—称重—挂标牌—成品发货。车间工艺布置见图18-6。

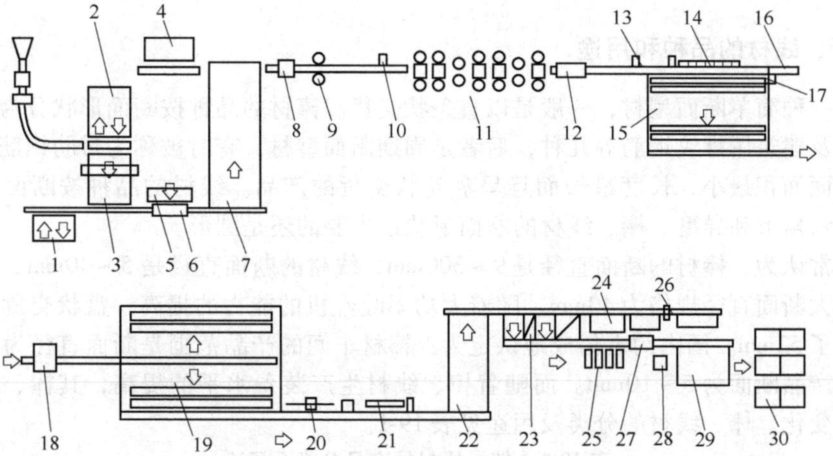

图 18-6 H 型钢生产线工艺流程图

1—钢坯上下料台；2—热缓冲室；3—钢坯输送台；4—返料台；5—冷上料台；6—称量；7—加热炉；8—除鳞；9—粗轧机；10—切头锯；11—精轧机组；12—水冷；13—分段锯；14—定尺机；15—冷床；16—定尺锯；17—切头锯；18—矫直机；19—编组台；20—冷锯；21—定尺机；22—检查台；23—堆钢台；24—废品台；25—打捆；26—改尺锯；27—称量；28—压印机；29—成品台；30—成品库

19　棒、线材生产

19.1　棒、线材生产概述

19.1.1　棒、线材的品种和用途

棒材是一种简单断面型材，一般是以直条状交货。棒材的品种按断面形状分为圆形、方形和六角形以及建筑用螺纹钢筋等几种，后者是周期断面型材，有时被称为带肋钢筋。线材是热轧产品中断面面积最小，长度最长而且呈盘卷状交货的产品。线材的品种按断面形状分为圆形、方形、六角形和异型。棒、线材的断面形状最主要的还是圆形。

国外通常认为，棒材的断面直径是9～300mm，线材的断面直径是5～40mm，呈盘卷状交货的产品最大断面直径规格为40mm。随着大功率吐丝机的能力的提高，盘状交货的最大断面直径已达到了52mm。国内约定俗成地认定为：棒材车间的产品范围是断面直径为10～50mm，线材车间的产品断面为5～10mm。而随着棒、线材生产装备水平的提高，其棒、线材的产品范围会有所变化。棒、线材的分类及用途见表19-1。

表19-1　棒、线材的产品分类及用途

钢　种	用　途
一般结构用钢材	一般机械零件、标准件
建筑用螺纹钢筋	钢筋混凝土建筑
优质碳素结构钢	汽车零件、机械零件、标准件
合金结构钢	重要的汽车零件、机械零件、标准件
弹簧钢	汽车、机械用弹簧
易切削钢	机械零件和标准件
工具钢	切削刀具、钻头、模具、手工工具
轴承钢	轴　承
不锈钢	各种不锈钢制品
冷拔用软线材	冷拔各种丝材、钉子、金属网丝
冷拔轮胎用线材	汽车轮胎用帘线
焊条钢	焊　条

棒、线材不仅用途很广而且用量也很大，它在国民经济各部门中占有重要地位。棒、线材的用途概括起来可分为两大类：一类是产品可被直接使用，主要用在钢筋混凝土的配筋和焊接结构件方面。另一类是将棒、线材作为原料，经再加工后使用，主要是通过拉拔成为各种钢丝，再经过捻制成为钢丝绳，或再经编制成钢丝网；经过热锻或冷锻成铆钉；经过冷锻及滚压成螺栓，以及经过各种切削加工及热处理制成机器零件或工具；经过缠绕成形及热处理制成弹簧等等。表19-2所列是由线材制成的各类用途金属制品。

表 19-2 线材制品及用途

钢 种	制品名称及用途
低碳钢	混凝土配筋、镀锌低碳钢丝、制钉、螺丝、金属网、电缆、通讯线
中、高碳钢	螺丝、自行车辐条、胶管钢丝、发条、钢丝床、伞骨、衣架、钢丝绳、预应力钢丝、钢绞线
焊接用钢	焊条、焊丝
弹簧钢	弹簧、钢丝
滚珠轴承钢	滚珠、滚柱
冷顶锻用钢	铆钉、螺栓、螺帽
不锈钢	防腐金属网、不锈钢焊条、耐热及非磁弹簧、高级铆钉、医用缝合针
工具钢	量具、刀具、模具、制针、钟表用钢丝、工具、琴弦
低合金钢	螺纹钢筋

19.1.2 线材产品的质量要求

19.1.2.1 性能要求

由于棒、线材的用途广泛，因此市场对它们的质量要求也是多种多样的，根据不同的用途，对力学强度、冷加工性能、热加工性能、易切削性能和耐磨性能等也各有所偏重。总的要求是：提高内部质量，根据深加工的种类，材料本身应具有合适的性能，以减少深加工工序，提高最终产品的使用性能。

用作建筑材料的螺纹钢筋和线材，主要是要保证化学成分并具有良好的焊接性能，要求物理性能均匀、稳定，以利于冷弯，并有一定的耐蚀性。

作为拔丝原料的线材，为减少拉拔道次，要求直径较小，并保证化学成分和物理性能均匀、稳定，金相组织尽可能索氏体化，尺寸精确，表面光洁，对脱碳层深度、氧化铁皮等均有一定要求。脱碳不仅使线材的表面硬度下降，而且使其疲劳强度也降低。减少热轧线材表面氧化不但可提高金属收得率，而且还可以减少二次加工前的酸洗时间和酸洗量。近年来，随着线材轧后冷却较普遍采用了控制冷却法，使氧化铁皮厚度大大减少，降低了金属消耗，从而提高了成材率。市场对一般棒、线材产品的质量要求见表 19-3。

表 19-3 市场对棒、线材产品的质量要求及生产的对策

钢 种	市场需求、发展动向	对应的生产措施
建筑用螺纹钢筋	高强度、低温韧性、耐盐蚀	严格控制成分
机械结构用钢	淬火时省去软化退火，调质可以提高强度	软化材料（控制成分、控制轧制、控制冷却）
弹簧钢	高强度、耐疲劳	严格控制成分，减少夹杂
易切削钢	提高车削效率和刀具寿命	控制夹杂物
冷加工材	减少冷锻开裂 减少拉拔道次，省略软化退火	消除表面缺陷 高精度轧制，软化材料
硬线、轮胎用线材	减少断线，提高强度	消除表面缺陷和内部偏析，控制冷却，严格控制成分

19.1.2.2 尺寸精度要求

一般建筑用的棒、线材由于使用的特点对其断面尺寸精度的要求并不高。而对于其后续需进行深加工的棒、线材产品，由于其断面尺寸精度对其后续加工的影响较大，故用户对棒、线材的尺寸精度要求越来越高，特别是合金棒材和硬线产品。随着棒、线材工艺技术和装备水平的不断提高，高速线材产品断面尺寸精度能达到 ±0.1mm（对 5.5 ~ 8.0mm 的产品而言）及 ±0.2mm（对 9.0 ~ 16mm 产品及盘条而言），断面不圆度不大于断面尺寸总偏差的80%。近年来又出现了成圈前的规圆设备，能把断面尺寸偏差控制到 ±0.05mm。棒材产品断面尺寸精度控制在 ±（0.1 ~ 0.3）mm。

19.1.3 棒、线材生产的特点和生产工艺

棒、线材的断面形状简单，用量巨大，适于进行大规模的专业化生产。其中线材的断面尺寸是热轧材中最小的，所使用的轧机也应该是最小型的。从钢坯到成品，轧件的总延伸非常大，需要的轧制道次很多。线材的特点是断面小，长度大，要求尺寸精度和表面质量高。但增大盘重、减小线径、提高尺寸精度之间是矛盾的。因为盘重增加和线径减小，会导致轧件增加，轧制时间延长，从而轧件终轧温度下降，头尾温差加大，结果造成轧件头、尾尺寸差不一致，并且性能不均。正是由于上述矛盾，推动了线材生产技术的发展。而其生产技术发展的标志就是高速轧制及控轧和控冷技术。

19.1.3.1 坯料

棒、线材的坯料现在各国都以连铸坯为主，对于某些特殊钢种有使用初轧坯的情况。为兼顾连铸和轧制的生产，目前生产棒、线材的坯料断面形状一般为方形。连铸时希望坯料断面大，而轧制工序为了适应小线径、大盘重，保证终轧温度，则希望坯料断面尽可能小，兼顾两者的情况，目前棒、线材坯料的断面一般为边长 120 ~ 150mm 的方坯。坯长较长，一般在 10m 以上，最长达 22m。

连铸可以明显节能、提高产品质量和收得率，有巨大的经济效益，这已经在普通钢种上得到了广泛应用，也正在向高档钢材和特殊钢种的生产迅速扩大。对硬线产品和机械结构用钢，由于中心偏析和压缩比等问题，连铸质量较难保证，但随着电磁搅拌、低温铸造等技术的明显进步，使这些钢种也可以采用连铸坯进行生产了。

当采用常规冷装炉加热轧制工艺时，为了保证坯料全长的质量，对一般钢材可采用目视检查，手工清理的方法。对质量要求严格的钢材，则采用超声波探伤、磁粉或磁力线探伤等进行检查和清理，必要时进行全面的表面修磨。棒材产品轧后还可以探伤和检查，表面缺陷还可以清理。但线材产品以盘卷交货，轧后难以探伤、检查和清理，因此对线材坯料的要求应严于棒材。

采用连铸坯热装炉或直接轧制工艺时，必须保证无缺陷高温铸坯的生产。对于有缺陷的铸坯，可进行在线检测和热清理，或通过检测将其剔除，形成落地冷坯，进行人工清理后，再进入常规工艺轧制生产。

19.1.3.2 加热和轧制

（1）加热。在现代化的轧制生产中棒、线材的轧制速度很高，轧制中的温降较小甚至还出现升温，故一般棒、线轧制的加热温度较低。加热要严防过热和过烧，要尽量减少氧化铁皮。对易脱碳的钢种，要严格控制高温段的停留时间，采取低温、快热、快烧等措施。对于现代化的棒、线材生产，一般是用步进式加热炉加热，由于坯料较长，炉子较宽，为保证尾部温度，采用侧进侧出的方式。为适应热装热送和连铸直接轧制，有的生产厂采用电感应加热、电

阻加热以及无氧化加热等。

（2）轧制。为提高生产效率和经济效益，适合棒、线材的轧制方式是连轧，尤其在采用CC—DHCR或CC—DR工艺时，就更是如此。连轧时一根坯料同时在多机架中轧制，在孔型设计和轧制规程设定时要遵守各机架间金属秒流量相等的原则。在棒、线材轧制的过程中，前后孔型应该交替地压下轧件的高向和宽向，这样才能由大断面的坯料得到小断面的棒、线材。轧辊轴线全平布置的连轧机在轧制中将会出现前后机架间轧件扭转的问题，扭转将带来轧件表面易被扭转导卫划伤，轧制不稳定等问题。为避免轧件在前后机架间的扭转，较先进的棒、线轧机，其轧辊轴线是平、立交替布置的，这种轧机由于需要上传动或者是下传动，故投资明显大于全平布置的轧机。生产轧制道次多，而且连轧，一架轧机只轧制一个道次，故棒、线材车间的轧机机架数多。现代化的棒材车间机架数一般多于18架。线材车间的机架数为21~28架。

（3）线材的盘重加大，线材直径加大。线材的一个重要用途是为深加工提供原料，为提高二次加工时材料的收得率和减少头、尾数量，生产要求线材的盘重越大越好，目前1~2t的盘重都已经算是较小的了，很多轧机生产的线材盘重达到了3~4t。由于这一原因，线材的直径也越来越粗，到2000年，国外已经出现了直径为60mm的盘卷线材，我国现在也有几家正在建设中的大盘卷生产线。

（4）控制轧制。为了细化晶粒，减少深加工时的退火和调质等工序，提高产品的力学性能，采用控制轧制和低温精轧等措施，有时在精轧机组前设置水冷设备。

19.1.3.3　棒、线材的冷却和精整

棒材一般的冷却和精整工艺流程如下：

精轧→飞剪→控制冷却→冷床→定尺切断→检查→包装
（余热淬火）　　　　　　　（探伤）

由于棒材轧制时轧件出精轧机的温度较高，对优质钢材，为保证产品的质量，要进行控制冷却，冷却介质有风、水雾等等。即使是一般建筑用钢材，冷床也需要较大的冷却能力。

有一些棒材轧机在轧件进入冷床前对建筑用钢筋进行余热淬火。余热淬火轧件的外表面具有很高的强度，内部具有很好的塑性和韧性，建筑钢筋的平均屈服强度可提高约1/3。

线材一般的精整工艺流程如下：

精轧→吐丝机（线材）→散卷控制冷却→集卷→检查→包装

线材精轧后的温度很高，为保证产品质量要进行散卷控制冷却，根据产品的用途有珠光体型控制冷却和马氏体型控制冷却。

19.2　棒、线材轧机类型和生产工艺

19.2.1　普碳棒材轧机类型和生产工艺

为了获得最好的投资回报率和投入产出率，面对当今剧烈的市场竞争，当前钢铁生产最重要的目标是：高产量、高效率、低成本、高质量、高的灵活性。为了实现上述目标，近年来全连续小型连轧机的发展趋势是建造单一品种的轧机，采用更专业化的生产工艺。当今流行的普碳钢型、棒材连轧机的类型主要有三种：第一种是通用的高速轧制的钢筋轧机；第二种是四切分的高产量的钢筋轧机；第三种是生产从小型到中型型钢、扁钢、工字钢和棒材的多品种棒材轧机。

19.2.1.1　高速轧制的圆钢和钢筋轧机

这种类型的轧机是当今生产圆钢和带肋钢筋的专业化轧机典型形式，它以150mm ×

150mm ×（10000 ~ 12000）mm 的连铸坯生产 ϕ12 ~ 40 mm 圆钢、ϕ12 ~ 52 mm 带肋钢筋；设计年产量为 40 万 ~ 60 万 t；钢种为市场大量需要的低中高碳钢、低合金钢；一般最高轧制速度为 18m/s，近年随着倍尺飞剪控制系统和高速上冷床系统的开发完善，克服了以往飞剪和制动上冷床对精轧速度的限制使其只能在 15 ~ 18m/s 范围内，从而使其精轧速度可以高达 40m/s。而且在轧制小规格带肋钢筋时还可以采用切分轧制工艺，从而使其机组的年产量可以达到 100 万 t 的规模，充分体现了专业化、规模化生产的特点。图 19-1 为高速轧制的圆钢和钢筋车间平面布置简图。

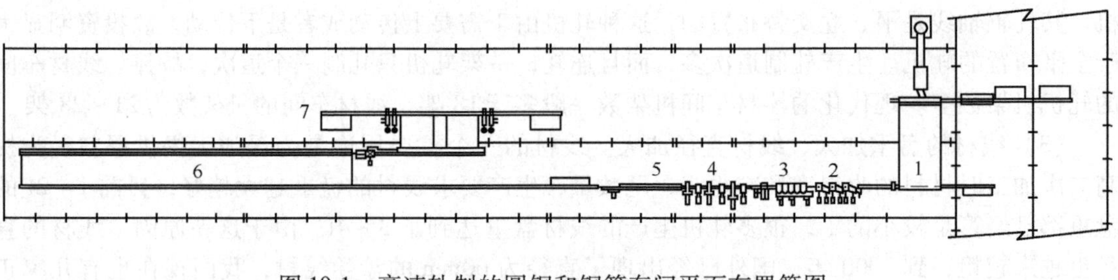

图 19-1　高速轧制的圆钢和钢筋车间平面布置简图

1—步进式加热炉；2—粗轧机组；3—中轧机组；4—精轧机组；5—水冷装置；
6—步进式冷床；7—精整设备：冷定尺剪、自动计数装置、打捆机

机组工艺和主设备组成：

一座步进梁式加热炉和 18 架轧机组成轧制线，为保证产品的表面质量，在加热炉和粗轧机之间设有高压水除鳞装置，以 20MPa 高压水去除坯料表面的氧化铁皮。18 架轧机其中粗轧机组 6 架，平/立布置；中轧机组 6 架，平/立布置；精轧机组 6 架，平/立布置（其中：14、16、18 机架为平/立可转换机架），全线实现无扭转轧制。中轧和精轧机为高刚度短应力轧机。在 6 架、12 架、18 架后设有飞剪，前两个飞剪用于切头切尾和事故碎断，后一个为倍尺剪切。轧线设有 7 个活套，精密的高刚度轧机和微张力、无张力控制系统，保证轧件尺寸的精度。在线钢筋淬火—回火装置可以低成本生产高强度钢筋。冷床高速上料系统，保证了精轧机的高速轧制最高可达 40m/s。带高速下料的齿条式冷床、棒材的最佳剪切和短尺收集系统、冷剪设备、棒材计数装置和棒材自动打捆机等精整设备保证了整条生产线的高速、连续化生产。

19.2.1.2　*高产量钢筋轧机*

这种类型的轧机以切分轧制工艺为特点，尤其是 4 切分技术的应用，是以切分轧制获得钢筋高产的专业化钢筋轧机的形式。

用切分轧制工艺以获得钢筋生产的高效化，使得目前 2 切分和 3 切分已成为了生产带肋钢筋的标准工艺。然而近年来国外更为现代化的轧机，在生产小规格的钢筋时采用 4 切分轧制工艺，已成为在低的轧制速度下非常经济地解决高生产率问题的有效工艺手段。

图 19-2 为高产量的带肋钢筋轧机的布置图。这种类型的轧机以 120mm × 120mm × 10000mm 连铸坯生产建筑用钢筋。其中 ϕ10 ~ 14 mm 带肋钢筋用 4 切分工艺生产。如图 19-3 为其采用的 4 切分轧制的孔型系统图。4 切分时轧制速度为 15m/s。生产 ϕ16 ~ 19 mm 的钢筋用传统的 2 切分，轧制速度为 18m/s。机组以生产小规格产品为主，其年产量仍可达 70 万 t。

机组工艺和主设备组成：

一座步进梁式加热炉，全线总共仅需 14 架轧机。其中 6 架轧机为紧凑式粗轧机，平/立布置，机架配置单孔型的可互换的辊环，设计紧凑，机架刚度高。8 架精轧机是水平式有牌坊机架，这类轧机在各种类型的轧钢车间中已使用了多年。其优点是：

重型机架强度高、刚性大，适合于在重负荷的轧制条件下工作，它同时也提供了很好的产

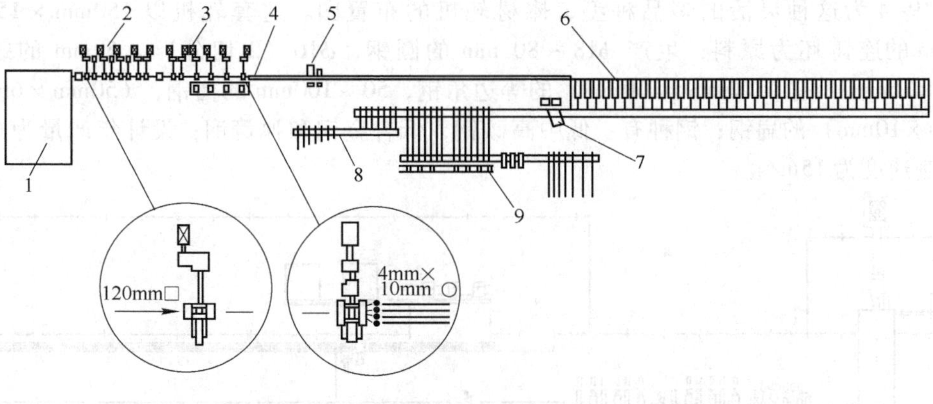

图 19-2 高产量的带肋钢筋轧机的布置简图

1—加热炉；2—紧凑式粗轧机；3—水平精轧机；4—热芯回火装置；5—倍尺飞剪；6—高产量冷床；7—5000kN 冷剪；8—短尺收集系统；9—打捆和收集区

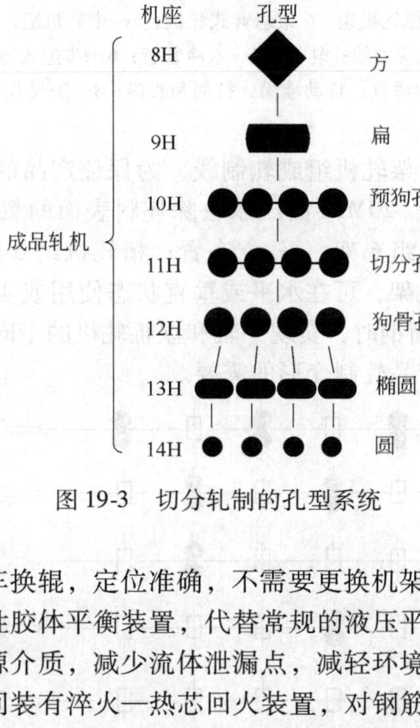

图 19-3 切分轧制的孔型系统

品尺寸公差；

采用液压横移机架，小车换辊，定位准确，不需要更换机架，使用方便。

有的设计选用先进的弹性胶体平衡装置，代替常规的液压平衡或机械弹簧平衡，工作可靠又减轻了设备质量，节省能源介质，减少流体泄漏点，减轻环境污染。

在精轧机和分段飞剪之间装有淬火—热芯回火装置，对钢筋进行在线热处理，以提高其冶金和力学性能。之后配置了一台 102m 的齿条步进式高产量的冷床，冷床带有强制通风设备，以对轧件进行快速均匀的冷却。冷剪前有一个分层导板，用于冷剪的多条剪切操作，并装备有一个制动滑板用作轧件的制动。在冷床的尾部棒材直接计数，收集成捆。另外该轧机还设有一套巧妙的短尺分离和收集系统，它的特点和作用是：预先在轧机轧制过程中测量轧件的长度，并计算出最佳的剪切长度；处理长度小于 3m 的短尺，使之不进入精整线以避免在精整流程中出现事故。

19.2.1.3 *灵活的多品种型、棒材轧机*

这种轧机以生产小型或中型断面型钢（等边、不等边角钢、槽钢、扁钢、工字钢）和圆钢以及带肋钢筋，这种轧机可有不同的组合形式（平/立交替，万能、可倾翻机架），以求最佳地利用所有的 18 个道次，体现多品种灵活性的生产特点。

图 19- 4 为这种灵活的多品种型、棒材轧机的布置图。这套轧机以 150mm × 150mm × 10000mm 的连铸坯为原料；生产 ϕ18 ~ 80 mm 的圆钢，ϕ16（2 切分）~ 59mm 的螺纹钢，（36mm × 36mm）~（100mm × 100mm）的等边角钢，50 ~ 100mm 的槽钢，（50mm × 6mm）~（150mm × 10mm）的扁钢；钢种有：低中高碳钢，低合金钢和弹簧钢；设计年产量为 60 万 t；最高轧制速度为 15m/s。

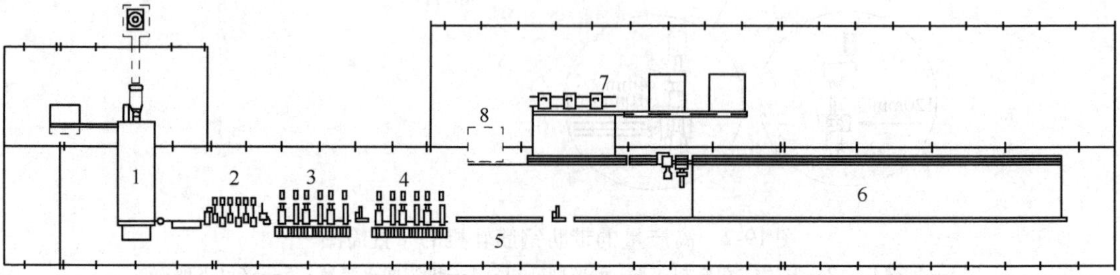

图 19-4　灵活的多品种型、棒材轧机的布置示意图

1—步进式加热炉；2—粗轧机组，6 架悬臂式轧机；3—中轧机组，6 架短应力线式轧机；4—精轧机组，6 架短应力线式轧机；5—水冷装置；6—步进式冷床；7—精整系统：多条连续矫直、自动堆垛、打捆和收集；8—短尺收集装置

机组工艺和主设备组成：

一座步进梁式加热炉和 18 架轧机组成轧制线，为保证产品的表面质量，在加热炉和粗轧机之间设有高压水除鳞装置，以 20MPa 高压水去除坯料表面的氧化铁皮。18 架轧机其中粗轧机组 6 架，平/立布置；中轧机组 6 架，平/立布置；精轧机组 6 架，平/立布置，其中 3 架为平/立可转换机架或配置万能机架，可在水平或垂直状态使用或实现万能轧制，这样可在轧制圆钢、T 字钢、扁钢、角钢和槽钢时，实现平辊和立辊轧机的不同的组合如图 19-5 所示，以充分利用 18 个机架，满足不同产品轧制变形的需要。

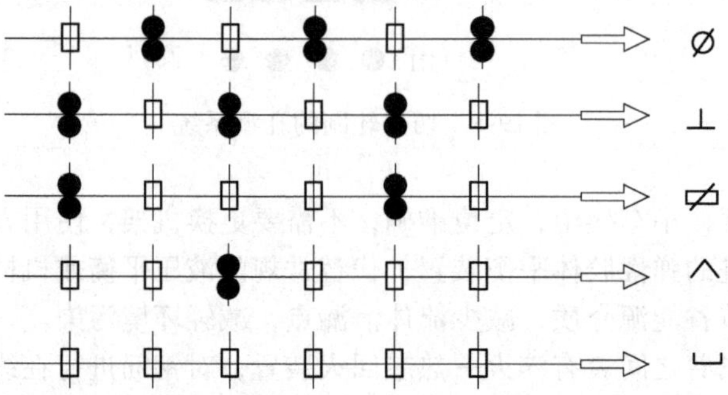

图 19-5　轧制不同产品时不同的轧机组合

可倾翻机架和万能机架的结构特点：

（1）可倾翻机架。为满足其既做平辊又做立辊的双重功能，设计成了可倾翻机架如图 19-6 所示。安放传动装置的底板可将整个机架，包括齿轮座旋转 90°，变换水平/垂直状态仅需要几分钟。电机带有快速接手，以适应这两种传动方式。

（2）万能机架。这种轧机用于轧制 T 字钢、工字钢。其结构将一对（或一个）附加的轴承座安装在水平辊上下轴承座之间，在这对（或这个）轴承座中安装一对（或一个）滚动轴承的惰辊，从而构成四辊（或三辊）型钢轧机，满足万能轧制法轧制变形的需要。

在 6 架、12 架、18 架后设有飞剪，前两个飞剪用于切头切尾和事故碎断，后一个为倍尺

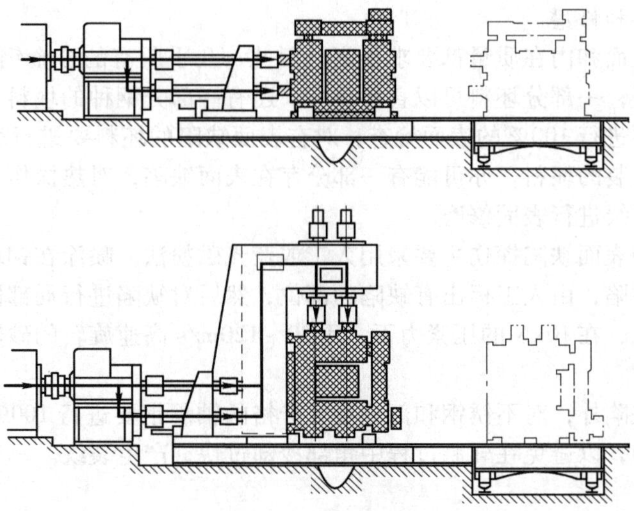

图 19-6 可倾翻机架

剪切。在中轧和精轧机架间共设有 11 个活套，以实现无张力轧制，保证轧件的尺寸精度。中轧和精轧机组设有快速换辊装置，在轧辊间装配和调整好轧辊孔型和导卫，整机架替换需要更换的机架，以提高轧机的作业率。

为适应多种断面和品种的产品对冷却的要求不同，配置了一种称作“双装模式”的工作方式的齿条式冷床。冷却大断面轧件时每个齿中冷却一根轧件；当冷却小断面轧件时，在一个齿条中冷却两根轧件。异形型材按随后矫直工序的需要，齿条式冷床要提供大面积的冷却区，以保证轧件的出口温度达到约 1000℃。为了使弹簧扁钢在冷却后其硬度不大于 280HC，以便冷剪切时不产生碎裂，在冷床设自动垛板装置，将几块弹簧扁钢叠放在一个齿距内，并盖上绝热罩缓冷。冷床前的甩直板必须按要求设计，一方面在高温区可有效地承受型材，另一方面要保证冷却均匀，以防止由热应力而引起轧件头尾的弯曲。又在精整区设置多条在线矫直及自动堆垛机，以满足各种型材的精整要求。

19.2.2 合金棒材的生产特点和轧机类型

合金钢小型轧机和碳素钢小型轧机有许多共同之处，如直接使用连铸坯、连铸坯的热装热送、采用步进式加热炉、高压水除鳞、低温轧制、在线测径、步进式冷床等。但合金钢小型轧机更有自己的特殊性，合金钢长条产品加工从产量、钢种、产品规格上，更注意与炼钢—炉外精炼—连铸以及锻造开坯、精整热处理的合理衔接，注重整体技术群的组合与提高。

19.2.2.1 合金钢棒材品种、质量要求和生产特点

A 全连续化无扭轧制

由于合金钢加工温度范围窄，过去的合金钢轧机多采用小单重的坯料，在横列式轧机上穿梭轧制。随着轧机制造和电控技术的提高，特别是在线温度控制技术的应用，使合金钢包括高合金钢（合金工具钢、马氏体不锈钢、高速钢）的连轧成为可能。

合金钢实现连轧要求轧机强度更高，电机的传动功率更大，轧机形式多为短应力线式或传统的闭口式轧机。全线为平/立交替布置的无扭轧制，以避免轧件在轧制过程中产生扭转而导致角部产生裂纹。根据轧制钢种的不同要求，设置不同的在线温度控制装置，粗轧和中轧机组为微张力控制，精轧机组为无张力控制，以保证轧件的尺寸精度。

B　坯料的检查和修磨

合金钢产品的表面和内在质量都要求很高，因此，几乎所有的合金钢厂都实行精料方针。根据目前的发展水平，一部分坯料可以直接热装，还有一部分钢种的坯料不能直接热装。对不能直接热装的坯料要进行100%的表面检查，对有表面缺陷的坯料要进行表面修磨，以去除表面缺陷。对可直接热装的坯料，亦可能有一部分存在表面缺陷，对热探伤发现有缺陷的坯料也要从作业线剔出，下线进行表面修磨。

对方坯和扁坯的表面缺陷探伤主要采用人工或荧光磁粉法。喷涂在钢坯表面的磁粉，在黑灯下显示出钢坯的缺陷，由人工标出有缺陷的部位，然后对缺陷进行局部修磨。缺陷修磨主要采用高压高速修磨机，在10kN的压紧力下，用80～120m/s高速旋转的砂轮对有缺陷的钢坯表面进行修磨。

除了局部修磨缺陷外，对不锈钢和部分要求严格的轴承钢要进行100%扒皮修磨；对高速钢要磨去尖锐的四角，以避免在轧制过程中角部冷却过快，产生裂纹。

C　脱头轧制

在连轧过程中各机架之间速度和轧件断面面积的关系遵循秒流量相等的原则，即 $F_1V_1 = F_2V_2 = F_3V_3 = \cdots = F_nV_n = C$。当成品规格和最终的轧制速度一定后，某种规格坯料的入口速度也就定了。对合金钢长条产品而言，轧机的产量不要求太高，因而终轧速度不需要很高，再者，在轧制某些高合金钢，如高速钢、马氏体不锈钢等，工艺上对其轧制速度有一定的限制，也不需太高的轧制速度。这样就决定了合金钢轧机的轧制速度不能也不需要选择很高。另外，对于合金钢生产而言，其多样的产品和钢种决定了其坯料断面大小规格的多样化。因为坯料的断面取决于最终产品所要求的压缩比，而压缩比是为保证产品组织结构和力学性能所要求的最小变形量。压缩比是在一定条件下的经验数据，其数值与产品的最终用途、钢水和铸坯的质量密切相关，特别是钢中的氧含量、碳化物的不均匀程度对其影响最大。比如齿轮用钢，在当前的炼钢和连铸水平的条件下，由于使用的用途和用户的要求，其对压缩比的要求在1/12～1/6。如要求较高的齿轮钢要达1/10～1/8、轴承钢则要达到1/12～1/10。所以合金钢连铸坯的断面面积比碳素钢断面面积大，一般在（160mm×160mm）～（240mm×240mm）之间。成品出口速度低，进口的坯料大，这就决定了粗轧机的入口速度很低，如轧制速度为14m/s，断面尺寸为200mm×200mm的坯料，按全连轧条件，第一架的咬入速度仅为0.039m/s。而按现在的轧辊制造水平，如果第一架轧机的咬入速度低于0.07m/s，容易造成第一架轧机的轧辊产生热疲劳破坏，影响轧辊的寿命。另外某些特殊钢种，比如高速钢要求在第一架的咬入速度不小于0.2m/s。为解决这些矛盾而将粗轧机组和中轧机组之间的距离拉大，使之不形成连轧，即脱头轧制，这样可使粗轧机组速度根据轧制钢种的需要进行调节。

D　高精度轧制

合金棒材的使用特点决定了对其尺寸精度的高要求，为达到±0.1mm的精密尺寸公差（最小1/10的DIN－1013），一些合金钢棒材轧机在精轧机组后，安装一组高精度定径机，以实现高效而又简单的精密轧制工艺，除了能达到精密的成品公差外还可以得到漂亮的表面质量，并大大提高金属收得率和轧机的可靠性。

另外在最后两架轧机安装液压辊缝控制和尺寸监测装置可获得最精密的成品公差。

E　在线温度控制

在线温度控制技术的应用，使合金钢的连轧成为可能。根据不同钢种的生产工艺要求，可有以下四种不同的在线温度控制：

第一种：如优质碳素钢要求低温控轧，这就要求精轧机组前设置冷却水箱，并配合以

40%～50%的精轧压下率，而且在精轧机后装设水箱，在轧后进行快速冷却。

第二种：如轴承钢和弹簧钢要求在低温下完成精轧，而在轧后则要求保温缓冷，为防止网状碳化物的析出，轴承钢、弹簧钢为轧后先快冷，后慢冷；弹簧钢是为了使剪切时的硬度HB＜280，轧后慢冷，为此在精轧机前设冷却水箱，以控制进入精轧机的轧件温度；在冷却的入口或出口侧设置保温罩，对轧件进行缓冷。

第三种：如马氏体不锈钢、合金工具钢、高速钢等，其热加工的温度范围很窄，在轧制过程中除要有较高的咬入速度外，在低速轧制阶段还要求保温或在线加热；在轧制速度较高后，轧制变形热使轧件温度迅速升高，此时要对轧件进行适当的冷却；在轧制后要求保温，对轧件进行缓慢冷却。为满足这类钢的要求，在加热炉与粗轧机之间、粗轧机与中轧机之间设保温辊道，有的轧机还在中轧机前设在线感应加热装置；在精轧机组前设置水箱，控制轧件的温升；在精轧机后设高温快速收集装置，将轧件装入保温箱进行缓冷。

第四种：如奥氏体不锈钢要求在线淬火，即在高温下完成终轧，轧后在1030～1050℃的高温下淬火，快速冷却至500℃，完成固溶热处理。为此，需精确控制轧件的轧制温度，在精轧机后安装大水量的冷却水箱，对轧件进行快冷。

不同的轧机根据所生产的钢种，可选择上述四种在线温度控制方式中的一种。在线的温度控制技术使合金钢长条产品在变形的过程中，同时完成组织转变，达到所要求的组织和性能，减少或取消离线的热处理，降低生产成本。

F　热处理和精整

尽管在新式合金钢型、棒轧机上装备了在线温度控制和热处理设备，但离线的精整和热处理仍在合金钢厂，特别是在高合金钢厂占有非常重要的地位。

通常的精整热处理工序为：热处理—抛丸—矫直—表面探伤—内部探伤—打捆包装。工序的多少要看产品和用户的要求，不同的产品，工序会有所增减，如许多产品并不要求内部探伤。

合金钢长条产品的热处理主要有三大类：

第一类如合金结构钢、合金工具钢、高速钢，其热处理为软化退火；

第二类如轴承钢，其热处理为高温球化退火；

第三类如奥氏体不锈钢、奥氏体阀门钢，其热处理为高温固溶淬火。

所以一般合金钢厂都配置有用于这三类热处理制度的辊底式连续热处理炉，在有冷拔设备的厂有的还配置有加热温度仅400℃左右的消除应力退火炉。

环境保护的要求日益严格，用于去除表面氧化铁皮暴露缺陷的酸洗工序，逐渐为高速喷砂（抛丸）处理所代替。钢材在加热和冷却的过程中难免产生变形，因此，经热处理的钢材都要进行矫直。现在合金棒材用的矫直机有多辊式和二辊双曲线式两种，一般要求矫直精度不大于2mm/m的钢材用七辊式矫直机即可；如要求矫直精度不大于1mm/m时则要使用二辊双曲线式矫直机。多数合金钢棒材车间都同时备有这两种型式的矫直机，以满足不同矫直精度的要求。

表面缺陷探伤对合金钢棒材车间是必不可少的设备。棒材的表面缺陷探伤方法主要有涡流法和漏磁法，对一般质量要求采用涡流法，对表面质量要求很高的钢材则采用漏磁法。内部缺陷探伤设备并非必备的设备，因为在轧制加工的过程中，产生缺陷的机会比较少，但不少合金棒材车间仍备有超声波探伤仪。

G　长条产品的深加工

高质量高效率的机械加工工业，要求无表面缺陷、无表面脱碳层、高尺寸精度的优质钢和合金棒材及盘条。因此派生了长条产品的深加工。

直条的棒材经高速无芯车床削皮，随后进行滚光矫直，去除表面的氧化铁皮、脱碳层和表面缺陷，成为无缺陷的高精度的银亮棒材。尺寸精度和表面粗糙度要求更高的银亮材可用磨床磨光代替车床的切削加工。

19.2.2.2　合金钢棒材轧机类型

A　高合金钢小型轧机

这是一套很具有代表性的现代化高合金钢的小型轧机，工艺设备平面布置图见图19-7。它用以生产 ϕ12～75mm 圆钢、12～50mm 方钢、（30mm×5mm）～（100mm×30mm）扁钢、13～47.5mm六角钢，设计年产量20万t。可轧制很广泛的钢种，包括：碳素结构钢、碳素工具钢、合金结构钢、合金工具钢、弹簧钢、滚珠轴承钢、奥氏体不锈钢、马氏体不锈钢和高速钢。坯料规格为：120mm×120mm×（4000～5000）mm、150mm×150mm×5000mm、200mm×200mm×5000mm，将来有可能使用240mm×240mm×5000mm的坯料。最高轧制速度为：14m/s。

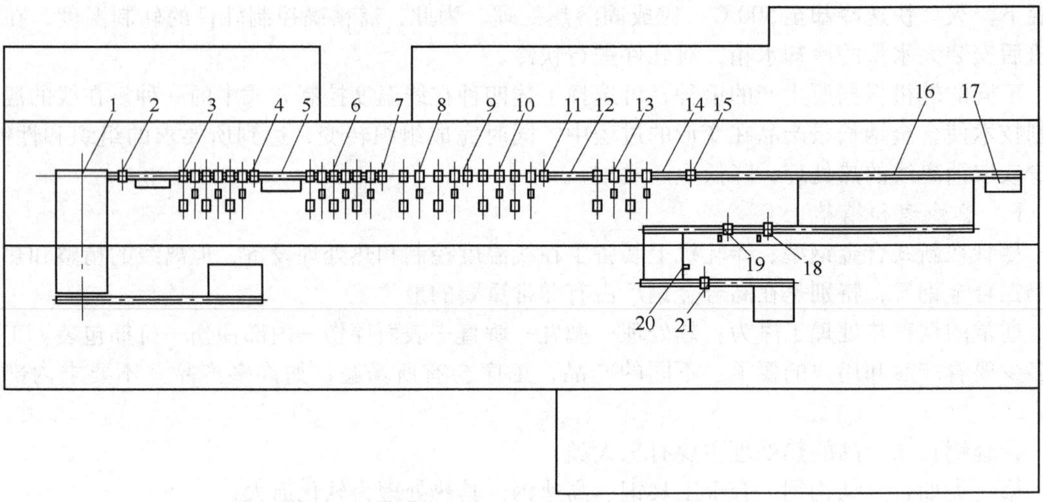

图19-7　某特殊钢公司合金钢棒材轧机的布置简图

1—步进式加热炉；2—高压水除鳞装置；3—6机架粗轧机组；4—S6切头飞剪；5—保温辊道；6—6机架中轧机组；7—S12切头飞剪；8—4机架第一精轧机组；9—S16切头飞剪；10—4机架第二精轧机组；11—S20切头飞剪；12—水冷装置；13—4机架第三精轧机组；14—水冷装置；15—S24飞剪；16—齿条式冷床；17—缓冷装置；18—冷剪；19—摩擦锯；20—计数器；21—打捆机

机组工艺和主设备组成：

为了满足优质钢和合金钢这些要求高尺寸精度和良好表面质量的钢种的需要，轧制线全线由24架轧机组成，其中粗轧机组6架；中轧机组6架；第一精轧机组4架；第二精轧机组4架；第三精轧机组4架。全部轧机呈H/V布置，以实现全线无扭转轧制，并配合以微张力和无张力轧制。为了适合于难变形的合金钢轧制和小的轧制公差要求，轧线全部轧机均为高刚度的短应力线轧机。为使粗轧与中轧独立操作，其粗轧与中轧之间为脱头轧制，以适应高合金钢轧制的需要。在加热炉与粗轧机、粗轧与中轧之间均设有保温辊道，以减少轧件的温降。

轧线共装有5台飞剪，分别装在6架、12架、16架、20架和24架后，前4台飞剪用于轧件的切头、切尾和在事故状态时对轧件进行碎断，以便保护设备不受损坏，并便于处理事故。这些剪机有很高的剪切精度，并备有特殊的切头分离系统，适应于不同钢种的剪切，可按不同的钢种对切头进行收集。当生产合金工具钢、马氏体不锈钢和高速钢时，要求在轧后进行缓冷，为使轧材可装入缓冷箱，要求将轧材切成成品的交货长度6m，这就要求精轧后的飞剪不但要能进行倍尺剪切，而且可进行连续定尺剪切。

粗轧和中轧的一部分机架为微张力控制，在精轧区设置有12个活套，以进行无张力轧制。

全部的精轧机架都安装有快速换辊装置，安装和调整好的新机架安放在换辊小车上，通过在轧制线操作侧的液压缸将要更换的旧机架从轧制线上拖出，全部精轧机架的更换可在4～10min内完成，从而保证了轧线有高的作业率。

水冷线布置在轧制线中，以最佳的机架间距进行冷却和均温。为保证精轧产品的冶金性能和力学性能，可利用的轧制程序是：

热机械轧制、热芯回火工艺，以改善产品的力学性能。

常化轧制、奥氏体不锈钢淬火，以节省后步的热处理。

轧制线上的温度调整可按控制温度曲线进行。

精轧机后预留了定径机的位置，将来在条件成熟时再增加。

精轧机后还设有OBIS的激光测径仪，对轧件断面上水平/垂直/45°方向上进行在线连续自动测量，并记录、显示和打印。

最佳剪切系统根据测得的轧件长度，使进入冷床的轧件均为商品长度的倍尺，短尺自动进入短尺装置。

冷床按对不同钢种完全不同的冷却要求设置功能，在冷床下安装风机以调整某些钢种的冷却速度；同时在冷床的入口或出口侧还要安装绝热罩，对轴承钢、弹簧钢和某些结构钢进行慢冷；另外在冷床结构中还必须考虑成品有很好的平直度和优良的表面质量。

B 大盘卷与高速线材相复合的轧机

本车间采用的坯料为150mm×150mm×12000mm的连铸坯。年产大盘卷和高速线材共计45万t，其中大盘卷产品（ϕ16～52mm），年产量11.25万t；高速线材产品（ϕ5.0～25mm），年产量33.75万t。

生产钢种：优质碳素结构钢、合金结构钢、冷镦钢、弹簧钢、焊接用钢、轴承钢、易切削钢、PC钢、帘线钢。

主要生产设备：

（1）加热炉。采用1座步进梁式加热炉，可以保证钢坯加热温度的均匀性，提高加热质量。在冷装坯时，加热炉的生产能力为120t/h，加热温度为950～1250℃。装出料方式为悬臂辊侧装侧出式。

（2）粗轧、中轧、预精轧机组。车间主要生产汽车及机械用钢，轧机所承受的轧制力大，而对产品的精度要求又较高。因此，采用刚度高、重量轻、轴承寿命长、轧机利用系数高的短应力线轧机。为保证变形量的需要，配置了16架短应力线轧机，布置形式为6+6+4。轧机之间按平/立交替布置，实现了全线无扭轧制。粗中轧采用微张力轧制，精轧机组各机架前设有立式活套，实现了无张力轧制。

（3）盘卷减定径机。为保证成品的高精度和高质量，还采用了5架三辊KOCKS减定径机组。该减定径机三辊成120°，使轧件承受三向压应力，纵向延伸好，可获得高精度的产品。而且可以在产品范围内，实现自由尺寸的轧制。

（4）高线预精轧、精轧、减定径机组。为保证成品的高精度和高质量，高线预精轧、精轧、减定径机组的布置形式为2+6+4。在进入高线预精轧之前，预精轧、精轧、减定径机组之间及减定径机组之后，设置了水冷装置，使进入各机组的轧件芯部温度保持在一定温度以下。

工艺流程：

大盘卷轧制线由 16 架短应力线轧机和 5 机架三辊 KOCKS 轧机组成；线材轧制线位于 KOCKS 轧机之后，由 2 架 CL 线材预精轧机组、6 架 WRB 线材精轧机组和 4 架 FRS 线材减定径机组组成。

钢坯首先在粗轧机组中轧制 6 个道次，进入中轧机组中轧制 2 ~ 6 道次，然后进入预精轧机组轧制后，继续进入 5 机架 KOCKS 机组中轧制。

大盘卷生产线所有成品均由 KOCKS 机组轧出。水冷后的轧件通过分钢道岔，分别导入大盘卷轧制线或高速线材轧制线中。其工艺流程见图 19-8。

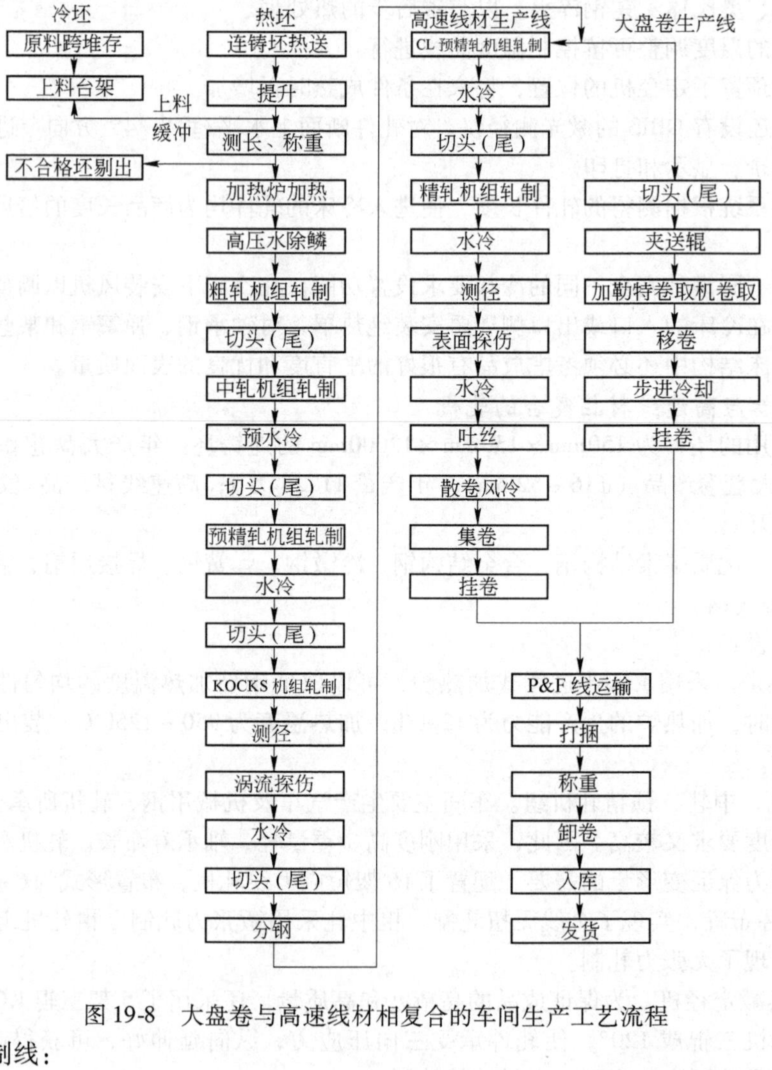

图 19-8　大盘卷与高速线材相复合的车间生产工艺流程

大盘卷轧制线：

轧件经分钢道岔导入到大盘卷轧制线中，沿滚动导槽前进，并通过夹送辊输送，经飞剪切头（尾）后，再由加勒特卷取机前夹送辊送入到加勒特卷取机中卷取成大盘卷。

高速线材轧制线：

高速线材轧制线采用 S 形大回环布置。

（1）第一种轧制方式：轧件经2架CL线材预精轧机组、6架WRB线材精轧机组和4架FRS线材减定径机组轧制，然后进入吐丝机。

（2）第二种轧制方式：轧件经2架CL线材预精轧机组轧制后，直接进入4架FRS线材减定径机组轧制，然后进入吐丝机。

（3）第三种轧制方式：轧件直接进入吐丝机。

C 特殊的（高精度方钢和扁钢）合金钢小型轧机

随着无切削的冲压和模压工艺，在机械和电子工业中日益广泛的应用，促进了模具制造业以每年15%～20%的速度高速发展，从而对模具钢的数量和质量都提出了越来越高的要求。它要求用于制造模具的扁钢厚度精度不大于0.1mm，宽度尺寸精度不大于0.2mm，边部的圆角半径不大于0.5mm。这样使模具的切削加工量减少到最少，以降低模具制造成本和加快产品更新的周期，这种轧机就是为适应生产高精度多品种的模具和刀具扁钢的需要而设计的。

这是一套专门为生产高精度扁钢和方钢的高合金钢的小型轧机，工艺设备平面布置图见图19-9。它用以生产（10～65）mm×（100～310）mm模具扁钢和（40mm×40mm）～（100mm×100mm）方钢，考虑到合金钢多品种的需要，同时还生产ϕ50～80mm圆钢和（13～20）mm×（130～150）mm弹簧扁钢。设计可以生产多种高合金钢，包括：碳素结构钢、碳素工具钢、合金结构钢、弹簧钢、轴承钢、合金工具钢、模具钢（H13、D3、P20）、高速钢和不锈钢。因高级合金钢质量要求高、批量小、品种多，因此车间年产量为5万t。因连续铸造生产高合金钢还有一定困难，且车间所需坯料规格变化多，故仍以轧坯或锻坯为原料。坯料规格为：（120mm×120mm）～（155mm×155mm）方坯、（210～310）mm×（75～100）mm的扁坯，坯长1700～4500mm。

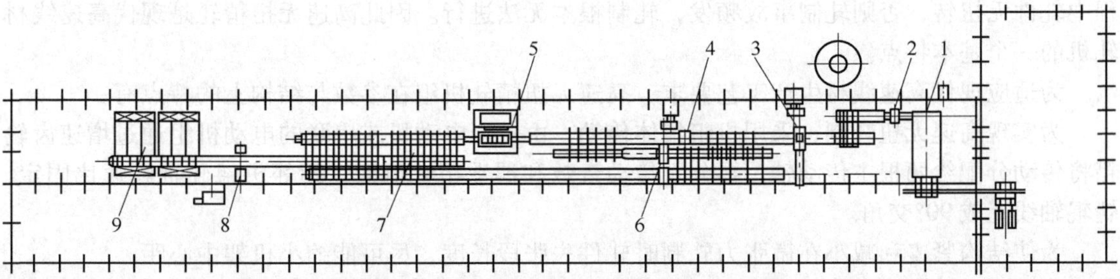

图19-9 高精度方、扁钢轧机平面布置简图

1—步进式加热炉；2—高压水除鳞装置；3—650三辊式轧机；4—摆式飞剪；5—5机架可逆式方、扁钢轧机；6—2机架500轧机；7—移钢台架；8—摩擦锯；9—冷床

车间工艺和设备特点：

车间采用一台ϕ650mm的三辊轧机为粗轧机。这种形式的轧机虽说不上先进，但对于产量不是很高，而坯料规格变化很大的高合金钢轧机却是一种适合的机型选择。粗轧机后配一套WF5-40可逆式扁钢轧机。其由5架轧机（3架水平2架垂直）组成，轧辊名义直径ϕ400mm。该可逆式方、扁钢轧机每个机架用两个液压马达直接传动轧机的上辊，另两个液压马达传动下辊，取消了减速机、齿轮机座，使系统的惯性大大降低。液压压下和液压控制导板宽度代替电动压下和导板调整快速而准确，为可逆式的轧制创造了条件。计算机数字控制系统（CNC）按钢种、坯料厚度、宽度、产品规格设定和控制每一道次各架轧辊旋转方向、辊缝、速度、导板宽度等轧制参数，实现高精度的可逆式连轧。在轧机的入口装有一个液压传动的侧导板，其宽度可以调整，并可对入口的坯料进行侧向矫直。

采用液压传动可精确控制各架的速度，使各架之间几乎不产生张力，从而可生产高精度的产品。

采用液压传动可取消减速机和齿轮箱，使系统的惯量大大降低，轧制从一个方向改变为另一个方向的时间为5～7s，使可逆轧制成为可能。

另外，采用计算机控制，实现了压下调整、速度调整、转动方向、各机架导卫宽度调整的自动化，实现了连轧机的可逆轧制。

为使产品的断面平直没有毛刺，采用金刚砂轮片的摩擦锯进行锯切。为适应多种不同合金钢冷却的要求，设有步进式冷床、垛板台和缓冷箱三种冷却方式，并配了多种精整热处理设备包括：抛丸机、消除大弯曲度的压力矫直机、辊式连续矫直机、3座连续式热处理炉、一台可同时矫直上下和侧向弯曲度的矫直机、表面缺陷涡流探伤仪等，以保证多品种产品的各种工艺的要求。

19.2.3 高速线材生产工艺和轧机形式

19.2.3.1 高速线材轧机生产的工艺特点

通常高速线材轧机的工艺特点可以概括为连续、高速、无扭和控冷，其中高速轧制是最主要的工艺特点。现代高速线材轧机的精轧速度已达150m/s。高精轧速度已成为现代线材轧机的一个重要标志。大盘重、高精度、性能优良则是高速线材轧机的产品特点。

A 无扭精轧是保证高速的前提条件

高速无扭精轧工艺是现代线材生产的核心技术之一，它是针对以往各种线材轧机存在诸多问题，综合解决产品多品种规格、高断面尺寸精度、大盘重和高生产率的有效手段。唯有精轧高速度才能有高生产率，才能解决大盘重线材轧制过程的温降问题。精轧的高速度要求轧制过程中轧件无扭转，否则轧制事故频发，轧制根本无法进行。因此高速无扭精轧是现代高速线材轧机的一个基本特点。

为适应现代高速线材生产工艺要求，高速无扭精轧机组在参数与结构上的特点有：

为实现高速无扭轧制，采用机组集体传动，由一个电动机或串联的电动机组通过增速齿轮箱将传动分配给两根主传动轴，再分别传动奇数和偶数精轧机架。相邻机架轧辊转速比固定，轧辊轴线互成90°交角。

为使结构紧凑和减小在微张力轧制时轧件失张段长度，尽可能缩小机架中心距。

为提高变形效率和降低变形能耗，均采用较小的轧辊直径，各类高速无扭精轧机组辊环直径均为ϕ150～200mm。

为便于在小机架中心距情况下调整及更换轧辊和导卫装置，轧机工作机座采用悬臂辊形式，采用装配式短辊身轧辊，用无键连接将高耐磨性能的硬质合金（碳化钨）辊环固定在悬臂的轧辊轴上。辊环上刻有2～4个轧槽，辊环宽度62～92mm。

为适应高速轧制，并保证在小辊环直径的情况下轧辊轴有尽可能大的强度和刚度，轧辊轴承采用油膜轴承。

为适应高速轧制，轧机工作机座采用轧辊对称压下调整方式，以保证轧制线固定不变。

目前各种高速无扭精轧机型可概括为三辊式、45°、15°/75°和平/立交替四种。

B “高速”对工艺的要求

在工艺上保证高速的主要条件是轧件精度。高精度、高质量的轧件是保证不产生轧制故障的最根本条件。通常应保证进入精轧机的轧件偏差不大于±0.30mm。当成品精度要求小于±0.15mm时，进入精轧的轧件偏差不应大于成品尺寸偏差的2倍。轧件偏差值是指轧件全长

（包括头尾），特别是头部的最大偏差。头部不良引起的故障最多。

要保证轧件精度，必须严格控制钢坯尺寸精度。钢坯尺寸的波动会影响轧件尺寸及机座间的张力，特别对粗轧前几道影响较大。为此近几年粗轧机组都采用单独传动，以便及时灵活地调节轧制速度，保证微张轧制。

轧件温度也是影响高速轧制的重要因素，要保证轧件精度，必须保证轧件温度均匀稳定，所以要求加热温度均匀、控冷设施灵敏。

要保证轧件精度，轧机机座的刚度、精度都必须达到相当高的水平。轧机精度提高后，槽孔加工误差、轧机部件间不可控制的配合间隙将占去标准规定偏差的一大部分，必须减少这部分造成的偏差损失，使偏差损失不大于偏差值的三分之一。因为生产线材的轧制压力不大，机件弹性变形量并不大，所以线材轧机的精度比刚度更重要，高刚度的追求应当适度。

轧机间的张力对轧件精度影响极大，应尽可能实现无张力和微张力轧制。在预精轧必须实现无张力，在中轧和粗轧通常认为设置3个活套即可。这要看粗、中轧的控制水平。如果各道张力都不大，活套少些也足以保证轧件精度。

椭圆—立椭，椭圆—圆孔型系统消差作用较好，所以近几年粗、中轧也尽可能地采用椭圆—圆孔型系统。

C 轧机的工装导卫是高速工艺的重要保证

导卫的精度与轧件头部的质量关系很大，要保证轧件头部的尺寸及形状必须从导卫入手。

D 控轧及轧后控制冷却

高速度轧制必须实行控轧，这是人们对“高线”的又一认识。轧件在高速线材轧机精轧机组的总延伸系数约为10，轧件出口速度如达140m/s，其进口速度也不过14m/s左右。14～16m/s仍属低速范围，通常小型轧机轧制速度达18m/s。高速线材轧机精轧以前都是低速轧机。但是当轧制速度达到10m/s时轧件温度不再下降，超过10m/s时轧件温度升高。高速线材轧机多道次逐次升温给生产工艺造成了重大影响。当轧制速度超过75m/s时，由于成品温度高，水冷段事故增多。轧制速度过高还会出现水冷段的冷却达不到控冷要求。所以在精轧前增加水冷箱，甚至全线增加水冷，实行控轧，降低开轧温度实行低温轧制。轧制中的大幅度降温与降低开轧温度，为在轧制过程中实现控制中、低碳钢线材的金相组织创造了非常有利的条件。开轧温度低，奥氏体晶粒小，还可使部分道次在未再结晶区轧制。低温轧制又是节能措施。控轧既是高速线材轧机的客观要求，又是它的突出优点和特点。低温轧制目前实行得不多，主要受原轧机强度和电机能力的限制。

由于高速线材轧机以高速连续的方式生产大盘重的线材产品，终轧温度比普通线材轧机更高，采用传统的成盘自然冷却将使产品质量恶化。为避免传统成盘自然冷却造成的二次氧化严重、轧后线材的力学性能低并严重不均匀，轧后控制冷却工艺已成为高速线材轧机不可分割的组成部分，是高速线材轧机区别于老式线材轧机的特点之一。

控制冷却是分阶段控制自精轧机轧出的成品轧件的冷却速度，尽量降低轧件的二次氧化量，可根据钢的化学成分和使用性能要求，使散卷状态下的轧件从高温奥氏体组织转变成与所要求性能相对应的常温金相组织。

E 高速线材轧机的高质量控制

高速线材轧机中的无扭精轧机是生产线材工艺最完备的轧机，它比以往任何轧机都更合理。高速线材轧机工艺灵活、控制手段齐全，适应线材品种、规格十分广泛，能生产各种高质量的线材。在车间设计的质量控制上需要各工序都具备生产高质量线材的能力，即：

（1）保证原料质量。要求原料段具有原料检测、检查与清理修磨的手段，使投入的原料具有生产优质线材的条件。

（2）采用步进式加热炉，以保证灵活的加热制度。

（3）在单线生产时粗轧采用平/立机组，减小轧件刮伤。

（4）尽可能使用滚动导卫及硬面轧辊，保证轧件表面质量。

19.2.3.2　高速轧机线材生产的工艺与设备布置

（1）工艺流程：图 19-10 为工艺流程示意。

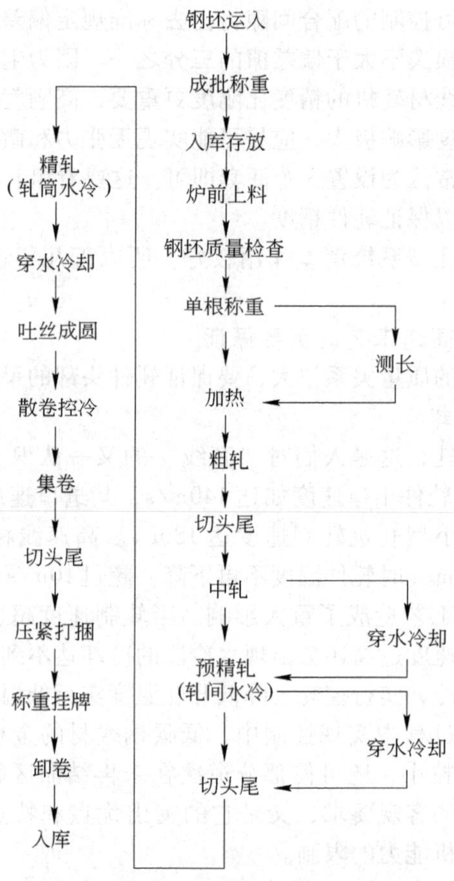

图 19-10　高速轧机线材生产工艺流程

（2）高速线材轧机的组成及平面布置。某高速线材厂主要设备及工艺平面布置如图 19-11 所示。

19.2.3.3　精轧的工艺和设备类型及参数

A　工艺过程

来自预精轧机的轧件在飞剪处切头（切头长度 800mm 左右）后，轧件被抬高 35mm，经转辙器、夹尾器、水平活套器、卡断剪进入精轧机组。当轧件被精轧机组第一机架咬入，精轧机自动降速，轧件在水平活套台形成活套，套量为自动监视控制。轧件经过无扭微张力轧制成 5.5～16mm 的线材。当轧件尾部脱离 15 号机架后，夹尾器夹住轧件防止甩尾。

如果精轧机本身或精轧以后区域出现故障，则飞剪动作。后续的轧件经过转辙器导向碎断剪碎断。

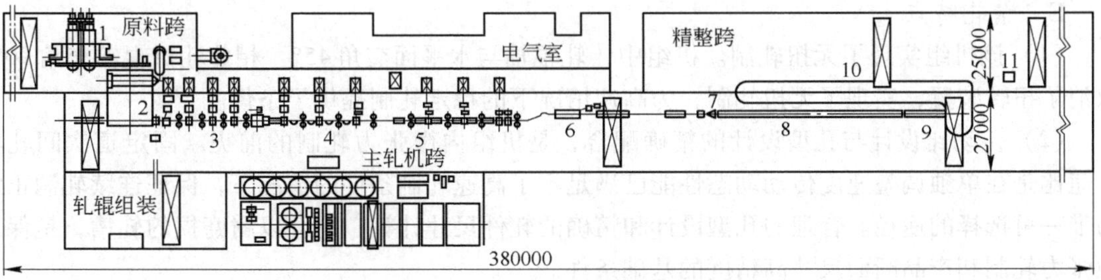

图 19-11 高速线材厂工艺平面布置图

1—步进式上料台架；2—步进加热炉；3—粗轧机；4—第一中轧机组；5—第二中轧机组；6—精轧机组；7—吐丝机；8—斯太尔摩冷却线；9—集卷筒及挂卷机；10—钩式运输机；11—称量机

B 轧制事故的自动监测系统

由于种种原因，在精轧机内会发生堆钢事故。为保护辊环和轧机设备不遭损坏，堆钢之后该系统立即自动启动飞剪和卡断剪，阻止更多的轧件进入轧机，这是通过两种方法实现的。

（1）热金属检测器。在精轧机 16 号前、25 号后及水冷段入口处各有一个热金属检测器 A、B、C。

当 A 测到轧件时，计算机存储一个信号，当 C 测到轧件时，再给出一个信号。如果 A、C 信号的时间差与该速度下轧件通过这段距离计算出的所需时间相符，说明轧制正常。否则，表明轧机间已有堆钢，需立即启动剪机，阻止后面的轧件进入轧机。

热金属检测器 B 瞄准点偏离轧线，在轧制正常情况下，是测不到轧件的。一旦在废品箱内堆钢，B 就能测到轧件，立即启动剪机，阻止来料。上述自动检测和控制，都是通过计算机来实现的。

（2）报警用尼龙线，俗称“钓鱼线”。为保险起见，在精轧机内与轧制线平行拉一根细尼龙线，一头固定，一头拴在重锤上。无论是在轧机间还是在废品箱中堆钢，红钢都会将钓鱼线烧断，重锤落下，发出信号，立即启动剪机碎断来料。

C 测径仪

随着轧制速度的不断提高和盘重的增加，操作工迫切地需要立即知道所轧成品的断面尺寸和形状。因为一旦出废品（耳子、尺寸超差等），就会造成几吨甚至十几吨的废品。而测径仪则能够为操作工提供成品信息。

测径仪安装在精轧机的出口处。它有一数字显示器和图像显示屏，可直接为操作工提供成品尺寸和断面形状信息。

D 孔型布置

以椭—圆孔型系统轧制多规格产品，为使每个偶数道次均可作为成品道次（本机组可以在 25 号、23 号、21 号、19 号机架直接轧出各种规格的成品），相邻偶道次即圆孔型间的轧制延伸系数为近似值，其间差异率不大于 1.1%。在相邻的椭孔及圆孔间变形分配上有两种做法：一种是椭孔变形较大，道次延伸系数为 1.27 左右，而圆孔变形较小，道次延伸系数为 1.23 左右，其指导思想在于以较小的变形保证圆孔轧出成品的尺寸精确性；另一种是椭孔变形较小，道次延伸系数为 1.22 左右，而圆孔变形较大，道次延伸系数为 1.28 左右，其依据的道理是圆孔限制宽度作用强，延伸效率高，金属无效的附加流动少，附加摩擦小，而单位延伸变形能耗低，当采用高耐磨材质的轧辊时，变形量的大小不是影响成品尺寸精度的主要因素。

生产实践证明这两种变形量的分配在轧制稳定和产品尺寸的精度上并无差异。

E 精轧特点

（1）该机组实现了无扭轧制。机组中，轧辊轴与水平面交角45°，相邻轧机辊轴交角90°。取消了扭转装置，实现了无扭轧制，为高速情况下的稳定轧制提供了条件。

（2）传动比设计与孔型设计的精确配合，是机组内微张力轧制的前提。固定道次间轧辊转速比是在单独调整速度传动动态性能已满足不了高速轧制条件的情况下，保证连续轧制正常的唯一可选择的途径。合理的孔型设计和精确的轧件尺寸计算，配合以耐磨损的轧槽，是保证微张力轧制和产品断面尺寸高精度的基础条件。

（3）在轧机设计中，取消了接轴或联轴器，采用精密螺旋伞齿轮与轧辊齿轮轴直接啮合连接，代替了普通轧机上的万向接轴。设备精度高、刚性好。从而减小了线材尺寸的波动。

（4）精轧机组采用直径为142～210mm的碳化钨辊环。碳化钨材料具有极好的耐磨性能，热冲击性能也相当好。孔槽几乎无磨损，保证了生产过程中轧件红坯尺寸的稳定，简化了轧机调整工作。

（5）采用小辊径碳化钨辊环另一个特点是变形效率较高。相对于老式线材精轧机所用的较大辊径，其轧制力及力矩较小，变形效率较高（即宽展小而延伸大），常给予较大变形量，一般平均道次延伸系数为1.25左右。

（6）轧件的冷却。高速无扭线材精轧机组为适应微张力轧制，机架中心距都是尽可能小，以减轻微张力对轧件断面尺寸的影响。在短机架中心距的连续快速轧制中，轧件变形热造成的轧件温升远大于轧件对轧辊辊环、导卫和冷却水的热传导以及对周围空间热辐射所造成的轧件温降，其综合效应是在精轧过程中轧件温度随轧制道次的增加和轧速的提高而升高。当精轧速度超过85m/s之后轧件温度将升至1100～1200℃，轧件的σ_s值急剧降低至10～30MPa，轧件刚性很低，在精轧道次间和出精轧后到吐丝机的穿越过程中稍有阻力即发生弯曲堆钢，甚至吐丝时未穿水冷却的头尾段因过于柔软而不规则成圈，无法收集。为适应高速线材精轧机轧件温度变化的特点，避免因轧件温度升高而发生事故，当精轧速度超过80m/s时，在精轧前和精轧道次间专门设置轧件水冷，使精轧轧出的轧件温度不高于950℃。精轧前及精轧道次间进行轧件穿水冷却，用以实施对轧件变形温度的控制是进行控轧的重要手段。

由于精轧机具备上述一些优点，给操作和调整带来了许多方便，并提高了产品质量（成品尺寸偏差不大于±0.1mm）。

19.2.3.4 线材轧制技术装备的发展

采用大压下定径机（HRSM）作预精轧机：由3个机架组成，其压下率范围为6%～25%。

采用双模块高速精轧机（TMB）：机架总数12架，这种可横移的双模块精轧机可大大节省换机架时间，其利用系数可达90%以上，而且产品精度高，表面质量好。

V字形微型轧机，采用摩根第六代V字形精轧轧辊箱结构组成微型模块式轧机，可扩大产品规格范围，提高能力，其结构紧凑、换辊方便、利用率高。

减径定径机（RSM），可单独从轧线移出和移进，布置在无扭精轧机组后，增大终轧速度，提高生产率15%以上，提高轧机利用率5%～10%，产品精度高，公差达±0.1mm，椭圆度0.1，可实现自由尺寸轧制，自由定径范围±0.3mm，还可以通过机前水冷提高冶金性能。

采用轧件外形测量仪和热态在线测径及涡流探伤；采用回转式高速切头（尾）飞剪；采用倾斜式吐丝机和装有线圈分配器的集卷系统；控制轧制和控制冷却装置日趋完善。

19.3　棒、线材连轧方式和自动控制

19.3.1　连轧常数与拉钢系数

19.3.1.1　连轧常数

在连续轧制的稳态轧制过程中，被轧制金属通过各机架的秒流量相等，即：

$$F_1v_1 = F_2v_2 = \cdots = F_nv_n = C \tag{19-1}$$

式中　F_1、F_2、…、F_n——各轧制道次轧制后的轧件断面面积；

v_1、v_2、…、v_n——各轧制道次轧件的轧出速度。

由于前滑的存在，轧件离开轧辊的轧出速度大于轧辊的线速度。前滑以前滑移值表示，其关系式为：

$$S_1 = \frac{v_1 - v'_1}{v'_1},\ S_2 = \frac{v_2 - v'_2}{v'_2},\ \cdots,\ S_n = \frac{v_n - v'_n}{v'_n} \tag{19-2}$$

式中　S_1、S_2、…、S_n——各轧制道次的前滑值；

v'_1、v'_2、…、v'_n——各轧制道次的轧辊线速度。

以 S、D、n 代入式（19-1）中，并经简化后得：

$$F_1D_1n_1(1+S_1) = F_2D_2n_2(1+S_2) = \cdots = F_nD_nn_n(1+S_n) = C \tag{19-3}$$

式中　D_1、D_2、…、D_n——各机架的轧辊工作直径；

n_1、n_2、…、n_n——各机架轧辊的转速。

$FDn(1+S)$ 的乘积 C 通常叫做连轧常数或者叫做连轧机孔型设计常数。

19.3.1.2　拉钢系数

在实际生产的连轧中，由于轧件温度、孔型磨损、摩擦系数以及其他影响前滑与轧件断面面积变化的因素在不断地变化，轧件通常不可能处于理论上的各机架秒流量相等的状态，也就是机架间轧件不可能严格处于既不堆也不拉钢的状态。所以为了让实际的轧制过程能够顺利进行，常常是有意识地采取堆钢或拉钢。在棒、线材的连轧过程中，一般在设有活套装置的部位采用活套轧制即无张力轧制，而在其他机架之间采取轻微的拉钢轧制即微张力轧制。

拉钢系数是堆钢或拉钢的一种量化表示方法。以 K_n 代表第 n 道的堆拉系数时：

$$K_n = \frac{F_nD_nn_n(1+S_n)}{F_{n-1}D_{n-1}n_{n-1}(1+S_{n-1})} = \frac{C_n}{C_{n-1}} \tag{19-4}$$

当 $K_n < 1$ 时，为堆钢轧制；

当 $K_n > 1$ 时，为拉钢轧制。

堆拉率是堆钢与拉钢的另一种表示方法。以 ε_n 代表第 n 道的堆拉率时：

$$\varepsilon_n = \frac{C_n - C_{n-1}}{C_{n-1}} \times 100\% = \left(\frac{C_n}{C_{n-1}} - 1\right) \times 100\% = (K-1) \times 100\% \tag{19-5}$$

当 $\varepsilon_n < 0$ 时，为堆钢轧制；

当 $\varepsilon_n > 0$ 时，为拉钢轧制。

19.3.2　轧制程序表的编制

轧制程序表的编制是棒、线轧机工艺设计的一项重要内容。轧制程序表主要是用来指导各架轧机的轧件尺寸、轧辊辊缝、轧制速度、轧辊转速、电机转速的设定与轧机调整的。

轧制程序表的主要内容包括（见表19-4）：

表头：产品编号、钢坯尺寸及断面面积、成品尺寸、终轧速度、生产率、开轧温度、线数、日期。

表内：机架号、设定的轧件断面面积、辊缝、孔型尺寸（高、宽）、延伸系数或断面减缩率、轧制速度、轧辊直径（辊环直径、工作直径）、轧辊转速、电机转速。

表 19-4　轧制程序表例

产品编号

钢坯断面面积：________钢坯边长：________成品轧制速度：________开轧温度：________

成品直径：________轧制线数：________产　量：________

生产日期：　　年　月　日

机架号	钢坯断面面积/mm	辊缝/mm		轧件高/mm	轧件宽/mm	断面减缩率/%	轧制速度/$m \cdot s^{-1}$	轧辊直径/mm			电机转速/$r \cdot min^{-1}$			轧辊转速/$r \cdot min^{-1}$		
		设定	记录					设定	工作直径	记录	设定	记录	建议	设定	记录	建议
1																
2																
3																

轧制程序表中，机架号、轧件断面面积、辊缝、孔型尺寸、延伸系数等由品种孔型系统设计来确定，在这里不作介绍。在这儿着重介绍轧制速度、轧辊转速、电机转速以及轧辊直径的确定。

19.3.2.1　轧辊工作直径的设定

轧件和轧辊接触处的轧辊直径叫做轧辊工作直径。用平辊轧制时，其工作辊径沿轧件的宽度方向不变，以 D_K 表示工作辊径，则

$$D_K = D_0 - h \tag{19-6}$$

式中　D_0——轧辊辊环直径，mm；

h——轧件高度，mm。

在孔型中轧制时，轧辊接触轧件表面各点的工作辊径是不同的（如圆孔、菱形孔以及其他异型孔），在计算中用轧辊的平均工作辊径表示轧辊的工作直径，一般多采用等效矩形法，即如下公式：

$$D_{KC} = D_0 - h_c = D_0 - \frac{F}{b} \tag{19-7}$$

式中　D_{KC}——轧辊平均工作直径，mm；

h_c——轧件平均高度，mm；

F——轧件断面面积，mm^2；

b——轧件宽度，mm。

由于在有的孔型中，沿轧件宽度 b 与轧辊不一定全部接触，因此，利用等效矩形法计算轧件平均高度和轧辊平均工作直径，再用来计算连轧常数并确定各架的轧制速度就欠妥了。

另外在棒、线连轧过程中，为了保证产品的高精度和稳定生产，一般在未设活套的各道次之间都采用微张力轧制。张力对前滑产生影响，而在张力状态下前滑的计算至今尚无准确的理想的计算公式。

轧件由孔型中轧出的线速度是由轧辊工作直径、轧辊转速与前滑所决定的。所以为简化前

滑的计算，结合前滑和轧件与轧辊接触状态，推出考虑前滑在内的计算轧辊工作直径（D_K）的计算公式。

在方孔型中的轧辊工作直径的计算见图 19-12。

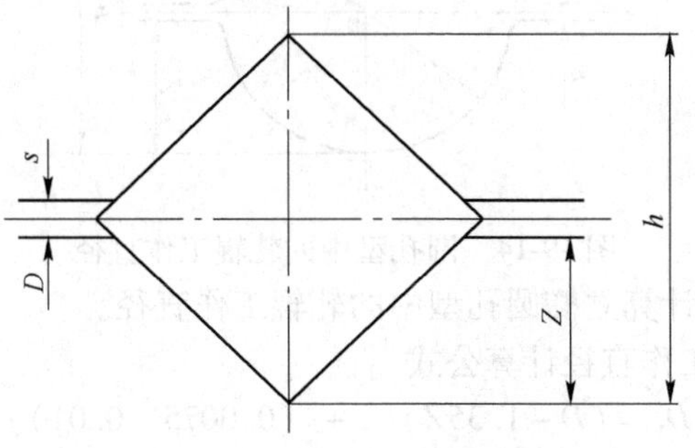

图 19-12　方孔型中的轧辊工作直径

计算公式如下：

$$D_K = D - Z \tag{19-8}$$

式中　Z——轧槽最大深度，mm，$Z = \frac{h-s}{2}$；

D——轧辊辊环直径，mm；

h——孔型顶角高度，mm；

s——辊缝，mm。

在椭圆孔型中的轧辊工作直径计算见图 19-13。

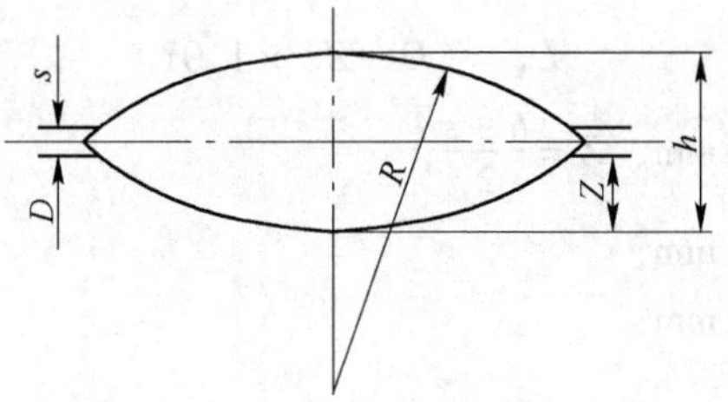

图 19-13　椭圆孔型中的轧辊工作直径

计算公式如下：

$$D_K = (D - 1.33Z) \times 1.01 \tag{19-9}$$

式中　Z——轧槽最大深度，mm，$Z = \frac{h-s}{2}$；

D——轧辊辊环直径，mm；

h——孔型顶角高度，mm；

s——辊缝，mm。

在圆孔型中的轧辊工作直径计算见图 19-14。

计算公式如下：

$$D_K = D - 1.56Z \tag{19-10}$$

式中　Z——轧槽最大深度，mm，$Z = \frac{d-s}{2}$；

D——轧辊辊环直径，mm；

d——孔型直径，mm。

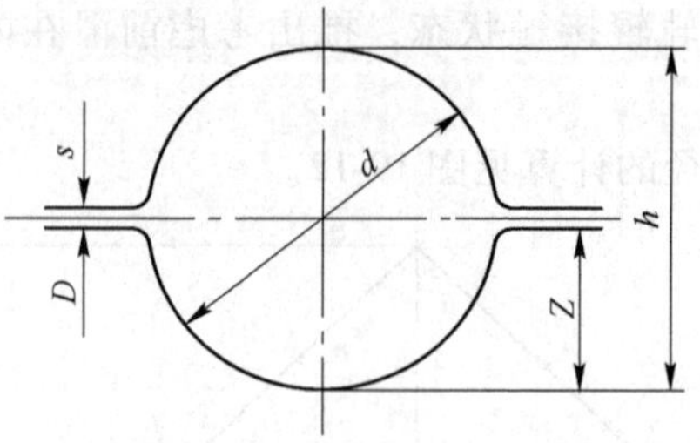

图 19-14 圆孔型中的轧辊工作直径

也可用公式（19-10）计算立椭圆孔型中的轧辊工作直径。

在精轧圆孔型中轧辊工作直径计算公式

$$D_K = (D - 1.35Z)(1 + (0.0075 \sim 0.01)) \tag{19-11}$$

在菱形孔型中的轧辊工作直径的计算见图 19-15。

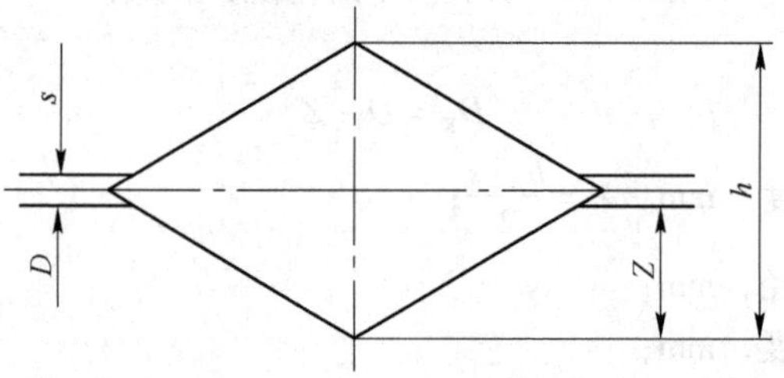

图 19-15 菱形孔型中的轧辊工作直径

计算公式如下：

$$D_K = (D - Z) \times 1.01 \tag{19-12}$$

式中 Z——轧槽最大深度，mm，$Z = \dfrac{h - s}{2}$；

D——轧辊辊环直径，mm；

h——孔型顶角高度，mm；

s——辊缝，mm。

19.3.2.2 轧制速度的设定

轧制速度的设定也是轧辊转速和电机转速的设定，电机转速与轧制速度及轧辊工作直径的关系为：

$$n_{电} = \frac{60iv}{\pi D_K} \times 1000 \tag{19-13}$$

式中 $n_{电}$——电机转速，r/min；

v——轧件线速度，m/s；

D_K——轧辊工作直径，mm；

i——传动比。

式中 i 为电机转速与轧辊转速之比即 $i = n_{电}/n_{辊}$，在设备选定后为一常数。所以电机转速只与轧件线速度和轧辊工作直径有关。轧辊工作直径按前所述的计算方法确定，并储存在计算机孔型数据中，以便在计算 $n_{辊}$ 和 $n_{电}$ 时使用。

根据不同的品种规格，采用的孔型系统及变形延伸道次也不同，所以必须确定各品种规格轧制时所使用的机架和各机架的轧制速度。为了简单起见将机架选择、各机架的常规轧制速度用列表的方式事先存储在计算机轧制程序数据库中。此常规轧制速度是在孔型设计优化计算的基础上，依据无堆拉连轧条件计算出来的理想速度值。在符合金属变形规律的孔型设计和成品机架轧制速度确定后，某架次的轧制速度为：

$$v_n = \frac{v_{n+1}}{\mu_{n+1}} \tag{19-14}$$

或

$$v_n = (1 - \varphi_{n+1})\ v_{n+1} \tag{19-15}$$

式中　v_n——第 n 架次的轧件线速度，m/s；

v_{n+1}——第 $n+1$ 架次的轧件线速度，m/s；

φ_{n+1}——第 $n+1$ 架次轧件断面收缩率；

μ_{n+1}——第 $n+1$ 架次轧件延伸系数。

在速度设定中应注意以下几点：

试轧新品种时初设定各架间轧制速度的依据是轧制程序表，它是在孔型设计优化计算的基础上，按无堆拉连轧条件计算出来的理想速度值。在此基础上可按连轧秒体积流量关系及速度制度内容考虑设定一定的堆拉钢值，即对电机转速进行少量调整。

在轧制过程中，由于坯料尺寸的波动、轧件温度的波动、轧辊孔型的磨损等因素的干扰以及计算和调整的误差等原因，完全按上述确定的理想速度值往往不能实现理论上的各架轧机金属秒流量相等，而出现堆钢或拉钢现象。为避免轧制过程中的堆、拉钢，也必须对各机架的轧辊转速进行动态的调整。

成品轧制速度的设定直接关系到各机架轧制速度的设定及轧机小时产量。在编制轧制程序时，都将按照最大机时产量在轧机最大工艺允许速度范围内来制定各规格的成品轧制速度。一般小规格产品轧制速度高，大规格速度低。成品轧制速度的设定应灵活掌握。低的轧制速度有利于轧件咬入不易堆钢，张力容易判断，且在轧制时易稳定。但速度过低时，轧件在粗轧机组由于受轧槽冷却水冷却可使轧件温度降低过多，从而易在粗轧机后两架或中轧机前三架产生堆钢。同时过低的成品轧制速度可使第一架轧机的轧制线速度小于0.1m/s，而产生热裂破坏轧槽。通常情况下对于试轧的第一根钢，可使成品轧制速度低一些，正常后再逐步提升到正常的轧制速度。

19.3.3　棒、线连轧的两种形式及控制

在热连轧中，从理论的稳定轧制来说应使各机架的“秒流量”相等，以实现无张力轧制。但在实际连轧过程中，影响机架间张力变化的工艺参数很多，如变形量、温度变化、轧制力矩、轧制速度等，不可能做到理论上的各机架的“秒流量”相等的连轧状态轧制。为了保证产品尺寸精度，提高轧制产品质量，目前棒、线热连轧中均采用微张力和活套无张力控制的两种控制方法。

19.3.3.1　微张力控制的方法及控制过程

微张力轧制是在轧件断面面积较大，机架间距太小不易形成或无法安装活套的情况下采用的一种轧制方式。一般在高速线材的粗、中轧中，棒材连轧的粗轧和部分中轧机架采用微张力轧制。为了对其轧制中的张力进行控制，使其处于相对稳定的微张力状态，都采用了微张力控制系统。目前的微张力控制系统一般多采用前滑值控制法或头部电流记忆控制法，而后者更被大多小型型钢连轧厂所采用。

A　电流记忆控制法

a　控制过程基本原理

在轧制过程中电机的扭矩为：

$$M = M_Z + M_T + M_a \tag{19-16}$$

式中　M——总扭矩；

M_Z——轧制扭矩；

M_T——张力产生的扭矩；

M_a——加速扭矩。

在稳定状态时，$M_a = 0$，则 $M = M_Z + M_T$。两机架间存在着张力 F，设 F 为拉力，则作用到每个轧辊上的拉力为 $F/2$，力矩的半径为 $D/2$，则 K_1、K_2 机架主电机张力扭矩分别为：

$$M_{T1} = -2 \times \frac{F}{2} \times \frac{D_1}{2i_1} = -\frac{FD_1}{2i_1} \tag{19-17}$$

$$M_{T2} = 2 \times \frac{F}{2} \times \frac{D_2}{2i_2} = -\frac{FD_2}{2i_2} \tag{19-18}$$

式中　i_1、i_2——分别为 K_1、K_2 机架的传动比；

D_1、D_2——分别为 K_1、K_2 机架的轧辊辊径。

则 K_1、K_2 机架的主电机扭矩为：

$$M_1 = M_{T1} - \frac{FD_1}{2i_1} \tag{19-19}$$

$$M_2 = M_{T2} + \frac{FD_2}{2i_2} \tag{19-20}$$

由此可见，在轧制力矩变化不大的情况下，使机架主电机扭矩变化的主要原因是张力扭矩的变化。若要使两机架间无张力，即 $F = 0$，则应满足张力扭矩 $M_T = 0$。

b　张力系数的定义

孔型设计时引用的张力（堆拉钢）系数与轧辊工作辊径、轧件面积、轧辊转速及前滑系数有关。由于这些参数多，也不容易测量准确，因此，必须引进与电机扭矩相关的张力系数。

$M_T = 0$ 是理想的无张力连轧状态，但在实际生产中由于钢料尺寸及钢温变化等的影响，必须使两机架间存在微小张力，以防止产生过大的堆（拉）钢现象。这样，设定的张力系数的大小可以定义为轧制力矩在总力矩中占的比例，即

$$T_{fs} = \frac{M_Z}{M'} \tag{19-21}$$

式中　T_{fs}——设定张力系数；

M_Z——轧制扭矩；

M'——后机架咬入轧件后前机架设定（允许）扭矩值。

当 $T_{fs} > 1$ 时，$M_Z > M'$，即后一机架咬入轧件后，前机架的扭矩值略小于咬入前的（纯轧制）扭矩，此时为微拉钢轧制；当 $T_{fs} < 1$ 时，$M_Z < M'$，为微堆钢轧制；当 $T_{fs} = 1$ 时为无张力轧制。

c　控制过程

微张力电气控制原理：通过对相邻工作机架中上游机架的电机转矩进行检测，并加以存储记忆，形成表示钢坯内张力大小的张力实际值，它与设定的张力给定值的偏差，通过比例、积分控制校正上游机架的速度来协调上下游之间的关系，从而实现微张力控制。

控制过程如图 19-16 所示，当前一机架轧件咬入轧制稳定后，测量该机架的扭矩作为 M_Z 值并记忆，在后一机架咬入轧件而且轧制稳定后，再测量前一机架扭矩 M'。在轧件未被第三机架咬入前，前一机架所要调整的扭矩值为：

$$\Delta M = M' - M_Z = \frac{M_Z}{T_{fs}} = M_Z \tag{19-22}$$

当 $\Delta M>0$ 时，后机架对前机架产生超出设定值的拉钢，应调整前面机架升速，使 $\Delta M=0$。当 $\Delta M<0$ 时，后机架对前机架产生超出设定值的堆钢，应调整前面机架降速，使 $\Delta M=0$。

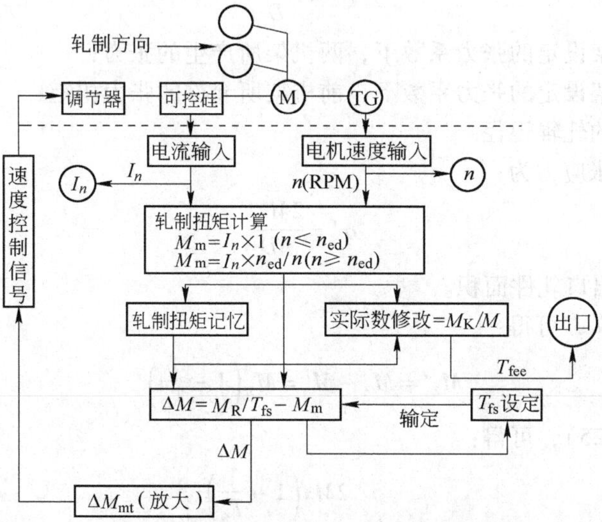

图 19-16　电流记忆法控制框图

为了保证相邻机架间正常的秒流量关系，调整机架以及前面所有机架以同样的百分比调速。在检测扭矩与速度的闭环调节过程中，速度调节的量值为每次增加（减少）电机转数的 0.25%，逐渐累加，直到使 $\Delta M=0$。

d　电机扭矩的检测

根据公式 $M=C_m\Phi I_a$，其中 M 为电机扭矩，C_m 为常数，Φ 为电机磁通，I_a 为电机电流。当电机在基速以下运行时为变电压调速，Φ 为恒量，此时 $\Phi=\Phi_0$，则有 $C_m\Phi=C_m\Phi_0=$ 常量 $=K$。可见电机扭矩 M 的大小只与电流 I_a 有关，检测系统只需检测电流值的大小就可以得到电机扭矩的大小，即 $M=KI_a$。用检测电机扭矩的方法来调整电机转数，实际上是通过检测电机电流的变化来实现的。当电机在基速以上运行时，电机为恒压弱磁调速，若认为电机的内阻为零，则电机的发电动势 $E\approx U_{ed}=C_e n\Phi_0$。可得弱磁后磁通的大小 $\Phi=\Phi_0 n_{ed}/n$，将此式代入 $M=C_m\Phi I_a$，则得：

$$M = C_m\Phi_0\frac{n_{ed}}{n}I_a = K\frac{n_{ed}}{n}I_a \tag{19-23}$$

式中　n_{ed}——电机基速，r/min 。

可见，基速以上的电机扭矩是由转速和电流来决定的。通过以上分析，从电机扭矩的检测过程可以看出，电机扭矩的大小直接与电机的电枢电流有关（当然基速以上还与电机速度有关）。控制过程所述通过检测记忆电机扭矩的变化，实际是通过检测记忆电机电流及速度，经上述计算后来实现的，所以通常称这样的方法为电流记忆法。

e　张力系数的选择

张力系数的选取原则：一是保证机架间最大压力值不致使轧件弯曲变形；二是要保证机架间最大拉力值（一般为 20MPa）不使轧件发生塑性变形。同时还应考虑机架本身所承受的能力。

张力系数大小对轧件尺寸有直接影响，一般为保证产品尺寸精度，控制压力值不大于7.5MPa，拉力值不大于5MPa。

根据公式（19-17）、（19-18）可得两机架产生的张力值为：

$$F' = \frac{2M'_Z}{D} \tag{19-24}$$

式中 F'——在前机架设定的张力系数下，两机架所产生的张力；

M'_Z——在前机架设定的张力系数下，前机架所允许的张力扭矩；

D——前机架的轧辊辊径。

因此，允许单位张应力为：

$$\sigma' = \frac{2M'_Z}{AD} \tag{19-25}$$

式中 A——前机架出口轧件面积。

根据张力系数定义，可得：

$$M_Z' = M_Z - M' = M_Z\left(1 - \frac{1}{T_{fs}}\right) \tag{19-26}$$

将上式代入（19-25），可得：

$$\sigma' = \frac{2M_Z\left(1 - \frac{1}{T_{fs}}\right)}{AD} \tag{19-27}$$

则有：

$$T_{fs} = \frac{1}{1 - \frac{\sigma' AD}{2M_Z}} \tag{19-28}$$

T_{fs}值的大小正常设定为0~2MPa，即让钢坯中存在一定的微张力来进行轧制。这样的设定实际上是按钢坯头进行设定的，但是实际轧制过程中，这样的设定不仅适用于坯头，而且也适用于坯身、坯尾，因为温降会在钢坯尾端引起推应力，如果头部微拉，在钢坯尾部的推应力可与之相抵消。另外T_{fs}可根据生产钢种及机架间所承受的拉（压）力值的大小来进行设定。

f 控制过程的特点

电流记忆法控制系统的检测调速是在钢坯头部来进行速度调整设定的，且调好速后的速度关系保持到整个钢坯，因此它尤其适用于轧制过程程序的试车，操作工可根据控制系统调速后的速度关系修改轧制设定。此控制方法由于是通过检测电机扭矩的间接方法控制张力，而轧制温度、轧制力和轧件尺寸等工艺因素也会对电机扭矩产生影响，为了减少其他因素对张力控制精度的影响，虽然引入了张力系数，但还是会由于测量精度不高而影响张力控制的精度。另外，使用这种方法要利用上游机架的情报来求解闭环值，每时每刻都要计算张力值，因此对后续机架的推算误差大。

B 前滑值张力控制法

a 控制过程的理论基础

为了保持速度的连轧关系，从轧制运动学的角度来看，前一机架的轧件出口速度必须等于后一架的入口速度，即

$$v_{hi} = v_{Hi+1} \tag{19-29}$$

式中 v_{hi}——第i机架轧件的出口速度；

v_{Hi+1}——第$i+1$架轧件的入口速度。

当 i 和 $i+1$ 两机架间存在张力时，若为拉钢，则使 v_{hi} 升高、v_{Hi+1} 下降；若为堆钢则相反。这两种情况都破坏了前一机架的轧机出口速度必须等于后一架的入口速度的稳定连轧关系。

如果直接用 v_{hi} 作为控制参量来保证 $v_{hi}=v_{Hi+1}$ 的关系，它无法和轧辊转速（电机转速）建立起直接的关系，而轧件相对于轧辊工作辊径处的线速度和轧辊转速存在着如下关系：

$$v=\frac{\pi Dn}{60} \tag{19-30}$$

式中　v——轧件相对工作辊径的线速度，m/s；

D——轧辊工作辊径，m；

n——轧辊转速，r/min。

所以必须引进前滑值的概念。前滑值用 S_h 表示：

$$S_h=\frac{v_h-v}{v} \tag{19-31}$$

当两机架之间无堆拉钢现象时，前滑值用 S_{h0} 表示，并有：

$$S_{h0}=\frac{v_{h0}-v}{v} \tag{19-32}$$

式中　v_{h0}——无堆拉钢时的轧件出口速度，m/s。

当两机架之间存在堆拉钢现象时，前滑用 S_h 表示。为了控制两机架之间的连轧关系，控制系统在调速过程中必须使得 S_h 接近 S_{h0}，控制系统在调速过程中的前滑值信号则为：

$$S_h-S_{h0}=\frac{v_h-v}{v}-\frac{v_{h0}-v}{v}=\frac{v_h-v_{h0}}{v} \tag{19-33}$$

b　控制过程

根据以上分析，两机架间存在着堆拉钢现象，使得轧件的出口速度发生了变化，从而使得前滑值 S_h 偏离了自由无张力时的前滑值 S_{h0}，控制系统必须对轧件的出口速度进行跟踪检测，再转换成前滑值信号 S_h-S_{h0}。控制系统通过改变电机速度使得前滑值信号趋近于0但不等于0。为了避免轧制事故，必须设定一个 S_h-S_{h0} 值，使得轧制保持微张力。S_h-S_{h0} 的最小值一般可取为 +0.3%。控制过程如下：

记忆存储轧件刚好从前机架出来，还未进入下一机架时的前滑值 S_{h0}，S_{h0} 相对于在自由无张力时的前滑值。

当轧件进入下一机架后，通过测量轧件速度得到前滑值，同时计算前滑信号 S_h-S_{h0} 的大小。

S_h-S_{h0} 值的大小被反馈到前一机架的速度控制系统，使得调整后的结果值的大小等于其设定值。

在调速过程中 S_h-S_{h0} 和设定值比较，当 S_h-S_{h0} 大于设定值时，应调上游机架升速，减少拉钢；当 S_h-S_{h0} 小于设定值时，应调上游机架降速，减少堆钢。当轧件进入下一架后，调节系统开始启动，改变上游机架的速度，这样反复调节，使 S_h-S_{h0} 与设定值相近。图19-17为前滑值控制框图。

为了保证通过机架之间的速度关系，以前的机架速度也以同一百分比变化。

c　控制过程的特点

这种前滑值控制法在轧件通过的整个过程中都起作用，控制精度高，并在连续小型轧机上取得了很好的效果，但需要设置高精度的轧件直接速度检测器，如近程激光测速仪。

19.3.3.2　活套无张力控制

在棒、线连轧生产中，为了保证产品尺寸精度，通常在精轧机组和部分中轧机组的机架间

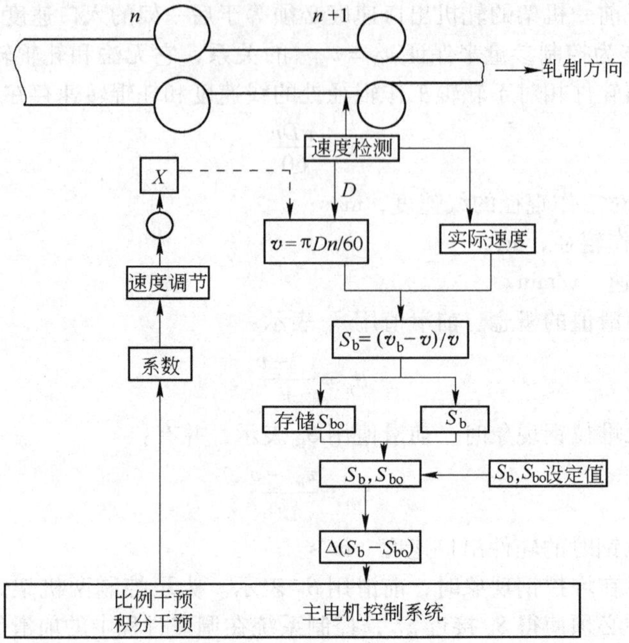

图 19-17　前滑值控制框图

设置若干活套器，它使相邻机架间的轧件在微张力下储存一定的活套量，作为机架间速度不协调时的缓冲环节从而消除轧制过程中各机架间动态速度变化引起的轧件尺寸精度的波动，活套无张力控制系统是近代高速棒、线连轧机速度自动调节系统必不可少的环节。

活套无张力控制是由轧机传动系统本身调速来实现的，这种控制的优点是响应快，活套稳定，没有时间差。

活套控制系统主要由起套辊、活套扫描器和活套调节系统组成，如图 19-18 所示。

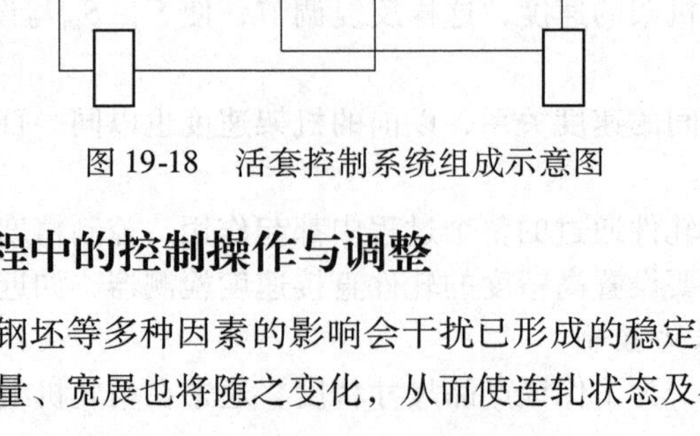

图 19-18　活套控制系统组成示意图

19.4　棒、线连轧过程中的控制操作与调整

在实际连轧过程中，钢坯等多种因素的影响会干扰已形成的稳定连轧状态。与此同时各机架间的张力、前滑、压下量、宽展也将随之变化，从而使连轧状态及各架轧件尺寸处于一种动

态变化过程。为保证轧制的正常进行，在动态连轧过程中必须保证轧件不堆钢、不被拉断且轧件尺寸变化符合成品尺寸精度要求。这就要求我们在调整操作过程中，针对不同情况采取不同的措施，让连轧过程达到较理想的状态。其调整操作应注意以下几个方面的内容。

19.4.1　张力与速度调整

连轧张力控制调整过程分为微张力控制过程和无张力控制过程，微张力控制在粗、中轧机中使用；无张力控制在中、精轧机的活套区使用。

19.4.1.1　*机架间的张力对轧件尺寸的影响*

在张力轧制的连轧过程中，要保证轧件在通长方向上尺寸相等是不可能的，因为轧件的前端和后端始终处于无张力自由轧制状态，所以轧件头尾尺寸要比中间尺寸大。当机架间张力过大时，会导致轧件中间尺寸远远小于头尾尺寸，过大的尺寸差将导致轧制废品，甚至将轧件在机架间拉断，直接在活套区产生拉钢事故。所以调整时要及时做出正确的判断并及时调整轧机速度使张力变小，防止在机架间产生过大张力而发生拉钢事故。

19.4.1.2　*张力对前滑、后滑的影响及张力调整的原则*

连轧轧制过程中存在着前滑和后滑，当张力值固定不变时，前、后滑也相对保持稳定。当两机架间张力由小变大时，上游机架前滑增加，后滑减少；下游机架后滑增加，前滑减少。由此可见，张力作用使得轧制过程中的前、后滑发生了变化，从而轧件金属秒体积流量发生了变化。上游机架前滑增加，后滑减少，在某种程度上补偿了上游机架金属秒体积流量不足的缺陷，即在张力未超过轧件的弹性变形极限之前，前、后滑的变化量补偿了大部分金属秒体积流量不足的影响。当张力过大时，前、后滑的变化不能完全补偿金属秒体积流量不足的影响，此时轧件会被拉小或拉断。

从以上分析可见，在粗、中轧采用微张力或小张力轧制时，能生产出符合尺寸精度要求的产品。

机架张力的变化引起的金属秒体积流量及轧件尺寸的变化，在连轧轧制过程中，这种变化将由上游机架向下游机架方向传递。在各个机架间存在着张力轧制时，各机架金属秒体积流量及轧件尺寸变化将是一个复杂的过程。所以在采用调整轧机速度来消除张力时，要从首架开始，逐架向后调整，并采取向上游机架级联调速的方式进行。如果从末架开始调整，就有可能调好了下游机架再调整上游机架时又重新调整，甚至由于上游机架张力的减少，使得金属秒体积流量在下游机架传递过程中使下游机架已调整好的张力关系破坏，而引起堆钢事故。

在升速调整机架间的张力时应本着少量、累进的原则，边升速边观察机架间的张力情况，特别要注意机架间轧件是否有抖动或立套产生，直到认为张力合格为止。

一般来说，张力调整的主要方法是通过调整轧机速度来实现，但是在实现这一过程之前必须保证各机架的轧件高度尺寸符合工艺要求，在张力调整认为合适之后可检查轧件宽度尺寸是否合适。切不可又调转速又同时调辊缝，两项同时调整势必导致调整混乱，甚至造成堆钢事故。在认为某架轧制高度尺寸不符合工艺要求的情况下，地面调整工可先将辊缝调整好，调整量通知主控台操作工，然后主控台操作工再调整电机转速，做到台上台下一致，这样才能建立起稳定合理的连轧状态。

19.4.1.3　*粗、中轧机之间微张力控制原则及判断调节*

为了补偿由于钢温波动、轧槽磨损、来料尺寸波动等因素造成的连轧不平衡状态，粗、中轧机必须采用微张力（小张力）控制操作，其张力控制应遵循如下原则：

保证轧制的顺利进行，不能造成轧件堆钢或拉断现象。

应使轧件头、中、尾尺寸偏差尽可能小，一般粗轧机组和中轧机组出口轧件头、中、尾宽度尺寸波动应分别控制在总宽度的2.0%和1.6%以内。这就要求主控台操作工要多与地面操作工结合，了解轧件尺寸波动变化情况。

考虑到椭孔及圆孔具有不同的咬入变形特点和孔槽磨损差异，一般来说椭孔磨损大于圆孔，圆孔由于侧壁斜度小，对轧件的宽度限制要比椭孔强，所以轧件在椭进圆时容易产生堆钢。另外轧件在微堆状态下，椭圆轧件只沿高度方向上抖动，易弯曲。而圆轧件可在所有方向上抖动，从而不易堆钢。由以上可见，一般椭—圆机架间的张力要比圆—椭机架间的张力稍大一些。

粗、中轧机架间的张力判断可通过地面调整工采用打击法判断机架间张力，还可以由主控台操作工直接在主控台上通过轧机负荷电流的变化来判断，并进行及时的在线调节，使机架保持微张力轧制过程。其方法为：若轧件头部咬入第一架轧机后，其负荷电流值为a，当轧件头部咬入第二架轧机后，若电流值保持不变，则机架间无张力；若电流值发生变化，小于（或大于）a值时，则表明机架间存在拉钢（或堆钢）现象，此时操作工应及时将第一架轧机的电机转速升高（或降低）一定数值来消除过大的拉钢（或堆钢）张力状态。

另需指出的是过大的张力初始速度设定（一般速度失配3%以上），自动微张力控制系统将无法在短时间内将张力全部消除，尤其是在中轧机组，必须选择手动调速方式，采用上述的张力判断及调节方法将轧机初始速度设定尽量调节到小张力状态。

19.4.2　中、精轧机活套区机架间速度及活套调节

活套区内机架间速度的调节应与粗、中轧无活套区内微张力调节配合进行。往往粗、中轧机微张力的调节使轧件尺寸产生变化后也影响到活套区内速度调节。活套区机架间速度及活套高度的调节原则及方法如下：

在粗、中轧区微张力速度调节基本正常的情况下，活套区内机架的轧件头、中、尾速度变化应越小越好，操作工可根据活套及机架速度为相对稳定状态的连轧关系来对机架速度进行修正。

机架初始速度设定应考虑有一定的拉钢值，这是因为在自由活套自动调节过程中，活套高度由小向大调整，活套容易控制。当机架间速度初始设定为堆钢轧制时，活套初始高度过高，这将使活套调节不稳定，甚至超出活套扫描器的高度范围而在活套器内堆钢。一般在活套内机架间的速度较高，速度不当易产生堆钢。通常初始速度的设定可以由较大的拉钢值（1% ~ 3%）逐渐向小调整。当然这种调节过程时间越短越好（通常在过一到三根钢坯后调节好），以免造成轧件头部尺寸过小。

活套高度的设定应根据轧件断面大小及断面形状来进行，断面较大的轧件活套高度设定应小些，因为轧件刚度较大，不易弯曲；断面较小的轧件活套高度设定可略大些，对于椭圆轧件起套比圆轧件相对稳定，可略大些（见表19-5）。另外活套起套辊的机械起套高度设定应与主控台活套高度设定相结合，起套辊过高将导致轧件拉钢或刮丝，过低将导致活套内堆钢。

表19-5　某厂主控台活套高度控制设定值

机架号	11	12	13	14	15	16	17	18
活套号	1	2	3	4	5	6	7	
活套高度值/mm	170	170	200	170	200	180	200	

19.4.3　辊缝（轧件尺寸）调整与电机转速、张力调整的关系

辊缝调整和转速调整都可以使连轧张力发生变化，可以说是张力控制调整的两个方面，规范的调整改变了轧件面积，直接改变了相邻机架间的金属秒流量关系。同样，轧机转速调整也是如此。所以没有正确的辊缝设定（调整）及相应的行之有效的转速调整，就不可能建立起良好的连轧张力关系。

前面我们已讲过，轧机转速的调整应当建立在辊缝（轧件尺寸）正确的基础上，但对于设定好的辊缝值往往由于轧槽磨损、钢种变化、钢温变化及初始设定的误差，地面调整工还要在轧制过程中对辊缝进行在线“补偿调整”，以保证轧件高度尺寸。“补偿调整”辊缝带来了新的轧件高度尺寸的变化，从而导致了金属秒体积流量出现了新的不平衡，为此要对相应机架的电机转速进行调整。

当 n 架的辊缝值需要减少（或增加）ΔS 时，即轧件高度减少（或增加）Δh_n 时，轧件面积缩小（或增加）ΔA_n，这样使 $n-1$ 架与 n 架之间产生堆钢（或拉钢）。所以轧机电机转速的调整应使 $n-1$ 架降速（或升速）Δn_{n-1}，使 n 架升速（或降速）Δn_n，从而建立起新的金属秒体积流量平衡关系。

辊缝调节 ΔS 即轧件高度变化 Δh，轧件面积的改变 ΔA_n 可用下式表示：

$$\Delta A_n = \Delta A_{\rm h} + \Delta A_{\rm b} \tag{19-34}$$

式中　ΔA_n——第 n 架次辊缝变化时轧件面积的变化值；

$\Delta A_{\rm h}$——第 n 架次辊缝变化时由于轧件高度变化而产生的轧件面积变化；

$\Delta A_{\rm b}$——第 n 架次辊缝变化时由于轧件宽度变化而产生的轧件面积变化。

当辊缝值增加时，$\Delta A_{\rm h}$ 为正值，$\Delta A_{\rm b}$ 为负值，轧件面积增加；反之，当辊缝值减少时，$\Delta A_{\rm b}$ 为正值，$\Delta A_{\rm h}$ 为负值，轧件面积减少。

由于轧件的宽度系数大多都小于1.0（通常在0.25～0.60之间），所以宽度的变化量 Δb 较小，同时高度方向尺寸又处在辊缝边缘部位，与轧件宽度比也很小，所以 $\Delta A_{\rm b}$ 只是一个很小的变化量。同时，很难用一个简单的公式来表示出 $\Delta A_{\rm b}$。因此考虑到现场实用性，在不影响调整精度的前提下将 $\Delta A_{\rm b}$ 忽略，即认为：

$$\Delta A_n \approx \Delta A_{\rm h}$$

$\Delta A_{\rm h}$ 的大小应等于轧件高度变化 Δh 与轧件宽度 b 的乘积，即

$$\Delta A_n = \Delta h \times b \tag{19-35}$$

式中　Δh——辊缝变化量，即轧件高度变化；

b——轧件宽度尺寸。

用等效矩形法可以将轧件面积写成：

$$A = b \times \bar{h} \tag{19-36}$$

或

$$\bar{h} = \frac{A}{b} \tag{19-37}$$

所以由调辊缝导致轧件面积变化所占轧件总面积的百分比应为：式（19-35）比式（19-36）

即

$$\Phi_{\rm A} = \frac{\Delta h}{\bar{h}} \times 100\%$$

可以认为在轧制过程中轧件面积及宽度基本接近孔型设计时的参数，即公式（19-37）中的 A、b 为一定值。这样各品种各架次的 $\bar{h}$ 值为一定值，因此可根据金属秒体积流量相等的关

系，可以很快地根据调整变化值计算出 $n-1$ 架降速（升速）及 n 架升速（降速）的百分比。

例：第九架的轧件 $\bar{h}=28\text{mm}$，辊缝缩小 0.8mm，缩小辊缝之前正常的速度关系为：第八架 910r/min、第九架 950r/min，则第八、九架电机转速调整为：

第八架级联降速：$$910 \times \frac{0.8}{28} = 26\text{r/min}$$

第九架级联升速：$$950 \times \frac{0.8}{28} = 27\text{r/min}$$

在实际进行轧机电机转速调整时应注意以下问题：

在级联升速过程中，考虑到计算误差及其他方面的影响，可将升高转速调下一定数值或是逐渐升高，以防止堆钢。

在调整辊缝后，地面调整工应及时将调整的机架及大小调整量通知主控台操作工，在过大钢之前，主控台操作工应将轧机转速重新设定好，并在轧大钢时结合电流记忆法进行在线逐步调整，防止产生过大的堆拉钢。

上述计算过程对于开发新品种更有实际意义，对于具有一定实践经验的主控台操作工，可根据平时的经验，直接估算出在多大辊缝调量的情况下相应的轧机的转速修正多少，以减少在线计算时间对轧机作业率的影响。

在微拉钢轧制状态下，过小的辊缝调整可以不对电机转速进行调整，通常在粗轧机辊缝调整小于 0.4mm、中轧机辊缝调整小于 0.3mm、精轧机辊缝调整小于 0.2mm 时，可不相应地做电机转速调整，这样也不会破坏轧制的正常进行。

19.5　棒、线材轧制的控制冷却和余热处理

19.5.1　棒、线材轧机控制轧制和控制冷却的特点

由于连续式小型型钢轧机是通过各架孔型来实现轧制变形的轧制特点，使其轧制过程中难于调整其轧制工艺参数，即孔型设计确定了，要想通过改变各道次变形量来适应控制轧制变形量要求是极其困难的，甚至是不可能的，因此在连续小型型钢轧机上只能采取控制各轧机上的轧制温度来进行控制轧制，即控温轧制。通过控制轧制温度，使变形条件在一定程度上满足控制轧制的要求，这也是连续小型型钢轧机上控制轧制的特点。连续式小型型钢轧机上的控制轧制有以下两种类型：

奥氏体再结晶型和未再结晶型两阶段的控轧工艺。这种工艺的特点是选择低的加热温度以避免原始奥氏体晶粒过分长大，但使粗轧机组上的开轧温度仍在再结晶温度范围内，利用变形奥氏体再结晶细化奥氏体晶粒；使中轧机组的轧制温度在950℃以下，即处于奥氏体未再结晶区，并使总变形率在60%～70%，在接近奥氏体向铁素体转变温度（A_{r3}）时终轧。

奥氏体再结晶型、未再结晶和奥氏体与铁素体两相区轧制的三阶段的控轧工艺。这种工艺的特点是粗轧在奥氏体再结晶区反复轧制细化奥氏体晶粒，中轧在950℃以下的未再结晶区轧制并给予60%～70%的总变形率，然后在铁素体及奥氏体两相区轧制并终轧。这种方法特别适用于结构钢的生产。

当然还可采用不同的组合排列，如采用两阶段轧制工艺，可在粗、中轧阶段采用再结晶型轧制，控制精轧机入口温度使精轧在未再结晶区轧制。这样粗、中轧采用常规轧制设计，可节约资金。

根据各厂控制轧制的经验，对于高碳钢或低合金钢和低碳钢，粗轧开轧温度分别为900℃和850℃，精轧机入口轧件温度分别为925℃和870℃，轧件出口温度分别为900℃和850℃。

因为连续小型型钢轧机控轧的特点是控温，所以为实现控温，必须在轧制线上某些位置设置冷却装置，图 19-19 为连续小型棒材控制轧制时轧制表和冷却段布置图。

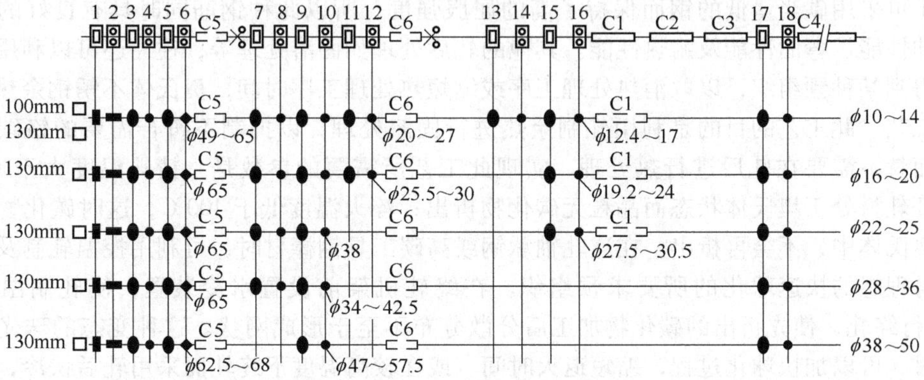

图 19-19　连续小型棒材控制轧制时轧制表和冷却段布置

控制轧制除了能生产具有细晶组织、强韧性组合好的钢材外，还可以简化或取消热处理工序。例如非调质钢，利用控制轧制，配合控制冷却，可以生产冷镦用高强度标准件原料，使用这种原料，原标准件生产中冷镦工序后的调质工序可以取消；对于某些轧后要求球化退火的钢材可节约退火时间。控制轧制还可以开发新品种如双相钢等。

综上所述，连续式小型型钢轧机上采用控制轧制工艺可以有如图 19-20 所示的使用范围。

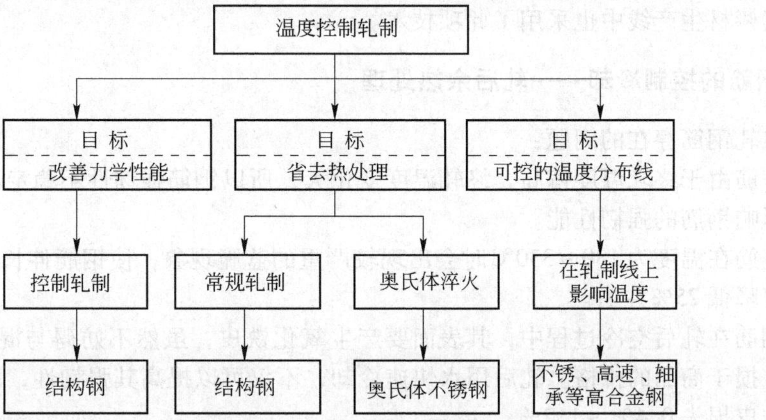

图 19-20　控制轧制工艺的功能

控制冷却工艺是利用控制轧件轧后的冷却速度，来控制钢材的组织和性能。通过轧后控制冷却能够在不降低轧件韧性的前提下进一步提高钢材的强度，并且缩短热轧钢材的冷却时间，提高生产效率。

随着钢种的不同，控制冷却钢的强韧性取决于轧制条件和冷却条件。控制冷却实施之前钢的组织形态决定于控制轧制工艺参数。控制冷却条件对热变形后奥氏体状态、相变前预组织有影响，对相变机制、析出行为、相变产物组织形貌更有直接影响。控制冷却可以单独使用，但将控制轧制和控制冷却工艺有机地结合使用，可以取得控制冷却的最佳效果。

在线热处理主要指利用轧材的轧后余热进行直接淬火形成马氏体并进行回火工艺，采用此工艺处理的钢筋，其屈服强度可提高 150～230MPa。采用此工艺还具有很大的灵活性，即用同一成分的钢，通过改变冷却强度，可获得不同级别的钢筋（3~4 级），并且淬火温度与屈服强度有关，因此控制淬火时间及水流量，可达到所要求屈服强度，并可用于各种直径的钢筋生产。由于可采用碳当量低的钢而保持了高的屈服强度，所以此种钢筋同时具有良好的焊接性能、延伸性能、弯曲性能及耐热性能。其他的轧后处理如固溶处理等，往往还可以利用轧后快冷工艺得到某种预组织，以取消热处理工序或缩短热处理工序时间，奥氏体不锈钢余热淬火便是这种工艺。此工艺的目的是利用轧制余热进行固溶处理，以抑制不符合需要的铬碳化物析出，从而就不需要在轧后进行热处理。实现此工艺所需要的参数是：精轧温度大于1050℃，这时保证轧材处于奥氏体状态而晶粒无碳化物析出；淬火温度低于400℃，这时碳化物已全部固溶在奥氏体中，不会再析出。在连轧轴承钢或高碳工具钢棒材时，可利用控温轧制及轧后快冷，获得理想的快速球化的所要求预组织。在终轧机架前设置水冷装置，使轧制温度降至880℃进行终轧，使先析出的碳化物加工后分散分布不至于形成网状。这种变态的珠光体在球化退火时，可以加快球化过程，缩短退火时间。或在较高温度下终轧而采用轧后快冷，避免网状碳化物析出及降低珠光体转变温度，细化珠光体片层，缩短球化退火时间。总之，在连续式小型型钢轧机上根据不同的钢种特性，采用控制轧制、控制冷却及在线热处理工艺，使钢的强韧性得到进一步提高，而且节省了一次加热或简化轧后的热处理工艺，节约能源。

目前连续小型轧机上应用得最为广泛的控制冷却技术就是螺纹钢筋及棒材的轧后余热淬火。

棒材轧后余热淬火又称棒材轧后热芯回火工艺，是比利时（国立冶金研究中心）发明的一项连续式小型生产新技术，称 Thermex 冷却工艺。国外现已广泛应用于钢筋生产，我国已有多家全连续棒材生产线中也采用了此项技术。

19.5.2 钢筋的控制冷却——轧后余热处理

普通热轧钢筋存在的问题：

热轧钢筋由于终轧温度偏高，终轧温度变化大，所以钢筋强韧性不稳定。当化学成分不稳定时，更影响钢筋的强韧性能。

热轧钢筋在温度为180~330℃时会出现较严重的蓝脆现象，使钢筋伸长率下降40%左右，断面收缩率降低25%左右。

热轧钢筋在轧后空冷过程中，其表面要产生氧化铁皮，虽然不妨碍与混凝土的附着性能，但其外观有损于商品的价格。轧后用水快速冷却，不仅可以提高其强韧性，而且可减少钢筋的再生氧化铁皮损失0.4%~1.2%。

钢筋的控制冷却又称为钢筋轧后余热处理或轧后余热淬火：该工艺是利用钢筋中轧后在奥氏体状态下直接进行表层淬火，随后由其心部传出余热使表面进行回火，以提高强度、塑性，改善韧性，使钢筋得到良好的综合性能。这种工艺简单，节约能耗，改善操作环境，钢筋外形美观，条形平直，收到较大的经济效果，在国内外得到了广泛的应用。

钢筋的综合性能，如屈服强度、反弯、焊接性能、疲劳强度、冲击韧性等，决定于钢的化学成分、变形条件、终轧温度、钢筋直径、冷却条件、冷却速度和自回火温度等因素。

19.5.2.1 钢筋的控制冷却原理

钢筋轧后余热处理原理如图19-21所示。

钢筋轧后余热处理过程可分为三个阶段：

第一阶段为表面淬火阶段（急冷段），钢筋离开精轧机在终轧温度下，尽快地进入高效冷却装置，进行快速冷却。其冷却速度必须大于使表面达到一定深度淬火马氏体的临界速度。钢筋表面温度低于马氏体开始转变温度（M_s点），发生奥氏体向马氏体转变。该阶段结束时，心部温度仍很高，处于奥氏体状态，表层则为马氏体和残余奥氏体组织。表面马氏体层的深度取决于强烈冷却持续时间。

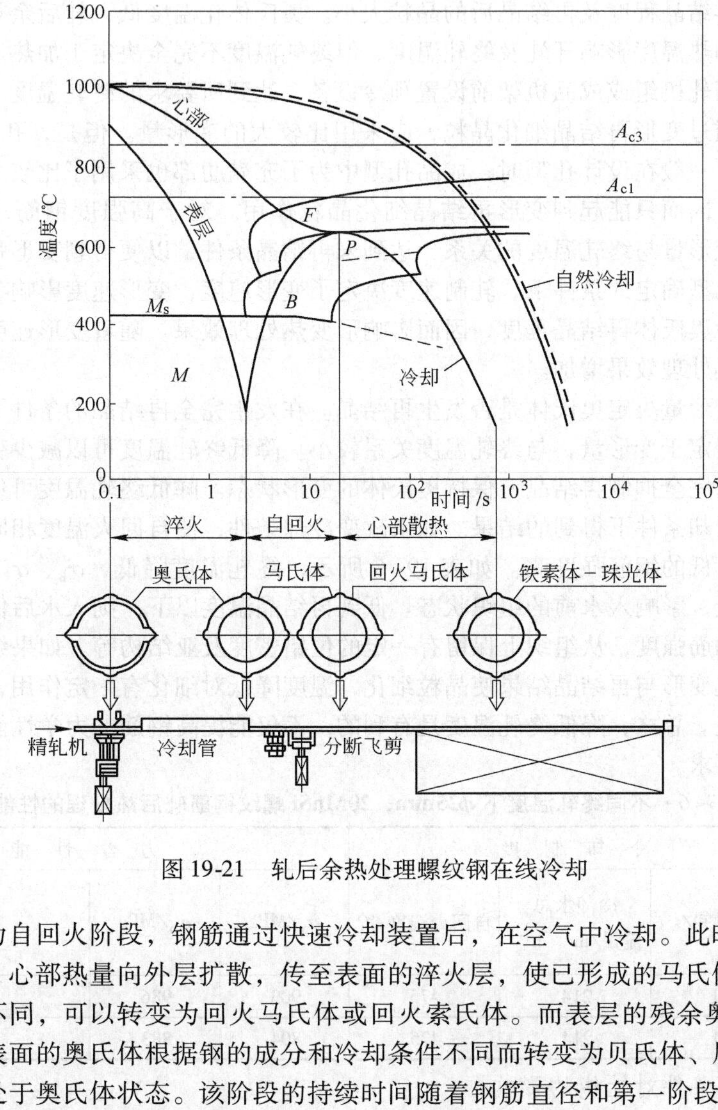

图 19-21 轧后余热处理螺纹钢在线冷却

第二阶段为自回火阶段，钢筋通过快速冷却装置后，在空气中冷却。此时钢筋各截面内外温度梯度很大，心部热量向外层扩散，传至表面的淬火层，使已形成的马氏体进行自回火，根据自回火温度不同，可以转变为回火马氏体或回火索氏体。而表层的残余奥氏体转变为马氏体。同时邻近表面的奥氏体根据钢的成分和冷却条件不同而转变为贝氏体、屈氏体或索氏体组织，而心部仍处于奥氏体状态。该阶段的持续时间随着钢筋直径和第一阶段冷却条件而变化。经常心部奥氏体已经开始转变为铁素体。

第三阶段为心部转变阶段，钢筋在冷床上空冷一定时间后，断面上的热量重新分布，温度趋于一致，同时降温。此时心部由奥氏体转变为铁素体和珠光体或铁素体、索氏体和贝氏体。心部产生的组织类型取决于钢的化学成分、钢筋直径、终轧温度和第一阶段的冷却效果和持续时间。

轧后余热处理对性能的影响，可以独立控制的因素只有三个，即终轧温度、冷却时间和冷却速度。

决定钢筋力学性能特别是抗拉强度的因素是；马氏体环所占的体积大小、马氏体的抗拉强度及中心部分的抗拉强度。这些参数和水冷参数及回火温度有关。

19.5.2.2 钢筋轧后余热处理工艺参数的确定

A 轧制工艺条件的影响

加热温度影响轧前原始奥氏体晶粒的大小，各道次的轧制温度及终轧温度影响道次之间及终轧后的奥氏体再结晶程度及再结晶后的晶粒大小。奥氏体化温度低，轧后余热处理后，钢筋的力学性能好。加热温度影响开轧及终轧温度，但终轧温度不完全决定于加热温度。为了降低终轧温度，可在精轧机组或成品机架前设置预冷设备，达到所要求的终轧温度。

为了更好地通过变形再结晶细化晶粒，应采用比较大的变形量。但是，孔型系统确定后，变形量变化较小。一般在设计孔型时，成品孔型中为了充满肋部也采用了比较大的变形量。由于终轧温度较高，因而只能起到变形再结晶细化晶粒作用。对于高强度钢筋，如果要变形强化，就必须考虑变形量与终轧温度的关系，达到未再结晶条件，以便得到变形强化与相变强化结合的效果。在孔型确定的条件下，轧制速度决定了变形速度，变形速度影响各道次之间的再结晶程度及终轧后奥氏体再结晶程度，因而影响形变热处理效果。随着变形速度增加，再结晶难以发生，形变热处理效果增加。

终轧温度及变形量决定奥氏体是否发生再结晶。在发生完全再结晶的条件下，奥氏体再结晶晶粒大小主要决定于变形量，与终轧温度关系较小。降低终轧温度可以减少变形奥氏体的再结晶程度甚至可以完全抑制再结晶，保持奥氏体的变形状态。降低终轧温度可使自回火温度降低，这是在同样冷却条件下得到的结果。如果改变冷却条件，使自回火温度相同而终轧温度不同，此时终轧温度低的钢筋强度高。如表 19-6 所示，终轧温度降低，σ_b、σ_s 提高，而 δ_5 不变。终轧温度降低，影响入水前的组织状态。低到再结晶温度以下，则入水后保持了变形强化的影响，提高了钢筋强度，从组织上保留有一定的位错密度及亚结构等。如果终轧温度在再结晶温度以上，终轧变形与再结晶结果使晶粒细化，温度降低对细化有一定作用，但不明显，因此强化作用不明显。总之，降低终轧温度是有利的，不仅能提高钢筋的力学性能，同时可以降低对冷却能力的要求。

表 19-6 不同终轧温度下 ϕ25mm、20MnSi 螺纹钢筋轧后热处理的性能

终轧温度/℃	冷却制度			力学性能		
	冷却时间/s	冷却水总流量/$m^3 \cdot h^{-1}$	自回火温度/℃	σ_s/MPa	σ_b/MPa	δ_5/%
965	3.1	214	475	903	986	15
1055	3.1	214	475	804	883	15

B 冷却工艺条件对性能的影响

终轧后到入水这一段时间的长短主要影响变形奥氏体的再结晶程度。如果处于未再结晶条件下，延长这一段时间，则可能发生部分再结晶，减少了变形的效果，降低了综合力学性能，但是能减少应力腐蚀开裂倾向。如果在完全再结晶的条件下，高温下停留时间长，使再结晶晶粒长大，对综合力学性能不利，应尽量缩短这一段时间，这决定于快速冷却装置的安装位置。

冷却速度是钢筋轧后余热处理的重要工艺参数之一。它可以决定钢筋轧后余热处理的组织和性能。根据钢的化学成分、奥氏体冷却转变曲线位置以及要求的组织和力学性能来确定轧后的冷却速度。冷却速度的影响效果随着钢的淬透性增加和钢筋直径的减小而减少。低碳钢及低合金钢钢筋的塑性 δ_5 之所以随冷却速度的增加而提高，是因为钢筋截面中先共析铁素体、屈氏体及贝氏体组织的成分有所减少，再回火组织的成分有所增加所致。冷却速度对钢筋强度和塑性的影响如表 19-7 所示。

表 19-7　冷却速度对钢筋强度和塑性的影响

冷却方式	水占冷却介质质量分数/%	中心降温冷却速度（950～300℃）/℃·s^{-1}	σ_s/MPa	δ/%	ψ/%
静水中		69	1340	4.6	
空气和水混合	11.5	72	1320	4.7	10.3
	23.0	110	1370	7.4	19.0
	34.0	160	1360	9.8	31.6
	40.0	200	1370	9.8	32.5

一般在400～1030℃范围内要控制钢筋的冷却速度。当钢筋直径为10mm时，冷却速度为560～760℃/s。直径为12mm时，冷却速度为375～500℃/s；直径为14mm时，冷却速度为325～365℃/s。前面的数值是在水气混合介质中冷却，含水量为26%～30%；后面数值是在水中冷却。冷却速度与冷却器结构、冷却介质、钢筋直径、水温、水压及流量等参数有关。

对于一定钢种及直径的钢筋，冷却速度及强冷时间决定了钢筋表面层及心部的冷却曲线及冷却转变曲线相交的温度，决定了相变后的组织与性能。对于一定钢号及直径的钢筋来说，缩短强冷时间、提高自回火温度使急冷层得到充分回火，心部在更高的温度下分解，使强度降低、塑性提高。对于连轧小型型钢轧机其强冷时间决定于冷却器节数与轧制速度的组合。

自回火温度是钢筋轧后余热处理过程中的关键参数，主要决定于快冷时间，对应一定的快冷时间有一自回火温度。自回火温度直接与产品的屈服强度有关。自回火温度是指在第二阶段终了时钢筋的表面最高温度，又称平衡温度，此温度决定于第一阶段的冷却时间，但是自回火温度不能反映淬火层厚度。

钢筋表面回火马氏体层的屈服强度决定于钢筋的化学成分和自回火温度。自回火温度低屈服强度高而塑性较低，因此一般有一合适的自回火温度范围。此合适的温度范围不仅取决于回火温度并决定于钢筋的化学成分。

C　钢筋参数对轧后余热处理钢筋性能的影响

钢筋规格不同，轧后余热处理后的组织也不同，大规格钢筋表层全部是回火索氏体，心部是珠光体加铁素体，并有明显的索氏体、珠光体和铁素体的过渡层。小规格钢筋淬透层以回火索氏体为主，偶尔有少量回火马氏体，心部以铁素体、珠光体为主，没有明显的过渡层。这是由于钢筋规格大时，体积与表面积之比增大引起的。当终轧温度相同时，其热容量也随之增大，有较多热量传到钢筋表面，使钢筋表面的低碳马氏体得到高温回火。

19.5.2.3　钢筋轧后余热处理冷却装置及工艺

从前面的钢筋轧后余热处理的原理可看出，要实现其分阶段的控制冷却，对设备布置和设计有一定的要求。其中轧后的钢筋表面淬火的水冷设备的种类、冷却工艺参数的选择是实现钢筋余热处理的充分条件。其目的是让轧后的轧件穿过一套高效的水冷系统，以达到一个短时高密度的表面冷却的效果。

水冷系统由冷却装置系统、冷却水系统和微机检测控制系统三部分组成。其中冷却装置系统由水冷装置、夹送辊和水冷设备的横移装置组成。

目前冷却器的冷却元件基本上有两类，一类是套管式，即水通过喷嘴进入管内，钢筋通过充满水的套管进行冷却；另一类是湍流管式，又称为文氏管，水通过喷嘴进入一连串的湍流管，钢筋通过湍流管进行冷却。图19-22为冷却器结构示意图，图中所用的就是文氏管。前者较为简单，后者由于使用了最优化的几何角度进行聚敛/发散形状的最佳排布，从而保证所穿过的棒材在冷却水之间的热交换率达到最大值，冷却效益高。

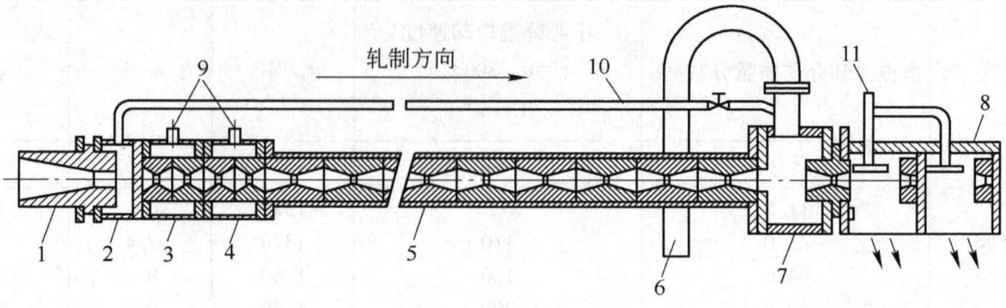

图 19-22　冷却器结构示意图

1—入口嘴；2—带空气剥离器的预冷箱；3—第一组喷头；4—第二组喷头；5—中间管；6—无压回水；7—回水箱；8—偏转箱；9—供高压水；10—压缩空气用于水的偏转；11—文氏管元件

根据所处理棒材的速度和尺寸不同，可以在生产线上安装一根或多根固定长度的冷却器，构成两条冷却装置。一条由多个冷却线组成，适于切分轧制，即小直径钢筋；另一条冷却线适用于单线轧制，即大直径钢筋。每一线由多段冷却器组成，每段冷却器由一个环形喷嘴供给高压水，钢筋周围通过冷却器很快充满水，钢筋很快冷却。每个冷却线出口处设有两个高压水反向喷嘴及一个空气吹干喷嘴，使钢筋离开水冷却器前将表面所带的水吹掉。其冷却装置如图19-23 所示。根据生产产品的规格，开启不同组数水冷器及调节管路水量和水压，即能达到冷却工艺需求，且冷却均匀，产品平直。冷却器内的冷却水流向与棒材的运动方向相同但速度要高，因此可以对棒材产生一个牵引作用，这样能够避免在冷却线中出事故。

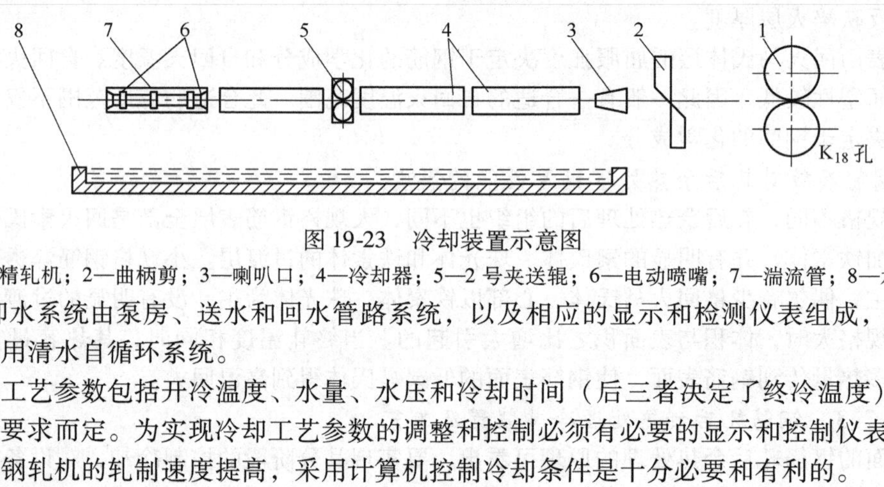

图 19-23　冷却装置示意图

1—精轧机；2—曲柄剪；3—喇叭口；4—冷却器；5—2 号夹送辊；6—电动喷嘴；7—湍流管；8—水槽

冷却水系统由泵房、送水和回水管路系统，以及相应的显示和检测仪表组成，为了节约用水，采用清水自循环系统。

冷却工艺参数包括开冷温度、水量、水压和冷却时间（后三者决定了终冷温度），应根据冷却速度要求而定。为实现冷却工艺参数的调整和控制必须有必要的显示和控制仪表。随着连续小型型钢轧机的轧制速度提高，采用计算机控制冷却条件是十分必要和有利的。

微机控制的目的是对不同品种、规格及实测数据的轧件进行实时在线控制冷却，以达到工艺所要求的轧件返红温度，保证产品的综合力学性能。

在设计水冷装置时主要考虑的因素：

（1）合适的单位长度水流量，它是水的工作压力的函数，是保证有效冷却的重要参数。

（2）冷却喷嘴的高效率决定于水的冷却效果，对各种直径钢筋所需的冷却喷嘴个数或组数。

（3）喷嘴内径设计要考虑到喷嘴内径与钢筋直径的比例，此比值称为“充满系数”。考虑生产的钢筋规格范围，采用多组不同内径喷嘴的冷却线，生产中需通过横移水冷装置，来实现钢筋规格更换对冷却工艺的要求。

（4）喷嘴内冷却水压力对棒材的拖入力，以避免在冷却线中出事故。

（5）冷却线上棒材的稳定性及冷却完后棒材的平直度。

以某厂的轧后余热处理工艺为例，工艺流程如下：精轧机组轧制→分段飞剪→喇叭口→冷却器Ⅰ→冷却器Ⅱ→夹送辊→冷却器Ⅲ→冷却器Ⅳ→变频辊道→分查器→变频辊道（隔离板、制动板）→冷床。

根据钢筋规格大小，可调节冷却器节数和水量以控制力学性能。

冷却器设计采用湍流管形式，每节冷却器由几个湍流管组成，根据不同钢筋直径，采用不同的湍流管直径及不同节数。冷却装置共设轴向湍流式冷却器4节，每节长4.65m。各节冷却器又分为两段，每一冷却段由顺向或逆向喷嘴加对称或非对称湍流管组成。湍流管小口内径根据钢筋规格进行选择。各段湍流管的水量可在10～90m^3/h范围内按需要任意调节。控制冷却装置冷却段总长为16m。

19.5.2.4　控轧钢筋可获得的经济效益

钢筋控轧时，由于降低了轧制温度，所以主电机电能的消耗略有增加，轧辊磨损也有增加，并增加了冷却装置及测量仪表的投资。但控轧钢筋的经济效益远远超过上述的耗费，其综合经济效果如下：

可提高钢筋性能及节约金属。控轧钢筋与普通热轧钢筋相比较，强韧性可提高2～4级。随着钢筋性能级别的提高，每吨钢筋的价格增高，这样可为生产厂增加经济效益。这种钢筋用于预应力混凝土结构中，可降低金属消耗20%～25%，最高可达50%～60%。在温度为200～500℃条件下控轧钢筋具有较高的承重能力及可靠性，较低的脆性转变温度，较高的低温强度及疲劳强度。

可提高合格率及成材率。热轧钢筋往往因强度相差10～20MPa而达不到标准要求，使其性能合格率降低。而控轧钢筋由于可提高性能和质量，因而可大幅度提高合格率，减少废品，提高成材率。

可节约能耗。建筑工业为了提高钢筋的强度，往往采用热处理强化的方法，这样一来，轧后的余热不能利用，钢筋热处理强化时增加了电能的消耗。如用控轧钢筋，余热可得到利用，而且又可省去钢筋的热处理工序，减少了电能的消耗，对简化生产工序，减少生产中的能量消耗具有十分重要的意义。

可节约钢中的合金元素。

19.5.2.5　轧后余热处理钢筋的发展趋势

用碳结构钢Q235代替20MnSiⅡ级钢筋。目前Ⅱ级钢筋（σ_s、σ_b分别为34MPa、52MPa）占我国钢筋生产总量的80%以上（而国外现已淘汰了Ⅱ级钢筋。我国建设部也已决定在3～5年内淘汰Ⅱ级螺纹钢筋），因而利用轧后余热处理的碳结构钢Q235代替20MnSi可节省锰、硅合金元素，从而节省成本，增加收益（增利24.85元/t）。

用轧后余热处理生产20MnSiⅢ级钢筋。

试制$\sigma_s \geqslant 750$ MPa、$\sigma_b \geqslant 850$ MPa级高强度预应力钢筋。低合金钢20MnSi、35Si2V、40Si2V等采用轧后余热处理工艺，可以得到σ_s/σ_b为750/900、950/1100级高强度预应力钢筋，并继续向更高更大方向发展。

19.5.3　合金棒材的控制冷却

在生产合金钢棒材的车间，根据各种合金钢对控制冷却的要求，均在精轧机组前设置中间水冷段，这样可控制终轧温度。在精轧机组后设置成品水冷段，可以控制轧件的冷却速度，对轧件进行热处理，节约能源改善钢材性能。这种工艺和设备可以生产齿轮钢、轴承钢、气阀钢、冷镦钢、弹簧钢、不锈钢等。

19.5.3.1　奥氏体不锈钢的余热固溶处理

奥氏体不锈钢余热淬火的目的是利用轧制余热进行固溶处理，以抑制不合乎需要的铬碳化物析出，从而就不需要在轧后进行热处理。实现此工艺所需的参数是：精轧温度大约1050℃，这时保证轧材处于奥氏体状态而晶界无碳化物析出；淬火终了温度要低于400℃，这时碳化物已完全固溶在奥氏体中，不会再析出。这种轧制工艺的实例如图19-24所示。

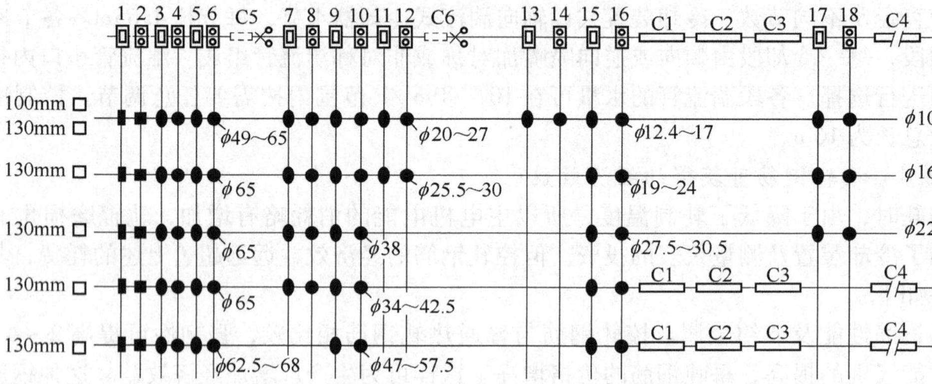

图19-24　奥氏体不锈钢轧制时轧制表和冷却段布置

C1，C2，C3，C4—水冷段；C5，C6—附加水冷段（与钢种有关）

19.5.3.2　轴承钢的控制冷却

在连轧机上轧制轴承钢或高碳工具钢棒材时，可利用控温轧制及轧后快冷以获得理想的快速球化所要求的预组织。具体工艺是：在终轧机架前设置水冷装置，使轧制温度降至880℃进行终轧，使先析出碳化物加工后分散分布而不致形成网状。这种变态珠光体在球化退火时可以加速球化过程，缩短退火时间。或者，在较高温度下终轧而采用轧后快冷，避免网状碳化物析出及降低珠光体转变温度，使珠光体片层变细，缩短退火时间。

19.5.4　线材的控制冷却

由于高速线材轧机以高速连续的方式生产大盘重的线材产品，终轧温度比普通线材轧机更高，采用传统的成盘自然冷却将使产品质量恶化。为避免传统成盘自然冷却造成的二次氧化严重、轧后线材的力学性能低并严重不均匀，高速轧机生产线材采用轧后控制冷却工艺。

控制冷却是分阶段控制自精轧机轧出的成品轧件的冷却速度，尽量降低轧件的二次氧化量，可根据钢的化学成分和使用性能要求，使散卷状态下的轧件从高温奥氏体组织转变成与所要求性能相对应的常温金相组织。

尽管早在20世纪40年代轧后控制冷却工艺已在某些线材轧机的生产中应用，但由于当时老式线材轧机的产品盘重都不大，自然成盘冷却问题尚不突出，而且用户对产品的要求也不太高，线材轧后控制冷却未被广泛采用，轧后控冷技术也没有得以完善。高速线材轧机问世后，大盘重自然冷却使产品质量恶化的问题就极为突出了，这就使轧后控制冷却工艺被广泛采用，并随用户对产品日益提高的要求而逐渐完善。轧后控制冷却工艺已成为高速线材轧机不可分割的组成部分，是高速线材轧机区别于老式线材轧机的特点之一。

线材轧后控制冷却的目的是：

（1）使其获得索氏体组织，防止产生粗大的铁素体和片层状的珠光体组织，或出现马氏体和贝氏体组织，以提高线材的二次加工性能，减少二次加工前的热处理或中间热处理，降低能耗。

（2）保证线材在长度方向上组织与性能均匀一致。

（3）减少二次氧化，降低二次加工前酸的消耗量。

19.5.4.1 线材控制冷却的基本原理

线材的各种控制冷却方法，其工艺参数的选取主要是基于得到二次加工所需要的良好组织和性能。根据轧后控制冷却所得到的组织不同，线材控制冷却可以分为珠光体型控制冷却和马氏体型控制冷却。珠光体控制冷却是在连续冷却过程中使钢材获得索氏体组织，而马氏体型控制冷却则是通过轧后淬火—回火处理，得到中心索氏体，表面为回火马氏体的组织。

A 珠光体型控制冷却

为了获得有利于拉拔的索氏体组织，线材轧后应由奥氏体温度急冷至索氏体相变温度下进行等温转变，可得到索氏体组织，图 19-25 为碳质量分数等于 0.5% 钢的等温转变曲线。由图可见，为了得到索氏体组织，理论上应使相变在630℃左右发生（曲线 a）。而实际生产中完全的等温转变是难以达到的。铅淬火（曲线 b）近似上述曲线，但由于线材内外温度不可能与铅浴淬火槽的温度立即达到一致，故其实际组织内就有先共析铁素体的残余和一部分稍大的珠光体。线材控制冷却（曲线 c）则是根据上述原理将终轧温度高达 1000 ~ 1100℃的线材立即通过水冷区急冷至相变温度。此时加工硬化的效果被部分保留，被破碎的奥氏体晶粒晶界成为相变时珠光体和铁素体的结晶核心，从而使珠光体和铁素体细小。此后减慢冷却速度，使冷却速度类似等温转变，从而得到索氏体、较少铁素体和片状珠光体的组织。图中曲线 d 是通常未经控制冷却的线材。其组织内部存在相当数量的先共析铁素体和粗大的层状珠光体，因此性能差且

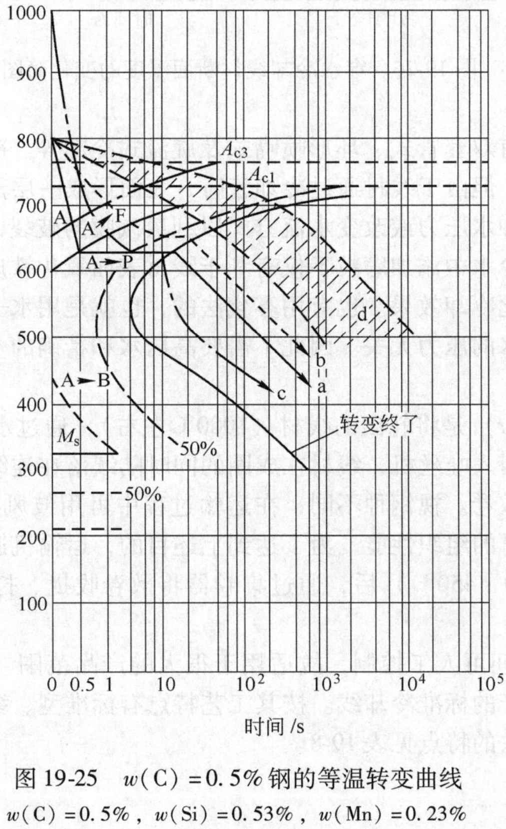

图 19-25 $w(C)=0.5\%$ 钢的等温转变曲线

$w(C)=0.5\%$，$w(Si)=0.53\%$，$w(Mn)=0.23\%$

晶粒不均匀，氧化铁皮厚且不均。控制冷却的斯太尔摩法，施罗曼法等都是根据上述原理设计的。

B　马氏体型控制冷却

如图 19-26 所示，线材轧后以很短的时间进行强制冷却，使线材表面温度急剧降至马氏体开始转变温度以下，使钢的表面层产生马氏体，在线材出冷却段以后，利用中心部分残留热量以及由相变释放出来的热量使线材表面层的温度上升，达到一个平衡温度，使表面马氏体回火。最终得到中心为索氏体、表面为回火马氏体的组织。

19.5.4.2　线材控制冷却的主要方法

A　轧后穿水冷却

线材轧后的温度常高达 1000～1100℃，使线材在高温下迅速穿水冷却（图 19-26），该工艺具有细化钢材晶粒，减少氧化铁皮并改变铁皮结构使之易于清除，改善拉拔性能等优点。线材穿水冷却的效果主要取决于冷却形式，冷却介质，以及冷却系统和控制等。

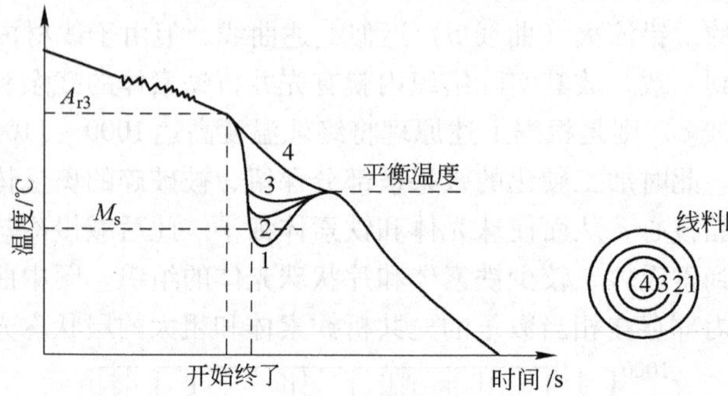

图 19-26　穿水冷却线材断面温度的变化简图

其中冷却器的形式有双套管式、环形喷嘴式及旋流式冷却等。冷却介质大都以普通水为介质，价格低，使用方便。但由于线材通过冷却管时，表面形成一层蒸汽膜，会大大减弱水冷却的效果。因此必须加大冲水压力或改变水流方式以利蒸汽膜的破裂，增加冷却效果。为此，有的国家用磨粒法，即在冷水中添加磨粒不仅有利于线材表面氧化铁皮的清除，而且可以打碎线材表面的蒸汽膜从而强化冷却效果。也有用雾化法的，也就是用水—气混合作介质，这种介质冷却的导热系数基本与水的压力无关。因此不需要高压水和精确的水压力调节。

B　斯太尔摩法

斯太尔摩法（Stelmor）是将轧出的线材（1000℃左右），通过水管快速冷却至接近于相变温度，然后经导向装置引入吐丝机，线材在成圈的同时陆续落在连续移动的链式运输机上，使每圈相隔一定距离而成散卷。视钢种不同，在运输过程中可用鼓风机强制冷却，或自然空冷，或加罩缓冷，以控制线材的组织性能。为了达到上述目的，运输机速度是可调的。当线圈冷却到相变完成温度（约 550～450℃）后，通过集卷器将散卷收拢、打捆、包装。其作业线如图 19-27 所示。

该方法由于冷却时间可人工控制，故适用于很大的产品范围，并易于保证线材质量。目前其已成为高速线材生产的标准冷却线。按其工艺特点有标准型、缓慢型和延迟型三种情况：

三种斯太尔摩控冷法的特点见表 19-8。

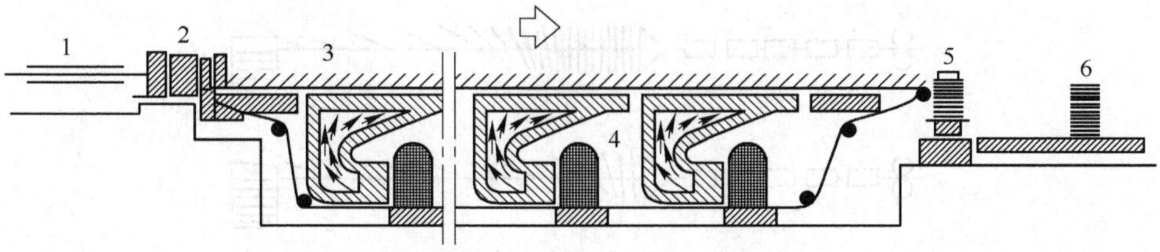

图 19-27 斯太尔摩控制冷却法

1—水冷套管；2—吐丝机；3—运输机；4—鼓风机；5—集卷器；6—盘条

表 19-8 三种斯太尔摩控冷法的特点

内 容	常规（标准）型	缓慢型	延 迟 型
特 点	可调风冷	绝热罩加烧嘴补热，冷却缓慢	设绝热罩及边板，当罩打开时作常规型使用
冷却速度/℃ · s^{-1}	4 ~ 12	0.3 ~ 10	1 ~ 10
运送速度/m · s^{-1}	0.2 ~ 1.3	0.05 ~ 10	0.05 ~ 1.0
适用产品	普碳、低合金及高碳等普通钢材	冷后可直接冷镦钢、焊条钢	直接继续加工而强度不高的中低合金钢
效 果	介于空冷与铅浴处理之间，且有软化退火的功能	同常规型，且效果更好一些	同常规型，介于常规型与缓慢型之间，也有软化退火的功能
形 式	辊道式或链式	辊道式	辊道式或链式
投 资	低	高	中等

C 施罗曼法

与斯太尔摩法不同，它强调在水冷带上控制冷却，而在运输机上自然空冷。其作用是线材出精轧机后经环形喷嘴冷却器冷却至 620 ~ 650℃。然后，经卧式吐丝机成圈并先垂直后水平放倒在运输链上，通过自由的空气对流冷却，而不附加鼓风，冷却速度为 2 ~ 9℃/s。为了适应不同的要求，通过改变在运输带上的冷却型式而发展了各种型式的施罗曼法，如图 19-28 为五种类型的施罗曼法控制冷却示意图。

19.5.5 棒、线材轧后控制冷却中的问题

轧件控制冷却过程中由于冷却参数控制不当而容易造成的各种问题主要有：

棒、线材在水冷器中由于水量不足、水在冷却管中分布不均，冷却水处在水管的下部，而上部为空气，这样就会造成钢材下部冷却快，上部冷却慢，冷却收缩不均和相变的不同时性，引起钢材弯曲。严重者会使钢材卡在水冷器中。

由于轧后快速冷却终止温度过低，而在钢材表面形成低温组织，引起组织和性能不均。相反，快冷终止温度过高，则不会达到轧后快冷改善钢材强韧性的目的。棒、线材直径与水冷器内径配合不好，会导致不同的冷却效果或冷却不均，钢材的性能达不到要求。棒、线材直径较大时冷却时间与空冷时间配合不合理，引起钢中内应力增大和组织不均。线材轧后水冷后在冷却线上空冷、风冷或缓冷时冷却制度不合理，也会引起线材冷却不均和组织、性能不合。

19.6 棒、线生产新工艺和新设备

从 70 年代初起，世界主要产钢大国已开始淘汰落后的横列式轧机，新建高产优质的新型

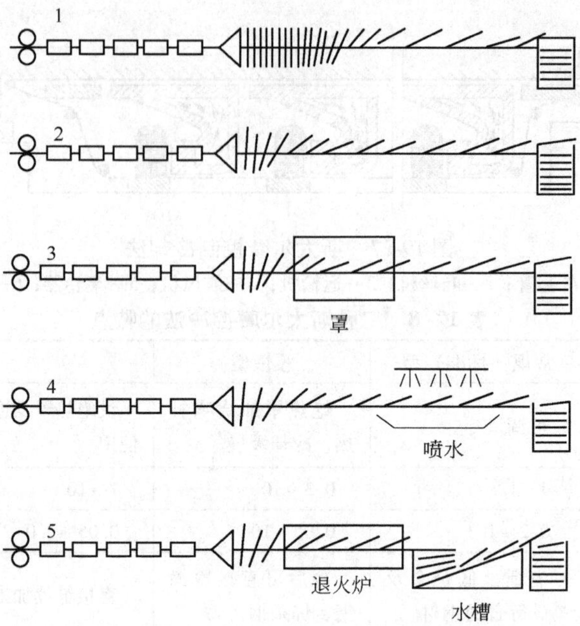

图 19-28　施罗曼冷却线的五种形式

1—适于普碳钢；2—适于要求冷却速度较慢的钢种；3—在运输带上部加一罩子，适于要求较长转变时间的特殊钢种；4—适于要求低温收卷的钢种；5—适于合金钢

连续式棒、线轧机。连续式棒、线材生产随着其连轧工艺、机电装备水平和计算机控制技术的不断发展和提高，新工艺、新技术、新设备层出不穷。

现代化的棒、线生产，坯料除少数合金钢外已实现了全连铸坯，并采用了连铸坯热装热送或直接轧制工艺。加热炉采用了加热工艺计算机控制的先进的步进式加热炉。轧机全部为平—立布置，高速线材精轧机为45°无扭悬臂精轧机，全线实现无扭轧制。粗、中、精轧机组结构均为高刚度、高精度轧机，类型多样。其中棒材精轧机组中配置了立辊轧机且可转换呈水平轧机，使轧制的配置更灵活，以适应部分小型型材和棒材生产的需要。为实现棒线材生产的高精度轧制的需要，在棒线材有的精轧机后配有 HV 二机组或三辊定减径机。轧机单独传动，轧机主传动和飞剪机传动由可控硅供电和控制（全数值），有的采用交交变频调速技术。粗、中轧机组为微张力控制轧制，精轧机组为无扭无张力控制轧制。轧制过程实现温控轧制以及轧后控制冷却。在线检测尺寸和缺陷，闭环控制自动调节。全线计算机控制和生产管理。棒材轧制速度为 22 ~ 36m/s，高速线材轧制速度高达 150 m/s。产品尺寸精度高，钢材性能沿长度方向均质化。下面就一些典型的新工艺、新技术和新设备作简单的介绍。

19.6.1　连铸坯热装热送

19.6.1.1　连铸坯热装热送工艺类型

根据连铸机和有关轧机的设备布置不同，以及连铸坯温度的不同，可以有不同的连铸—再加热—热轧的不同生产工艺和工艺特点。

连铸坯热送热装的类型有：连铸坯直接轧制、连铸坯热送直接轧制、连铸坯直接热装轧制和连铸坯热装轧制。此外还有连铸坯冷装炉加热后轧制。各种类型的特点是：

连铸坯直接轧制（Continuous Casting - Direct Rolling，简称 CC - DR）。连铸坯温度在

1100℃以上，不低于轧机的开轧温度，一般不再在加热炉中进行加热，不需经过补充加热或者只是在辊道上输送过程中通过边角补热装置后进行均温，直接送入轧机轧制。图19-29为CC－DR节能型轧机的布置简图。

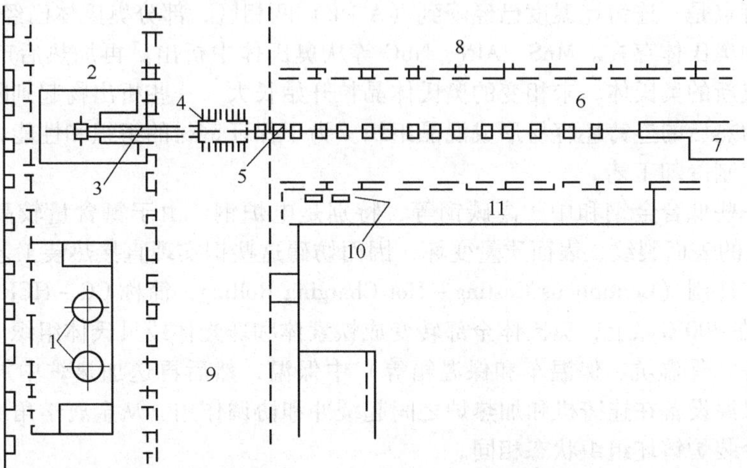

图19-29　某厂直接轧制（CC－DR）节能型轧机的布置简图

1—电弧炉；2—连铸机；3—剪切机；4—钢坯配合台；5—感应补偿加热器；6—13架连续式轧机；7—冷床；8—轧辊车间；9—铸坯存放区；10—感应加热器电源；11—控制电机

连铸坯直接轧制由于坯温处于奥氏体再结晶区，钢坯未冷却下来，因此未经过A→F、A→P的相变过程，并且也没有进行再加热过程，即经过F→A、P→A相变。因此，组织为铸态粗大奥氏体晶粒。微量元素的碳氮化物也不像冷坯那样存在析出和再溶解过程。因此应在奥氏体再结晶区，加大道次变形量，每道次变形量大于再结晶临界变形量，达到再结晶细化和均匀奥氏体晶粒的目的。这就是采用了奥氏体再结晶型控制轧制工艺。之后，采用未再结晶型控制轧制工艺，即在奥氏体未再结晶区进行轧制，累计变形量要大，增加变形奥氏体内的变形带，为铁素体形核创造有利条件，达到细化铁素体的目的。轧后采用控制冷却（快冷）工艺以调整相变和碳化物析出时的冷却速度。钢材温度低于铁素体再结晶温度即可采用空冷。

在高温奥氏体中MnS、AlN、NbC和TiC都来不及析出即开始热轧，随着轧制的进行，钢温不断降低，这些碳氮化物将不断析出，并阻止晶粒长大，起到细化晶粒的作用。

连铸坯热送直接轧制（Continuous Casting－Hot Direct Rolling，简称CC－HDR）。连铸坯的温度已经低于开轧温度以下（一般在1100℃以下），钢的A_{r3}温度以上的温度范围。连铸坯可以不通过加热炉而经过辊道上的补热和均热装置达到开轧温度，并直接送入轧机进行轧制。

连铸坯的金属学特征基本与直接轧制工艺的坯料特征相同，这种类型的连铸坯温度在1100℃～A_{r3}之间，没有发生奥氏体向铁素体转变，仍是铸态、粗大的奥氏体组织，仅有部分MnS、AlN、Nb和Ti的碳氮化物在奥氏体中析出。为了达到轧制温度，需要重新加热。已经析出的碳氮化物又部分或全部固溶到奥氏体中去。根据奥氏体化温度的不同，残留一部分析出物，可以起到阻止奥氏体晶粒长大的作用。

如果不具备辊道上的补热和均热装置，则可以将连铸坯送入加热炉中加热，可提高加热炉产量40%～50%，节能40%～60%。该工艺要求连铸坯生产序号与连铸坯装入加热炉的序号一致。

连铸坯直接热装轧制（Continuous Casting－Direct Hot Charging Rolling，简称CC－DHCR）。

连铸坯温度已经降到 A_{r3} 以下 A_{r1} 以上，即降到（A + F）两相区内（700 ~ 900℃）。将连铸坯直接送入加热炉内进行加热，达到开轧温度，出炉送到轧机进行轧制。采用控制轧制和控制冷却工艺。

该工艺的特点是：连铸坯温度已经降到（A + F）两相区，部分奥氏体已经转变成铁素体，还有部分铸态的奥氏体存在。MnS、AlN、NbC 等从奥氏体中析出。再加热后产生铁素体向奥氏体相变，形成新的奥氏体，未相变的奥氏体晶粒开始长大。一些析出物起到阻止晶粒长大的作用。这样经加热后的连铸坯容易形成混晶组织。为了保证钢材的组织和性能，必须采用相应的控制轧制和控制冷却工艺。

另外，对一些低合金钢和中、高碳钢等，特别是电炉钢，由于氮含量较高，需注意由于 AlN 析出而形成的表面裂纹、表面质量变坏，因而妨碍这些钢实现直接热装工艺。

连铸坯热装轧制（Continuous Casting – Hot Charging Rolling，简称 CC – HCR）。连铸坯温度已经低于 A_{r1}，在 400℃以上，奥氏体全部转变成铁素体和珠光体或贝氏体组织。但坯料不放冷即送入保温设备（保温坑、保温车和保温箱等）中保温，然后再送加热炉中加热，之后进行控轧和控冷。保温设备在连铸机和加热炉之间起缓冲和协调作用。从金属学角度看，其铸坯组织状态与常规冷装炉铸坯组织状态相同。

这种低温连铸坯重新加热时产生相变，由于连铸坯出连铸机后冷却速度快，晶粒细化，因此，加热后奥氏体晶粒也细小，析出的碳化物、氮化物起到阻止晶粒长大的作用。析出物越细越多，细化作用越大。

但对一些低合金钢、中高碳钢易在冷却过程中产生裂纹，而在热装时可能导致表面变坏。

一般将连铸坯温度达 400℃作为热装的低温界限，400℃以下热装的节能效果较小，且这时坯的表面已不再氧化，故不再称做热装。

19.6.1.2 *采用热装的条件*

为了实现连铸坯直接轧制或热送热装轧制技术，必须实现炼钢—连铸—热轧全流程高水平的一体化和集约化。这一流程不仅需要在节奏、能力和温度方面的严格控制，以保证钢水—连铸坯—钢材产品的外观和内在质量，而且需要实现各工序技术与管理的全面协调。因而必须具备不可缺少的支撑技术，即需要如下的条件：

（1）炼钢和连铸应具备必要的设备和技术，以保证生产出无缺陷连铸坯和生产过程的稳定均衡。无缺陷是一个相对概念，当连铸坯质量水平达到无清理率大于等于 90% 时，热送热装工艺的实施就有了质量基础。另外应采用热坯检测手段，用好计算机连铸坯质量判别系统，以便判别和分离少量需要精整的连铸坯，确保热送热装连铸坯的质量。

炼钢连铸车间应具备的设备条件和技术主要包括：炉外精炼、无渣出钢、吹氩搅拌、喂丝微调成分、插入式水口、气封中间包、保护浇铸、结晶器液面控制、电磁搅拌、气雾冷却、多点矫直等，特殊钢生产还应具有真空脱气、软压下等技术。不合格坯均在炼钢车间予以剔除处理。

用铝镇静的钢，连铸坯中氮化铝在热装温度范围沿晶界析出，在轧制过程中就会产生表面裂纹。解决此问题的方法是在连铸机的出口处设置水冷淬火装置，将连铸坯表面迅速冷却到 550℃左右，形成一定深度的表面淬硬层，从而避免氮化铝在表面析出。

（2）连铸机与轧机小时产量应匹配。若轧机小时产量低于连铸机产量，则许多热坯将不能进入轧机而离线变为冷坯；若轧机设计小时产量大于连铸机最大小时产量，则轧机能力得不到充分发挥。因此，原则上轧机小时产量与连铸机最大小时产量应该平衡。而轧机设计时各种规格产品的小时产量应尽可能接近。因为连铸机的作业率大于轧机的作业率，而且轧机生产不同规格的产品时小时产量有很大的波动，所以一般按轧机的小时产量高于连铸最大小时产量的15% ~20%设计。

（3）炼钢连铸车间与轧钢车间应按统一的生产计划组织生产，并尽可能统一安排检修计划，以保证整个生产线的协调生产。过去轧机是根据尺寸规格组织生产，不同的钢种加热后，一般先轧小规格后轧大规格。而热送热装要求根据钢种组织生产，一个钢种（至少是一炉钢）可换2~3个规格，最好是2个规格，以目前的水平而论，一炉钢轧制4个或4个以上的规格是困难的。

（4）在连铸机与加热炉之间设缓冲区。为了充分发挥热装的节能效果，希望即使轧机短时间停轧，如更换品种和换辊、换槽时连铸机也能正常的继续生产，而且不产生离线冷坯，则在连铸机与轧机之间设有缓冲区，以暂时储存钢坯。一般缓冲装置的能力设计成可储存30min产出的连铸坯，因为在30min内一般事故和换辊均可处理完。

缓冲装置的形式有多种，目前主要有两种，一种是设炉外缓冲区——保温室，采用绝热材料构筑，但不设烧嘴。近年来，为了简化操作和维护，倾向于设台架不加保温室的做法，这是因为经过一段时间的实践，发现一定尺寸以上的连铸坯在30min时间内即使不加保温室，在台架上的降温也不大。热存储台有不同的形式，随着采用热送热装厂家的增多，热储存的方式会不断改进和完善。另一种缓冲装置是采用炉内缓冲区，即将加热炉入口区3~4m作为缓冲区，同时需设一套装料机，若是热坯进炉后即用此装料机将钢坯越过3~4m距离送至加热区，若是冷坯则在此区停留并缓慢加热。

（5）加热炉应能灵活调节燃烧系统。这样才能适应经常波动的轧机小时产量和不同坯温之间的经常转换。

（6）尽量缩短轧机的停轧时间。为了适应热送热装的设计要求，需对轧机作相应的改进，中轧和精轧机组设快速换辊装置，轧辊导卫要进行预调，要采取导卫快速定位技术，机架和导卫进行快速整体更换，各种流体介质设快速接头，尽可能减少换品种和换辊时间。而在孔型设计上应尽量增加孔型的共用性，减少换孔型和换辊时间。

（7）适应连铸坯钢温不同引起轧前组织状态变化的轧制技术。不同类型的热送热装工艺，改变了连铸坯装炉、轧制前的组织状态，从而会影响到轧制过程中产品质量的变化，因而必须开发出相应的不同类型的控制轧制工艺和控制冷却工艺。

为此，首先要弄清楚以下几个基本的物理冶金问题：

（1）连铸坯冷却到不同温度后再加热时的组织变化规律及其对奥氏体晶粒大小的影响；

（2）连铸坯冷却和加热过程中微合金化元素碳、氮化合物的析出与溶解行为以及对再结晶规律的影响；

（3）“热脆”现象的形成机理。

在弄清楚以上问题的基础上，再根据不同钢种、不同的连铸坯组织状态，确定其装炉、加热及控制轧制和控制冷却工艺制度，并进行工艺优化。

19.6.1.3 热装操作

典型的连铸—轧机热装工艺布置如图19-30所示。

几种热装工艺如下：

（1）正常热装。正常轧制状态下，热连铸坯自连铸机冷床处用取料机逐根取出放到单根坯运输辊道上，再由此辊道送到加热炉附近，在此进行测长并剔出不合格坯，合格坯提升后落入装料辊道，称重后装入加热炉加热，并随后送入轧机轧制。

（2）间接热装。若轧机短时停轧（换辊、换轧槽、一般事故），热连铸坯则从另一组多排

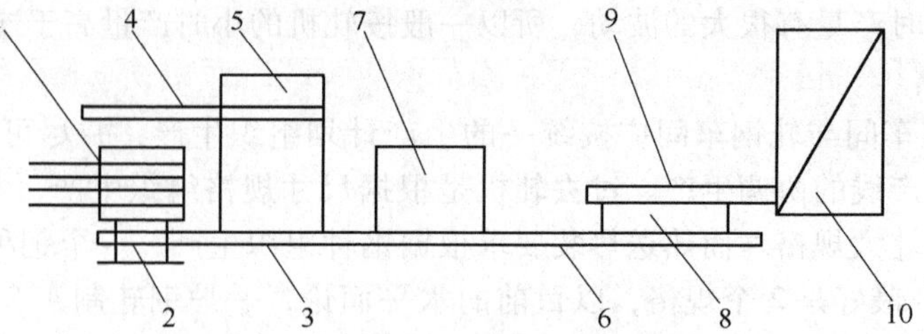

图 19-30　典型的连铸—轧机热装工艺布置

1—连铸机冷床；2—取料机；3—单根坯运输辊道；4—多根坯运输辊道；5—缓冲保温室；6—运输辊道；7—冷装台架；8—提升机；9—装料辊道；10—加热炉

料的输送辊道送入缓冲保温室暂存，并由保温室中的移送机将坯料移向保温室出口附近。当轧机重新运转后，暂存的热连铸坯从其输出辊道逐根送出，经测长、提升、称重后入炉。同时从连铸机冷床来的热连铸坯也沿同一辊道送入加热炉。此时加热炉和轧机将以较高的小时能力生产，直至缓冲保温室内积存的坯料完全出空。此时轧机又恢复到正常轧制状态。由于热坯不是直接从连铸机而是由保温室进入加热炉，故称之为间接热装。

（3）冷装。从连铸机甩下的冷坯及清理后的连铸坯，用吊车从坯料堆存场地成排吊到冷装台架上，钢坯到达台架端部时，逐根被拔入运输辊道，然后测长、提升、称重入炉。

（4）混合热装。当某些规格需要轧机小时产量大于连铸机的小时产量时，可采取混合热装方式操作。其过程如下：从连铸机送来的热坯沿多根坯运输辊道进入缓冲保温室暂停，同时将冷坯装入加热炉，并按要求的小时产量进行轧制。当缓冲保温室已存满钢坯时停止上冷坯，改由缓冲保温室和连铸机共同向轧机加热炉供热坯，此时的轧机小时产量就可高于连铸机的产量。当缓冲保温室内的热坯出空时，热坯又转向缓冲保温室暂存，同时改用冷坯装炉。

（5）延迟热装。某些钢种为防止采用热装时在轧制后出现表面裂纹，需将连铸坯从900℃以上迅速冷却到550℃左右再装炉，这种热装工艺称为延迟热装。

19.6.2　柔性轧制技术

实现了连铸坯热装热送甚至连铸坯直接轧制等先进工艺以后，对于小批量、多品种的生产，在规格和品种改变时，会增加轧机停机的时间。为减少停机，人们研究了柔性轧制技术，该技术利用无孔型轧制、共用孔型等手段迅速改变轧制规程，改变产品规格。另外随着三维轧制过程解析手段的进步，柔性轧制技术已经达到实用阶段。而长寿命轧辊和快速换辊技术等的日趋成熟都为棒线材的柔性轧制提供了条件。

19.6.3　无头轧制

无头轧制是在一个换辊周期内，轧件长度上可不间断的轧制方法。它是长条材生产中一项革新技术，该技术可使方坯到棒材的轧制过程更为连续化，且在改进产品质量、提高材料收得率和设备效率的同时，能增加产能并降低生产成本。

无头轧制的优点：

（1）消除了方坯间隙时间，而且对导卫和孔型无冲击，轧制稳定，因而使生产速度提高；

（2）轧废率大大降低，轧废一般发生在轧件前端，而无头轧制仅在一个轧制班结束时有一个前端和一个尾端；

（3）轧机停机次数减少；

（4）轧制参数稳定，可使消耗品（孔型、导卫等）的寿命提高；

（5）消除了切头切尾和切短操作；

（6）省去了为使长度最佳而要在冷床上剪断棒材的操作，所有的棒材都具有相同的长度，剪切机只需要按倍尺长度剪切，因而没有短尺产生；

（7）除了由于轧废造成的停机时间急剧减少之外，由于机械、电气因素造成的耽搁也因为轧制参数稳定性提高而减少。

实现无头轧制的办法是必须连续提供坯料。一般有两种方法来实现：一种可用连铸机连续供坯实现无头连铸连轧，称做无头连铸连轧，简称 ECR（Endless Casting Rolling）；另一种是将加热好的钢坯用焊接机焊接起来后进入轧机实现无头轧制，称做焊接无头轧制，简称 EWR（Endless Welding Rolling）。

ECR 连铸机连续供坯实现无头连铸连轧技术，是一项刚性连接形式的连铸连轧生产技术。世界上第一套 ECR 生产线是 2000 年在意大利 ABS 钢厂正式投产。其工艺为冶炼好的钢水注入中间罐并在结晶器中凝固，由拉矫机拉出钢坯，再送入电感应加热炉，连续均热后送入轧机轧制成材。这种供坯方式的关键在于炼钢、连铸和轧钢生产能力的平衡及机组故障的消除和作业率的提高，既要保证钢流不断，又要在轧机出现故障和换辊时处理剩余钢水，因此要求有比较可靠的中间缓冲措施。

EWR 钢坯焊接法供坯实现焊接无头轧制技术，是一项柔性连接形式的连铸连轧生产技术，1998 年在日本东京高松厂问世以来，得到了快速发展，其设备布局简图如图 19-31 所示。其工艺为从加热炉出口开始，对方坯进行脱鳞，接着采用电焊闪光焊将方坯的前端焊接到已经在粗轧机上轧制的方坯的尾端上。方坯焊接机安装在一个有轮子的机动车上。焊接机工作周期从一个预先调定位置开始，直到机器的移动速度达到与方坯速度相同时为止。然后将方坯的端部锁定在两个夹子中间（调节方坯运行速度，使其与第一个机架的轧制速度一致），并进行闪光焊接过程。第一个夹子的位置可以调节，以保证方坯在焊接过程中自动对中。在此过程中夹子需要进行冷却，并由液压驱动。

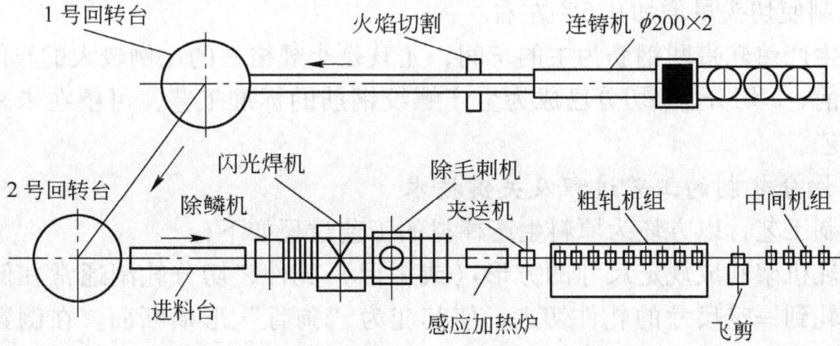

图 19-31　东京制铁（株）高松工厂无头轧制生产线

在闪光焊时，首先将两块方坯的端面加热到熔点，然后通过施加压力，将两个熔化表面压到一起而焊接起来。在旋压的过程中，熔化的金属从端面涌出，因此可改善焊缝材料的质量。这种焊接装置适合于连接尺寸为（100mm×100mm）～（200mm×200mm）的任何种类的方坯。还可根据特定的钢种和钢的温度来选择焊接程序。操作完成后，焊接区的所有毛刺将用液压驱动的去毛刺工具加以去除。清毛刺工具位于焊接机中心线的轴线上，可去除多余的材料，使变形区的方坯恢复到原来形状。在完成这些操作后，焊接机返回到开始位置，而方坯作为“一个轧件”连续的轧制。

EWR 技术以其适用性和可操作性，目前已成为各国长材无头轧制厂泛推广的技术，我国第一家采用 EWR 技术的是唐钢棒材厂，现在已有新疆八一和涟源棒材厂订购了 EWR 设备和技术。

19.6.4 切分轧制

切分轧制系指在热轧机上利用特殊的轧辊孔型和导卫装置中的切分轮或者其他切分装置将一根轧件沿纵向切分成两根（或多根）轧件，进而轧出两根或多根成品轧材的轧制工艺。

19.6.4.1 切分轧制的意义和适用性

(1) 显著提高生产率。切分轧制可缩短总的纯轧时间，加快轧制节奏，提高小时产量。尤其是小规格螺纹钢筋的产量，如在轧制小规格（ϕ12mm、ϕ14mm）钢筋时，若轧制速度相同，切分轧制的轧机小时产量可比单根轧制提高 80% ~85%。

(2) 在不增加轧机数量的前提下，生产小规格与大规格轧材采用相同断面的连铸坯，可减少坯料的种类，使轧机和连铸机实现坯料断面和产量方面较好的匹配，从而显著地提高连铸机的生产率。并简化粗轧、中轧孔型系统；

(3) 降低能耗和成本。切分轧制可缩短轧制时间，轧件的热损失较小，钢坯的出炉温度可比单根轧制工艺降低 30 ~40℃，燃耗降低；金属变形能耗和轧制道次少，节电约 15% ~20%；减少轧制道次，降低辊耗 15%；产量大幅度提高，降低单位产品的能耗和成本。上述因素可使切分轧制的产品单位成本下降 10% ~20%。

(4) 在现有轧机还是新建轧机上采用切分轧制技术，由于生产工艺仅局部变动，而对设备并无太特殊的要求，因此具有投入少、产出高、见效快的特点。

(5) 切分轧制在切分部位易带毛刺，切口不规则，轧后易产生折叠，影响轧件表面质量，因此，不适于轧制表面质量要求高的型材。

(6) 由于切分轧制时，同时轧出的几根轧件之间在尺寸和横断面上始终存在差异，有时差别较大，所以尺寸精度要求高的品种也不适合用切分轧制生产。

(7) 切分轧制使切头量增加 0.5% 左右。

切分轧制对生产热轧带肋钢筋为主的车间，尤其是小规格占的比例较大的车间是必不可少的工艺措施，目前，2 切分、3 切分已成为生产螺纹钢筋的标准工艺，可望在未来的几年更多地采用 4 切分工艺。

19.6.4.2 切分轧制的工艺过程及关键技术

采用切分轧制工艺，以方坯为原料生产棒材的工艺过程如下：

方坯通过粗轧机架轧成规定尺寸的方形（或矩形）轧件，切分轧制通常在倒数第 4 道开始用轧辊孔型将轧到一定尺寸的轧件切入，使其变为“狗骨”形横断面。在倒数第 3 道用轧辊孔型使轧件的左右两部分进一步分开，变成由薄带连接成一体的两根圆轧件。该轧件在离开倒数第 3 机架进入精导卫装置后，即被其中的两个切分轮“撕开”为两个圆轧件。也就是说，在切分过程中，由轧辊孔型和切分轮共同完成切分。由于最后将两根轧件完全分开的“撕开”力很大，如果只有轧辊孔型将两个轧件彻底分开，则轧辊的磨损量必然很大，轧辊使用寿命很短。而采用材质相当好（一般用硬度为 52HRC 的高强度工具钢）的切分轮将两个轧件撕开，则可使轧辊孔型每加工一次可轧制约 1000t 左右的轧材，使轧机的作业率提高。

连成一体的两根圆轧件之间的连接带厚度一般为 0.4 ~0.8mm。切分轮缘为楔形，其边缘的宽度为 1.2 ~1.8mm。

两个切分轮在不切分时的间隙为 2mm 左右（其间隙可通过两个切分轮上 7 个缺口分别对

准的方法加以调整)，因此，切分轮并不是靠剪切作用将两根轧件剪切开，而是靠两个侧面的侧向力将两个轧件“撕开”。

每对切分轮使用一次可切分1500t轧件，经加工后可使用7次。一对切分轮一般切1万t后就报废。

在一定的产品尺寸范围内改轧不同规格棒材时，切分轮不必改变规格。例如，轧制ϕ12～20mm圆钢时，可以用同一种规格的切分轮。

为保证轧件尺寸精度和切分轧制的顺利进行，切分机架的辊缝偏差应保证小于0.5mm。轧辊的轴向窜动应小于0.2mm。因此，必须安装轧辊轴向止推轴承。

19.6.4.3　切分轧制技术的类型和切分孔型系统的特点

切分轧制技术一般按切分的根数可分为“一切二”“一切三”“一切四”等不同类型。

A　“一切二”“一切三”类型

在20世纪70年代初，加拿大拉斯科公司的鲍曼工程师发明了在棒材轧机的精轧机组上采用特殊的孔型和导卫装置，先将轧件一分为二或一分为三，然后再经两个以上的道次轧制成材的棒材切分轧制技术。

切分孔型系统按切分的要求由延伸孔型、预变形孔型、预切分孔型、切分孔型组成，切分孔型出口配置切分轮最终完成一切为二或三的效果。其常用的一切二孔型系统如图19-32所示，一切二的系统预变形孔采用边长上带圆弧的对角方孔，也叫“梅花孔”。用此种预变形孔型共用性差，轧槽加工难度加大，而且在进入“狗骨”咬入变形过程中轧件要扭转，容易造成两线断面差。所以目前更多的厂家采用如图19-33所示的“一切二”“一切三”孔型系统。

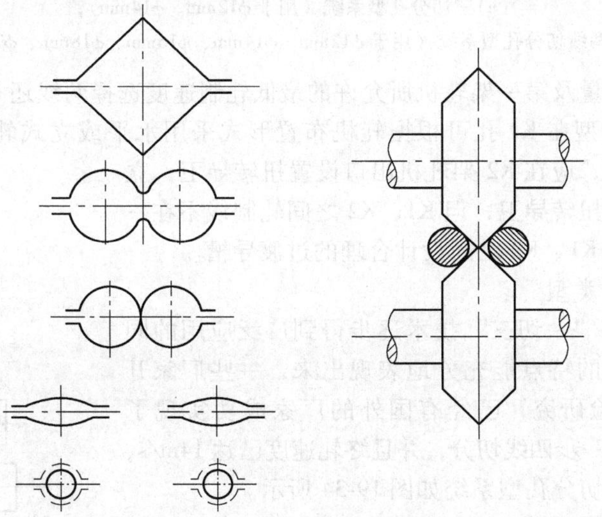

图19-32　切分孔型系统与切分轮工作原理

该切分孔型系统的特点是：

(1) 两线、三线切分孔型系统在“狗骨”咬入变形过程中无扭转且变形均匀，再经过切分孔型切开的两线或三线的断面差别小。

(2) 两线、三线切分轧制在K6孔采用了平辊轧制，轧辊的共用性强，车削容易，轧制变形均匀。

(3) 三线切分产量高，轧制速度低，但工艺操作调整难度要比两线大。应根据加热炉能

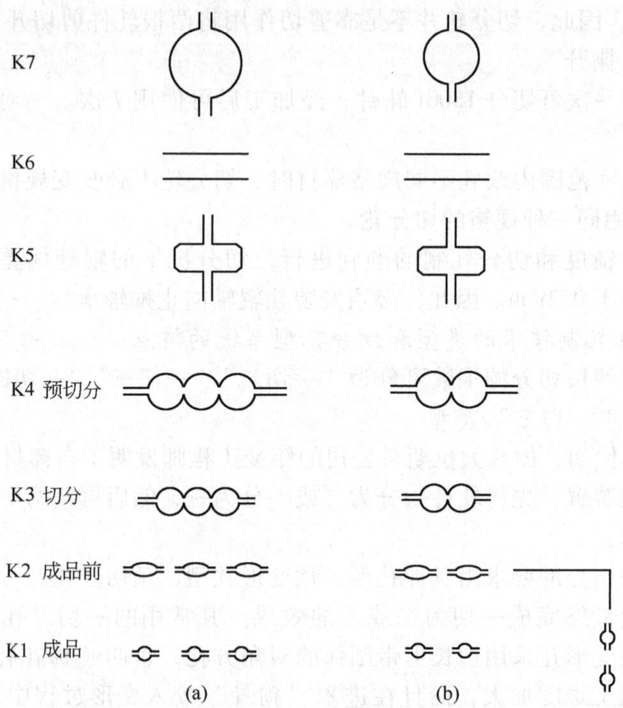

图 19-33　TG 钢铁公司棒材厂切分孔型系统示意图

（a）三切分孔型系统（用于 ϕ12mm、ϕ14mm）；

（b）两线切分孔型系统（用于 ϕ12mm、ϕ14mm、ϕ16mm、ϕ18mm、ϕ20mm）

力、轧机理论小时产量及第一架轧机所允许的最低轧制速度选择两线还是三线切分孔型系统。

（4）两线切分孔型在 K1 孔可根据轧机布置形式采用水平或立式轧制，水平布置时需要 K2 孔的轧机翻转 90°，应在 K2 架轧机出口设置扭转导卫；立式布置时虽然不需要扭转导卫，但 K1、K2 之间轧制线不在一条直线上，这样需在 K1、K2 之间设计合理的过渡导槽。

B　“一切四”类型

当“一切二”和“一切三”技术逐步得到广泛应用的同时，为了使切分轧制的特点能充分地表现出来，一些厂家开始“一切四”的试验研究，已经有国外的厂家成功实现了 ϕ10 ~ 12mm 螺纹钢的一步四线切分，并且终轧速度已达 14m/s，小时产量达 100t。其切分孔型系统如图 19-34 所示。

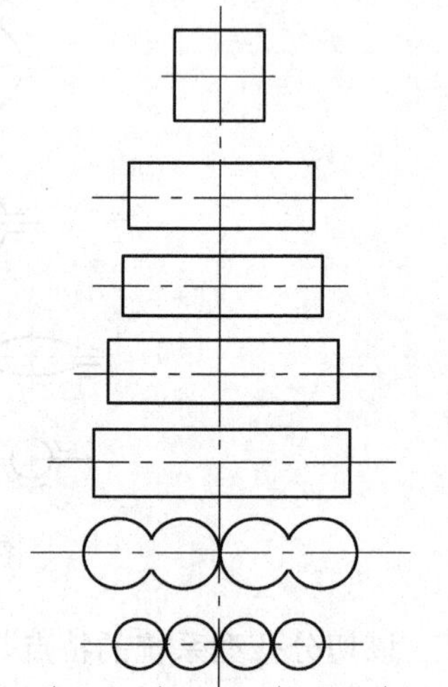

图 19-34　一步四线切分

C　切分轧制孔型设计应注意的问题

（1）预变形孔型。弧边方孔型如图 19-35 所示。设计这个孔型时，应注意边长上圆弧深度要适宜，浅了起不到在孔型中自动找正的作用；深了对后几个道次的料型有不利影响。一般掌握在 2 ~ 4mm 即可。

（2）预切分孔型。如图 19-36 所示。其设计中应注意：

预切分孔切分角度要大于切分孔切分角度 10° ~ 20°，防止在下架切分时轧件对轧辊产生夹持力，损坏轧辊楔尖。

宽展要充分，确保对应弧边方弧底的辊缝处能充满孔型。

（3）切分孔型。如图 19-37 所示。其设计中应注意：

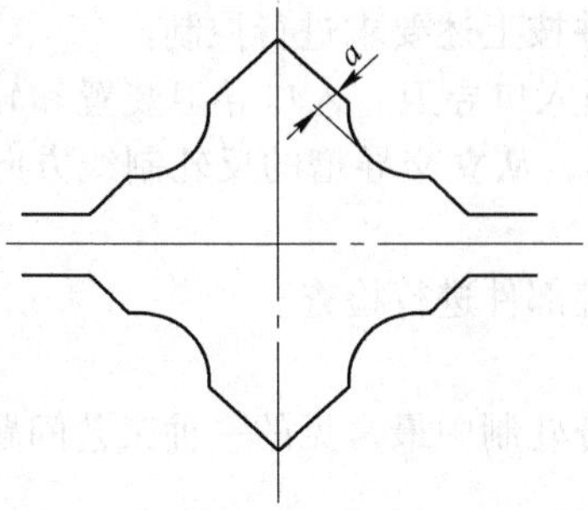

图 19-35　弧边方孔型

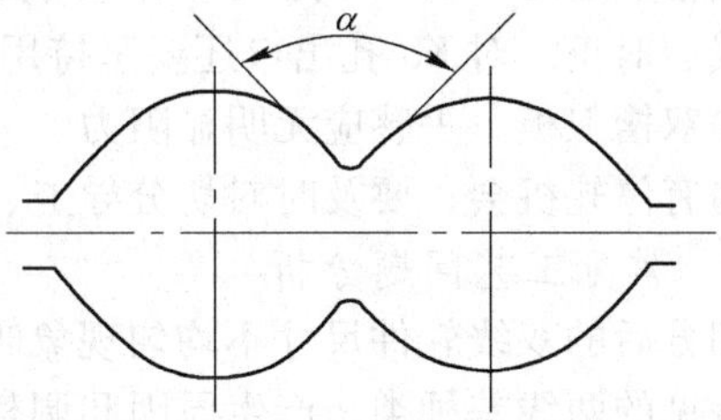

图 19-36　预切分孔型

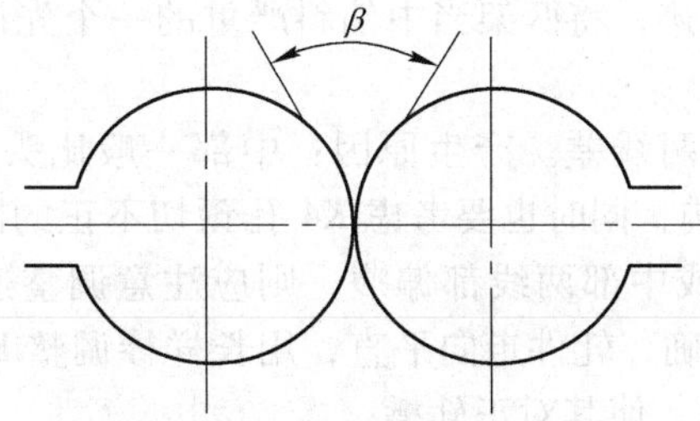

图 19-37　切分孔型

切分孔型楔尖角度要小于切分轮角度 10°～20°，以保证在轧机出口处的切分轮对轧件产生足够的水平分力，切分过程顺利完成。

由于切分孔的主要作用是"切分"，因此延伸系数较小（1.0～1.3），宽展系数较大（宽展量/压下量 = 1.2～1.8）。

19.6.4.4　切分轧制时轧机调整及常见工艺问题分析

A　切分轧制时轧机调整的基本要求

切分轧制时轧机调整的基本要求是：

严格执行换槽制度，确保切分孔型系统各架铁型形状正确。对于局部磨损严重、形状变异较大，但又未到规定使用班次的轧槽应立即予以更换。

各架铁型除应满足一般控制要求外，对 K1、K2、K3 孔铁型还应注意：轧件在槽内要保持良好的充填状态，用木板划料时，以轧件中部两侧圆滑过渡，无明显的凸出或凹入，尾部以略带耳子为宜。

从 K3 孔分开后的铁型呈"桃"状时（见图 19-38），应先检查轧件尾部尺寸和形状。如果料小应将 K3 孔以前的料适当放大；如果尾部料形和尺寸均合乎要求，则应对轧机速度配置进行调整，消除拉钢。

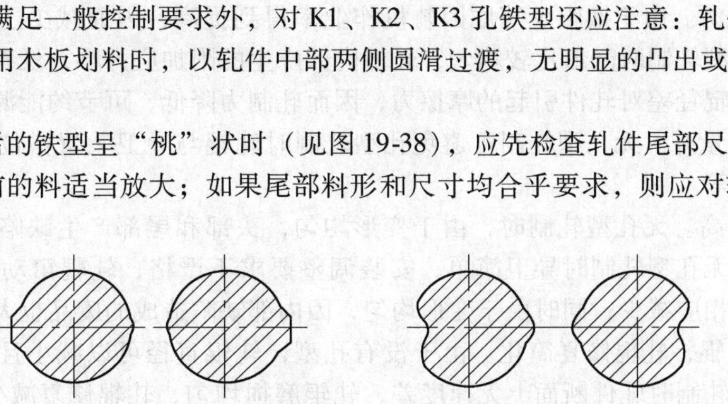

图 19-38　切分后轧件形状孔型

（a）正常料型；（b）"桃"状料型

当两线成品尺寸基本正常，成品轧机偶有一线不进，且头部料宽度较小时，应当对 K2 孔以前的导卫和孔型进行检查和调整，避免轧件产生弯头。

对发生轧制故障时跑出的中间铁型，要认真检测，并按上述要求进行控制。

换槽以后对 K3、K4 孔入口用专用长样棒检测，使预入口导卫、入口导卫装置和轧槽在一条轴线上对正。对 K3 孔出口还要坚持用相应直径的圆钢，从立交导槽的反轧制线方向插入分钢器和双槽卫板，手感应无明显阻力。

遇有停轧机会，要及时对切分导卫、扭转导卫等关键部件进行检查。

B　常见工艺问题分析

切分后的双线轧件尺寸不均匀现象叫两线差，是切分轧制中最常见的一种工艺问题。

常见的两线差种类，产生原因和调整方法有：

（1）中、尾部相一致的两线差。产生原因：K3、K4 轧机入口导卫不正。调整方法：停 K3、K4 轧机，参照轧槽走钢痕迹，将两架当中偏斜严重的一个先调整对正孔型，如无效再调整另外一个。

（2）中部有而尾部没有的两线差。产生原因：中部一般比头部瘦，轧件在入口里发飘。切不正主要受轧制线不正的影响，同时也要考虑 K4 孔预切不正的因素。调整方法：如果同一根钢的中、尾部宽度差较大，或中部两线都偏瘦，则应注意调整速度关系，减轻拉钢；检查 K4 孔出口导卫，使翻钢角度正确，轧件走向平直，用长样棒调整 K3 ~ K4 两孔之间的轧制线；检查、调整 K4 孔轧机入口导卫，使其对正轧槽。

（3）中部的两线差和尾部的相反。产生原因：K3、K4 孔其中一架或两架入口偏，轧制线不正，同时存在着拉钢严重问题。调整方法：参照前两种两线差的调整。

19.6.5　无孔型轧制

无孔型轧制是在没有轧槽的平辊上轧制钢坯和棒材的方法，也叫平辊轧制、圆边矩形轧制或无槽轧制。孔型轧制使轧辊消耗及储备量增加，换辊频繁，严重影响生产率并使生产成本提高。因此，世界上许多国家研究在钢坯和简单断面型钢生产中，用无轧槽平辊代替粗轧机组和中轧机组全部有轧槽轧辊，进行无孔型轧制，仅精轧机组采用常规孔型轧制，取得了一定的成果。目前世界上一些国家的中小钢厂的轧制生产中无孔型轧制得到了推广应用。无孔型轧制正在较为广泛地取代常规的孔型轧制。与常规孔型轧制相比无孔型轧制有以下优点：

（1）节约能源。由于换辊少等原因轧机作业率得到提高，因而减少了停炉时间，降低了燃料消耗。无孔型轧制时变形比较均匀，轧件内部产生的附加应力小，没有轧槽侧壁对轧件的作用和轧槽周边辊径差对轧件引起的摩擦力，因而轧制力降低，可节约能源。

（2）成品质量好。无孔型轧制可避免孔型轧制时轧辊与导卫装置错位、轧偏和过充满所引起的质量缺陷等。

（3）成材率高。无孔型轧制时，由于变形均匀，头部和尾部产生缺陷的长度减少，因此切头切尾减少；无孔型轧制时导卫简单，安装调整要求不严格，轧辊窜动对轧件变形影响不大，卡钢轧废也相应减少；同时由于变形均匀，因内部缺陷造成的废品也大大减少。

（4）节约轧辊，轧辊修复简化。由于没有孔型，轧辊直径可以减小且无辊环，辊身利用率提高；无孔型轧制时轧件断面上无速度差，轧辊磨损均匀，轧辊修复减少，轧辊寿命提高；轧机调整简单，轧制力及能耗均较孔型轧制小。无孔型的轧辊可适用各个品种，可使轧辊储备量大大减少，也使加工简化。

（5）提高轧机生产能力，降低劳动强度、劳动量和生产成本。

无孔型轧制有很多优点，但仍有一些问题需要解决，如无孔型轧件无侧壁夹持，易造成脱方、脱矩而失稳，严重时不能继续轧制，限制了压下变形量。失稳前的极限压下量为：

$$\Delta h_{\mathrm{KP}} \leqslant 0.23\left(1-\frac{2r}{B}\right)\frac{(B+b)^2}{4H}\left(1-3\frac{\Delta s}{2B}\sqrt{B^2+H^2}\right)\cdot K_{\mathrm{f}} \qquad (19\text{-}38)$$

式中　H、B——轧前轧件断面高、宽，mm；

r——轧前轧件断面圆角半径，mm；

Δs——轧前轧件断面对角线差，mm；

b——轧后轧件断面宽，mm；

K_{f}——摩擦影响系数。

而切平辊无孔型轧制断面为单鼓形，角部比较尖锐，有可能产生侧边裂纹和折叠而影响产品质量。应针对有关问题进行解决。

无孔型轧制的设计要点主要是，要使轧件轧制时稳定，轧件不发生翻倒或扭转，轧件横断面的对角线差或轧件横断面侧边的倾斜度不超过一定的限定值。因此需要准确地确定轧件断面形状、尺寸及变形参数，同时也要确定轧辊入口方向导板间距与入口轧件宽度的差值。在采用无孔型轧制时，入口方向导板对轧件进入轧辊和在轧辊间轧制的稳定性起决定性的作用，必须合理确定入口导板与轧件之间的间隙值。

19.6.6　高精度轧制和轧机

为了满足紧固件和汽车工业对特殊质量高精度棒材和金属制品类线材和硬线产品的需要，即使所生产的棒线材达到±0.1mm的精密尺寸公差，在合金棒材精轧机和高速线材精轧机后安装一组高精度轧机的减定径机组，以实现高效而又简单的精密轧制工艺。其减定径机的优点是：

产品的精度高，产品精度都能够达到DIN标准公差的一半，小规格产品精度可达±0.1mm。高精密度的棒材可实现取消机加工的剥皮过程，减少原料消耗和加工工时。

可以生产在标准中规定尺寸的棒材。还可根据用户的实际需要生产该轧机产品范围内各种尺寸的棒材，即“自由尺寸”的轧制。如可按0.2mm的精度范围划分产品规格，这种产品大大方便了一些需要冷拔精加工的客户，如一些标准紧固件生产厂。

19.6.6.1　棒、线材轧机减定径系统的方式

目前适用于棒、线材轧机的减定径系统的方式有4种形式：

（1）采用压下量小的椭圆形—椭圆形—圆形孔型，水平—垂直布置的3架普通二辊轧机机架。由于椭圆形孔型轧制几乎不可能从一个机架导向下一个机架，机架布置得非常靠近，为此避免了轧件轧废。其缺点是：轴承后冲，要求采用单槽轧辊，以及要求坯料的尺寸多，这就使得轧机利用率降低。

（2）采用椭圆形—圆形孔型，垂直—水平布置的两架二辊轧机。热延展和轴承间隙的问题，由在第二机架上采用预应力轧辊来加以补偿，但是引导椭圆形轧件的困难仍需要在短距离内加以克服，这种布置的缺点是压下率低。

（3）采用三角形—三角形—圆形孔型，其由若干个以120°角布置的三辊机架组成的轧制机组。这种系统的机械和驱动装置相对复杂，但在采用三辊传动技术后，其轧机能力大大提高。

（4）具有互成40°角布置的两架四辊机架，轧辊中有两支承辊没有动力驱动，因此需要将其加速至轧制速度。从金属变形的角度可看出，这种四辊轧制法更为可取，因为：由于可以达到直径偏差小，因此可达较高标准的圆度；无材料展宽；由于采用四辊孔型，不会出现满孔型

问题，为采用热机械轧制提供了可能性；对一定孔型的几何形状，产品的直径范围就有可能大得多，这样就为仅以少数几种来坯尺寸连续生产宽范围的超窄棒材提供了可能性。

19.6.6.2　棒、线材减定径机形式

棒线材减定径机是一组2～4机架的轧机，这种轧机可以是三辊式的柯克斯（Kocks）轧机，即RSB减定径机。也可以是二辊式的泰克森（Tekisun）轧机，即RSM减定径机或HPR的二辊高精度定径机。下面将其中的三辊式的柯克斯（Kocks）轧机和二辊式的泰克森（Tekisun）轧机的特点做一些简单介绍。

A　三辊Y形轧机

这种轧机于1955～1960年在联邦德国柯克斯公司研制成功，所以又叫Kocks轧机。此轧机的每个机架由三个互成120°夹角的圆盘形轧辊组成，其形状如同“Y”字，故称Y形轧机。在三辊Y形轧机中，三根轧辊轴均为主动轴，如图19-39所示。可以通过偏心套机构进行径向压下调整，径向调整量为3～6mm，轴向也可随轧辊轴一起调整。轧机的传动采用集体传动形式。为提高轧机的灵活性，一般在后1～3架上采用一套差动调速装置，从而可对后1～3架轧机轧制速度进行调节，同时可以调整压下，改变减面率。

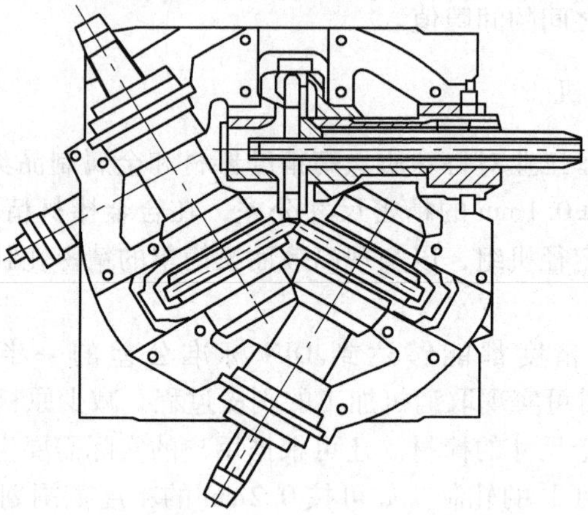

图19-39　三辊Y形轧机的主传动系统

三辊Y形轧机的主要优点是：由于采用三辊轧制变形原理，轧制力从侧面同时施加到轧件上，在棒材中心形成一个均匀压应力区，其作用线与轧制方向垂直，因而可确保在整个断面进行有效变形，且能将材料宽展对轧件精度的影响消除。

一般，三角形孔型设计用于无扭轧制的中轧和预精轧。终轧断面采用三边椭圆—圆孔型。三辊Y形连轧孔型系统见图19-40。

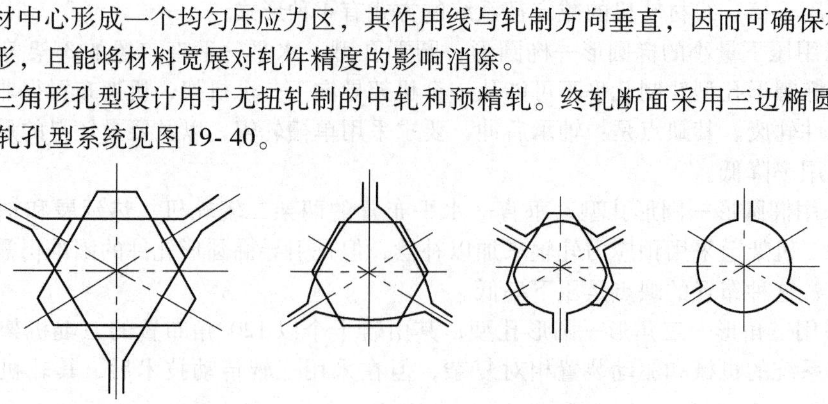

图19-40　直边三角—弧边三角—圆孔型系统

由于上述的变形特点，使这种三辊轧机具有轧机效率高；产量较高；轧制能耗较低；可轧制尺寸的灵活性较大；无需大量调整轧辊即可高精度地轧制具有各种宽展特点的不同种类的材料；产品公差、表面质量、显微结构及所有性能的均匀性大大改善；特别适用于轧制一些高合金钢的优点。特别是采用三辊传动技术后，消除了以前单辊传动由于机架结构空间尺寸有限，锥齿轮和轴承尺寸受到限制的问题，因此机架刚度及许用的轧制压力和轧制扭矩比常规机架提高30%。这样特别适合于轧制高变形抗力的材料，并适合于低温轧制。

B　泰克森（Tekisun）轧机

这种轧机是日本大同钢公司与美国摩根建造公司开发出的最新高精度棒线材轧机。Tekisun轧机的核心是3架安在同一底座上的平—立—平紧凑布置的二辊轧机。棒材Tekisun轧机辊径较大，辊身较短（辊径为ϕ350mm，辊面宽为150mm）轧辊轴承为重载型精密推力轴承，因此轧机的轴向、径向刚度都很大，轧机上下辊有轧槽自动对中机构，每个轧机有1套手动压下机构，3个机架为集体传动。

该轧机3个机架的孔型均采用相同半径的圆孔型，但各道次的孔型槽口宽度各不相同。第一道次为预变形道次，坯料有一定的变形，而且，尺寸较大部位宽展大；尺寸较小部位宽展小。第二道次加工方向转90°，上道次坯料宽展大的部位，在此道次延伸大；宽展小的反之。最后一道变形很小，仅作为精确成形。3道的总减面率为5%～15%（延伸系数1.05～1.18），经3道变形后，坯料在各方面均得到加工。

该轧机布置在最后一架精轧机后，可使精轧孔型得以简化，只需要1套固定不变的孔型，依靠更换Tekisun轧机的孔型，即能轧出所需规格的产品，从而大大降低了精轧机轧辊和导卫件的储备量。同时，生产中更换规格十分方便，Tekisun轧机可整体更换，仅需10～15min。另外，精轧孔型不再变化，换规格时，除了速度之外，精轧机及上游轧机的工艺条件保持不变，简化了轧机调整，也使轧机自动化水平提高。

为了实现低温轧制，这种轧机必须布置在精轧机出口侧水冷箱之后，可以布置在第1段或第2段甚至最后一段水冷箱后。轧制温度最低可到700℃，这样即可实现α/γ两相区控轧。通过控制轧制，可以获得近似常化处理的组织和性能，从而可取消常化处理工序；对于需要球化退火的产品，经控制轧制后，可以明显缩短球化退火时间。

棒材Tekisun轧机不但适合生产高精度圆断面产品，还可生产方、六角、扁平等规则断面的高精度产品，适用范围更加广泛。

HPR轧机轧制各种型钢的孔型见图19-41。RSM减定径轧机的孔型系统见图19-42。

19.6.6.3　棒、线材轧制的AGC技术

另一种高精度轧制技术称为棒材的AGC（Autonatic Gauge Control）技术，即棒材尺寸自动控制系统。其原理是在最后两架轧机安装液压辊缝控制和尺寸监测装置，以轧机出口尺寸测量装置测得的信号，反馈闭环调节最后两架轧机的压下系统，以获得最精密的成品公差。

随着汽车、轴承及其他工业对高精度合金钢棒线材的需求，高精度定径机的应用会增多，我国几套合金钢长条材产品轧机和高速线材轧机后预留了高精度减定径机。

19.6.7　大盘卷生产

高效率的自动化加工设备（如汽车和标准件工业用的冷镦钢，轴承行业用的轴承钢）需要大盘卷钢材，尺寸从ϕ13mm直至ϕ55mm的优质钢和合金钢棒材都可成卷生产。大盘卷生产线为：轧件经分钢道岔导入到大盘卷轧制线中，沿滚动导槽前进并通过夹送辊输送，经飞剪切头（尾）后，再由加勒特卷取机前夹送辊，送入到加勒特卷取机中卷取成大盘卷。机械手从加勒特卷取机中取出大盘卷并旋转180°后，将其送至步进梁式盘卷冷却运输机上输送冷却，大盘卷输送到步进式盘卷冷却运输机尾部后，由卸卷小车取出垂直放置的大盘卷，将其从垂直

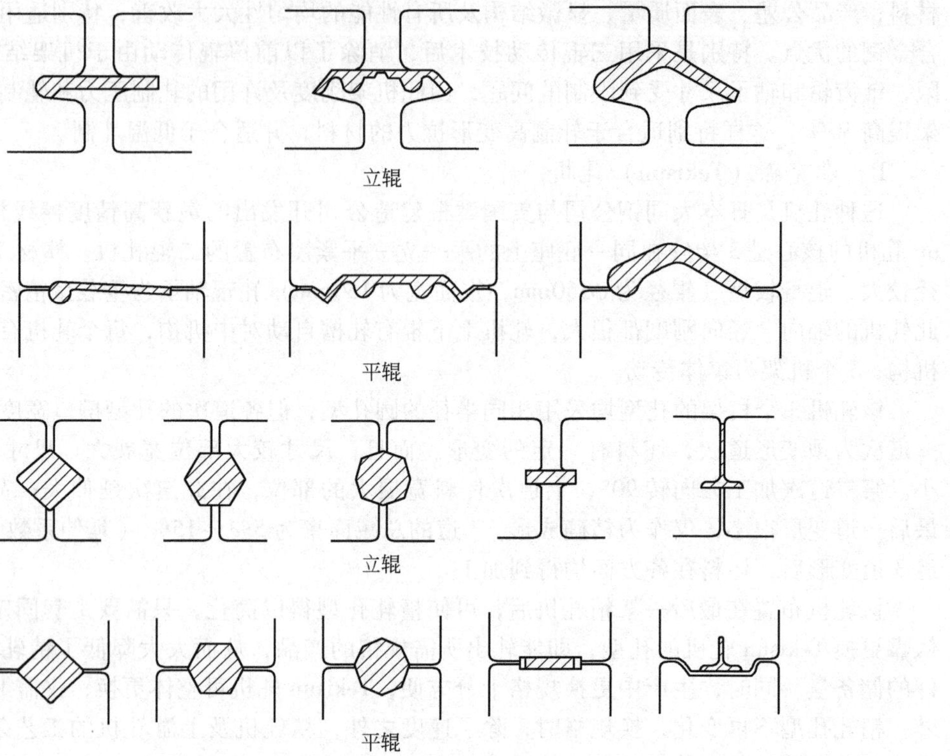

图 19-41　HPR 轧机轧制各种型钢的孔型图

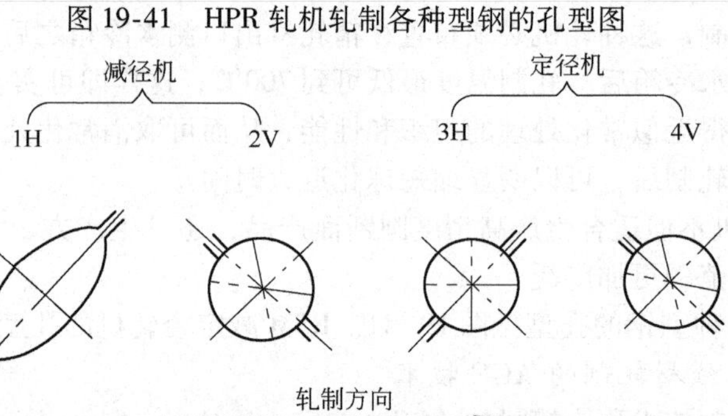

图 19-42　RSM 减定径轧机的孔型系统

状态翻转成卧式状态并挂放到钩式（P&F）运输机上。在输送过程中完成空冷、检查、取样、压紧、打捆、称重、挂标牌、卸卷等工序，然后用吊车吊运到成品跨存放。

大盘卷加勒特卷取机为 2 台，交替工作。当一台工作时，另一台移卷、复位，准备下一次操作，以保持生产的连续运行。

在两台加勒特卷取机上可对盘卷进行下列制度的冷却：

通过自动操作设备把盘卷从转鼓上取下来并放在步进梁运输机上，步进梁式盘卷冷却运输机上装备有 6 台风机，并配备有可移动的保温罩。根据生产钢种要求的冷却速度，大盘卷在输送过程中可以采用缓冷、风冷或空冷等冷却制度对盘卷进行冷却，使钢材得到理想的内部组织和力学性能。

卷取机可在“干”“湿”状态下轮流工作，为直接利用轧制余热，卷取机可浸泡在水中工作，在卷取过程中直接在转鼓上进行淬火。在线淬火主要用于奥氏体不锈钢，也可以用于铁素体不锈钢，其目的在于：

（1）在线淬火可减少热卷取过程中表面擦伤的危险；

（2）获得可用于进行中等程度拉拔和不需要控制晶粒大小而可省掉常规固溶淬火等场合的产品；

（3）卷取在水中进行，这样卷取和淬火两个操作同时进行，就可以避免卷取与淬火之间的操作而引起的温度不均匀。

我国现在已有几套新建的合金钢棒材或线材轧机，选择了大盘卷生产设备。

思考题和习题

1. 型材生产的特点是什么？
2. 热轧型材轧机常见的布置形式和特点是什么，生产工艺有何不同？
3. 根据什么参数确定型材轧机的大小？
4. H 型钢断面形状的特点，它与普通工字钢相比有何优点？
5. H 型钢热轧后一般采用什么冷却方式，为什么？
6. 钢轨轧制后进行热处理的目的是什么，各种热处理工艺的控制要点是什么？
7. 棒、线材的生产特点是什么，轧制棒、线材的发展方向有哪些？
8. 线材轧制后为什么要进行控制冷却，说明其原理。
9. 型材生产发展的新技术有哪些？
10. 棒材、线材的生产特点是什么？
11. 棒线材的质量要求有哪些方面？
12. 连续式线材轧机使用的孔型系统有哪些？
13. 现代棒、线材轧制的新技术有哪些？
14. 以斯太尔摩控制冷却线说明线材轧后控制冷却的原理和特点。
15. 斯太尔摩控制冷却有几种形式，其各自的特点和适用性如何？
16. 高速线材提高产品精度的措施有哪些？
17. 高速线材轧制工艺的特点是什么？
18. 分析横列式型材轧机与连续式型材轧机的特点。
19. 二辊轧机孔型与四辊万能轧机孔型轧制凸缘型钢有什么区别？
20. 在万能轧机孔型中轧制时，轧件有什么样的变形特点？
21. 我国的中型型材轧机有什么特点？
22. 简述螺纹钢筋余热淬火原理。
23. 简述线材轧后控制冷却原理。
24. 什么是切分轧制，棒材切分轧制的类型有哪些，其孔型系统有什么特点？
25. 切分孔型系统的组成，各切分孔型的作用和设计特点是什么？
26. 普碳棒材轧机的类型有哪些？其产品类型和轧机组成如何？
27. 合金棒材轧制的特点，合金棒材轧机的类型有哪些？
28. 棒、线材采用无头轧制有何优点？
29. 什么是无孔型轧制？
30. 棒、线连轧机微张力控制的方法有哪些，其控制系统的组成及控制过程如何？
31. 连铸坯热送热装轧制工艺有哪些类型，各种类型有什么特点？

参考文献

1 王廷溥．金属塑性加工学——轧制理论与工艺．北京：冶金工业出版社，2001
2 小型型钢连轧生产工艺与设备编写组．小型型钢连轧生产工艺与设备．北京：冶金工业出版社，1999
3 高速轧机线材生产编写组．高速轧机线材生产．北京：冶金工业出版社，1995
4 王有铭．型钢生产理论与工艺．北京：冶金工业出版社，1996
5 武学泽．棒材生产．北京：中国言实出版社，1996
6 翁正中．型钢生产．北京：冶金工业出版社，1993
7 梁爱生．小型连轧机及近终形连铸500问．北京：冶金工业出版社，1995
8 新疆八一钢铁（集团）公司《小型连轧机的工艺与电气控制》编写组．小型连轧机的工艺与电气控制．北京：冶金工业出版社，2000
9 梁爱生等．轧钢生产新技术600问．北京：冶金工业出版社，2004
10 沈茂盛，李曼云等．型钢生产知识问答．北京：冶金工业出版社，2003
11 房世兴等．高速线材轧机装备技术．北京：冶金工业出版社，1997
12 彭兆峰．合金钢棒线轧机发展现状和我国旧轧机的改造．特殊钢，1994（2）
13 黄庆学，梁爱生．高精度轧制技术．北京：冶金工业出版社，2002
14 张强．合金钢轧制．北京：冶金工业出版社，1993

冶金工业出版社部分图书推荐

书　名	作　者	定价（元）
楔横轧零件成型技术与模拟仿真	胡正寰　等著	48.00
轧制工程学（北京市精品教材）	康永林　主编	32.00
加热炉（第3版）（本科教材）	蔡乔方　主编	32.00
塑性加工金属学（本科教材）	王占学　主编	25.00
金属塑性成形力学（本科教材）	王　平　等编	26.00
金属压力加工概论（第2版）（本科教材）	李生智　主编	29.00
材料成形实验技术（本科教材）	胡灶福　等编	16.00
冶金热工基础（本科教材）	朱光俊　主编	30.00
轧制测试技术（本科教材）	宋美娟　主编	28.00
金属学与热处理（本科教材）	陈惠芬　主编	估25.00
金属压力加工原理	魏立群　主编	估38.00
钢铁冶金学教程（本科教材）	包燕平　等编	49.00
冶金过程数值模拟基础（本科教材）	陈建斌　编著	28.00
现代生产管理（本科教材）	丁文英　等编	30.00
冶金专业英语（职业技术学院教材）	侯向东　主编	28.00
冶金技术概论（职业技术学院教材）	王庆义　主编	26.00
现代轨梁生产技术（职业技术学院教材）	李登超　编	28.00
金属压力加工理论基础（职业技术学院教材）	段小勇　主编	37.00
参数检测与自动控制（职业技术学院教材）	李登超　主编	39.00
有色金属压力加工（职业技术学院教材）	白星良　主编	33.00
黑色金属压力加工实训（职业技术学院教材）	袁建路　主编	22.00
轧钢车间机械设备（职业技术学院教材）	潘慧勤　主编	32.00
轧钢基础知识（职业技能培训教材）	孟延军　主编	39.00
加热炉基础知识与操作（职业技能培训教材）	戚翠芬　主编	29.00
中型型钢生产（职业技能培训教材）	袁志学　主编	28.00
中厚板生产（职业技能培训教材）	张景进　主编	29.00
高速线材生产（职业技能培训教材）	袁志学　主编	39.00
热连轧带钢生产（职业技能培训教材）	张景进　主编	35.00
板带冷轧生产（职业技能培训教材）	张景进　主编	42.00
轧钢设备维护与检测（职业技能培训教材）	袁建路　主编	28.00
铝合金无缝管生产原理与工艺	邓小民　著	60.00